DIN-Taschenbuch 69/2 Stahlbau 2

Jetzt diesen Titel zusätzli als E-Book downloaden und 70 % sparen!

Als Käufer dieses Buchtitels haben Sie Anspruch auf ein besonderes Kombi-Angebot: Sie können den Titel zusätzlich zum Ihnen vorliegenden gedruckten Exemplar für nur 30 % des Normalpreises als E-Book beziehen.

Der BESONDERE VORTEIL: Im E-Book recherchieren Sie in Sekundenschnelle die gewünschten Themen und Textpassagen. Denn die E-Book-Variante ist mit einer komfortablen Volltextsuche ausgestattet!

Deshalb: Zögern Sie nicht. Laden Sie sich am besten gleich Ihre persönliche E-Book-Ausgabe dieses Titels herunter.

In 3 einfachen Schritten zum E-Book:

❶ Rufen Sie die Website **www.beuth.de/e-book** auf.

❷ Geben Sie hier Ihren persönlichen, nur einmal verwendbaren E-Book-Code ein:

228107FK4CAC232

❸ Klicken Sie das „Download-Feld" an und gehen dann weiter zum Warenkorb. Führen Sie den normalen Bestellprozess aus.

Hinweis: Der E-Book-Code wurde individuell für Sie als Erwerber dieses Buches erzeugt und darf nicht an Dritte weitergegeben werden. Mit Zurückziehung dieses Buches wird auch der damit verbundene E-Book-Code für den Download ungültig.

DIN-Taschenbuch 69/2

Für das Fachgebiet Bauwesen bestehen folgende DIN-Taschenbücher:

TAB			Titel
5	Bauwesen	1.	Beton- und Stahlbeton-Fertigteile. Normen
35/1	Bauwesen	4.	Schallschutz 1 – Anforderungen, Nachweise, Berechnungsverfahren. Normen
35/2	Bauwesen	4.	Schallschutz 2 – Bauakustische Prüfungen. Normen
36	Bauwesen	5.	Erd- und Grundbau. Normen
38	Bauwesen	7.	Bauplanung. Normen
39	Bauwesen	8.	Ausbau. Normen
69/1	Bauwesen	10.	Stahlbau 1 – Bemessung und Konstruktion – Grundlagen Teil 1
69/2	Bauwesen	10.	Stahlbau 2 – Bemessung und Konstruktion – Grundlagen Teil 2
69/3	Bauwesen	22.	Stahlbau 3 – Bemessung und Konstruktion – Ingenieurbau
110	Bauwesen	11.	Wohnungsbau. Normen, Richtlinien
113	Bauwesen	14.	Erkundung und Untersuchung des Baugrunds. Normen
114	Bauwesen	15.	Kosten im Hochbau, Flächen, Rauminhalte. Normen
120	Bauwesen	18.	Brandschutzmaßnahmen. Normen
129	Bauwesen	19.	Bauwerksabdichtungen, Dachabdichtungen, Feuchteschutz. Normen
134	Bauwesen	20.	Sporthallen und Sportplätze. Normen
158/1	Bauwesen	24.	Wärmeschutz 1 – Bauwerksplanung: Wärmeschutz, Wärmebedarf. Normen
158/2	Bauwesen	24.	Wärmeschutz 2 – Heizenergiebedarf von Gebäuden und energetische Bewertung heiz- und raumlufttechnischer Anlagen. Normen
158/3	Bauwesen	24.	Wärmeschutz 3 – Energieanforderungen und Nutzungsgrade von Heizungsanlagen in Gebäuden und Norm-Heizlast. Normen
199	Bauwesen	25.	Barrierefreies Planen und Bauen. Normen
240	Bauwesen	26.	Türen und Türzubehör. Normen
253	Bauwesen	27.	Einbruchschutz. Normen
289	Bauwesen	29.	Schwingungsfragen im Bauwesen. Normen
300/1	Bauwesen	31.	Brandschutz – Grundlagen, Klassifizierungen und klassifizierte Bauprodukte
300/2	Bauwesen	31.	Brandschutz – Beurteilung des Brandverhaltens von Baustoffen. Normen
300/3	Bauwesen	31.	Brandschutz – Beurteilung der Feuerwiderstandsfähigkeit von Bauteilen. Normen
300/4	Bauwesen	31.	Brandschutz – Feuer- und Rauchschutzabschlüsse; Prüfnormen
300/5	Bauwesen	31.	Brandschutz – Bemessung nach Eurocode
300/6	Bauwesen	31.	Brandschutz – Brandschutztechnische Planung und Auslegung bei Sonderbauten
471/1	Bauwesen	33.	Fenster und Türen. Anforderungen und Klassifizierungen. Normen
471/2	Bauwesen	33.	Fenster und Türen. Prüfungen und Berechnungen. Normen

Normen-Handbücher

Baukonstruktionen 1 – Einwirkungen und Baugrund

Baukonstruktionen 2 – Bemessung von Tragwerken aus Beton, Stahl, Mauerwerk und Holz

Bauphysik – Normen für das Studium – Brandschutz, Schallschutz

Praxishandbuch Tischlerhandwerk – Normen und Gesetze

Normenhandbuch Metallbauerhandwerk – Konstruktionstechnik – DIN-Normen und Technische Regeln

Praxishandbuch Heiztechnik – DIN-Normen, Gesetze, Technische Regeln, Verordnungen; mit CD-ROM

DIN-Taschenbücher sind auch im Abonnement vollständig erhältlich.

Für Auskünfte und Bestellungen wählen Sie bitte im Beuth Verlag Tel.: 030 2601-2260.

DIN-Taschenbuch 69/2

Stahlbau 2
Bemessung und Konstruktion – Grundlagen Teil 2

Normen

(Bauwesen 10)

12. Auflage
Stand der abgedruckten Normen: Mai 2012

Herausgeber: DIN Deutsches Institut für Normung e.V.

© 2012 Beuth Verlag GmbH
Berlin · Wien · Zürich
Am DIN-Platz
Burggrafenstraße 6
10787 Berlin

Telefon: +49 30 2601-0
Telefax: +49 30 2601-1260
Internet: www.beuth.de
E-Mail: info@beuth.de

Das Werk einschließlich aller seiner Teile ist urheberrechtlich geschützt. Jede Verwertung außerhalb der Grenzen des Urheberrechts ist ohne schriftliche Zustimmung des Verlages unzulässig und strafbar. Das gilt insbesondere für Vervielfältigungen, Übersetzungen, Mikroverfilmungen und die Einspeicherung in elektronischen Systemen.

© für DIN-Normen   DIN Deutsches Institut für Normung e. V., Berlin.

Die im Werk enthaltenen Inhalte wurden vom Verfasser und Verlag sorgfältig erarbeitet und geprüft. Eine Gewährleistung für die Richtigkeit des Inhalts wird gleichwohl nicht übernommen. Der Verlag haftet nur für Schäden, die auf Vorsatz oder grobe Fahrlässigkeit seitens des Verlages zurückzuführen sind. Im Übrigen ist die Haftung ausgeschlossen.

Satz: B & B Fachübersetzergesellschaft mbH, Berlin
Druck: schöne drucksachen gmbh, Berlin
Gedruckt auf säurefreiem, alterungsbeständigem Papier nach DIN EN ISO 9706

ISBN 978-3-410-22810-3

Vorwort

Seit 1972 kommt der Normenausschuss Bauwesen (NABau) im DIN Deutsches Institut für Normung e. V. mit der Zusammenfassung seiner Arbeitsergebnisse, den DIN-Normen im Bauwesen, den Wünschen einer großen Anzahl von Fachleuten in Praxis und Ausbildung nach, die für ihre Arbeit die Normen bestimmter Gebiete des Bauwesens jeweils in einem DIN-Taschenbuch handlich und übersichtlich zusammengestellt benutzen wollen.

Für die Bereiche Berechnung, Konstruktion und Ausführung liegen zurzeit die folgenden DIN-Taschenbücher vor:

Erd- und Grundbau (DIN-Taschenbuch 36 und DIN-Taschenbuch 113)

Holzbau (DIN-Taschenbuch 36 und DIN-Taschenbuch 307)

Stahlhochbau (DIN-Taschenbuch 69/1 bis 69/3)

Diese zum Teil schon in mehrfach wiederholter Auflage vorliegenden DIN-Taschenbücher haben in der Fachwelt großes Interesse gefunden.

Mit der bauaufsichtlichen Einführung der Eurocodes wurde eine Neustrukturierung des DIN-Taschenbuches 69 erforderlich. Das DIN-Taschenbuch wird in drei Teile untergliedert, wovon zwei Teile die Grundlagennormen des Stahlbaus beinhalten und ein dritter Teil den Ingenieurbau behandelt. Das DIN-Taschenbuch 144 „Stahlbau, Ingenieurbau" wird somit zurückgezogen und geht in DIN-Taschenbuch 69/3 auf.

Die vorliegende 12. Auflage des DIN-Taschenbuches 69/2 enthält die wichtigsten zurzeit gültigen Fachnormen für den Stahlhochbau. Dem Praktiker sind hiermit die wichtigsten einschlägigen Regeln an die Hand gegeben.

Berlin, im März 2012

Normenausschuss Bauwesen im DIN
Deutsches Institut für Normung e. V.
Dipl.-Ing. Susan Kempa

Normen:Ticker

Aktualisierungsservice für Normen und technische Regeln

Wir bringen Ordnung in Ihre Normen!
Ab 12,33 Euro pro Monat.

Der Normen-Ticker ist ein Aktualisierungsservice von Beuth, dem Verlag mit der höchsten Normenkompetenz in Deutschland. Er hilft Ihnen dabei, Zeit, Personaleinsatz und Verwaltungskosten zu sparen – zudem hilft der Normen-Ticker bei der Nachweispflicht verkehrsüblicher Anforderungen an Sachen und Werken, um gesetzlichen Gewährleistungsansprüchen zu begegnen.

>> **Sie erhalten monatlich eine Info-E-Mail** mit den aktuellen Statusdaten Ihrer Normen sowie Hinweisen auf Folgeausgaben (Titel, Gültigkeit, zurückgezogene Dokumente, u. a.).

>> **Komplett** zugeschnitten auf die Dokumente, mit denen Sie arbeiten.

>> **Auf Wunsch** mit automatischer Lieferung von Folgeausgaben einzelner Dokumente zu den aktuellen Listenpreisen.

Hier können Sie sich informieren:

>> www.normenticker.de

Ein Service von
Berlin · Wien · Zürich

Inhalt

	Seite
Hinweise zur Nutzung von DIN-Taschenbüchern.	VIII
DIN-Nummernverzeichnis	XI
Verzeichnis abgedruckter Normen (nach steigenden DIN-Nummern geordnet)	XIII
Abgedruckte Normen (nach steigenden DIN-Nummern geordnet)	1
Verzeichnis der für das Fachgebiet Bauleistungen bestehenden DIN-Taschenbücher	483
Service-Angebote des Beuth Verlags	485
Stichwortverzeichnis	487

Maßgebend für das Anwenden jeder in diesem DIN-Taschenbuch abgedruckten Norm ist deren Fassung mit dem neuesten Ausgabedatum.

Sie können sich auch über den aktuellen Stand im **DIN-Katalog**, unter der Telefon-Nr.: 030 2601-2260 oder im Internet unter www.beuth.de informieren.

Hinweise zur Nutzung von DIN-Taschenbüchern

Was sind DIN-Normen?

Das DIN Deutsches Institut für Normung e. V. erarbeitet Normen und Standards als Dienstleistung für Wirtschaft, Staat und Gesellschaft. Die Hauptaufgabe des DIN besteht darin, gemeinsam mit Vertretern der interessierten Kreise konsensbasierte Normen markt- und zeitgerecht zu erarbeiten. Hierfür bringen rund 26 000 Experten ihr Fachwissen in die Normungsarbeit ein. Aufgrund eines Vertrages mit der Bundesregierung ist das DIN als die nationale Normungsorganisation und als Vertreter deutscher Interessen in den europäischen und internationalen Normungsorganisationen anerkannt. Heute ist die Normungsarbeit des DIN zu fast 90 Prozent international ausgerichtet.

DIN-Normen können nationale Normen, Europäische Normen oder Internationale Normen sein. Welchen Ursprung und damit welchen Wirkungsbereich eine DIN-Norm hat, ist aus deren Bezeichnung zu ersehen:

DIN (plus Zählnummer, z. B. DIN 4701)

Hier handelt es sich um eine nationale Norm, die ausschließlich oder überwiegend nationale Bedeutung hat oder als Vorstufe zu einem internationalen Dokument veröffentlicht wird (Entwürfe zu DIN-Normen werden zusätzlich mit einem „E" gekennzeichnet, Vornormen mit einem „SPEC"). Die Zählnummer hat keine klassifizierende Bedeutung.

Bei nationalen Normen mit Sicherheitsfestlegungen aus dem Bereich der Elektrotechnik ist neben der Zählnummer des Dokumentes auch die VDE-Klassifikation angegeben (z. B. DIN VDE 0100).

DIN EN (plus Zählnummer, z. B. DIN EN 71)

Hier handelt es sich um die deutsche Ausgabe einer Europäischen Norm, die unverändert von allen Mitgliedern der europäischen Normungsorganisationen CEN/CENELEC/ETSI übernommen wurde.

Bei Europäischen Normen der Elektrotechnik ist der Ursprung der Norm aus der Zählnummer ersichtlich: von CENELEC erarbeitete Normen haben Zählnummern zwischen 50000 und 59999, von CENELEC übernommene Normen, die in der IEC erarbeitet wurden, haben Zählnummern zwischen 60000 und 69999, Europäische Normen des ETSI haben Zählnummern im Bereich 300000.

DIN EN ISO (plus Zählnummer, z. B. DIN EN ISO 306)

Hier handelt es sich um die deutsche Ausgabe einer Europäischen Norm, die mit einer Internationalen Norm identisch ist und die unverändert von allen Mitgliedern der europäischen Normungsorganisationen CEN/CENELEC/ETSI übernommen wurde.

DIN ISO, DIN IEC oder DIN ISO/IEC (plus Zählnummer, z. B. DIN ISO 720)

Hier handelt es sich um die unveränderte Übernahme einer Internationalen Norm in das Deutsche Normenwerk.

Weitere Ergebnisse der Normungsarbeit können sein:

DIN SPEC (Vornorm) (plus Zählnummer, z. B. DIN SPEC 1201)

Hier handelt es sich um das Ergebnis einer Normungsarbeit, das wegen bestimmter Vorbehalte zum Inhalt oder wegen des gegenüber einer Norm abweichenden Aufstellungsverfahrens vom DIN nicht als Norm herausgegeben wird. An DIN SPEC (Vornorm) knüpft sich die Erwartung, dass sie zum geeigneten Zeitpunkt und ggf. nach notwendigen Veränderungen nach dem üblichen Verfahren in eine Norm überführt oder ersatzlos zurückgezogen werden.

Beiblatt: DIN (plus Zählnummer) Beiblatt (plus Zählnummer), z. B. DIN 2137-6 Beiblatt 1
Beiblätter enthalten nur Informationen zu einer DIN-Norm (Erläuterungen, Beispiele, Anmerkungen, Anwendungshilfsmittel u. Ä.), jedoch keine über die Bezugsnorm hinausgehenden genormten Festlegungen. Das Wort Beiblatt mit Zählnummer erscheint zusätzlich im Nummernfeld zu der Nummer der Bezugsnorm.

Was sind DIN-Taschenbücher?

Ein besonders einfacher und preisgünstiger Zugang zu den DIN-Normen führt über die DIN-Taschenbücher. Sie enthalten die jeweils für ein bestimmtes Fach- oder Anwendungsgebiet relevanten Normen im Originaltext.

Die Dokumente sind in der Regel als Originaltextfassungen abgedruckt, verkleinert auf das Format A5.

(+ Zusatz für Variante VOB/STLB-Bau-Taschenbücher)

(+ Zusatz für Variante DIN-DVS-Taschenbücher)

(+ Zusatz für Variante DIN-VDE-Taschenbücher)

Was muss ich beachten?

DIN-Normen stehen jedermann zur Anwendung frei. Das heißt, man kann sie anwenden, muss es aber nicht. DIN-Normen werden verbindlich durch Bezugnahme, z. B. in einem Vertrag zwischen privaten Parteien oder in Gesetzen und Verordnungen.

Der Vorteil der einzelvertraglich vereinbarten Verbindlichkeit von Normen liegt darin, dass sich Rechtsstreitigkeiten von vornherein vermeiden lassen, weil die Normen eindeutige Festlegungen sind. Die Bezugnahme in Gesetzen und Verordnungen entlastet den Staat und die Bürger von rechtlichen Detailregelungen.

DIN-Taschenbücher geben den Stand der Normung zum Zeitpunkt ihres Erscheinens wieder. Die Angabe zum Stand der abgedruckten Normen und anderer Regeln des Taschenbuchs finden Sie auf S. III. Maßgebend für das Anwenden jeder in einem DIN-Taschenbuch abgedruckten Norm ist deren Fassung mit dem neuesten Ausgabedatum. Den aktuellen Stand zu allen DIN-Normen können Sie im Webshop des Beuth Verlags unter www.beuth.de abfragen.

Wie sind DIN-Taschenbücher aufgebaut?

DIN-Taschenbücher enthalten die im Abschnitt „Verzeichnis abgedruckter Normen" jeweils aufgeführten Dokumente in ihrer Originalfassung. Ein DIN-Nummernverzeichnis sowie ein Stichwortverzeichnis am Ende des Buches erleichtern die Orientierung.

Abkürzungsverzeichnis

Die in den Dokumentnummern der Normen verwendeten Abkürzungen bedeuten:

A	Änderung von Europäischen oder Deutschen Normen
Bbl	Beiblatt
Ber	Berichtigung
DIN	Deutsche Norm
DIN CEN/TS	Technische Spezifikation von CEN als Deutsche Vornorm
DIN CEN ISO/TS	Technische Spezifikation von CEN/ISO als Deutsche Vornorm
DIN EN	Deutsche Norm auf der Basis einer Europäischen Norm

DIN EN ISO	Deutsche Norm auf der Grundlage einer Europäischen Norm, die auf einer Internationalen Norm der ISO beruht
DIN IEC	Deutsche Norm auf der Grundlage einer Internationalen Norm der IEC
DIN ISO	Deutsche Norm, in die eine Internationale Norm der ISO unverändert übernommen wurde
DIN SPEC	Öffentlich zugängliches Dokument, das Festlegungen für Regelungsgegenstände materieller und immaterieller Art oder Erkenntnisse, Daten usw. aus Normungs- oder Forschungsvorhaben enthält und welches durch temporär zusammengestellte Gremien unter Beratung des DIN und seiner Arbeitsgremien oder im Rahmen von CEN-Workshops ohne zwingende Einbeziehung aller interessierten Kreise entwickelt wird ANMERKUNG: Je nach Verfahren wird zwischen DIN SPEC (Vornorm), DIN SPEC (CWA), DIN SPEC (PAS) und DIN SPEC (Fachbericht) unterschieden.
DIN SPEC (CWA)	CEN/CENELEC-Vereinbarung, die innerhalb offener CEN/CENELEC-Workshops entwickelt wird und den Konsens zwischen den registrierten Personen und Organisationen widerspiegelt, die für ihren Inhalt verantwortlich sind
DIN SPEC (Fachbericht)	Ergebnis eines DIN-Arbeitsgremiums oder die Übernahme eines europäischen oder internationalen Arbeitsergebnisses
DIN SPEC (PAS)	Öffentlich verfügbare Spezifikation, die Produkte, Systeme oder Dienstleistungen beschreibt, indem sie Merkmale definiert und Anforderungen festlegt
DIN VDE	Deutsche Norm, die zugleich VDE-Bestimmung oder VDE-Leitlinie ist
DVS	DVS-Richtlinie oder DVS-Merkblatt
E	Entwurf
EN ISO	Europäische Norm (EN), in die eine Internationale Norm (ISO-Norm) unverändert übernommen wurde und deren Deutsche Fassung den Status einer Deutschen Norm erhalten hat
ENV	Europäische Vornorm, deren Deutsche Fassung den Status einer Deutschen Vornorm erhalten hat
ISO/TR	Technischer Bericht (ISO Technical Report)
VDI	VDI-Richtlinie

DIN-Nummernverzeichnis

● Neu aufgenommen gegenüber der 11. Auflage des DIN-Taschenbuches 69
(en) Von dieser Norm gibt es auch eine vom DIN herausgegebene englische Übersetzung

Dokument	Seite	Dokument	Seite
DIN EN 1993-1-3 ● (en)	1	DIN EN 1993-1-8/NA ● (en)	386
DIN EN 1993-1-3/NA ● (en)	148	DIN EN 1993-1-9 ● (en)	406
DIN EN 1993-1-5 ● (en)	158	DIN EN 1993-1-9/NA ● (en)	449
DIN EN 1993-1-5/NA ● (en)	228	DIN EN 1993-1-10 ● (en)	455
DIN EN 1993-1-8 ● (en)	236	DIN EN 1993-1-10/NA ● (en)	477

Beuth Kommentar
Ausführung von Stahlbauten
Mit CD-ROM: DIN EN 1090-1 und DIN EN 1090-2 im Volltext!

Dieser Kommentar liefert technische Erläuterungen und ergänzende Hintergrundinformationen zu den Normen DIN EN 1090-1 und DIN EN 1090-2.

Normungstechnische Begrifflichkeiten werden dabei ebenso plausibel gemacht wie

// baurechtliche Implikationen bei der Anwendung in Deutschland und anderen europäischen Ländern,
// die Verzahnung mit den Eurocodes,
// internationale Zusammenhänge (z. B. nationale Vorworte in anderen Ländern)
// sowie ingenieurhistorische Bezüge.

Die Struktur der Erläuterungen folgt genau der Struktur der Normen, so dass Anwender sich sehr gut durch den Stoff arbeiten können.

Anschauliche Bilder und gute Beispiele lockern die Darstellung angemessen auf und fördern das Verständnis des umfangreichen Inhalts.

Beuth Kommentar
Ausführung von Stahlbauten
Kommentare zu DIN EN 1090-1 und DIN EN 1090-2
Mit CD-ROM
1. Auflage 2012. 600 S. A5. Broschiert.
122,00 EUR | ISBN 978-3-410-17652-7

Bestellen Sie unter:

Telefon +49 30 2601-2260   Telefax +49 30 2601-1260

info@beuth.de   www.beuth.de/sc/ausfuehrung-stahlbauten

Verzeichnis abgedruckter Normen

(nach steigenden DIN-Nummern geordnet)

Dokument	Ausgabe	Titel	Seite
DIN EN 1993-1-3	2010-12	Eurocode 3: Bemessung und Konstruktion von Stahlbauten – Teil 1-3: Allgemeine Regeln – Ergänzende Regeln für kaltgeformte Bauteile und Bleche; Deutsche Fassung EN 1993-1-3:2006 + AC:2009	1
DIN EN 1993-1-3/ NA	2010-12	Nationaler Anhang – National festgelegte Parameter – Eurocode 3: Bemessung und Konstruktion von Stahlbauten – Teil 1-3: Allgemeine Regeln – Ergänzende Regeln für kaltgeformte dünnwandige Bauteile und Bleche	148
DIN EN 1993-1-5	2010-12	Eurocode 3: Bemessung und Konstruktion von Stahlbauten – Teil 1-5: Plattenförmige Bauteile; Deutsche Fassung EN 1993-1-5:2006 + AC:2009	158
DIN EN 1993-1-5/ NA	2010-12	Nationaler Anhang – National festgelegte Parameter – Eurocode 3: Bemessung und Konstruktion von Stahlbauten – Teil 1-5: Plattenförmige Bauteile	228
DIN EN 1993-1-8	2010-12	Eurocode 3: Bemessung und Konstruktion von Stahlbauten – Teil 1-8: Bemessung von Anschlüssen; Deutsche Fassung EN 1993-1-8:2005 + AC:2009	236
DIN EN 1993-1-8/ NA	2010-12	Nationaler Anhang – National festgelegte Parameter – Eurocode 3: Bemessung und Konstruktion von Stahlbauten – Teil 1-8: Bemessung von Anschlüssen	386
DIN EN 1993-1-9	2010-12	Eurocode 3: Bemessung und Konstruktion von Stahlbauten – Teil 1-9: Ermüdung; Deutsche Fassung EN 1993-1-9:2005 + AC:2009	406
DIN EN 1993-1-9/ NA	2010-12	Nationaler Anhang – National festgelegte Parameter – Eurocode 3: Bemessung und Konstruktion von Stahlbauten – Teil 1-9: Ermüdung	449
DIN EN 1993-1-10	2010-12	Eurocode 3: Bemessung und Konstruktion von Stahlbauten – Teil 1-10: Stahlsortenauswahl im Hinblick auf Bruchzähigkeit und Eigenschaften in Dickenrichtung; Deutsche Fassung EN 1993-1-10:2005 + AC:2009	455
DIN EN 1993-1-10/ NA	2010-12	Nationaler Anhang – National festgelegte Parameter – Eurocode 3: Bemessung und Konstruktion von Stahlbauten – Teil 1-10: Stahlsortenauswahl im Hinblick auf Bruchzähigkeit und Eigenschaften in Dickenrichtung	477

DIN – der Verlag heißt Beuth

Über 185.000 nationale, europäische und internationale Regeln

www.beuth.de > myBeuth

Recherchieren//
zielgenau zur Norm, technischen Regel etc.

Bestellen//
einfach, komfortabel und absolut sicher.

Downloaden//
Dokumente nach 5 bis 7 Minuten auf den PC laden.

Gut zu wissen:
Registrierung und Recherche sind selbstverständlich kostenfrei.
Dokumente können auch in den Papierfassungen bestellt werden.

Beuth
Berlin · Wien · Zürich

Dezember 2010

DIN EN 1993-1-3

ICS 91.010.30; 91.080.10

Ersatzvermerk
siehe unten

Eurocode 3: Bemessung und Konstruktion von Stahlbauten – Teil 1-3: Allgemeine Regeln – Ergänzende Regeln für kaltgeformte Bauteile und Bleche; Deutsche Fassung EN 1993-1-3:2006 + AC:2009

Eurocode 3: Design of steel structures –
Part 1-3: General rules –
Supplementary rules for cold-formed members and sheeting;
German version EN 1993-1-3:2006 + AC:2009

Eurocode 3: Calcul des structures en acier –
Partie 1-3: Règles générales –
Règles supplémentaires pour les profilés et plaques formés à froid;
Version allemande EN 1993-1-3:2006 + AC:2009

Ersatzvermerk

Ersatz für DIN EN 1993-1-3:2007-02;
mit DIN EN 1993-1-1:2010-12, DIN EN 1993-1-1/NA:2010-12, DIN EN 1993-1-3/NA:2010-12,
DIN EN 1993-1-5:2010-12, DIN EN 1993-1-5/NA:2010-12, DIN EN 1993-1-8:2010-12,
DIN EN 1993-1-8/NA:2010-12, DIN EN 1993-1-9:2010-12, DIN EN 1993-1-9/NA:2010-12,
DIN EN 1993-1-10:2010-12, DIN EN 1993-1-10/NA:2010-12, DIN EN 1993-1-11:2010-12 und
DIN EN 1993-1-11/NA:2010-12 Ersatz für DIN 18800-1:2008-11;
mit DIN EN 1993-1-1:2010-12, DIN EN 1993-1-1/NA:2010-12, DIN EN 1993-1-3/NA:2010-12,
DIN EN 1993-1-5:2010-12 und DIN EN 1993-1-5/NA:2010-12 Ersatz für DIN 18800-2:2008-11;
mit DIN EN 1993-1-3/NA:2010-12, DIN EN 1993-1-5:2010-12 und DIN EN 1993-1-5/NA:2010-12 Ersatz für
DIN 18800-3:2008-11;
Ersatz für DIN EN 1993-1-3 Berichtigung 1:2009-11;
teilweiser Ersatz für DIN 18807-1:1987-06, DIN 18807-1/A1:2001-05, DIN 18807-2:1987-06 und
DIN 18807-2/A1:2001-05

Gesamtumfang 147 Seiten

Normenausschuss Bauwesen (NABau) im DIN

Nationales Vorwort

Dieses Dokument (EN 1993-1-3:2006 + AC:2009) wurde vom Technischen Komitee CEN/TC 250 „Eurocodes für den konstruktiven Ingenieurbau" erarbeitet, dessen Sekretariat vom BSI (Vereinigtes Königreich) gehalten wird.

Die Arbeiten auf nationaler Ebene wurden durch die Experten des NABau-Spiegelausschusses NA 005-08-16 AA „Tragwerksbemessung" begleitet.

Diese Europäische Norm wurde vom CEN am 16. Januar 2006 angenommen.

Die Norm ist Bestandteil einer Reihe von Einwirkungs- und Bemessungsnormen, deren Anwendung nur im Paket sinnvoll ist. Dieser Tatsache wird durch das Leitpapier L der Kommission der Europäischen Gemeinschaft für die Anwendung der Eurocodes Rechnung getragen, indem Übergangsfristen für die verbindliche Umsetzung der Eurocodes in den Mitgliedsstaaten vorgesehen sind. Die Übergangsfristen sind im Vorwort dieser Norm angegeben.

Die Anwendung dieser Norm gilt in Deutschland in Verbindung mit dem Nationalen Anhang.

Es wird auf die Möglichkeit hingewiesen, dass einige Texte dieses Dokuments Patentrechte berühren können. Das DIN [und/oder die DKE] sind nicht dafür verantwortlich, einige oder alle diesbezüglichen Patentrechte zu identifizieren.

Der Beginn und das Ende des hinzugefügten oder geänderten Textes wird im Text durch die Textmarkierungen ⒶⒸ ⒶⒸ angezeigt.

Änderungen

Gegenüber DIN V ENV 1993-1–3:2002-05 wurden folgende Änderungen vorgenommen:

a) die Stellungnahmen der nationalen Normungsinstitute wurden eingearbeitet und der Text vollständig überarbeitet;

b) der Vornormcharakter wurde aufgehoben.

Gegenüber DIN EN 1993-1-3:2007-02, DIN EN 1993-1-3 Berichtigung 1:2009-11, DIN 18800-1:2008-11, DIN 18800-2:2008-11, DIN 18800-3:2008-11, DIN 18807-1:1987-06, DIN 18807-1/A1:2001-05, DIN 18807-2:1987-06 und DIN 18807-2/A1:2001-05 wurden folgende Änderungen vorgenommen:

a) auf europäisches Bemessungskonzept umgestellt;

b) Ersatzvermerke korrigiert;

c) Vorgänger-Norm mit der Berichtigung 1 konsolidiert;

d) Titel berichtigt;

e) redaktionelle Änderungen durchgeführt.

Frühere Ausgaben

DIN 1050: 1934-08, 1937-07, 1946-10, 1957-12, 1968-06
DIN 1073: 1928-04, 1931-09, 1941-01, 1974-07
DIN 4100: 1931-05, 1933-07, 1934-08, 1956-12, 1968-12
DIN 4101: 1937-07, 1974-07
DIN 4114-1: 1952-07
DIN 4114-2: 1953-02
DIN 18800-1: 1981-03, 2008-11
DIN 18800-1/A1: 1996-02
DIN 18800-2: 1990-11, 2008-11
DIN 18800-2/A1: 1996-02
DIN 18800-3: 1990-11, 2008-11
DIN 18800-3/A1: 1996-02
DIN 18807-1: 1987-06
DIN 18807-1/A1: 2001-05
DIN 18807-2: 1987-06
DIN 18807-2/A1: 2001-05
DIN V ENV 1993-1-3: 2002-05
DIN EN 1993-1-3: 2007-02
DIN EN 1993-1-3 Berichtigung 1: 2009-11

— Leerseite —

EUROPÄISCHE NORM
EUROPEAN STANDARD
NORME EUROPÉENNE

EN 1993-1-3
Oktober 2006
+AC
Mai 2009

ICS 91.010.30; 91.080.10

Ersatz für ENV 1993-1-3:1996

Deutsche Fassung

Eurocode 3: Bemessung und Konstruktion von Stahlbauten — Teil 1-3: Allgemeine Regeln — Ergänzende Regeln für kaltgeformte Bauteile und Bleche

Eurocode 3: Design of steel structures —
Part 1-3: General rules —
Supplementary rules for cold-formed members
and sheeting

Eurocode 3: Calcul des structures en acier —
Partie 1-3: Règles générales —
Règles supplémentaires pour les profilés et plaques
formés à froid

Diese Europäische Norm wurde vom CEN am 16. Januar 2009 angenommen.

Die Berichtigung tritt am 13. Mai 2009 in Kraft und wurde in EN 1993-1-3:2006 eingearbeitet.

Die CEN-Mitglieder sind gehalten, die CEN/CENELEC-Geschäftsordnung zu erfüllen, in der die Bedingungen festgelegt sind, unter denen dieser Europäischen Norm ohne jede Änderung der Status einer nationalen Norm zu geben ist. Auf dem letzten Stand befindliche Listen dieser nationalen Normen mit ihren bibliographischen Angaben sind beim Management-Zentrum des CEN oder bei jedem CEN-Mitglied auf Anfrage erhältlich.

Diese Europäische Norm besteht in drei offiziellen Fassungen (Deutsch, Englisch, Französisch). Eine Fassung in einer anderen Sprache, die von einem CEN-Mitglied in eigener Verantwortung durch Übersetzung in seine Landessprache gemacht und dem Management-Zentrum mitgeteilt worden ist, hat den gleichen Status wie die offiziellen Fassungen.

CEN-Mitglieder sind die nationalen Normungsinstitute von Belgien, Bulgarien, Dänemark, Deutschland, Estland, Finnland, Frankreich, Griechenland, Irland, Island, Italien, Lettland, Litauen, Luxemburg, Malta, den Niederlanden, Norwegen, Österreich, Polen, Portugal, Rumänien, Schweden, der Schweiz, der Slowakei, Slowenien, Spanien, der Tschechischen Republik, Ungarn, dem Vereinigten Königreich und Zypern.

EUROPÄISCHES KOMITEE FÜR NORMUNG
EUROPEAN COMMITTEE FOR STANDARDIZATION
COMITÉ EUROPÉEN DE NORMALISATION

Management-Zentrum: Avenue Marnix 17, B-1000 Brüssel

© 2009 CEN   Alle Rechte der Verwertung, gleich in welcher Form und in welchem Verfahren, sind weltweit den nationalen Mitgliedern von CEN vorbehalten.

Ref. Nr. EN 1993-1-3:2006 + AC:2009 D

DIN EN 1993-1-3:2010-12
EN 1993-1-3:2006 + AC:2009 (D)

Inhalt

Seite

Vorwort 5
Nationaler Anhang zu EN 1993-1-3 5
1 Einleitung 6
1.1 Anwendungsbereich 6
1.2 Normative Verweisungen 6
1.3 Begriffe 7
1.4 Formelzeichen 9
1.5 Bezeichnungsweisen und vereinbarte Maßangaben 9
1.5.1 Querschnittsform 9
1.5.2 Formen der Längsaussteifungen 11
1.5.3 Maßangaben für Querschnitte 12
1.5.4 Vereinbarung über die Bauteilachsen 13
2 Grundlagen der Bemessung 14
3 Werkstoffe 15
3.1 Allgemeines 15
3.2 Baustähle 17
3.2.1 Werkstoffeigenschaften des Grundmaterials 17
3.2.2 Werkstoffeigenschaften kaltgeformter Profile und Blechkonstruktionen 17
3.2.3 Bruchzähigkeit 19
3.2.4 Materialdicken und Materialdickentoleranzen 19
3.3 Befestigungsmittel 19
3.3.1 Schraubengarnituren 19
3.3.2 Andere Arten mechanischer Verbindungsmittel 19
3.3.3 Schweißzusatzwerkstoffe 20
4 Dauerhaftigkeit 20
5 Tragwerksberechnung 20
5.1 Einfluss ausgerundeter Ecken 20
5.2 Geometrische Größenverhältnisse 23
5.3 Tragwerksmodellierung für die Berechnung 25
5.4 Eindrehen der Flansche 25
5.5 Lokales Beulen und Forminstabilität von Querschnitten 27
5.5.1 Allgemeines 27
5.5.2 Ebene nicht ausgesteifte Querschnittsteile 29
5.5.3 Ebene Querschnittsteile mit Rand- oder Zwischensteifen 29
5.6 Beulen zwischen Verbindungsmitteln 45
6 Grenzzustände der Tragfähigkeit 46
6.1 Querschnittstragfähigkeit 46
6.1.1 Allgemeines 46
6.1.2 Zentrischer Zug 46
6.1.3 Zentrischer Druck 46
6.1.4 Biegung 47
6.1.5 Schubtragfähigkeit 50
6.1.6 Torsionsmomente 51
6.1.7 Örtliche Lasteinleitung 52
6.1.8 Kombinierte Beanspruchung aus Zug und Biegung 60
6.1.9 Kombinierte Beanspruchung aus Druck und Biegung 61
6.1.10 Kombinierte Beanspruchung aus Querkraft, Axialkraft und Biegung 61
6.1.11 Kombinierte Beanspruchung aus Biegung und lokaler Lasteinleitung oder Lagerreaktion 62
6.2 Stabilitätsnachweise für Bauteile 62
6.2.1 Allgemeines 62
6.2.2 Biegeknicken 62

		Seite
6.2.3	Drillknicken und Biegedrillknicken	63
6.2.4	Biegedrillknicken biegebeanspruchter Bauteile	67
6.2.5	Biegung und zentrische Druckkraft	67
6.3	Biegung und Zugkraft	67
7	Grenzzustände der Gebrauchstauglichkeit	67
7.1	Allgemeines	67
7.2	Plastische Verformungen	68
7.3	Durchbiegungen	68
8	Verbindungen	68
8.1	Allgemeines	68
8.2	Stöße und Endanschlüsse druckbeanspruchter Bauteile	68
8.3	Verbindungen mit mechanischen Verbindungsmitteln	69
8.4	Punktschweißungen	76
8.5	Überlappungsstöße	77
8.5.1	Allgemeines	77
8.5.2	Kehlnähte	77
8.5.3	Lochschweißungen	78
9	Versuchsgestützte Bemessung	81
10	Besondere Angaben zu Pfetten, Kassettenprofilen und Profilblechen	82
10.1	Träger mit Drehbettung durch Bleche	82
10.1.1	Allgemeines	82
10.1.2	Berechnungsmethoden	83
10.1.3	Bemessungskriterien	85
10.1.4	Bemessungswerte der Tragfähigkeit	87
10.1.5	Drehbehinderung durch Profilbleche	94
10.1.6	Kräfte in den Blech/Pfetten-Verbindungen und Lagerkräfte	99
10.2	Kassettenprofile mit Aussteifung durch Profilbleche	101
10.2.1	Allgemeines	101
10.2.2	Momententragfähigkeit	102
10.3	Bemessung von Schubfeldern	105
10.3.1	Allgemeines	105
10.3.2	Scheibenwirkung	105
10.3.3	Voraussetzungen	106
10.3.4	Schubfelder aus Profilblechen	107
10.3.5	Schubfelder aus Kassettenprofilen	108
10.4	Perforierte Profilbleche	109
Anhang A (normativ) Versuche		111
A.1	Allgemeines	111
A.2	Versuche an Profilblechen und Kassettenprofilen	111
A.2.1	Allgemeines	111
A.2.2	Versuche am Einfeldträger	112
A.2.3	Versuche am Zweifeldträger	112
A.2.4	Ersatzträger zur Prüfung der Zwischenstützung	113
A.2.5	Versuche am Endlager	114
A.3	Versuche an kaltgeformten Profilen	116
A.3.1	Allgemeines	116
A.3.2	Druckversuche am vollen Querschnitt	117
A.3.3	Zugversuch am vollen Querschnitt	118
A.3.4	Biegeversuch am vollen Querschnitt	119
A.4	Versuche an Tragwerken oder Tragwerksteilen	119
A.4.1	Abnahmeversuch	119
A.4.2	Zerstörungsfreier Festigkeitsversuch	120
A.4.3	Tragfähigkeitsversuch bis zum Versagen	121
A.4.4	Kalibrationsversuch	121
A.5	Versuche an durch Profilbleche drehbehinderten Biegeträgern	121

	Seite
A.5.1 Allgemeines	121
A.5.2 Versuch zur Prüfung der Innenstützung	122
A.5.3 Ermittlung der Drehbehinderung	125
A.6 Auswertung der Versuchsergebnisse	127
A.6.1 Allgemeines	127
A.6.2 Normierung der Versuchsergebnisse	127
A.6.3 Charakteristische Werte	129
A.6.4 Bemessungswerte	131
A.6.5 Gebrauchstauglichkeit	131
Anhang B (informativ) Dauerhaftigkeit von Verbindungsmitteln	132
Anhang C (informativ) Querschnittswerte für dünnwandige Querschnitte	134
C.1 Offene Querschnitte	134
C.2 Querschnittswerte für offene, verzweigte Querschnitte	137
C.3 Torsionssteifigkeit von Querschnitten mit geschlossenem Querschnittsteil	137
Anhang D (informativ) Gemischte Anwendung von wirksamen Breiten und wirksamen Dicken bei einseitig gestützten Querschnittsteilen	138
Anhang E (informativ) Vereinfachte Pfettenbemessung	140

DIN EN 1993-1-3:2010-12
EN 1993-1-3:2006 + AC:2009 (D)

Vorwort

Dieses Dokument (EN 1993-1-3:2006 + AC:2009) wurde vom Technischen Komitee CEN/TC 250 „Structural Eurocodes" erarbeitet, dessen Sekretariat vom BSI (Großbritannien) gehalten wird.

Diese Europäische Norm muss den Status einer nationalen Norm erhalten, entweder durch Veröffentlichung eines identischen Textes oder durch Anerkennung bis April 2007, und etwaige entgegenstehende nationale Normen müssen bis März 2010 zurückgezogen werden.

Dieser Eurocode ersetzt ENV 1993-1-3:1996.

Entsprechend der CEN/CENELEC-Geschäftsordnung sind die nationalen Normungsinstitute der folgenden Länder gehalten, diese Europäische Norm zu übernehmen: Belgien, Dänemark, Deutschland, Estland, Finnland, Frankreich, Griechenland, Irland, Island, Italien, Lettland, Litauen, Luxemburg, Malta, Niederlande, Norwegen, Österreich, Polen, Portugal, Rumänien, Schweden, Schweiz, Slowakei, Slowenien, Spanien, Tschechische Republik, Ungarn, Vereinigtes Königreich und Zypern.

Nationaler Anhang zu EN 1993-1-3

Diese Norm enthält alternative Verfahren, Kennwerte und Empfehlungen mit Anmerkungen, die darauf hinweisen, wann nationale Abänderungen anfallen. Deswegen gilt zur nationalen Norm, die EN 1993-1-3 implementiert, ein nationaler Anhang, der die national bestimmten Parameter zu Entwurf und Bemessung von Stahlbauten, die in dem jeweiligen Land zu errichten sind, enthält.

Nationale Abänderungen werden in den folgenden Regelungen der EN 1993-1-3 ermöglicht:

- 2(3)P
- 2(5)
- 3.1(3) Anmerkung 1 und Anmerkung 2
- 3.2.4(1)
- 5.3(4)
- 8.3(5)
- 8.3(13), Tabelle 8.1
- 8.3(13), Tabelle 8.2
- 8.3(13), Tabelle 8.3
- 8.3(13), Tabelle 8.4
- 8.4(5)
- 8.5.1(4)
- 9(2)
- 10.1.1(1)
- 10.1.4.2(1)
- A.1(1), Anmerkung 2
- A.1(1), Anmerkung 3
- A.6.4(4)
- E(1)

1 Einleitung

1.1 Anwendungsbereich

(1) EN 1993-1-3 enthält Anforderungen an die Bemessung kaltgeformter, ⒜ gestrichener Text ⒜ Bauteile und Bleche. Sie bezieht sich auf kaltgewalzte Stahlerzeugnisse aus beschichtetem oder nicht beschichtetem warm- oder kaltgewalzten ⒜ gestrichener Text ⒜ Blech oder Band, das durch Rollprofilier- oder Kantverfahren kaltverformt wurde. Sie darf auch zur Bemessung von profilierten Stahlblechen für Stahl-Beton-Verbunddecken im Bauzustand angewendet werden, siehe EN 1994. Die Ausführung von Stahlbaukonstruktionen aus kaltgeformten, ⒜ gestrichener Text ⒜ Bauteilen ist in EN 1090 geregelt.

ANMERKUNG Die Regelungen dieses Teils sind Ergänzungen anderer Teile der EN 1993-1.

(2) Es werden auch Bemessungsverfahren zu Schubfeldkonstruktionen aus dünnwandigen Stahlblechen angeführt.

(3) Dieser Teil enthält keine Regelungen zu kaltgeformten Kreis- und Rechteckhohlprofilen, die nach EN 10219 geliefert werden. Hierzu wird auf EN 1993-1-1 und EN 1993-1-8 verwiesen.

(4) EN 1993-1-3 enthält Nachweisverfahren mit Berechnungen und mit durch Versuche gestützten Berechnungen. Die Berechnungsverfahren beziehen sich lediglich auf die angegebenen Werkstoffe und geometrischen Abmessungen, für die ausreichend Erfahrungswerte und Versuchsergebnisse vorliegen. Diese Einschränkungen gelten nicht für die experimentellen Verfahren.

(5) EN 1993-1-3 regelt nicht die Lastanordungen für die Überprüfung von Lasten bei Montage und Instandhaltung.

(6) Voraussetzung für die Gültigkeit dieser Norm ist, dass die kaltgeformten Bauteile den Toleranzanforderungen in EN 1090-2 genügen.

1.2 Normative Verweisungen

Diese Europäische Norm enthält durch datierte oder undatierte Verweisungen Festlegungen aus anderen Publikationen. Diese normativen Verweisungen sind an den jeweiligen Stellen im Text zitiert, und die Publikationen sind nachstehend aufgeführt. Bei datierten Verweisungen gehören spätere Änderungen oder Überarbeitungen nur zu dieser Norm, falls sie durch Änderung oder Überarbeitung eingearbeitet sind. Bei undatierten Verweisungen gilt die letzte Ausgabe der in Bezug genommenen Publikationen (einschließlich Änderungen).

EN 508-1, *Dachdeckungsprodukte aus Metallblech — Festlegungen für selbsttragende Bedachungselemente aus Stahlblech, Aluminiumblech oder nichtrostendem Stahlblech — Teil 1: Stahl*

EN 1090-2, *Ausführung von Stahltragwerken und Aluminiumtragwerken — Teil 2: Technische Anforderungen an die Ausführung von Tragwerken aus Stahl*

EN 1993 (Teile 1-1 bis 1-12), *Eurocode 3: Bemessung und Konstruktion von Stahlbauten*

EN 1994 (alle Teile), *Eurocode 4: Bemessung und Konstruktion von Verbundtragwerken aus Stahl und Beton*

EN 10002-1, *Metallische Werkstoffe — Zugversuch — Teil 1: Prüfverfahren bei Raumtemperatur*

EN 10025-1:2004, *Warmgewalzte Erzeugnisse aus Baustählen — Teil 1: Allgemeine technische Lieferbedingungen*

EN 10025-2:2004, *Warmgewalzte Erzeugnisse aus Baustählen — Teil 2: Technische Lieferbedingungen für unlegierte Baustähle*

EN 10025-3:2004, *Warmgewalzte Erzeugnisse aus Baustählen — Teil 3: Technische Lieferbedingungen für normalgeglühte/normalisierend gewalzte schweißgeeignete Feinkornbaustähle*

EN 10025-4:2004, *Warmgewalzte Erzeugnisse aus Baustählen — Teil 4: Technische Lieferbedingungen für thermomechanisch gewalzte schweißgeeignete Feinkornbaustähle*

EN 10025-5:2004, *Warmgewalzte Erzeugnisse aus Baustählen — Teil 5: Technische Lieferbedingungen für wetterfeste Baustähle*

EN 10143, *Kontinuierlich schmelztauchveredeltes Blech und Band aus Stahl; Grenzabmaße und Formtoleranzen*

EN 10149-2, *Warmgewalzte Flacherzeugnisse aus Stählen mit hoher Streckgrenze zum Kaltumformen — Teil 2: Lieferbedingungen für thermomechanisch gewalzte Stähle*

EN 10149-3, *Warmgewalzte Flacherzeugnisse aus Stählen mit hoher Streckgrenze zum Kaltumformen — Teil 3: Lieferbedingungen für normalgeglühte, normalisierend gewalzte Stähle*

EN 10204, *Metallische Erzeugnisse — Arten von Prüfbescheinigungen*

EN 10268, *Kaltgewalzte Flacherzeugnisse mit hoher Streckgrenze zum Kaltumformen aus mikrolegierten Stählen — Technische Lieferbedingungen*

EN 10292, *Kontinuierlich schmelztauchveredeltes Band und Blech aus Stählen mit hoher Streckgrenze zum Kaltumformen — Technische Lieferbedingungen*

EN 10326, *Kontinuierlich schmelztauchveredeltes Band und Blech aus Baustählen — Technische Lieferbedingungen*

EN 10327, *Kontinuierlich schmelztauchveredeltes Band und Blech aus weichen Stählen zum Kaltumformen — Technische Lieferbedingungen*

EN ISO 1478, *Blechschraubengewinde*

EN ISO 1479, *Sechskant-Blechschrauben*

EN ISO 2702, *Wärmebehandelte Blechschrauben aus Stahl — Mechanische Eigenschaften*

EN ISO 7049, *Linsenkopf-Blechschrauben mit Kreuzschlitz*

EN ISO 10684, *Verbindungselemente — Feuerverzinkung*

EN ISO 12944-2, *Beschichtungsstoffe — Korrosionsschutz von Stahlbauten durch Beschichtungssysteme — Teil 2: Einteilung der Umgebungsbedingungen*

ISO 4997, *Cold-reduced steel sheet of structural quality*

FEM 10.2.02, *Fédération Européenne de la manutention, Secion X, Equipement et procédés de stockage,*
FEM 10.2.02, *The design of static steel pallet racking, Racking design code, April 2001, Version 1.02.*

1.3 Begriffe

Für die Anwendung dieses Dokuments gelten die Begriffe nach EN 1993-1-1 und die folgenden Begriffe.

1.3.1
Grundwerkstoff
flaches Stahlblech, aus dem kaltgeformte Querschnitte und profilierte Bleche durch Kaltverformung hergestellt werden

1.3.2
Basisstreckgrenze
Streckgrenze des Grundwerkstoffs aus dem Zugversuch

1.3.3
Schubfeldwirkung
Tragverhalten unter Einbeziehung von Schub in der Blechebene

1.3.4
Kassettenprofil
kastenförmiges Blechprofil mit lippenversteiften Randgurten, die durch Kopplung von benachbarten Kassettengurten eine rippenversteifte Wand bilden, die eine parallele Wand aus senkrecht dazu verlaufenden Profilblechen tragen kann

1.3.5
Teilbehinderung
Teilbehinderung seitlicher Verformungen oder der Verdrehungen oder Verwölbungen eines Bauteils, die die Tragfähigkeit gegenüber Stabilitätsversagen ähnlich wie eine Federlagerung erhöht, aber geringfügiger als bei einer starren Lagerung

1.3.6
bezogener Schlankheitsgrad
ein genormter, dimensionsloser Schlankheitswert

1.3.7
Halterung
volle Behinderung seitlicher Verformungen oder Verdrehungen oder Verwölbungen eines Bauteils, die die Tragfähigkeit gegenüber Stabilitätsversagen ähnlich wie eine starre Lagerung erhöht

1.3.8
Schubfeldbemessung
ein Bemessungsverfahren, das die Schubtragwirkung von Blechkonstruktionen auf die Steifigkeit und Tragfähigkeit eines Tragwerks berücksichtigt

1.3.9
Lager
eine Stelle, an der ein Bauteil Kräfte oder Momente in eine Gründung, ein anderes Bauteil oder ein anderes Tragwerksteil weiterleitet

1.3.10
Nenndicke
ein durchschnittlicher Zielwert für die Blechdicke einschließlich des Zinküberzugs oder anderer metallischer Überzüge nach dem Kaltwalzen entsprechend den Herstellerangaben (t_{nom} schließt Kunststoffbeschichtungen aus)

1.3.11
Stahlkerndicke
die Nenndicke abzüglich der Zink- oder anderer metallischer Überzüge (t_{cor})

1.3.12
Bemessungsdicke
die Stahlkerndicke zur Verwendung bei der rechnerischen Bemessung nach 1.5.3(6) und 3.2.4

1.4 Formelzeichen

(1) Zusätzlich zu den in EN 1993-1 angegebenen werden die folgenden Formelzeichen verwendet:

f_y Streckgrenze

f_{ya} durchschnittliche Streckgrenze

f_{yb} Basisstreckgrenze des Grundwerkstoffs vor dem Kaltwalzen

t Bemessungskerndicke des Stahlwerkstoffs vor dem Kaltformen abzüglich aller metallischer und organischer Beschichtungen

t_{nom} Nenndicke = Blechdicke nach dem Kaltformen einschließlich Zink- und anderer metallischer Beschichtungen

t_{cor} Stahlkerndicke = Nenndicke abzüglich der Zink- und anderer metallischer Überzüge

K Verschiebefedersteifigkeit

C Drehfedersteifigkeit

(2) Zusätzliche Formelzeichen werden an den Stellen im Text definiert, an denen sie zuerst verwendet werden.

(3) Ein Formelzeichen darf mehrere Bedeutungen haben.

1.5 Bezeichnungsweisen und vereinbarte Maßangaben

1.5.1 Querschnittsform

(1) Kaltgeformte Bauteile und profilierte Bleche weisen innerhalb der zulässigen Toleranzen eine konstante Nenndicke über ihrer Gesamtlänge auf und dürfen entweder einen gleich bleibenden Querschnitt oder einen längsveränderlichen Querschnitt besitzen.

(2) Der Querschnitt eines kaltgeformten Bauteils und Profilblechs umfasst im Grundsatz eine Reihe ebener Elemente, die durch gerundete Elemente verbunden sind.

(3) Typische Querschnittsformen kaltgeformter Bauteile sind in Bild 1.1 dargestellt.

ANMERKUNG   Die Berechnungsmethoden der EN 1993-1-3 umfassen nicht jeden der in den Bildern 1.1 und 1.2 dargestellten Fälle.

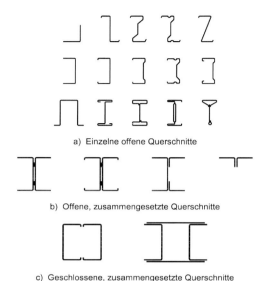

Bild 1.1 — Typische Querschnittsformen kaltgewalzter Bauteile

(4) Beispiele für die Querschnitte kaltgewalzter Bauteile und Bleche sind in Bild 1.2 dargestellt.

ANMERKUNG   Jede Regel in diesem Teil von EN 1993 bezieht sich auf die Hauptquerschnittsachsen, welche durch die Hauptachsen y–y und z–z bei symmetrischen und u–u und v–v bei unsymmetrischen Querschnitten wie z. B. Winkel- und Z-Profilen definiert sind. In einigen Fällen ist die Zwangs-Biegeachse durch angeschlossene Konstruktionsteile unabhängig von den Symmetrieeigenschaften des Querschnitts vorgegeben.

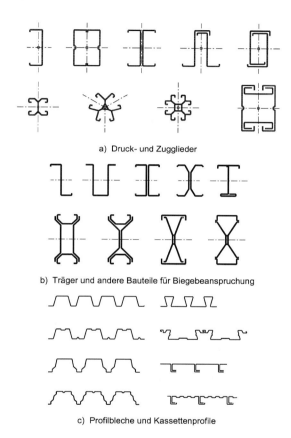

a) Druck- und Zugglieder

b) Träger und andere Bauteile für Biegebeanspruchung

c) Profilbleche und Kassettenprofile

Bild 1.2 — Beispiele für kaltgeformte Bauteile und Profilbleche

(5) Querschnitte von kaltgeformten Bauteilen und Blechen dürfen entweder nicht ausgesteift sein oder sie enthalten Längsaussteifungen in den Stegen, Flanschen oder in beiden.

1.5.2 Formen der Längsaussteifungen

(1) Typische Formen der Längsaussteifungen in kaltgewalzten Bauteilen und Blechen sind in Bild 1.3 dargestellt.

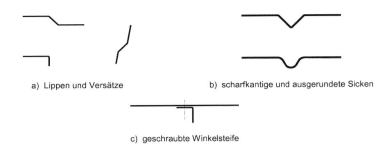

a) Lippen und Versätze   b) scharfkantige und ausgerundete Sicken

c) geschraubte Winkelsteife

Bild 1.3 — Typische Steifenformen für kaltgewalzte Bauteile und Blechkonstruktionen

(2) Flanschlängssteifen dürfen entweder als Rand- oder Zwischensteifen ausgeführt sein.

(3) Typische Randsteifen sind in Bild 1.4 dargestellt.

a) Lippen und Abkantungen   b) Bördel

Bild 1.4 — Typische Randsteifen

(4) Typische Längszwischensteifen sind in Bild 1.5 dargestellt.

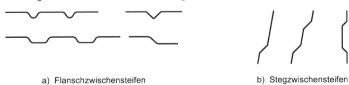

a) Flanschzwischensteifen   b) Stegzwischensteifen

Bild 1.5 — Typische Längszwischensteifen

1.5.3 Maßangaben für Querschnitte

(1) Gesamtmaßangaben kaltgeformter Querschnitte und Blechkonstruktionen, wie die Gesamtbreite b, die Gesamthöhe h, der innere Biegeradius r und andere Außenmaße, die mit Symbolen ohne tiefgestellte Indizes, wie z. B. a, c oder d, gekennzeichnet sind, werden, wenn nicht anderweitig festgelegt, von den Oberflächen aus gemessen, siehe Bild 1.6.

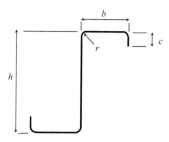

Bild 1.6 — Abmessungen eines typischen Querschnitts

(2) Wenn nicht anderweitig festgelegt, werden die Querschnittsabmessungen eines kaltgeformten Bauteils und einer Blechkonstruktion, die mit tiefgestellten Indizes wie z. B. b_d, h_w oder s_w gekennzeichnet sind, entweder von den Blechmittellinien oder den Eckmittelpunkten vermessen.

(3) Im Falle von geneigten Elementen wie bei Stegen von Trapezblechen wird die schräge Höhe s parallel zur Neigung gemessen. Die Neigung ist durch die gerade Linie zwischen den Schnittpunkten der Flansche und des Steges gegeben.

(4) Die Steghöhe wird entlang der Steg-Mittellinie inklusive aller Stegaussteifungen vermessen.

(5) Die Flanschbreite wird entlang der Flansch-Mittellinie inklusive aller Zwischensteifen vermessen.

(6) Wenn nichts anderes ausgewiesen ist, handelt es sich bei der Materialdicke t um die Stahlbemessungsdicke (die Stahlkerndicke, gegebenenfalls, abzüglich der Toleranz wie in 3.2.4 spezifiziert).

1.5.4 Vereinbarung über die Bauteilachsen

(1) Allgemein werden die Vereinbarungen über die Bauteilachsen in EN 1993-1-1 verwendet, siehe Bild 1.7.

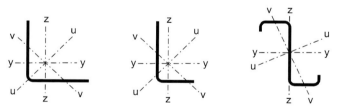

Bild 1.7 — Vereinbarung über die Bauteilachsen

(2) Bei Profilblechen und Kassettenprofilen gelten die folgenden Vereinbarungen:

— y–y   Achse parallel zur Blechebene;

— z–z   Achse senkrecht zur Blechebene.

2 Grundlagen der Bemessung

(1) Die Bemessung kaltgewalzter Bauteile und Blechkonstruktionen ist in der Regel in Übereinstimmung mit den allgemeinen Regelungen der EN 1990 und der EN 1993-1-1 durchzuführen. Zu dem allgemeinen Vorgehen mit FE-Verfahren (oder anderen) siehe EN 1993-1-5, Anhang C.

(2)P Bei Nachweisen der Grenzzustände der Tragfähigkeit und der Gebrauchstauglichkeit sind die entsprechenden Teilsicherheitsbeiwerte anzusetzen.

(3)P Bei rechnerischen Nachweisen des Grenzzustands der Tragfähigkeit sind die Teilsicherheitsbeiwerte γ_M folgendermaßen anzuwenden:

— Querschnittstragfähigkeit, begrenzt durch ausgeprägtes Fließen des Querschnitts unter Einbeziehung lokalen Beulens oder Profilverformung von Querschnitten: γ_{M0};

— Tragfähigkeit von Bauteilen und Blechkonstruktionen, bei denen sich ein globales Stabilitätsversagen einstellt: γ_{M1};

— Tragfähigkeit von Nettoquerschnitten an Schraubenlöchern: γ_{M2};

ANMERKUNG   Zahlenwerte für γ_{Mi} dürfen im nationalen Anhang definiert sein. Die folgenden Zahlenwerte werden für den allgemeinen Hochbau empfohlen:

$\gamma_{M0} = 1{,}00$;

$\gamma_{M1} = 1{,}00$;

$\gamma_{M2} = 1{,}25$.

(4) γ_M-Werte zur Tragfähigkeit von Anschlüssen enthält Abschnitt 8.

(5) Bei Nachweisen des Grenzzustands der Gebrauchstauglichkeit sind in der Regel die Teilsicherheitsbeiwerte $\gamma_{M,ser}$ zu verwenden.

ANMERKUNG   Zahlenwerte für $\gamma_{M,ser}$ dürfen im nationalen Anhang definiert sein. Der folgende Zahlenwert wird für den allgemeinen Hochbau empfohlen:

$\gamma_{M,ser} = 1{,}00$.

(6) Bei der Bemessung von kaltgeformten Bauteilen und Blechkonstruktionen sollte eine von den Schadensfolgen abhängige Unterscheidung zwischen „Konstruktionsklassen" nach EN 1990 – Anhang B getroffen werden:

— **Konstruktionsklasse I**: Konstruktion, bei der kaltgeformte Bauteile und Blechkonstruktionen zur Gesamttragfähigkeit eines Tragwerks beitragen;

— **Konstruktionsklasse II**: Konstruktion, bei der kaltgeformte Bauteile und Blechkonstruktionen zur Tragfähigkeit eines einzelnen Tragwerksteils beitragen;

— **Konstruktionsklasse III**: Konstruktion, bei der kaltgeformte Bauteile und Blechkonstruktionen lediglich der Übertragung der Lasten auf das Tragwerk dienen.

ANMERKUNG 1 Im Verlauf verschiedener Bauphasen dürfen unterschiedliche Konstruktionsklassen definiert werden.

ANMERKUNG 2 Die Anforderungen an die Ausführung von Blechkonstruktionen sind in EN 1090 geregelt.

3 Werkstoffe

3.1 Allgemeines

(1) Die Stahlsorte, die für kaltgeformte Bauteile und Blechkonstruktionen eingesetzt werden soll, sollte für die Kaltverformung und, wenn erforderlich, für das Schweißen, geeignet sein. Stahlsorten, die für verzinkte kaltgeformte Bauteile und Blechkonstruktionen eingesetzt werden sollen, sollten auch für die Verzinkung geeignet sein.

(2) Die Nennwerte der Werkstoffeigenschaften in diesem Abschnitts sind in der Regel als charakteristische Werte für die Bemessung zu verwenden.

(3) Dieser Teil von EN 1993 behandelt die Bemessung kaltgeformter Bauteile und profilierter Blechkonstruktionen aus Stählen entsprechend der Tabelle 3.1a.

Tabelle 3.1a — Nennwerte der Basisstreckgrenze f_{yb} und der Zugfestigkeit f_u

Stahlsorte	Norm	Sorte	f_{yb} in N/mm^2	f_u in N/mm^2
Warmgewalzte nicht legierte Baustähle; Teil 2: Technische Lieferbedingungen für nicht legierte Baustähle	EN 10025-2	S 235 S 275 S 355	235 275 355	360 430 510
Warmgewalzte Erzeugnisse aus Baustählen; Teil 3: Technische Lieferbedingungen normalisierter, gewalzter, schweißbarer Feinkornbaustähle	EN 10025-3	S 275 N S 355 N S 420 N S 460 N S 275 NL S 355 NL S 420 NL S 460 NL	275 355 420 460 275 355 420 460	370 470 520 550 370 470 520 550
Warmgewalzte Erzeugnisse aus Baustählen; Teil 4: Technische Lieferbedingungen thermomechanisch gewalzter, schweißbarer Feinkornbaustähle	EN 10025-4	S 275 M S 355 M S 420 M S 460 M S 275 ML S 355 ML S 420 ML S 460 ML	275 355 420 460 275 355 420 460	360 450 500 530 360 450 500 530

ANMERKUNG 1 Bei Stahlblechen mit weniger als 3 mm Dicke nach EN 10025, wenn die Ausgangsbandbreite ≥ 600 mm beträgt, dürfen die charakteristischen Werte im nationalen Anhang angeben werden. Das 0,9fache der Werte in Tabelle 3.1a wird empfohlen.

ANMERKUNG 2 Bei anderen Stahlwerkstoffen und Erzeugnissen gilt der nationale Anhang. Beispiele zu Stahlsorten, die den Anforderungen dieser Norm entsprechen, enthält die Tabelle 3.1b.

Tabelle 3.1b — Nennwerte der Basisstreckgrenze f_{yb} und der Zugfestigkeit f_u

Stahlsorte	Norm	Sorte	f_{yb} in N/mm²	f_u in N/mm²
Kontinuierlich kaltgewalzte Flacherzeugnissse aus allgemeinen Baustählen	ISO 4997	CR 220 CR 250 CR 320	220 250 320	300 330 400
Kontinuierlich feuerverzinktes Blech aus unlegierten Baustählen	EN 10326	S220GD+Z S250GD+Z S280GD+Z S320GD+Z S350GD+Z	220 250 280 320 350	300 330 360 390 420
Warmgewalzte Flacherzeugnisse aus hochfesten Stählen zur Kaltumformung. Teil 2: Lieferbedingungen für thermomechanisch gewalzte Stähle	EN 10149-2	S 315 MC S 355 MC S 420 MC S 460 MC S 500 MC S 550 MC S 600 MC S 650 MC S 700 MC	315 355 420 460 500 550 600 650 700	390 430 480 520 550 600 650 700 750
	EN 10149-3	S 260 NC S 315 NC S 355 NC S 420 NC	260 315 355 420	370 430 470 530
Kaltgewalzte Flacherzeugnisse aus Stahl mit hoher Streckgrenze zum Kaltumformen	EN 10268	H240LA H280LA H320LA H360LA H400LA	240 280 320 360 400	340 370 400 430 460
Kontinuierlich schmelztauchveredeltes Band und Blech aus Stählen mit hoher Streckgrenze zum Kaltumformen	EN 10292	H260LAD H300LAD H340LAD H380LAD H420LAD	240[b] 280[b] 320[b] 360[b] 400[b]	340[b] 370[b] 400[b] 430[b] 460[b]
Kontinuierlich schmelztauchveredeltes Band und Blech aus Stahl mit Zink-Aluminium-Überzügen (ZA)	EN 10326	S220GD+ZA S250GD+ZA S280GD+ZA S320GD+ZA S350GD+ZA	220 250 280 320 350	300 330 360 390 420
Kontinuierlich schmelztauchveredeltes Band und Blech aus Stahl mit Aluminium-Zink-Überzügen (AZ)	EN 10326	S220GD+AZ S250GD+AZ S280GD+AZ S320GD+AZ S350GD+AZ	220 250 280 320 350	300 330 360 390 420
Kontinuierlich feuerverzinktes Band und Blech aus unlegierten Stählen zur Kaltverformung	EN 10327	DX51D+Z DX52D+Z DX53D+Z	140[a] 140[a] 140[a]	270[a] 270[a] 270[a]

[a] Mindestwerte für Streckgrenze und Zugfestigkeit sind in dieser Norm nicht enthalten. Für jede Stahlsorte darf ein Mindestwert von 140 N/mm² für die Streckgrenze und 270 N/mm² für die Zugfestigkeit angenommen werden.

[b] Die Streckgrenzenwerte in den Werkstoffbezeichnungen beziehen sich auf die Eigenschaften senkrecht zur Walzrichtung. Die Werte für Längszug sind in der Tabelle enthalten.

DIN EN 1993-1-3:2010-12
EN 1993-1-3:2006 + AC:2009 (D)

3.2 Baustähle

3.2.1 Werkstoffeigenschaften des Grundmaterials

(1) Die Nennwerte der Streckgrenze f_{yb} oder Zugfestigkeit f_u sind in der Regel folgendermaßen zu bestimmen:

a) entweder durch Gleichsetzen von $f_y = R_{eh}$ oder $R_{p0,2}$ und $f_u = R_m$ direkt aus den Erzeugnisnormen, oder

b) durch Verwendung der Werte in Tabellen 3.1a und 3.1b oder

c) durch entsprechende Versuche.

(2) Werden die charakteristischen Werte aus Versuchen ermittelt, so sind solche Versuche in der Regel nach EN 10002-1 durchzuführen. Es sollten wenigstens 5 Prüfstücke einer Charge folgendermaßen entnommen werden:

1) Bandrollen:

    a) bei einem Los einer Produktionscharge (ein Konverter-Stahlguss) mindestens ein Prüfstück je Bandrolle aus 30 % aller Bandrollen;

    b) bei einem Los aus verschiedenen Produktionschargen mindestens ein Prüfstück je Bandrolle;

2) Streifen:
    wenigstens ein Prüfstück je 2 000 kg aus einer Produktion.

Die Prüfstücke sind dem betreffenden Stahllos in der Regel nach Zufall zu entnehmen, und die Orientierung sollte der Längsrichtung des Tragwerksteils entsprechen. Die charakteristischen Werte sollten entsprechend der statistischen Auswertung nach EN 1990, Anhang D bestimmt werden.

(3) Es darf unterstellt werden, dass die Stahleigenschaften für Druck die gleichen sind wie für Zug.

(4) Für die Duktilitätsanforderungen gilt in der Regel 3.2.2 der EN 1993-1-1.

(5) Die Bemessungswerte der Werkstoffkenngrößen sind in der Regel 3.2.6 der EN 1993-1-1 zu entnehmen.

(6) Die Werkstoffeigenschaften bei hohen Temperaturen sind in EN 1993-1-2 enthalten.

3.2.2 Werkstoffeigenschaften kaltgeformter Profile und Blechkonstruktionen

(1) Wo die Streckgrenze mit dem Symbol f_y bezeichnet wird, darf die Durchschnittsstreckgrenze f_{ya} verwendet werden, wenn (4) bis (8) gilt. In anderen Fällen ist in der Regel die Basisstreckgrenze f_{yb} zu verwenden. Wo die Streckgrenze mit dem Symbol f_{yb} bezeichnet wird, ist in der Regel die Basisstreckgrenze f_{yb} zu verwenden.

(2) Die durchschnittliche Streckgrenze f_{ya} eines Querschnitts infolge der Kaltverfestigung darf anhand von Versuchen zur Ermittlung der Querschnittstragfähigkeit ermittelt werden.

(3) Alternativ darf die erhöhte Streckgrenze f_{ya} nach der folgenden Berechnungsvorschrift ermittelt werden:

$$f_{ya} = f_{yb} + \left(f_u - f_{yb}\right)\frac{knt^2}{A_g} \quad \text{jedoch} \quad f_{ya} \leq \frac{\left(f_u + f_{yb}\right)}{2} \tag{3.1}$$

DIN EN 1993-1-3:2010-12
EN 1993-1-3:2006 + AC:2009 (D)

Dabei ist

A_g die Bruttoquerschnittsfläche;

k ein verformungsabhängiger Zahlenwert:

— $k = 7$ bei Rollprofilierung;

— $k = 5$ bei anderen Profilierverfahren;

n die Anzahl der Umbiegungen um 90° im Querschnitt mit einem Innenradius von $r \leq 5t$ (Umbiegungen unter 90° sind als Bruchteile von n einzubeziehen);

t die Bemessungskerndicke des Stahlwerkstoffs vor der Kaltumformung abzüglich aller metallischen Überzüge und organischen Beschichtungen, siehe 3.2.4.

(4) Die erhöhte Streckgrenze infolge der Kaltverformung darf folgendermaßen berücksichtigt werden:

— bei axial beanspruchten Bauteilen, in denen die wirksame Querschnittsfläche A_{eff} der Bruttofläche A_g entspricht;

— bei der Bestimmung von A_{eff} ist als Streckgrenze f_y der Wert für f_{yb} anzusetzen.

(5) Die Durchschnittsstreckgrenze f_{ya} darf bei der Bestimmung folgender Tragfähigkeiten herangezogen werden:

— Querschnittstragfähigkeit von zentrisch auf Zug beanspruchten Bauteilen;

— Querschnittstragfähigkeit und Knicktragfähigkeit zentrisch belasteter Druckstützen mit einem vollständig wirksamen Querschnitt;

— die Momententragfähigkeit eines Querschnitts mit vollständig wirksamen Druckflanschen.

(6) Zur Bestimmung der Momententragfähigkeit eines Querschnitts mit vollständig wirksamen Flanschen kann der Querschnitt in m ebene Querschnittsteile, wie die Flansche, unterteilt werden. Ausdruck (3.1) darf dann zur Ermittlung der erhöhten Streckgrenze $f_{y,i}$ für jedes einzelne Querschnittsteil i verwendet werden, vorausgesetzt, dass:

$$\frac{\sum_{i=1}^{m} A_{g,i} f_{y,i}}{\sum_{i=1}^{m} A_{g,i}} \leq f_{ya} \tag{3.2}$$

wobei:

$A_{g,i}$ die Bruttoquerschnittsfläche eines einzelnen Querschnittsteils i,

und die Berechnung der erhöhten Streckgrenze $f_{y,i}$ für jede Fläche $A_{g,i}$ nach Ausdruck (3.1) mit Kantenbiegewinkeln an den Rändern der einzelnen, ebenen Querschnittsteile in der Größe des halben Winkels durchgeführt wird.

(7) Die Streckgrenzenerhöhung infolge der Kaltverformung ist in der Regel nicht anzusetzen bei Bauteilen mit einer anschließenden Wärmebehandlung von mehr als 580 °C über länger als eine Stunde.

ANMERKUNG   Näheres findet sich in EN 1090-2.

DIN EN 1993-1-3:2010-12
EN 1993-1-3:2006 + AC:2009 (D)

(8) Es ist zu beachten, dass einige Verfahren der Wärmebehandlung (insbesondere Warmglühen) die Streckgrenze auch unter das Niveau der Basisstreckgrenze f_{yb} absenken können.

ANMERKUNG Zum Schweißen in kaltverformten Bereichen, siehe auch EN 1993-1-8.

3.2.3 Bruchzähigkeit

(1) Siehe EN 1993-1-1 und EN 1993-1-10.

3.2.4 Materialdicken und Materialdickentoleranzen

(1) Die Festlegungen für die rechnerische Bemessung der EN 1993-1-3 dürfen für Stähle innerhalb der angegebenen Grenzen für die Kerndicken t_{cor} angewendet werden.

ANMERKUNG Die Kerndickengrenzen t_{cor} für Blechkonstruktionen und Bauteile dürfen im jeweiligen nationalen Anhang angegeben werden. Die folgenden Werte werden empfohlen:

— Bleche und Bauteile: $0{,}45 \text{ mm} \leq t_{cor} \leq 15 \text{ mm}$;

— Anschlüsse: $0{,}45 \text{ mm} \leq t_{cor} \leq 4 \text{ mm}$, siehe 8.1(2).

(2) Dickere oder dünnere Werkstoffe dürfen ebenfalls verwendet werden, vorausgesetzt, dass die Tragfähigkeit durch versuchsgestützte Bemessung ermittelt wird.

(3) Die Stahlkerndicke t_{cor} ist in der Regel als Bemessungsdicke anzusetzen, wenn

$$t = t_{cor} \qquad \text{wenn } tol \leq 5\ \% \qquad (3.3a)$$

$$t = t_{cor} \frac{100 - tol}{95} \qquad \text{wenn } tol > 5\ \% \qquad (3.3b)$$

mit $t_{cor} = t_{nom} - t_{metalliccoatings}$ (3.3c)

Hierbei ist tol die untere Toleranzgrenze in %.

ANMERKUNG Bei üblicher Verzinkung mit Z 275 ist $t_{zinc} = 0{,}04$ mm.

(4) Bei durchlaufend feuerverzinkten Bauteilen und Blechen mit unteren Toleranzen, die gleich oder geringer als die „besonderen Toleranzen (S)" der EN 10143 sind, kann die Bemessungsmaterialdicke nach (3.3a) angesetzt werden. Liegt die untere Toleranz über der „besonderen Toleranz (S)" in EN 10143, dann kann die Bemessungsmaterialdicke nach (3.3b) verwendet werden.

(5) t_{nom} ist die Blechnenndicke nach der Kaltverformung. Sie darf dem Wert t_{nom} des ursprüngliche Blechs gleichgesetzt werden, wenn die rechnerische Querschnittsfläche vor und nach der Kaltverformung sich um nicht mehr als 2 % unterscheidet. Anderenfalls sollten die Ausgangswerte der Abmessungen geändert werden.

3.3 Befestigungsmittel

3.3.1 Schraubengarnituren

(1) Schrauben, Muttern und Unterlegscheiben sollten den Anforderungen in EN 1993-1-8 genügen.

3.3.2 Andere Arten mechanischer Verbindungsmittel

(1) Andere Typen mechanischer Verbindungsmittel z. B.:

- Gewindeformschrauben wie gewindeformende, selbstschneidende oder selbstdrehende Gewindeschrauben,

- Setzbolzen,

- Blindniete

dürfen verwendet werden, wenn sie mit der entsprechenden europäischen Produktspezifikation übereinstimmen.

(2) Die charakteristische Schubtragfähigkeit $F_{v,Rk}$ und die charakteristische Mindestzugfestigkeit $F_{t,Rk}$ mechanischer Verbindungsmittel dürfen den Produktnormen, ETAG oder ETA entnommen werden.

3.3.3 Schweißzusatzwerkstoffe

(1) Schweißzusatzwerkstoffe sollten den Anforderungen in EN 1993-1-8 entsprechen.

4 Dauerhaftigkeit

(1) Grundsätzliche Anforderungen enthält EN 1993-1-1, Abschnitt 4.

ANMERKUNG [AC] EN 1090-2 [AC], 9.3.1 enthält eine Reihe von die Ausführung beeinflussenden Faktoren, die in der Entwurfsphase festgelegt werden müssen.

(2) Besonders zu beachten sind Fälle, bei denen unterschiedliche Werkstoffe im Verbund wirken, wenn diese Werkstoffe infolge ihrer elektrochemischen Eigenschaften Korrosion fördern können.

ANMERKUNG 1 Zur Korrosionsbeständigkeit von Verbindungsmitteln in Umweltklassen nach EN ISO 12944-2, siehe Anhang B.

ANMERKUNG 2 Zu Erzeugnissen für die Dacheindeckung siehe EN 508-1.

ANMERKUNG 3 Zu weiteren Erzeugnissen siehe EN 1993-1-1.

ANMERKUNG 4 Zu feuerverzinkten Schrauben siehe EN ISO 10684.

5 Tragwerksberechnung

5.1 Einfluss ausgerundeter Ecken

(1) Bei Querschnitten mit ausgerundeten Ecken sollte der Nennwert der geraden Breite b_p eines ebenen Elements von den Mittelpunkten der angrenzenden Eckbereiche, wie in Bild 5.1 dargestellt, ausgemessen werden.

(2) Bei Querschnitten mit ausgerundeten Ecken hat die Berechnung der Querschnittsgrößen in der Regel mit der vorhandenen Geometrie des Querschnitts zu erfolgen.

(3) Werden keine geeigneteren Methoden zur Ermittlung der Querschnittsgrößen angewendet, kann die folgende Methode angewendet werden. Der Einfluss ausgerundeter Ecken darf vernachlässigt werden, wenn der Innenradius $r \leq 5\,t$ und $r \leq 0{,}10\,b_p$ beträgt. Es darf dann angenommen werden, dass der Querschnitt aus ebenen Teilen mit scharfkantigen Ecken besteht (entsprechend Bild 5.2 gilt b_p für jedes ebene Element einschließlich der zugbeanspruchten Elemente). Bei Querschnittssteifigkeiten ist der Einfluss ausgerundeter Ecken immer zu berücksichtigen.

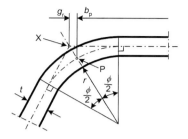

a) Mittelpunkt der Ecke oder Biegung

X ist der Schnittpunkt der Mittellinien

P ist der Mittelpunkt der Ecke

$r_m = r + t/2$

$g_r = r_m \left(\tan(\frac{\phi}{2}) - \sin(\frac{\phi}{2}) \right)$

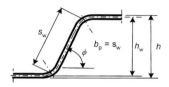

c) Nennwert der geraden Breite b_p eines Steges

(b_p = abgeschrägte Höhe s_w)

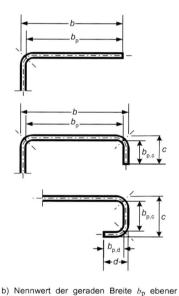

d) Nennwert der geraden Breite b_p ebener Teile, die an eine Stegsteife angrenzen

e) Nennwert der geraden Breite b_p ebener Teile, die an eine Flanschsteife angrenzen

b) Nennwert der geraden Breite b_p ebener Flanschstücke

Bild 5.1 — Nenn-Breiten ebener Querschnittsteile b_p unter Berücksichtigung der Eckradien

(4) Der Einfluss ausgerundeter Ecken auf die Querschnittswerte darf berücksichtigt werden, indem die Querschnittswerte für einen Ersatzquerschnitt mit scharfkantigen Ecken, siehe Bild 5.2, mit den folgenden Näherungen abgemindert werden:

$$A_g \approx A_{g,sh}(1-\delta) \tag{5.1a}$$

$$I_g \approx I_{g,sh}(1-2\delta) \tag{5.1b}$$

$$I_w \approx I_{w,sh}(1-4\delta) \tag{5.1c}$$

mit:

$$\delta = 0{,}43 \frac{\sum_{j=1}^{n} r_j \frac{\varphi_j}{90°}}{\sum_{i=1}^{m} b_{p,i}} \tag{5.1d}$$

Dabei ist

A_g die Bruttoquerschnittsfläche;

$A_{g,sh}$ der Wert für A_g des Ersatzquerschnitts mit scharfkantigen Ecken;

$b_{p,i}$ der Nennwert der geraden Breite eines ebenen Elements i des Ersatzquerschnitts mit scharfen Kanten;

I_g das Flächenmoment 2. Grades des Bruttoquerschnitts;

$I_{g,sh}$ der Wert für I_g des scharfkantigen Ersatzquerschnitts;

I_w der Wölbwiderstand des Bruttoquerschnitts;

$I_{w,sh}$ der Wert für I_w des scharfkantigen Ersatzquerschnitts;

ϕ der Winkel zwischen zwei ebenen Querschnittsteilen;

m die Anzahl der ebenen Querschnittsteile;

n die Anzahl der gekrümmten Querschnittsteile;

r_j der Innenradius eines gekrümmten Elements j.

(5) Die Abminderung in Ausdruck (5.1) darf ebenfalls zur Berechnung der wirksamen Querschnittswerte A_{eff}, $I_{y,eff}$, $I_{z,eff}$ und $I_{w,eff}$ verwendet werden unter der Voraussetzung, dass die Nennwerte der geraden Breite des ebenen Elements vom Schnittpunkt der Mittellinien aus gemessen werden.

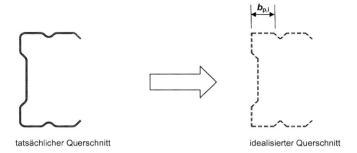

tatsächlicher Querschnitt　　　　　　　idealisierter Querschnitt

Bild 5.2 — Näherungsweise Berücksichtigung ausgerundeter Ecken

(6) Beträgt der Innenradius $r > 0{,}04\, t\, E/f_y$, ist die Tragfähigkeit experimentell zu bestimmen.

5.2 Geometrische Größenverhältnisse

(1) Die Festlegungen für die rechnerische Bemessung in der EN 1993-1-3 sollten bei Querschnitten jenseits der Breiten-Dicken-Verhältnisse b/t, h/t, c/t und d/t in Tabelle 5.1 nicht angewendet werden.

ANMERKUNG Die in Tabelle 5.1 angegebenen Grenzen für b/t, h/t, c/t und d/t dürfen als die Bereichsgrenzen angesehen werden, in denen bereits ausreichende Erfahrungswerte und Versuchsergebnisse vorliegen. Querschnitte mit größeren Breiten-Dicken-Verhältnissen dürfen ebenfalls verwendet werden, vorausgesetzt, dass ihre Tragfähigkeit im Grenzzustand und ihr Gebrauchstauglichkeitsverhalten durch Versuche und/oder Berechnungen nachgewiesen werden können. Hierbei sind die Ergebnisse durch eine ausreichende Anzahl von Versuchen zu bestätigen.

Tabelle 5.1 — Maximale Breiten-Dicken-Verhältnisse

Querschnittsteilfläche	Maximalwert
	$b/t \leq 50$
	$b/t \leq 60$ $c/t \leq 50$
	$b/t \leq 90$ $c/t \leq 60$ $d/t \leq 50$
	$b/t \leq 500$
	$45° \leq \phi \leq 90°$ $h/t \leq 500 \sin\phi$

(2) Zur Erlangung ausreichend hoher Steifigkeit und zur Vermeidung von vorzeitigem Versagen der Steifen sollten deren Abmessungen innerhalb der folgenden Grenzen liegen:

$$0{,}2 \leq c/b \leq 0{,}6 \qquad (5.2a)$$

$$0{,}1 \leq d/b \leq 0{,}3 \qquad (5.2b)$$

wobei die Abmessungen b, c und d in Tabelle 5.1 angegeben sind. Bei $c/b <$ 0,2 oder $d/b <$ 0,1 ist die Lippe in der Regel zu vernachlässigen ($c = 0$ oder $d = 0$).

ANMERKUNG 1 Werden wirksame Querschnittswerte durch Versuche und Berechnungen ermittelt, haben diese Grenzen keine Gültigkeit

ANMERKUNG 2 Das Lippenmaß c liegt senkrecht zum Flansch, auch wenn die Lippe nicht senkrecht zum Flansch angeordnet ist.

ANMERKUNG 3 Zu FE-Methoden siehe EN 1993-1-5, Anhang C.

5.3 Tragwerksmodellierung für die Berechnung

(1) Werden keine genaueren Modelle nach EN 1993-1-5 verwendet, dürfen die Querschnittsteile für die Berechnung wie in Tabelle 5.2 dargestellt modelliert werden.

(2) Der gegenseitige Einfluss mehrfacher Steifen ist in der Regel in Rechnung zu stellen.

(3) Imperfektionen, die Biegeknicken oder Biegedrillknicken begünstigen, sind der EN 1993-1-1, Tabelle 5.1 zu entnehmen.

ANMERKUNG Siehe auch EN 1993-1-1, 5.3.4.

(4) Bei Imperfektionen, die Biegedrillknicken begünstigen, darf eine Anfangsvorkrümmung e_0 senkrecht zur schwachen Profilachse unterstellt werden, ohne dass eine Anfangsverdrillung angesetzt wird.

ANMERKUNG Der Größtwert der Imperfektion darf dem nationalen Anhang entnommen werden. Die Größen von $e_0/L = 1/600$ für elastische Berechnungen und $e_0/L = 1/500$ für plastische Berechnungen werden bei Querschnitten empfohlen, die der Biegedrillknickkurve a in EN 1993-1-1, 6.3.2.2, zugeschrieben werden.

Tabelle 5.2 — Modellierung von Querschnittsteilen

Elementtyp	Modell	Elementtyp	Modell

5.4 Eindrehen der Flansche

(1) Die Auswirkung des Eindrehens von Flanschen (d. h. die Nachinnenkrümmung zur neutralen Achse hin des sehr breiten Flansches eines biegebeanspruchten Profils oder des Flansches eines biegebeanspruchten

DIN EN 1993-1-3:2010-12
EN 1993-1-3:2006 + AC:2009 (D)

Bogenträgers, bei dem die konkave Seite druckbeansprucht ist) ist in der Regel auf die Tragfähigkeit zu berücksichtigen, außer wenn die Verformung infolge der Eindrehung weniger als 5 % der Querschnittshöhe beträgt. Ist die Eindrehung größer, so sollte die Tragfähigkeitsminderung zum Beispiel durch die Abnahme des Hebelarms der eingedrehten breiten Flanschabschnitte und durch die mögliche Wirkung auf die Stegbiegungen berücksichtigt werden.

ANMERKUNG Bei Kassettenprofilen werden diese Auswirkungen in 10.2.2.2 berücksichtigt.

(2) Die Berechnung der Verformung infolge der Eindrehung kann folgendermaßen erfolgen. Die Gleichungen gelten sowohl für Druck- wie für Zugflansche, mit oder ohne Steifen, jedoch ohne eng angeordnete Quersteifen am Flansch. Bei einem vor der Belastung noch geraden Profil (siehe Bild 5.3) gilt

$$u = 2 \frac{\sigma_a^2}{E^2} \frac{b_s^4}{t^2 z} \tag{5.3a}$$

Bei Bogenträgern gilt:

$$u = 2 \frac{\sigma_a}{E} \frac{b_s^4}{t^2 r} \tag{5.3b}$$

Dabei ist

u die Durchbiegung des Flansches in Richtung der neutralen Achse (infolge Eindrehung), siehe Bild 5.3;

b_s der halbe Abstand zwischen den Stegen bei Kasten- und Hutprofilen oder die Flanschbreite ausgehend vom Steg, siehe Bild 5.3;

t die Flanschdicke;

z der Abstand zwischen den Flanschen und der neutralen Achse;

r der Krümmungsradius des Bogenträgers;

σ_a die mittlere Flanschspannung gerechnet für den Bruttoquerschnitt. Wird die Spannung für den wirksamen Querschnitt berechnet, erhält man die mittlere Spannung durch Multiplikation jener Spannung mit dem Verhältnis von wirksamer Flanschfläche zu Bruttoflanschfläche.

Bild 5.3 — Verformungen infolge der Flanscheindrehung

5.5 Lokales Beulen und Forminstabilität von Querschnitten

5.5.1 Allgemeines

(1) Die Auswirkungen lokalen Beulens und der Forminstabilität von Querschnitten sollten bei der Ermittlung der Tragfähigkeit und Steifigkeit kaltgeformter Bauteile und Blechkonstruktionen berücksichtigt werden.

(2) Lokale Beuleffekte dürfen berücksichtigt werden, indem wirksame Querschnittswerte, die auf der Grundlage wirksamer Breiten errechnet wurden, angesetzt werden, siehe EN 1993-1-5.

(3) Bei der Berechnung der wirksamen Breiten druckbeanspruchter Teile zur Bestimmung der Tragfähigkeit infolge lokalen Beulens nach EN 1993-1-5 ist als Streckgrenze f_y in der Regel der Wert f_{yb} anzusetzen.

ANMERKUNG Zur Tragfähigkeit siehe 6.1.3(1).

(4) Bei Nachweisen der Gebrauchtauglichkeit ist die wirksame Breite eines druckbeanspruchten Querschnittsteils in der Regel mit der Druckspannung $\sigma_{com,Ed,ser}$ im Grenzzustand der Gebrauchstauglichkeit zu ermitteln.

(5) Die Forminstabilität von Querschnitten mit Rand oder Zwischensteifen, wie in Bild 5.4d) dargestellt, wird in 5.5.3 behandelt.

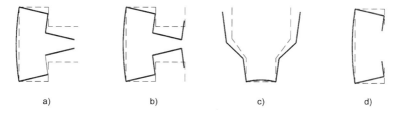

a)   b)   c)   d)

Bild 5.4 — Beispiele für Forminstabilität von Querschnitten

(6) Die Auswirkungen der Forminstabilität von Querschnitten sind in Fällen wie in Bild 5.4 a), b) und c) in der Regel zu verfolgen. In diesen Fällen sollten die Auswirkungen dieser Instabilitäten durch lineare (siehe 5.5.1(7)) oder nicht-lineare Stabilitätsuntersuchungen (siehe EN 1993-1-5) mit Hilfe numerischer Methoden oder Kurzprofildruckversuche ermittelt werden.

(7) Kommt nicht das vereinfachte Verfahren in 5.5.3 zum Einsatz und wird die elastische Verzweigungslast mit einer linearen Stabilitätsberechnung ermittelt, so darf die folgende Methode angewendet werden:

1) Bei Wellenlängen bis zur Bauteillänge werden die elastischen Verzweigungslasten berechnet und die zugehörigen Eigenformen ermittelt, siehe Bild 5.5a.

2) Für lokal ausgebeulte Querschnittsteile werden auf der Grundlage der kleinsten Verzweigungslasten die wirksamen Breiten (s) nach 5.5.2 berechnet, siehe Bild 5.5b.

3) Für Rand- und Zwischensteifen oder andere Querschnittsteile, die der Forminstabilität des Querschnitts unterliegen, wird auf der Grundlage der kleinsten Verzweigungslast für Forminstabilität die abgeminderte Dicke (siehe 5.5.3.1(7)) berechnet, siehe Bild 5.5b.

4) Es wird die Tragfähigkeit bei Gesamtbauteilstabilität nach 6.2 (Biegeknicken, Drillknicken oder Biegedrillknicken je nach maßgebendem Knickfall) für die Bauteillänge auf der Grundlage wirksamer Querschnitte aus 2) und 3) berechnet.

DIN EN 1993-1-3:2010-12
EN 1993-1-3:2006 + AC:2009 (D)

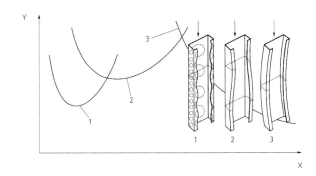

Legende

1 Lokales Blechbeulen
2 Forminstabilität des Querschnitts
3 Instabilität des Gesamtbauteils

X Halbwellenlänge
Y Knickspannung

Bild 5.5a — Beispiele für die elastische kritische Spannung für mehrere Instabilitätsformen als Funktion der Knick- und Beullängen

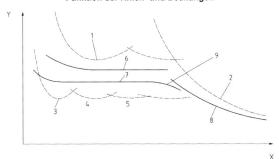

Legende

1 Elastische Forminstabilität des Querschnitts
2 Elastische Verzweigungslast für Gesamtstabilität
3 Lokales Beulen, eine Welle
4 Zwei Wellen
5 Drei Wellen
6 Tragfähigkeit bei Forminstabilität des Querschnitts
7 Beultragfähigkeit
8 Gesamtbeultragfähigkeit
9 Mögliche Interaktion der lokalen und globalen Instabilität

X Bauteillänge
Y Last

Bild 5.5b — Beispiele für elastische Verzweigungslasten und Tragfähigkeiten bei Instabilitäten abhängig von der Bauteillänge

5.5.2 Ebene nicht ausgesteifte Querschnittsteile

(1) Die wirksamen Breiten nicht ausgesteifter Querschnittsteile sind in der Regel nach EN 1993-1-5 mit Hilfe des Abminderungsbeiwertes ρ aufgrund des Plattenschlankheitsgrades $\overline{\lambda}_p$ zu ermitteln, wobei der Nennwert der Breite b_p anstelle von $\overline{b}$ verwendet wird.

(2) Der Nennwert der geraden Breite b_p eines ebenen Elements sollte entsprechend Bild 5.1 in 5.1.4 bestimmt werden. Im Fall von ebenen Elementen in schrägen Stegen sollte die entsprechende geneigte Höhe verwendet werden.

ANMERKUNG Anhang D enthält eine alternative Methode zur Berechnung der wirksamen Breite einseitig gelagerter Querschnittsteile.

(3) Bei Verwendung der Methode in EN 1993-1-5 darf das folgende Vorgehen angewendet werden:

— Das Spannungsverhältnis ψ, entsprechend EN 1993-1-5, Tabellen 4.1 und 4.2 zur Berechnung der wirksamen Flanschbreiten eines Querschnitts mit Spannungsgradienten, darf mit den Querschnittswerten des Bruttoquerschnitts ermittelt werden.

— Das Spannungsverhältnis ψ, entsprechend EN 1993-1-5, Tabellen 4.1 und 4.2 zur Ermittlung der wirksamen Stegbreiten, darf mit den wirksamen Flächen des Druckflansches und der Bruttofläche des Steges ermittelt werden.

— Die effektiven Querschnittswerte können verbessert werden, indem das Spannungsverhältnis ψ mit den bereits ermittelten wirksamen Querschnitten anstelle des Bruttoquerschnitts verwendet wird. Die Mindestanzahl der Iterationsschritte für den Spannungsgradienten beträgt zwei.

— Die vereinfachte Methode in 5.5.3.4 darf im Fall von Stegen in Trapezblechen mit Spannungsgradient verwendet werden.

5.5.3 Ebene Querschnittsteile mit Rand- oder Zwischensteifen

5.5.3.1 Allgemeines

(1) Die Bemessung druckbeanspruchter Querschnittsteile mit Rand- oder Zwischensteifen basiert in der Regel auf der Annahme, dass sich die Steife wie ein Druckglied mit einer durchgehenden, teilweisen Verschiebungsbehinderung verhält mit einer Verschiebungsfedersteifigkeit, die von den Randbedingungen und der Biegesteifigkeit der angrenzenden ebenen Querschnittsteile abhängt.

(2) Die Verschiebungsfedersteifigkeit der Steifen sollte mit einer Einheitsstreckenlast u ermittelt werden, siehe Bild 5.6. Die Federsteifigkeit je Längeneinheit K kann berechnet werden mit:

$$K = u/\delta \tag{5.9}$$

Dabei ist

δ die Verformung der Steife infolge einer Einheitsstreckenlast u im Schwerpunkt (b_1) des wirksamen Querschnittsteils.

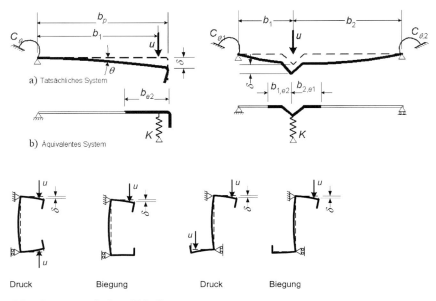

c) Berechnung von δ für C- und Z-Profile

Bild 5.6 — Ermittlung von Federsteifigkeiten

(3) Bei der Bestimmung der Drehfedersteifigkeiten C_θ, $C_{\theta,1}$ und $C_{\theta,2}$ aus der Querschnittsgeometrie sollten die möglichen Auswirkungen weiterer Steifen im selben Querschnittsteil oder in anderen druckbeanspruchten Querschnittsteilen berücksichtigt werden.

(4) Bei Randsteifen darf die Verformung δ folgendermaßen ermittelt werden:

$$\delta = \theta\, b_\text{p} + \frac{u b_\text{p}^3}{3} \cdot \frac{12(1-v^2)}{Et^3} \tag{5.10a}$$

mit:

$\theta = u\, b_\text{p}/C_\theta$

(5) Im Fall von Randsteifen von C- und Z-Profilen mit Lippen sollte C_θ mit der Einheitsstreckenlast u wie in Bild 5.6 c) dargestellt ermittelt werden. Dies führt zu folgendem Ausdruck für die Federsteifigkeit K_1 für Flansch 1:

$$K_1 = \frac{Et^3}{4(1-v^2)} \cdot \frac{1}{b_1^2\, h_\text{w} + b_1^3 + 0{,}5\, b_1\, b_2\, h_\text{w}\, k_\text{f}} \tag{5.10b}$$

Dabei ist

b_1 der Abstand von der Steg-Flansch-Verbindung bis zum Schwerpunkt des wirksamen Bereichs der Randsteife von Flansch 1 (einschließlich des mitwirkenden Flanschteils $b_{e,2}$), siehe Bild 5.6a);

b_2 der Abstand der Steg-Flansch-Verbindung bis zum Schwerpunkt des wirksamen Bereichs der Randsteife von Flansch 2 (einschließlich des wirksamen Flanschteils);

h_w die Steghöhe;

$k_f = 0$ wenn Flansch 2 zugbeansprucht ist (z. B. bei Biegebeanspruchung um die y–y-Achse);

$k_f = \dfrac{A_{s2}}{A_{s1}}$ wenn Flansch 2 ebenfalls druckbeansprucht ist (z. B. bei Druckbeanspruchung des Bauteils);

$k_f = 1$ bei einem druckbeanspruchten, symmetrischen Querschnitt;

A_{s1} und A_{s2} die jeweils wirksamen Flächen der Randsteifen von Flansch 1 und Flansch 2 (einschließlich des mitwirkenden Teils $b_{e,2}$ des Flansches, siehe Bild 5.6 b)).

(6) Bei einer Zwischensteife können als konservative Alternative die Werte der Drehfedersteifigkeiten $C_{\theta,1}$ und $C_{\theta,2}$ zu null gesetzt werden. Dann ergibt sich die die Verformung δ zu:

$$\delta = \frac{ub_1^2 b_2^2}{3(b_1+b_2)} \cdot \frac{12(1-v^2)}{Et^3} \qquad (5.11)$$

(7) Der Abminderungsbeiwert χ_d für die Forminstabilität des Querschnittes (entspricht dem Biegeknicken einer Steife) sollte mit der bezogenen Schlankheit $\overline{\lambda}_d$ bestimmt werden, und zwar mit:

$\chi_d = 1{,}0$, wenn $\overline{\lambda}_d \leq 0{,}65$ (5.12a)

$\chi_d = 1{,}47 - 0{,}723\overline{\lambda}_d$, wenn $0{,}65 < \overline{\lambda}_d < 1{,}38$ (5.12b)

$\chi_d = \dfrac{0{,}66}{\overline{\lambda}_d}$, wenn $\overline{\lambda}_d \geq 1{,}38$ (5.12c)

Dabei ist

$$\overline{\lambda}_d = \sqrt{f_{yb}/\sigma_{cr,s}} \qquad (5.12d)$$

mit:

$\sigma_{cr,s}$ als elastische kritische Spannung für die Steife(n) nach 5.5.3.2, 5.5.3.3 oder 5.5.3.4.

(8) Alternativ darf die elastische kritische Spannung $\sigma_{cr,s}$ mit Hilfe einer numerischen Eigenwertberechnung bestimmt werden (siehe 5.5.1(7)).

(9) Im Fall von ebenen Querschnittsteilen mit Rand- und Zwischensteife(n) darf bei Verzicht auf genauere Berechnungsverfahren die Zwischensteife vernachlässigt werden.

5.5.3.2 Ebene Teilflächen mit Randsteifen

(1) Das folgende Vorgehen gilt für Randsteifen, wenn die Anforderungen in 5.2 eingehalten sind und der Winkel zwischen Steife und ebenem Element zwischen 45° und 135° liegt.

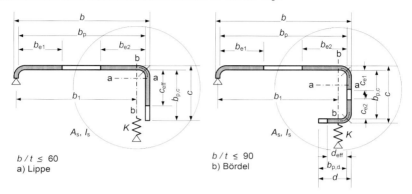

Bild 5.7 — Randsteifen

(2) Der Querschnitt einer Randsteife besteht aus den wirksamen Anteilen der Steifenteilfläche c oder der Steifenteilflächen c und d nach Bild 5.7 und dem angrenzenden, wirksamen Anteil der ebenen Teilfläche b_p.

(3) Das in Bild 5.8 dargestellte Vorgehen sollte folgendermaßen schrittweise durchgeführt werden:

— **Schritt 1:** Ermittlung eines ersten Ansatzes für den wirksamen Querschnitt der Steife mit der Annahme, dass die Randsteife als festes Auflager wirkt und dass $\sigma_{\mathrm{com,Ed}} = f_{\mathrm{yb}}/\gamma_{\mathrm{M0}}$ ist; siehe (4) und (5);

— **Schritt 2:** Verwendung des wirksamen ersten Ansatzes für den Querschnitt (aus Schritt 1) zur Bestimmung des Abminderungsfaktors für die Forminstabilität des Querschnitts (entspricht dem Biegeknicken der Steife) unter Berücksichtigung der elastischen kontinuierlichen Verschiebungsfeder (elastische Bettung), siehe (6), (7) und (8);

— **Schritt 3:** Wahlweise Iteration zur Verbesserung des Abminderungsfaktors für das Knicken der Randsteife, siehe (9) und (10).

(4) Die ersten Ansätze der wirksamen Breiten b_{e1} und b_{e2} in Bild 5.7 sollten nach 5.5.2 bestimmt werden, wobei angenommen wird, dass die ebene Teilfläche b_p beidseitig gelagert ist, siehe EN 1993-1-5, Tabelle 4.1.

(5) Die ersten Ansätze der wirksamen Breiten c_{eff} und d_{eff} in Bild 5.7 sollte wie folgt ermittelt werden:

a) für eine Lippe:

$$c_{\mathrm{eff}} = \rho\, b_{\mathrm{p,c}} \tag{5.13a}$$

mit ρ nach 5.5.2, aber mit folgendem Beulwert k_σ:

— bei $b_{\mathrm{p,c}}/b_\mathrm{p} \leq 0{,}35$:

$$k_\sigma = 0{,}5 \tag{5.13b}$$

— bei $0{,}35 < b_{p,c}/b_p \leq 0{,}6$:

$$k_\sigma = 0{,}5 + 0{,}83 \sqrt[3]{\left(b_{p,c}/b_p - 0{,}35\right)^2}$$ (5.13c)

b) bei einem Bördel:

$c_{\text{eff}} = \rho\, b_{p,c}$ (5.13d)

mit ρ nach 5.5.2 und dem Beulwert k_σ, für eine beidseitig gelagerte Teilfläche nach EN 1993-1-5, Tabelle 4.1;

$d_{\text{eff}} = \rho\, b_{p,d}$ (5.13e)

mit ρ nach 5.5.2 und dem Beulwert k_σ, für eine einseitig gelagerte Teilfläche nach EN 1993-1-5, Tabelle 4.2.

(6) Die wirksame Querschnittsfläche der Randsteife A_s sollte fallabhängig wie folgt ermittelt werden:

$A_s = t\,(b_{e2} + c_{\text{eff}})$ oder (5.14a)

$A_s = t\,(b_{e2} + c_{e1} + c_{e2} + d_{\text{eff}})$ (5.14b)

ANMERKUNG   Ausgerundete Ecken sind gegebenenfalls zu berücksichtigen, siehe 5.1.

(7) Die elastische Knickspannung $\sigma_{cr,s}$ einer Randsteife sollte berechnet werden mit:

$$\sigma_{cr,s} = \frac{2\sqrt{K E I_s}}{A_s}$$ (5.15)

Dabei ist

K die Federsteifigkeit je Längeneinheit, siehe 5.5.3.1(2);

I_s das wirksame Flächenmoment 2. Grades der wirksamen Fläche A_s der Randsteife, bezogen auf ihre Schwerachse a–a siehe Bild 5.7.

(8) Alternativ darf die elastische kritische Spannungen $\sigma_{cr,s}$ mit einer numerischen Eigenwertanalyse ermittelt werden, siehe 5.5.1(7).

(9) Der Abminderungsfaktor χ_d für die Forminstabilität des Querschnitts (entspricht dem Biegeknicken einer Randsteife) sollte mit der idealen Knickspannung $\sigma_{cr,s}$ und der Berechnungsmethode in 5.5.3.1(7) ermittelt werden.

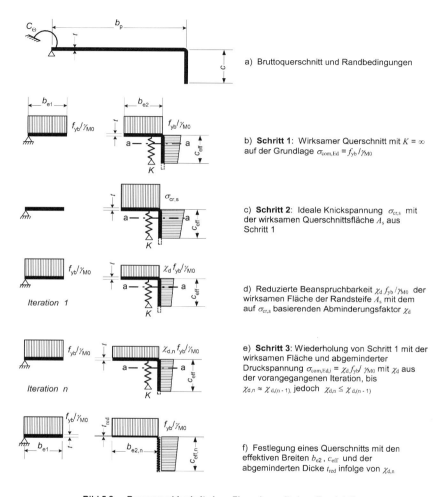

Bild 5.8 — Beanspruchbarkeit eines Flansches mit einer Randsteife

(10) Bei $\chi_d < 1$ kann das Ergebnis iterativ weiter verbessert werden, indem ausgehend von $\sigma_{com,Ed,i} = \chi_d f_{yb}/\gamma_{M0}$ ein modifizierter Wert für ρ nach [AC] 5.5.2(1) [AC] ermittelt wird, so dass gilt:

$$\overline{\lambda}_{p,red} = \overline{\lambda}_p \sqrt{\chi_d} \qquad (5.16)$$

(11) Die reduzierte, wirksame Querschnittsfläche der Randsteife $A_{s,red}$ ergibt sich unter Berücksichtigung des Biegeknickens zu:

$$A_{s,red} = \chi_d A_s \frac{f_{yb}/\gamma_{M0}}{\sigma_{com,Ed}} \qquad \text{jedoch } A_{s,red} \leq A_s \qquad (5.17)$$

mit $\sigma_{com,Ed}$ als die am wirksamen Querschnitt berechnete Druckspannung in der Schwerlinie der Steife.

(12) Bei der Bestimmung der Querschnittswerte des wirksamen Querschnittes wird die reduzierte wirksame Querschnittsfläche $A_{s,red}$ durch eine reduzierte Blechdicke $t_{red} = t\, A_{s,red}/A_s$ für alle A_s angehörenden Teilflächen berücksichtigt.

5.5.3.3 Ebene Teilflächen mit Zwischensteifen

(1) Das folgende Vorgehen gilt bei einer oder zwei gleichen Zwischensteifen aus scharfkantigen oder ausgerundeten Sicken, vorausgesetzt, dass jede ebene Teilfläche nach 5.5.2 errechnet wird.

(2) Der Querschnitt einer Zwischensteife besteht aus der Steife selbst und den angrenzenden, wirksamen Anteilen der ebenen Teilflächen $b_{p,1}$ und $b_{p,2}$ nach Bild 5.9.

(3) Das Verfahren ist in Bild 5.10 erläutert und beinhaltet folgende Berechnungsschritte:

— **Schritt 1**: Ermittlung eines wirksamen ersten Ansatzes des Querschnittes der Steifen mit wirksamen Teilflächen, die mit der Annahme berechnet werden, dass die Zwischensteife als festes Auflager wirkt und dann $\sigma_{com,Ed} = f_{yb}/\gamma_{M0}$ ist, siehe (4) und (5);

— **Schritt 2**: Anwendung des ersten Ansatzes des wirksamen Querschnittes von Schritt 1 zur Bestimmung des Abminderungsfaktors für Forminstabilität des Querschnitts (entspricht Biegeknicken einer Zwischensteife) unter Berücksichtigung der elastischen Bettung, siehe (6), (7) und (8);

— **Schritt 3**: Wahlweise Iteration zur Verbesserung des Abminderungsfaktors für das Knicken der Zwischensteife, siehe (9) und (10).

(4) Die ersten Ansätze der wirksamen Breiten $b_{1,e2}$ und $b_{2,e1}$ nach Bild 5.9 sollten nach 5.5.2 bestimmt werden, wobei angenommen wird, dass die ebenen Teilflächen $b_{p,1}$ und $b_{p,2}$ beidseitig gelagert sind, siehe EN 1993-1-5, Tabelle 4.1.

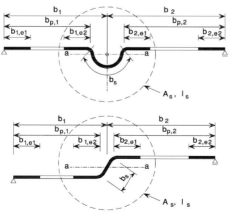

Bild 5.9 — Zwischensteifen

(5) Die wirksame Fläche einer Zwischensteife A_s ergibt sich zu:

$$A_s = t(b_{1,e2} + b_{2,e1} + b_s)$$ (5.18)

mit den Abmessungen der Aussteifung b_s wie in Bild 5.9 dargestellt.

ANMERKUNG Wenn erforderlich, sind die ausgerundeten Ecken mit einzubeziehen, siehe 5.1.

(6) Die elastische Knickspannung $\sigma_{cr,s}$ für eine Zwischensteife sollte berechnet werden mit:

$$\sigma_{cr,s} = \frac{2\sqrt{KEI_s}}{A_s}$$ (5.19)

Dabei ist

K die Federsteifigkeit je Längeneinheit, siehe 5.5.3.1(2);

I_s das wirksame Flächenmoment 2. Grades der wirksamen Querschnittsfläche A_s der Zwischensteife, bezogen auf ihre Schwerachse a–a, siehe Bild 5.9.

(7) Wahlweise kann die elastische Knickspannung $\sigma_{cr,s}$ auch mit Hilfe einer Eigenwertberechnung mit numerischen Verfahren bestimmt werden, siehe 5.5.1(7).

(8) Der Abminderungsfaktor χ_d für die Forminstabilität von Querschnitten (entspricht dem Knicken einer Zwischensteife) ergibt sich mit der idealen Knickspannung $\sigma_{cr,s}$ und der Berechnungsmethode nach 5.5.3.1(7).

(9) Bei $\chi_d < 1$ kann das Ergebnis durch Iteration weiter verbessert werden, indem ein modifizierter Startwert für ρ nach [AC] 5.5.2(1) [AC] mit $\sigma_{com,Ed,i} = \chi_d f_{yb}/\gamma_{M0}$ verwendet wird, so dass gilt:

$$\overline{\lambda}_{p,red} = \overline{\lambda}_p \sqrt{\chi_d}$$ (5.20)

(10) Die reduzierte, wirksame Querschnittsfläche der Zwischensteife $A_{s,red}$ für die Forminstabilität von Querschnitten (Biegeknicken einer Steife) ergibt sich mit:

$$A_{s,red} = \chi_d A_s \frac{f_{yb}/\gamma_{M0}}{\sigma_{com,Ed}} \qquad \text{jedoch } A_{s,red} \leq A_s$$ (5.21)

wobei

$\sigma_{com,Ed}$ die Druckspannung in der Schwerlinie der Steife berechnet mit dem wirksamen Querschnitt ist.

(11) Bei der Bestimmung der wirksamen Querschnittswerte wird die reduzierte wirksame Querschnittsfläche $A_{s,red}$ durch eine reduzierte Blechdicke $t_{red} = t A_{s,red}/A_s$ für alle Teilflächen in A_s berücksichtigt.

a) Bruttoquerschnitt und Randbedingungen

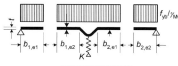

b) **Schritt 1**: Wirksamer Querschnitt mit $K = \infty$ mit $\sigma_{com,Ed} = f_{yb}/\gamma_{M0}$

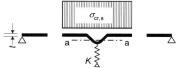

c) **Schritt 2**: Ideale Knickspannung $\sigma_{cr,s}$ mit der wirksamen Querschnittsfläche A_s von Schritt 1

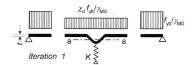

d) Abgeminderte Beanspruchbarkeit $\chi_d f_{yb}/\gamma_{M0}$ zur Berechnung der wirksamen Steifenfläche A_s mit dem Abminderungsbeiwert χ_d infolge von $\sigma_{cr,s}$

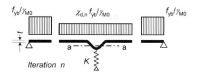

e) **Schritt 3**: Wiederholung von Schritt 1, indem die wirksame Breite mit einer abgeminderten Druckspannung $\sigma_{com,Ed,i} = \chi_d f_{yb}/\gamma_{M0}$ infolge von χ_d aus dem vorangegangenen Iterationsschritt, bis $\chi_{d,n} \approx \chi_{d,(n-1)}$, jedoch $\chi_{d,n} \leq \chi_{d,(n-1)}$.

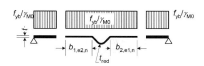

f) Der wirksame Querschnitt besteht aus $b_{1,e2}$, $b_{2,e1}$ und der abgeminderten Materialdicke t_{red} infolge von $\chi_{d,n}$

Bild 5.10 — Drucktragfähigkeit eines Flansches mit Zwischensteife

5.5.3.4 Trapezblechprofile mit Zwischenaussteifungen

5.5.3.4.1 Allgemeines

(1) Dieser Unterabschnitt 5.5.3.4 sollte für Trapezblechprofile im Zusammenhang mit 5.5.3.3 für Gurte und Stege mit Zwischenaussteifungen angewendet werden.

(2) Die Interaktion zwischen dem Knicken der Gurtsteifen und der Stegsteifen sollte durch die Verwendung des Verfahrens in 5.5.3.4.4 berücksichtigt werden.

5.5.3.4.2 Gurte mit Zwischenaussteifungen

(1) Bei konstanter Druckbeanspruchung besteht der wirksame Gurtquerschnitt aus den abgeminderten wirksamen Flächen $A_{s,red}$ zuzüglich zweier, an die Sicke angrenzender Streifen der Breite $0,5b_{eff}$ (oder 15 t, siehe Bild 5.11).

(2) Bei einer mittig angeordneten Zwischenaussteifung sollte die elastische kritische Spannung $\sigma_{cr,s}$ bestimmt werden mit:

$$\sigma_{cr,s} = \frac{4,2\,k_w\,E}{A_s}\sqrt{\frac{I_s\,t^3}{4\,b_p^2\,(2\,b_p + 3\,b_s)}} \qquad (5.22)$$

Dabei ist

b_p die Nennwert der geraden Breiten einer ebenen Teilfläche nach Bild 5.11;

b_s die Breite der Sicke, gemessen entlang ihres Umfangs, siehe Bild 5.11;

A_s, I_s Querschnittsfläche und Flächenmoment 2. Grades der Aussteifung nach Bild 5.11;

k_w ein Beiwert, der die teilweise Drehbettung des ausgesteiften Gurtes infolge der Stege oder sonstiger angrenzender Teilflächen berücksichtigt, siehe (5) und (6). Für die Berechnung des druckbeanspruchten wirksamen Querschnitts gilt $k_w = 1,0$.

Gleichung (5.22) darf bei großen Sicken verwendet werden, vorausgesetzt, dass die ebene Teilfläche der Steife infolge lokalen Beulens abgemindert wird und b_p in Gleichung (5.22) durch das Maximum von b_p oder $0,25(3b_p+b_r)$ ersetzt wird, siehe Bild 5.11. Ein ähnliches Vorgehen gilt bei Gurten mit einfacher oder mehrfacher Aussteifung.

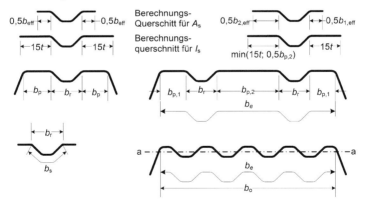

Bild 5.11 — Druckgurt mit einfacher oder mehrfacher Aussteifung

(3) Bei zwei symmetrisch angeordneten Zwischensteifen sollte die elastische kritische Spannung $\sigma_{cr,s}$ wie folgt ermittelt werden:

$$\sigma_{cr,s} = \frac{4{,}2\,k_w\,E}{A_s}\sqrt{\frac{I_s\,t^3}{8\,b_1{}^2\,(3\,b_e - 4\,b_1)}}$$ (5.23a)

mit:

$b_e = 2b_{p,1} + b_{p,2} + 2b_s$

$b_1 = b_{p,1} + 0{,}5\,b_r$

Dabei ist

$b_{p,1}$ der Nennwert der Breite einer äußeren ebenen Teilfläche, siehe Bild 5.11;

$b_{p,2}$ der Nennwert der Breite der inneren ebenen Teilfläche, siehe Bild 5.11;

b_r die Gesamtbreite einer Zwischensteife, siehe Bild 5.11;

A_s, I_s die Querschnittsfläche und das Flächenmoment 2. Grades eines Steifenquerschnitts nach Bild 5.11.

(4) Bei mehrfach ausgesteiften Gurten (drei oder mehr Aussteifungen) gilt für den wirksamen Querschnitt des *gesamten Gurtes*:

$$A_{eff} = \rho b_e t$$ (5.23b)

wobei ρ der Abminderungsbeiwert nach EN 1993-1-5, Anhang E für den Schlankheitsgrad $\overline{\lambda}_p$ basierend auf der elastischen Knickspannung ist:

$$\sigma_{cr,s} = 1{,}8E\sqrt{\frac{I_s\,t}{b_o^2 b_e^3}} + 3{,}6\frac{E t^2}{b_o^2}$$ (5.23c)

Dabei ist

I_s die Summe der Flächenträgheitsmomente der Steifen um die Achse a unter Vernachlässigung des Terms $b\,t^3/12$;

b_o die Gurtbreite nach Bild 5.11;

b_e die abgewickelte Breite der Blechmittelebene nach Bild 5.11.

(5) Der Wert k_w darf mit der Beulhalbwellenlänge l_b des Druckgurtes wie folgt ermittelt werden:

— bei $l_b / s_w \geq 2$:

$$k_w = k_{wo}$$ (5.24a)

— bei $l_b / s_w < 2$:

$$k_w = k_{wo} - (k_{wo} - 1)\left[\frac{2 l_b}{s_w} - \left(\frac{l_b}{s_w}\right)^2\right]$$ (5.24b)

wobei:

s_w die geneigte Steghöhe ist, siehe Bild 5.1c).

(6) Wahlweise darf die elastische Drehbettung k_w auf der sicheren Seite liegend mit 1,0 wie für eine gelenkige Lagerung angesetzt werden.

(7) Die Werte l_b und k_{wo} dürfen wie folgt ermittelt werden:

— bei einem Druckgurt mit einer Zwischensteife:

$$l_b = 3{,}07 \sqrt[4]{\frac{I_s \, b_p^{\,2} \, (2 \, b_p + 3 \, b_s)}{t^3}} \tag{5.25}$$

$$k_{wo} = \sqrt{\frac{s_w + 2 \, b_d}{s_w + 0{,}5 \, b_d}} \tag{5.26}$$

mit:

$b_d = 2b_p + b_s$

— bei einem Druckgurt mit zwei Zwischensteifen::

$$l_b = 3{,}65 \sqrt[4]{I_s \, b_1^{\,2} \, (3 \, b_e - 4 \, b_1) / t^3} \tag{5.27}$$

$$k_{wo} = \sqrt{\frac{(2 b_e + s_w)(3 b_e - 4 b_1)}{b_1 (4 b_e - 6 b_1) + s_w (3 b_e - 4 b_1)}} \tag{5.28}$$

(8) Die reduzierte wirksame Fläche $A_{s,red}$ der Aussteifung für die Berechnung der Forminstabilität des Querschnitts (Biegeknicken einer Steife) sollte ermittelt werden mit:

$$A_{s,red} = \chi_d \, A_s \frac{f_{yb} / \gamma_{M0}}{\sigma_{com,scr}} \qquad \text{jedoch} \quad A_{s,red} \le A_s \tag{5.29}$$

(9) Bei Stegen ohne Aussteifungen sollte der Abminderungsfaktor χ_d nach der Berechnungsmethode in 5.5.3.1(7) direkt aus $\sigma_{cr,s}$ berechnet werden.

(10) Bei Stegen mit Aussteifungen sollte der Abminderungsfaktor χ_d ebenso aus 5.5.3.1(7), aber mit der modifizierten idealen Knickspannung $\sigma_{cr,mod}$ nach 5.5.3.4.4 berechnet werden.

(11) Bei der Bestimmung der Querschnittswerte des wirksamen Querschnitts wird die reduzierte wirksame Querschnittsfläche $A_{s,red}$ durch eine reduzierte Blechdicke $t_{red} = t \, A_{s,red} / A_s$ für alle Teilflächen berücksichtigt, die in A_s enthalten sind.

(12) Für den Nachweis der Gebrauchstauglichkeit sollten die Querschnittswerte der Aussteifungen mit der Bemessungsblechdicke t ermittelt werden.

5.5.3.4.3 Stege mit bis zu zwei Aussteifungen

(1) Für die wirksame Querschnittsfläche der Druckzone eines Steges (oder eines anderen Querschnittsteils mit einem Spannungsgradienten) wird angenommen, dass diese sich aus den reduzierten wirksamen Querschnittsflächen $A_{s,red}$ (von bis zu 2 Zwischensteifen), einem Streifen neben dem Druckgurt und einem Streifen neben der Schwerachse der wirksamen Querschnittsfläche zusammensetzt, siehe Bild 5.12.

(2) Die wirksame Querschnittsfläche des Steges (siehe Bild 5.12) besteht aus:

a) einem Streifen mit der Länge $s_{eff,1}$ neben dem Druckgurt;
b) der reduzierten wirksamen Querschnittsfläche $A_{s,red}$ von bis zu zwei Stegaussteifungen;
c) einem Streifen der Länge $s_{eff,n}$ neben der neutralen Faser des wirksamen Querschnitts;
d) der Stegfläche unter Zugbeanspruchung.

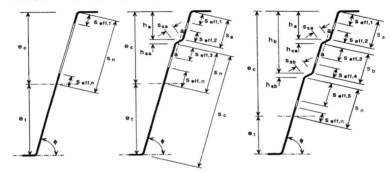

Bild 5.12 — Wirksame Querschnittsfläche von trapezförmig profilierten Stegen

(3) Die wirksamen Flächen der Aussteifungen sollten wie folgt ermittelt werden:

— bei einer einzelnen Aussteifung oder bei der Steife, die näher am Druckgurt liegt:

$$A_{sa} = t \, (s_{eff,2} + s_{eff,3} + s_{sa})$$ (5.30)

— bei der weiteren Steife:

$$A_{sb} = t \, (s_{eff,4} + s_{eff,5} + s_{sb})$$ (5.31)

mit den Abmessungen $s_{eff,1}$ bis $s_{eff,n}$ und s_{sa} und s_{sb} nach Bild 5.12.

(4) Für den ersten Ansatz der Lage der wirksamen neutrale Achse sollte ein Querschnitt mit den wirksamen Flächen der Gurte und der Bruttofläche des Steges zugrunde gelegt werden. In diesem Fall gilt für die wirksame Breite $s_{eff,0}$:

$$s_{eff,0} = 0{,}76 \, t \, \sqrt{E / (\gamma_{M0} \, \sigma_{com,Ed})}$$ (5.32)

Dabei ist

$\sigma_{com,Ed}$ die Gurtdruckspannung bei Erreichen der Tragfähigkeit.

(5) Wenn der Steg nicht vollständig wirksam ist, sollten die Längen $s_{eff,1}$ bis $s_{eff,n}$ wie folgt ermittelt werden:

$$s_{eff,1} = s_{eff,0} \tag{5.33a}$$

$$s_{eff,2} = (1 + 0{,}5 h_a / e_c)\, s_{eff,0} \tag{5.33b}$$

$$s_{eff,3} = [1 + 0{,}5(h_a + h_{sa})/ e_c]\, s_{eff,0} \tag{5.33c}$$

$$s_{eff,4} = (1 + 0{,}5 h_b / e_c)\, s_{eff,0} \tag{5.33d}$$

$$s_{eff,5} = [1 + 0{,}5(h_b + h_{sb})/ e_c]\, s_{eff,0} \tag{5.33e}$$

$$s_{eff,n} = 1{,}5 s_{eff,0} \tag{5.33f}$$

wobei:

e_c der Abstand von der neutrale Achse des wirksamen Querschnitts bis zur Systemlinie des Druckgurtes ist, siehe Bild 5.12, und die Abmessungen h_a, h_b, h_{sa} und h_{sb} wie in Bild 5.12 definiert sind.

(6) Die Abmessungen $s_{eff,1}$ bis $s_{eff,n}$, die im ersten Schritt nach (5) bestimmt wurden, ändern sich wie folgt, wenn die maßgebende ebene Teilfläche voll wirksam ist:

— bei einem unausgesteiften Steg, der wegen $s_{eff,1} + s_{eff,n} \geq s_n$ voll wirksam ist:

$$s_{eff,1} = 0{,}4 s_n \tag{5.34a}$$

$$s_{eff,n} = 0{,}6 s_n \tag{5.34b}$$

— bei einem ausgesteiften Steg, wenn wegen $s_{eff,1} + s_{eff,2} \geq s_a$ die Gesamtlänge s_a voll wirksam ist:

$$s_{eff,1} = \frac{s_a}{2 + 0{,}5 h_a / e_c} \tag{5.35a}$$

$$s_{eff,2} = s_a \frac{(1 + 0{,}5 h_a / e_c)}{2 + 0{,}5 h_a / e_c} \tag{5.35b}$$

— bei einem Steg mit einer Aussteifung, wenn wegen $s_{eff,3} + s_{eff,n} \geq s_n$ die Gesamtlänge s_n voll wirksam ist:

$$s_{eff,3} = s_n \frac{[1 + 0{,}5(h_a + h_{sa})/ e_c]}{2{,}5 + 0{,}5(h_a + h_{sa})/ e_c} \tag{5.36a}$$

$$s_{eff,n} = \frac{1{,}5 s_n}{2{,}5 + 0{,}5(h_a + h_{sa})/ e_c} \tag{5.36b}$$

— bei einem Steg mit zwei Aussteifungen:

— wenn wegen $s_{eff,3} + s_{eff,4} \geq s_b$ die Gesamtlänge s_b voll wirksam ist:

$$s_{eff,3} = s_b \frac{1 + 0{,}5(h_a + h_{sa})/ e_c}{2 + 0{,}5(h_a + h_{sa} + h_b)/ e_c} \tag{5.37a}$$

$$s_{eff,4} = s_b \frac{1 + 0{,}5 h_b / e_c}{2 + 0{,}5(h_a + h_{sa} + h_b)/ e_c} \tag{5.37b}$$

— wenn wegen $s_{\text{eff},5} + s_{\text{eff,n}} \geq s_\text{n}$ die Gesamtlänge s_n voll wirksam ist:

$$s_{\text{eff},5} = s_\text{n} \frac{1 + 0{,}5(h_\text{b} + h_\text{sb})/e_\text{c}}{2{,}5 + 0{,}5(h_\text{b} + h_\text{sb})/e_\text{c}} \tag{5.38a}$$

$$s_{\text{eff,n}} = \frac{1{,}5 s_\text{n}}{2{,}5 + 0{,}5(h_\text{b} + h_\text{sb})/e_\text{c}} \tag{5.38b}$$

(7) Bei nur einer Aussteifung oder bei der Aussteifung von zwei Aussteifungen, die näher am Druckgurt liegt, sollte die ideale Knickspannung $\sigma_{\text{cr,sa}}$ wie folgt ermittelt ermittelt:

$$\sigma_{\text{cr,sa}} = \frac{1{,}05}{A_{\text{sa}} s_2} \frac{k_\text{f} E \sqrt{I_\text{s}\, t^3\, s_1}}{(s_1 - s_2)} \tag{5.39a}$$

Dabei wird s_1 wie folgt bestimmt:

— bei einer Aussteifung:

$$s_1 = 0{,}9\,(s_\text{a} + s_{\text{sa}} + s_\text{c}) \tag{5.39b}$$

— bei zwei Aussteifungen für die Aussteifung, die näher am Druckgurt liegt:

$$s_1 = s_\text{a} + s_{\text{sa}} + s_\text{b} + 0{,}5(s_{\text{sb}} + s_\text{c}) \tag{5.39c}$$

s_2 wird wie folgt bestimmt:

$$s_2 = s_1 - s_\text{a} - 0{,}5\,s_{\text{sa}} \tag{5.39d}$$

Dabei ist

k_f ein Beiwert, der die Drehbettung des ausgesteiften Steges durch die Gurte berücksichtigt;

I_s das wirksame Flächenmoment 2. Grades der Aussteifung, das unter Einbeziehung der Versatzlänge s_{sa} und zweier benachbarter Streifen mit den Längen $s_{\text{eff,1}}$, bezogen auf die eigene neutrale Achse parallel zur Stegebene, berechnet wird, siehe Bild 5.13; bei der Bestimmung von I_s darf eine mögliche Neigungsveränderung des Steges ober- und unterhalb der Aussteifung vernachlässigt werden;

s_c wie in Bild 5.12 definiert.

(8) Falls nicht genauer ermittelt, darf der Drehbettungsbeiwert k_f als auf der sicheren Seite liegend gleich 1,0 gesetzt werden. Dies entspricht einer gelenkigen Lagerung.

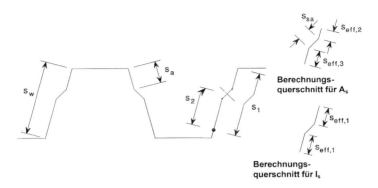

Bild 5.13 — Stegaussteifungen bei trapezförmig profilierten Blechen

(9) Bei einer einzelnen Aussteifung oder bei der Aussteifung von zwei Aussteifungen, die näher am Druckgurt liegt, sollte die wirksame Fläche $A_{sa,red}$ folgendermaßen bestimmt werden:

$$A_{sa,red} = \frac{\chi_d A_{sa}}{1 - (h_a + 0{,}5 h_{sa})/e_c} \quad \text{jedoch} \quad A_{sa,red} \leq A_{sa} \tag{5.40}$$

(10) Bei nicht ausgesteiften Gurten sollte der Abminderungsfaktor χ_d nach der Berechnungsmethode nach 5.5.3.1(7) direkt mit $\sigma_{cr,sa}$ ermittelt werden.

(11) Sind auch die Gurte ausgesteift, sollte der Abminderungsfaktor χ_d wiederum aus 5.5.3.1(7), aber mit der modifizierten idealen Knickspannung $\sigma_{cr,mod}$ nach 5.5.3.4.4 ermittelt werden.

(12) Bei einer Aussteifung im Zugspannungsbereich entspricht die wirksame Querschnittsfläche $A_{sa,red}$ dem Flächenwert A_{sa}.

(13) Bei Stegen mit zwei Aussteifungen sollte für die reduzierte wirksame Fläche $A_{sb,red}$ bei der zweiten Aussteifung die Fläche A_{sb} angesetzt werden.

(14) Bei der Bestimmung der Querschnittswerte des wirksamen Querschnitts wird die reduzierte wirksame Querschnittsfläche $A_{sa,red}$ durch eine reduzierte Blechdicke $t_{red} = \chi_d t$ für alle Teilflächen berücksichtigt, die in A_{sa} enthalten sind.

(15) Für den Nachweis der Gebrauchstauglichkeit sollten die Querschnittswerte der Aussteifungen mit der Bemessungsblechdicke t ermittelt werden.

(16) Die wirksamen Querschnittswerte dürfen wahlweise durch Iteration weiter verbessert werden. Hierzu wird von der Schwerachse des wirksamen Querschnitts der Stege aus dem vorhergehenden Berechnungsschritt und den wirksamen Querschnittsflächen der Gurte mit der reduzierten Blechdicke t_{red} (für alle Teilflächen des Gurtes, die zu den Gurtaussteifungen A_s gehören) ausgegangen. Bei dieser Iteration sollte ein erhöhter Eingangswert für die wirksame Breite $s_{eff,0}$:

$$s_{eff,0} = 0{,}95\, t \sqrt{\frac{E}{\gamma_{M0}\, \sigma_{com,Ed}}} \tag{5.41}$$

angesetzt werden.

5.5.3.4.4 Trapezprofile mit Aussteifungen in den Gurten und Stegen

(1) Bei Trapezprofilen mit Zwischensteifen in den Gurten und Stegen (siehe Bild 5.16) sollte die Interaktion zwischen dem Biegeknicken der Gurtsteifen und der Stegsteifen durch eine für beide Aussteifungstypen geltende modifizierte elastische kritische Spannung $\sigma_{cr,mod}$ berücksichtigt werden:

$$\sigma_{cr,mod} = \frac{\sigma_{cr,s}}{\sqrt[4]{1 + \left[\beta_s \dfrac{\sigma_{cr,s}}{\sigma_{cr,sa}}\right]^4}} \qquad (5.42)$$

Dabei ist

$\sigma_{cr,s}$ die elastische kritische Spannung für eine Gurtzwischensteife, siehe 5.5.3.4.2(2) für Gurte mit einer Aussteifung oder 5.5.3.4.2(3) für Gurte mit zwei Aussteifungen;

$\sigma_{cr,sa}$ die elastische kritische Spannung für eine einzelne Stegsteife oder bei zwei Stegaussteifungen für die Stegsteife neben dem Druckgurt (siehe 5.5.3.4.3(7));

A_s der wirksame Querschnitt einer Gurtzwischensteife;

A_{sa} der wirksame Querschnitt einer Stegzwischensteife;

β_s = $1 - (h_a + 0{,}5\, h_{ha}) / e_c$ bei Biegebeanspruchung des Profils;

β_s =   1   bei Druckbeanspruchung des Profils.

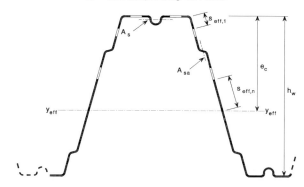

Bild 5.14 — Trapezprofil mit Gurt- und Stegsteifen

5.6 Beulen zwischen Verbindungsmitteln

(1) Beulen zwischen den Verbindungsmitteln sollten wie bei Bauteilen mit Schraubverbindungen überprüft werden, siehe EN 1993-1-8, Tabelle 3.3.

6 Grenzzustände der Tragfähigkeit

6.1 Querschnittstragfähigkeit

6.1.1 Allgemeines

(1) Für die verschiedenen Beanspruchbarkeiten darf anstelle der rechnerischen Bemessung auch eine versuchsgestützte Bemessung durchgeführt werden.

ANMERKUNG Die versuchsgestützte Bemessung wirkt sich besonders bei relativ großen b_p/t-Verhältnissen günstig aus, z. B. im Hinblick auf inelastisches Verhalten, Stegkrüppeln oder bei Einflüssen aus mittragenden Breiten.

(2) Bei der rechnerischen Bemessung sind Einflüsse örtlichen Beulens in der Regel durch wirksame Querschnitte nach 5.5 zu berücksichtigen.

(3) Die Knicktragfähigkeit von Bauteilen ist in der Regel nach 6.2 nachzuweisen.

(4) Wenn Forminstabilität des Querschnitts auftreten kann, sollte die Möglichkeit seitlichen Ausknickens der Druckgurte und allgemein der Querbiegung der Gurte berücksichtigt werden, siehe 5.5 und 10.1.

6.1.2 Zentrischer Zug

(1) Der Bemessungswert der Grenzzugkraft $N_{t,Rd}$ sollte wie folgt bestimmt werden:

$$N_{t,Rd} = \frac{f_{ya} A_g}{\gamma_{M0}} \quad \text{jedoch } N_{t,Rd} \leq F_{n,Rd} \tag{6.1}$$

Dabei ist

A_g — die Gesamtquerschnittsfläche;

$F_{n,Rd}$ — die Beanspruchbarkeit des Nettoquerschnittes bei mechanischen Verbindungsmitteln nach 8.4;

f_{ya} — die durchschnittliche Streckgrenze, siehe [AC] 3.2.2 [AC].

(2) Die Beanspruchbarkeit eines Winkelprofils auf zentrischen Zug $N_{t,Rd}$, das nur an einem Schenkel angeschlossen ist, oder von anderen entsprechend angeschlossen Querschnitten ist in [AC] EN 1993-1-8, 3.10.3 [AC] geregelt.

6.1.3 Zentrischer Druck

(1) Der Bemessungswert der Grenzdruckkraft $N_{c,Rd}$ sollte folgendermaßen ermittelt werden:

— wenn die wirksame Fläche A_{eff} geringer als die Bruttoquerschnittsfläche A_g ist (Querschnitt, der wegen lokalen Ausbeulens oder Forminstabilität des Querschnitts abgemindert wird):

$$N_{c,Rd} = A_{eff} f_{yb} / \gamma_{M0} \tag{6.2}$$

— wenn die wirksame Fläche A_{eff} gleich der Bruttoquerschnittsfläche A_g ist (Querschnitte ohne eine Abminderung):

$$N_{c,Rd} = A_g \left(f_{yb} + (f_{ya} - f_{yb}) 4 (1 - \overline{\lambda}_e / \overline{\lambda}_{e0}) \right) / \gamma_{M0} \quad \text{jedoch nicht mehr als } A_g f_{ya} / \gamma_{M0} \tag{6.3}$$

Dabei ist

A_{eff} die wirksame Querschnittsfläche nach 5.5 für eine konstante Druckspannung von f_{yb};

f_{ya} die durchschnittliche Streckgrenze, siehe 3.2.2;

f_{yb} die Basisstreckgrenze;

[AC) gestrichener Text (AC]

bei ebenen Elementen $\overline{\lambda}_e = \overline{\lambda}_p$ und $\overline{\lambda}_{e0} = 0{,}673$, siehe 5.5.2;

bei ausgesteiften Elementen $\overline{\lambda}_e = \overline{\lambda}_d$ und $\overline{\lambda}_{e0} = 0{,}65$, siehe 5.5.3.

(2) Die Wirkungslinie der resultierenden Normalkraft ist in der Regel in der Schwerachse der Bruttoquerschnittsfläche anzusetzen. Es handelt sich hierbei um eine konservative Annahme, die ohne weiteren Nachweis verwendet werden darf. Weitergehende Berechnungen können zu einer realistischeren Wiedergabe der Schnittgrößen, z. B. im Falle eines gleichmäßigen Zuwachses der Normalkraft in einer druckbeanspruchten Teilfläche, führen.

(3) Die Tragfähigkeit eines druckbeanspruchten Querschnitts wird auf die Schwerachse des wirksamen Querschnitts bezogen. Wenn die Schwerachsen des Bruttoquerschnitts und des wirksamen Querschnitts nicht zusammenfallen, sollte der Versatz e_N (siehe Bild 6.1) der Schwerachsen nach 6.19 berücksichtigt werden. Ergibt der Nulllinienversatz ein günstiges Ergebnis beim Spannungsnachweis, darf er nur unter der Bedingung, dass die Ermittlung des wirksamen Querschnittes mit der Streckgrenze und nicht mit der tatsächlichen Druckspannung gerechnet wurde, vernachlässigt werden.

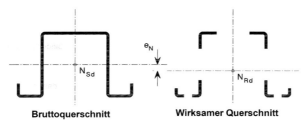

Bruttoquerschnitt   **Wirksamer Querschnitt**

Bild 6.1 — Wirksamer druckbeanspruchter Querschnitt

6.1.4 Biegung

6.1.4.1 Elastische und teilplastische Beanspruchbarkeit bei Erreichen der Streckgrenze im Druckflansch

(1) Die Momentenfähigkeit $M_{c,Rd}$ eines Querschnitts für Biegebeanspruchung um eine Hauptachse wird wie folgt ermittelt (siehe Bild 6.2):

— wenn das wirksame Widerstandsmoment W_{eff} geringer ist als das des Bruttoquerschnittes W_{el}:

$$M_{c,Rd} = W_{eff} f_{yb} / \gamma_{M0} \qquad (6.4)$$

— wenn das wirksame Widerstandsmoment W_{eff} dem des Bruttoquerschnitts W_{el} entspricht:

$$M_{c,Rd} = f_{yb}\left(W_{el} + (W_{pl} - W_{el})4(1 - \overline{\lambda}_{e,max}/\overline{\lambda}_{e0})\right)/\gamma_{M0}, \text{ jedoch nicht mehr als } W_{pl}f_{yb}/\gamma_{M0} \quad (6.5)$$

Dabei ist

$\overline{\lambda}_{e,max}$ die Schlankheit der Teilfläche, die das Maximum von $\overline{\lambda}_e / \overline{\lambda}_{e0}$ liefert;

— bei zweifach gelagerten Teilflächen $\overline{\lambda}_e = \overline{\lambda}_p$ und $\overline{\lambda}_{e0} = 0,5 + \sqrt{0,25 - 0,055(3 + \psi)}$, wobei ψ das Spannungsverhältnis ist, siehe 5.5.2;

— bei einseitig gelagerten Teilflächen $\overline{\lambda}_e = \overline{\lambda}_p$ und $\overline{\lambda}_{e0} = 0,673$, siehe 5.5.2;

[AC] gestrichener Text [AC]

Die resultierende Momententragfähigkeit ist in Bild 6.2 als Funktion einer Teilfläche dargestellt.

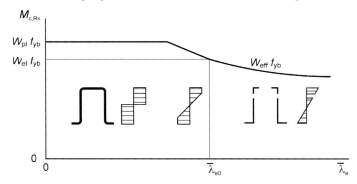

Bild 6.2 — Biegetragfähigkeit als Funktion der Schlankheit

(2) Ausdruck (6.5) gilt, wenn die folgenden Bedingungen erfüllt sind:

a) Biegung nur um eine Querschnittshauptachse;

b) das Bauteil erhält keine Torsion und ist nicht stabilitätsgefährdet;

c) der Winkel ϕ zwischen Steg (siehe Bild 6.5) und Gurt ist größer als 60°.

(3) Ist (2) nicht erfüllt, darf angesetzt werden:

$$M_{c,Rd} = W_{el}f_{ya}/\gamma_{M0} \quad (6.6)$$

(4) Das wirksame Widerstandsmoment W_{eff} gilt nur bei wirksamen Querschnitten, die um eine Hauptachse biegebeansprucht sind, bei einer Maximalspannung von $\sigma_{max,Ed} = f_{yb}/\gamma_{M0}$ unter Berücksichtigung lokaler Beuleffekte und Formstabilität des Querschnitts nach 5.5. Sind mittragende Breiten querschnittsbestimmend, sollte diesem Umstand Rechnung getragen werden.

(5) Für die Bestimmung der wirksamen Stegfläche darf das Spannungsverhältnis $\psi = \sigma_2 / \sigma_1$ mit den wirksamen Gurtflächen und dem Bruttoquerschnitt der Stege ermittelt werden, siehe Bild 6.3.

(6) Wird die Streckgrenze zuerst im druckbeanspruchten Teil des Querschnitts erreicht und die Bedingung 6.1.4.2 nicht erfüllt, sollte das Widerstandsmoment W_{eff} mit einer linearen Spannungsverteilung über den Querschnitt berechnet werden.

(7) Bei Biegung um beide Achsen darf folgendes Kriterium angewendet werden:

$$\frac{M_{y,Ed}}{M_{cy,Rd}} + \frac{M_{z,Ed}}{M_{cz,Rd}} \leq 1 \tag{6.7}$$

Dabei ist:

$M_{y,Ed}$ das Biegemoment um die starke Hauptachse (y-y-Achse);

$M_{z,Ed}$ das Biegemoment um schwache Hauptachse (z-z-Achse);

$M_{cy,Rd}$ die Momententragfähigkeit um die y-y-Achse;

$M_{cz,Rd}$ die Momententragfähigkeit um die z-z-Achse.

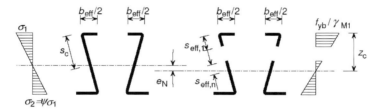

Bild 6.3 — Wirksamer Querschnitt bei Biegung

(8) Sollen Schnittgrößenumlagerungen bei der Tragwerksberechnung berücksichtigt werden, so sollte anhand von Versuchsergebnissen nach Abschnitt 9 nachgewiesen werden, dass die in 7.2 gestellten Anforderungen erfüllt sind.

6.1.4.2 Elastische und teilplastische Tragfähigkeiten bei Plastizierungen nur im Zugflansch

(1) Unter der Voraussetzung, dass das Biegemoment nur um eine Querschnittshauptachse wirkt und die Streckgrenze zuerst auf der Biegezugseite erreicht wird, dürfen plastische Querschnittsreserven in der Zugzone ohne eine Dehnungsbegrenzung so weit ausgenutzt werden, bis die maximale Druckspannung den Grenzwert $\sigma_{com,Ed} = f_{yb} / \gamma_{M0}$ erreicht. In diesem Abschnitt wird nur der Fall Biegung betrachtet. Bei Biegung und Axiallasten gilt 6.1.8 oder 6.1.9.

(2) In diesem Fall sollte das wirksame plastische Widerstandsmoment $W_{pp,eff}$ mit einer bilinearen Spannungsverteilung in der Biegezugzone und einer linearen Spannungsverteilung in der Biegdruckzone bestimmt werden.

(3) Ohne genauere Nachweise darf die wirksame Breite b_{eff} einer Teilfläche mit veränderlicher Spannung nach 5.5.2 ermittelt werden, wobei bei b_c unter der Annahme einer bilinearen Spannungsverteilung mit $\psi = -1$ ermittelt werden darf.

Bild 6.4 — Abmessung b_c zur Bestimmung der wirksamen Breite

(4) Sollen Schnittgrößenumlagerungen bei der Tragwerksberechnung berücksichtigt werden, so ist in der Regel anhand von Versuchsergebnissen nach Abschnitt 9 nachzuweisen, dass die in 7.2 gestellten Anforderungen erfüllt sind.

6.1.4.3 Querschnitte mit mittragenden Breiten

(1) Mittragende Breiten sollten nach EN 1993-1-5 berücksichtigt werden.

6.1.5 Schubtragfähigkeit

(1) Der Bemessungswert der Querkrafttragfähigkeit $V_{b,Rd}$ sollte bestimmt werden mit:

$$V_{b,Rd} = \frac{\dfrac{h_w}{\sin\phi} t f_{bv}}{\gamma_{M0}} \tag{6.8}$$

Dabei ist

f_{bv} die Grenzschubspannung unter Berücksichtigung lokalen Beulens nach Tabelle 6.1;

h_w die Steghöhe zwischen den Mittelebenen der Gurte, siehe Bild 5.1c);

ϕ die Neigung des Steges in Bezug auf die Flansche, siehe Bild 6.5.

Tabelle 6.1 — Schubbeulfestigkeit f_{bv}

Stegschlankheitsgrad	Am Auflager nicht ausgesteifter Steg	Am Auflager ausgesteifter Steg[a]
$\bar{\lambda}_w \leq 0{,}83$	$0{,}58 f_{yb}$	$0{,}58 f_{yb}$
$0{,}83 < \bar{\lambda}_w < 1{,}40$	$0{,}48 f_{yb}/\bar{\lambda}_w$	$0{,}48 f_{yb}/\bar{\lambda}_w$
$\bar{\lambda}_w \geq 1{,}40$	$0{,}67 f_{yb}/\bar{\lambda}_w^2$	$0{,}48 f_{yb}/\bar{\lambda}_w$
[a] Aussteifung am Lager, z. B. durch Lagerknaggen oder Lagerleisten zur Vermeidung von Stegverformungen und zur Aufnahme von Lagerreaktionen		

(2) Die bezogenen Stegschlankheit $\bar{\lambda}_w$ sollte folgendermaßen ermittelt werden:

— bei Stegen ohne Längsaussteifungen:

$$\bar{\lambda}_w = 0{,}346 \frac{s_w}{t} \sqrt{\frac{f_{yb}}{E}} \tag{6.10a}$$

— bei Stegen mit Längsaussteifungen, siehe Bild 6.5:

$$\overline{\lambda}_w = 0{,}346 \frac{s_d}{t} \sqrt{\frac{5{,}34}{k_\tau} \frac{f_{yb}}{E}} \quad \text{jedoch} \quad \overline{\lambda}_w \geq 0{,}346 \frac{s_p}{t} \sqrt{\frac{f_{yb}}{E}} \tag{6.10b}$$

mit:

$$k_\tau = 5{,}34 + \frac{2{,}10}{t} \left(\frac{\Sigma I_s}{s_d} \right)^{1/3}$$

Dabei ist

I_s das Flächenmoment 2. Grades der Längssteife um die Achse a–a entsprechend der Definition in 5.5.3.4.3(7) und der Darstellung in Bild 6.5;

s_d die Abwicklung der Steglänge nach Bild 6.5;

s_p die Steglänge der breitesten ebenen Teilfläche im Steg, siehe Bild 6.5;

s_w die Steglänge, wie in Bild 6.5 dargestellt, zwischen den Eckpunkten der Gurte, siehe Bild 5.1c).

Bild 6.5 — Längsausgesteifter Steg

6.1.6 Torsionsmomente

(1) Greifen Querlasten nicht im Schubmittelpunkt an, so ist in der Regel die Wirkung der Torsion zu berücksichtigen.

(2) Schwerachse, Schubmittelpunktachse und Zwangsdrillruheachse zur Bestimmung der Torsionseffekte sind in der Regel am Bruttoquerschnitt zu bestimmen.

(3) Die aus der Normalkraft N_{Ed} und den Biegemomenten $M_{y,Ed}$ und $M_{z,Ed}$ resultierenden Längsspannungen sollten mit dem entsprechenden wirksamen Querschnitt aus 6.1.2 bis 6.1.4 bestimmt werden. Die Schubspannungen infolge Querkraft und primärer (St. Venant'scher) Torsion sowie die Normalspannungen und Schubspannungen infolge Wölbkrafttorsion sollten am Bruttoquerschnitt ermittelt werden.

(4) Bei torsionsbeanspruchten Querschnitten sollten folgende Bedingungen für die Bemessungswerte nachgewiesen werden. Für die Streckgrenze darf ein einheitlicher Wert nach 3.2.2 verwendet werden.

$$\sigma_{tot,Ed} \leq f_{ya} / \gamma_{M0} \tag{6.11a}$$

$$\tau_{tot,Ed} \leq \frac{f_{ya}/\sqrt{3}}{\gamma_{M0}} \tag{6.11b}$$

$$\sqrt{\sigma_{tot,Ed}^2 + 3\tau_{tot,Ed}^2} \leq 1{,}1\frac{f_{ya}}{\gamma_{M0}} \tag{6.11c}$$

Dabei ist

$\sigma_{tot,Ed}$ die Summe der mit den jeweilig wirksamen Querschnitten berechneten Normalspannungen;

$\tau_{tot,Ed}$ die Summe der am Bruttoquerschnitt berechneten Schubspannungen.

(5) Für die Summe der Bemessungswerte der Normalspannungen $\sigma_{tot,Ed}$ und die Summe der Bemessungswerte der Schubspannungen $\tau_{tot,Ed}$ gilt:

$$\sigma_{tot,Ed} = \sigma_{N,Ed} + \sigma_{My,Ed} + \sigma_{Mz,Ed} + \sigma_{w,Ed} \tag{6.12a}$$

$$\tau_{tot,Ed} = \tau_{Vy,Ed} + \tau_{Vz,Ed} + \tau_{t,Ed} + \tau_{w,Ed} \tag{6.12b}$$

Dabei ist

$\sigma_{My,Ed}$ die Biegenormalspannung infolge von $M_{y,Ed}$ (am wirksamen Querschnitt);

$\sigma_{Mz,Ed}$ die Biegenormalspannung infolge von $M_{z,Ed}$ (am wirksamen Querschnitt);

$\sigma_{N,Ed}$ die Normalspannung infolge von N_{Ed} (am wirksamen Querschnitt);

$\sigma_{w,Ed}$ die Wölbnormalspannung (am Bruttoquerschnitt);

$\tau_{Vy,Ed}$ die Schubspannung infolge Querkraft $V_{y,Ed}$ (am Bruttoquerschnitt);

$\tau_{Vz,Ed}$ die Schubspannung infolge Querkraft $V_{z,Ed}$ (am Bruttoquerschnitt);

$\tau_{t,Ed}$ die Schubspannung infolge primärer (St. Venant'scher) Torsion (am Bruttoquerschnitt);

$\tau_{w,Ed}$ die Wölbschubspannung (am Bruttoquerschnitt).

6.1.7 Örtliche Lasteinleitung

6.1.7.1 Allgemeines

(1)P Um örtliches Zusammendrücken, Stegkrüppeln oder örtliches Beulen im Steg, hervorgerufen durch Auflagerkräfte oder örtliche Lasteinleitungen durch den Flansch in den Steg, zu vermeiden, ist nachzuweisen, dass:

$$F_{Ed} \leq R_{w,Rd} \tag{6.13}$$

Dabei ist

$R_{w,Rd}$ die Beanspruchbarkeit des Steges unter örtlicher Lasteinleitung.

(2) Die Beanspruchbarkeit des Steges unter örtlicher Lasteinleitung $R_{w,Rd}$ ist in der Regel folgendermaßen zu bestimmen:

a) bei nicht ausgesteiften Stegen:

— Querschnitte mit einem Stegblech: nach 6.1.7.2;

— andere Querschnitte einschließlich Profilbleche: nach 6.1.7.3;

b) bei ausgesteiften Stegen: nach 6.1.7.4.

(3) Die örtliche Beanspruchbarkeit des Steges muss nicht nachgewiesen werden, wenn die Einzellast oder Auflagerkraft über eine Aussteifung eingeleitet wird, die Profilverformungen verhindert und für die Lasteinleitung bemessen ist.

(4) Bei I-Trägern, die aus zwei C-Profilen oder ähnlichen Querschnitten durch Verbindung an den Stegen gebildet werden, sollten die Stegverbindungen so nahe wie möglich an den Gurten liegen.

6.1.7.2 Querschnitte mit einem nicht ausgesteiften Steg

(1) Bei Querschnitten mit nur einem nicht ausgesteiften Steg, siehe Bild 6.6, darf die Beanspruchbarkeit für örtliche Lasteinleitung wie in (2) angegeben ermittelt werden, wenn die folgenden Bedingungen erfüllt sind:

$h_w / t \leq 200$ (6.14a)

$r / t \leq 6$ (6.14b)

$45° \leq \phi \leq 90°$ (6.14c)

Dabei ist

h_w die Steghöhe zwischen den Mittellinien der Gurte;

r der innere Biegeradius an den Ecken;

ϕ der Neigungswinkel des Steges in Bezug auf die Gurte in Grad.

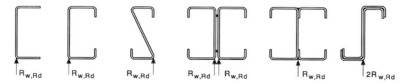

Bild 6.6 — Beispiele für Querschnitte mit nur einem Steg

(2) Bei Querschnitten, welche die Bedingungen in (1) erfüllen, darf die Beanspruchbarkeit für örtliche Lasteinleitung $R_{w,Rd}$ nach Bild 6.7 ermittelt werden.

(3) Die Beiwerte k_1 bis k_5 sind in der Regel folgendermaßen zu bestimmen:

$k_1 = 1{,}33 - 0{,}33\ k$

$k_2 = 1{,}15 - 0{,}15\ r/t$ jedoch $k_2 \geq 0{,}50$ und $k_2 \leq 1{,}0$

$k_3 = 0{,}7 + 0{,}3\ (\phi / 90)^2$

$k_4 = 1{,}22 - 0{,}22\ k$

$k_5 = 1{,}06 - 0{,}06\ r/t$ jedoch $k_5 \leq 1{,}0$

Dabei ist

$k = f_{yb} / 228$ mit f_{yb} in N/mm^2.

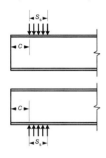

a) Bei einer Einzellast oder Lagerreaktion
  i) $c \leq 1{,}5\ h_w$ Abstand vom freien Ende:
  — bei Querschnitten mit ausgesteiften Gurten:

$$R_{w,Rd} = \frac{k_1 k_2 k_3 \left[9{,}04 - \dfrac{h_w/t}{60} \right]\left[1 + 0{,}01\dfrac{s_s}{t}\right] t^2 f_{yb}}{\gamma_{M1}} \qquad (6.15a)$$

  — bei Querschnitten mit nicht ausgesteiften Gurten:
  — wenn $s_s/t \leq 60$:

$$R_{w,Rd} = \frac{k_1 k_2 k_3 \left[5{,}92 - \dfrac{h_w/t}{132} \right]\left[1 + 0{,}01\dfrac{s_s}{t}\right] t^2 f_{yb}}{\gamma_{M1}} \qquad (6.15b)$$

  — wenn $s_s/t > 60$:

$$R_{w,Rd} = \frac{k_1 k_2 k_3 \left[5{,}92 - \dfrac{h_w/t}{132} \right]\left[0{,}71 + 0{,}015\dfrac{s_s}{t}\right] t^2 f_{yb}}{\gamma_{M1}} \qquad (6.15c)$$

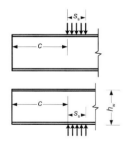

  ii) $c > 1{,}5\ h_w$ Abstand vom freien Ende:
  — wenn $s_s/t \leq 60$:

$$R_{w,Rd} = \frac{k_3 k_4 k_5 \left[14{,}7 - \dfrac{h_w/t}{49{,}5} \right]\left[1 + 0{,}007\dfrac{s_s}{t}\right] t^2 f_{yb}}{\gamma_{M1}} \qquad (6.15d)$$

  — wenn $s_s/t > 60$:

$$R_{w,Rd} = \frac{k_3 k_4 k_5 \left[14{,}7 - \dfrac{h_w/t}{49{,}5} \right]\left[0{,}75 + 0{,}011\dfrac{s_s}{t}\right] t^2 f_{yb}}{\gamma_{M1}} \qquad (6.15e)$$

Bild 6.7 a) — Örtliche Lasteinleitungen und Auflager — Querschnitte mit nur einem Steg

b) Bei zwei entgegengesetzten Querlasten weniger als $e = 1{,}5\ h_\mathrm{w}$ voneinander entfernt:

i) $c \le 1{,}5\ h_\mathrm{w}$ Abstand vom freien Ende:

$$R_{\mathrm{w,Rd}} = \frac{k_1 k_2 k_3 \left[6{,}66 - \dfrac{h_\mathrm{w}/t}{64} \right]\left[1 + 0{,}01 \dfrac{s_\mathrm{s}}{t} \right] t^2 f_{\mathrm{yb}}}{\gamma_{\mathrm{M1}}} \qquad (6.15\mathrm{f})$$

ii) $c > 1{,}5\ h_\mathrm{w}$ Abstand vom freien Ende:

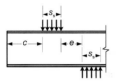

$$R_{\mathrm{w,Rd}} = \frac{k_3 k_4 k_5 \left[21{,}0 - \dfrac{h_\mathrm{w}/t}{16{,}3} \right]\left[1 + 0{,}0013 \dfrac{s_\mathrm{s}}{t} \right] t^2 f_{\mathrm{yb}}}{\gamma_{\mathrm{M1}}} \qquad (6.15\mathrm{g})$$

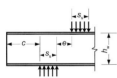

Bild 6.7 b) — Örtliche Lasteinleitungen und Auflager — Querschnitte mit nur einem Steg

(4) Ist die Stegverdrehung entweder durch geeignete Aussteifungen oder aufgrund der Querschnittsgeometrie behindert (siehe z. B. zusammengesetzte I-Profile Nr. 4 und 5 in Bild 6.6), so darf die Stegbeanspruchbarkeit für örtliche Lasteinleitung $R_{\mathrm{w,Rd}}$ folgendermaßen bestimmt werden:

a) bei einer Einzellast oder Auflagerreaktion

i) $c < 1{,}5\ h_\mathrm{w}$ (nahe oder direkt am freien Ende) bei Querschnitten mit ausgesteiften und nicht ausgesteiften Gurten

$$R_{\mathrm{w,Rd}} = \frac{k_7 \left[8{,}8 + 1{,}1 \sqrt{\dfrac{s_\mathrm{s}}{t}} \right] t^2 f_{\mathrm{yb}}}{\gamma_{\mathrm{M1}}} \qquad (6.16\mathrm{a})$$

ii) $c > 1{,}5\ h_w$ (vom freien Ende entfernt) bei Querschnitten mit ausgesteiften und nicht ausgesteiften Gurten

$$R_{w,Rd} = \frac{k_5^* k_6 \left[13{,}2 + 2{,}87\sqrt{\frac{s_s}{t}}\right] t^2 f_{yb}}{\gamma_{M1}} \quad (6.16b)$$

b) bei entgegengesetzten Belastungen oder Lagerreaktionen

i) $c < 1{,}5\ h_w$ (nahe oder direkt am freien Ende) bei Querschnitten mit ausgesteiften und nicht ausgesteiften Gurten

$$R_{w,Rd} = \frac{k_{10} k_{11} \left[8{,}8 + 1{,}1\sqrt{\frac{s_s}{t}}\right] t^2 f_{yb}}{\gamma_{M1}} \quad (6.16c)$$

ii) $c > 1{,}5\ h_w$ (vom freien Ende entfernt) bei Querschnitten mit ausgesteiften und nicht ausgesteiften Gurten

$$R_{w,Rd} = \frac{k_8 k_9 \left[13{,}2 + 2{,}87\sqrt{\frac{s_s}{t}}\right] t^2 f_{yb}}{\gamma_{M1}} \quad (6.16d)$$

Die Beiwerte k_5^* bis k_{11} werden folgendermaßen bestimmt:

$k_5^* = 1{,}49 - 0{,}53\ k$ jedoch $k_5^* \geq 0{,}6$

$k_6 = 0{,}88 - 0{,}12\ t/1{,}9$

[AC] $k_7 = 1 + h_w / (t \times 750)$ [AC]   wenn $s_s / t < 150$; $k_7 = 1{,}20$ wenn $s_s / t > 150$

$k_8 = 1 / k$ wenn $s_s / t < 66{,}5$;   [AC] $k_8 = (1{,}10 - h_w / (t \times 665)) / k$ [AC] wenn $s_s / t > 66{,}5$

$k_9 = 0{,}82 + 0{,}15\ t/1{,}9$

[AC] $k_{10} = (0{,}98 - h_w / (t \times 865)) / k$ [AC]

$k_{11} = 0{,}64 + 0{,}31\ t/1{,}9$

Dabei ist

$k = f_{yb} / 228$ mit f_{yb} in N/mm^2;

s_s die Länge der steifen Lasteinleitung.

Wenn zwei gleich große und entgegengerichtete Querkräfte mit verschiedenen Längen der steifen Lasteinleitung angreifen, ist der kleinere Wert für s_s maßgebend.

6.1.7.3 Querschnitte mit zwei oder mehreren nicht ausgesteiften Stegen

(1) Bei Querschnitten mit zwei oder mehr nicht ausgesteiften Stegen einschließlich der Stege von Profilblechen, siehe Bild 6.8, sollte die Beanspruchbarkeit eines nicht ausgesteifen Steges nach (2) ermittelt werden, wenn die folgenden Bedingungen erfüllt sind:

— der Abstand c zwischen dem Auflagerende oder der Lasteinleitung und dem freien Ende, siehe Bild 6.9, beträgt mindestens 40 mm;

— der Querschnitt erfüllt die folgenden Bedingungen:

$$r/t \leq 10 \quad (6.17a)$$

$$h_w/t \leq 200 \sin \phi \quad (6.17b)$$

$$45° \leq \phi \leq 90° \quad (6.17c)$$

Dabei ist

h_w die Steghöhe zwischen den Mittelebenen der Gurte;

r der innere Biegeradius der Ecken;

ϕ der Neigungswinkel des Steges in Bezug auf die Flansche in Grad.

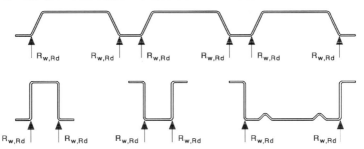

Bild 6.8 — Beispiele für Querschnitte mit zwei und mehr Stegen

(2) Sind beide Bedingungen in (1) erfüllt, sollte die Beanspruchbarkeit $R_{w,Rd}$ für lokale Querlasten je Steg folgendermaßen ermittelt werden:

$$R_{w,Rd} = \alpha\, t^2 \sqrt{f_{yb}\, E}\left(1 - 0{,}1\sqrt{r/t}\right)\left[0{,}5 + \sqrt{0{,}02\, l_a/t}\right]\left(2{,}4 + (\phi/90)^2\right)/\gamma_{M1} \quad (6.18)$$

Dabei ist

l_a die wirksame Lasteinleitungslänge für die maßgebende Kategorie, siehe (3);

α ein Beiwert, siehe (3).

(3) Die Werte für l_a und α sind nach (4) bzw. (5) zu bestimmen. Der maximale Bemessungswert für l_a beträgt l_a = 200 mm. Besteht das Lager aus einem kaltgeformten Profil oder einem Rundhohlprofil, so gilt s_s = 10 mm. Die maßgebende Kategorie (1 oder 2) orientiert sich am lichten Abstand e zwischen der lokalen Lasteinleitung und dem nächstgelegenen Auflager, oder aber dem lichten Abstand c zwischen Auflager oder lokaler Lasteinleitung und dem freien Ende, siehe Bild 6.9.

(4) Die wirksame Auflagerlänge l_a ist in der Regel wie folgt zu bestimmen:

a) für Kategorie 1: $\quad l_a = 10$ mm $\hfill$ (6.19a)

b) für Kategorie 2:

— $\beta_V \leq 0{,}2$: $\quad l_a = s_s$ $\hfill$ (6.19b)

— $\beta_V \geq 0{,}3$: $\quad l_a = 10$ mm $\hfill$ (6.19c)

— $0{,}2 < \beta_V < 0{,}3$: lineare Interpolation zwischen l_a für 0,2 und 0,3 mit:

$$\beta_V = \frac{\left|V_{Ed,1}\right| - \left|V_{Ed,2}\right|}{\left|V_{Ed,1}\right| + \left|V_{Ed,2}\right|}$$

Dabei sind $|V_{Ed,1}|$ und $|V_{Ed,2}|$ die Beträge der Querkräfte auf jeder Seite der örtlichen Lasteinleitung oder der Auflagerreaktion. Es gilt $|V_{Ed,1}| \geq |V_{Ed,2}|$. Der Wert s_s ist die Länge der steifen Lasteinleitung.

(5) Die Beiwerte α sollten folgendermaßen bestimmt werden:

a) Kategorie 1:

– bei Profilblechen: $\quad \alpha = 0{,}075$ $\hfill$ (6.20a)

– bei Kassettenprofilen und Hutprofilen: $\quad \alpha = 0{,}057$ $\hfill$ (6.20b)

b) Kategorie 2:

– bei Profilblechen: $\quad \alpha = 0{,}15$ $\hfill$ (6.20c)

– bei Kassettenprofilen und Hutprofilen: $\quad \alpha = 0{,}115$ $\hfill$ (6.20d)

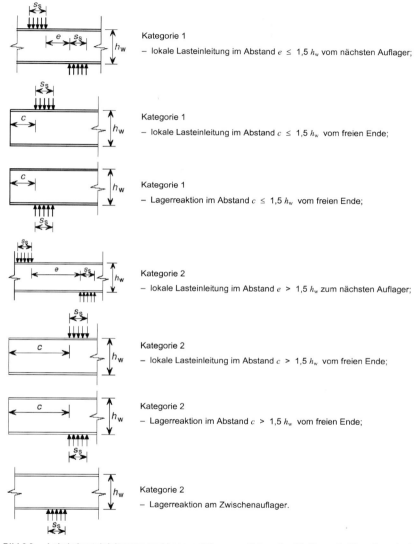

Bild 6.9 — Lokale Lasteinleitungen und Lagerreaktionen — Kategorien für Querschnitte mit zwei oder mehreren Stegen

6.1.7.4 Ausgesteifte Stege

(1) Die Beanspruchbarkeit von ausgesteiften Stegen für örtliche Lasteinleitung darf bei Stegquerschnitten mit Längsaussteifungen nach (2) ermittelt werden, wenn die Verbindungslinie zwischen den Gurteckpunkten die Aussteifungen schneidet und wenn die folgende Bedingung eingehalten wird, siehe Bild 6.10:

$$2 < \frac{e_{max}}{t} < 12 \tag{6.21}$$

Dabei ist

e_{max} die größere Exzentrizität eines Steifeneckpunktes gegenüber der Verbindungslinie der Gurteckpunkte.

(2) Bei ausgesteiften Stegen, welche die Bedingung (1) erfüllen, kann die örtliche Beanspruchbarkeit durch Multiplikation der Beanspruchbarkeit des unausgesteiften Steges nach 6.1.7.2 oder 6.1.7.3 mit dem Faktor $\kappa_{a,s}$ ermittelt werden:

$$\kappa_{a,s} = 1{,}45 - 0{,}05\, e_{max}/t \qquad \text{jedoch } \kappa_{a,s} \leq 0{,}95 + 35\,000\, t^2\, e_{min}/(b_d^2\, s_p) \tag{6.22}$$

Dabei ist

b_d die Abwicklungslänge des belasteten Gurtes, siehe Bild 6.10;

e_{min} die geringere Exzentrizität eines Steifeneckpunktes gegenüber der Verbindungslinie der Gurteckpunkte;

s_p die Steglänge der ebenen Teilfläche des Steges direkt am belasteten Gurt, siehe Bild 6.10.

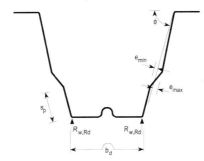

Bild 6.10 — Ausgesteifte Stege

6.1.8 Kombinierte Beanspruchung aus Zug und Biegung

(1) Bei Querschnitten unter gleichzeitiger Einwirkung von Zugkräften N_{Ed} und Biegmomenten $M_{y,Ed}$ und $M_{z,Ed}$ ist in der Regel folgender Nachweis zu erbringen:

$$\frac{N_{Ed}}{N_{t,Rd}} + \frac{M_{y,Ed}}{M_{cy,Rd,ten}} + \frac{M_{z,Ed}}{M_{cz,Rd,ten}} \leq 1 \tag{6.23}$$

Dabei ist

$N_{t,Rd}$ die Beanspruchbarkeit auf zentrischen Zug (6.1.2);

$M_{cy,Rd,ten}$ die Momententragfähigkeit um die y–y-Achse, begrenzt durch die Zugspannung (6.1.4);

$M_{cz,Rd,ten}$ die Momententragfähigkeit um die z–z-Achse, begrenzt durch die Zugspannung (6.1.4).

(2) Bei $M_{cy,Rd,com} \leq M_{cy,Rd,ten}$ oder $M_{cz,Rd,com} \leq M_{cz,Rd,ten}$ (wobei $M_{cy,Rd,com}$ und $M_{cz,Rd,com}$ die Momententragfähigkeiten des Querschnitts um die jeweilige Achse bei Begrenzung durch die Druckspannung sind) muss in der Regel folgendes Kriterium erfüllt sein:

$$\frac{M_{y,Ed}}{M_{cy,Rd,com}} + \frac{M_{z,Ed}}{M_{cz,Rd,com}} - \frac{N_{Ed}}{N_{t,Rd}} \leq 1 \qquad (6.24)$$

6.1.9 Kombinierte Beanspruchung aus Druck und Biegung

(1) Bei Querschnitten unter gleichzeitiger Einwirkung von Druckkräften N_{Ed} und Biegmomenten $M_{y,Ed}$ und $M_{z,Ed}$ ist in der Regel folgender Nachweis zu erbringen:

$$\frac{N_{Ed}}{N_{c,Rd}} + \frac{M_{y,Ed} + \Delta M_{y,Ed}}{M_{cy,Rd,com}} + \frac{M_{z,Ed} + \Delta M_{z,Ed}}{M_{cz,Rd,com}} \leq 1 \qquad (6.25)$$

mit $N_{c,Rd}$ nach 6.1.3 und $M_{cy,Rd,com}$ und $M_{cz,Rd,com}$ nach 6.1.8.

(2) Die sich aus der Schwerachsenverschiebung ergebenden Zusatzmomente $\Delta M_{y,Ed}$ and $\Delta M_{z,Ed}$ werden folgendermaßen bestimmt:

$\Delta M_{y,Ed} = N_{Ed} e_{Ny}$

$\Delta M_{z,Ed} = N_{Ed} e_{Nz}$

wobei e_{Ny} und e_{Nz} die Schwerachsenverschiebungen senkrecht zur y–y- und z–z-Achse infolge axialer Beanspruchung sind, siehe 6.1.3(3).

(3) Wenn $M_{cy,Rd,ten} \leq M_{cy,Rd,com}$ oder $M_{cz,Rd,ten} \leq M_{cz,Rd,com}$ sollte folgendes Kriterium erfüllt werden:

$$\frac{M_{y,Ed} + \Delta M_{y,Ed}}{M_{cy,Rd,ten}} + \frac{M_{z,Ed} + \Delta M_{z,Ed}}{M_{cz,Rd,ten}} - \frac{N_{Ed}}{N_{c,Rd}} \leq 1 \qquad (6.26)$$

mit $M_{cy,Rd,ten}$ und $M_{cz,Rd,ten}$ definiert in 6.1.8.

6.1.10 Kombinierte Beanspruchung aus Querkraft, Axialkraft und Biegung

(1) Bei Querschnitten unter gleichzeitiger Beanspruchung aus einer Axialkraft N_{Ed}, einem Biegemoment M_{Ed} und einer Querkraft V_{Ed} braucht infolge der Querkraft keinerlei Abminderung durchgeführt zu werden, solange $V_{Ed} \leq 0{,}5\ V_{w,Rd}$ ist. Liegt die Querkraft oberhalb der Hälfte der Querkrafttragfähigkeit, ist in der Regel die folgende Gleichung einzuhalten:

$$\frac{N_{Ed}}{N_{Rd}} + \frac{M_{y,Ed}}{M_{y,Rd}} + (1 - \frac{M_{f,Rd}}{M_{pl,Rd}})(\frac{2 V_{Ed}}{V_{w,Rd}} - 1)^2 \leq 1{,}0 \qquad (6.27)$$

DIN EN 1993-1-3:2010-12
EN 1993-1-3:2006 + AC:2009 (D)

Dabei ist

N_{Rd} die Tragfähigkeit des Querschnitts für Zug oder Druck nach 6.1.2 oder 6.1.3;

$M_{y,Rd}$ die Momententragfähigkeit eines Querschnitts nach 6.1.4;

$V_{w,Rd}$ die Bemessungsschubtragfähigkeit eines Stegs nach 6.1.5(1);

$M_{f,Rd}$ die plastische Momententragfähigkeit eines Querschnitts, der nur aus den wirksamen Flächen der Flansche gebildet wird, siehe EN 1993-1-5;

$M_{pl,Rd}$ die plastische Momententragfähigkeit eines Querschnitts, siehe EN 1993-1-5.

Bei Bauteilen und Profilblechen mit mehr als nur einem Steg ist $V_{w,Rd}$ die Summe der Stegtragfähigkeiten, siehe auch EN 1993-1-5.

6.1.11 Kombinierte Beanspruchung aus Biegung und lokaler Lasteinleitung oder Lagerreaktion

(1) Bei Querschnitten mit gleichzeitiger Beanspruchung aus Biegung M_{Ed} und aus einer örtlichen Querlast F_{Ed} (Lasteinleitung oder Lagerreaktion) sind in der Regel folgende Bedingungen einzuhalten:

$M_{Ed} / M_{c,Rd} \leq 1$ (6.28a)

$F_{Ed} / R_{w,Rd} \leq 1$ (6.28b)

$$\frac{M_{Ed}}{M_{c,Rd}} + \frac{F_{Ed}}{R_{w,Rd}} \leq 1{,}25$$ (6.28c)

Dabei ist

$M_{c,Rd}$ die Momententragfähigkeit des Querschnitts nach 6.1.4.1(1);

$R_{w,Rd}$ die Beanspruchbarkeit des Querschnitts für örtliche Lasteinleitung nach 6.1.7.

Das Biegemoment M_{Ed} in Gleichung (6.28c) darf am Rand des Auflagers ermittelt werden. Bei Bauteilen und Blechkonstruktionen mit mehr als einem Steg ist $R_{w,Rd}$ die Summe der Beanspruchbarkeiten der Einzelstege.

6.2 Stabilitätsnachweise für Bauteile

6.2.1 Allgemeines

(1) Bei Bauteilen, deren Querschnitte zu Forminstabilität neigen, sollte ein mögliches seitliches Ausknicken der Druckgurte und allgemein die Querbiegung der Gurte berücksichtigt werden.

(2) Der Einfluss örtlichen Blechbeulens und der Forminstabilität des Querschnitts auf die Tragfähigkeit ist in der Regel nach 5.5 zu berücksichtigen.

6.2.2 Biegeknicken

(1) Die Tragfähigkeit $N_{b,Rd}$ für Biegeknicken ist in der Regel nach EN 1993-1-1 mit der entsprechenden querschnittsabhängigen von der Biegeknickachse und der Materialfestigkeit abhängigen Knicklinie aus Tabelle 6.3 zu ermitteln, siehe (3).

(2) Für in Tabelle 6.3 nicht dargestellte Querschnitte sollte eine gleichwertige Knickspannungslinie angesetzt werden.

(3) Die Tragfähigkeit für Biegeknicken von zusammengesetzten, geschlossenen Querschnitten sollte wie folgt bestimmt werden:

— entweder mit Knickspannungslinie b auf der Grundlage der Nennstreckgrenze f_{yb} des Grundmaterials;

— oder mit Knickspannungslinie c auf der Grundlage der durchschnittlichen rechnerischen Streckgrenze f_{ya} des Bauteils nach der Kaltumformung, wie in 3.2.3 definiert, vorausgesetzt, dass $A_{eff} = A_g$ ist.

6.2.3 Drillknicken und Biegedrillknicken

(1) Bei Bauteilen mit punktsymmetrischem offenem Querschnitt (z. B. Z-Pfetten mit gleich großen Flanschen) sollte die Möglichkeit berücksichtigt werden, dass die Tragfähigkeit als Folge des Drillknickens geringer ist als beim Biegeknicken.

(2) Bei Bauteilen mit einfach symmetrischem Querschnitt, siehe Bild 6.12, sollte die Möglichkeit berücksichtigt werden, dass die Tragfähigkeit entweder als Folge des Drillknickens oder Biegedrillknickens geringer ist als beim Biegeknicken.

(3) Bei Bauteilen mit unsymmetrischem Querschnitt sollte die Möglichkeit berücksichtigt werden, dass die Tragfähigkeit entweder als Folge des Drillknickens oder Biegedrillknickens geringer ist als beim Biegeknicken.

(4) Die Tragfähigkeit $N_{b,Rd}$ für Drillknicken oder Biegedrillknicken sollte nach EN 1993-1-1, 6.3.1.1 mit der maßgebenden Knickspannungslinie für Knicken senkrecht zur z–z-Achse aus Tabelle 6.3 bestimmt werden.

Tabelle 6.3 — Knickspannungslinien für unterschiedliche Querschnittstypen

Querschnittstyp		Knicken senkrecht zur Achse	Knickspannungslinie
	bei Verwendung von f_{yb}	Jede	b
	bei Verwendung von f_{ya} [a]	Jede	c
		y–y	a
		z–z	b
		Jede	b
		Jede	c
oder anderer Querschnitt			
[a] Die durchschnittliche rechnerische Streckgrenze f_{ya} darf nur bei $A_{eff} = A_g$ angesetzt werden.			

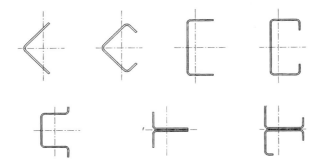

Bild 6.12 — Auf Biegedrillknicken zu untersuchende, einfach symmetrische Querschnitte

(5) Die elastische kritische Last $N_{cr,T}$ für Drillknicken beidseitig gelenkig gelagerter Stäbe lautet:

$$N_{cr,T} = \frac{1}{i_o^2}\left(GI_t + \frac{\pi^2 E I_w}{l_T^2}\right)$$ (6.33a)

mit:

$$i_o^2 = i_y^2 + i_z^2 + y_o^2 + z_o^2$$ (6.33b)

Dabei ist

G der Schubmodul;

I_t der Torsionswiderstand (St. Venant'sches Trägheitsmoment) des Gesamtquerschnitts;

I_w der Wölbwiderstand des Gesamtquerschnitts;

i_y der Trägheitsradius des Gesamtquerschnitts senkrecht zur y–y-Achse;

i_z der Trägheitsradius des Gesamtquerschnitts senkrecht zur z–z-Achse;

l_T die Bauteilknicklänge für Drillknicken;

y_o, z_o die Koordinaten des Schubmittelpunkts bezogen auf den Schwerpunkt des Bruttoquerschnitts.

[AC]

(6) Bei doppelt symmetrischen Querschnitten (d. h. $y_o = z_o = 0$) lautet die elastische kritische Last N_{cr}:

$$N_{cr} = N_{cr,i}$$ (6.34)

wobei $N_{cr,i}$ mindestens aus den drei Werten $N_{cr,y}, N_{cr,z}, N_{cr,T}$ ermittelt werden sollte. [AC]

(7) Bei Querschnitten mit einfacher Symmetrie um die y–y-Achse (d. h. $z_o = 0$) gilt für die elastische kritische Last $N_{cr,TF}$ für Biegedrillknicken:

$$N_{cr,TF} = \frac{N_{cr,y}}{2\beta}\left[1 + \frac{N_{cr,T}}{N_{cr,y}} - \sqrt{(1-\frac{N_{cr,T}}{N_{cr,y}})^2 + 4(\frac{y_o}{i_o})^2\frac{N_{cr,T}}{N_{cr,y}}}\right]$$

(6.35)

mit:

$$\beta = 1 - \left(\frac{y_o}{i_o}\right)^2.$$

[AC] Gleichung (6.35) gilt nur, wenn die Knicklänge für Drillknicken und die Knicklänge für Biegeknicken gleich sind, d. h. $l_y = l_T$. [AC]

(8) Bei der Bestimmung der Knicklänge l_T für Drillknicken oder Biegedrillknicken sind in der Regel die Torsions- und Wölbbehinderungen an jedem Ende der Systemlänge L_T einzubeziehen.

(9) Bei praxisübliche Anschlüssen an jedem Ende darf der Wert für l_T/L_T folgendermaßen angesetzt werden:

— 1,0 bei Anschlüssen mit teilweiser Torsions- und Wölbbehinderung, siehe Bild 6.13a);

— 0,7 bei Anschlüssen mit erheblicher Torsions- und Wölbbehinderung, siehe Bild 6.13b).

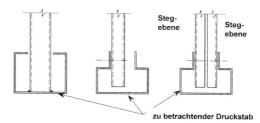

a) Verbindungen mit teilweiser Torsions- und Verwölbungsbehinderung

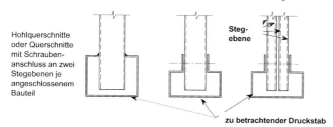

b) Verbindungen mit erheblicher Torsions- und Verwölbungsbehinderung

Bild 6.13 — Torsions- und Wölbbehinderungen bei praxisüblichen Stabanschlüssen

DIN EN 1993-1-3:2010-12
EN 1993-1-3:2006 + AC:2009 (D)

6.2.4 Biegedrillknicken biegebeanspruchter Bauteile

(1) Die Tragfähigkeit biegebeanspruchter Träger gegenüber Biegedrillknicken sollte nach EN 1993-1-1, 6.3.2.2 mit den Knickspannungslinien b bestimmt werden.

(2) Dieses Verfahren ist bei Querschnitten, bei denen sich ein ausgeprägter Winkel zwischen den Hauptachsen des wirksamen Querschnitts gegenüber den Hauptachsen des Bruttoquerschnitts einstellt, nicht verwendbar.

6.2.5 Biegung und zentrische Druckkraft

(1) Die Interaktion zwischen Normalkraft und Biegemoment darf mit einer Bauteilberechnung nach Theorie 2. Ordnung nach EN 1993-1-1 mit den wirksamen Querschnitten nach 5.5 durchgeführt werden. Siehe auch 5.3.

(2) Alternativ kann die Interaktionsbeziehung (6.36) verwendet werden:

$$\left(\frac{N_{Ed}}{N_{b,Rd}}\right)^{0,8} + \left(\frac{M_{Ed}}{M_{b,Rd}}\right)^{0,8} \leq 1,0 \tag{6.36}$$

Dabei ist $N_{b,Rd}$ die Tragfähigkeit eines druckbeanspruchten Bauteils nach 6.2.2 (für Biegeknicken, Drillknicken und Biegedrillknicken) und $M_{b,Rd}$ die Momententragfähigkeit nach 6.2.4. Das Biegemoment M_{Ed} enthält die Exzentrizität aus der Verschiebung der neutralen Achse.

6.3 Biegung und Zugkraft

(1) Es gelten die Interaktionsbeziehungen in 6.2.5.

7 Grenzzustände der Gebrauchstauglichkeit

7.1 Allgemeines

(1) Die Regelungen zu den Grenzzuständen der Gebrauchstauglichkeit nach EN 1993-1-1, Abschnitt 7 gelten auch für kaltgeformte dünnwandige Bauteile und Bleche.

(2) Die nach 5.1 bestimmten, wirksamen Querschnittswerte für den Grenzzustand der Gebrauchstauglichkeit sollten bei allen Berechnungen zur Gebrauchstauglichkeit kaltgeformter, dünnwandiger Bauteile und Bleche angewendet werden.

(3) Das wirksame Flächenmoment 2. Grades darf vereinfacht als Interpolation zwischen Bruttoquerschnitt und wirksamem Querschnitt mit dem folgenden Ausdruck ermittelt werden:

$$I_{fic} = I_{gr} - \frac{\sigma_{gr}}{\sigma}(I_{gr} - I(\sigma)_{eff}) \tag{7.1}$$

Dabei ist

I_{gr} das Flächenmoment 2. Grades des Bruttoquerschnitts;

σ_{gr} die maximale Druckspannung am Bruttoquerschnitt im Grenzzustand der Gebrauchstauglichkeit (Druckspannung positiv);

$I(\sigma)_{eff}$ das Flächenmoment 2. Grades des wirksamen Querschnitts aus der Berücksichtigung der Beuleinflüsse, berechnet für die Maximalspannung $\sigma \geq \sigma_{gr}$, die die größte Spannung innerhalb der betrachteten Berechnungslänge ist.

(4) Das wirksame Flächenmoment 2. Grades I_eff (oder I_fic) darf als über die Stützweite veränderlich angenommen werden. Alternativ darf ein konstanter Wert, der sich auf den maximalen Momentenbetrag unter Gebrauchslasten bezieht, angesetzt werden.

7.2 Plastische Verformungen

(1) Bei Anwendung der Fließgelenktheorie sollte bei gleichzeitigem Auftreten von Stützmoment und Auflagerkraft an einer Zwischenstützung die 0,9-fache Beanspruchbarkeit, gerechnet mit $\gamma_{M,ser}$, siehe Abschnitt 2(5), nicht überschritten werden.

(2) Diese Beanspruchbarkeit darf nach 6.1.11 mit der wirksamen Querschnittsfläche für den Gebrauchszustand und $\gamma_{M,ser}$ ermittelt werden.

7.3 Durchbiegungen

(1) Verformungen dürfen nach der Elastizitätstheorie berechnet werden.

(2) Der Einfluss von Schlupf in den Anschlüssen (zum Beispiel bei Durchlaufträgern mit Kopplungsstücken und Überlappungsstößen) ist bei der Berechnung von Verformungen und Schnittgrößen in der Regel zu berücksichtigen.

8 Verbindungen

8.1 Allgemeines

(1) Die Bemessungsannahmen und Anforderungen von Anschlüssen gehen aus EN 1993-1-8 hervor.

(2) Die folgenden Regelungen betreffen Blechkerndicken $t_\text{cor} \leq 4$ mm, für die EN 1993-1-8 nicht gilt.

8.2 Stöße und Endanschlüsse druckbeanspruchter Bauteile

(1) Stöße und Endanschlüsse druckbeanspruchter Bauteile sollten entweder mindestens die gleiche Beanspruchbarkeit wie die Bauteilquerschnitte aufweisen oder für die Schnittgrößen N_Ed, $M_\text{y,Ed}$ und $M_\text{z,Ed}$ aus der Tragwerksberechnung und den Zusatzschnittgrößen nach Theorie 2. Ordnung im Bauteil ausgelegt sein.

(2) Falls keine Bauteilberechnung nach Theorie 2. Ordnung erfolgt, sollte dieses zusätzliche Biegemoment ΔM_Ed auf die Querschnittsachse bezogen werden, die den kleinsten Abminderungsbeiwert χ für Biegeknicken ergibt, siehe [AC] 6.2.2(1) [AC]. Das zusätzliche Biegemoment ist:

$$\Delta M_\text{Ed} = N_\text{Ed} \left(\frac{1}{\chi} - 1 \right) \frac{W_\text{eff}}{A_\text{eff}} \sin \frac{\pi a}{l} \tag{8.1a}$$

Dabei ist

A_eff die wirksame Querschnittsfläche;

a der Abstand des Stoßes oder Anschlusses zum nächsten Momentennullpunkt;

l die Knicklänge des Stabes zwischen den Momentennullpunkten für Knicken um die maßgebende Achse;

W_eff das Widerstandsmoment des wirksamen Querschnitts für Biegung um die maßgebende Achse.

Stöße und Endanschlüsse sollten für eine zusätzliche Querkraft bemessen werden:

$$\Delta V_{\text{Ed}} = \frac{\pi\, N_{\text{Ed}}}{l}\left(\frac{1}{\chi}-1\right)\frac{W_{\text{eff}}}{A_{\text{eff}}}$$

(8.1b)

(3) Stöße und Anschlüsse sind in der Regel so zu gestalten, dass die Kräfte zu den wirksamen Querschnittsteilen geführt werden.

(4) Wenn die konstruktive Durchbildung am Bauteilende so ist, dass die Wirkungslinie der Kraft nicht eindeutig ist, sollte eine angemessene Lastexzentrizität angenommen werden. Das daraus resultierende Moment sollte beim Bauteil und bei den Stößen und Anschlüssen berücksichtigt werden.

8.3 Verbindungen mit mechanischen Verbindungsmitteln

(1) Verbindungen mit mechanischen Verbindungselementen sollten kompakt gestaltet sein. Bei der Positionierung der Verbindungsmittel ist auf ausreichend Platz für Montage und Wartung zu achten.

ANMERKUNG   Näheres enthält EN 1993-1-8.

(2) Die von die einzelnen Verbindungsmitteln zu übertragenden Scherkräfte dürfen als gleichmäßig verteilt angenommen werden, vorausgesetzt, dass:

— die Verbindungsmittel über ausreichende Duktilität verfügen;

— Abscheren nicht die kritische Versagensform ist.

(3) Bei der rechnerischen Bemessung sind die Tragfähigkeiten von überwiegend statisch beanspruchten Verbindungsmitteln aus folgenden Tabellen zu entnehmen:

— Tabelle 8.1 Blindniete;

— Tabelle 8.2 gewindeformende Schrauben und Bohrschrauben;

— Tabelle 8.3 Setzbolzen;

— Tabelle 8.4 Schrauben.

ANMERKUNG   Zur Bestimmung der Tragfähigkeiten mechanischer Verbindungsmittel durch Versuche, siehe 9(4).

(4) In den Tabellen 8.1 bis 8.4 haben die Formelzeichen folgende Bedeutungen:

A — Gesamtquerschnittsfläche eines Verbindungsmittels;

A_s — Spannungsquerschnitt eines Verbindungsmittels;

A_{net} — Nettoquerschnitt des angeschlossenen Bauteils;

β_{Lf} — der Abminderungsbeiwert für lange Verbindungen nach EN 1993-1-8;

d — der Nenndurchmesser des Verbindungsmittels;

d_0 — Nenndurchmesser des Schrauben- oder Nietloches;

d_w — Durchmesser der Unterlegscheibe oder des Schraubenkopfes;

e_1	Randabstand in Kraftrichtung, gemessen vom Mittelpunkt des Verbindungselementes bis zum benachbarten Rand des angeschlossenen Bauteils, siehe Bild 8.1;
e_2	Randabstand quer zur Kraftrichtung, gemessen vom Mittelpunkt des Verbindungselementes bis zum benachbarten Rand des Bauteils, siehe Bild 8.1;
f_{ub}	Zugfestigkeit des Werkstoffs des Verbindungsmittels;
$f_{u,sup}$	Zugfestigkeit des Bauteils, in dem die Gewindeformschraube befestigt ist;
n	Anzahl der Bleche, die durch eine Gewindeformschraube oder einen Setzbolzen mit dem Bauteil verbunden werden;
n_f	die Anzahl der Verbindungsmittel in einer Verbindung;
p_1	Lochabstand bezogen auf die Lochmitten in Kraftrichtung, siehe Bild 8.1;
p_2	Lochabstand bezogen auf die Lochmitten quer zur Kraftrichtung, siehe Bild 8.1;
t	Dicke des dünneren Bleches in der Verbindung;
t_1	Dicke des dickeren Bleches in der Verbindung;
t_{sup}	Dicke des Bauteils, in dem die Gewindeformschraube oder der Setzbolzen befestigt ist.

(5) Der Teilsicherheitsbeiwert γ_M zur Berechnung der Beanspruchbarkeit des Verbindungsmittels ist γ_{M2}.

ANMERKUNG   Der Wert γ_{M2} kann im nationalen Anhang enthalten sein. Es wird der Wert $\gamma_{M2} = 1{,}25$ empfohlen.

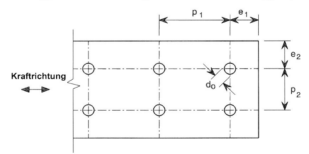

Bild 8.1 — Rand- und Zwischenabstände von Verbindungsmitteln und Punktschweißungen

(6) Liegt die Grenzzugkraft $F_{o,Rd}$ für Ausreißen eines Verbindungsmittels unter der für Durchknöpfen $F_{p,Rd}$, ist die Verformungsfähigkeit in der Regel durch Versuche zu ermitteln.

(7) Die Beanspruchbarkeiten für Durchknöpfen nach Tabellen 8.2 und 8.3 für Bohrschrauben und Setzbolzen sind in der Regel abzumindern, wenn das Verbindungselement nicht mittig in einer Trapez-Rippe angebracht ist. Bei Befestigung eines Verbindungselementes im Viertelpunkt der Rippenbreite sollte die Grenzzugkraft auf $0{,}9F_{p,Rd}$ abgemindert werden und bei Befestigung zweier Verbindungselemente in den Viertelspunkten gilt $0{,}7F_{p,Rd}$ je Verbindungselement, siehe Bild 8.2.

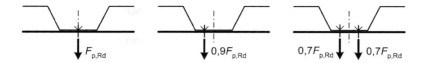

Bild 8.2 — Reduktion der Zugbeanspruchbarkeit nach Lage der Befestigung

(8) Wenn sowohl $F_{t,Rd}$ als auch $F_{v,Rd}$ durch Berechnung nach den Tabellen 8.1 bis 8.4 ermittelt wurden, kann die Beanspruchbarkeit bei gleichzeitiger Wirkung von Scher- und Zugkräften wie folgt nachgewiesen werden.

$$\frac{F_{t,Ed}}{\min(F_{p,Rd}, F_{o,Rd})} + \frac{F_{v,Ed}}{\min(F_{b,Rd}, F_{n,Rd})} \leq 1 \tag{8.2}$$

(9) Blechprofilverformungen brauchen nicht nachgewiesen zu werden, wenn die Gurtbreite bei einer einzelnen Befestigung 150 mm nicht überschreitet und die Beanspruchbarkeiten nach den Tabellen 8.1 bis 8.4 eingehalten werden.

(10) Der Bohrlochdurchmesser für Gewindeformschrauben sollte nach den Anweisungen des Schraubenherstellers eingehalten werden. Diesen Anweisungen sollten folgende Kriterien zugrunde liegen:

— das anzuwendende Drehmoment sollte größer als das Gewindeschneidmoment sein;

— das anzuwendende Drehmoment ist geringer als das Gewindeabschermoment oder das Bruchdrehmoment für den Schraubenkopf;

— das Einschraubmoment sollte geringer als 2/3 des Bruchdrehmomentes des Schraubenkopfes sein.

(11) Bei langen Verbindungen sollte der Abminderungsbeiwert β_{Lf} nach EN 1993-1-8, 3.8 berücksichtigt werden.

(12) Die Bemessungsregeln für Blindniete gelten nur, wenn der Lochdurchmesser nicht um mehr als 0,1 mm größer als der Nietdurchmesser ist.

(13) Zu Schrauben M12 und M14 mit Lochdurchmessern, die 2 mm größer als der Schraubendurchmesser sind, wird auf EN 1993-1-8 verwiesen.

Tabelle 8.1 — Beanspruchbarkeit von Blindnieten[a]

Niete mit Scherbeanspruchung:

Grenzlochleibungskraft: $F_{b,Rd} = \alpha f_u \, d \, t / \gamma_{M2}$ jedoch $F_{b,Rd} \leq f_u \, e_1 \, t / (1{,}2 \, \gamma_{M2})$
 	
Für α gilt: – wenn $t = t_1$: $\alpha = 3{,}6 \sqrt{t/d}$ jedoch $\alpha \leq 2{,}1$
                – wenn $t_1 \geq 2{,}5 \, t$: $\alpha = 2{,}1$
                – wenn $t < t_1 < 2{,}5 \, t$: α ist durch lineare Interpolation zu bestimmen.
 	
Grenzzugkraft im Nettoquerschnitt des Blechs: $F_{n,Rd} = A_{net} f_u / \gamma_{M2}$
 	
Grenzabscherkraft: Die Grenzabscherkraft $F_{v,Rd}$ ist durch Versuche zu ermitteln *[1]) und in der Form $F_{v,Rd} = F_{v,Rk} / \gamma_{M2}$ darzustellen.

Bedingungen:[d] $F_{v,Rd} \geq 1{,}2 \, F_{b,Rd} / (n_f \, \beta_{Lf})$ oder $F_{v,Rd} \geq 1{,}2 \, F_{n,Rd}$
Niete mit Zugbeanspruchung:[b]
Grenzzugkraft für Durchknöpfen: Die Grenzzugkraft $F_{p,Rd}$ für Durchknöpfen ist durch Versuche zu bestimmen*[1]). Grenzzugkraft für Ausreißen: Bei Blindnieten nicht relevant. Grenzzugkraft bei Schaftbruch: Die Grenzzugkraft $F_{t,Rd}$ der Niete ist durch Versuche zu ermitteln *[1]).
Bedingungen: $F_{t,Rd} \geq \Sigma F_{p,Rd}$
Anwendungsgrenzen:[c]
$e_1 \geq 1{,}5 \, d$ $p_1 \geq 3 \, d$ $2{,}6 \text{ mm} \leq d \leq 6{,}4 \text{ mm}$ $e_2 \geq 1{,}5 \, d$ $p_2 \geq 3 \, d$ $f_u \leq 550 \text{ N/mm}^2$
[a]   Diese Tabelle gilt, wenn der Setzkopf am dünneren Blech liegt. [b]   Blindniete werden in der Regel nicht bei Zugbeanspruchungen eingesetzt. [c]   Blindniete dürfen außerhalb der Anwendungsgrenzen eingesetzt werden, wenn die Tragfähigkeit durch Versuche ermittelt wird. [d]   Die geforderten Bedingungen sollten erfüllt werden, wenn Verformungskapazität der Verbindung benötigt wird. Werden die Bedingungen nicht erfüllt, ist sicherzustellen, dass die erforderliche Verformungskapazität durch andere Bauteile sichergestellt werden kann. ANMERKUNG*[1]) Der nationale Anhang darf Weiteres zur Grenzabscherkraft, Beanspruchbarkeit bei Durchknöpfen und Grenzzugkräften bei Zugbeanspruchung von Blindnieten enthalten.

Tabelle 8.2 — Beanspruchbarkeit von Gewindeformschrauben[a]

Gewindeformschrauben mit Scherbeanspruchung:	
Grenzlochleibungskraft: $\quad F_{b,Rd} = \alpha f_u d t / \gamma_{M2}$	
Für α gilt: – wenn $t = t_1$: $\qquad\qquad\qquad \alpha = 3{,}2 \sqrt{t/d} \qquad$ jedoch $\qquad \alpha \leq 2{,}1$	
– wenn $t_1 \geq 2{,}5 t$ und $t < 1{,}0$ mm: $\alpha = 3{,}2 \sqrt{t/d} \qquad$ jedoch $\qquad \alpha \leq 2{,}1$	
– wenn $t_1 \geq 2{,}5 t$ und $t \geq 1{,}0$ mm: $\quad \alpha = 2{,}1$	
– wenn $t < t_1 < 2{,}5 t$: $\qquad \alpha$ ist durch lineare Interpolation zu bestimmen.	
Grenzzugkraft im Nettoquerschnitt des Blechs: $\qquad F_{n,Rd} = A_{net} f_u / \gamma_{M2}$	
Grenzabscherkraft: $\qquad$ Die Grenzabscherkraft $F_{v,Rd}$ ist durch Versuche zu ermitteln[*2)] und in der Form $F_{v,Rd} = F_{v,Rk} / \gamma_{M2}$ darzustellen	
Bedingungen:[d] $\quad F_{v,Rd} \geq 1{,}2 F_{b,Rd} \qquad$ oder $\qquad \Sigma F_{v,Rd} \geq 1{,}2 F_{n,Rd}$	
Gewindeformschrauben bei Zugbeanspruchung:	
Beanspruchbarkeit für Durchknöpfen:[b]	
– für statische Belastung: $\qquad\qquad\qquad\qquad\qquad\qquad\qquad\qquad\qquad\qquad F_{p,Rd} = d_w t f_u / \gamma_{M2}$	
– bei Windbelastung und gleichzeitigem Auftreten von Wind und statischer Belastung: $F_{p,Rd} = 0{,}5 d_w t f_u / \gamma_{M2}$	
Beanspruchbarkeit für Ausreißen: $\quad$ Wenn $t_{sup} / s < 1$: $\qquad F_{o,Rd} = 0{,}45 d\, t_{sup} f_{u,sup} / \gamma_{M2}$	
(s ist die Gewindesteigung) $\qquad\qquad$ Wenn $t_{sup} / s \geq 1$: $\qquad F_{o,Rd} = 0{,}65 d\, t_{sup} f_{u,sup} / \gamma_{M2}$	
Grenzzugkraft bei Schaftbruch: $\qquad$ Die Grenzzugkraft $F_{t,Rd}$ ist durch Versuche zu ermitteln [*2)].	
Bedingungen:[d] $\quad F_{t,Rd} \geq \Sigma F_{p,Rd} \qquad$ oder $\qquad F_{t,Rd} \geq F_{o,Rd}$	
Anwendungsgrenzen:[c]	
Allgemein: $\quad e_1 \geq 3d \qquad p_1 \geq 3d \qquad 3{,}0$ mm $\leq d \leq 8{,}0$ mm $\qquad\qquad\;\; e_2 \geq 1{,}5d \qquad p_2 \geq 3d$	
Bei Zugbeanspruchung: $\quad 0{,}5$ mm $\leq t \leq 1{,}5$ mm $\qquad$ und $\qquad t_1 \geq 0{,}9$ mm $\qquad f_u \leq 550$ N/mm²	

[a] Diese Tabelle gilt, wenn der Schraubenkopf am dünneren Blech liegt.

[b] Die angegebenen Werte setzen voraus, dass die Unterlegscheibe ausreichende Steifigkeit hat, um größere Verformungen oder ein Durchknöpfen des Schraubenkopfes zu verhindern.

[c] Gewindeformschrauben dürfen außerhalb der Anwendungsgrenzen eingesetzt werden, wenn die Tragfähigkeit durch Versuche ermittelt wird.

[d] Die geforderten Bedingungen sollten erfüllt werden, wenn Verformungskapazität der Verbindung benötigt wird. Werden die Bedingungen nicht erfüllt, ist sicherzustellen, dass die erforderliche Verformungskapazität durch andere Bauteile sichergestellt werden kann.

ANMERKUNG[*2)] Der nationale Anhang darf Weiteres zur Grenzabscherkraft und Grenzzugkraft von Gewindeformschrauben enthalten.

Tabelle 8.3 — Beanspruchbarkeit von Setzbolzen

Setzbolzen mit Scherbeanspruchung:
Grenzlochleibungskraft: $\quad F_{b,Rd} = 3{,}2 f_u\, d\, t / \gamma_{M2}$
Grenzzugkraft im Nettoquerschnitt: $F_{n,Rd} = A_{net} f_u / \gamma_{M2}$
Grenzabscherkraft: Die Grenzabscherkraft $F_{v,Rd}$ ist durch Versuche zu ermitteln*[3]) und in der Form $F_{v,Rd} = F_{v,Rk} / \gamma_{M2}$ darzustellen
Bedingungen:[c] $\quad F_{v,Rd} \geq 1{,}5\, \Sigma\, F_{b,Rd}\quad$ oder $\quad \Sigma F_{v,Rd} \geq 1{,}5\, F_{n,Rd}$
Setzbolzen mit Zugbeanspruchung:
Grenzzugkraft für Durchknöpfen:[a]   – für statische Belastung: $\quad F_{p,Rd} = d_w\, t f_u / \gamma_{M2}$ – bei Windbelastung und gleichzeitigem Auftreten von Wind und statischer Belastung: $F_{p,Rd} = 0{,}5\, d_w\, t f_u / \gamma_{M2}$ Beanspruchbarkeit für Ausreißen: Die Beanspruchbarkeit für Ausreißen $F_{o,Rd}$ ist durch Versuche zu ermitteln *[3]).   Grenzzugkraft bei Schaftbruch: Die Grenzzugkraft $F_{t,Rd}$ ist durch Versuche zu ermitteln *[3]).
Bedingungen: [c] $\quad F_{o,Rd} \geq \Sigma F_{p,Rd}\quad$ oder $\quad F_{t,Rd} \geq F_{o,Rd}$
Anwendungsgrenzen:[b]
Allgemein: $\quad e_1 \geq 4{,}5\, d \qquad\qquad 3{,}7\text{ mm} \leq d \leq 6{,}0\text{ mm}$ $\qquad\qquad\; e_2 \geq 4{,}5\, d \qquad\qquad$ bei $d = 3{,}7$ mm: $t_{sup} \geq 4{,}0$ mm $\qquad\qquad\; p_1 \geq 4{,}5\, d \qquad\qquad$ bei $d = 4{,}5$ mm: $t_{sup} \geq 6{,}0$ mm $\qquad\qquad\; p_2 \geq 4{,}5\, d \qquad\qquad$ bei $d = 5{,}2$ mm: $t_{sup} \geq 8{,}0$ mm $\qquad\qquad\; f_u \leq 550$ N/mm²   Bei Zugbeanspruchung: $\quad 0{,}5\text{ mm} \leq t \leq 1{,}5\text{ mm} \qquad t_{sup} \geq 6{,}0\text{ mm}$
[a] Die angegebenen Werte setzen voraus, dass die Unterlegscheibe ausreichende Steifigkeit hat, um größere Verformungen oder ein Durchknöpfen des Schraubenkopfes zu verhindern.   [b] Setzbolzen dürfen außerhalb der Anwendungsgrenzen eingesetzt werden, wenn die Tragfähigkeit durch Versuche ermittelt wird.   [c] Die geforderten Bedingungen sollten erfüllt werden, wenn Verformungskapazität der Verbindung benötigt wird. Werden die Bedingungen nicht erfüllt, ist sicherzustellen, dass die erforderliche Verformungskapazität durch andere Bauteile sichergestellt werden kann.   ANMERKUNG*[3])   Der nationale Anhang darf Weiteres zur Grenzabscherkraft, Beanspruchbarkeit bei Durchknöpfen und Grenzzugkraft von zugbeanspruchten Setzbolzen enthalten.

Tabelle 8.4 — Beanspruchbarkeit von Schrauben

Schrauben mit Scherbeanspruchung:
Grenzlochleibungskraft: [b] $F_{b,Rd} = 2{,}5\alpha_b\, k_t\, f_u\, d\, t\, /\, \gamma_{M2}$ α_b ist der kleinere Wert von 1,0 und $e_1\,/\,(3d)$ $k_t = (0{,}8\, t + 1{,}5)\,/\,2{,}5$, wenn $0{,}75$ mm $\leq t \leq 1{,}25$ mm; $k_t = 1{,}0$, wenn $t > 1{,}25$ mm
Grenzzugkraft im Nettoquerschnitt: $F_{n,Rd} = (1 + 3\, r\, (d_o\,/\,u - 0{,}3))\, A_{net} f_u\,/\,\gamma_{M2}$ jedoch $F_{n,Rd} \leq A_{net} f_u\,/\,\gamma_{M2}$ mit: r = [Anzahl der Schrauben im Querschnitt] / [Gesamtanzahl der Schrauben in der Verbindung] u = $2\,e_2$ jedoch $u \leq p_2$

Grenzabscherkraft:
 — für die Festigkeitsklassen 4.6, 5.6 und 8.8:
      $F_{v,Rd} = 0{,}6\, f_{ub}\, A_s\,/\,\gamma_{M2}$
 — für die Festigkeitsklassen 4.8, 5.8, 6.8 und 10.9:
      $F_{v,Rd} = 0{,}5\, f_{ub}\, A_s\,/\,\gamma_{M2}$

Bedingungen: [c] $F_{v,Rd} \geq 1{,}2\, \Sigma F_{b,Rd}$ oder $\Sigma F_{v,Rd} \geq 1{,}2\, F_{n,Rd}$
Schrauben mit Zugbeanspruchung:
Grenzzugkraft für Durchknöpfen: Die Beanspruchbarkeit $F_{p,Rd}$ für Durchknöpfen ist durch Versuche zu ermitteln *[4].
Beanspruchbarkeit für Ausreißen: bei Schrauben nicht maßgebend.
Grenzzugkraft für Schaftbruch: $F_{t,Rd} = 0{,}9\, f_{ub}\, A_s\,/\,\gamma_{M2}$
Bedingungen: [c] $F_{t,Rd} \geq \Sigma F_{p,Rd}$
Anwendungsgrenzen: [a]
$e_1 \geq 1{,}0\, d_0$ $p_1 \geq 3\, d_0$ [AC] $0{,}75$ mm $\leq t < 3$ mm [AC]   Mindestdurchmesser: M 6 $e_2 \geq 1{,}5\, d_0$ $p_2 \geq 3\, d_0$ Festigkeitsklassen: 4.6 – 10.9 $f_u \leq 550$ N/mm²
[a]   Schrauben dürfen außerhalb der Anwendungsgrenzen eingesetzt werden, wenn die Tragfähigkeit durch Versuche ermittelt wird.   [b]   Bei Blechdicken größer oder gleich 3 mm gelten die Regelungen für Schraubenverbindungen in EN 1993-1-8.   [c]   Die geforderten Bedingungen sollten erfüllt werden, wenn Verformungskapazität der Verbindung benötigt wird. Werden die Bedingungen nicht erfüllt, ist sicherzustellen, dass die erforderliche Verformungskapazität durch andere Bauteile sichergestellt werden kann.   ANMERKUNG*[4] Der nationale Anhang darf Weiteres zur Beanspruchbarkeit für Durchknöpfen von zugbeanspruchten Schrauben enthalten.

8.4 Punktschweißungen

(1) Punktschweißverbindungen dürfen bei schwarzem oder verzinktem Grundmaterial bis zu 4 mm Dicke zur Anwendung kommen, wobei die Dicke des dünneren angeschlossenen Blechs höchstens 3 mm betragen darf.

(2) Punktschweißverbindungen dürfen entweder als Widerstands- oder Schmelzpunktschweißungen ausgeführt werden.

(3) Der Grenzabscherkraft $F_{v,Rd}$ einer Punktschweißverbindung ergibt sich aus Tabelle 8.5.

(4) Die Formelzeichen in Tabelle 8.5 bedeuten:

A_{net} ist der Nettoquerschnitt des angeschlossenen Bauteils;

n_w ist die Anzahl von Punktschweißungen in einer Verbindung;

t ist die Blechdicke des dünneren angeschlossenen Bauteils in mm;

t_1 ist die Blechdicke des dickeren angeschlossenen Bauteils in mm.

Die Randabstände e_1 und e_2 sowie die Zwischenabstände p_1 und p_2 sind wie in 8.3(5) definiert.

(5) Der Teilsicherheitsbeiwert γ_M für die Berechnung des Beanspruchbarkeiten von Punktschweißverbindungen ist γ_{M2}.

ANMERKUNG Der nationale Anhang bestimmt über den Wert für γ_{M2}. Ein Wert von γ_{M2} = 1,25 wird empfohlen.

Tabelle 8.5 — Beanspruchbarkeit für Punktschweißverbindungen

Punktschweißverbindungen mit Scherbeanspruchung:
Beanspruchbarkeit auf Lochleibung:
— wenn $t \leq t_1 \leq 2,5\,t$: $\quad F_{tb,Rd} = 2,7\sqrt{t}\,d_s f_u / \gamma_{M2}$ $\quad$ mit t in mm
— wenn $t_1 > 2,5\,t$: $\quad F_{tb,Rd} = 2,7\sqrt{t}\,d_s f_u / \gamma_{M2}$ $\quad$ jedoch $\quad F_{tb,Rd} \leq 0,7\,d_s^2 f_u / \gamma_{M2}$ $\quad$ und $\quad F_{tb,Rd} \leq 3,1\,t\,d_s f_u / \gamma_{M2}$
Grenzscherkraft auf Randversagen: $\qquad F_{e,Rd} = 1,4\,t\,e_1 f_u / \gamma_{M2}$
Grenzzugkraft im Nettoquerschnitt des Blechs: $\qquad F_{n,Rd} = A_{net} f_u / \gamma_{M2}$
Grenzabscherkraft: $\qquad F_{V,Rd} = \dfrac{\pi}{4} d_s^2 f_u / \gamma_{M2}$
Bedingungen: $\quad F_{v,Rd} \geq 1,25\,F_{tb,Rd}$ oder $F_{v,Rd} \geq 1,25\,F_{e,Rd}$ oder $\Sigma F_{v,Rd} \geq 1,25\,F_{n,Rd}$
Anwendungsgrenzen:
$2\,d_s \leq e_1 \leq 6\,d_s \qquad 3\,d_s \leq p_1 \leq 8\,d_s$ $e_2 \leq 4\,d_s \qquad\qquad\quad 3\,d_s \leq p_2 \leq 6\,d_s$

(6) Der Schweißlinsendurchmesser d_s ist in der Regel wie folgt zu bestimmen:

— bei Schmelzpunktschweißung: $d_s = 0,5 t + 5$ mm (8.3a)

— bei Widerstandsschweißung: $d_s = 5\sqrt{t}$ mit t in mm (8.3b)

(7) Der bei der Schweißung tatsächlich ausgeführte Wert d_s sollte durch Scherversuche nach Abschnitt 9 an Proben mit einfachen Überlappungsstößen nach Bild 8.3 festgestellt werden. Die Materialdicke t des Probenkörpers sollte dabei der des Anwendungsfalls entsprechen.

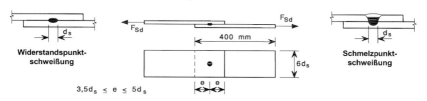

Bild 8.3 — Probekörper für Scherversuche an Punktschweißverbindungen

8.5 Überlappungsstöße

8.5.1 Allgemeines

(1) 8.5 sollte für die Bemessung von lichtbogengeschweißten Überlappungsstößen bei Materialdicken bis höchstens 4 mm gelten. Bei größerer Dicke werden Überlappungsstöße nach EN 1993-1-8 bemessen.

(2) Die Dicke der Schweißnaht ist in der Regel so festzulegen, dass die Beanspruchbarkeit der Verbindung durch das angeschlossene Blechstück und nicht durch die Schweißnaht bestimmt wird.

(3) Die Bedingung (2) kann als erfüllt gelten, wenn die Schweißnahtdicke mindestens der Dicke des zu verbindenden Teils entspricht.

(4) Der Bauteilsicherheitsbeiwert γ_M zur Berechnung der Beanspruchbarkeiten der Überlappungsstöße ist γ_{M2}.

ANMERKUNG Der nationale Anhang darf über die Größe von γ_{M2} bestimmen. Es wird $\gamma_{M2} = 1,25$ empfohlen.

8.5.2 Kehlnähte

(1) Der Beanspruchbarkeit $F_{w,Rd}$ einer Kehlnahtverbindung ist in der Regel wie folgt zu ermitteln:

— bei paarweiser Anordnung für jede Flankenkehlnaht:

$F_{w,Rd} = t L_{w,s} (0,9 - 0,45 L_{w,s}/b) f_u / \gamma_{M2}$ wenn $L_{w,s} \leq b$ (8.4a)

$F_{w,Rd} = 0,45 t b f_u / \gamma_{M2}$ wenn $L_{w,s} > b$ (8.4b)

— bei Stirnkehlnähten:

$F_{w,Rd} = t L_{w,e} (1 - 0,3 L_{w,e}/b) f_u / \gamma_{M2}$ [für eine Naht und wenn $L_{w,s} \leq b$] (8.4c)

Dabei ist

b die Breite des anzuschließenden Bauteils, siehe Bild 8.4;

$L_{w,e}$ ist die wirksame Länge der Stirnkehlnaht, siehe Bild 8.4;

$L_{w,s}$ die wirksame Länge einer Längskehlnaht, siehe Bild 8.4.

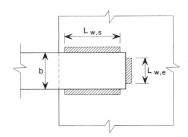

Bild 8.4 — Überlappungsstoß mit Kehlnähten

(2) Bei einer Kombination von Stirn- und Flankenkehlnähten ergibt sich die Beanspruchbarkeit der Verbindung aus der Summe der Beanspruchbarkeiten beider Kehlnahtformen. Die Position des Schwerpunkts und eine realistische Beanspruchungsverteilung sollten dabei beachtet werden.

(3) Die wirksame Länge L_w einer Kehlnaht ist die Gesamtlänge der Naht einschließlich der Eckausrundungen. Bei konstanter Dicke der Kehlnaht ist kein Abzug der Länge für Anfang und Ende der Naht erforderlich.

(4) Kehlnähte mit einer geringeren Länge als die achtfache Dicke des dünneren Verbindungsstücks sind in der Regel nicht zur Kraftübertragung heranzuziehen.

8.5.3 Lochschweißungen

(1) Lochschweißungen sollten nur zur Übertragung von Scherkräften eingesetzt werden.

(2) Lochschweißungen sollten nur bis zu einer Gesamtdicke Σt von maximal 4 mm der zu verbindenden Bleche angewandt werden.

(3) Lochschweißungen sollten einen Linsendurchmesser d_s von mindestens 10 mm aufweisen.

(4) Bei Blechen mit geringerer Dicke als 0,7 mm sollte ein Schweißring nach Bild 8.5 verwendet werden.

(5) Lochschweißungen sollten mit passenden Randabständen ausgeführt werden, wie folgt:

i) Für den Abstand parallel zur Kraftrichtung zwischen der Mitte einer Lochschweißung und dem Rand einer angrenzenden Schweißnaht oder dem Rand eines angeschlossenen Blechs sollte folgender Mindestwert e_{min} eingehalten werden:

— wenn $f_u / f_y < 1{,}15$

$$\text{\small{AC}}\ e_{min} = 1{,}8 \frac{F_{w,Rd}}{t\, f_u / \gamma_{M2}}\ \text{\small{AC}}$$

— wenn $f_u / f_y \geq 1{,}15$

$$\text{[AC]} \ e_{min} = 2{,}1 \frac{F_{w,Rd}}{t \, f_u / \gamma_{M2}} \ \text{[AC]}$$

ii) Der Mindestabstand zwischen der Mitte einer Rundlochschweißung und dem Rand eines angeschlossenen Blechstücks sollte in der Regel $1{,}5 d_w$ sein, wobei d_w der messbare Durchmesser der Lochschweißung ist.

iii) Der lichte Abstand zwischen einer Langlochschweißung und dem Rand eines Blechstücks sollte mindestens $1{,}0 \, d_w$ betragen.

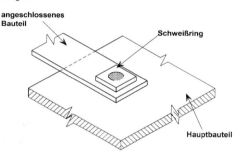

Bild 8.5 — Lochschweißung mit Schweißring

(6) Die Grenzabscherkraft $F_{w,Rd}$ einer kreisförmigen Lochschweißung sollte wie folgt ermittelt werden:

$$F_{w,Rd} = (\pi/4) \, d_s^2 \times 0{,}625 f_{uw} / \gamma_{M2} \tag{8.5a}$$

wobei:

f_{uw} die Zugfestigkeit des Schweißzusatzwerkstoffes ist;

jedoch darf $F_{w,Rd}$ nicht größer sein als die Lochleibungsbeanspruchbarkeit der wirksamen Schweißlinse:

— wenn $d_p / \Sigma t \leq 18 \, (420 / f_u)^{0{,}5}$:

$$F_{w,Rd} = 1{,}5 \, d_p \, \Sigma t \, f_u / \gamma_{M2} \tag{8.5b}$$

— wenn $18 \, (420 / f_u)^{0{,}5} < d_p / \Sigma t < 30 \, (420 / f_u)^{0{,}5}$:

$$F_{w,Rd} = 27 \, (420 / f_u)^{0{,}5} \, (\Sigma t)^2 \, f_u / \gamma_{M2} \tag{8.5c}$$

— wenn $d_p / \Sigma t \geq 30 \, (420 / f_u)^{0{,}5}$:

$$F_{w,Rd} = 0{,}9 \, d_p \, \Sigma t \, f_u / \gamma_{M2} \tag{8.5d}$$

mit d_p nach (8).

(7) Der Linsendurchmesser d_s einer Lochschweißung, siehe Bild 8.6, ergibt sich zu:

$$d_s = 0{,}7 d_w - 1{,}5 \Sigma t \quad \text{jedoch} \quad d_s \geq 0{,}55 \, d_w \tag{8.6}$$

wobei:

d_w der an der Oberfläche messbare Durchmesser der Lochschweißung ist, siehe Bild 8.6.

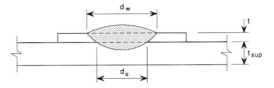

a) Einfache Blechverbindung ($\Sigma t = t$)

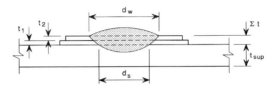

b) Doppelblechverbindung ($\Sigma t = t_1 + t_2$)

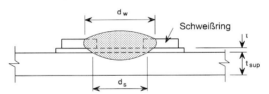

c) Einfache Blechverbindung mit Schweißring

Bild 8.6 — Lochschweißungen

(8) Der wirksame Durchmesser d_p einer Schweißlinse sollte wie folgt ermittelt werden:

— für ein einzelnes Bauteil der Dicke t:

$$d_p = d_w - t \tag{8.7a}$$

— für mehrere zu verbindende Bauteile oder Bleche mit der Gesamtdicke Σt:

$$d_p = d_w - 2\Sigma t \tag{8.7b}$$

(9) Die Grenzabscherkraft $F_{w,Rd}$ einer Langlochschweißung sollte wie folgt ermittelt werden:

$$F_{w,Rd} = [(\pi/4) d_s^2 + L_w d_s] \times 0{,}625 f_{uw} / \gamma_{M2} \tag{8.8a}$$

jedoch sollte $F_{w,Rd}$ nicht größer sein als die Lochleibungsbeanspruchbarkeit der wirksamen Schweißlinse:

$$F_{w,Rd} = (0{,}5 L_w + 1{,}67 d_p) \Sigma t f_u / \gamma_{M2} \tag{8.8b}$$

wobei:

L_w die Länge der Langlochschweißung nach Bild 8.7 ist.

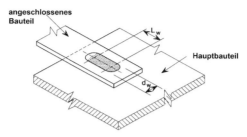

Bild 8.7 — Langlochschweißung

9 Versuchsgestützte Bemessung

(1) Dieser Abschnitt 9 hat das Ziel, die Grundlagen für die versuchsgestützte Bemessung in EN 1990 und in 2.5 der EN 1993-1-1 den besonderen Bedingungen für kaltgeformte, dünnwandige Bauteile und Bleche anzupassen.

(2) Für die Versuche gelten die in Anhang A angegebenen Grundsätze.

ANMERKUNG 1 Der nationale Anhang darf zusätzlich zu Anhang A Informationen zu Versuchen enthalten.

ANMERKUNG 2 Anhang A enthält standardisierte Verfahren zu:

— Versuche an Profilblechen und Kassettenprofilen;

— Versuche an Kaltprofilen;

— Versuche an Tragwerken und Tragwerksteilen;

— Versuche an durch Profilbleche drehgebetteten Biegeträgern;

— Auswertung von Versuchsergebnissen zur Bestimmung von Bemessungsgrößen.

(3) Zugversuche mit Stahl sind in der Regel nach EN 10002-1 auszuführen. Versuche zur Bestimmung anderer Werkstoffkennwerte sollten nach den entsprechenden Europäischen Technischen Spezifikationen durchgeführt werden.

(4) Versuche an Verbindungsmitteln oder Verbindungen sollten nach der entsprechenden Europäischen oder Internationalen Norm durchgeführt werden.

ANMERKUNG Bis zum Erscheinen entsprechender europäischer oder internationaler Regelungen dürfen Empfehlungen für die Versuchsdurchführung an Verbindungsmitteln den folgenden Veröffentlichungen entnommen werden:

ECCS Publication No. 21 (1983): *European recommendations for steel construction: the design and testing of connections in steel sheeting and sections*;

ECCS Publication No. 42 (1983): *European recommendations for steel construction: mechanical fasteners for use in steel sheeting and sections*.

10 Besondere Angaben zu Pfetten, Kassettenprofilen und Profilblechen

10.1 Träger mit Drehbettung durch Bleche

10.1.1 Allgemeines

(1) Die Regelungen dieses Abschnittes 10.1 gelten für Träger (in diesem Abschnitt als Pfetten bezeichnet) mit Z-, C-, Σ-, U- und Hut-Profilen mit $h/t < 233$, $c/t \le 20$ bei Lippen und $d/t \le 20$ bei Bördeln.

ANMERKUNG Andere Anwendungsgrenzen können durch Versuche gerechtfertigt werden. Der nationale Anhang darf Näheres zu Versuchen enthalten. Es werden standardisierte Versuche nach Anhang A empfohlen.

(2) Diese Regelungen gelten für Tragwerkssysteme mit Schlaudern, Durchlaufsystemen, gekoppelten und überlappten Systemen.

(3) Diese Regelungen gelten auch für kaltgeformte Bauteile als Wandriegel, Deckenträger oder ähnliche Bauteile mit seitlicher Stützung durch flächenhafte Bauteile.

(4) Die Bemessung von Wandriegeln auf Winddruck entspricht derjenigen von Pfetten für Auflast; die Bemessung von Wandriegeln für Windsog entspricht derjenigen von Pfetten bei abhebenden Lasten.

(5) Kontinuierliche seitliche Stützung wird durch Trapezbleche oder andere Profilbleche mit ausreichender Steifigkeit erzeugt, die mit dem Obergurt der Pfette kontinuierlich über ihre Rippenuntergurte verbunden sind. Die Pfette gilt an der Verbindungsstelle mit dem Trapezblech als seitlich gehalten, wenn 10.1.1(6) erfüllt ist. In anderen Fällen (z. B. bei Befestigung der Profilbleche über ihre Rippenobergurte) ist der Behinderungsgrad nach Erfahrungswerten zu beurteilen oder durch Versuche zu bestimmen.

ANMERKUNG Näheres zu Versuchen enthält Anhang A.

(6) Ist das Trapezblech an eine Pfette angeschlossen und die Bedingung (10.1a) erfüllt, so kann die Pfette an der Verbindungsstelle in Blechebene als seitlich gehalten angesehen werden.

$$S \ge \left(EI_w \frac{\pi^2}{L^2} + GI_t + EI_z \frac{\pi^2}{L^2} 0{,}25 h^2 \right) \frac{70}{h^2} \tag{10.1a}$$

Dabei ist

S die Schubsteifigkeit, die durch die Befestigung des Trapezblechs an jeder Blechrippe mit der Pfette ermöglicht wird (Ist das Blech nur an jeder zweiten Rippe mit der Pfette verbunden, so ist S durch $0{,}2\,S$ zu ersetzen.);

I_w der Wölbwiderstand der Pfette;

I_t das St. Venant'sche Torsionsträgheitsmoment der Pfette;

I_z das Flächenträgheitsmoment des Pfettenquerschnitts um die schwache Hauptachse;

L die Stützweite der Pfette;

h die Höhe des Pfettenquerschnitts.

ANMERKUNG 1 Gleichung (10.1a) kann auch zur Bestimmung der seitlichen Stabilität von Bauteilgurten durch andere Eindeckungen als Trapezbleche herangezogen werden, vorausgesetzt, dass die Verbindungen entsprechend konzipiert sind.

ANMERKUNG 2 Die Schubsteifigkeit S kann mit den ECCS-Richtlinien (siehe ANMERKUNG in 9(4)) berechnet oder durch Versuche bestimmt werden.

(7) Sofern nicht die Wirkungsweise alternativer Pfettenauflagerungen durch Versuche belegt ist, sollten die Pfetten so befestigt werden, dass z. B. durch Pfettenschuhe Verdrehungen und seitliche Verschiebungen der Pfette am Auflager verhindert werden. Kräfte in der Ebene der Profilbleche, die über die Auflager abgetragen werden, sind bei der Bemessung der Auflager zu berücksichtigen.

(8) Das Tragverhalten seitlich gehaltener Pfetten ist in der Regel nach Bild 10.1 zu modellieren. Die Verbindung zwischen Pfette und Profilblech erzeugt eine teilweise Behinderung der Pfettenverdrehung. Diese Drehbettung ist als Drehfeder mit der Drehsteifigkeit C_D gekennzeichnet. Die Spannungen im freien Gurt, der nicht direkt mit den Profilblechen verbunden ist, sollten dann durch eine Überlagerung der Wirkungen aus der Biegung normal zur Profilblechebene und der Torsion einschließlich der seitlichen Biegung infolge der Querschnittsverformung ermittelt werden. Die durch das Blech bereitgestellte Drehbehinderung ist mit 10.1.5 zu ermitteln.

(9) Wenn bei einem Einfeldträger unter Windsog der freie Untergurt Druckbeanspruchungen erhält, sollte die Spannungserhöhung infolge Torsion und Profilverformungen berücksichtigt werden.

(10) Die Schubsteifigkeit eines Trapezbleches, das an jedem Rippenuntergurt mit einer Pfette und an jeder seitlichen Überlappung verbunden ist, darf berechnet werden zu:

$$S = 1\,000\,\sqrt{t^3}\,(50 + 10\sqrt[3]{b_{\text{roof}}})\frac{s}{h_w} \quad \text{in N,} \quad t \text{ und } b_{\text{roof}} \text{ in mm} \tag{10.1b}$$

Dabei ist t die Bemessungsdicke des Blechs, b_{roof} die Breite des Daches, s der Pfettenabstand und h_w die Profilhöhe des profilierten Blechs. Die Einheit der Abmessungen ist mm. Bei Kassettenprofilen beträgt die Schubsteifigkeit das S_v-fache des Abstands zwischen den Pfetten, wobei S_v nach 10.3.5(6) berechnet wird.

10.1.2 Berechnungsmethoden

(1) Sofern nicht eine Berechnung nach Theorie 2. Ordnung erfolgt, sollte die in 10.1.3 und 10.1.4 angegebene Berechnungsmethode angewendet werden. Hierbei wird das seitliche Ausweichen des freien Gurtes erfasst (was Zusatzspannungen hervorruft), indem dieser als Träger mit einer seitlichen Belastung $q_{h,Ed}$ betrachtet wird (siehe Bild 10.1).

(2) Bei der Anwendung dieser Methode sollte die Drehbettung durch eine äquivalente Bettung mit der Steifigkeit K ersetzt werden. Bei der Bestimmung von K sind in der Regel die Auswirkungen von Querschnittsverformungen zu berücksichtigen. Zu diesem Zweck darf der freie Gurt als ein Druckstab mit veränderlicher Normalkraft und mit einer seitlichen kontinuierlichen Bettung mit der Steifigkeit K betrachtet werden.

(3) Wenn der freie Gurt einer Pfette Druckspannungen aus der Biegewirkung normal zur Profilblechebene (z. B. infolge Windsog auf eine einfeldrige Pfette) erfährt, sollte die Beanspruchbarkeit des freien Gurtes auch für seitliches Knicken nachgewiesen werden.

(4) Für eine genauere Berechnung ist in der Regel eine Berechnung mit numerischen Methoden durchzuführen, wobei die Werte für die Drehfedersteifigkeit C_D nach 10.1.5.2 anwendbar sind. Eine Vorkrümmung e_0 des freien Flansches sollte entsprechend der Definition in 5.3 berücksichtigt werden. Die Imperfektion sollte dabei mit der maßgebenden elastischen Eigenform verträglich sein.

(5) Es kann auch eine numerische Berechnung mit der Drehfedersteifigkeit C_D nach 10.1.5.2 durchgeführt werden, wenn keine seitliche Stützung besteht oder die Stützwirkung nicht nachgewiesen werden kann. Bei der Durchführung numerischer Berechnungen sollten die Biegung in zwei Richtungen, die St. Venant'sche Torsionssteifigkeit und die Wölbsteifigkeit in Bezug auf die Zwangsdrehachse berücksichtigt werden.

(6) Wird eine Berechnung nach Theorie 2. Ordnung durchgeführt, sollten wirksame Querschnitte und wirksame Steifigkeiten infolge Beulens berücksichtigt werden.

ANMERKUNG   Ein vereinfachtes Bemessungsverfahren für Pfetten aus C-, Z- und Σ-Querschnitten enthält Anhang E.

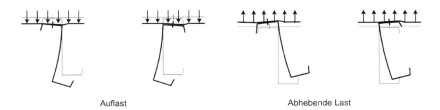

Auflast   Abhebende Last

a) Z- und C-Pfettenquerschnitt mit Verbindung des oberen Flansches an das Profilblech

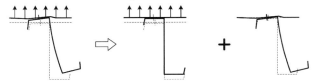

Biegung in der Ebene der Pfetten   Torsion und seitliche Verformung

b) Gesamtverformung in zwei Verformungsanteile aufgeteilt

c) Pfettenmodell mit seitlicher Halterung und Drehfederbettung C_D infolge des Blechs

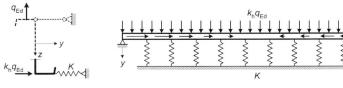

d) Zur Vereinfachung wird die Drehfederbettung C_D durch eine seitliche Wegfeder der Steifigkeit K ersetzt

e) Freier Pfettenflansch berechnet als elastisch gebetteter Stab. Das Modell erfasst Torsions- und Querbiegeeffekte (einschließlich der Querschnittsverformungen) einfeldriger Träger unter abhebenden Lasten.

Bild 10.1 — Statische Modelle für seitlich gehaltene Pfetten mit Drehfederbettung durch das Profilblech

DIN EN 1993-1-3:2010-12
EN 1993-1-3:2006 + AC:2009 (D)

10.1.3 Bemessungskriterien

10.1.3.1 Einfeldrige Pfetten

(1) Eine einfeldrige Pfette unter Auflast sollte den Kriterien der Querschnittstragfähigkeit nach 10.1.4.1 genügen. Bei zentrischem Druck sind auch die Stabilitätsbedingungen für den freien Gurt nach 10.1.4.2 zu erfüllen.

(2) Eine einfeldrige Pfette unter abhebender Last sollte den Kriterien der Querschnittstragfähigkeit nach 10.1.4.1 und den Stabilitätskriterien für den freien Gurt nach 10.1.4.2 genügen.

10.1.3.2 Zweifeldrige Durchlaufpfetten unter Auflast

(1) Bei einer durchlaufenden zweifeldrigen Pfette ohne Stoß über der Zwischenstütze dürfen bei Auflast die Biegemomente entweder durch Berechnung oder Versuche ermittelt werden.

(2) Werden die Momente durch Berechnung ermittelt, sollte dies nach der Elastizitätstheorie erfolgen. Der Pfettenquerschnitt sollte den Bedingungen nach 10.1.4.1 genügen. Für das Stützmoment sollte auch die Stabilitätsbedingung für den freien Gurt nach 10.1.4.2 erfüllt werden. An der Innenstützung sollte ebenso das Zusammenwirken von Moment- und Lagerreaktion (und Stegkrüppeln, sofern keine Lagerschuhe verwendet werden) und von Moment und Querkraft überprüft werden.

(3) Alternativ dürfen die Momente auf der Grundlage von Versuchen nach Abschnitt 9 und A.5 unter Berücksichtigung des Rotationsverhaltens der Pfette über der Zwischenstütze bestimmt werden.

ANMERKUNG Geeignete Testverfahren sind in Anhang A angegeben.

(4) Die Momentenbeanspruchbarkeit $M_{sup,Rd}$ über der Stütze für eine Gleichlast q_{Ed} sollte als Schnittpunkt zweier Kurven ermittelt werden, und zwar:

— der nach Abschnitt 9 und A.5 experimentell ermittelten Momenten-Rotations-Charakteristik am Auflager,

— der theoretischen Beziehung zwischen der Größe des Stützmomentes $M_{sup,Ed}$ und der zugehörigen Verdrehung ϕ_{Ed} der Pfette im plastischen Gelenk am Auflager.

Bei der Ermittlung der Bemessungsgröße des Stützmoments $M_{sup,Ed}$ sollte der Einfluss einer seitlichen Belastung am freien Flansch und/oder des Stabilitätsproblems des freien Flansches an der Innenstützung berücksichtigt werden, wenn diese nicht vollständig durch Innenstützversuche nach A.5.2 erfasst werden. Ist der freie Flansch durchlaufend über der Innenstütze, und beträgt der Abstand zwischen Auflager und der nächsten Schlauder mindestens 0,5s, so sollte die seitliche Belastung $q_{h,Ed}$ nach 10.1.4.2 beim Nachweis der Tragfähigkeit über der Innenstütze berücksichtigt werden. Alternativ dürfen Großversuche (1:1) an zwei- oder mehrfeldrigen Pfetten zur Ermittlung der Auswirkung seitlicher Belastung auf den freien Flansch und/oder von Stabilitätsproblemen des freien Flansches am Zwischenlager zum Einsatz kommen.

(5) Die Feldmomente sollten dann ausgehend vom Stützmoment bestimmt werden.

(6) Die folgenden Gleichungen dürfen bei Zweifeldträgern mit gleichen Spannweiten angewendet werden:

$$\phi_{Ed} = \frac{L}{12 E I_{eff}} \left[q_{Ed} L^2 - 8 M_{sup,Ed} \right] \quad (10.2a)$$

$$M_{spn,Ed} = \frac{\left(q_{Ed} L^2 - 2 M_{sup,Rd} \right)^2}{8 q_{Ed} L^2} \quad (10.2b)$$

Dabei ist

I_{eff} das wirksame Flächenträgheitsmoment passend zum Moment $M_{spn,Ed}$;

L die Stützweite;

$M_{spn,Ed}$ das größte Feldmoment.

(7) Die Gleichungen (10.2a) und (10.2b) gelten nicht für Zweifeldpfetten ungleicher Stützweiten und unter ungleichmäßiger Streckenlast (z. B. bei Schneeanhäufungen). Für diese Fälle sollten eigene Berechnungen durchgeführt werden.

(8) Das maximale Feldmoment $M_{spn,Ed}$ der Pfette sollte den Bedingungen der Querschnittstragfähigkeit in 10.1.4.1 genügen. Alternativ kann die Feldmomententragfähigkeit durch Versuche ermittelt werden, wobei der Versuch am Einfeldträger mit einer Vergleichsspannweite entsprechend dem Abstand der Momentennullpunkte ausgeführt werden kann.

10.1.3.3 Zweifeldrige Durchlaufpfette unter abhebender Last (Windsog)

(1) Bei einer durchlaufenden zweifeldrige Pfette ohne Stoß über der Zwischenstütze sollten bei Windsog die Biegemomente nach der Elastizitätstheorie ermittelt werden.

(2) Das Biegemoment über der Zwischenstütze sollte bezüglich der Querschnittstragfähigkeit den Bedingungen in 10.1.4.1 genügen. Das Zusammenwirken der Auflagerkraft und des Stützmomentes braucht nicht berücksichtigt zu werden, da die Auflagerkraft eine Zugkraft ist. An der Innenstützung ist auch die kombinierte Beanspruchung aus Biegemoment und Querkraft zu überprüfen.

(3) Die Feldmomente sollten die Stabilitätsbedingungen für den freien Gurt nach 10.1.4.2 erfüllen.

10.1.3.4   Koppelpfetten mit Überlappung oder Kopplungsstücken mit beschränkter Durchlaufwirkung

(1) Koppelpfetten, bei denen die Durchlaufwirkung über mehr als zwei Felder durch Überlappungen oder kurze Kopplungsstücke erzielt wird, sollten unter Berücksichtigung der wirksamen Querschnitte und der Auswirkungen der Kopplungen über den Zwischenstützen bemessen werden.

(2) Versuche zur Ermittlung des Tragverhaltens über Zwischenstützen dienen zur Bestimmung von:

— der Biegesteifigkeit der Kopplung oder Überlappung;

— der Momenten-Rotations-Charakteristik der Kopplung. Wenn das Versagen an der Zwischenstütze auftritt, so darf die plastische Umverteilung der Biegemomente für gekoppelte oder überlappte Träger ausschließlich dann angewendet werden, wenn mit Pfettenschuhen oder gleichartiger seitlicher Trägerhaltung an den Zwischenstützen ein Ausweichen verhindert wird;

— der Beanspruchbarkeit der Kopplung oder Überlappung bei gleichzeitiger Wirkung von Biegemoment und Auflagerkraft;

— der Beanspruchbarkeit des nicht überlappten bzw. nicht gekoppelten Pfettenteiles bei gleichzeitiger Wirkung von Biegemoment und Querkraft.

Alternativ können die Eigenschaften über der Innenstützung mit numerischen Methoden ermittelt werden, wenn zumindest die Vorgehensweise mit einer bestimmten Anzahl an Versuchen bestätigt wurde.

(3) Bei Auflast sollte die Pfette folgende Bedingungen erfüllen:

— an Zwischenstützen: die Beanspruchbarkeit bei gleichzeitiger Wirkung von Biegemoment und Auflagerkraft, z. B. ermittelt durch versuchsgestützte Bemessung;

— nahe dem Auflager: die Beanspruchbarkeit bei gleichzeitiger Wirkung von Biegemoment und Querkraft, ermittelt durch versuchsgestützte Bemessung;

— in den Feldern: die Beanspruchbarkeit für den Querschnitt nach 10.1.4.1;

— bei Druckbeanspruchung der Pfette: die Stabilitätsbedingungen für den freien Gurt nach 10.1.4.2.

(4) Bei Windsog sollten die Pfette folgende Bedingungen erfüllen:

— an Zwischenstützen: die Beanspruchbarkeit bei gleichzeitiger Wirkung von Biegemoment und Auflagerkraft als Zugkraft, z. B. ermittelt durch versuchsgestützte Bemessung;

— nahe dem Auflager: die Beanspruchbarkeit bei gleichzeitiger Wirkung von Biegemoment und Querkraft, z. B. ermittelt durch versuchsgestützte Bemessung;

— in den Feldern: die Stabilitätsbedingungen für den freien Gurt nach 10.1.4.2;

— bei Druckbeanspruchung der Pfette: die Stabilitätsbedingungen für den freien Gurt nach 10.1.4.2.

10.1.3.5 Kriterien der Gebrauchstauglichkeit

(1) Die Bedingungen für den Gebrauchstauglichkeitszustand von Pfetten sollten erfüllt werden.

10.1.4 Bemessungswerte der Tragfähigkeit

10.1.4.1 Querschnittstragfähigkeit

(1) Bei Pfetten mit Einwirkungen von Normalkräften und Querlasten sollten beim Nachweis der Beanspruchbarkeit des Querschnittes nach Bild 10.2 die Spannungen aus folgenden Beanspruchungen überlagert werden:

— dem Biegemoment um die y-Achse $M_{y,Ed}$;

— der Normalkraft N_{Ed};

— einer am freien Gurt angreifenden Horizontalkraft $q_{h,Ed}$ aus der Wirkung von Torsion und Seitenbiegung, siehe (3).

(2) Die maximalen Spannungen im Querschnitt sollten wie folgt begrenzt werden:

— im seitlich gestützten Gurt:

$$\sigma_{max,Ed} = \frac{M_{y,Ed}}{W_{eff,y}} + \frac{N_{Ed}}{A_{eff}} \leq f_y / \gamma_M \tag{10.3a}$$

— im freien Gurt:

$$\sigma_{max,Ed} = \frac{M_{y,Ed}}{W_{eff,y}} + \frac{N_{Ed}}{A_{eff}} + \frac{M_{fz,Ed}}{W_{fz}} \leq f_y / \gamma_M \tag{10.3b}$$

Dabei ist

A_{eff} die wirksame Querschnittsfläche bei zentrischer Druckbeanspruchung;

f_y die Streckgrenze nach 3.2.1(5);

$M_{\text{fz,Ed}}$ das Biegemoment im freien Gurt unter der Horizontallast $q_{\text{h,Ed}}$, siehe Gleichung (10.4);

$W_{\text{eff,y}}$ das wirksame Widerstandsmoment bei Biegung um die y–y-Achse;

W_{fz} das Bruttowiderstandsmoment des freien Gurtes zuzüglich des mittragenden Steganteils für Biegung um die z–z-Achse; wird keine aufwändigere Berechnung durchgeführt, darf der mitwirkende Stegflächenanteil mit 1/5 der Steghöhe (ausgehend vom Schnittpunkt zwischen Gurt und Steg) bei C- und Z-Profilen und 1/6 der Steghöhe bei Σ-Profilen angesetzt werden, siehe Bild 10.2;

$\gamma_M = \gamma_{M0}$ wenn $A_{\text{eff}} = A_g$ oder wenn $W_{\text{eff,y}} = W_{\text{el,y}}$ und $N_{\text{Ed}} = 0$, sonst $\gamma_M = \gamma_{M1}$.

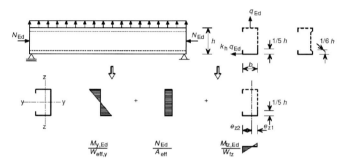

Bild 10.2 — Spannungsüberlagerung

(3) Die am freien Gurt angreifende Horizontalbelastung $q_{\text{h,Ed}}$ als Folge von Torsion und Biegung sollte wie folgt ermittelt werden:

$$q_{\text{h,Ed}} = k_h\, q_{\text{Ed}} \qquad (10.4)$$

(4) Der Faktor k_h kann für normale Querschnittsformen Bild 10.3 entnommen werden.

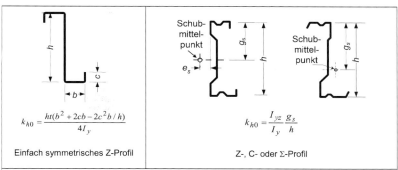

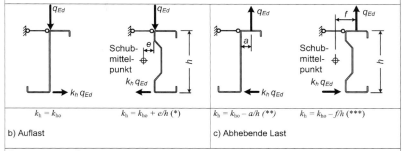

Bild 10.3 — Umrechnung der Torsion und seitlichen Biegung in eine äquivalente seitliche Belastung $k_h\, q_{Ed}$

(5) Das Querbiegemoment $M_{fz,Ed}$ darf nach Gleichung (10.5) bestimmt werden. Ist der freie Flansch unter Zugbeanspruchung, so darf aufgrund der positiven Auswirkung des Flanscheindrehens und der Theorie II. Ordnung das Querbiegemoment zu null angenommen werden:

$$M_{fz,Ed} = \kappa_R\, M_{0,fz,Ed} \qquad (10.5)$$

Dabei ist

$M_{0,fz,Ed}$ der Ausgangswert des Querbiegemomentes ohne Wegfederbettung;

κ_R ein Korrekturfaktor, der die Bettung erfasst.

(6) Das Ausgangsquerbiegemoment $M_{0,fz,Ed}$ des freien Gurtes ist in Tabelle 10.1 für kritische Schnitte im Feld, an der Stütze sowie an und zwischen Schlaudern angegeben. Tabelle 10.1 ist für Federkennwerte $R \leq 40$ gültig.

(7) Der Korrekturfaktor κ_R für den maßgebenden Schnitt und die Randbedingungen der Pfette können nach Tabelle 10.1 (oder an dem System des elastisch gebetteten Balkens) mit Hilfe des Federkennwertes R ermittelt werden:

$$R = \frac{K L_a^4}{\pi^4 E I_{fz}} \tag{10.6}$$

Dabei ist

I_{fz} das Flächenmoment 2. Grades um die z–z-Achse der Bruttofläche des freien Gurtes zuzüglich des mitwirkenden Stegflächenanteils, siehe 10.1.4.1(2); zur Anwendung numerischer Methoden, siehe 10.1.2(5);

K die Steifigkeit der Wegfeder je Längeneinheit nach 10.1.5.1;

L_a der Abstand zwischen Schlaudern, sofern vorhanden, sonst die Spannweite L der Pfette.

Tabelle 10.1 — Ausgangswerte für das Querbiegemoment $M_{0,fz,Ed}$ und Korrekturbeiwerte κ_R

System	Schnittstelle	$M_{0,fz,Ed}$	κ_R
Einfeldträger, L/2 + L/2 ($L_a = L$)	m	$\dfrac{1}{8} q_{h,Ed} L_a^2$	$\kappa_R = \dfrac{1 - 0{,}0225 R}{1 + 1{,}013 R}$
3/8L_a + 5/8L_a, Schlauder oder Auflager	m	$\dfrac{9}{128} q_{h,Ed} L_a^2$	$\kappa_R = \dfrac{1 - 0{,}0141 R}{1 + 0{,}416 R}$
	e	$-\dfrac{1}{8} q_{h,Ed} L_a^2$	$\kappa_R = \dfrac{1 + 0{,}0314 R}{1 + 0{,}396 R}$
0,5L_a + 0,5L_a, Schlauder oder Auflager	m	$\dfrac{1}{24} q_{h,Ed} L_a^2$	$\kappa_R = \dfrac{1 - 0{,}0125 R}{1 + 0{,}198 R}$
	e	$-\dfrac{1}{12} q_{h,Ed} L_a^2$	$\kappa_R = \dfrac{1 + 0{,}0178 R}{1 + 0{,}191 R}$

10.1.4.2 Knickbeanspruchbarkeit des freien Gurtes

(1) Für den freien Gurt mit Druckbeanspruchungen sollte die Beanspruchbarkeit wie folgt nachgewiesen werden:

$$\frac{1}{\chi_{LT}}\left(\frac{M_{y,Ed}}{W_{eff,y}}+\frac{N_{Ed}}{A_{eff}}\right) + \frac{M_{fz,Ed}}{W_{fz}} \leq f_{yb}/\gamma_{M1}$$
(10.7)

wobei χ_{LT} der Abminderungsbeiwert für Biegedrillknicken ist (entspricht dem Biegeknicken des freien Gurtes).

ANMERKUNG Die Anwendung der χ_{LT}-Werte darf nach dem Nationalen Anhang geschehen. Für die bezogenen Schlankheitsgrade $\overline{\lambda}_{fz}$ nach (2) wird die Verwendung von EN 1993-1-1, 6.3.2.3 mit der Knicklinie b ($\alpha_{LT} = 0,34$; $\overline{\lambda}_{LT,0} = 0,4$; $\beta = 0,75$) empfohlen. Im Fall zentrischer Druckbeanspruchung und wenn der Abminderungsbeiwert für Knicken um die starke Achse kleiner ist als der für Knicken um die schwache Achse, z. B. bei vielen Schlaudern, ist in der Regel auch diese Versagensform nach 6.2.2 und 6.2.4 nachzuweisen.

(2) Der Schlankheitsgrad $\overline{\lambda}_{fz}$ für das Biegeknicken des freien Gurtes lautet:

$$\overline{\lambda}_{fz} = \frac{l_{fz}/i_{fz}}{\lambda_1}$$
(10.8)

mit:

$$\lambda_1 = \pi\left[E/f_{yb}\right]^{0,5}$$

Dabei ist

l_{fz} die Knicklänge des freien Gurtes nach (3) bis (7);

i_{fz} der Trägheitsradius des Gesamtquerschnittes des freien Gurtes zuzüglich des mitwirkenden Stegflächenanteils um die z–z-Achse, siehe 10.1.4.1(2).

(3) Bei Federkennwerten $0 \leq R \leq 200$ darf bei Auflast und veränderlicher Druckbeanspruchung entlang der Spannweite L nach Bild 10.4 die Knicklänge des freien Gurtes wie folgt ermittelt werden:

$$l_{fz} = \eta_1 L_a \left(1+ \eta_2 R^{\eta_3}\right)^{\eta_4}$$
(10.9)

Dabei ist

L_a der Abstand zwischen Schlaudern, sofern vorhanden, sonst die Spannweite L der Pfette;

R wie in 10.1.4.1(7) angegeben;

η_1 bis η_4 Koeffizienten in Abhängigkeit von der Anzahl der Schlaudern nach Tabelle 10.2a.

Die Tabellen 10.2a und 10.2b gelten nur bei gleichfeldrigen Durchlaufsystemen mit Gleichlast, ohne Trägerstoß oder Überlappung, und mit Stützung des freien Flansches durch Schlaudern. Die Tabellen können auch bei gestoßenen Durchlaufpfetten verwendet werden, wenn nachgewiesen werden kann, dass die Verbindungen starr sind. In anderen Fällen ist die Knicklänge durch entsprechende Berechnungen zu ermitteln, oder es können mit Ausnahme von Kragsystemen die Werte der Tabelle 10.2a für den Fall von drei Schlaudern je Feld verwendet werden.

ANMERKUNG Infolge der Rotation im Trägerstoß könnte das Feldmoment größer ausfallen, was auch zu höheren Knicklängen im Feld führt. Bei Vernachlässigung des tatsächlichen Momentenverlaufs könnte die Bemessung unsicher ausfallen.

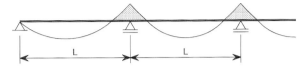

[Markierte Bereiche stehen für Druckbeanspruchung]

Bild 10.4 — Veränderliche Druckbeanspruchungen im freien Gurt bei Auflast

Tabelle 10.2a — Beiwerte η_i bei Auflast mit und ohne Schlaudern

Situation	Anzahl Schlaudern	η_1	η_2	η_3	η_4
Endfeld	0	0.414	1.72	1.11	-0.178
Innenfeld		0.657	8.17	2.22	-0.107
Endfeld	1	0.515	1.26	0.868	-0.242
Innenfeld		0.596	2.33	1.15	-0.192
Endfeld und Innenfeld	2	0.596	2.33	1.15	-0.192
Endfeld und Innenfeld	3 und 4	0.694	5.45	1.27	-0.168

Tabelle 10.2b — Beiwerte η_i bei abhebender Last (Windsog) mit und ohne Schlaudern

Situation	Anzahl Schlaudern	η_1	η_2	η_3	η_4
Einfeld	0	0.694	5.45	1.27	-0.168
Endfeld		0.515	1.26	0.868	-0.242
Innenfeld		0.306	0.232	0.742	-0.279
Einfeld und Endfeld	1	0.800	6.75	1.49	-0.155
Innenfeld		0.515	1.26	0.868	-0.242
Einfeld	2	0.902	8.55	2.18	-0.111
Endfeld und Innenfeld		0.800	6.75	1.49	-0.155
Einfeld und Endfeld	3 und 4	0.902	8.55	2.18	-0.111
Innenfeld		0.800	6.75	1.49	-0.155

(4) Wenn mehr als 3 Schlaudern je Spannweite mit gleichen Abständen vorhanden sind und die Bedingung in (3) zutrifft, braucht bei Auflast die Knicklänge nicht größer als $L_a = L/3$ (Wert für 2 Schlaudern) angesetzt zu werden. Diese Regel gilt nur dann, wenn keine Druckkraft im Querschnitt vorhanden ist.

(5) Wenn die Druckbeanspruchungen wegen großer Normalkräfte über die Spannweite L wenig veränderlich sind, sollte die Knicklänge mit den η_1-Werten in der Tabelle 10.2a für den Fall von mehr als drei Schlaudern je Spannweite, aber mit dem tatsächlichen Abstand L_a ermittelt werden.

(6) Bei $0 \leq R_0 \leq 200$ darf bei abhebenden Lasten (Windsog) und bei längs der Stablänge L_0 veränderlicher Druckbeanspruchung, wie in Bild 10.5 dargestellt, die Knicklänge des freien Gurtes wie folgt ermittelt werden:

$$l_\text{fz} = 0{,}7 L_0 \left(1 + 13{,}1 R_0^{1{,}6}\right)^{-0{,}125} \tag{10.10a}$$

mit:

$$R_0 = \frac{K L_0^4}{\pi^4 E I_\text{fz}} \tag{10.10b}$$

wobei I_fz und K in 10.1.4.1(7) definiert sind. Alternativ können die Knicklängen für den freien Flansch mit Tabelle 10.2b in Kombination mit der Gleichung in 10.1.4.2(3) ermittelt werden.

(7) Wenn bei Windsog der freie Gurt gegenüber horizontalen Verschiebungen durch Schlaudern wirksam gehalten ist, darf die Knicklänge (als auf der sicheren Seite liegend) wie bei einer konstanten Momentverteilung nach (5) angesetzt werden. Die Gleichung (AC) (10.9) (AC) darf unter den in (3) genannten Bedingungen verwendet werden. Werden keine entsprechenden Berechnungen durchgeführt, wird auf (AC) (5) (AC) verwiesen.

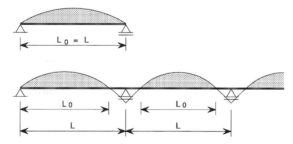

[Die gepunkteten Flächen zeigen die druckbeanspruchten Bereiche]

Bild 10.5 — Veränderliche Druckspannung im freien Flansch bei Windsog

10.1.5 Drehbehinderung durch Profilbleche

10.1.5.1 Steifigkeit der Querbettung

(1) Die seitliche Stützung des freien Gurtes der Pfetten durch die Profilbleche sollte als Wegfeder angesetzt werden, die in der Gurtebene am freien Gurt als Querbettung wirkt (siehe Bild 10.1). Die Gesamtbettung K je Längeneinheit wird wie folgt bestimmt:

$$\frac{1}{K} = \frac{1}{K_A} + \frac{1}{K_B} + \frac{1}{K_C} \tag{10.11}$$

Dabei ist

K_A die Querbettung entsprechend der Drehfedersteifigkeit des Anschlusses vom Profilblech an die Pfette;

K_B die Querbettung, die aus der Profilverformung der Pfette herrührt;

K_C die Querbettung infolge der Biegesteifigkeit der Profilbleche.

(2) Üblicherweise ist der Betrag von $1/K_C$ vernachlässigbar, da K_C im Vergleich zu K_A und K_B sehr groß ist. Die resultierende Querbettung beträgt dann:

$$K = \frac{1}{(1/K_A + 1/K_B)} \tag{10.12}$$

(3) Der Wert für $(1/K_A + 1/K_B)$ darf entweder durch Versuche oder durch Berechnung ermittelt werden.

ANMERKUNG Anhang A enthält geeignete Versuchsverfahren.

(4) Die Querbettung K je Längeneinheit darf wie folgt berechnet werden:

$$\frac{1}{K} = \frac{4(1-v^2)h^2(h_d + b_{mod})}{Et^3} + \frac{h^2}{C_D} \tag{10.13}$$

wobei das Maß b_{mod} folgendermaßen ermittelt wird:

— wenn die äquivalente seitliche Belastung $q_{h,Ed}$ Kontakt des Profilbleches mit dem Pfettensteg erzeugt:

$b_{mod} = a$

— wenn die äquivalente seitliche Belastung $q_{h,Ed}$ Kontakt des Profilbleches mit dem Gurtende der Pfette erzeugt:

$b_{mod} = 2a + b$

Dabei ist

t die Blechdicke der Pfette;

a der Abstand zwischen Verbindungsmittel und Pfettensteg, siehe Bild 10.6;

b die Breite des befestigten Pfettengurtes, siehe Bild 10.6;

C_D die gesamte Drehfedersteifigkeit nach 10.1 5.2;

h die Gesamthöhe der Pfette;

h_d die Abwicklung der Steghöhe, siehe Bild 10.6.

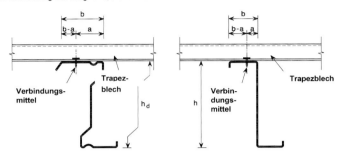

Bild 10.6 — Pfette und befestigtes Blech

10.1.5.2 Steifigkeit der Drehbettung

(1) Die Verdrehungsbehinderung der Pfette durch das auf dem Obergurt befestigte Profilblech wird als Drehfeder angesetzt, die sich am Obergurt der Pfette als Drehbettung auswirkt, siehe Bild 10.1. Die resultierende Steifigkeit C_D der Drehbettung lautet:

$$C_D = \frac{1}{(1/C_{D,A} + 1/C_{D,C})} \tag{10.14}$$

Dabei ist

$C_{D,A}$ die Steifigkeit der Drehbettung der Verbindung zwischen Profilblech und Pfette;

$C_{D,C}$ die Steifigkeit der Drehbettung entsprechend der Biegesteifigkeit des Profilbleches.

(2) Die Steifigkeit der Drehbettung $C_{D,A}$ darf mit den Regeln nach (5) und (7) berechnet werden. Alternativ kann $C_{D,A}$ durch Versuche ermittelt werden, siehe (9).

(3) Die Steifigkeit der Drehbettung $C_{D,C}$ darf als der kleinste Wert angesetzt werden, der sich aus den in Bild 10.7 dargestellten Rechenmodellen ergibt. Dabei sind die Verdrehungen der benachbarten Pfetten und die Durchlaufwirkung der Profilbleche unterschiedlich angenommen.

Es gilt:

$$C_{D,C} = m/\theta \tag{10.15}$$

Dabei ist

m das nach Bild 10.7 aufgebrachte Moment je Breiteneinheit des Profilblechs;

θ die aus m resultierende Querschnittsverdrehung in Rad, wie in Bild 10.7 dargestellt.

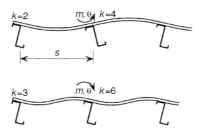

Bild 10.7 — Berechnungsmodelle für $C_{D,C}$

(4) Alternativ darf (auf der sicheren Seite liegend) der $C_{D,C}$-Wert wie folgt ermittelt werden:

$$C_{D,C} = \frac{k \; E \; I_{eff}}{s} \qquad (10.16)$$

wobei k ein Koeffizient ist, der die folgenden Werte annimmt:

— Endfeld und Verdrehung nach Bild 10.7 oben $k = 2$;

— Endfeld und Verdrehung nach Bild 10.7 unten $k = 3$;

— Innenfeld und Verdrehung nach Bild 10.7 oben $k = 4$;

— Innenfeld und Verdrehung nach Bild 10.7 unten $k = 6$.

Dabei ist

I_{eff} das wirksame Flächenmoment 2. Grades je Breiteneinheit des Profilblechs;

s der Pfettenabstand.

(5) Vorausgesetzt, dass die Verbindungsmittel zwischen Pfetten und Profilblech in der Mitte der Pfettengurte angebracht sind, darf der Wert $C_{D,A}$ für auf dem Pfettenobergurt befestigte Profilbleche wie folgt bestimmt werden (siehe Tabelle 10.3):

$$C_{D,A} = C_{100} \cdot k_{ba} \cdot k_{t} \cdot k_{bR} \cdot k_{A} \cdot k_{bT} \qquad (10.17)$$

mit

$k_{ba} = (b_{a}/100)^{2}$ wenn $b_{a} < 125$ mm;

$k_{ba} = 1{,}25(b_{a}/100)$ wenn 125 mm $\leq b_{a} < 200$ mm;

$k_{t} = (t_{nom}/0{,}75)^{1,1}$ wenn $t_{nom} \geq 0{,}75$ mm; positive Lage;

$k_{t} = (t_{nom}/0{,}75)^{1,5}$ wenn $t_{nom} \geq 0{,}75$ mm; negative Lage;

$k_{t} = (t_{nom}/0{,}75)^{1,5}$ wenn $t_{nom} < 0{,}75$ mm;

$k_{bR} = 1,0$ wenn $b_R \leq 185$ mm;

$k_{bR} = 185/b_R$ wenn $b_R > 185$ mm;

bei Auflast:

$k_A = 1,0 + (A-1,0) \cdot 0,08$ wenn $t_{nom} = 0,75$ mm; positive Lage;

$k_A = 1,0 + (A-1,0) \cdot 0,16$ wenn $t_{nom} = 0,75$ mm; negative Lage;

$k_A = 1,0 + (A-1,0) \cdot 0,095$ wenn $t_{nom} = 1,00$ mm; positive Lage;

$k_A = 1,0 + (A-1,0) \cdot 0,095$ wenn $t_{nom} = 1,00$ mm; negative Lage;

— lineare Interpolation bei t zwischen $t = 0,75$ mm und $t = 1,0$ mm ist zulässig;

— die Gleichung gilt nicht für $t < 0,75$ mm;

— bei $t > 1$ mm ist in der Gleichung $t = 1$ mm einzusetzen;

bei abhebender Last:

$k_A = 1,0$;

$k_{bT} = \sqrt{\dfrac{b_{T,max}}{b_T}}$ wenn $b_T > b_{T,max}$, sonst $k_{bT} = 1$;

$A \leq 12$ in kN/m ist die Last in kN/m, die zwischen Blech und Pfette wirkt.

Dabei ist

b_a die Breite des Pfettengurts in mm;

b_R der Rippenabstand des Profilbleches in mm;

b_T die Breite des Profilblechgurtes, der mit der Pfette verbunden wird;

$b_{T,max}$ nach Tabelle 10.3;

C_{100} die Drehfedersteifigkeit (entspricht $C_{D,A}$ für $b_a = 100$ mm).

(6) Für den Fall, dass zwischen dem Pfettenobergurt und den Profilblechen keine Dämmung angeordnet ist, gelten die Werte für C_{100} nach Tabelle 10.3.

(7) Alternativ darf $C_{D,A}$ = 130 p in Nm/m/rad angesetzt werden, wobei p die Anzahl der Verbindungsmittel (zwischen Trapezprofilen und Pfettengurt) je lfd. Meter Länge der Pfette ist. Dabei darf je Profilrippe nicht mehr als 1 Verbindungsmittel gerechnet werden. Voraussetzung hierfür ist, dass:

— die Breite b des befestigten Trapezprofilgurtes höchstens 120 mm beträgt;

— der Nennwert der Stahlkerndicke t des Trapezprofils mindestens 0,66 mm beträgt;

— der Abstand a oder ($b - a$) zwischen dem Verbindungsmittel und dem Zwangsdrehpunkt der Pfette (je nach Rotationsrichtung, siehe Bild 10.6) mindestens 25 mm beträgt.

(8) Wenn Profilverformungen zu berücksichtigen sind, siehe 10.1.5.1, darf $C_{D,C}$ vernachlässigt werden, weil die Federsteifigkeit hauptsächlich durch den Wert $C_{D,A}$ und die Profilverformungen beeinflusst wird.

(9) Alternativ kann $C_{D,A}$ mit versuchsgestützter Berechnung ermittelt werden.

(10) Wenn der Wert von (1/ K_A + 1/K_B) durch Versuche ermittelt wird (in mm/N nach A.5.3(3)), sollten die Werte $C_{D,A}$ für Auflast und Windsog wie folgt ermittelt werden:

$$C_{D,A} = \frac{h^2/l_A}{(1/K_A + 1/K_B) - 4(1-\nu^2)h^2(h_d + b_{mod})/(Et^3 l_B)} \qquad (10.18)$$

wobei b_{mod}, h und h_d nach 10.1.5.1(4) definiert sind und l_A die Modulbreite des Blechs und l_B die Länge des Versuchsträgers ist.

ANMERKUNG Zur Versuchsdurchführung siehe Anhang A.5.3(3).

Tabelle 10.3 — Drehfedersteifigkeit C_{100} für Trapezblechprofile

Lage der Profilbleche		Befestigung am		Abstand der Befestigungen		Scheibendurchmesser	C_{100}	$b_{T,max}$
Positiv[a]	Negativ[a]	Untergurt	Obergurt	$e = b_R$	$e = 2b_R$	mm	kNm/m	mm
Bei Auflast:								
×		×		×		22	5,2	40
×		×			×	22	3,1	40
	×		×	×		K_a	10,0	40
	×		×		×	K_a	5,2	40
×	×			×		22	3,1	120
×	×				×	22	2,0	120
Bei abhebender Last:								
×		×		×		16	2,6	40
×		×			×	16	1,7	40

Dabei ist
  b_R der Rippenabstand;
  b_T die Breite des an der Pfette angeschlossenen Untergurtes des Trapezblechprofils.

K_a steht für eine Stahlabdeckplatte mit $t \geq 0{,}75$ mm (siehe Darstellung)

Profilbefestigung
– am Untergurt:

– am Obergurt:

Die angegebenen Werte gelten bei:
– Schraubendurchmesser: $\varnothing = 6{,}3$ mm;
– Unterlegscheibendicke: $t_w \geq 1{,}0$ mm.

[a] Die Lage des Profilblechs ist positiv, wenn der schmalere Gurt auf der Pfette liegt, und negativ, wenn der breitere Gurt auf der Pfette liegt.

10.1.6 Kräfte in den Blech/Pfetten-Verbindungen und Lagerkräfte

(1) Verbindungsmittel sollten für eine gleichzeitige Beanspruchung aus den Querkräften $q_s\,e$ senkrecht zum Flansch und der Zugkraft $q_t\,e$ nachgewiesen werden, wobei q_s und q_t mit Tabelle 10.4 bestimmt werden können. e ist der Abstand der Verbindungsmittel. Querkräfte, die durch Stabilitätseffekte hervorgerufen werden, sind in der Regel zu den planmäßigen Querkräften zu addieren, siehe EN1993-1-1. Weiterhin sind Querkräfte parallel zum Flansch, die durch Scheibenwirkung der Profilbleche entstehen können, in der Regel vektoriell zu q_s zu addieren.

Tabelle 10.4 — Querkräfte und Zugkräfte in den Verbindungsmitteln

Profil und Belastung	Querkraft je Längeneinheit q_s	Zugkraft je Längeneinheit q_t
Z-Profil, Auflast	$(1+\xi)k_h q_{Ed}$, kann zu 0 gesetzt werden	0
Z-Profil, abhebende Last	$(1+\xi)(k_h - a/h)q_{Ed}$	$\lvert \xi k_h q_{Ed} h/a \rvert + q_{Ed}$ $(a \cong b/2)$
C-Profil, Auflast	$(1-\xi)k_h q_{Ed}$	$\xi k_h q_{Ed} h/a$
C-Profil, abhebende Last	$(1-\xi)(k_h - a/h)q_{Ed}$	$\xi k_h q_{Ed} h/(b-a) + q_{Ed}$

(2) Die Verbindungsmittel, die die Pfetten mit deren Auflagern verbinden, sollten für die Lagerkräfte R_w in der Stegebene und für die Lagerkräfte R_1 und R_2 in den Gurtebenen nachgewiesen werden, siehe Bild 10.8. Die Kräfte R_1 und R_2 können mit Tabelle 10.5 bestimmt werden. In die Kraft R_2 sollten auch Belastungskomponenten infolge der Dachneigung einbezogen werden. Ist R_1 positiv, wird das Verbindungsmittel nicht auf Zug beansprucht. R_2 sollte aus dem Trapezblech in den Pfettenoberflansch und von da über eine Auflagersteife, eine besondere Schubverbindung oder auch direkt weiter zum Dachriegel (Pfettenunterkonstruktion) geführt werden. Die Lagerkräfte an einem Zwischenauflager von Durchlaufpfetten können mit dem 2,2fachen der Werte in der Tabelle 10.5 angesetzt werden.

ANMERKUNG   Bei geneigten Dächern werden die vertikalen Lasten in Komponenten senkrecht und parallel zur Dachebene aufgeteilt.

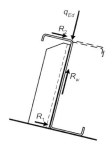

Bild 10.8 — Reaktionskräfte am Auflager

Tabelle 10.5 — Auflagerreaktionskräfte bei einfeldrigen Pfetten

Profil und Belastung	Lagerreaktion R_1 am Unterflansch	Lagerreaktion R_2 am Oberflansch
Z-Profil, Auflast	$(1-\varsigma)k_h q_{Ed} L/2$	$(1+\varsigma)k_h q_{Ed} L/2$
Z-Profil, abhebende Last	$-(1-\varsigma)k_h q_{Ed} L/2$	$-(1+\varsigma)k_h q_{Ed} L/2$
C-Profil, Auflast	[AC] $(1-\varsigma)k_h q_{Ed} L/2$ [AC]	[AC] $-(1-\varsigma)k_h q_{Ed} L/2$ [AC]
C-Profil, abhebende Last	[AC] $-(1-\varsigma)k_h q_{Ed} L/2$ [AC]	[AC] $(1-\varsigma)k_h q_{Ed} L/2$ [AC]

[AC]

(3) Der Beiwert ς kann mit $\varsigma = 1 - \sqrt[3]{\kappa_R^2}$ angesetzt werden, wobei κ_R ein Korrekturbeiwert aus Tabelle 10.1 ist; der Beiwert ξ kann zu $\xi = 1{,}5\,\varsigma$ gesetzt werden. [AC]

10.2 Kassettenprofile mit Aussteifung durch Profilbleche

10.2.1 Allgemeines

(1) Als Kassettenprofile gelten trogförmige Querschnitte mit einem breiten Gurt und zwei Stegen mit zwei schmalen Gurten (siehe Bild 10.9). Die zwei schmalen Gurte sind !AC) durch angeschlossene Profilbleche oder durch Stahlpfetten oder ähnliche Bauteile (AC! ausgesteift.

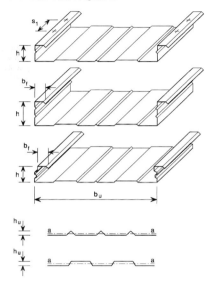

Bild 10.9 — Typische Gestaltung von Kassetten

(2) Die Beanspruchbarkeit der Stege auf Querkraft und örtliche Lasteinleitung ergibt sich aus 6.1.5 bis 6.1.11, jedoch mit $M_{c,Rd}$ nach (3) oder (4).

(3) Die Momententragfähigkeit $M_{c,Rd}$ von Kassettenprofilen darf nach 10.2.2 ermittelt werden, vorausgesetzt, dass

— die Maße in den Grenzen der Tabelle 10.6 liegen;

— die Sickentiefe h_u im breiten Gurt nicht das Maß $h/8$ überschreitet, mit h als Gesamthöhe der Kassette.

(4) Alternativ darf die Momententragfähigkeit durch Versuche ermittelt werden, vorausgesetzt, dass das örtliche Verhalten des Kassettenprofils nicht durch den Versuchsaufbau beeinflusst wird.

ANMERKUNG   Geeignete Testverfahren sind in Anhang A angegeben.

Tabelle 10.6 — Anwendungsgrenzen für 10.2.2

0,75 mm	≤	t_{nom}	≤	1,5 mm
30 mm	≤	b_f	≤	60 mm
60 mm	≤	h	≤	200 mm
300 mm	≤	b_u	≤	600 mm
		I_a / b_u	≤	10 mm^4/mm
		s_1	≤	1 000 mm

10.2.2 Momententragfähigkeit

10.2.2.1 Druckbeanspruchung im breiten Gurt

(1) Die Momententragfähigkeit des Kassettenprofils sollte bei Druckbeanspruchung im breiten Gurt durch eine schrittweise Berechnung (wie in Bild 10.10 dargestellt) ermittelt werden:

— **Schritt 1:** Bestimmung der wirksamen Flächen aller druckbeanspruchten Elemente des Querschnittes auf der Grundlage des Spannungsverhältnisses $\psi = \sigma_2 / \sigma_1$, das mit der wirksamen Fläche des Druckgurtes, aber der Bruttoquerschnittsfläche der Stege ermittelt wird;

— **Schritt 2:** Ermittlung der Lage der Schwerachse des wirksamen Querschnittes und Bestimmung des Grenzbiegemomentes $M_{c,Rd}$:

$$M_{c,Rd} = 0{,}8\, W_{eff,min} f_{yb} / \gamma_{M0} \quad (10.19)$$

mit:

$$W_{eff,min} = I_{y,eff} / z_c \quad \text{jedoch} \quad W_{eff,min} \leq I_{y,eff} / z_t;$$

wobei z_c und z_t die Abschnitte in Bild 10.10 sind.

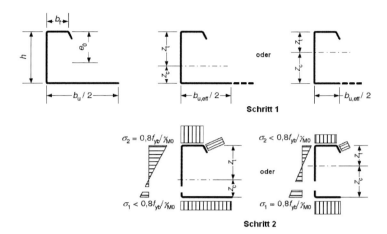

Bild 10.10 — Ermittlung der Momententragfähigkeit bei druckbeanspruchtem, breitem Gurt

10.2.2.2 Zugbeanspruchung im breiten Gurt

(1) Die Momententragfähigkeit des Kassettenprofils sollte bei Zugbeanspruchung im breiten Gurt durch schrittweise Berechnung (wie in Bild 10.11 dargestellt) ermittelt werden:

— **Schritt 1**: Bestimmung der Lage der Schwerachse des Bruttoquerschnittes;

— **Schritt 2**: Bestimmung der wirksamen Breite des breiten Gurtes $b_{u,\text{eff}}$ unter Berücksichtigung der möglichen Eindrehung der Gurte mit:

$$b_{u,\text{eff}} = \frac{53{,}3 \cdot 10^{10} \, e_o^2 \, t^3 \, t_{eq}}{h \, L \, b_u^3} \tag{10.20}$$

Dabei ist

b_u die Gesamtbreite des breiten Gurtes;

e_o der Abstand von der Schwerachse des Bruttoquerschnittes bis zur Schwerachse des schmalen Gurtes;

h die Kassettenprofilhöhe;

L die Spannweite des Kassettenprofils;

t_{eq} die äquivalente Blechdicke des breiten Gurtes

$t_{eq} = (12 \, I_a / b_u)^{1/3}$

I_a das Flächenmoment 2. Grades des breiten Gurtes um seine eigene Schwerachse, siehe Bild 10.9.

— **Schritt 3:** Ermittlung der wirksamen Flächen aller druckbeanspruchten Teile des Querschnittes auf der Grundlage des Spannungsverhältnisses $\psi = \sigma_2 / \sigma_1$, das mit den wirksamen Flächen der Druckgurte, aber der Bruttoquerschnittsfläche der Stege ermittelt werden;

— **Schritt 4:** Nach Ermittlung der Lage der Schwerachse des wirksamen Querschnittes und Bestimmung des Momententragfähigkeit $M_{b,Rd}$:

$$M_{b,Rd} = 0{,}8\,\beta_b\,W_{\text{eff,com}}\,f_{yb}\,/\,\gamma_{M0} \quad \text{jedoch} \quad M_{b,Rd} \leq 0{,}8\,W_{\text{eff,t}}\,f_{yb}\,/\,\gamma_{M0} \tag{10.21}$$

mit:

$W_{\text{eff,com}} = I_{y,\text{eff}} / z_c$

$W_{\text{eff,t}} = I_{y,\text{eff}} / z_t$

wobei der Korrelationsfaktor β_b folgendermaßen bestimmt wird:

— wenn $s_1 \leq 300$ mm:

$\beta_b = 1{,}0$

— wenn $300\text{ mm} \leq s_1 \leq 1\,000\text{ mm}$:

$\beta_b = 1{,}15 - s_1 / 2\,000$

wobei:

s_1 der Abstand der Verbindungsmittel in den schmalen Gurten ist, siehe Bild 10.9.

(2) Die mittragende Breite aus Schubverzerrung braucht nicht berücksichtigt zu werden, wenn $L / b_{u,\text{eff}} \geq 25$. Andernfalls ist ein reduzierter Wert ρ nach 6.1.4.3 zu berücksichtigen.

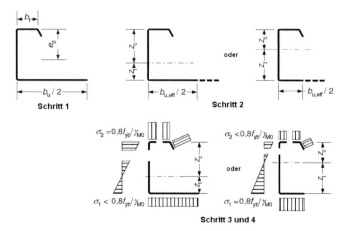

Bild 10.11 — Momententragfähigkeit bei zugbeanspruchtem, breitem Gurt

(3) Flanscheindrehungen brauchen bei der Bestimmung der Verformungen im Grenzzustand der Gebrauchstauglichkeit nicht berücksichtigt zu werden.

(4) Vereinfachend darf das Grenzbiegemoment von Kassettenprofilen mit unausgesteiftem, breitem Gurt bestimmt werden, indem beim breiten Gurt mit Zugbeanspruchung die gleiche wirksame Breite wie bei den beiden schmalen Gurten mit Druckbeanspruchung angesetzt wird.

10.3 Bemessung von Schubfeldern

10.3.1 Allgemeines

(1) Dieser Abschnitt 10.3 beschreibt das planmäßige Zusammenwirken der Tragstruktur mit Profilblechfeldern als integriertes schubübertragendes System.

(2) Die in diesem Abschnitt angegebenen Regelungen gelten ausschließlich für Schubfelder aus Stahlblechen.

(3) Schubfelder können aus Profilblechen gebildet werden, die in Dach-, Wand- oder Deckenkonstruktionen verwendet werden. Schubfelder können auch durch Dach- oder Wandkonstruktionen gebildet werden, die Kassettenprofile enthalten.

ANMERKUNG Umfassende Bemessungs- und Anwendungsregeln sind verfügbar in:
ECCS Publication No. 88 (1995): *European recommendations for the application of metal sheeting acting as a diaphragm*.

10.3.2 Scheibenwirkung

(1) Bei der Schubfeldbemessung darf der Beitrag der Scheibenwirkung von Dach-, Wand- und Deckenkonstruktionen aus Profilblechen zur Steifigkeit und Tragfähigkeit des Gebäudetragwerks ausgenutzt werden.

(2) Dächer und Decken dürfen als gebäudelange, hohe Träger betrachtet werden, die in ihrer Ebene angreifende Kräfte an vertikale Endscheiben oder an zwischenliegende Rahmentragwerke oder Verbände weiterleiten. Die Profilbleche dürfen dabei als Stege zur Aufnahme der Querkräfte und die Randglieder als Gurte zur Aufnahme der Druck- und Zugkräfte aufgefasst werden, siehe Bilder 10.12 und 10.13.

(3) In ähnlicher Weise dürfen rechteckige Wandtafeln als Schubfelder zur Gebäudeaussteifung herangezogen werden.

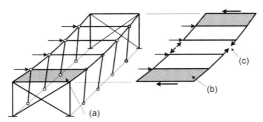

Legende
(a) Profilbleche
(b) Schubfeld aus Profilblechen
(c) Gurtkräfte in den Randgliedern

Bild 10.12 — Scheibenwirkung bei einem Flachdachgebäude

10.3.3 Voraussetzungen

(1) Die Ausnutzung von Profilblechen für die Scheibenwirkung ist an folgende Voraussetzungen gebunden:

— das Blech wird neben seiner Hauptnutzung nur für die Bildung von Schubfeldern zur Lastabtragung in der Scheibenebene eingesetzt;

— die Schubfelder haben längs laufende Randglieder zur Aufnahme der Gurtkräfte aus der Schubfeldwirkung;

— die Scheibenkräfte in Dächern oder Decken werden über Verbände, weitere vertikale Schubfelder oder andere Tragwerke für Horizontalkräfte in die Fundamente weitergeleitet;

— für die Schubübertragung aus dem Schubfeld in die als Gurte wirkenden Randglieder und ins Gebäudetragwerk sind geeignete Verbindungen vorgesehen;

— die Profilbleche gelten als Tragwerkskomponenten und dürfen nicht ohne ausreichenden Nachweis entfernt werden;

— sowohl die Baubeschreibung als auch die Berechnungen und Zeichnungen müssen einen Warnvermerk enthalten, der auf die planmäßige Scheibenwirkung der Profilbleche hinweist;

— bei Trapezblechen mit Sicken in Dachlängsrichtung dürfen die Gurtkräfte aus der Schubfeldwirkung von der Blechkonstruktion selbst übernommen werden.

(2) Die Scheibenwirkung kann vorzugsweise in Gebäuden mit wenigen Geschossen oder in Decken und in Außenwänden von mehrgeschossigen Gebäuden herangezogen werden.

(3) Die Scheibenwirkung kann vorzugsweise zur Abtragung von Wind- und Schneelasten sowie anderen Lasten ausgenutzt werden, die über die Profilbleche selbst eingeleitet werden. Die Scheibenwirkung darf auch zur Abtragung vorübergehender Lastzustände wie z. B. von Brems- und Stoßkräften von leichten Hebezeugen oder Kranbahnen angesetzt werden. Sie darf dagegen nicht zur Aufnahme permanenter Lasten aus dem Betrieb des Gebäudes herangezogen werden.

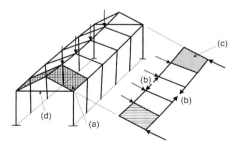

Legende
(a) Profilbleche
(b) Gurtkräfte in Randgliedern
(c) Schubfeld aus Profilblechen
(d) Giebelzugbandlager zur Aufnahme von Lagerkräften aus dem Dachscheiben

Bild 10.13 — Scheibenwirkung bei einem Satteldach

DIN EN 1993-1-3:2010-12
EN 1993-1-3:2006 + AC:2009 (D)

10.3.4 Schubfelder aus Profilblechen

(1) Bei Schubfeldern aus Profilblechen, siehe Bild 10.14, werden beide Enden der Profiltafeln auf der Unterkonstruktion mit selbstfurchenden Schrauben, Setzbolzen, Schweißnähten, Schrauben mit Muttern oder anderen Verbindungsmitteln befestigt. Die Verbindungsmittel dürfen sich nicht lösen, aus der Unterlage herausgezogen werden oder durch Abscheren versagen, bevor die Blechkonstruktion einreißt. Die Befestigung der Profiltafeln auf der Unterkonstruktion erfolgt direkt z. B. durch die Untergurte der Profile. Bei anderer Verbindung sollte durch besondere Maßnahmen der beabsichtigte Kraftfluss in die Unterkonstruktion sichergestellt werden.

(2) Die Längsstöße der Profiltafeln werden mit Hilfe von Nieten, Bohrschrauben, Schweißnähten oder anderen Verbindungsmitteln ausgeführt. Die Verbindungsmittel dürfen sich nicht lösen, herausgezogen werden oder primär durch Abscheren versagen, bevor die Blechkonstruktion einreißt. Der Abstand der Verbindungsmittel darf 500 mm nicht überschreiten.

(3) Die Rand- und Endabstände der Verbindungsmittel sollten so gewählt werden, dass kein vorzeitiges Blechversagen eintritt.

(4) Kleine, nicht systematisch angeordnete Öffnungen bis zu etwa 3 % der Gesamtfläche dürfen ohne besonderen Nachweis angeordnet werden, vorausgesetzt, dass die Gesamtanzahl der Verbindungsmittel nicht reduziert wird. Öffnungen bis zu 15 % der rechnerisch berücksichtigen Fläche sind zulässig, wenn ein entsprechender Nachweis geführt wird. Flächen, die größere Öffnungen haben, sind in kleinere Flächen mit voller Schubfeldwirkung zu unterteilen.

(5) Alle Profilbleche, die Teile eines Schubfeldes sind, sollten zunächst für ihre Hauptnutzung als Platte bemessen werden. Um sicherzustellen, dass sich evtl. Schädigungen des Profilblechs schon aus Biegewirkungen einstellen, bevor der Widerstand der Scheibenwirkung aktiviert wird, sollte nachgewiesen werden, dass die Schubbeanspruchung aus der Scheibenwirkung nicht größer ist als $0{,}25\, f_{yb}/\gamma_{M1}$.

(6) Die Beanspruchbarkeit des Schubfeldes wird entweder durch die Lochleibungstragfähigkeit der Verbindungsmittel in den Längsstößen der Profilbleche oder – bei Schubfeldern, die nur an den Längsrändern befestigt sind – durch die Beanspruchbarkeit den Längsrandbefestigungen begrenzt. Die Beanspruchbarkeit der Verbindungsmittel bei anderen Versagensformen sollte um folgende Werte größer sein als die Lochleibungstragfähigkeit:

— bei Versagen der Profilblechbefestigungen mit den Pfetten infolge Scherkräften und Windsog mindestens 40 %;

— bei jedem anderen Versagenszustand mindestens 25 %.

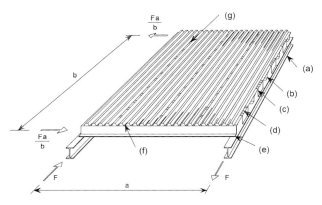

Legende
(a) Unterkonstruktion (z. B. Dachriegel)
(b) Pfette
(c) Schubknagge
(d) Blech-Schubknaggen-Verbindung
(e) Pfette
(f) Blech-Pfetten-Verbindung
(g) Überlappungsstoß der Profilbleche

Bild 10.14 — Aufbau eines einzelnen Schubfeldes

10.3.5 Schubfelder aus Kassettenprofilen

(1) In Schubfeldern sollten Kassettenprofile ausgesteifte breite Gurte aufweisen.

(2) In Schubfeldern sollten Kassettenprofile an den Stegen miteinander verbunden sein, wobei der Abstand e_s der Verbindungsmittel (in der Regel Blindniete) höchstens 300 mm und der Abstand e_u vom breiten Gurt höchstens 30 mm betragen darf (siehe Bild 10.15).

(3) Eine Berechnung der Verformungen infolge der Beanspruchungen der Verbindungsmittel kann ähnlich wie bei Trapezprofilblechtafeln ausgeführt werden.

(4) Der Schubfluss $T_{v,Ed}$ im Grenzzustand der Tragfähigkeit sollte nicht größer sein als der Grenzschubfluss $T_{v,Rd}$.

$$T_{V,Rd} = 8{,}43\ E \sqrt[4]{I_a\left(t/b_u\right)^9} \tag{10.22}$$

Dabei ist

I_a das Flächenmoment 2. Grades des breiten Gurtes um die eigene Schwerachse a–a, siehe Bild 10.9;

b_u die Gesamtbreite des breiten Gurtes.

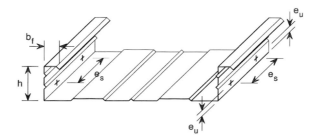

Bild 10.15 — Anordnung der Stegverbindungen

(5) Der Schubfluss $T_{v,ser}$ unter Gebrauchslasten sollte nicht größer sein als $T_{v,Cd}$:

$$T_{v,Cd} = S_v / 375 \tag{10.23}$$

Dabei ist

S_v die Steifigkeit des Schubfeldes je Längeneinheit in Richtung der Spannweite der Kassettenprofiltafeln.

(6) Die Schubsteifigkeit S_v je Längeneinheit beträgt:

$$S_V = \frac{\alpha \, L \, b_u}{e_s \, (b - b_u)} \tag{10.24}$$

Dabei ist

L die Gesamtlänge des Schubfeldes in Richtung der Spannweite der Kassettenprofiltafeln;

b die Gesamtbreite des Schubfeldes ($b = \Sigma \, b_u$);

α der Steifigkeitsbeiwert.

(7) Der Steifigkeitsfaktor α darf auf der sicheren Seite liegend mit 2 000 N/mm angesetzt werden. Genauere Werte können durch Versuche bestimmt werden.

10.4 Perforierte Profilbleche

(1) Perforierte Trapezprofile mit Lochanordnungen in Form gleichseitiger Dreiecke dürfen rechnerisch nachgewiesen werden, indem die Regeln für nicht-perforierte Profile mit einer wirksamen Blechdicke verwendet werden.

ANMERKUNG Diese Methode liefert auf der sicheren Seite liegende Werte. Wirtschaftlichere Werte werden durch eine versuchsgestützte Bemessung nach Abschnitt 9 erzielt.

(2) Im Rahmen der Bedingung $0{,}2 \leq d/a \leq 0{,}9$ dürfen die Querschnittswerte des Bruttoquerschnittes nach |AC⟩ 5 ⟨AC| ermittelt werden, indem die Blechdicke t durch $t_{a,eff}$ wie folgt ersetzt wird:

$$t_{a,eff} = 1{,}18 \, t \left(1 - \frac{d}{0{,}9a}\right) \tag{10.25}$$

109

Dabei ist

d der Durchmesser der Perforierung;

a der Abstand zwischen den Mittelpunkten der Perforierung.

(3) Im Rahmen der Bedingung $0,2 \leq d/a \leq 0,9$ dürfen die Querschnittswerte des wirksamen Querschnittes nach Abschnitt 5 ermittelt werden, indem die Blechdicke t durch $t_{b,eff}$ wie folgt ersetzt wird:

$$t_{b,eff} = t \sqrt[3]{1,18\left(1 - d/a\right)} \qquad (10.26)$$

(4) Die Beanspruchbarkeit eines einzelnen Steges für örtliche Lasteinleitung darf nach |AC⟩ 6.1.7 ⟨AC| ermittelt werden, indem die Blechdicke t durch $t_{c,eff}$ wie folgt ersetzt wird:

$$t_{c,eff} = t \left[1 - (d/a)^2 s_{per}/s_w\right]^{3/2} \qquad (10.27)$$

Dabei ist

s_{per} die abgewickelte Länge der Perforation im Steg;

s_w die abgewickelte Gesamtlänge des Steges.

Anhang A
(normativ)

Versuche

A.1 Allgemeines

(1) Der Anhang A enthält festgelegte Versuchs- und Auswerteverfahren für einige bemessungsrelevante Versuche.

ANMERKUNG 1 Im Bereich kaltgeformter Bauteile und Bleche werden im Allgemeinen viele Standardprodukte verwendet, bei denen die rechnerische Bemessung nicht zu den erhofften wirtschaftlichen Lösungen führt. Deswegen wird häufig die versuchsgestützte Bemessung vorgezogen.

ANMERKUNG 2 Der nationale Anhang darf Näheres zur Versuchsdurchführung enthalten.

ANMERKUNG 3 Der nationale Anhang darf Übertragungsfunktionen zur Anpassung existierender Versuchsergebnisse an die Ergebnisse von Standardversuchen nach diesem Anhang enthalten.

(2) Der Anhang umfasst:

— Versuche an Profilblechen und Kassettenprofilen, siehe A.2;

— Versuche an kaltgeformten Bauteilen, siehe A.3;

— Versuche an Tragwerken oder Tragwerksteilen, siehe A.4;

— Versuche an drehfedergebetteten Biegeträgern, siehe A.5;

— Versuchsauswertung zur Ermittlung von Bemessungswerten, siehe A.6.

A.2 Versuche an Profilblechen und Kassettenprofilen

A.2.1 Allgemeines

(1) Die Versuchsgrundlagen sind für Trapezprofile dargestellt; sie gelten sinngemäß auch für Kassettenprofile und andere Blechtypen (z. B. Bleche in EN 508).

(2) Die Belastung darf, um eine gleichmäßig verteilte Belastung zu simulieren, durch Luftsäcke, Unterdruck oder durch Linienlasten über Querträger mit geeigneter Steifigkeit eingeleitet werden.

(3) Zur Erhaltung der Querschnittsform der Profilierung dürfen an den Auflagern und an den Stellen der Lasteinleitung Hilfskonstruktionen in Form von Querträgern und Holzklötzen vorgesehen werden, siehe Bild A.1.

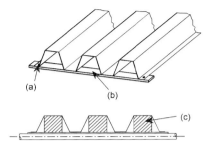

Legende
(a) Niet oder Schraube
(b) Querzugband (Metallstreifen)
(c) Holzklötze

Bild A.1 — Beispiele für geeignete Hilfskonstruktionen zur Versuchsdurchführung

(4) Bei Windsogversuchen sollte der Versuchsaufbau das tatsächliche Tragverhalten der Profilbleche widerspiegeln. Die Verbindungen zwischen dem Blech und der Unterkonstruktion sollten die gleichen wie in der praktischen Anwendung sein.

(5) Damit die Ergebnisse so allgemein gültig wie möglich sind, sollten gelenkige und horizontal verschiebliche Auflagerungen vorgesehen werden, damit Einflüsse aus Teileinspannungen an den Auflagern vermieden werden.

(6) Der Versuchsaufbau sollte so gestaltet werden, dass während des Versuches die Kraft richtungstreu, senkrecht zum Prüfkörper geführt wird.

(7) Um Auflagerverformungen zu erfassen, sollten die Verformungen an beiden Enden des Versuchskörpers gemessen werden.

(8) Als Versuchsgrenzlast gilt die Versagenslast oder die Laststufe unmittelbar vor dem Versagen.

A.2.2 Versuche am Einfeldträger

(1) Für die Ermittlung des Grenzbiegemoments in Feldmitte (ohne nennenswerte Schubkräfte) und der Biegesteifigkeit kann ein Versuchsaufbau nach Bild A.2 herangezogen werden.

(2) Die Stützweite sollte so gewählt werden, dass die Versuchsergebnisse als repräsentativ für die Biegemomentenbeanspruchbarkeit gelten können.

(3) Das Grenzbiegemoment ergibt sich aus dem Versuchsergebnis.

(4) Die Biegesteifigkeit ist aus der Last-Verformungskurve zu ermitteln.

A.2.3 Versuche am Zweifeldträger

(1) Für die Ermittlung der Beanspruchbarkeit eines Profilbleches als Zwei- oder Mehrfeldträger kann ein Versuchsaufbau nach Bild A.3 gewählt werden. Hieraus ergibt sich die Beanspruchbarkeit an der Zwischenstütze bei gleichzeitiger Wirkung von Biegemoment und Querkraft bzw. von Biegemoment und Auflagerreaktion für eine gegebene Auflagerbreite.

(2) Die Belastung sollte vorzugsweise gleichmäßig verteilt sein (z. B. durch Luftsack oder Unterdruck).

(3) Alternativ dürfen mehrere Linienlasten rechtwinklig zur Profilierung zur Anwendung kommen, die angenähert die Wirkung einer gleichmäßig verteilten Belastung ergeben. Beispiele für derartige Belastungsanordnungen sind in Bild A.4 dargestellt.

A.2.4 Ersatzträger zur Prüfung der Zwischenstützung

(1) Als Alternative zu A.2.3 darf bei Zwei- und Mehrfeldträgern ein Versuchsaufbau nach Bild A.5 gewählt werden, um die Beanspruchbarkeit an der Zwischenstütze bei gleichzeitiger Wirkung von Biegemoment und Querkraft bzw. von Biegemoment und Auflagerreaktion für eine bestimmte Auflagerbreite zu ermitteln.

(2) Die Versuchsstützweite s sollte dem Abstand der Momentennullpunkte der Biegelinie zu beiden Seiten der Zwischenstütze beim Zweifeldträger mit gleichen Stützweiten L entsprechen und darf angesetzt werden mit:

$$s = 0{,}4L \tag{A.1}$$

(3) Wenn Momentenumlagerungen durch Plastizierung zu erwarten sind, sollte die Versuchsstützweite s entsprechend dem Verhältnis von Stützmoment und Querkraft reduziert werden.

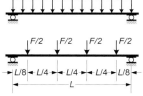

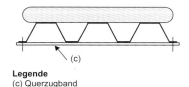

Legende
(c) Querzugband

a) Gleichförmig verteilte Belastung und Beispiel für alternative Streckenlast

b) Verteilte Belastung eingetragen durch einen Luftsack (alternativ durch eine Unterdruckvorrichtung)

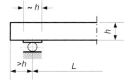

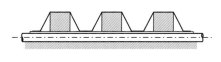

c) Beispielhafte Ausbildung der Auflager zur Vermeidung von Querschnittsverformungen

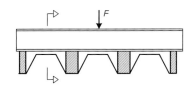

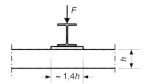

d) Beispielhafte Realisierung einer Streckenlast

Bild A.2 — Versuchsaufbau für Einfeldträgerversuche

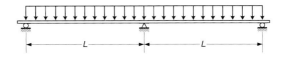

Bild A.3 — Versuchsaufbau für Zweifeldträgerversuche

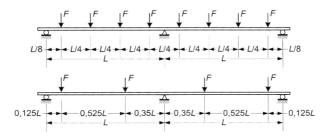

Bild A.4 — Beispiele geeigneter Anordnungen alternativer Linienlasten

(4) Die Breite b_B des Lasteinleitungsträgers sollte der tatsächlichen Auflagerbreite entsprechen.

(5) Für eine bestimmte Stützweite und Auflagerbreite ergibt sich als Versuchsergebnis die Beanspruchbarkeit bei gleichzeitiger Wirkung von Biegemoment und Auflagerreaktion (oder Querkraft). Zur Ermittlung der Interaktion von Biegemoment und Auflagerreaktion sollten Versuche mit verschiedenen Stützweiten durchgeführt werden.

(6) Zur Deutung der Versuchsergebnisse, siehe A.5.2.3.

A.2.5 Versuche am Endlager

(1) Zur Bestimmung der Beanspruchbarkeit eines Profilbleches am Endauflager darf der Versuchsaufbau nach Bild A.6 verwendet werden.

(2) Die Beanspruchbarkeit am Endauflager in Abhängigkeit vom Abstand u zwischen dem Schneidenauflager und dem Blechende sollte durch Versuche mit verschiedenen Abständen ermittelt werden, siehe Bild A.6.

ANMERKUNG Während eines Biegeversuchs gemessene, maximale Lagerreaktionskräfte dürfen als untere Grenze der Tragfähigkeit sowohl für Schub als auch für örtliche Querlast herangezogen werden.

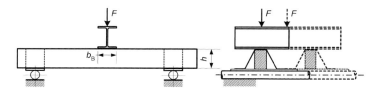

a) Ersatzträger zur Prüfung der Zwischenstützung eines Mehrfeldträgers unter Auflast

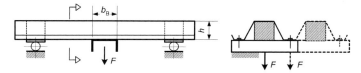

b) Ersatzträger zur Prüfung der Zwischenstützung eines Mehrfeldträgers unter abhebender Last

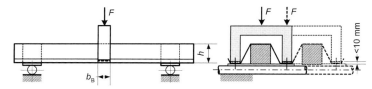

c) Ersatzträger zur Prüfung der Zwischenstützung eines Mehrfeldträgers mit der am Zugflasch angreifenden Belastung

Bild A.5 — Versuchsaufbau für Ersatzträger zur Prüfung der Zwischenstützung bei Mehrfeldträgern

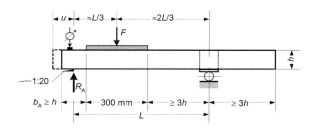

Legende:

b_A = Stützweite
u = Abstand zwischen Innenkante Auflager und Ende des Blechs

Bild A.6 — Aufbau zu Versuchen an Endauflagern

115

A.3 Versuche an kaltgeformten Profilen

A.3.1 Allgemeines

(1) Jeder Prüfkörper sollte in jeder Hinsicht dem tatsächlichen Tragwerksteil entsprechen.

(2) Der Versuchsaufbau sollte bezüglich der Auflagerbedingungen und Verbindungen so weit wie möglich dem tatsächlichen Bauteil oder Tragwerk entsprechen. Wenn dies nicht möglich ist, sollte eine Ausführung gewählt werden, die bezüglich der Beanspruchbarkeit oder Gebrauchstauglichkeit ungünstiger ist.

(3) Die Lasteinleitung sollte derjenigen entsprechen, die tatsächlich zur Anwendung kommt. Es sollte sichergestellt werden, dass die Lasteinleitung keine Reduktion der Verformungen, verglichen mit denen der praktischen Nutzung, bewirkt und nicht in den Schnitten größter Beanspruchbarkeit erfolgt.

(4) Bei gleichzeitiger Wirkung mehrerer Lasten sollte auf eine proportionale Laststeigerung geachtet werden.

(5) Bei jeder Laststufe sollten die Verformungen oder Dehnungen an aussagefähigen Stellen des Prüfkörpers gemessen werden. Die Ablesung der Messinstrumente sollte nach dem Abklingen der Verformungen im Belastungsinkrement erfolgen.

(6) Der Versagenszustand gilt als erreicht, wenn einer der folgenden Zustände eingetreten ist:

— Bruch des Prüfkörpers;

— Rissbildung in den für die Tragsicherheit wichtigen Bereichen;

— exzessives Anwachsen der Verformungen.

(7) Als Versuchsergebnis gilt die Versagenslast oder die Laststufe unmittelbar vor dem Versagen.

(8) Die Messgenauigkeit sollte mit der Höhe der Belastung kompatibel sein; sie sollte in keinem Fall ± 1 % der Versagenslast überschreiten. Die Bedingungen in (9) sind ebenfalls einzuhalten.

(9) Die Messungen der geometrischen Kennwerte des Prüfkörpers sollten umfassen:

— die Gesamtabmessungen (Länge, Breite und Höhe) mit einer Genauigkeit von ± 1,0 mm;

— die Breite ebener Teilflächen des Querschnittes mit einer Genauigkeit von ± 1,0 mm;

— Biegeradien mit einer Genauigkeit von ± 1,0 mm;

— Neigungen ebener Teilflächen mit einer Genauigkeit von ± 2,0°;

— Winkel zwischen ebenen Teilflächen mit einer Genauigkeit von ± 2,0°;

— Lage und Abmessungen von Zwischensteifen mit einer Genauigkeit von ± 1,0 mm;

— die Blechdicke mit einer Genauigkeit von ± 0,01 mm;

— als Mindestgenauigkeit darf die Abweichung aller Querschnittsmessungen den Wert 0,5 % der Nennwerte nicht überschreiten.

(10) Alle anderen relevanten Parameter sollten ebenfalls überprüft werden, wie beispielsweise:

— die gegenseitige Lage der Komponenten des Bauteile;

— die Anordnung der Verbindungen;

— die Anzugsmomente der Schrauben usw.

A.3.2 Druckversuche am vollen Querschnitt

A.3.2.1 Kurzstabversuch

(1) Kurzstabversuche an kaltgeformten Bauteilen dienen der Beurteilung der Auswirkungen örtlichen Beulverhaltens durch Ermittlung des Verhältnisses $\beta_A = A_{eff} / A_g$ und der Lage der Schwerachse des wirksamen Querschnittes.

(2) Wenn örtliches Beulen das Tragverhalten des Querschnittes bestimmt, sollte der Prüfkörper eine Mindestlänge von mindestens der dreifachen Breite der größten Querschnittsabmessung aufweisen.

(3) Prüfkörper mit Querschnittsschwächungen in Form von Löchern sollten mindestens 5 Löcher umfassen, wobei der Prüfkörper an beiden Enden mittig zwischen zwei Löchern abzuschneiden ist.

(4) Bei Querschnitten mit Rand- oder Zwischensteifen sollte sichergestellt werden, dass die Prüfkörperlänge nicht geringer ist als die erwartete Knicklänge derSteifen.

(5) Wenn die Gesamtlänge des Prüfkörpers größer ist als der zwanzigfache Wert des kleinsten Trägheitsradius i_{min} des Bruttoquerschnittes, sollten seitliche Halterungen mit einem Abstand von höchstens 20 i_{min} angeordnet werden.

(6) Vor Versuchsbeginn sollte die Einhaltung der Toleranzen der Querschnittsabmessungen überprüft werden.

(7) Die Enden des Prüfkörpers sollte eben und rechtwinklig zur Längsachse ausgeführt werden.

(8) Die Druckkraft sollte an beiden Enden über mindestens 30 mm dicke Druckplatten mit 10 mm Überstand über dem Profilquerschnitt eingeleitet werden.

(9) Die Lasteinleitung in den Prüfkörper sollte über kugelförmige Gelenklager erfolgen. Die Druckplatten sind in der Regel mit Ausrundungen zur Aufnahme der Gelenklager zu versehen. Als Wirkungslinie der Last gilt die Schwerachse des berechneten wirksamen Querschnittes. Falls sich die Lage als nicht korrekt erweist, erfolgt während der Versuchsserie eine Angleichung.

(10) Bei offenen Querschnitten dürfen federnde Rückstellverformungen berichtigt werden.

(11) Kurzstabversuche werden ausgeführt, um die Grenzdruckkraft des Querschnittes zu ermitteln. Bei der Auswertung der Versuchsergebnisse sind folgende Größen als Variable zu betrachten:

— die Materialdicke;

— der Verhältniswert b_p / t;

— der Verhältniswert f_u / f_{yb};

— die Zugfestigkeit f_u und die Streckgrenze f_{yb};

— die Lage der Schwerachse des wirksamen Querschnittes;

— Imperfektionen in den Teilflächen des Querschnittes;

— die Methode der Kaltumformung (z. B. Streckgrenzenerhöhung durch eine Formänderung, die in der Folge zurückgenommen wird).

A.3.2.2 Knickstabversuch

(1) Knickstabversuche dienen zur Ermittlung der Beanspruchbarkeit von gedrückten dünnwandigen Bauteilen unter Berücksichtigung globaler Instabilität (Biegeknicken, Drillknicken und Biegedrillknicken) und der Interaktion mit lokalem Beulen.

(2) Die Versuchsdurchführung entspricht derjenigen für Kurzstabversuche nach A.3.2.1.

(3) Zur Ermittlung einer Knickkurve für eine bestimmte Querschnittsform, eine bestimmte Stahlsorte oder einen besonderen Herstellungsprozess dürfen Versuche mit axial belasteten Prüfkörpern durchgeführt werden. Die bezogenen Schlankheitsgrade $\overline{\lambda}$ und die zugehörige Mindestanzahl der Versuche n sind in Tabelle A.1 angegeben.

Tabelle A.1 — Bezogener Schlankheitsgrad und Anzahl der Versuche

$\overline{\lambda}$	0,2	0,5	0,7	1,0	1,3	1,6	2,0	3,0
n	3	5	5	5	5	5	5	5

(4) Ähnliche Versuche dürfen auch zur Ermittlung der Beanspruchbarkeit dünnwandiger gedrückter Bauteile mit Zwischenhalterungen eingesetzt werden.

(5) Zur Auswertung der Versuchsergebnisse sollten folgende Größen als Variable betrachtet werden:

— die bei den Kurzstabversuchen in A.3.2.1 (11) angegebenen Parameter;

— Stabvorverformungen, siehe (6);

— Arten von Randteileinspannungen oder Zwischenhalterungen (biege- und/ oder torsionssteif).

(6) Stabvorverformungen können folgendermaßen berücksichtigt werden:

a) Ermittlung der kritischen Druckkraft $F_{cr,bow,test}$ des Bauteils mit einem entsprechenden Berechnungsverfahren und mit Anfangsimperfektionen, die am Versuchskörper gemessen wurden.

b) Ermittlung der kritischen Druckkraft $F_{cr,bow,max,nom}$ wie a), jedoch mit der maximalen, nach Produktnorm zulässigen Anfangsimperfektion.

c) Ermittlung des zusätzlichen Korrekturfaktors: $F_{cr,bow,max,nom} / F_{cr,bow,test}$.

A.3.3 Zugversuch am vollen Querschnitt

(1) Dieser Versuch dient der Ermittlung des durchschnittlichen Rechenwertes der infolge Kaltumformung erhöhten Streckgrenze f_{ya} des Gesamtquerschnittes.

(2) Die Mindestlänge des Prüfkörpers sollte mindestens der fünffachen Breite der größten Querschnittsabmessung entsprechen.

(3) Um eine gleichförmige Zugspannungsverteilung zu erzeugen, sollte die Last über die Endlager eingebracht werden.

(4) Die Versagenszone sollte mindestens in einem Abstand zum Endauflager liegen, der der größten Querschnittsabmessung entspricht.

A.3.4 Biegeversuch am vollen Querschnitt

(1) Dieser Versuch dient zur Ermittlung der Momentenbeanspruchbarkeit und der Rotationskapazität des Querschnittes.

(2) Der Prüfkörper sollte eine Mindestlänge von 15facher Querschnittshöhe aufweisen. Seitliche Abstützungen des Druckgurtes sollten denen der tatsächlichen Anwendung entsprechen.

(3) Zwei Einzellasten sollten so angeordnet werden, dass die Länge des Abschnittes mit konstantem Moment mindestens 0,2 × Stützweite, aber nicht mehr als 0,33 × Stützweite beträgt. Die Wirkungslinie dieser Lasten sollte durch den Schubmittelpunkt des Querschnittes verlaufen. An den Stellen der Lasteinleitung sollten Gabellagerungen vorgesehen werden. Falls erforderlich, ist örtliches Beulen an den Lasteinleitungsstellen zu verhindern, um das Versagen im Bereich des konstanten Biegemomentes zu erzwingen. Die Durchbiegungen sollten an den Lasteinleitungsstellen, in Stützweitenmitte und an den Enden des Prüfkörpers gemessen werden.

(4) Bei der Auswertung der Versuchsergebnisse sollten folgende Größen als Variable betrachtet werden:

— die Blechdicke;

— der Verhältniswert b_p / t;

— der Verhältniswert f_u / f_{yb};

— die Zugfestigkeit f_u und die Streckgrenze f_{yb};

— Unterschiede zwischen den Einspannungen beim Versuch und in der tatsächlichen Anwendung;

— die Auflagerbedingungen.

A.4 Versuche an Tragwerken oder Tragwerksteilen

A.4.1 Abnahmeversuch

(1) Der Abnahmeversuch ist ein zerstörungsfreier Versuch zur Bestätigung des Verhaltens eines Tragwerks oder eines Tragwerksteils.

(2) Die Versuchslast sollte wie folgt zusammengesetzt werden:

— 1,0 × (tatsächliche Eigenlast während des Versuches);

— 1,15 × (übrige ständige Last);

— 1,25 × (veränderliche Lasten),

aber nicht höher als der Mittelwert aus der Bemessungslast für den Nachweis des Grenzzustandes der Tragsicherheit und der Bemessungslast für den Nachweis der Gebrauchstauglichkeit mit der charakteristischen Lastkombination.

(3) Vor dem eigentlichen Abnahmeversuch darf zur Vermeidung von Setzungen eine Vorbelastung aufgebracht und wieder entfernt werden; diese Belastung darf den charakteristischen Wert der Last nicht überschreiten.

(4) Das Tragwerk sollte zuerst bis zur Höhe der gesamten charakteristischen Last belastet werden. Unter dieser Last sollte das Tragwerk ein ausgeprägtes elastisches Verhalten aufweisen. Bei der Entlastung darf die bleibende Verformung höchstens 20 % der gemessenen maximalen Verformung betragen, andernfalls wird der Belastungsvorgang wiederholt. Bei dieser Wiederholung sollte das Tragwerk ein ausgeprägtes, elastisches Verhalten bis zur Höhe der charakteristischen Last zeigen und die bleibende Verformung sollte nicht mehr als 10 % der maximalen gemessenen Verformung betragen.

(5) Während des Abnahmeversuches sollte die Last in einer Anzahl gleicher Laststufen und Zeitabstände aufgebracht werden, und die Verformungen sollten bei jeder Laststufe registriert werden. Wenn die Verformungen deutlich nichtlinear werden, sollten die Laststufen vermindert werden.

(6) Bei Erreichen der Last für den Abnahmeversuch sollte die Belastung konstant gehalten werden, um durch eine Reihe von Verformungsmessungen zu prüfen, ob das Tragwerk zeitabhängige Verformungen aufweist, wie etwa Verformungen in Verbindungen oder infolge Kriechens in der Zinkschicht.

(7) Die Entlastung sollte in regelmäßigen Schritten begleitet durch Verformungsmessungen erfolgen.

(8) Das Tragwerk sollte der Versuchslast ohne signifikante örtliche Verformungen oder Veränderungen, welche die Gebrauchstauglichkeit beeinträchtigen, standhalten.

A.4.2 Zerstörungsfreier Festigkeitsversuch

(1) Dieser Tragfähigkeitsversuch dient zur Bestätigung der durch Berechnung ermittelten Tragfähigkeit eines Tragwerksteils oder des Gesamttragwerkes. Wenn eine Serie gleicher Bauteile nach einheitlichem Entwurf gebaut werden soll und ein oder mehrere Prototypen dieser Bauteile den Festigkeitsversuch bestanden haben, dann dürfen weitere Bauteile ohne Versuche abgenommen werden. Voraussetzung dafür ist, dass diese Bauteile bezüglich aller Eigenschaften den Prototypen entsprechen.

(2) Vor der Ausführung der Festigkeitsversuche sollten die Versuchskörper zunächst einem Abnahmeversuch nach A.4.1 unterzogen werden.

(3) Die Last sollte dann schrittweise bis zum Erreichen der beabsichtigten Versuchslast erhöht werden, und die Verformungen sind zu messen. Die Versuchslast sollte mindestens eine Stunde gehalten werden, und Verformungsmessungen sollten zeigen, ob Kriechen auftritt.

(4) Die Entlastung sollte in regelmäßigen Schritten mit jeweiliger Messung der Verformungen erfolgen.

(5) Die gesamte Versuchslast F_{str} (einschließlich der Eigenlast) sollte beim Festigkeitsversuch mit der durch Berechnung ermittelten Bemessungslast F_{Ed} für den Grenzzustand der Tragfähigkeit ermittelt werden, wobei gilt:

$$F_{str} = \gamma_{Mi}\,\mu_F\,F_{Ed} \qquad (A.2)$$

Dabei ist μ_F der Lastkorrekturbeiwert und γ_{Mi} der Teilsicherheitsbeiwert im Grenzzustand der Tragfähigkeit.

(6) Der Lastkorrekturbeiwert μ_F berücksichtigt Streuungen der Tragfähigkeit des Tragwerkes oder von Tragwerksteilen aufgrund von Abweichungen bei der Streckgrenze infolge örtlichen Beulens, der Beanspruchbarkeit beim Knicken oder anderer relevanter Einflussgrößen.

(7) Wenn eine wirklichkeitsnahe Abschätzung der Tragfähigkeit mit den rechnerischen Bemessungsregeln in EN 1993-1-3 oder mit anderen anerkannten Berechnungsmethoden, die den Einfluss örtlichen Beulens erfassen, möglich ist, darf der Lastkorrekturbeiwert μ_F mit dem Verhältnis der Versuchslast bezogen auf die durchschnittliche Basisstreckgrenze f_{ym} und dem entsprechenden Wert bezogen auf den Nennwert der Basisstreckgrenze f_{yb} gleichgesetzt werden.

(8) Der Wert f_{ym} sollte aus den gemessenen Basissteckgrenzen $f_{yb,obs}$ der verschiedenen Tragwerkskomponenten oder Tragwerksteilen mit entsprechender Wichtung ermittelt werden.

(9) Wenn wirklichkeitsnahe Bestimmungen der Tragfähigkeit nicht möglich sind, entspricht der Lastkorrekturbeiwert μ_F dem Beiwert μ_R nach A.6.2.

(10) Unter der Versuchslast des Festigkeitsversuchs darf kein Versagen infolge Knicken oder Bruch in irgendeinem Teil des Versuchskörpers auftreten.

(11) Bei der Entlastung sollte die Verformung um mindestens 20 % zurückgehen.

A.4.3 Tragfähigkeitsversuch bis zum Versagen

(1) Ein Tragfähigkeitsversuch bis zum Versagen dient zur Ermittlung der tatsächlichen Versagensform und der tatsächlichen Versagenslast eines Tragwerks oder eines Bauteils. Wenn der Prototyp nach Beendigung des Versuches nach A.4.2 keine weitere Verwendung findet, kann er für diesen Versuch genutzt werden.

(2) Ein Tragfähigkeitsversuch bis zum Versagen kann auch durchgeführt werden, um den wirklichen Bemessungswert der Beanspruchbarkeit aus der Versagenslast abzuleiten. Da der Abnahmeversuch (A.4.1) und der Festigkeitsversuch (A.4.2) vorzugsweise zuerst durchgeführt werden, sollte zunächst der zu erwartende Bemessungswert der Beanspruchbarkeit als Grundlage für solche Versuche geschätzt werden.

(3) Vor einem Tragfähigkeitsversuch bis zum Versagen sollte an dem Prüfkörper zuerst der Festigkeitsversuch nach A.4.2 durchgeführt werden. Der daraus geschätzte Bemessungswert der Beanspruchbarkeit kann dann als verbesserte Grundlage für den Tragfähigkeitsversuch dienen.

(4) Bei einem Versuch bis zum Versagen erfolgt die Lastzunahme zunächst stufenweise bis zu der Versuchslast des Festigkeitsversuchs. Darauf folgende Laststufen sind auf der Grundlage der bis dahin ermittelten Last-Verformungskurve zu wählen.

(5) Als Versagenslast gilt die Laststufe, bei der das Tragwerk oder das Bauteil keiner weiteren Lasterhöhung mehr standhalten kann.

ANMERKUNG An diesem Punkt treten wahrscheinlich große Querschnittsverformungen auf. Die großen Verformungen können zum Versuchsabbruch führen.

A.4.4 Kalibrationsversuch

(1) Ein Kalibrationsbestätigungsversuch wird durchgeführt, um:

— das Berechnungsmodell für das Tragverhalten zu prüfen;

— bestimmte Parameter, die aus Berechnungsmodellen hergeleitet wurden, wie z. B. Tragfähigkeiten oder Steifigkeiten von Anschlüssen, zu quantifizieren.

A.5 Versuche an durch Profilbleche drehbehinderten Biegeträgern

A.5.1 Allgemeines

(1) Die in diesem Abschnitt dargestellten Versuche gelten für Biegeträger, die durch Stahltrapezprofile oder andere geeignete flächenhafte Auflagen drehfedergebettet sind.

(2) Die Versuche gelten für Pfetten, Wandriegel, Deckenträger und ähnliche Träger mit entsprechender Drehbehinderung.

A.5.2 Versuch zur Prüfung der Innenstützung

A.5.2.1 Versuchsaufbau

(1) Der Versuchsaufbau nach Bild A.7 dient zur Ermittlung der Tragfähigkeit von Zwei- und Mehrfeldträgern im Bereich der Zwischenstütze bei gleichzeitiger Wirkung von Biegemoment, Querkraft und Auflagerkraft.

ANMERKUNG   Derselbe Versuchsaufbau gilt auch bei gekoppelten und gestoßenen Systemen.

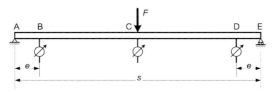

Bild A.7 — Versuchsaufbau für die Prüfung der Innenstützung

(2) Die Auflager A und E sollten als Gelenklager bzw. Rollenlager ausgebildet werden. Eine Verdrehung um die Längsachse kann in geeigneter Weise, z. B. durch Klemmen, verhindert werden.

(3) Die Lasteintragung im Punkt C sollte der tatsächlichen Lasteinleitung des Gebrauchszustandes entsprechen.

ANMERKUNG   In vielen Fällen bedeutet das, dass Horizontalverschiebungen der Gurte an der Stelle C zu behindern sind.

(4) In den Punkten B und D im Abstand e vom Auflager sollten die Verschiebungen gemessen werden, siehe Bild A.7, damit die Lagerverschiebungen bei der Ergebnisauswertung eliminiert werden können.

(5) Die Versuchsstützweite s sollte so gewählt werden, dass die Kombination von Biegemoment und Querkraft im erwarteten Grenzzustand für die Bedingungen am tatsächlichen Bauteil repräsentativ ist.

(6) Bei Zweifeldträgern mit der Stützweite L und gleichmäßig verteilter Belastung ist in der Regel als Versuchsstützweite $s = 0{,}4\,L$ zu wählen. Wenn jedoch eine Momentenumlagerung infolge von Plastizierungen zu erwarten ist, dann sollte die Stützweite s im Hinblick auf das richtige Verhältnis von Moment zu Querkraft reduziert werden.

A.5.2.2 Versuchsdurchführung

(1) Zusätzlich zu den allgemeinen Regeln für die Versuche ist Folgendes zu beachten.

(2) Der Versuch sollte nach Erreichen der Belastungsspitze fortgesetzt werden, und die Verformungen sollten gemessen und aufgezeichnet werden, bis die aufgebrachte Last sich um 10 % bis 15 % des Maximalwertes vermindert hat oder die Verformung den sechsfachen Betrag der elastischen Verformung erreicht hat.

A.5.2.3 Interpretation der Versuchsergebnisse

(1) Die Messwerte $R_{obs,i}$ sollten, wie in A.6.2 gezeigt, in Bezug auf die Nennwerte der Streckgrenze f_{yb} und der Blechdicke t normiert werden, siehe 3.2.4. Die normierten Messwerte werden mit $R_{adj,i}$ bezeichnet.

DIN EN 1993-1-3:2010-12
EN 1993-1-3:2006 + AC:2009 (D)

(2) Für jede Versuchsstützweite s ergibt sich die Auflagerreaktion R als Mittelwert der ermittelten normierten Maximallast F_{max}. Der zugehörige Wert des Stützmomentes M ist dann:

$$M = \frac{s\,R}{4} \tag{A.3}$$

Im Allgemeinen ist der Eigengewichtsanteil bei der Berechnung des Moments M nach Gleichung (A.3) zu addieren.

(3) Die Wertepaare M und R sollten für jede Stützweite s entsprechend Bild 8 graphisch dargestellt werden. Wertepaare für zwischenliegende Kombinationen aus M und R dürfen durch lineare Interpolation ermittelt werden.

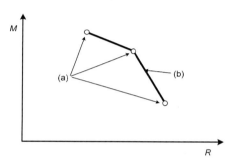

Legende
(a) Versuchsergebnisse bei verschiedenen Stützweiten s,
(b) lineare Interpolation

Bild A.8 — Beziehung zwischen Stützmoment M und der Auflagerreaktionskraft R

(4) Die Durchbiegung (berichtigter Wert) an der Lasteinleitung C in Bild A.7 sollten aus der Differenz des Messwertes und des Mittelwertes der entsprechenden Durchbiegungsmessungen in B und D im Abstand e von den Auflagern A und E ermittelt werden, siehe Bild A.7.

(5) Bei jedem Versuch sollten die Last und die zugehörige Durchbiegung (berichtigter Wert) einander gegenübergestellt werden, siehe Bild A.9. Aus diesem Diagramm kann der Rotationswinkel θ für eine bestimmte Lasthöhe wie folgt ermittelt werden:

$$\theta = \frac{2(\delta_{pl} - \delta_e - \delta_{el})}{0{,}5\,s\,-\,e} \tag{A.4a}$$

$$\theta = \frac{2(\delta_{pl} - \delta_e - \delta_{lin})}{0{,}5\,s\,-\,e} \tag{A.4b}$$

Dabei ist

δ_{el} die Durchbiegung (berichtigter Wert) bei einer bestimmten Belastung $< F_{max}$ auf dem ansteigenden Kurventeil;

123

DIN EN 1993-1-3:2010-12
EN 1993-1-3:2006 + AC:2009 (D)

δ_{pl} die Durchbiegung (berichtigter Wert) bei einer bestimmten Belastung > F_{max} auf dem abfallenden Kurventeil;

δ_{lin} die theoretische elastische Verformung für eine bestimmte Belastung bei linearem Verformungsverhalten, siehe Bild A.9;

δ_c der durchschnittliche Messwert der Verformung im Abstand e vom Auflager, siehe Bild A.7;

s die Versuchsstützweite;

e der Abstand zwischen dem Messpunkt und dem Auflager, siehe Bild A.7.

Die Gleichung (A.4a) wird verwendet, wenn die Berechnungen mit wirksamen Querschnitten durchgeführt werden. Die Gleichung (A.4b) gilt hingegen bei Berechnungen mit Bruttoquerschnitten.

(6) Die M-θ-Beziehung sollte dann für jeden Versuch mit einer bestimmten Versuchsstützweite s, die einer bestimmten Trägerstützweite L entspricht, aufgetragen werden; siehe Bild A.10. Die für die Bemessung maßgebende M-θ-Charakteristik des Trägers über der Zwischenstütze ist durch Multiplikation der Mittelwertkurve aus allen Versuchen mit 90 % zu bestimmen.

ANMERKUNG Kleinere Werte als 90 % sind in der Regel anzusetzen, wenn in den Versuchen auch die mögliche Wirkung von Biegedrillknicken und Ausknicken der freien Gurte im Bereich der Innenstützung miterfasst wird, siehe 10.1.3.2(4).

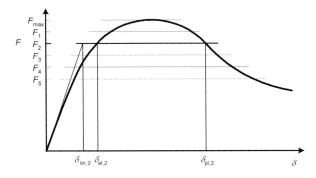

Bild A.9 — Beziehung zwischen der Last F und der Verformung δ

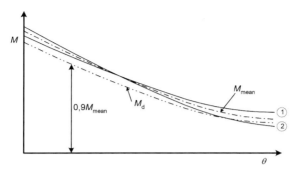

Legende
M_{mean} = Mittelwert,
M_d = Bemessungswert

Bild A.10 — Ableitung der Momenten-Rotationskurve-(M-θ-)Charakteristik

A.5.3 Ermittlung der Drehbehinderung

(1) Der Versuchsaufbau nach Bild A.11 ist zur Ermittlung der Verdrehbehinderung durch am Obergurt des Trägers rechtwinklig zur Trägerstützweite befestigte Profiltafeln oder andere Bauteile vorgesehen.

(2) Der Versuchsaufbau erfasst zwei verschiedene Beiträge zur gesamten Drehbehinderung:

a) die Seitensteifigkeit K_A je Längeneinheit entsprechend der Drehfedersteifigkeit der Verbindung zwischen Blech und Träger;

b) die Seitensteifigkeit K_B je Längeneinheit infolge der Querschnittsverformung der Pfette.

(3) Die kombinierte Wegfedersteifigkeit darf wie folgt ermittelt werden:

$$\left(1 / K_A + 1 / K_B \right) = \delta / F \tag{A.5}$$

Dabei ist

F die gleichförmig verteilte Streckenlast je Längeneinheit des Prüfkörpers, die eine Horizontalverschiebung von $h/10$ erzeugt;

h die Profilhöhe;

δ die Horizontalverschiebung des Obergurtes in Lastrichtung von F.

(4) Bei der Auswertung der Versuchsergebnisse sollten folgende Größen als Variable betrachtet werden:

— die Anzahl der Verbindungsmittel je Längeneinheit des Prüfkörpers;

— die Art der Verbindungsmittel;

— die Biegesteifigkeit des Trägers im Verhältnis zur Blechdicke;

- die Biegesteifigkeit des Untergurtes des Profilblechs im Verhältnis zu Blechdicke;
- die Anordnung der Verbindungsmittel im Gurt des Profilblechs;
- der Abstand zwischen den Verbindungsmitteln und dem Rotationszentrum des Trägers;
- die Höhe h des Trägers;
- die mögliche Anordnung einer Isolierung zwischen Träger und Profilblech.

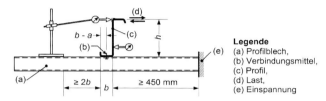

Legende
(a) Profilblech,
(b) Verbindungsmittel,
(c) Profil,
(d) Last,
(e) Einspannung

a) Alternative 1

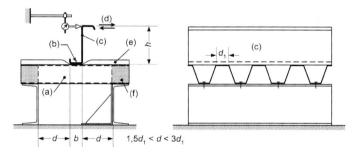

Legende
(a) Profilblech,
(b) Verbindungsmittel,
(c) Profil,
(d) Last,
(e) Dämmung, falls vorhanden,
(f) Holzklötze

b) Alternative 2

Bild A.11 — Experimentelle Bestimmung der Federsteifigkeiten K_A und K_B

DIN EN 1993-1-3:2010-12
EN 1993-1-3:2006 + AC:2009 (D)

A.6 Auswertung der Versuchsergebnisse

A.6.1 Allgemeines

(1) Ein Versagen eines Prüfkörpers liegt vor, wenn entweder das Lastmaximum oder die spezifizierten Verformungsgrenzen erreicht werden.

(2) Die Gesamtverformungen der Bauteile müssen in der Regel folgende Grenzen einhalten:

$\delta \leq L/50$ (A.6)

$\phi \leq 1/50$ (A.7)

Dabei ist

δ die maximale Durchbiegung des Trägers mit der Stützweite L;

ϕ der maximale Verschiebungswinkel des Tragwerks.

(3) Bei Versuchen an Verbindungen oder Komponenten, bei denen große Verformungen für die Tragwerksnachweise erforderlich sind (z. B. für die Auswertung der Momenten-Rotations-Charakteristik von Überlappungsstößen), braucht eine Begrenzung der Gesamtverformungen im Versuch nicht vorgenommen zu werden.

(4) Zwischen dem duktilen Versagen und einem möglicherweise spröden Versagen sollte ein angemessener Sicherheitsabstand bestehen. Da ein sprödes Versagen bei Bauteilversuchen üblicherweise kaum vorkommt, können ergänzende Detailversuche von Bedeutung sein.

ANMERKUNG   Dies gilt häufig für Verbindungen.

A.6.2 Normierung der Versuchsergebnisse

(1) Die Versuchsergebnisse sollten wegen der Abweichungen zwischen den tatsächlichen Kennwerten und deren Nennwerten normiert werden.

(2) Die gemessene Steckgrenze des Grundmaterials $f_{yb,obs}$ sollte um nicht mehr als -25% vom Nennwert f_{yb} abweichen, d. h. $f_{yb,obs} \geq 0,75 f_{yb}$.

(3) Die vorhandene Blechdicke t_{obs} sollte den Nennwert der Blechdicke t_{nom} (s. 3.2.4) um nicht mehr als 12 % überschreiten.

(4) Die Normierung der Versuchsergebnisse bezüglich der Blechdicke $t_{obs,cor}$ und der Streckgrenze $f_{yb,obs}$ sollte bei allen Versuchsergebnissen vorgenommen werden, außer wenn die Versuche zur Kalibration von Bemessungsregeln herangezogen werden.

(5) Die normierten Werte $R_{adj,i}$ der Versuchsergebnisse ergeben sich aus den gemessenen Werten $R_{obs,i}$ mit:

$R_{adj,i} = R_{obs,i} / \mu_R$ (A.8)

wobei der Korrekturbeiwert μ_R folgendermaßen ermittelt wird:

$$\mu_R = \left(\frac{f_{yb,obs}}{f_{yb}}\right)^\alpha \left(\frac{t_{obs,cor}}{t_{cor}}\right)^\beta$$ (A.9)

(6) Der Exponent α in Formel (A.9) lautet:

— wenn $f_{yb,obs} \leq f_{yb}$: $\qquad \alpha = 0$

— wenn $f_{yb,obs} > f_{yb}$: $\qquad \alpha = 1$

Bei Profilblechen oder Kassettenprofilen, bei denen druckbeanspruchte Elemente große b_p / t-Werte aufweisen, so dass örtliches Beulen die Versagensform ist: $\qquad \alpha = 0,5$.

(7) Der Exponent β in Gleichung (A.9) lautet:

— wenn $t_{obs,cor} \leq t_{cor}$: $\qquad \beta = 1$

— wenn $t_{obs,cor} > t_{cor}$:

    — bei Versuchen mit Profilblechen oder Kassettenprofilen: $\qquad \beta = 2$

    — bei Versuchen an Bauteilen, Tragwerken und Tragwerksteilen:

        — wenn $b_p/t \leq (b_p/t)_{lim}$: $\qquad \beta = 1$

        — wenn $b_p/t > 1,5(b_p/t)_{lim}$: $\qquad \beta = 2$

        — wenn $(b_p/t)_{lim} < b_p/t < 1,5(b_p/t)_{lim}$: $\qquad$ lineare Interpolation von β.

Dabei lautet der Grenzwert $(b_p/t)_{lim}$:

$$(b_p/t)_{lim} = 0,64 \sqrt{\frac{E k_\sigma}{f_{yb}}} \cdot \sqrt{\frac{f_{yb}/\gamma_{M1}}{\sigma_{com,Ed}}} \cong 19,1\, \varepsilon \sqrt{k_\sigma} \cdot \sqrt{\frac{f_{yb}/\gamma_{M1}}{\sigma_{com,Ed}}} \qquad (A.10)$$

Dabei ist

b_p die fiktive Breite einer ebenen Teilfläche;

k_σ der Beulwert nach EN 1993-1-5, Tabelle 4.1 oder 4.2;

$\sigma_{com,Ed}$ die größte berechnete Druckspannung im Grenzzustand der Tragfähigkeit.

ANMERKUNG   Liegen Auswertungen aufgrund von früheren Blechversuchen mit $t_{obs,cor}/t_{cor} \leq 1,06$ vor, darf auf eine erneute Normierung bereits bekannt gemachter Bemessungsgrößen verzichtet werden, wenn diese das 1,02fache des $R_{adj,i}$-Wertes nach A.6.2 nicht überschreiten.

🆎 Für die Korrektur des Flächenmoments 2. Grades sollten, wo im Grenzzustand der Gebrauchstauglichkeit lineares Verformungsverhalten zu beobachten ist, die Exponenten in Formel (A.9) wie folgt angesetzt werden: $\alpha = 0,0$ und $\beta = 1,0$. 🆎

A.6.3 Charakteristische Werte

A.6.3.1 Allgemeines

(1) Charakteristische Werte dürfen statistisch ermittelt werden, wenn mindestens 4 Versuchsergebnisse vorliegen.

ANMERKUNG Grundsätzlich ist eine größere Stichprobe vorzuziehen, besonders bei großer Streuung.

(2) Bei 3 oder weniger Versuchsergebnissen darf nach A.6.3.3 verfahren werden.

(3) Die Bestimmung des charakteristischen Wertes ist im Folgenden dargestellt. Wenn der charakteristische Wert als Maximalwert oder als Mittelwert verlangt wird, ist sinngemäß zu verfahren.

(4) Der charakteristische Wert R_k wird aus mindestens 4 Versuchsergebnissen wie folgt bestimmt:

$$R_k = R_m +/- ks \qquad (A.11)$$

Dabei ist

s die Standardabweichung;

k der stichprobenabhängige Beiwert nach Tabelle A.2 zur Erlangung der 5%-Fraktile;

R_m der Mittelwert der normierten Versuchsergebnisse R_{adj}.

Das Vorzeichen „+" oder „–" richtet sich nach dem betrachtetem Maximal- oder Mindest-Wert.

ANMERKUNG Als allgemeinen Regel gilt, dass für einen charakteristischen Wert der Beanspruchbarkeit das Vorzeichen „–" gilt und z. B. für den charakteristischen Wert der Rotation beide Vorzeichen beachtet werden.

(5) Die Standardabweichung s erhält man mit:

$$s = \left[\sum_{i=1}^{n}\left(R_{adj.i} - R_m\right)^2 / (n-1)\right]^{0,5} \equiv \left[\left[\sum_{i=1}^{n}\left(R_{adj.i}\right)^2 - (1/n)\left(\sum_{i=1}^{n}R_{adj.i}\right)^2\right] / (n-1)\right]^{0,5} \qquad (A.12)$$

Dabei ist

$R_{adj,i}$ das normierte Ergebnis für den i-ten Versuch;

n die Anzahl der Versuchsergebnisse.

Tabelle A.2 — Koeffizient k

N	4	5	6	8	10	20	30	∞
k	2,63	2,33	2,18	2,00	1,92	1,76	1,73	1,64

A.6.3.2 Charakteristische Werte für Testreihen

(1) Wird eine Serie von Testreihen mit ähnlichen Tragwerken, Teilen von Tragwerken, einzelnen Bauteilen oder Profilblechen durchgeführt, bei denen ein oder mehrere Parameter variiert werden, so darf diese als eine einzige Testreihe betrachtet werden, vorausgesetzt, dass alle Prüfkörper die gleiche Versagensart aufweisen. Die variierenden Parameter können Querschnittsabmessungen, Stützweiten, Blechdicken oder Festigkeitswerte sein.

(2) Die charakteristischen Werte der Beanspruchbarkeiten der jeweiligen Testreihen der Serie dürfen auf der Grundlage einer Bemessungsgleichung ermittelt werden, die die maßgebenden Parameter mit den Versuchsergebnissen verknüpft. Diese Bemessungsgleichung darf entweder auf der Grundlage der Mechanik oder empirisch hergeleitet sein.

(3) Die Bemessungsgleichung sollte den Mittelwert des im Versuch ermittelten Widerstandes so genau wie möglich vorhersagen, indem der Koeffizient zur Optimierung der Korrelation mittelwertkorrigiert wird.

ANMERKUNG Näheres zu diesem Vorgehen enthält EN 1990, Anhang D.

(4) Bei der Bestimmung der Standardabweichung s wird jedes Versuchsergebnis zunächst durch Division mit dem entsprechenden Wert der Bemessungsgleichung normiert. Wenn die Bemessungsgleichung wie in (3) angegeben mittelwertkorrigiert wurde, ist der Mittelwert der normierten Versuchsergebnisse gleich eins. Die Anzahl der Versuche n ist gleich der Gesamtanzahl der Versuche in der Testreihe.

(5) Für eine Testserie von mindestens vier Versuchen ergibt sich der charakteristische Widerstand R_k aus Gleichung (A.11), indem für R_m der Wert der Bemessungsgleichung eingesetzt wird und der Wert k aus Tabelle A.2 entsprechend der Gesamtanzahl n der Versuche der Testserie entnommen wird.

A.6.3.3 Charakteristische Werte bei kleiner Stichprobenanzahl

(1) Falls nur ein Versuch durchgeführt wird, sollte die charakteristische Beanspruchbarkeit R_k aus diesem Versuch mit dem normierten Wert R_{adj} wie folgt ermittelt werden:

$$R_k = 0{,}9\, \eta_k R_{adj} \qquad (A.13)$$

Hierbei wird η_k in Abhängigkeit von der Versagensform angepasst:

— Fließen: $\eta_k = 0{,}9$;

— Gesamtverformungen: $\eta_k = 0{,}9$;

— lokales Beulen: $\eta_k = 0{,}8$ bis $0{,}9$, abhängig von der Art des globalen Versuchsverhaltens;

— globale Instabilität: $\eta_k = 0{,}7$.

(2) Bei einer Testreihe von zwei oder drei Versuchen sollte der charakteristische Widerstand R_k wie folgt ermittelt werden, vorausgesetzt, dass jedes normierte Versuchsergebnis $R_{adj,i}$ innerhalb von ± 10 % des Mittelwertes R_m der normierten Versuchsergebnisse liegt:

$$R_k = \eta_k R_m \qquad (A.14)$$

(3) Der charakteristische Wert einer Steifigkeit (wie beispielsweise der Biege- oder Rotationssteifigkeit) darf als Mittelwert der Steifigkeiten aus mindestens zwei Versuchen angenommen werden, sofern alle Versuchsergebnisse im Rahmen von ± 10 % des Mittelwertes liegen.

(4) Im Falle eines einzigen Versuches wird die Steifigkeit mit dem Faktor 0,95 bei günstiger Wirkung und mit dem Faktor 1,05 bei ungünstiger Wirkung multipliziert.

A.6.4 Bemessungswerte

(1) Die Bemessungswerte der Beanspruchbarkeit R_d sollten aus den charakteristischen Werten R_k der Versuchsergebnisse wie folgt bestimmt werden:

$$R_d = \eta_{sys} \frac{R_k}{\gamma_M} \qquad (A.15)$$

Dabei ist

γ_M der Teilsicherheitsbeiwert für die Beanspruchbarkeit;

η_{sys} ein Umrechnungsfaktor zur Berücksichtigung der Unterschiede des Tragverhaltens unter Versuchsbedingungen und in der tatsächlichen Anwendung.

(2) Der entsprechende Wert η_{sys} richtet sich nach der Versuchsgestaltung.

(3) Bei Profilblechen und bei anderen definierten standardisierten Versuchen (einschließlich A.3.2.1 Kurzstabversuche, A.3.3 Zugversuche und A.3.4 Biegeversuche) darf η_{sys} = 1,0 gesetzt werden. Bei Versuchen an drehfederbehinderten Trägern nach A.5 darf ebenfalls η_{sys} = 1,0 gelten.

(4) Bei anderen Versuchen, bei denen mögliche Instabilitätsphänomene oder das Trag- und Verformungsverhalten des Tragwerks oder einzelner Tragwerksteile nicht zuverlässig durch Versuche erfasst werden können, sollte der Wert η_{sys} unter Berücksichtigung der Versuchssituation festgelegt werden, um eine zuverlässige Aussage zu erhalten.

ANMERKUNG   Der Teilsicherheitsbeiwert γ_M darf im nationalen Anhang enthalten sein. Es wird empfohlen, γ_M-Werte wie für die rechnerische Bemessung aus Abschnitt 2 oder 8 anzusetzen, wenn sich nicht andere Werte mit Anhang D von EN 1990 ergeben.

A.6.5 Gebrauchstauglichkeit

(1) Es gelten die Regelungen des Abschnitts 7.

Anhang B
(informativ)

Dauerhaftigkeit von Verbindungsmitteln

(1) Für die Konstruktionsklassen I, II und III darf Tabelle B.1 angewendet werden.

Tabelle B.1 — Werkstoff von Verbindungsmitteln in Hinsicht auf Umwelteinflüsse (und Blechwerkstoffe nur zur Information). Es wird nur die Korrosionsanfälligkeit betrachtet. Umweltklassen nach EN ISO 12944-2

Umwelt-klasse	Blech-werkstoff	Werkstoff des Verbindungsmittels					
		Aluminium	Galvanisierter Stahl; Dicke des Überzuges > 7 µm	Feuerverzinkter Stahl[b]; Dicke des Überzuges > 45 µm	Nichtrostender Stahl, gehärtet 1.4006[d]	Nicht-rostender Stahl 1.4301[d] 1.4436[d]	Monel[a]
C1	A, B, C	X	X	X	X	X	X
	D, E, S	X	X	X	X	X	X
C2	A	X	-	X	X	X	X
	C, D, E	X	-	X	X	X	X
	S	X	-	X	X	X	X
C3	A	X	-	X	-	X	X
	C, E	X	-	X	$(X)^c$	$(X)^c$	-
	D	X	-	X	-	$(X)^c$	X
	S	-	-	X	X	X	X
C4	A	X	-	$(X)^c$	-	$(X)^c$	-
	D	-	-	X	-	$(X)^c$	-
	E	X	-	X	-	$(X)^c$	-
	S	-	-	X	-	X	X
C5-I	A	X	-	-	-	$(X)^c$	-
	D[f]	-	-	X	-	$(X)^c$	-
	S	-	-	-	-	X	-
C5-M	A	X	-	-	-	$(X)^c$	-
	D[f]	-	-	X	-	$(X)^c$	-
	S	-	-	-	-	X	-

ANMERKUNG Unbeschichtete Verbindungsmittel aus Stahl dürfen in der Korrosionsschutzklasse C1 eingesetzt werden.

A	Aluminium ohne Angabe zur Oberfläche	-	Werkstofftyp wird nicht als Korrosionsschutzsicht empfohlen
B	Nichtbeschichtetes Stahlblech		
C	Feuerverzinktes (Z275) oder Aluzink-beschichtetes (AZ150) Stahlblech	a	Bezieht sich ausschließlich auf Nieten
D	Feuerverzinktes Stahlblech + Farb- oder Kunststoffbeschichtung	b	Bezieht sich ausschließlich auf Schrauben und Muttern
E	Aluzink-beschichtetes (AZ185) Stahlblech	c	Isolierscheiben aus alterungsbeständigem Material zwischen Blech und Verbindungsmittel
S	Nichtrostender Stahl		
X	Werkstofftyp wird aus Korrosionsschutzsicht empfohlen	d	Nichtrostender Stahl EN 10088
(X)	Werkstofftyp wird aus Korrosionsschutzsicht nur unter bestimmten Umständen empfohlen	e	Neigung zur Farbänderung.
		f	Immer mit dem Hersteller abzustimmen

(2) Die Umweltklassen nach EN ISO 12944-2 sind in Tabelle B.2 angegeben.

Tabelle B.2 — Kategorien atmosphärischer Korrosivität nach EN ISO 12944-2 und Beispiele für typische Umweltbedingungen

Korrosivitätskategorie	Grad der Korrosivität	Beispiele typischer Umweltbedingungen in gemäßigtem Klima (informativ)	
		Außen	Innen
C1	sehr niedrig	–	Beheizte Gebäude mit sauberer Luft, z. B. Büros, Geschäfte, Schulen und Hotels.
C2	niedrig	Gegenden mit niedriger Luftverschmutzung. Überwiegend ländliche Gebiete.	Unbeheizte Gebäude mit Kondenswasserausfall, z. B. Lager, Sporthallen.
C3	mittel	Städtische und industrielle Gegenden, mäßige Verschmutzung durch Schwefeldioxid. Küstennahe Gegenden mit niedrigem Salzgehalt.	Produktionsstätten mit hoher Feuchtigkeit und geringer Luftverschmutzung, z. B. in der Nahrungsmittelindustrie, Wäschereien, Brauereien und Molkereien.
C4	hoch	Industrielle Gegenden und Küstengebiete mit mäßigem Salzgehalt.	Chemiewerke, Schwimmbäder, küstennahe Werften.
C5-I	sehr hoch (Industrie)	Industrielle Gegenden mit hoher Luftfeuchtigkeit und aggressiven Luftverhältnissen.	Gebäude oder Bereiche mit fast ständigem Kondenswasserausfall und hoher Verschmutzung.
C5-M	sehr hoch (Seeklima)	Küstengebiete und Offshore-Standorte mit hohem Salzgehalt.	Gebäude oder Bereiche mit fast ständigem Kondenswasserausfall und hoher Verschmutzung.

Anhang C
(informativ)

Querschnittswerte für dünnwandige Querschnitte

C.1 Offene Querschnitte

(1) Unterteilung des Querschnitts in n Teilstücke. Durchnummerierung der Teilstücke von 1 bis n.

Einfügen von Knoten 0 bis n zwischen den Teilstücken.

Teilstück i wird somit durch die Knoten $i-1$ und i definiert.

Angabe von Knoten, Koordinaten und (wirksamen) Dicken.

Knoten und Teilstücken $\quad j = 0..n \quad i = 1..n$

Fläche eines Querschnittsteils

$$dA_i = \overline{\left[t_i \sqrt{(y_i - y_{i-1})^2 + (z_i - z_{i-1})^2}\right]}$$

Querschnittsfläche:

$$A = \sum_{i=1}^{n} dA_i$$

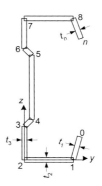

Bild C.1 — Knoten zwischen Querschnittsteilen

Flächenmoment ersten Grades bezogen auf die y-Achse und Koordinaten des Schwerpunkts:

$$S_{y0} = \sum_{i=1}^{n} (z_i + z_{i-1}) \frac{dA_i}{2} \qquad z_{gc} = \frac{S_{y0}}{A}$$

Flächenmoment 2. Grades mit Bezug bezogen auf die ursprüngliche y-Achse und die neue y-Achse durch den Schwerpunkt:

$$I_{y0} = \sum_{i=1}^{n} \left[(z_i)^2 + (z_{i-1})^2 + z_i \cdot z_{i-1}\right] \cdot \frac{dA_i}{3} \qquad I_y = I_{y0} - A \cdot z_{gc}^2$$

Flächenmoment ersten Grades bezogen auf die z-Achse und den Schwerpunkt:

$$S_{z0} = \sum_{i=1}^{n} (y_i + y_{i-1}) \cdot \frac{dA_i}{2} \qquad y_{gc} = \frac{S_{z0}}{A}$$

134

Flächenmoment 2. Grades bezogen auf die ursprüngliche z-Achse und die neue z-Achse durch den Schwerpunkt:

$$I_{z0} = \sum_{i=1}^{n} \left[(y_i)^2 + (y_{i-1})^2 + y_i \cdot y_{i-1}\right] \cdot \frac{dA_i}{3} \qquad I_z = I_{z0} - A \cdot y_{gc}^2$$

Deviationsmoment zum Ursprungskoordinatensystem und zum Schwerpunkt:

$$I_{yz0} = \sum_{i=1}^{n} \left(2 \cdot y_{i-1} \cdot z_{i-1} + 2 \cdot y_i \cdot z_i + y_{i-1} \cdot z_i + y_i \cdot z_{i-1}\right) \cdot \frac{dA_i}{6} \qquad I_{yz} = I_{yz0} - \frac{S_{y0} \cdot S_{z0}}{A}$$

Hauptachsen:

$$\alpha = \frac{1}{2} \arctan\left(\frac{2 I_{yz}}{I_z - I_y}\right) \text{ wenn } (I_z - I_y) \neq 0 \text{ sonst } \alpha = 0$$

$$I_\xi = \frac{1}{2} \cdot \left[I_y + I_z + \sqrt{(I_z - I_y)^2 + 4 \cdot I_{yz}^2}\right]$$

$$I_\eta = \frac{1}{2} \cdot \left[I_y + I_z - \sqrt{(I_z - I_y)^2 + 4 \cdot I_{yz}^2}\right]$$

Wölbkoordinaten der Teilstücke in Bezug auf das Ursprungskoordinatensystem:

$\omega_0 = 0 \qquad \omega_{0_i} = y_{i-1} \cdot z_i - y_i \cdot z_{i-1} \qquad \omega_i = \omega_{i-1} + \omega_{0_i}$

Mittelwert der Wölbkoordinaten mit Bezug auf das Ursprungskoordinatensystem:

$$I_\omega = \sum_{i=1}^{n} (\omega_{i-1} + \omega_i) \cdot \frac{dA_i}{2} \qquad \omega_{mean} = \frac{I_\omega}{A}$$

Wölbflächenmomente:

$$I_{y\omega 0} = \sum_{i=1}^{n} \left(2 \cdot y_{i-1} \cdot \omega_{i-1} + 2 \cdot y_i \cdot \omega_i + y_{i-1} \cdot \omega_i + y_i \cdot \omega_{i-1}\right) \cdot \frac{dA_i}{6} \qquad I_{y\omega} = I_{y\omega 0} - \frac{S_{z0} \cdot I_\omega}{A}$$

$$I_{z\omega 0} = \sum_{i=1}^{n} \left(2 \cdot \omega_{i-1} \cdot z_{i-1} + 2 \cdot \omega_i \cdot z_i + \omega_{i-1} \cdot z_i + \omega_i \cdot z_{i-1}\right) \cdot \frac{dA_i}{6} \qquad I_{z\omega} = I_{z\omega 0} - \frac{S_{y0} \cdot I_\omega}{A}$$

$$I_{\omega\omega 0} = \sum_{i=1}^{n} \left[(\omega_i)^2 + (\omega_{i-1})^2 + \omega_i \cdot \omega_{i-1}\right] \cdot \frac{dA_i}{3} \qquad I_{\omega\omega} = I_{\omega\omega 0} - \frac{I_\omega^2}{A}$$

Schubmittelpunkt:

$$y_{sc} = \frac{I_{z\omega} I_z - I_{y\omega} I_{yz}}{I_y \cdot I_z - I_{yz}^2} \qquad z_{sc} = \frac{-I_{y\omega} I_y + I_{z\omega} I_{yz}}{I_y \cdot I_z - I_{yz}^2} \qquad (I_y I_z - I_{yz}^2 \neq 0)$$

Wölbflächenmoment 2. Grades:

$$I_w = I_{\omega\omega} + z_{sc} \cdot I_{y\omega} - y_{sc} \cdot I_{z\omega}$$

Torsionsflächenmoment 2. Grades und Torsionswiderstand (St. Venant):

$$I_t = \sum_{i=1}^{n} dA_i \cdot \frac{(t_i)^2}{3} \qquad W_t = \frac{I_t}{min(t)}$$

Wölbkoordinate mit Bezug auf den Schubmittelpunkt:

$$\omega_{s_j} = \omega_j - \omega_{mean} + z_{sc} \cdot (y_j - y_{gc}) - y_{sc} \cdot (z_j - z_{gc})$$

Maximale Wölbkoordinate und Wölbwiderstandsmoment:

$$\omega_{max} = max(|\omega_s|) \qquad W_w = \frac{I_w}{\omega_{max}}$$

Abstand zwischen Schubmittelpunkt und Schwerpunkt:

$$y_s = y_{sc} - y_{gc} \qquad z_s = z_{sc} - z_{gc}$$

Polares Flächenmoment bezogen auf den Schubmittelpunkt:

$$I_p = I_y + I_z + A(y_s^2 + z_s^2)$$

Faktoren z_j und y_j für unsymmetrisches Verhalten.

$$z_j = z_s - \frac{0.5}{I_y} \cdot \sum_{i=1}^{n} \left[(z_{c_i})^3 + z_{c_i} \cdot \left[\frac{(z_i - z_{i-1})^2}{4} + (y_{c_i})^2 + \frac{(y_i - y_{i-1})^2}{12} \right] + y_{c_i} \cdot \frac{(y_i - y_{i-1}) \cdot (z_i - z_{i-1})}{6} \right] \cdot dA_i$$

$$y_j = y_s - \frac{0.5}{I_z} \cdot \sum_{i=1}^{n} \left[(y_{c_i})^3 + y_{c_i} \cdot \left[\frac{(y_i - y_{i-1})^2}{4} + (z_{c_i})^2 + \frac{(z_i - z_{i-1})^2}{12} \right] + z_{c_i} \cdot \frac{(z_i - z_{i-1}) \cdot (y_i - y_{i-1})}{6} \right] \cdot dA_i$$

Die Koordinaten des Teilstückschwerpunkte bezogen auf den Schubmittelpunkt sind:

$$y_{c_i} = \frac{y_i + y_{i-1}}{2} - y_{gc} \qquad z_{c_i} = \frac{z_i + z_{i-1}}{2} - z_{gc}$$

ANMERKUNG $z_j = 0$ ($y_j = 0$) bei Querschnitten, in denen die y-Achse (z-Achse) Symmetrieachse ist, siehe Bild C.1.

C.2 Querschnittswerte für offene, verzweigte Querschnitte

(1) Bei verzweigten Querschnitten gilt die Gleichung in C.1. Jedoch verläuft die Integrationsrichtung bei Querschnittsabzweigungen entgegengesetzt (mit der Dicke $t = 0$) bis zur nächsten Stelle mit $t \neq 0$, siehe Abzweig $3 - 4 - 5$ und $6 - 7$ in Bild C.2. Ein verzweigter Querschnitt hat Punkte, an denen mehr als zwei Querschnittsteile aneinandergrenzen.

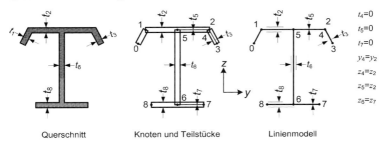

Bild C.2 — Knoten und Teilstücke bei verzweigten Querschnitten

C.3 Torsionssteifigkeit von Querschnitten mit geschlossenem Querschnittsteil

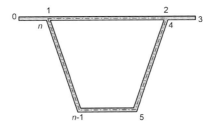

Bild C.3 — Querschnitt mit einem geschlossenen Teil

(1) Bei symmetrischen oder nicht symmetrischen Querschnitten mit einem geschlossenen Teil, Bild C.3, erhält man den Torsionswiderstand und das Torsionswiderstandsmoment mit:

$$I_t = \frac{4A_t^2}{S_t} \quad \text{und} \quad W_t = 2 A_t \min(t_i)$$

wobei

$$A_t = 0{,}5 \sum_{i=2}^{n}(y_i - y_{i-1})(z_i + z_{i-1}) \qquad S_t = \sum_{i=2}^{n} \frac{\sqrt{(y_i - y_{i-1})^2 + (z_i - z_{i-1})^2}}{t_i} \qquad (t_i \neq 0)$$

Anhang D
(informativ)

Gemischte Anwendung von wirksamen Breiten und wirksamen Dicken bei einseitig gestützten Querschnittsteilen

(1) Dieser Anhang enthält eine Alternative zur Methode der wirksamen Breiten in 5.5.2 für einseitig druckbeanspruchte gestützte Querschnittsteile. Die wirksame Fläche setzt sich aus der Teilflächendicke multipliziert mit der wirksamen Breite b_{e0} und einer wirksamen Dicke t_{eff} multipliziert mit der übrigen Elementbreite b_p zusammen. Siehe Tabelle D.1.

Der Schlankheitsgrad $\overline{\lambda}_p$ und der Abminderungsbeiwert ρ werden nach 5.5.2 zur Ermittlung des Beulfaktors k_σ in Tabelle D.1 berechnet.

Das Spannungsverhältnis ψ zur Bestimmung von k_σ darf mit den Bruttoquerschnittswerten ermittelt werden.

(2) Der Beanspruchbarkeit des Querschnitts liegt eine elastische Spannungsverteilung über den Querschnitt zugrunde.

Tabelle D.1 — Einseitig gestützte druckbeanspruchte Teilflächen

\multicolumn{3}{	c	}{Maximale Druckbeanspruchung am freien Rand}
Spannungsverteilung	Wirksame Breite und Dicke	ideeller Beulwert
	$1 \geq \psi \geq 0$	$1 \geq \psi \geq -2$
	$b_{e0} = 0,42 b_p$	$k_\sigma = \dfrac{1,7}{3+\psi}$
	$t_{eff} = (1,75\rho - 0,75)t$	
	$\psi < 0$	$-2 > \psi \geq -3$
	$b_{e0} = \dfrac{0,42 b_p}{(1-\psi)} + b_t < b_p$	$k_\sigma = 3,3(1+\psi) + 1,25\psi^2$
	$b_t = \dfrac{\psi b_p}{(\psi - 1)}$	$\psi < -3$
	$t_{eff} = (1,75\rho - 0,75 - 0,15\psi)t$	$k_\sigma = 0,29(1-\psi)^2$
\multicolumn{3}{	c	}{Maximale Druckbeanspruchung am gestützten Rand}
Spannungsverteilung	Wirksame Breite und Dicke	ideeller Beulwert
	$1 \geq \psi \geq 0$	$1 \geq \psi \geq 0$
	$b_{e0} = 0,42 b_p$	$k_\sigma = \dfrac{1,7}{1+3\psi}$
	$t_{eff} = (1,75\rho - 0,75)t$	
	$\psi < 0$	$0 \geq \psi \geq -1$
	$b_{e0} = \dfrac{0,42 b_p}{(1-\psi)}$	$k_\sigma = 1,7 - 5\psi + 17,1\psi^2$
	$b_t = \dfrac{\psi b_p}{(\psi - 1)}$	$\psi < -1$
	$t_{eff} = (1,75\rho - 0,75)t$	$k_\sigma = 5,98(1-\psi)^2$

Anhang E
(informativ)

Vereinfachte Pfettenbemessung

(1) Pfetten mit C-, Z- und Σ-Querschnitt mit oder ohne zusätzlichen Aussteifungen in Steg oder Flansch dürfen nach (2) bis (4) bemessen werden, wenn die folgenden Bedingungen erfüllt sind:

— die Querschnittsmaße liegen innerhalb der Grenzen von Tabelle E.1;

— die Pfetten sind durch Trapezbleche horizontal gehalten, wobei die horizontale Halterung die Bedingungsgleichung (10.1a) erfüllt;

— die Pfetten sind gegen Verdrehung durch Trapezbleche gehalten, und die Bedingungen der Tabelle [AC] 10.3 [AC] sind erfüllt;

— die Pfetten haben gleiche Stützweiten und sind gleichförmig belastet.

Diese Methode ist nicht zu verwenden bei:

— Systemen mit Schlaudern;

— gekoppelten und gestoßenen Durchlaufsystemen;

— bei einer Normalkraftbeanspruchung N_{Ed}.

ANMERKUNG Einschränkungen und Gültigkeit dieses Verfahrens dürfen im nationalen Anhang angegeben sein.

Tabelle E.1 — Anwendungsgrenzen für das vereinfachte Verfahren und von Tabelle 5.1 und Abschnitt 5.2 abweichende Grenzen

(die Achsen y und z liegen parallel bzw. rechtwinklig zum Obergurt)

Pfetten	t in mm	b/t	h/t	h/b	c/t	b/c	L/h
C	$\geq 1{,}25$	≤ 55	≤ 160	$\leq 3{,}43$	≤ 20	$\leq 4{,}0$	≥ 15
Σ	$\geq 1{,}25$	≤ 55	≤ 160	$\leq 3{,}43$	≤ 20	$\leq 4{,}0$	≥ 15

DIN EN 1993-1-3:2010-12
EN 1993-1-3:2006 + AC:2009 (D)

(2) Für den Bemessungswert des Biegemoments M_{Ed} gilt

$$\frac{M_{Ed}}{M_{LT,Rd}} \leq 1 \tag{E.1}$$

Dabei ist

$$M_{LT,Rd} = \left(\frac{f_y}{\gamma_{M1}}\right) W_{eff,y} \frac{\chi_{LT}}{k_d} \tag{E.2}$$

$W_{eff,y}$ das wirksame Widerstandsmoment mit Bezug auf die y-Achse;

χ_{LT} der Abminderungsbeiwert für Biegedrillknicken in Abhängigkeit von $\overline{\lambda}_{LT}$ nach 6.2.3, wobei α_{LT} durch $\alpha_{LT,eff}$ ersetzt wird;

$$\overline{\lambda}_{LT} = \sqrt{\frac{W_{eff,y} f_y}{M_{cr}}} \tag{E.3}$$

$$\alpha_{LT,eff} = \alpha_{LT} \sqrt{\frac{W_{el,y}}{W_{eff,y}}} \tag{E.4}$$

α_{LT} der Imperfektionsbeiwert nach 6.2.3;

$W_{el,y}$ das Widerstandsmoment des Bruttoquerschnitts mit Bezug auf die y–y-Achse;

k_d der Koeffizient zur Berücksichtigung des nicht gehaltenen Pfettenteils nach Gleichung (E.5) und Tabelle E.2;

$$k_d = \left(a_1 - a_2 \frac{L}{h}\right), \text{jedoch} \geq 1{,}0 \tag{E.5}$$

a_1, a_2 Koeffizienten aus Tabelle E.2;

L Stützweite der Pfette;

h Gesamthöhe der Pfette.

Tabelle E.2 — Beiwerte a_1, a_2 für Gleichung (E.5)

System	Z-Pfetten		C-Pfetten		Σ-Pfetten	
	a_1	a_2	a_1	a_2	a_1	a_2
Einfeldträger mit Auflast	1.0	0	1.1	0.002	1.1	0.002
Einfeldträger mit abhebender Last	1.3	0	3.5	0.050	1.9	0.020
Durchlaufträger mit Auflast	1.0	0	1.6	0.020	1.6	0.020
Durchlaufträger mit abhebender Last	1.4	0.010	2.7	0.040	1.0	0

(3) Der Abminderungsbeiwert χ_{LT} ergibt sich nach Gleichung (E.6), wenn ein Einfeldträger unter Auflast vorliegt oder wenn Gleichung (E.7) erfüllt ist.

$$\chi_{LT} = 1{,}0 \qquad (E.6)$$

$$C_D \geq \frac{M_{el,u}^2}{E I_v} k_\vartheta \qquad (E.7)$$

Dabei ist

$M_{el,u} = W_{el,u} f_y$ die elastische Momententragfähigkeit des Bruttoquerschnitts mit Bezug zur starken Hauptachse u–u; (E.8)

I_v Trägheitsmoment des Bruttoquerschnitts mit Bezug zur schwachen Hauptachse v–v;

k_ϑ Beiwert zur Berücksichtigung des statischen Systems der Pfette nach Tabelle E.3.

ANMERKUNG Bei C-Pfetten und Σ-Pfetten mit gleich großen Flanschen gilt $I_v = I_z$, $W_u = W_y$ und $M_{el,u} = M_{el,y}$. Die Bezeichnungen der Querschnittsachsen sind in Bild 1.7 und [AC⟩ 1.5.4 ⟨AC] dargestellt.

Tabelle E.3 — Beiwerte k_ϑ

Statisches System	Auflast	abhebende Last
⊢L⊣	–	0.210
⊢L⊣⊢L⊣	0.07	0.029
⊢L⊣⊢L⊣⊢L⊣	0.15	0.066
⊢L⊣⊢L⊣⊢L⊣⊢L⊣	0.10	0.053

(4) In Fällen, die durch (3) nicht abgedeckt sind, sollte der Abminderungsbeiwert χ_{LT} nach 6.2.4 mit $\overline{\lambda}_{LT}$ und $\alpha_{LT,eff}$ berechnet werden. Das ideal-kritische Verzweigungsmoment für Biegedrillknicken M_{cr} darf mit Gleichung (E.9) bestimmt werden:

$$M_{cr} = \frac{k}{L}\sqrt{G I_t^* \, E I_v}$$ (E.9)

Dabei ist

I_t^* der fiktive St. Venant'sche Torsionswiderstand unter Berücksichtigung der wirksamen Drehbettung nach den Gleichungen (E.10) und (E.11):

$$I_t^* = I_t + C_D \frac{L^2}{\pi^2 G}$$ (E.10)

I_t der St. Venant'sche Torsionswiderstand der Pfette;

$$1/C_D = \frac{1}{C_{D,A}} + \frac{1}{C_{D,B}} + \frac{1}{C_{D,C}}$$ (E.11)

$C_{D,A}$, $C_{D,C}$ Drehsteifigkeiten nach 10.1.5.2;

$C_{D,B}$ Drehsteifigkeit infolge Querschnittsverformung der Pfette nach 10.1.5.1, $C_{D,B} = K_B \, h^2$, wobei h = Querschnittshöhe der Pfette und K_B nach 10.1.5.1 ist;

k Beiwert für Biegedrillknicken nach Tabelle E.4.

Tabelle E.4 — Beiwerte k für Biegedrillknicken von am Oberflansch seitlich gehaltenen Pfetten

Statisches System	Auflast	abhebende Last
⊢ L ⊣	∞	10.3
⊢ L ⊣ L ⊣	17.7	27.7
⊢ L ⊣ L ⊣ L ⊣	12.2	18.3
≥ 4 spans ⊢ L ⊣ L ⊣ L ⊣ L ⊣	14.6	20.5

143

Dezember 2010

DIN EN 1993-1-3/NA

ICS 91.010.30; 91.080.10

Ersatzvermerk
siehe unten

Nationaler Anhang –
National festgelegte Parameter –
Eurocode 3: Bemessung und Konstruktion von Stahlbauten –
Teil 1-3: Allgemeine Regeln – Ergänzende Regeln für kaltgeformte dünnwandige Bauteile und Bleche

National Annex –
Nationally determined parameters –
Eurocode 3: Design of steel structures –
Part 1-3: General rules – Supplementary rules for cold-formed members and sheeting

Annexe Nationale –
Paramètres déterminés au plan national –
Eurocode 3: Calcul des structures en acier –
Partie 1-3: Règles générales – Règles supplémentarires pour les profilés et plaques formés à froid

Ersatzvermerk

Mit DIN EN 1993-1-1:2010-12, DIN EN 1993-1-1/NA:2010-12, DIN EN 1993-1-3:2010-12,
DIN EN 1993-1-5:2010-12, DIN EN 1993-1-5/NA:2010-12, DIN EN 1993-1-8:2010-12,
DIN EN 1993-1-8/NA:2010-12, DIN EN 1993-1-9:2010-12, DIN EN 1993-1-9/NA:2010-12,
DIN EN 1993-1-10:2010-12, DIN EN 1993-1-10/NA:2010-12, DIN EN 1993-1-11:2010-12 und
DIN EN 1993-1-11/NA:2010-12 Ersatz für DIN 18800-1:2008-11;
mit DIN EN 1993-1-1:2010-12, DIN EN 1993-1-1/NA:2010-12, DIN EN 1993-1-3:2010-12,
DIN EN 1993-1-5:2010-12 und DIN EN 1993-1-5/NA:2010-12 Ersatz für DIN 18800-2:2008-11;
mit DIN EN 1993-1-3:2010-12, DIN EN 1993-1-5:2010-12 und DIN EN 1993-1-5/NA:2010-12 Ersatz für
DIN 18800-3:2008-11;
teilweiser Ersatz für DIN 18807-1:1987-06, DIN 18807-1/A1:2001-05, DIN 18807-2:1987-06 und
DIN 18807-2/A1:2001-05

Gesamtumfang 10 Seiten

Normenausschuss Bauwesen (NABau) im DIN

Vorwort

Dieses Dokument wurde vom NA 005-08-16 AA „Tragwerksbemessung" erstellt.

Dieses Dokument bildet den Nationalen Anhang zu DIN EN 1993-1-3:2010-12, *Bemessung und Konstruktion von Stahlbauten — Teil 1-3: Allgemeine Regeln — Ergänzende Regeln für kaltgeformte Bauteile und Bleche.*

Die Europäische Norm EN 1993-1-3 räumt die Möglichkeit ein, eine Reihe von sicherheitsrelevanten Parametern national festzulegen. Diese national festzulegenden Parameter (en: Nationally determined parameters, NDP) umfassen alternative Nachweisverfahren und Angaben einzelner Werte, sowie die Wahl von Klassen aus gegebenen Klassifizierungssystemen. Die entsprechenden Textstellen sind in der Europäischen Norm durch Hinweise auf die Möglichkeit nationaler Festlegungen gekennzeichnet. Eine Liste dieser Textstellen befindet sich im Unterabschnitt NA 2.1. Darüber hinaus enthält dieser nationale Anhang ergänzende nicht widersprechende Angaben zur Anwendung von DIN EN 1993-1-3:2010-12 (en: non-contradictory complementary information, NCI).

Dieser Nationale Anhang ist Bestandteil von DIN EN 1993-1-3:2010-12.

DIN EN 1993-1-3:2010-12 und dieser Nationale Anhang DIN EN 1993-1-3/NA:2010-12 ersetzen:

— zusammen mit zusammen mit DIN EN 1993-1-1, DIN EN 1993-1-1/NA, DIN EN 1993-1-5, DIN EN 1993-1-5/NA, DIN EN 1993-1-8, DIN EN 1993-1-8/NA, DIN EN 1993-1-9, DIN EN 1993-1-9/NA, DIN EN 1993-1-10, DIN EN 1993-1-10/NA, DIN EN 1993-1-11 und DIN EN 1993-1-11/NA die nationale Norm DIN 18800-1:2008-11;

— zusammen mit DIN EN 1993-1-1, DIN EN 1993-1-1/NA, DIN EN 1993-1-5 und DIN EN 1993-1-5/NA die nationale Norm DIN 18800-2:2008-11;

— zusammen mit DIN EN 1993-1-5 und DIN EN 1993-1-5/NA die Nationale Norm DIN 18800-3:2008-11;

— teilweise die nationalen Normen DIN 18807-1:1987-06 (einschließlich DIN 18807-1/A1:2001-05) und DIN 18807-2:1987-06 (einschließlich DIN 18807-2/A1:2001-05).

Änderungen

Gegenüber DIN 18800-1:2008-11, DIN 18800-2:2008-11, DIN 18800-3:2008-11, DIN 18807-1:1987-06, DIN 18807-1/A1:2001-05, DIN 18807-2:1987-06 und DIN 18807-2/A1:2001-05 wurden folgende Änderungen vorgenommen:

a) nationale Festlegungen zu DIN EN 1993-1-3:2010-12 aufgenommen.

Frühere Ausgaben

DIN 1050: 1934-08, 1937xxxxx-07, 1946-10, 1957x-12, 1968-06
DIN 1073: 1928-04, 1931-09, 1941-01, 1974-07
DIN 1079: 1938-01, 1938-11, 1970-09
DIN 4100: 1931-05, 1933-07, 1934xxxx-08, 1956-12, 1968-12
DIN 4101: 1937xxx-07, 1974-07
Beiblatt zu DIN 1073: 1974-07
DIN 18800-1: 1981-03, 1990-11
DIN 18800-1/A1: 1996-02
DIN 4114-1: 1952xx-07
DIN 4114-2: 1952-07, 1953x-02
DIN 18800-2: 1990-11
DIN 18800-2/A1: 1996-02
DIN 18800-3: 1990-11
DIN 18800-3/A1: 1996-02
DIN 18807-1: 1987-06
DIN 18807-1/A1: 2001-05
DIN 18807-2: 1987-06
DIN 18807-2/A1: 2001-05

DIN EN 1993-1-3/NA:2010-12

NA 1 Anwendungsbereich

Dieser Nationale Anhang enthält nationale Festlegungen für Nachweisverfahren mit Berechnungen und mit durch Versuche gestützten Berechnungen, die bei der Anwendung von DIN EN 1993-1-3:2010-12 in Deutschland zu berücksichtigen sind.

Dieser Nationale Anhang gilt nur in Verbindung mit DIN EN 1993-1-3:2010-12.

NA 2 Nationale Festlegungen zur Anwendung von DIN EN 1993-1-3:2010-12

NA 2.1 Allgemeines

DIN EN 1993-1-3:2010-12 weist an den folgenden Textstellen die Möglichkeit nationaler Festlegungen aus. Diese sind durch ein vorangestelltes „NDP" (en: Nationally determined parameters) gekennzeichnet.

— 2(3)P;
— 2(5);
— 3.1(3) Anmerkung 1 und Anmerkung 2;
— 3.2.4(1);
— 5.3(4);
— 8.3(5);
— 8.3(13), Tabelle 8.1;
— 8.3(13), Tabelle 8.2;
— 8.3(13), Tabelle 8.3;
— 8.3(13), Tabelle 8.4;
— 8.4(5);
— 8.5.1(4);
— 9(2), Anmerkung 1;
— 10.1.1(1);
— 10.1.4.2(1);
— A.1(1), Anmerkung 2;
— A.1(1), Anmerkung 3;
— A.6.4(4);
— E(1).

Darüber hinaus enthält NA 2.2 ergänzende nicht widersprechende Angaben zur Anwendung von DIN EN 1993-1-3:2010-12. Diese sind durch ein vorangestelltes „NCI" (en: non-contradictory complementary information) gekennzeichnet.

— 1.2
— 10.1.5.2 (2)
— 10.1.5.2(6)
— 10.3.1
— Tabelle 10.3
— Literaturhinweise

NA 2.2 Nationale Festlegungen

Die nachfolgende Nummerierung entspricht der Nummerierung von DIN EN 1993-1-3:2010-12.

NCI zu 1.2 Normative Verweisungen

NA   DIN 18807-2, *Trapezprofile im Hochbau — Stahltrapezprofile; Durchführung und Auswertung von Tragfähigkeitsversuchen*

NA   DIN 18807-2/A1, *Trapezprofile im Hochbau — Stahltrapezprofile — Durchführung und Auswertung von Tragfähigkeitsversuchen; Änderung A1*

DIN EN 1993-1-3/NA:2010-12

NA   DIN 18807-3:1987-06, *Trapezprofile im Hochbau — Stahltrapezprofile — Festigkeitsnachweis und konstruktive Ausbildung*

NA   DIN EN 1990, *Eurocode: Grundlagen der Tragwerksplanung*

NA   DIN EN 13162, *Wärmedämmstoffe für Gebäude — Werkmäßig hergestellte Produkte aus Mineralwolle (MW) — Spezifikation*

NA   DIN EN 13164, *Wärmedämmstoffe für Gebäude — Werkmäßig hergestellte Produkte aus extrudiertem Polystyrolschaum (XPS) — Spezifikation*

NDP zu 2(3)P Grundlagen der Bemessung

Es gelten die folgenden Zahlenwerte für γ_{Mi}:

$\gamma_{M0} = 1,1$;

$\gamma_{M1} = 1,1$;

$\gamma_{M2} = 1,25$.

Abweichend von den Regeln in DIN EN 1993-1-1 wurden hier γ_{M0} und γ_{M1} zu 1,1 festgelegt, um die Besonderheiten von dünnwandigen Blechkonstruktionen zu berücksichtigen.

NDP zu 2(5) Grundlagen der Bemessung

Es gelten die Empfehlungen.

NDP zu 3.1(3) Anmerkung 1

Für die charakteristischen Werte dürfen die in DIN EN 1993-1-3:2010-12, Tabelle 3.1a angegebenen 1,0fachen Werte verwendet werden.

NDP zu 3.1(3) Anmerkung 2

Neben den Stahlsorten nach Tabelle 3.1a sind nur die Stahlsorten nach DIN EN 1993-1-3:2010-12, Tabelle 3.1b zulässig.

NDP zu 3.2.4(1) Materialdicken und Materialdickentoleranzen

Es gelten die folgenden Werte für die Kerndickengrenze t_{cor} für Blechkonstruktionen und Bauteile:

— Bleche und Bauteile $0,45\ mm \leq t_{cor} \leq 3\ mm$;

— Anschlüsse $0,45\ mm \leq t_{cor} \leq 3\ mm$.

NDP zu 5.3(4) Tragwerksmodellierung für die Berechnung

Die Imperfektionen sind nach DIN EN 1993-1-1:2010-12, Tabelle 5.1 für die Biegedrillknickkurve b nach DIN EN 1993-1-1:2010-12, 6.3.2.2 unter gleichzeitiger Berücksichtigung des Faktors k nach DIN EN 1993-1-1:2010-12, 5.3.4(3) anzusetzen.

NDP zu 8.3(5) Verbindungen mit mechanischen Verbindungsmitteln

Es gelten die Empfehlungen.

NDP zu 8.3(13), Tabelle 8.1

Die durch Versuche ermittelten Werte sind einem bauaufsichtlichen Verwendbarkeitsnachweis zu entnehmen.

NDP zu 8.3(13), Tabelle 8.2

Die durch Versuche ermittelten Werte sind einem bauaufsichtlichen Verwendbarkeitsnachweis zu entnehmen.

NDP zu 8.3(13), Tabelle 8.3

Die durch Versuche ermittelten Werte sind einem bauaufsichtlichen Verwendbarkeitsnachweis zu entnehmen.

NDP zu 8.3(13), Tabelle 8.4

Die durch Versuche ermittelten Werte sind einem bauaufsichtlichen Verwendbarkeitsnachweis zu entnehmen.

NDP zu 8.4(5) Punktschweißungen

Es gelten die Empfehlungen.

NDP zu 8.5.1(4) Überlappungsstöße

Es gelten die Empfehlungen.

NDP zu 9(2), Anmerkung 1

Die Verwendung von Versuchsergebnissen nach Anhang A bedarf eines entsprechenden bauaufsichtlichen Verwendbarkeitsnachweises.

Die in DIN EN 1993-1-3:2010-12, A.2 beschriebene Versuchsdurchführung gilt nur für Trapezprofile, Wellprofile und Kassettenprofile. Für die Versuchsdurchführung und Versuchsauswertung sind zusätzlich DIN 18807-2 und DIN 18807-2/A1 zu berücksichtigen.

NDP zu 10.1.1(1) Träger mit Drehbettung durch Bleche

Die Verwendung von Versuchsergebnissen bedarf eines bauaufsichtlichen Verwendbarkeitsnachweises.

NDP zu 10.1.4.2(1) Knickbeanspruchbarkeit des freien Gurtes

Es gelten die Empfehlungen.

NCI zu 10.1.5.2(2)

Für Sandwichelemente mit Stahldeckschichten, die die Auflast auf den gestützten Träger übertragen, ergibt sich $C_{D,A}$ aus der in Bild NA.1 angegebenen Momenten-Verdrehungsbeziehung mit Gleichung (NA.1) sowie den Hilfswerten nach Tabelle NA.1 und NA.2.

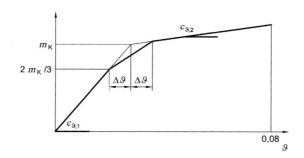

Bild NA.1 — Momenten-Verdrehungsbeziehung für Sandwichelemente

$$C_{D,A} = \frac{m_K}{\vartheta(m_K)} \quad \text{(NA.1)}$$

Tabelle NA.1 — Kennwerte der Momenten-Verdrehungsbeziehung für Sandwichelemente

	doppelsymmetrische Träger 60 mm ≤ vorh b ≤ 100 mm		Z- oder U-Profile 60 mm ≤ vorh b ≤ 80 mm	
$c_{\vartheta 1} =$	$c_1 \cdot E_s \cdot \dfrac{vorh\ b}{82}$	(NA.x2)	$c_1 \cdot E_s$	(NA.x5)
$c_{\vartheta 2} =$	$\zeta \cdot c_2 \cdot E_s \cdot t_K \cdot \dfrac{vorh\ b}{82}$	(NA.x3)	0	(NA.x6)
$m_K =$	$q_d \cdot \dfrac{vorh\ b}{2}$	(NA.x4)	$q_d \cdot vorh\ b$	(NA.x7)
2,0 N/mm² ≤ E_S ≤ 6,0 N/mm²		Elastizitätsmodul der Sandwich-Kernschicht		
0,42 mm ≤ t_K ≤ 0,67 mm		Kernblechdicke der oberen Deckschicht		
vorh b in mm		vorhandene Breite des Gurtes des gestützten Trägers		
q_d		Bemessungswert der vom Sandwichelement auf den Träger längs des Obergurtes übertragenen Auflast		
c_1, c_2		Faktoren nach Tabelle NA.2		
ζ		Faktor zur Berücksichtigung der Befestigungsart, siehe Bild NA.2:		
		$\zeta = 1$	alternierende Anordnung	
		$\zeta = 1,5$	einseitige Anordnung (ungünstige Drehrichtung ausgeschlossen)	
		$\zeta = 0$	verdeckte Anordnung	

Tabelle NA.2 — Faktoren c_1 und c_2 für Gleichungen (NA.2), (NA.3) und (NA.5)

Zeile	Kernschicht	Einsatz-bereich	schraubkopfseitige Deckschicht	c_1	c_2
1	PUR	Dach	trapezprofiliert	1,44	0,22
2		Wand	quasi-eben	1,20	0,38
3	Mineralwolle	Dach	trapezprofiliert	0,99	0,18
4		Wand	quasi-eben	0,48	0,16

NCI zu 10.1.5.2(6) Steifigkeit der Drehbettung

a) Für Stahltrapezprofile in Negativlage mit Wärmedämmung zwischen Pfettenobergurt und Profilblech darf die Steifigkeit der Drehbettung C_{100} bei Auflast nach Tabelle NA.3 angenommen werden.

Tabelle NA.3 — Steifigkeit der Drehbettung C_{100} bei Auflast für Stahltrapezprofile mit Wärmedämmung, $t_{nom} \geq 0{,}75$ mm

Zeile	Dämmung	Art der Befestigung			
		Obergurt $e = b_R$	Obergurt $e = 2b_R$	Untergurt $e = b_R$	Untergurt $e = 2b_R$
1	Extrudiertes Polystyrol nach DIN EN 13164 $d = 60$ mm	5,0	3,2	4,7	2,9
2	Extrudiertes Polystyrol nach DIN EN 13164 $d = 100$ mm	5,6	3,5	4,8	3,4
3	Mineralwolle nach DIN EN 13162 $d = 80$ mm mit Distanzleiste	5,9	3,3	4,9	2,9
4	Mineralwolle nach DIN EN 13162 $d = 80$ mm ohne Distanzleiste	2,1	0,85	2,4	0,97

b) Für Faserzementplatten darf die Steifigkeit der Drehbettung C_{100} bei Auflast mit $C_{100} = 5{,}3$ kNm/m, bei Sog mit $C_{100} = 2{,}6$ kNm/m angesetzt werden.

c) Bei a) und b) darf $C_{D,A}$ aus C_{100} nach Gleichung (10.17) bestimmt werden, jedoch sind die Faktoren k_t, k_{bR}, k_A und k_{bT} jeweils mit 1,0 zu setzen.

d) Für Stahltrapezprofile mit $t = 0{,}75$ mm oder $t = 1{,}00$ mm und Befestigung durch Setzbolzen X-ENP-19L15 entsprechend europäischer technischer Zulassung ETA-04/0101 dürfen bei Auflast die Werte C_{100} der Tabelle 10.3 verwendet werden, jedoch ist für den Fall „Lage positv, Befestigung am Untergurt, $e = b_R$" der Zahlenwert 5,2 durch den Zahlenwert 4,0 zu ersetzen

Die Steifigkeit der Drehbettung $C_{D,A}$ darf nach Gleichung (10.17) bestimmt werden, jedoch mit den folgenden Änderungen für

$k_{ba} = (b_a/100)^2$ wenn $(b_a/100) \leq 1{,}15$

$k_{ba} = 1{,}15\,(b_a/100)$ wenn $1{,}15 \leq 1{,}15\,(b_a/100) \leq 1{,}6$

$k_t = (t_{nom}/0{,}75)$ wenn $t_{nom} > 0{,}75$ mm, positive Lage

$k_{bR} = 1{,}0$

$k_A = 1{,}0 + (A - 1{,}0)\,0{,}16$ wenn $t = 0{,}75$ mm

$k_A = 1{,}0 + (A - 1{,}0)\,0{,}095$ wenn $t = 1{,}00$ mm

$k_{bT} = 1{,}0$

DIN EN 1993-1-3/NA:2010-12

NCI zu Tabelle 10.3

Die Angaben in Tabelle 10.3 haben zur Voraussetzung, dass die Schraubenanordnung analog zu Bild NA.2 vorhanden ist.

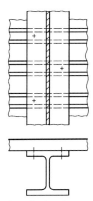

a) I-Profil bei alternierender Anordnung

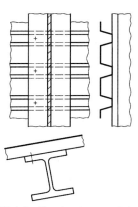

b) I-Profil bei einseitiger Anordnung, nur bei geneigtem Dach zulässig

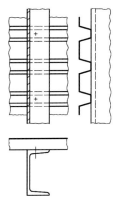

c) U-Profil

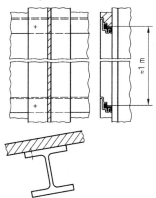

d) Verdeckte Anordnung, nur bei Sandwichelementen möglich und nur bei geneigtem Dach zulässig

Bild NA.2 — Beispiele für die Schraubenanordnung bei Trapezprofilen und Sandwichelementen, gelten auch für entsprechende Kaltprofile

NCI zu 10.3.1, Anmerkung

Weitere Regeln für die Bemessung von Schubfeldern sind [4], [5] , [6] und DIN 18807-3 zu entnehmen.

NDP zu A.1(1), Anmerkung 2

Die in DIN EN 1993-1-3:2010-12, A.2 beschriebene Versuchsdurchführung gilt nur für Trapezprofile, Wellprofile und Kassettenprofile. Für die Versuchsdurchführung und Versuchsauswertung sind zusätzlich DIN 18807-2 mit DIN 18807-2/A1 zu berücksichtigen.

Die Verwendung von Versuchsergebnissen nach Anhang A bedarf eines entsprechenden bauaufsichtlichen Verwendbarkeitsnachweises.

Versuche nach DIN EN 1993-1-3:2010-12, A.5.3 sind in der Regel mit dem in [1], [2] und [3] beschriebenen Versuchsaufbau durchzuführen.

NDP zu A.1(1), Anmerkung 3

Übertragungsfunktionen zur Anpassung existierender Versuchsergebnisse sind im Einzelfall bauaufsichtlich zu bewerten.

NDP zu A.6.4(4)

Werden γ_M Werte nach DIN EN 1990 ermittelt, so sind diese im bauaufsichtlichen Verwendbarkeitsnachweis festzulegen.

NDP zu E(1) Vereinfachte Pfettenbemessung

Es gelten die Empfehlungen.

NCI Literaturhinweise

[1] Lindner, J., Gregull, T.: Drehbettungswerte für Dachdeckungen mit untergelegter Wärmedämmung. Stahlbau 58 (1989), S. 173–179, 383

[2] Lindner, J., Groeschel, F.: Drehbettungswerte für die Profilblechbefestigung mit Setzbolzen bei unterschiedlich großen Auflasten. Stahlbau 65 (1996), S. 218–224

[3] Dürr, M., Podleschny, F., Saal, H.: Untersuchungen zur Drehbettung von biegedrillknickgefährdeten Trägern durch Sandwichelemente. Stahlbau 76(2007), S. 401–407

[4] Schardt, R., Strehl, C.: Theoretische Grundlagen für die Bestimmung der Schubsteifigkeit von Trapezblechscheiben – Vergleich mit anderen Berechnungsansätzen und Versuchsergebnissen. Der Stahlbau 45 (1976), S. 97–108

[5] Schardt, R., Strehl, C.: Stand der Theorie zur Bemessung von Trapezblechscheiben. Der Stahlbau 49 (1980), S. 325–334.

[6] Baehre, R., Wolfram, R.: Zur Schubfeldberechnung von Trapezblechen. Der Stahlbau 55 (1986), S. 175–179

Dezember 2010

| | DIN EN 1993-1-5 | |

ICS 91.010.30; 91.080.10 Ersatzvermerk
siehe unten

Eurocode 3: Bemessung und Konstruktion von Stahlbauten –
Teil 1-5: Plattenförmige Bauteile;
Deutsche Fassung EN 1993-1-5:2006 + AC:2009

Eurocode 3: Design of steel structures –
Part 1-5: Plated structural elements;
German version EN 1993-1-5:2006 + AC:2009

Eurocode 3: Calcul des structures en acier –
Partie 1-5: Plaques planes;
Version allemande EN 1993-1-5:2006 + AC:2009

Ersatzvermerk

Ersatz für DIN EN 1993-1-5:2007-02;
mit DIN EN 1993-1-1:2010-12, DIN EN 1993-1-1/NA:2010-12, DIN EN 1993-1-3:2010-12,
DIN EN 1993-1-3/NA:2010-12, DIN EN 1993-1-5/NA:2010-12, DIN EN 1993-1-8:2010-12,
DIN EN 1993-1-8/NA:2010-12, DIN EN 1993-1-9:2010-12, DIN EN 1993-1-9/NA:2010-12,
DIN EN 1993-1-10:2010-12, DIN EN 1993-1-10/NA:2010-12, DIN EN 1993-1-11:2010-12 und
DIN EN 1993-1-11/NA:2010-12 Ersatz für DIN 18800-1:2008-11;
mit DIN EN 1993-1-1:2010-12, DIN EN 1993-1-1/NA:2010-12, DIN EN 1993-1-3:2010-12,
DIN EN 1993-1-3/NA:2010-12 und DIN EN 1993-1-5/NA:2010-12 Ersatz für DIN 18800-2:2008-11;
mit DIN EN 1993-1-3:2010-12, DIN EN 1993-1-3/NA:2010-12 und DIN EN 1993-1-5/NA:2010-12 Ersatz für
DIN 18800-3:2008-11;
Ersatz für DIN EN 1993-1-5 Berichtigung 1:2010-05

Gesamtumfang 70 Seiten

Normenausschuss Bauwesen (NABau) im DIN

Nationales Vorwort

Dieses Dokument (EN 1993-1-5:2006 + AC:2009) wurde vom Technischen Komitee CEN/TC 250 „Eurocodes für den konstruktiven Ingenieurbau" erarbeitet, dessen Sekretariat vom BSI (Vereinigtes Königreich) gehalten wird.

Die Arbeiten auf nationaler Ebene wurden durch die Experten des NABau-Spiegelausschusses NA 005-08-16 AA „Tragwerksbemessung" begleitet.

Diese Europäische Norm wurde vom CEN am 13. Januar 2006 angenommen.

Die Norm ist Bestandteil einer Reihe von Einwirkungs- und Bemessungsnormen, deren Anwendung nur im Paket sinnvoll ist. Dieser Tatsache wird durch das Leitpapier L der Kommission der Europäischen Gemeinschaft für die Anwendung der Eurocodes Rechnung getragen, indem Übergangsfristen für die verbindliche Umsetzung der Eurocodes in den Mitgliedsstaaten vorgesehen sind. Die Übergangsfristen sind im Vorwort dieser Norm angegeben.

Die Anwendung dieser Norm gilt in Deutschland in Verbindung mit dem Nationalen Anhang.

Es wird auf die Möglichkeit hingewiesen, dass einige Texte dieses Dokuments Patentrechte berühren können. Das DIN [und/oder die DKE] sind nicht dafür verantwortlich, einige oder alle diesbezüglichen Patentrechte zu identifizieren.

Der Beginn und das Ende des hinzugefügten oder geänderten Textes wird im Text durch die Textmarkierungen AC⟩ ⟨AC angezeigt.

Änderungen

Gegenüber DIN V ENV 1993-1-5:2001-02 wurden folgende Änderungen vorgenommen:

a) die Stellungnahmen der nationalen Normungsinstitute wurden eingearbeitet;

b) der Vornormcharakter wurde aufgehoben;

c) der Text wurde vollständig überarbeitet.

Gegenüber DIN EN 1993-1-5:2007-02, DIN EN 1993-1-5 Berichtigung 1:2010-05, DIN 18800-1:2008-11, DIN 18800-2:2008-11 und DIN 18800-3:2008-11 wurden folgende Änderungen vorgenommen:

a) auf europäisches Bemessungskonzept umgestellt;

b) Ersatzvermerke korrigiert;

c) Vorgänger-Norm mit der Berichtigung 1 konsolidiert;

d) redaktionelle Änderungen durchgeführt.

Frühere Ausgaben

DIN 1050: 1934-08, 1937xxxxx-07, 1946-10, 1957x-12, 1968-06
DIN 1073: 1928-04, 1931-09, 1941-01, 1974-07
DIN 1073 Beiblatt: 1974-07
DIN 1079: 1938-01, 1938-11, 1970-09
DIN 4100: 1931-05, 1933-07, 1934xxxx-08, 1956-12, 1968-12
DIN 4101: 1937xxx-07, 1974-07
DIN 4114-1: 1952xx-07
DIN 4114-2: 1952-07, 1953x-02
DIN 18800-1: 1981-03, 1990-11, 2008-11
DIN 18800-1/A1: 1996-02
DIN 18800-2: 1990-11, 2008-11
DIN 18800-2/A1: 1996-02
DIN 18800-3: 1990-11, 2008-11
DIN 18800-3/A1: 1996-02
DIN V ENV 1993-1-5: 2001-02
DIN EN 1993-1-5: 2007-02
DIN EN 1993-1-5 Berichtigung 1: 2010-05

— Leerseite —

EUROPÄISCHE NORM
EUROPEAN STANDARD
NORME EUROPÉENNE

EN 1993-1-5

Oktober 2006

+AC

April 2009

ICS 91.010.30; 91.080.10

Ersatz für ENV 1993-1-5:1997

Deutsche Fassung

Eurocode 3: Bemessung und Konstruktion von Stahlbauten — Teil 1-5: Plattenförmige Bauteile

Eurocode 3: Design of steel structures —
Part 1-5: Plated structural elements

Eurocode 3: Calcul des structures en acier —
Partie 1-5: Plaques planes

Diese Europäische Norm wurde vom CEN am 13. Januar 2006 angenommen.

Die Berichtigung tritt am 1. April 2009 in Kraft und wurde in EN 1993-1-5:2006 eingearbeitet.

Die CEN-Mitglieder sind gehalten, die CEN/CENELEC-Geschäftsordnung zu erfüllen, in der die Bedingungen festgelegt sind, unter denen dieser Europäischen Norm ohne jede Änderung der Status einer nationalen Norm zu geben ist. Auf dem letzten Stand befindliche Listen dieser nationalen Normen mit ihren bibliographischen Angaben sind beim Management-Zentrum des CEN oder bei jedem CEN-Mitglied auf Anfrage erhältlich.

Diese Europäische Norm besteht in drei offiziellen Fassungen (Deutsch, Englisch, Französisch). Eine Fassung in einer anderen Sprache, die von einem CEN-Mitglied in eigener Verantwortung durch Übersetzung in seine Landessprache gemacht und dem Management-Zentrum mitgeteilt worden ist, hat den gleichen Status wie die offiziellen Fassungen.

CEN-Mitglieder sind die nationalen Normungsinstitute von Belgien, Bulgarien, Dänemark, Deutschland, Estland, Finnland, Frankreich, Griechenland, Irland, Island, Italien, Lettland, Litauen, Luxemburg, Malta, den Niederlanden, Norwegen, Österreich, Polen, Portugal, Rumänien, Schweden, der Schweiz, der Slowakei, Slowenien, Spanien, der Tschechischen Republik, Ungarn, dem Vereinigten Königreich und Zypern.

EUROPÄISCHES KOMITEE FÜR NORMUNG
EUROPEAN COMMITTEE FOR STANDARDIZATION
COMITÉ EUROPÉEN DE NORMALISATION

Management-Zentrum: Avenue Marnix 17, B-1000 Brüssel

© 2009 CEN   Alle Rechte der Verwertung, gleich in welcher Form und in welchem
Verfahren, sind weltweit den nationalen Mitgliedern von CEN vorbehalten.

Ref. Nr. EN 1993-1-5:2006 + AC:2009 D

DIN EN 1993-1-5:2010-12
EN 1993-1-5:2006 + AC:2009 (D)

Inhalt

Seite

Vorwort 4
Nationaler Anhang zu EN 1993-1-5 4

1	Allgemeines...	5
1.1	Anwendungsbereich	5
1.2	Normative Verweisungen	5
1.3	Begriffe	5
1.4	Formelzeichen...	6
2	Grundlagen für die Tragwerksplanung und Verfahren	7
2.1	Allgemeines...	7
2.2	Effektive Breiten bei der Tragwerksberechnung..	8
2.3	Einfluss des Plattenbeulens auf die Tragfähigkeit gleichförmiger Bauteile	8
2.4	Methode der reduzierten Spannungen	9
2.5	Bauteile mit veränderlichem Querschnitt	9
2.6	Bauteile mit profilierten Stegblechen	9
3	Berücksichtigung der Schubverzerrungen bei der Bemessung von Bauteilen....................	9
3.1	Allgemeines...	9
3.2	Mittragende Breiten zur Berücksichtigung der Schubverzerrungen bei elastischem Werkstoffverhalten	10
3.2.1	Mittragende Breiten	10
3.2.2	Spannungsverteilung unter Berücksichtigung der Schubverzerrung	11
3.2.3	Lasteinleitung in Blechebene...	12
3.3	Berücksichtigung der Schubverzerrungen im Grenzzustand der Tragfähigkeit	13
4	Plattenbeulen bei Längsspannungen im Grenzzustand der Tragfähigkeit	14
4.1	Allgemeines...	14
4.2	Beanspruchbarkeit bei Längsspannungen	15
4.3	Effektive Querschnittsgrößen	15
4.4	Einzelblechfelder ohne Längssteifen	16
4.5	Längs ausgesteifte Blechfelder..	20
4.5.1	Allgemeines...	20
4.5.2	Plattenartiges Verhalten	22
4.5.3	Knickstabähnliches Verhalten..	22
4.5.4	Interaktion zwischen plattenartigem und knickstabähnlichem Verhalten.............................	24
4.6	Nachweis	25
5	Schubbeulen	25
5.1	Grundlagen..	25
5.2	Bemessungswert der Beanspruchbarkeit...	26
5.3	Beitrag des Steges..	27
5.4	Beitrag der Flansche	29
5.5	Nachweis	30
6	Beanspruchbarkeit bei Querbelastung	30
6.1	Grundlagen..	30
6.2	Bemessungswert der Beanspruchbarkeit...	31
6.3	Länge der starren Lasteinleitung	31
6.4	Abminderungsfaktor χ_F für die wirksame Lastausbreitungslänge	32
6.5	Wirksame Lastausbreitungslänge	33
6.6	Nachweis	33
7	Interaktion...	34
7.1	Interaktion zwischen Schub, Biegemoment und Normalkraft	34
7.2	Interaktion zwischen Querbelastung an den Längsrändern, Biegemoment und Normalkraft..	35

Seite

8	Flanschinduziertes Stegblechbeulen	35
9	Steifen und Detailausbildung	36
9.1	Allgemeines	36
9.2	Wirkung von Längsspannungen	36
9.2.1	Minimale Anforderungen an Quersteifen	36
9.2.2	Minimale Anforderungen an Längssteifen	38
9.2.3	Geschweißte Blechstöße	39
9.2.4	Steifenausschnitte	39
9.3	Wirkung von Schubspannungen	40
9.3.1	Starre Auflagersteifen	40
9.3.2	Verformbare Auflagersteifen	41
9.3.3	Zwischenliegende Quersteifen	41
9.3.4	Längssteifen	42
9.3.5	Schweißnähte	42
9.4	Wirkung von Querlasten	42
10	Methode der reduzierten Spannungen	42

Anhang A (informativ) Berechnung kritischer Spannungen für ausgesteifte Blechfelder 45
A.1 Äquivalente orthotrope Platten 45
A.2 Kritische Beulspannung bei Blechfeldern mit einer oder zwei Steifen in der Druckzone 48
A.2.1 Allgemeine Vorgehensweise 48
A.2.2 Vereinfachtes Modell für einen Ersatzstab mit elastischer Bettung durch ein Blech 49
A.3 Schubbeulwerte für ausgesteifte Blechfelder 50

Anhang B (informativ) Bauteile mit veränderlichem Querschnitt 52
B.1 Allgemeines 52
B.2 Interaktion von Plattenbeulen und Biegedrillknicken von Bauteilen 53

Anhang C (informativ) Berechnungen mit der Finite-Element-Methode (FEM) 54
C.1 Allgemeines 54
C.2 Anwendung 54
C.3 Modellierung 55
C.4 Wahl des Programms und Dokumentation 55
C.5 Ansatz von Imperfektionen 55
C.6 Werkstoffeigenschaften 58
C.7 Belastungen 59
C.8 Kriterien für den Grenzzustand 59
C.9 Teilsicherheitsbeiwerte 60

Anhang D (informativ) Bauteile mit profilierten Stegblechen 61
D.1 Allgemeines 61
D.2 Grenzzustand der Tragfähigkeit 61
D.2.1 Momententragfähigkeit 61
D.2.2 Schubtragfähigkeit 63
D.2.3 Anforderungen an Endsteifen 64

Anhang E (normativ) Alternative Methoden zur Bestimmung wirksamer Querschnitte 65
E.1 Wirksame Querschnittsflächen für Spannungen unterhalb der Streckgrenze 65
E.2 Wirksame Querschnittsflächen für die Steifigkeit 65

DIN EN 1993-1-5:2010-12
EN 1993-1-5:2006 + AC:2009 (D)

Vorwort

Dieses Dokument (EN 1993-1-5:2006) wurde vom Technischen Komitee CEN/TC 250 „Structural Eurocodes" erarbeitet, dessen Sekretariat vom BSI (Vereinigtes Königreich) gehalten wird.

Diese Europäische Norm muss den Status einer nationalen Norm erhalten, entweder durch Veröffentlichung eines identischen Textes oder durch Anerkennung bis April 2007, und etwaige entgegenstehende nationale Normen müssen bis März 2010 zurückgezogen werden.

Dieses Dokument ersetzt ENV 1993-1-5:1997.

Entsprechend der CEN/CENELEC-Geschäftsordnung sind die nationalen Normungsinstitute der folgenden Länder gehalten, diese Europäische Norm zu übernehmen: Belgien, Dänemark, Deutschland, Estland, Finnland, Frankreich, Griechenland, Irland, Island, Italien, Lettland, Litauen, Luxemburg, Malta, Niederlande, Norwegen, Österreich, Polen, Portugal, Rumänien, Schweden, Schweiz, Slowakei, Slowenien, Spanien, Tschechische Republik, Ungarn, Vereinigtes Königreich und Zypern.

Nationaler Anhang zu EN 1993-1-5

Diese Norm enthält alternative Vorgehensweisen, Zahlenwerte sowie Empfehlungen. Durch besonderen Hinweis (Anmerkungen) sind die Stellen gekennzeichnet, bei denen eine nationale Auswahl getroffen werden darf. EN 1993-1-5 enthält bei der nationalen Einführung einen nationalen Anhang. Dieser Anhang legt die nationalen Parameter fest, die für die Bemessung und Konstruktion von Stahlbauten verwendet werden müssen.

Eine nationale Wahl darf für folgende Abschnitte erfolgen:

- 2.2(5)
- 3.3(1)
- 4.3(6)
- 5.1(2)
- 6.4(2)
- 8(2)
- 9.1(1)
- 9.2.1(9)
- 10(1)
- 10(5)
- C.2(1)
- C.5(2)
- C.8(1)
- C.9(3)
- D.2.2(2)

1 Allgemeines

1.1 Anwendungsbereich

(1) EN 1993-1-5 enthält Regelungen für den Entwurf und die Berechnung von aus ebenen Blechen zusammengesetzten und in ihrer Ebene belasteten Bauteilen mit oder ohne Steifen.

(2) Diese Regelungen gelten für Blechträger mit I-Querschnitt und Kastenträger, bei denen ungleichmäßige Spannungsverteilungen infolge Schubverzerrungen sowie Beulen unter Längsspannungen, Schubspannungen und Querlasten auftreten. Sie gelten auch für ebene Bleche aller anderen Bauteile, z. B. von Tankbauwerken und Silos, soweit Lasten und Beanspruchungen in der Ebene der Bauteile wirken. Die Wirkungen von Lasten quer zur Bauteilebene werden in EN 1993-1-5 nicht behandelt.

ANMERKUNG 1 Die Regelungen in EN 1993-1-5 ergänzen die Regelungen für Querschnitte der Querschnittsklassen 1, 2, 3 und 4, siehe EN 1993-1-1.

ANMERKUNG 2 Regelungen zu schlanken Platten mit wechselnden Längsspannungen und/oder Schubspannungen, die zu Ermüdung durch wechselnde Biegung aus der Plattenebene (Blechatmen) führen können, sind in EN 1993-2 und EN 1993-6 angegeben.

ANMERKUNG 3 Regelungen zur Wirkung von Lasten quer zur Plattenebene und zur Kombination von Lastwirkungen in der Ebene und aus der Ebene sind EN 1993-2 und EN 1993-1-7 zu entnehmen.

ANMERKUNG 4 Einzelne Blechfelder dürfen als eben angesehen werden, wenn für den Krümmungsradius r gilt:

$$r \geq \frac{a^2}{t} \tag{1.1}$$

Dabei ist

a die Blechfeldbreite;

t die Blechdicke.

1.2 Normative Verweisungen

Die folgenden zitierten Dokumente sind für die Anwendung dieses Dokuments erforderlich. Bei datierten Verweisungen gilt nur die in Bezug genommene Ausgabe. Bei undatierten Verweisungen gilt die letzte Ausgabe des in Bezug genommenen Dokuments (einschließlich aller Änderungen).

EN 1993-1-1, *Eurocode 3: Bemessung und Konstruktion von Stahlbauten — Teil 1-1: Allgemeine Bemessungsregeln und Regeln für den Hochbau*

1.3 Begriffe

Für die Anwendung dieses Dokuments gelten die folgenden Begriffe.

1.3.1
kritische elastische Spannung
Spannung in einem Bauteil oder Beulfeld, bei dem das Gleichgewicht im Bauteil oder im Beulfeld nach den Ergebnissen der elastischen Theorie für perfekte Strukturen und kleine Verformungen instabil wird

1.3.2
Membranspannungen
Spannungen in der Mittelebene der Platte oder des Blechs

1.3.3
Bruttoquerschnitt
die gesamte Querschnittsfläche eines Bauteils ohne Berücksichtigung nicht durchlaufender Längssteifen, Bindebleche oder Bleche für die Stoßdeckung

1.3.4
effektiver Querschnitt und effektive Breite
Bruttoquerschnitt oder Bruttoquerschnittsbreite, reduziert infolge gemeinsamer Wirkung von Plattenbeulen und Schubverzerrung; der Begriff „effektiv" wird wie folgt unterschieden:

„wirksam (effektiv^p)" bezeichnet die Wirkung von Plattenbeulen;

„mittragend (effektiv^s)" bezeichnet die Wirkung der ungleichförmigen Spannungsverteilung aus Schubverzerrung;

„effektiv" bezeichnet die Verbindung von wirksamem Querschnitt und mittragendem Querschnitt

1.3.5
Blechträger
Bauteil, das aus ebenen Blechen (ebenen Flachstählen oder Blechen) zusammengesetzt ist; die ebenen Bleche können ausgesteift oder nicht ausgesteift sein

1.3.6
Steifen
Flachstäbe oder Profilstäbe, die an ein Blech angeschlossen werden, um Beulen zu verhindern oder um Lasteinleitungen auszusteifen; Steifen werden bezeichnet als:

— Längssteifen, wenn sie parallel zur Bauteilachse laufen;

— Quersteifen, wenn sie quer zur Bauteilachse laufen.

1.3.7
ausgesteiftes Beulfeld (Gesamtfeld, Blech)
Beulfeld (Gesamtfeld, Blech) mit Quer- und/oder Längssteifen

1.3.8
Einzelfeld
von Quer- und /oder Längssteifen oder Flansche umrandetes, nicht weiter ausgesteiftes Blech

1.3.9
Hybridträger
Blechträger mit unterschiedlichen Stahlsorten für Gurte und Stege; für die hier angegebenen Regelungen wird eine höhere Stahlsorte der Gurte im Vergleich zu den Stegen angenommen

1.3.10
Vorzeichenregelung
solange nicht anders angegeben, sind Druckkräfte bzw. Druckspannungen positiv definiert

1.4 Formelzeichen

(1) In Ergänzung zu den Formelzeichen in EN 1990 und EN 1993-1-1 werden folgende Formelzeichen benutzt:

$A_{s\ell}$ die gesamte Fläche aller Längssteifen in einer ausgesteiften Platte;

A_{st} die Bruttoquerschnittsfläche einer Quersteife;

A_{eff} effektive Querschnittsfläche;

$A_{c,eff}$ wirksame Querschnittsfläche;

$A_{c,eff,loc}$ wirksame Querschnittsfläche infolge lokalen Plattenbeulens;

a Länge des ausgesteiften oder nicht ausgesteiften Beulfeldes;

b Breite des ausgesteiften oder nicht ausgesteiften Beulfeldes;

b_w lichter Abstand zwischen Schweißnähten [AC] bei geschweißten Abschnitten oder zwischen den Enden der Radien gewalzter Abschnitte [AC];

b_{eff} mittragende Breite zur Berücksichtigung der elastischen Schubverzerrung;

F_{Ed} Bemessungswert der einwirkenden Querlast;

h_w lichte Steghöhe zwischen den Flanschen;

L_{eff} wirksame Lastausbreitungslänge von Querlasten unter Berücksichtigung des Beulens, siehe Abschnitt 6;

$M_{f,Rd}$ Bemessungswert der plastischen Momententragfähigkeit, wenn nur die Flanschen rechnerisch angesetzt werden;

$M_{pl,Rd}$ Bemessungswert der plastischen Momententragfähigkeit (unabhängig von der Querschnittsklassifizierung);

M_{Ed} Bemessungswert des einwirkenden Biegemomentes;

N_{Ed} Bemessungswert der einwirkenden Normalkraft;

t Blechdicke;

V_{Ed} Bemessungswert der einwirkenden Schubkraft aus Querkraft und Torsion;

W_{eff} effektives elastisches Widerstandsmoment;

β Abminderungsfaktor für die mittragende Breite zur Berücksichtigung der elastischen Schubverzerrung.

(2) Weitere Formelzeichen sind im Text definiert.

2 Grundlagen für die Tragwerksplanung und Verfahren

2.1 Allgemeines

(1)P Mittragenden Breiten und die Auswirkungen von Plattenbeulen müssen berücksichtigt werden, wenn dadurch der Grenzzustand der Tragfähigkeit, Gebrauchstauglichkeit oder Ermüdung wesentlich beeinflusst wird.

ANMERKUNG   Die in dieser Norm zu verwendenden Teilsicherheitsbeiwerte γ_{M0} und γ_{M1} sind für die verschiedenen Anwendungsbereiche in den nationalen Anhängen von EN 1993-1 bis EN 1993-6 angegeben.

2.2 Effektive Breiten bei der Tragwerksberechnung

(1)P Die Auswirkung der ungleichförmigen Spannungsverteilung aus Schubverzerrung und des Plattenbeulens auf die Steifigkeit der Bauteile und Verbindungen muss berücksichtigt werden, wenn sie die Tragwerksberechnung wesentlich beeinflusst.

(2) Die Auswirkung der ungleichförmigen Spannungsverteilung aus Schubverzerrung darf bei elastischer Tragwerksberechnung durch eine mittragende Breite berücksichtigt werden, die als über die gesamte Spannweite konstant angenommen werden darf.

(3) Bei Durchlaufträgern ist in der Regel in jedem Feld als mittragende Breite auf jeder Stegseite das Minimum aus der vollen geometrischen mittragenden Breite und $L/8$ anzusetzen, wobei L die Spannweite oder bei Kragarmen die doppelte Kragarmlänge ist.

(4) Die Auswirkung des Plattenbeulens darf bei der elastischen Tragwerksberechnung durch die wirksame Fläche der unter Druckbeanspruchung stehenden Querschnittsteile berücksichtigt werden, siehe 4.3.

(5) Die Auswirkung des Plattenbeulens darf bei der statischen Tragwerksberechnung vernachlässigt werden, wenn die wirksame Fläche eines unter Druckbeanspruchung stehenden Querschnittsteiles größer als die zugehörige ρ_{lim}-fache Bruttoquerschnittsfläche ist.

ANMERKUNG 1 Der Grenzwert ρ_{lim} kann im nationalen Anhang angegeben sein. Der Wert ρ_{lim} = 0,5 wird empfohlen.

ANMERKUNG 2 Hinweise zur Bestimmung der Steifigkeit für den Fall, dass (5) nicht eingehalten ist, sind in Anhang E angegeben.

2.3 Einfluss des Plattenbeulens auf die Tragfähigkeit gleichförmiger Bauteile

(1) Die Verfahren mit wirksamen Breiten bei Längsspannungen, die Verfahren zur Ermittlung der Tragfähigkeit bei Schubbeulen und bei Beulen infolge Querlasten auf den Längsrändern sowie die Interaktionsformeln zur Bestimmung der Beanspruchbarkeit im Grenzzustand der Tragfähigkeit beim Zusammenwirken dieser Effekte gelten für die folgenden Bedingungen:

— die Plattenfelder sind rechteckig und die Flansche verlaufen parallel;

— der Durchmesser nicht ausgesteifter Löcher oder Ausschnitte ist kleiner als $0,05\,b$, wobei b die Beulfeldbreite ist.

ANMERKUNG Die Regeln dürfen auch für nicht rechteckige Beulfelder angewendet werden, wenn für den Winkel α_{limit} (siehe Bild 2.1) gilt: $\alpha_{limit} \leq 10°$. Ist $\alpha_{limit} > 10°$, so darf das Beulfeld unter Ansatz eines rechteckigen Ersatzbeulfeldes mit der größeren der beiden Abmessungen b_1 und b_2 des vorhandenen Beulfeldes nachgewiesen werden.

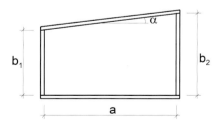

Bild 2.1 — Definition des Winkels α

(2) Für die Berechnung von Spannungen für Gebrauchstauglichkeitsnachweise oder von Spannungsschwingbreiten für Ermüdungsnachweise darf die mittragende Querschnittsfläche verwendet werden, wenn die Bedingungen in [AC] 2.2(5) [AC] erfüllt sind. Für die Berechnung von Spannungen für Tragfähigkeitsnachweise ist in der Regel die effektive Querschnittsfläche nach 3.3 zu verwenden, wobei β durch β_{ult} ersetzt wird.

2.4 Methode der reduzierten Spannungen

(1) Als Alternative zu dem Verfahren mit wirksamen Breiten nach den Abschnitten 4 bis 7 dürfen die Querschnitte auch der Querschnittsklasse 3 zugeordnet werden, wenn die Längsspannungen für jedes Blechfeld bestimmte Grenzwerte nicht überschreiten. Diese Grenzwerte sind in Abschnitt 10 angegeben.

ANMERKUNG   Für Einzelbleche entspricht die Methode der reduzierten Spannungen der Methode mit wirksamen Breiten (siehe 2.3). Es ist zu beachten, dass bei der Methode der reduzierten Spannungen Lastumlagerungen zwischen den Einzelblechen eines Bauteils nicht berücksichtigt werden.

2.5 Bauteile mit veränderlichem Querschnitt

(1) Bei Bauteilen mit veränderlichen Querschnitten (z. B. Bauteile mit nicht parallelen Gurten oder Blechfelder ohne Rechteckberandung) oder Bauteilen mit regelmäßigen oder unregelmäßigen großen Ausschnitten dürfen Verfahren auf der Grundlage von Finite-Elemente-Berechnungen angewendet werden.

ANMERKUNG 1   Hinweise zu nicht gleichförmigen Bauteilen können Anhang B entnommen werden.

ANMERKUNG 2   Anhang C gibt Hinweise zu FE-Berechnungen.

2.6 Bauteile mit profilierten Stegblechen

(1) Bei der Berechnung von Bauteilen mit profilierten Stegblechen ist in der Regel anzunehmen, dass die Biegesteifigkeit allein aus den Flanschen herrührt und die profilierten Stege nur Schubkräfte und Querlasten aus den Längsrändern übernehmen.

ANMERKUNG   Anhang D gibt Hinweise zum Beulen der Druckflansche und zur Schubtragfähigkeit der Stegbleche.

3 Berücksichtigung der Schubverzerrungen bei der Bemessung von Bauteilen

3.1 Allgemeines

(1) In Gurten darf der Einfluss der Schubverzerrungen vernachlässigt werden, wenn die Bedingung $b_0 < L_e/50$ erfüllt ist. Für einseitig gestützte Flanschteile entspricht die Flanschbreite b_0 der vorhandenen Flanschbreite, bei zweiseitig gestützten Flanschteilen ist b_0 gleich der Hälfte der vorhandene Flanschbreite. Die Länge L_e ergibt sich aus dem Abstand der Momentennullpunkte, siehe 3.2.1(2).

(2) Wird die in (1) angegebene Bedingung nicht erfüllt, sind in der Regel bei den Nachweisen sowohl im Gebrauchstauglichkeitszustand als auch bei den Nachweisen für die Werkstoffmüdung die Einflüsse der Schubverzerrungen auf das Tragverhalten der Gurte zu berücksichtigen. Hierzu wird die mittragende Breite nach 3.2.1 bestimmt und die Spannungsverteilung nach 3.2.2 angenommen. Für Nachweise im Grenzzustand der Tragfähigkeit dürfen effektive Breiten nach 3.3 eingesetzt werden.

(3) Elastische Spannungen sind in der Regel nach 3.2.3 zu ermitteln, wenn diese aus einer in Blechebene wirkenden lokalen Lasteinleitung resultieren, wobei die Lasteinleitung über den Gurt in den Steg erfolgt.

3.2 Mittragende Breiten zur Berücksichtigung der Schubverzerrungen bei elastischem Werkstoffverhalten

3.2.1 Mittragende Breiten

(1) Zur Berücksichtigung elastischer Schubverzerrungen ist die mittragende Breite b_{eff} in der Regel wie folgt zu ermitteln:

$$b_{eff} = \beta\, b_0 \tag{3.1}$$

Der Faktor β ist Tabelle 3.1 zu entnehmen.

Diese mittragende Breite darf bei den Nachweisen sowohl im Gebrauchstauglichkeitszustand als auch bei den Nachweisen für die Werkstoffermüdung verwendet werden.

(2) Unterscheiden sich angrenzende Feldweiten um nicht mehr als 50 % bzw. sind die Kragarme nicht länger als 50 % der angrenzenden Feldweite, so darf die mittragende Länge L_e nach Bild 3.1 bestimmt werden. In anderen Fällen ist in der Regel L_e als der Abstand zwischen zwei Momentennullpunkten abzuschätzen.

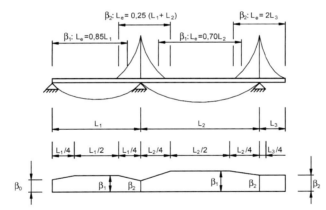

Bild 3.1 — Effektive Länge L_e für Durchlaufträger und Verteilung der mittragenden Breite

DIN EN 1993-1-5:2010-12
EN 1993-1-5:2006 + AC:2009 (D)

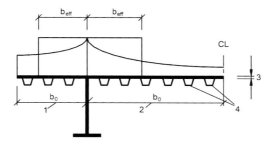

Legende
1 einseitig gestütztes Flanschteil
2 zweiseitig gestütztes Flanschteil
3 Blechdicke t
4 Längssteifen mit $A_{s\ell} = \sum A_{s\ell i}$

Bild 3.2 — Bezeichnungen für die mittragende Breite

Tabelle 3.1 — Abminderungsfaktor β für die mittragende Breite

κ	Nachweisort	β-Wert
$\kappa \leq 0{,}02$		$\beta = 1{,}0$
$0{,}02 < \kappa \leq 0{,}70$	Feldmoment	$\beta = \beta_1 = \dfrac{1}{1 + 6{,}4\,\kappa^2}$
	Stützmoment	$\beta = \beta_2 = \dfrac{1}{1 + 6{,}0\left(\kappa - \dfrac{1}{2\,500\,\kappa}\right) + 1{,}6\,\kappa^2}$
$> 0{,}70$	Feldmoment	$\beta = \beta_1 = \dfrac{1}{5{,}9\,\kappa}$
	Stützmoment	$\beta = \beta_2 = \dfrac{1}{8{,}6\,\kappa}$
alle κ	Endauflager	$\beta_0 = (0{,}55 + 0{,}025/\kappa)\,\beta_1$, jedoch $\beta_0 < \beta_1$
alle κ	Kragarm	$\beta = \beta_2$ am Auflager und am Kragarmende

$\kappa = \alpha_0\,b_0/L_e$ mit $\alpha_0 = \sqrt{1 + \dfrac{A_{s\ell}}{b_0\,t}}$

Dabei ist $A_{s\ell}$ die Querschnittsfläche aller Längssteifen innerhalb der Breite b_0. Weitere Formelzeichen sind in Bild 3.1 und Bild 3.2 angegeben.

3.2.2 Spannungsverteilung unter Berücksichtigung der Schubverzerrung

(1) Zur Berücksichtigung der Schubverzerrungen sind in der Regel die in Bild 3.3 dargestellten Verteilungen der Längsspannungen über die Platte anzusetzen.

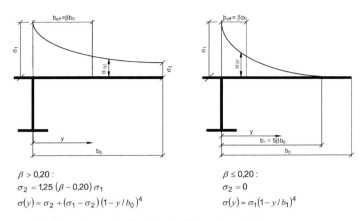

$\beta > 0{,}20$:
$\sigma_2 = 1{,}25\,(\beta - 0{,}20)\,\sigma_1$
$\sigma(y) = \sigma_2 + (\sigma_1 - \sigma_2)(1 - y/b_0)^4$

$\beta \leq 0{,}20$:
$\sigma_2 = 0$
$\sigma(y) = \sigma_1(1 - y/b_1)^4$

σ_1 wird mit der mittragenden Breite b_{eff} des Obergurtes ermittelt.

Bild 3.3 — Verteilung der Längsspannungen über das Obergurtblech unter Berücksichtigung der Schubverzerrungen

3.2.3 Lasteinleitung in Blechebene

(1) Die elastische Spannungsverteilung in einer nicht ausgesteiften oder ausgesteiften Platte infolge einer lokalen Lasteinleitung in der Blechebene ist in der Regel wie folgt zu ermitteln, siehe Bild 3.4:

[AC]

$$\sigma_{z,\text{Ed}} = \frac{F_{\text{Ed}}}{b_{\text{eff}}(t_w + a_{st,1})} \qquad \text{[AC]} \ (3.2)$$

mit

$$b_{\text{eff}} = s_e \sqrt{1 + \left(\frac{z}{s_e\,n}\right)^2}$$

$$n = 0{,}636 \sqrt{1 + \frac{0{,}878\,a_{st,1}}{t_w}}$$

$$s_e = s_s + 2\,t_f$$

Dabei ist

$a_{st,1}$ die Bruttoquerschnittsfläche [AC] der direkt belasteten Steifen dividiert durch [AC] die Längeneinheit der Breite s_e, [AC] d. h., auf der sicheren Seite, die gesamte Fläche der Steifen je Schwerpunktabstand s_{st} [AC];

s_e ist die Länge der starren Lasteinleitung;

s_{st} ist der Abstand der Steifen;

t_w die Stegblechdicke;

z der Abstand zum Flansch.

ANMERKUNG Gleichung (3.2) gilt für $s_{st}/s_e \leq 0{,}5$; anderenfalls ist in der Regel die Wirkung der Steifen zu vernachlässigen.

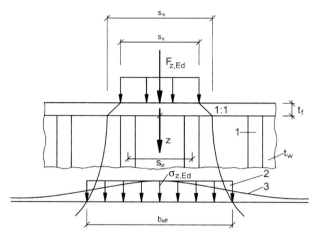

Legende
1 Steife
2 vereinfachte Spannungsverteilung
3 tatsächliche Spannungsverteilung

Bild 3.4 — Lasteinleitung in Blechebene

ANMERKUNG Die oben gezeigte Spannungsverteilung darf auch bei Nachweisen für die Werkstoffermüdung verwendet werden.

3.3 Berücksichtigung der Schubverzerrungen im Grenzzustand der Tragfähigkeit

(1) Im Grenzzustand der Tragfähigkeit dürfen die Schubverzerrungen wie folgt berücksichtigt werden:

a) wie elastische Schubverzerrungen entsprechend den Nachweisen im Grenzzustand der Gebrauchstauglichkeit und den Nachweisen für die Werkstoffermüdung;

b) für die gleichzeitige Wirkung von Schubverzerrungen und Plattenbeulen;

c) für die elastisch-plastische Wirkung von Schubverzerrungen unter Berücksichtigung der Begrenzung plastischer Dehnungen.

DIN EN 1993-1-5:2010-12
EN 1993-1-5:2006 + AC:2009 (D)

ANMERKUNG 1 Die zu verwendende Vorgehensweise darf im nationalen Anhang festgelegt werden. Solange nicht in EN 1993-2 bis EN 1993-6 anders festgelegt, wird die Anwendung der in ANMERKUNG 3 angegebenen Vorgehensweise empfohlen.

ANMERKUNG 2 Die gleichzeitige Wirkung von Plattenbeulen und Schubverzerrungen darf mittels der effektiven Querschnittsfläche A_{eff} wie folgt berücksichtigt werden:

$$A_{\text{eff}} = A_{c,\text{eff}} \beta_{\text{ult}} \tag{3.3}$$

Dabei ist

$A_{c,\text{eff}}$ die wirksame Querschnittsfläche eines Druckgurtes unter Berücksichtigung von Plattenbeulen nach 4.4 und 4.5;

β_{ult} der Abminderungsfaktor für die mittragende Breite zur Berücksichtigung der Schubverzerrungen im Grenzzustand der Tragfähigkeit. β_{ult} darf mit β nach Tabelle 3.1 angesetzt werden, jedoch unter Verwendung von

$$\alpha_0^* = \sqrt{\frac{A_{c,\text{eff}}}{b_0 \, t_f}} \tag{3.4}$$

t_f die Gurtblechdicke.

ANMERKUNG 3 Die elastisch-plastische Wirkung von Schubverzerrungen unter Berücksichtigung der Begrenzung plastischer Dehnungen darf mittels der effektiven Querschnittsfläche A_{eff} wie folgt berücksichtigt werden:

$$A_{\text{eff}} = A_{c,\text{eff}} \beta^\kappa \geq A_{c,\text{eff}} \beta \tag{3.5}$$

mit β und κ nach Tabelle 3.1.

Die Gleichungen in ANMERKUNG 2 und ANMERKUNG 3 dürfen auch für Gurte unter Zugbeanspruchung angesetzt werden; hierbei ist $A_{c,\text{eff}}$ in der Regel durch die Bruttoquerschnittsfläche des Zuggurtes zu ersetzen.

4 Plattenbeulen bei Längsspannungen im Grenzzustand der Tragfähigkeit

4.1 Allgemeines

(1) Dieser Abschnitt gilt für Beulnachweise von Beulfeldern mit Längsdruckspannungen im Grenzzustand der Tragfähigkeit, wenn die folgenden Bedingungen zutreffen:

a) die Beulfelder sind rechteckig und die Flansche näherungsweise parallel (siehe 2.3);
b) soweit Steifen vorhanden sind, verlaufen diese in Längs- und/oder Querrichtung;
c) Löcher oder Ausschnitte sind klein (siehe 2.3);
d) die Bauteile sind gleichförmig;
e) flanschinduziertes Stegblechbeulen ist ausgeschlossen.

ANMERKUNG 1 Anforderungen zur Vermeidung des Einbeulens von Druckflanschen in den Steg sind in Abschnitt 8 angegeben.

ANMERKUNG 2 Anforderungen an Steifen sowie Hinweise zur Detailausbildung sind in Abschnitt 9 angegeben.

4.2 Beanspruchbarkeit bei Längsspannungen

(1) Die Beanspruchbarkeit von Blechträgern mit Längsspannungen darf nach dem Verfahren der wirksamen Fläche für druckbeanspruchte Blechelemente mit den Querschnittswerten für Querschnittsklasse 4 (A_{eff}, I_{eff}, W_{eff}) ermittelt werden. Damit können die Querschnittsnachweise oder die Bauteilnachweise für Knicken oder Biegedrillknicken nach EN 1993-1-1 geführt werden.

(2) Die wirksamen Flächen dürfen auf der Grundlage der linearen Spannungsverteilung infolge der Anwendung der elementaren Biegetheorie ermittelt werden. Soweit nicht iterativ vorgegangen wird, sind die Spannungen in der Regel auf die Streckgrenze in der Mittelebene des Druckflansches zu begrenzen.

4.3 Effektive Querschnittsgrößen

(1) Bei der Berechnung der Längsspannungen sind in der Regel die Einflüsse der Schubverzerrung und des Plattenbeulens durch effektive Breiten zu berücksichtigen, siehe 3.3.

(2) Die effektiven Querschnittswerte von Bauteilen sind in der Regel aus den effektiven Flächen der druckbeanspruchten Blechelemente und den mittragenden Flächen der zugbeanspruchten Blechelemente unter Berücksichtigung ihrer Lage im Querschnitt zu ermitteln.

(3) Die wirksame Querschnittsfläche A_{eff} wird in der Regel unter der Annahme reiner Druckspannungen infolge der Druckkraft N_{Ed} berechnet. Bei unsymmetrischen Querschnitten erzeugt die Verschiebung der Schwerelinie e_N der wirksamen Querschnittsfläche A_{eff} gegenüber der Schwerelinie des Bruttoquerschnitts ein zusätzliches Moment, siehe Bild 4.1, das in der Regel beim Querschnittsnachweis nach 4.6 zu berücksichtigen ist.

(4) Das wirksame Widerstandsmoment W_{eff} ist in der Regel unter der Annahme reiner Biegelängsspannungen infolge M_{Ed} zu bestimmen, siehe Bild 4.2. Bei zweiaxialer Biegung sind in der Regel die wirksamen Widerstandsmomente für beide Hauptachsen zu bestimmen.

ANMERKUNG Alternativ zu 4.3(3) und (4) dürfen die wirksamen Querschnittswerte mit der resultierenden Verteilung der Längsspannungen aus gleichzeitiger Wirkung von N_{Ed} und M_{Ed} bestimmt werden. Die Auswirkungen einer Verschiebung der Schwerelinie e_N ist in der Regel entsprechend 4.3(3) zu berücksichtigen, wobei ein iteratives Vorgehen erforderlich ist.

(5) Die Spannungen in den Flanschen sind in der Regel mit dem elastischen Widerstandsmoment, bezogen auf die Mittelebene des Gurtbleches, zu berechnen.

(6) Hybridträger dürfen mit Werkstoffen im Gurt mit einer Streckgrenze f_{yf} bis zu $\varphi_h \times f_{yw}$ des Stegwerkstoffs berechnet werden, wenn gilt:

a) die Erhöhung der Spannungen im Gurt infolge Fließens im Steg wird durch eine Begrenzung der Stegspannungen auf f_{yw} berücksichtigt;

b) die wirksame Fläche des Steges wird mit f_{yf} ⒶⒸ *gestrichener Text* ⒶⒸ ermittelt.

ANMERKUNG Der Wert φ_h darf im nationalen Anhang festgelegt werden. Der Wert φ_h = 2,0 wird empfohlen.

(7) Die Vergrößerung der Verformungen und Spannungen infolge Hybridwirkung nach 4.3(6) unter Berücksichtigung der ANMERKUNG darf bei Gebrauchstauglichkeitsnachweisen und Ermüdungsnachweisen vernachlässigt werden.

(8) Bei Hybridträgern, die die Bedingungen in 4.3(6) erfüllen, darf für die Begrenzung des Spannungsschwingspiels in EN 1993-1-9 der Wert 1,5 f_{yf} zugrunde gelegt werden.

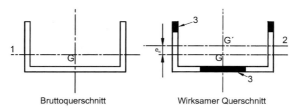

| | Bruttoquerschnitt | Wirksamer Querschnitt |

Legende
G Schwerpunkt des Bruttoquerschnitts
G´ Schwerpunkt des wirksamen Querschnitts
1 Schwerelinie des Bruttoquerschnitts
2 Schwerelinie des wirksamen Querschnitts
3 nicht wirksame Querschnittsflächen

Bild 4.1 — Wirkung von Normalkräften bei Querschnitten der Klasse 4

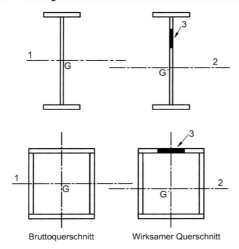

| | Bruttoquerschnitt | Wirksamer Querschnitt |

Legende
G Schwerpunkt des Bruttoquerschnitts
G´ Schwerpunkt des wirksamen Querschnitts
1 Schwerelinie des Bruttoquerschnitts
2 Schwerelinie des wirksamen Querschnitts
3 nicht wirksame Querschnittsflächen

Bild 4.2 — Wirkung von Biegemomenten bei Querschnitten der Klasse 4

4.4 Einzelblechfelder ohne Längssteifen

(1) Die wirksamen Flächen ebener druckbeanspruchter Blechfelder sind in der Regel für beidseitig gestützte Querschnittsteile der Tabelle 4.1 und für einseitig gestützte Querschnittsteile der Tabelle 4.2 zu entnehmen. Die wirksame Fläche eines druckbeanspruchten Teils eines Blechfeldes mit der wirklichen Fläche A_c wird in der Regel wie folgt ermittelt.

$A_{c,eff} = \rho\, A_c$ (4.1)

Dabei ist ρ der Abminderungsfaktor für Beulen.

(2) Der Abminderungsfaktor ρ darf wie folgt ermittelt werden:

— beidseitig gestützte Querschnittsteile:

$\rho = 1{,}0$ $\qquad$ für [AC] $\bar\lambda_p \leq 0{,}5 + \sqrt{0{,}085 - 0{,}055\psi}$ [AC]

$$\rho = \frac{\bar\lambda_p - 0{,}055\,(3+\psi)}{\bar\lambda_p^{\,2}} \leq 1{,}0 \qquad \text{für [AC] } \bar\lambda_p > 0{,}5 + \sqrt{0{,}085 - 0{,}055\psi} \text{ [AC] [AC] gestrichener Text [AC]} \quad (4.2)$$

— einseitig gestützte Querschnittsteile:

$\rho = 1{,}0$ $\qquad$ für $\bar\lambda_p \leq 0{,}748$

$$\rho = \frac{\bar\lambda_p - 0{,}188}{\bar\lambda_p^{\,2}} \leq 1{,}0 \qquad \text{für } \bar\lambda_p > 0{,}748 \quad (4.3)$$

mit

$$\bar\lambda_p = \sqrt{\frac{f_y}{\sigma_{cr}}} = \frac{\bar b / t}{28{,}4\,\varepsilon\,\sqrt{k_\sigma}}$$

ψ $\qquad$ Spannungsverhältnis nach 4.4(3) und 4.4(4);

$\bar b$ $\qquad$ maßgebende Breite nach folgender Festlegung (Bezeichnungen siehe EN 1993-1-1, Tabelle 5.2);

b_w $\qquad$ für Stege;

b $\qquad$ für beidseitig gestützte Gurtelemente (außer bei rechteckigen Hohlprofilen);

$b - 3\,t$ $\qquad$ für Gurte von rechteckigen Hohlprofilen;

c $\qquad$ für einseitig gestützte Gurtelemente;

h $\qquad$ für gleichschenklige Winkel;

h $\qquad$ für ungleichschenklige Winkel;

k_σ $\qquad$ Beulwert in Abhängigkeit vom Spannungsverhältnis ψ und den Lagerungsbedingungen; Beulwerte langer Platten sind in Tabelle 4.1 oder Tabelle 4.2 angegeben;

t $\qquad$ Blechdicke;

σ_{cr} $\qquad$ kritische elastische Beulspannung (siehe Gleichung (A.1) in A.1(2) und Tabelle 4.1 und Tabelle 4.2);

$$\varepsilon = \sqrt{\frac{235}{f_y\ [\text{N/mm}^2]}}\,.$$

(3) Für Gurte von I-Querschnitten und Kastenträgern sind in der Regel die Spannungsverteilungen für die Anwendung der Tabelle 4.1 und Tabelle 4.2 mit Bruttoquerschnittswerten zu bestimmen, wobei auf eine mögliche Reduzierung der Bruttoquerschnittswerte durch mittragende Breiten zu achten ist. Für Stegelemente

ist in der Regel das Spannungsverhältnis ψ für die Tabelle 4.1 mit der Spannungsverteilung zu ermitteln, die sich aus der wirksamen Breite der Druckflansche und dem Bruttoquerschnitt des Steges ergibt.

ANMERKUNG Sind Spannungsverteilungen für verschiedene Montagezustände (z. B. bei Verbundbrücken) zu berücksichtigen, so dürfen im ersten Schritt die Spannungsverteilungen für einen Querschnitt berechnet werden, der sich aus den effektiven Gurtflächen und den Bruttoquerschnitten der Stege zusammensetzt. Mit der hieraus resultierenden Spannungsverteilung darf die wirksame Querschnittsfläche der Stege bestimmt werden; diese wirksame Querschnittsfläche der Stege darf für alle Montagezustände zur Bestimmung der endgültigen Spannungsverteilung verwendet werden.

(4) Mit der Einschränkung in 4.4(5) darf der Beulschlankheitsgrad $\overline{\lambda}_p$ eines Blechfeldes ersetzt werden durch:

$$\overline{\lambda}_{p,red} = \overline{\lambda}_p \sqrt{\frac{\sigma_{com,Ed}}{f_y / \gamma_{M0}}} \tag{4.4}$$

Dabei ist

$\sigma_{com,Ed}$ der größte Bemessungswert der einwirkenden Druckbeanspruchung in dem Blechfeld unter Berücksichtigung aller einwirkenden Lasten.

ANMERKUNG 1 Dieses Vorgehen erfordert im Allgemeinen eine iterative Berechnung, in der das Spannungsverhältnis ψ (siehe Tabelle 4.1 und Tabelle 4.2) in jedem Schritt neu aus der Spannungsverteilung mit dem wirksamen Querschnitt des vorherigen Iterationsschritts ermittelt wird.

ANMERKUNG 2 Eine alternative Vorgehensweise ist in Anhang E angegeben.

(5) Beim Knicknachweis von Bauteilen der Querschnittsklasse 4 nach EN 1993-1-1, 6.3.1, 6.3.2 oder 6.3.4 ist in der Regel entweder der Beulschlankheitsgrad $\overline{\lambda}_p$ oder $\overline{\lambda}_{p,red}$ mit $\sigma_{com,Ed}$ anzuwenden, wobei $\sigma_{com,Ed}$ nach Theorie II. Ordnung unter Berücksichtigung globaler Imperfektionen ermittelt wird.

(6) Bei Beulfeldabmessungen, bei denen knickstabähnliches Verhalten auftreten kann (z. B. für $a/b < 1$), ist der Nachweis in der Regel nach 4.5.4 unter Verwendung der Abminderungsfaktoren ρ_c zu führen.

ANMERKUNG Dies betrifft z. B. schmale Einzelfelder zwischen Quersteifen, bei denen das Plattenbeulen knickstabähnlich ist und einen Abminderungsfaktor ρ_c in der Größenordnung des Abminderungsfaktors χ_c für Stabknicken erfordert, siehe Bild 4.3 a) und b). Bei längs ausgesteiften Blechfeldern mit $a/b \geq 1$ kann ebenfalls knickstabähnliches Verhalten auftreten, siehe Bild 4.3 c).

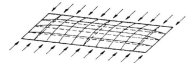

a) knickstabähnliches Verhalten eines Beulfeldes ohne Lagerung in Längsrichtung

b) knickstabähnliches Verhalten eines nicht ausgesteiften Beulfeldes mit kleinem Seitenverhältnis α

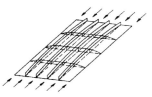

c) knickstabähnliches Verhalten eines längs ausgesteiften Blechfeldes mit großem Seitenverhältnis α

Bild 4.3 — Knickstabähnliches Verhalten

Tabelle 4.1 — Zweiseitig gestützte druckbeanspruchte Querschnittsteile

Spannungsverteilung (Druck positiv)	Wirksame Breite b_{eff}
$\psi = 1$:	$b_{eff} = \rho \, \overline{b}$ $b_{e1} = 0{,}5 \, b_{eff}$ $b_{e2} = 0{,}5 \, b_{eff}$
$1 > \psi \geq 0$:	$b_{eff} = \rho \, \overline{b}$ $b_{e1} = \dfrac{2}{5 - \psi} b_{eff}$ $b_{e2} = b_{eff} - b_{e1}$
$\psi < 0$:	$b_{eff} = \rho \, b_c = \rho \, \overline{b}/(1 - \psi)$ $b_{e1} = 0{,}4 \, b_{eff}$ $b_{e2} = 0{,}6 \, b_{eff}$

$\psi = \sigma_2/\sigma_1$	1	$1 > \psi > 0$	0	$0 > \psi > -1$	-1	[AC) $-1 > \psi \geq -3$ (AC]
Beulwert k_σ	4,0	$8{,}2/(1{,}05 + \psi)$	7,81	$7{,}81 - 6{,}29 \, \psi + 9{,}78 \, \psi^2$	23,9	$5{,}98 \, (1 - \psi)^2$

Tabelle 4.2 — Einseitig gestützte druckbeanspruchte Querschnittsteile

Spannungsverteilung (Druck positiv)	Wirksame Breite b_{eff}
(Diagramm mit σ_2, σ_1, c, b_{eff})	$1 > \psi \geq 0$: $\quad b_{eff} = \rho\, c$
(Diagramm mit b_t, b_c, σ_1, σ_2, b_{eff})	$\psi < 0$: $\quad b_{eff} = \rho\, b_c = \rho\, c/(1-\psi)$

$\psi = \sigma_2/\sigma_1$	1	0	−1	$1 \geq \psi \geq -3$
Beulwert k_σ	0,43	0,57	0,85	$0{,}57 - 0{,}21\,\psi + 0{,}07\,\psi^2$

Spannungsverteilung (Druck positiv)	Wirksame Breite b_{eff}
(Diagramm mit b_{eff}, σ_1, σ_2, c)	$1 > \psi \geq 0$: $\quad b_{eff} = \rho\, c$
(Diagramm mit b_{eff}, σ_1, σ_2, b_c, b_t)	$\psi < 0$: $\quad b_{eff} = \rho\, b_c = \rho\, c/(1-\psi)$

$\psi = \sigma_2/\sigma_1$	1	$1 > \psi > 0$	0	$0 > \psi > -1$	−1
Beulwert k_σ	0,43	$0{,}578/(\psi + 0{,}34)$	1,70	$1{,}7 - 5\,\psi + 17{,}1\,\psi^2$	23,8

4.5 Längs ausgesteifte Blechfelder

4.5.1 Allgemeines

(1) Bei längs ausgesteiften Blechfeldern sind in der Regel sowohl die wirksamen Flächen infolge lokalen Beulens der Einzelfelder im Blech und in den Steifen als auch die wirksamen Flächen aus den Gesamtfeldbeulen des ausgesteiften Gesamtfeldes zu berücksichtigen.

(2) In einer zweischrittigen Vorgehensweise sind in der Regel zunächst die wirksamen Flächen der Einzelfelder mit Hilfe des Abminderungsfaktors nach 4.4 zur Berücksichtigung des Einzelfeldbeulens zu bestimmen. Im zweiten Schritt ist in der Regel die wirksame Fläche des ausgesteiften Gesamtfeldes aus den wirksamen Flächen der Steifen mit Hilfe des Abminderungsfaktors [AC] ρ_c [AC] zur Berücksichtigung des Gesamtfeldbeulens (z. B. über das Modell der äquivalenten orthotropen Platte) zu ermitteln.

DIN EN 1993-1-5:2010-12
EN 1993-1-5:2006 + AC:2009 (D)

(3) Die wirksame Fläche der Druckzone eines ausgesteiften Blechfeldes ist in der Regel mit:

$$A_{c,eff} = \rho_c \, A_{c,eff,loc} + \sum b_{edge,eff} \, t \qquad (4.5)$$

anzusetzen, wobei $A_{c,eff,loc}$ aus den wirksamen Flächen aller Steifen und Einzelfelder besteht, die sich ganz oder teilweise im Druckbereich befinden, mit Ausnahme derjenigen wirksamen Querschnittsteile der Breite $b_{edge,eff}$, die durch ein angrenzendes Plattenbauteil gestützt werden (siehe Beispiel in Bild 4.4).

(4) Die Fläche $A_{c,eff,loc}$ ist in der Regel mit:

$$A_{c,eff,loc} = A_{s\ell,eff} + \sum_c \rho_{loc} \, b_{c,loc} \, t \qquad (4.6)$$

zu ermitteln.

Dabei ist

$\sum_c$ bezieht sich auf den im Druckbereich liegenden Teil des längs ausgesteiften Blechfeldes mit Ausnahme der Querschnittsteile $b_{edge,eff}$, siehe Bild 4.4;

$A_{s\ell,eff}$ die Summe der wirksamen Fläche aller Längssteifen mit der Bruttoquerschnittsfläche $A_{s\ell}$ in der Druckzone nach 4.4;

$b_{c,loc}$ die Breite der Druckzone in einem Einzelfeld;

ρ_{loc} der Abminderungsfaktor nach 4.4(2) für das Einzelfeld.

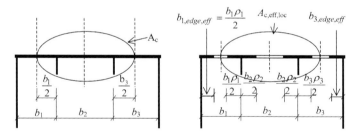

Bild 4.4 — Längsausgesteiftes Blechfeld unter konstanter Druckbeanspruchung

ANMERKUNG   Bei nicht konstanter Verteilung der Druckspannungen siehe Bild A.1.

(5) Bei der Ermittlung des Abminderungsfaktors ρ_c für das Gesamtfeldbeulen ist in der Regel auf die Möglichkeit knickstabähnlichen Verhaltens mit größerer Abminderung als beim Plattenbeulen zu achten.

(6) Der Abminderungsfaktor ρ_c ist in der Regel durch Interpolation zwischen dem Abminderungsfaktor ρ für plattenartiges Verhalten und dem Abminderungsfaktor χ_c für knickstabähnliches Verhalten nach 4.5.4 zu ermitteln.

(7) Die Abminderung der unter Druckbeanspruchung stehenden Fläche $A_{c,eff,loc}$ durch ρ_c darf als über diesen Gesamtquerschnitt gleichmäßig verteilt angenommen werden.

(8) Sind mittragende Breiten zu berücksichtigen (siehe 3.3), ist in der Regel für die unter Druckbeanspruchung stehenden Querschnittsteile eines längs ausgesteiften Blechfeldes anstelle der wirksamen Querschnittsfläche $A_{c,eff}$ die effektive Querschnittsfläche $A_{c,eff}^*$ zur Berücksichtigung sowohl der Plattenbeuleffekte als auch der Effekte aus Schubverzerrungen zu verwenden.

(9) Als wirksame Querschnittsfläche der unter Zug stehenden Flächen des ausgesteiften Beulfeldes ist in der Regel die Bruttofläche der Zugzone anzunehmen, wobei gegebenenfalls mittragende Breiten zu berücksichtigten sind, siehe 3.3.

(10) Das wirksame Widerstandsmoment W_{eff} ist in der Regel als Flächenträgheitsmoment des wirksamen Gesamtquerschnitts geteilt durch den Randabstand zur Mittelebene des Gurtbleches anzusetzen.

4.5.2 Plattenartiges Verhalten

(1) Der Schlankheitsgrad $\overline{\lambda}_p$ einer äquivalenten orthotropen Platte ist wie folgt definiert:

$$\overline{\lambda}_p = \sqrt{\frac{\beta_{A,c}\, f_y}{\sigma_{cr,p}}} \qquad (4.7)$$

mit

$$\beta_{A,c} = \frac{A_{c,eff,loc}}{A_c}$$

Dabei ist

A_c die Bruttoquerschnittsfläche des längs ausgesteiften Blechfeldes ohne Berücksichtigung der durch ein angrenzendes Plattenbauteil gestützten Randbleche, siehe Bild 4.4 (A_c ist gegebenenfalls mit einem Faktor zur Berücksichtigung der Effekte aus Schubverzerrungen zu multiplizieren, siehe 3.3);

$A_{c,eff,loc}$ die effektive Querschnittsfläche (ggf. unter Berücksichtigung von Schubverzerrungen) des oben beschriebenen Bereiches des längsausgesteiften Blechfeldes unter Berücksichtigung des Einzelfeldbeulens und/oder des Gesamtfeldbeulens.

(2) Der Abminderungsfaktor ρ für die äquivalente orthotrope Platte wird nach 4.4(2) bestimmt; Voraussetzung hierfür ist die Ermittlung von $\overline{\lambda}_p$ nach Gleichung (4.7).

ANMERKUNG Anhang A gibt Hinweise zur Berechnung von $\sigma_{cr,p}$.

4.5.3 Knickstabähnliches Verhalten

(1) Als elastische kritische Knickspannung $\sigma_{cr,c}$ eines unausgesteiften Blechfeldes (siehe 4.4) oder eines ausgesteiften Blechfeldes (siehe 4.5) ist in der Regel die Knickspannung anzusetzen, die sich bei Freisetzen der Längsränder ergibt.

(2) Die elastische kritische Knickspannung $\sigma_{cr,c}$ eines unausgesteiften Blechfeldes darf mit:

$$\sigma_{cr,c} = \frac{\pi^2 E t^2}{12\left(1-\nu^2\right) a^2} \qquad (4.8)$$

bestimmt werden.

(3) Bei einem ausgesteiften Blechfeld darf $\sigma_{cr,c}$ mit Hilfe der Knickspannung $\sigma_{cr,st}$ der am höchstbelasteten Druckrand liegenden Steife ermittelt werden:

$$\sigma_{cr,s\ell} = \frac{\pi^2 E I_{s\ell,1}}{A_{s\ell,1} a^2} \qquad (4.9)$$

Dabei ist

- $I_{s\ell,1}$ das Flächenträgheitsmoment unter Ansatz der Bruttoquerschnittsfläche der als Ersatzdruckstab betrachteten Steife und der angrenzenden mittragenden Blechstreifen bezogen auf Knicken senkrecht zur Blechebene;

- $A_{s\ell,1}$ die Bruttoquerschnittsfläche des Ersatzdruckstabes, die sich aus der Steife und den angrenzenden mittragenden Blechstreifen entsprechend Bild A.1 zusammensetzt.

ANMERKUNG   Der Wert $\sigma_{cr,c}$ darf aus $\sigma_{cr,c} = \sigma_{cr,s\ell} \frac{b_c}{b_{s\ell,1}}$ ermittelt werden, wobei $\sigma_{cr,c}$ für den Druckrand gilt. $b_{s\ell,1}$ und b_c bezeichnen die Abstände aus der Spannungsverteilung, die für die Extrapolation benötigt werden, siehe Bild A.1.

(4) Der Schlankheitsgrad $\bar{\lambda}_c$ des Ersatzdruckstabes ist wie folgt definiert:

$$\bar{\lambda}_c = \sqrt{\frac{f_y}{\sigma_{cr,c}}} \qquad \text{bei nicht ausgesteiften Blechfeldern} \qquad (4.10)$$

$$\bar{\lambda}_c = \sqrt{\frac{\beta_{A,c} f_y}{\sigma_{cr,c}}} \qquad \text{bei ausgesteiften Blechfeldern} \qquad (4.11)$$

Dabei ist

$$\beta_{A,c} = \frac{A_{s\ell,1,eff}}{A_{s\ell,1}} \; ;$$

- $A_{s\ell,1}$ nach 4.5.3(3) und

- $A_{s\ell,1,eff}$ die wirksame Querschnittsfläche der Steife und der angrenzenden mittragenden Blechstreifen unter Berücksichtigung des Beulens, siehe Bild A.1.

(5) Der Abminderungsfaktor χ_c ist in der Regel nach EN 1993-1-1, 6.3.1.2 zu bestimmen. Der Imperfektionsbeiwert α hat bei nicht ausgesteiften Blechfeldern in der Regel der Knickkurve a mit $\alpha = 0{,}21$ zu entsprechen. Bei ausgesteiften Blechfeldern ist α in der Regel zur Berücksichtigung größerer Imperfektionen geschweißter Platten durch den vergrößerten Wert α_e:

$$\alpha_e = \alpha + \frac{0{,}09}{i/e} \quad (4.12)$$

zu ersetzen.

Dabei ist

$$i = \sqrt{\frac{I_{s\ell,1}}{A_{s\ell,1}}}$$

e = max (e_1, e_2) der größere der beiden Abstände nach Bild A.1, d. h. entweder der Abstand zwischen dem Schwerpunkt der vom Blech isoliert betrachteten, einseitig angebrachten Einzelsteifen ohne mitwirkende Breite (bei zweiseitig angebrachten Steifen wird hierbei nur eine Seite betrachtet) zur Schwereachse des ausgesteiften Blechfeldes oder der Abstand der Schwereachse des ausgesteiften Blechfeldes zur Mittelebene des Bleches;

α = 0,34 (Kurve b) für Hohlsteifenquerschnitte;
= 0,49 (Kurve c) für offene Steifenquerschnitte.

4.5.4 Interaktion zwischen plattenartigem und knickstabähnlichem Verhalten

(1) Der endgültige Abminderungsfaktor ρ_c wird in der Regel mit Hilfe der Interaktionsgleichung:

$$\rho_c = (\rho - \chi_c)\xi(2-\xi) + \chi_c \quad (4.13)$$

ermittelt.

Dabei ist

$$\xi = \frac{\sigma_{cr,p}}{\sigma_{cr,c}} - 1 \text{ jedoch } 0 \leq \xi \leq 1;$$

$\sigma_{cr,p}$ die elastische Plattenbeulspannung, siehe A.1(2);

$\sigma_{cr,c}$ die elastische Knickspannung, siehe 4.5.3(2) und (3);

χ_c der Abminderungsbeiwert zur Berücksichtigung knickstabähnlichen Verhaltens;

ρ der Abminderungsbeiwert zur Berücksichtigung des Plattenbeulens, siehe 4.4(1).

4.6 Nachweis

(1) Der Bauteilnachweis ⒶⒸ mit Hilfe von Normalkraft und wirksamer Querschnittsgrößen für Längsspannungen ⒶⒸ lautet in der Regel wie folgt:

$$\eta_1 = \frac{N_{Ed}}{\frac{f_y \, A_{eff}}{\gamma_{M0}}} + \frac{M_{Ed} + N_{Ed} \, e_N}{\frac{f_y \, W_{eff}}{\gamma_{M0}}} \leq 1{,}0 \qquad (4.14)$$

Dabei ist

A_{eff} die wirksame Querschnittsfläche nach 4.3(3);

e_N die Verschiebung der neutralen Achse nach 4.3(3);

M_{Ed} der Bemessungswert des einwirkenden Biegemomentes;

N_{Ed} der Bemessungswert der einwirkenden Normalkraft;

W_{eff} das wirksame Widerstandsmoment, siehe 4.3(4);

γ_{M0} der Teilsicherheitsbeiwert, siehe EN 1993-2 bis -6.

ANMERKUNG   Gleichung (4.14) darf für Bauteile unter Normalkraft und zweiaxialer Biegung wie folgt erweitert werden:

$$\eta_1 = \frac{N_{Ed}}{\frac{f_y \, A_{eff}}{\gamma_{M0}}} + \frac{M_{y,Ed} + N_{Ed} \, e_{y,N}}{\frac{f_y \, W_{y,eff}}{\gamma_{M0}}} + \frac{M_{z,Ed} + N_{Ed} \, e_{z,N}}{\frac{f_y \, W_{z,eff}}{\gamma_{M0}}} \leq 1{,}0 \qquad (4.15)$$

Dabei ist

$M_{y,Ed}, M_{z,Ed}$ die Bemessungswerte der einwirkenden Biegemomente um die y-y- bzw. die z-z-Achse;

$e_{y,N}, e_{z,N}$ die Verschiebungen der jeweiligen neutralen Achse.

(2) Die Schnittgrößen M_{Ed} und N_{Ed} sind gegebenenfalls nach Theorie II. Ordnung zu berechnen.

(3) Für eine längs des Beulfeldes veränderliche Spannung ist in der Regel der Beulnachweis für die Schnittgrößen an der Querschnittsstelle zu führen, die sich im Abstand 0,4 a oder 0,5 b (kleinster Wert) von dem Beulfeldrand befindet, an dem die größten Spannungen auftreten. In diesem Fall muss am Beulfeldrand zusätzlich ein Querschnittsnachweis geführt werden.

5 Schubbeulen

5.1 Grundlagen

(1) Die Regeln dieses Abschnittes zur Bestimmung der Querkrafttragfähigkeit von Plattenelementen unter Berücksichtigung von Schubbeulen gelten unter folgenden Voraussetzungen:

a) die Beulfelder sind rechteckig und die Flansche näherungsweise parallel (siehe 2.3);

b) soweit Steifen vorhanden sind, laufen diese in Längs- und/oder Querrichtung;

c) Löcher oder Ausschnitte sind klein (siehe 2.3);

d) die Bauteile sind gleichförmig.

(2) Für nicht ausgesteifte Blechfelder mit einem Verhältnis $h_w/t > \dfrac{72}{\eta}\varepsilon$ und für ausgesteifte Blechfelder mit einem Verhältnis $h_w/t > \dfrac{31}{\eta}\varepsilon\sqrt{k_\tau}$ ist in der Regel ein Schubbeulnachweis zu führen und es sind Quersteifen an den Lagern vorzusehen; es gilt:

$$\varepsilon = \sqrt{\dfrac{235}{f_y\,(\text{N/mm}^2)}}\,.$$

ANMERKUNG 1 h_w ist in Bild 5.1 und k_τ in 5.3(3) angegeben.

ANMERKUNG 2 Der nationale Anhang darf η festlegen. Der Wert η = 1,20 wird empfohlen für Stahlsorten bis S460, für Stahlsorten höher als S460 wird η = 1,0 empfohlen.

5.2 Bemessungswert der Beanspruchbarkeit

(1) Bei nicht ausgesteiften und ausgesteiften Stegen ist in der Regel der Bemessungswert der Beanspruchbarkeit $V_{b,Rd}$ unter Berücksichtigung des Schubbeulens wie folgt zu ermitteln:

$$V_{b,Rd} = V_{bw,Rd} + V_{bf,Rd} \leq \dfrac{\eta\, f_{yw}\, h_w\, t}{\sqrt{3}\, \gamma_{M1}} \qquad (5.1)$$

Der Beitrag des Steges ergibt sich zu:

$$V_{bw,Rd} = \dfrac{\chi_w\, f_{yw}\, h_w\, t}{\sqrt{3}\, \gamma_{M1}} \qquad (5.2)$$

Der Beitrag der Flansche $V_{bf,Rd}$ wird nach 5.4 bestimmt.

(2) Steifen haben in der Regel den Anforderungen nach 9.3 zu genügen; die Schweißnähte sind in der Regel nach 9.3.5 auszubilden.

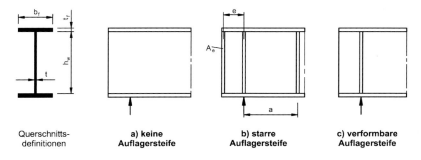

Querschnittsdefinitionen　　a) keine Auflagersteife　　b) starre Auflagersteife　　c) verformbare Auflagersteife

Bild 5.1 — Kriterien für Auflagersteifen

5.3 Beitrag des Steges

(1) Bei Stegen mit Quersteifen nur an den Auflagern (Auflagersteifen) und bei Stegen, die quer und/oder längs ausgesteift sind, ist in der Regel der Faktor χ_w für den Stegbeitrag zur Beanspruchbarkeit nach Tabelle 5.1 oder Bild 5.2 zu bestimmen.

Tabelle 5.1 — Beitrag des Steges χ_w zur Schubbeanspruchbarkeit

	Starre Auflagersteife	Verformbare Auflagersteife
$\overline{\lambda}_w < 0{,}83/\eta$	η	η
$0{,}83/\eta \leq \overline{\lambda}_w < 1{,}08$	$0{,}83/\overline{\lambda}_w$	$0{,}83/\overline{\lambda}_w$
$\overline{\lambda}_w \geq 1{,}08$	$1{,}37/(0{,}7 + \overline{\lambda}_w)$	$0{,}83/\overline{\lambda}_w$

ANMERKUNG   Siehe auch 6.2.6 in EN 1993-1-1.

(2) Es werden nach Bild 5.1 folgende Fälle unterschieden:

a) keine Auflagersteifen; siehe 6.1(2), Typ (c);

b) starre Auflagersteifen; dieser Fall gilt auch für Innenfelder außer dem Feld am Endauflager und für Felder an Zwischenlagern von durchlaufenden Trägern, siehe 9.3.1;

c) verformbare Auflagersteifen, siehe 9.3.2.

(3) Die ⓐⒸ modifizierte Schlankheit ⓐⒸ $\overline{\lambda}_w$ in Tabelle 5.1 und Bild 5.2 ist in der Regel mit:

$$\overline{\lambda}_w = 0{,}76 \sqrt{\frac{f_{yw}}{\tau_{cr}}} \tag{5.3}$$

zu bestimmen. Für die kritische Beulspannung τ_{cr} gilt:

$$\tau_{cr} = k_\tau \, \sigma_E \tag{5.4}$$

ANMERKUNG 1   Werte für σ_E und k_τ dürfen Anhang A entnommen werden.

ANMERKUNG 2   Die ⓐⒸ modifizierte Schlankheit ⓐⒸ $\overline{\lambda}_w$ darf wie folgt ermittelt werden:

a) nur Auflagersteifen:

$$\overline{\lambda}_w = \frac{h_w}{86{,}4\, t\, \varepsilon} \tag{5.5}$$

b) Auflagersteifen und zusätzlich in Querrichtung und/oder in Längsrichtung laufenden Steifen:

$$\overline{\lambda}_w = \frac{h_w}{37{,}4\, t\, \varepsilon\, \sqrt{k_\tau}} \tag{5.6}$$

wobei k_τ der kleinste Schubbeulwert des Stegfeldes ist.

ANMERKUNG 3 Werden zusätzlich zu starren Quersteifen auch verformbare Quersteifen verwendet, sollten sowohl die Stegfelder zwischen allen Quersteifen (z. B. $a_2 \times h_w$ und $a_3 \times h_w$) als auch das Stegfeld zwischen nur starren Quersteifen, zwischen denen sich verformbare Quersteifen befinden (z. B. $a_4 \times h_w$), im Hinblick auf das kleinste k_τ geprüft werden.

ANMERKUNG 4 Sind Flansche und starre Quersteifen vorhanden, darf eine starre Randlagerung angenommen werden. In diesem Fall kann die Schubbeuluntersuchung für Beulfelder zwischen zwei Quersteifen (z. B. $a_1 \times h_w$ in Bild 5.3) erfolgen.

ANMERKUNG 5 Bei verformbaren Quersteifen darf der kleinste Wert k_τ durch eine Eigenwertbestimmung für folgende Subsysteme ermittelt werden:
1. zwei benachbarte Stegblechfelder mit einer verformbaren Quersteife;
2. drei benachbarte Stegblechfelder mit zwei verformbaren Quersteifen.

Hinweise zur Bestimmung von k_τ gibt A.3.

(4) Das Flächenträgheitsmoment der Steifen ist in der Regel bei der Ermittlung von k_τ auf 1/3 seines wirklichen Wertes zu reduzieren. Diese Reduktion ist bereits in den Gleichungen in A.3 enthalten.

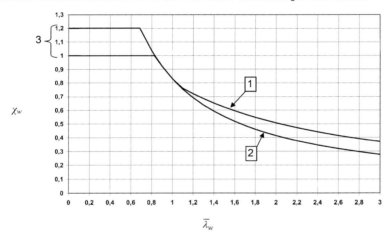

Legende
1 starre Auflagersteife
2 verformbare Auflagersteife
3 Bereich der empfohlenen Werte für η

Bild 5.2 — Beitrag des Steges χ_w zur Schubbeanspruchbarkeit

(5) Bei Stegen mit Längssteifen ist in der Regel die [AC] modifizierte Schlankheit [AC] $\bar{\lambda}_w$ in (3) mit mindestens dem Wert von

$$\bar{\lambda}_w = \frac{h_{wi}}{37,4\, t\, \varepsilon\, \sqrt{k_{\tau i}}} \qquad (5.7)$$

anzusetzen, wobei sich h_{wi} und $k_{\tau i}$ auf das Einzelfeld mit [AC] der modifizierten Schlankheit [AC] dem größten Einzelfeldschlankheitsgrad $\bar{\lambda}_w$ beziehen.

ANMERKUNG Zur Berechnung von $k_{\tau i}$ darf der Ausdruck in A.3 mit $k_{\tau st} = 0$ verwendet werden.

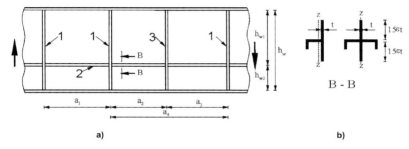

a) b)

Legende
1 starre Quersteife
2 Längssteife
3 verformbare Quersteife

Bild 5.3 — Stegblech mit Quer- und Längssteifen

5.4 Beitrag der Flansche

(1) Werden die Flansche bei Annahme eines Zweipunktquerschnittes nicht vollständig für die Querschnittsbeanspruchung ausgenutzt ($M_{Ed} < M_{f,Rd}$), darf der Flanschbeitrag zur Schubbeanspruchbarkeit berücksichtigt werden. Dieser wird in der Regel wie folgt ermittelt:

$$V_{bf,Rd} = \frac{b_f\, t_f^2\, f_{yf}}{c\, \gamma_{M1}} \left(1 - \left(\frac{M_{Ed}}{M_{f,Rd}}\right)^2\right) \qquad (5.8)$$

Dabei ist

b_f und t_f gelten für den Flansch, der die kleinere Beanspruchbarkeit für Normalkräfte liefert;

b_f sollte an jeder Stegseite nicht größer als 15 εt_f angenommen werden;

$M_{f,Rd} = \dfrac{M_{f,k}}{\gamma_{M0}}$ der Bemessungswert der Biegebeanspruchbarkeit bei Berücksichtigung alleine der effektiven Flächen der Flansche;

$$c = a \left(0,25 + \frac{1,6\, b_f\, t_f^2\, f_{yf}}{t\, h_w^2\, f_{yw}}\right).$$

(2) Wirkt auch eine Normalkraft N_{Ed}, so ist der Wert von $M_{f,Rd}$ in der Regel mit dem Faktor:

$$\left(1 - \frac{N_{Ed}}{\frac{(A_{f1} + A_{f2}) f_{yf}}{\gamma_{M0}}}\right) \tag{5.9}$$

zu reduzieren. A_{f1} und A_{f2} sind die Flächen der Flansche.

5.5 Nachweis

(1) Der Nachweis ist in der Regel wie folgt zu führen:

$$\eta_3 = \frac{V_{Ed}}{V_{b,Rd}} \leq 1,0 \tag{5.10}$$

Dabei ist

V_{Ed} der Bemessungswert der einwirkenden Schubkraft aus Querkraft und Torsion.

6 Beanspruchbarkeit bei Querbelastung

6.1 Grundlagen

(1) Die Beanspruchbarkeit eines Trägersteges für Querlasten, die über die Flansche an den Längsrändern einwirken, ist für gewalzte und geschweißte Träger in der Regel nach 6.2 zu bestimmen. Dabei wird vorausgesetzt, dass die Flansche infolge ihrer eigenen Querbiegesteifigkeit oder durch Verbände in ihrer Lage quer gehalten werden.

(2) Es werden 3 Arten der Lasteinleitung unterschieden:

a) Lasten, die einseitig über einen Flansch eingeleitet werden und im Gleichgewicht mit Querkräften im Steg stehen, siehe Bild 6.1 a);

b) Lasten, die beidseitig über beide Flansche eingeleitet werden und mit sich selbst im Gleichgewicht stehen, siehe Bild 6.1 b);

c) Lasten, die in der Nähe des Trägerendes ohne Quersteifen eingeleitet werden und mit der Querkraft im Steg im Gleichgewicht stehen, siehe Bild 6.1 c).

(3) Bei Hohlkastenträgern mit geneigten Stegen ist in der Regel die Beanspruchbarkeit sowohl der Stege als auch der Gurte nachzuweisen. Die zu berücksichtigenden inneren Kräfte sind die Komponenten der äußeren Lasten in der Stegebene und der Gurtebene.

(4) Zusätzlich ist in der Regel die Auswirkung der Querbelastung auf die Momententragfähigkeit des Bauteils zu berücksichtigen, siehe 7.2.

DIN EN 1993-1-5:2010-12
EN 1993-1-5:2006 + AC:2009 (D)

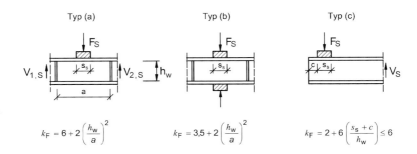

Bild 6.1 — Beulwerte für verschieden Arten der Lasteinleitung

6.2 Bemessungswert der Beanspruchbarkeit

(1) Der Bemessungswert der Beanspruchbarkeit eines nicht ausgesteiften oder ausgesteiften Stegbleches bei Plattenbeulen unter Querbelastung ist in der Regel aus

$$F_{Rd} = \frac{f_{yw}\, L_{eff}\, t_w}{\gamma_{M1}} \tag{6.1}$$

zu bestimmen. Dabei ist

t_w die Stegblechdicke;

f_{yw} die Streckgrenze des Stegblechs;

L_{eff} die wirksame Lastausbreitungslänge unter Berücksichtigung des Stegbeulens bei Querlasten:

$$L_{eff} = \chi_F\, \ell_y \tag{6.2}$$

ℓ_y die wirksame Lastausbreitungslänge ohne Stegbeulen (siehe 6.5), abhängig von der Länge s_s der starren Lasteinleitung, siehe 6.3;

χ_F der Abminderungsfaktor infolge Stegbeulen bei Querlasten, siehe 6.4(1).

6.3 Länge der starren Lasteinleitung

(1) Die Länge der starren Lasteinleitung s_s ist in der Regel die Länge, über die die Querlast auf den Flansch eingeleitet wird, siehe Bild 6.2. Diese Länge kann bei Lasteinleitung über Futter oder Bleche über einen Lastausbreitungswinkel 1:1 berechnet werden. Der Wert s_s ist in der Regel kleiner als h_w.

(2) Liegen mehrere Einzellasten dicht beieinander, so ist in der Regel die Beanspruchbarkeit sowohl für jede Einzellast als auch für die gesamte Querbelastung und diese mit einer Länge der starren Lasteinleitung entsprechend dem Abstand der äußeren Einzellasten zu ermitteln.

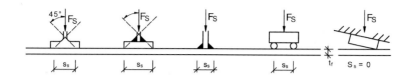

Bild 6.2 — Länge der starren Lasteinleitung

(3) Folgen die Futter oder Bleche an der Stelle der Lasteinleitung bei Verformung des Trägers nicht der Neigung des Trägers (siehe rechtes Teilbild 6.2), so ist in der Regel $s_s = 0$ anzusetzen.

6.4 Abminderungsfaktor χ_F für die wirksame Lastausbreitungslänge

(1) Der Abminderungsfaktor χ_F für die wirksame Lastausbreitungslänge ist in der Regel aus

$$\chi_F = \frac{0.5}{\overline{\lambda}_F} \leq 1{,}0 \tag{6.3}$$

zu ermitteln, wobei gilt:

$$\overline{\lambda}_F = \sqrt{\frac{\ell_y t_w f_{yw}}{F_{cr}}} \tag{6.4}$$

$$F_{cr} = 0{,}9\, k_F E \frac{t_w^3}{h_w} \tag{6.5}$$

(2) Der Faktor k_F für Stege ohne Längssteifen ist in der Regel nach Bild 6.1 zu ermitteln.

ANMERKUNG Der nationale Anhang darf Hinweise zur Bestimmung von k_F für Stege mit Längssteifen geben. Folgende Regelungen werden empfohlen:

Für Stege mit Längssteifen darf k_F wie folgt bestimmt werden:

$$k_F = 6 + 2\left[\frac{h_w}{a}\right]^2 + \left[5{,}44\frac{b_1}{a} - 0{,}21\right]\sqrt{\gamma_s} \tag{6.6}$$

Dabei ist

b_1 die Höhe des belasteten Einzelfeldes als lichter Abstand zwischen dem belasteten Flansch und der ersten Steife

$$\gamma_s = 10{,}9\frac{I_{s\ell,1}}{h_w t_w^3} \leq 13\left[\frac{a}{h_w}\right]^3 + 210\left[0{,}3 - \frac{b_1}{a}\right] \tag{6.7}$$

$I_{s\ell1}$ das Flächenträgheitsmoment der zu dem belasteten Flansch am nächsten gelegenen Steife einschließlich der wirksamen Stegteile nach Bild 9.1.

Gleichung (6.6) gilt für $0{,}05 \leq \frac{b_1}{a} \leq 0{,}3$ und $\frac{b_1}{h_w} \leq 0{,}3$ für den Typ (a) nach Bild 6.1.

(3) ℓ_y ist in der Regel nach 6.5 zu bestimmen.

6.5 Wirksame Lastausbreitungslänge

(1) Die wirksame Lastausbreitungslänge ohne Stegbeulen ℓ_y ist in der Regel mit Hilfe der dimensionslosen Parameter m_1 und m_2 mit

$$m_1 = \frac{f_{yf} b_f}{f_{yw} t_w} \tag{6.8}$$

$$m_2 = 0{,}02 \left(\frac{h_w}{t_f}\right)^2 \quad \text{für} \quad \overline{\lambda}_F > 0{,}5$$
$$m_2 = 0 \quad \text{für} \quad \overline{\lambda}_F \leq 0{,}5 \tag{6.9}$$

zu berechnen.

Bei Kastenträgern ist b_f in Gleichung (6.8) in der Regel an jeder Stegseite auf 15 εt_f zu begrenzen.

(2) Für die Fälle (a) und (b) in Bild 6.1 ist ℓ_y in der Regel aus:

$$\ell_y = s_s + 2\, t_f \left(1 + \sqrt{m_1 + m_2}\right) \text{ mit } \ell_y \leq a \text{ (Quersteifenabstand)} \tag{6.10}$$

zu bestimmen.

(3) Für den Fall (c) ist ℓ_y in der Regel als kleinster Wert der Gleichungen (6.11) und (6.12) ⒶⒸ *gestrichener Text* ⒶⒸ zu ermitteln:

$$\ell_y = \ell_e + t_f \sqrt{\frac{m_1}{2} + \left(\frac{\ell_e}{t_f}\right)^2 + m_2} \tag{6.11}$$

$$\ell_y = \ell_e + t_f \sqrt{m_1 + m_2} \tag{6.12}$$

ⒶⒸ Dabei ist ⒶⒸ

$$\ell_e = \frac{k_F E\, t_w^2}{2\, f_{yw} h_w} \leq s_s + c \tag{6.13}$$

6.6 Nachweis

(1) Der Nachweis ist in der Regel wie folgt zu führen:

$$\eta_2 = \frac{F_{Ed}}{\dfrac{f_{yw}\, L_{eff}\, t_w}{\gamma_{M1}}} \leq 1{,}0 \tag{6.14}$$

Dabei ist

- F_{Ed} der Bemessungswert der einwirkenden Querlast;
- L_{eff} die wirksame Lastausbreitungslänge unter Berücksichtigung des Stegbeulens bei Querbelastung, siehe ⒶⒸ 6.2(1) ⒶⒸ;
- t_w die Blechdicke.

7 Interaktion

7.1 Interaktion zwischen Schub, Biegemoment und Normalkraft

(1) Für $\bar{\eta}_3 \leq 0{,}5$ (siehe unten) darf der Einfluss der Schubkräfte auf die Beanspruchbarkeit für Biegemoment und Normalkraft vernachlässigt werden. Bei $\bar{\eta}_3 > 0{,}5$ ist in der Regel für die gemeinsame Wirkung von Biegung, Normalkraft und Schub im Steg von I-Trägern oder von Kastenträgern die Bedingung

$$\bar{\eta}_1 + \left(1 - \frac{M_{f,Rd}}{M_{pl,Rd}}\right)\left(2\bar{\eta}_3 - 1\right)^2 \leq 1{,}0 \quad \text{mit} \quad \bar{\eta}_1 \geq \frac{M_{f,Rd}}{M_{pl,Rd}} \tag{7.1}$$

zu erfüllen.

Dabei ist

$M_{f,Rd}$ der Bemessungswert der plastischen Momentenbeanspruchbarkeit des Querschnitts, der nur mit der effektiven Querschnittsfläche der Flansche berechnet wird;

$M_{pl,Rd}$ der Bemessungswert der plastischen Momentenbeanspruchbarkeit des Querschnitts, der mit der effektiven Querschnittsfläche der Flansche und der vollen Querschnittsfläche des Steges berechnet wird (unabhängig von der Querschnittsklasse).

$$\bar{\eta}_1 = \frac{M_{Ed}}{M_{pl,Rd}}$$

$$\bar{\eta}_3 = \frac{V_{Ed}}{V_{bw,Rd}}$$

🅐🅒 $V_{bw,Rd}$ siehe (5.2). 🅐🅒

Zusätzlich sind in der Regel die Anforderungen nach 4.6 und 5.5 zu erfüllen.

Die Schnittgrößen sind gegebenenfalls nach Theorie II. Ordnung zu ermitteln.

(2) Das Interaktionskriterium in (1) gilt in der Regel an jeder Querschnittsstelle, braucht jedoch an Innenstützen von Drucklaufträgern bei Vorhandensein einer Quersteife nur im Bereich außerhalb des Abstandes $h_w/2$ von der Stütze erfüllt zu werden.

(3) Der Bemessungswert $M_{f,Rd}$ der plastischen Momentenbeanspruchbarkeit des Querschnitts, der nur mit Flanschen berechnet wird, darf als das Produkt der effektiven Fläche des kleineren Flansches und der Streckgrenze (= $A_f f_y / \gamma_{M0}$) multipliziert mit dem Abstand zwischen den Mittelebenen der Flanschbleche bestimmt werden.

(4) Wirkt zusätzlich eine Normalkraft N_{Ed} ein, ist in der Regel der Wert $M_{pl,Rd}$ nach EN 1993-1-1, 6.2.9 und $M_{f,Rd}$ nach 5.4(2) zu reduzieren. Ist die Normalkraft so groß, dass sich der gesamte Steg unter Druckbeanspruchung befindet, ist in der Regel 7.1(5) anzuwenden.

(5) Der Flansch eines Kastenträgers ist in der Regel nach 7.1(1) nachzuweisen, wobei $M_{f,Rd} = 0$ und τ_{Ed} als Mittelwert der Schubspannung im Flansch mit mindestens der Hälfte der maximalen Schubspannungen im Flansch anzusetzen ist; für $\bar{\eta}_1$ ist hierbei η_1 nach 4.6(1) anzusetzen. Zusätzlich sind in der Regel die Einzelfelder mit dem Mittelwert der Schubspannung in den Einzelfeldern und dem für Einzelfeldbeulen nach 5.3 ermittelten Abminderungsfaktor χ_w nachzuweisen, wobei von starrer Randlagerung an den Längssteifen ausgegangen werden darf.

7.2 Interaktion zwischen Querbelastung an den Längsrändern, Biegemoment und Normalkraft

(1) Bei gemeinsamer Wirkung von Querlasten an den Längsrändern, Biegemoment und Normalkraft ist in der Regel die Beanspruchbarkeit zusätzlich zu den Nachweisen in 4.6 und 6.6 mit der folgenden Interaktionsbeziehung zu prüfen:

$$\eta_2 + 0{,}8\,\eta_1 \leq 1{,}4 \tag{7.2}$$

(2) Wirkt eine Querlast auf den Zugflansch, so ist in der Regel die Beanspruchbarkeit nach Abschnitt 6 nachzuweisen; zusätzlich sind die Regelungen in EN 1993-1-1, 6.2.1(5) einzuhalten.

8 Flanschinduziertes Stegblechbeulen

(1) Um das Einknicken des Druckflansches in den Steg zu vermeiden, hat in der Regel das Verhältnis h_w/t_w für den Steg das folgende Kriterium zu erfüllen:

$$\frac{h_w}{t_w} \leq k\,\frac{E}{f_{yf}}\sqrt{\frac{A_w}{A_{fc}}} \tag{8.1}$$

Dabei ist

A_w die Stegfläche;

A_{fc} die effektive Querschnittsfläche des Druckflansches;

h_w die lichte Steghöhe;

t_w die Stegdicke.

Der Wert k ist in der Regel wie folgt anzusetzen:

— bei Ausnutzung plastischer Rotationen $\qquad k = 0{,}3$;

— bei Ausnutzung der plastischen Momentenbeanspruchbarkeit $\qquad k = 0{,}4$;

— bei Ausnutzung der elastischen Momentenbeanspruchbarkeit $\qquad k = 0{,}55$.

(2) Bei Trägern, die in ihrer Stegebene gekrümmt sind, und bei denen der Druckflansch auf der konkaven Seite liegt, ist in der Regel das folgende Kriterium zu prüfen:

$$\frac{h_w}{t_w} \leq \frac{k\,\dfrac{E}{f_{yf}}\sqrt{\dfrac{A_w}{A_{fc}}}}{\sqrt{1 + \dfrac{h_w E}{3\,r\,f_{yf}}}} \tag{8.2}$$

Dabei ist r der Krümmungsradius des Druckflansches.

ANMERKUNG   Der nationale Anhang gibt weitere Informationen zu flanschinduziertem Stegblechbeulen.

9 Steifen und Detailausbildung

9.1 Allgemeines

(1) Die in diesem Abschnitt enthaltenen Regelungen zu Steifen in Plattenbauteilen ergänzen die Plattenbeulregeln in den Abschnitten 4 bis 7.

ANMERKUNG Im nationalen Anhang können weitere Anforderungen an Steifen und deren Detailausbildung für spezifische Anwendungsbereiche festgelegt werden.

(2) Beim Nachweis der Knicksicherheit von Steifen darf der wirksame Querschnitt mit einer mitwirkenden Blechbreite von 15 εt auf jeder Seite, jedoch maximal dem Steifenabstand angenommen werden, siehe Bild 9.1.

(3) Die Normalkraft in Quersteifen ist in der Regel als Summe der Kräfte aus der Schubübertragung (siehe 9.3.3(3)) und den äußeren Lasten anzusetzen.

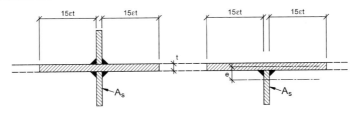

Bild 9.1 — Wirksamer Querschnitt von Steifen

9.2 Wirkung von Längsspannungen

9.2.1 Minimale Anforderungen an Quersteifen

(1) Um die Bedingung für starre Lagerung eines Blechfeldes mit oder ohne Längssteifen zu erfüllen, haben Quersteifen in der Regel den nachfolgenden Steifigkeits- und Festigkeitsanforderungen zu genügen.

(2) Die Quersteife wird in der Regel als gelenkig gelagerter Einfeldträger unter Querbelastung mit einer sinusförmigen geometrischen Imperfektion $w_0 = s/300$ behandelt, wobei s der kleinste Wert von a_1, a_2 oder b ist, siehe Bild 9.2. Dabei sind a_1 und a_2 die Breiten der Beulfelder rechts und links der Quersteife und b ist die Spannweite der Quersteife bzw. der Abstand zwischen den Schwerpunkten der das Beulfeld begrenzenden Flansche. Exzentrizitäten sind in der Regel zu berücksichtigen.

Legende
1   Quersteife

Bild 9.2 — Quersteife

DIN EN 1993-1-5:2010-12
EN 1993-1-5:2006 + AC:2009 (D)

(3) Die Quersteife ist in der Regel für die Abtriebskräfte aus den Druckkräften in den Nachbarfeldern zu bemessen, wobei anzunehmen ist, dass die übrigen Quersteifen starr und ohne Imperfektionen sind; hierbei sind angreifende äußere Lasten sowie die Normalkraft entsprechend der ANMERKUNG zu 9.3.3(3) zu berücksichtigen. Die Bleche und die Längssteifen der Nachbarfelder werden als gelenkig an die Quersteifen angeschlossen betrachtet.

(4) Es ist in der Regel mit einer elastischen Berechnung nach Theorie II. Ordnung nachzuweisen, dass im Grenzzustand der Tragfähigkeit

— die maximale Spannung in den Steifen unter der Bemessungslast die Streckgrenze f_y/γ_{M1} nicht überschreitet;

— die zusätzliche Auslenkung zu der Imperfektion den Wert $b/300$ nicht überschreitet.

(5) Sind keine Normalkräfte in der Quersteife vorhanden, so dürfen beide Kriterien in (4) als erfüllt angesehen werden, wenn das Flächenträgheitsmoment I_{st} der Quersteife mindestens folgende Bedingungen erfüllt:

$$I_{st} = \frac{\sigma_m}{E}\left(\frac{b}{\pi}\right)^4 \left(1 + w_0 \frac{300}{b} u\right) \tag{9.1}$$

mit

$$\sigma_m = \frac{\sigma_{cr,c}}{\sigma_{cr,p}} \frac{N_{Ed}}{b} \left(\frac{1}{a_1} + \frac{1}{a_2}\right)$$

$$u = \frac{\pi^2 E\, e_{max}}{\frac{f_y}{\gamma_{M1}} 300\, b} \geq 1{,}0$$

Dabei ist

e_{max} der Abstand der Randfaser der Steife zum Schwerpunkt der Steife;

N_{Ed} der größte Bemessungswert der einwirkenden Druckkraft in den Nachbarfeldern, jedoch mindestens die größte Druckspannung multipliziert mit der halben wirksamen Druckfläche eines Feldes einschließlich der Steifen;

$\sigma_{cr,c}, \sigma_{cr,p}$ sind in 4.5.3 und Anhang A definiert.

ANMERKUNG   EN 1993-2 und EN 1993-1-7 geben Hinweise zur Behandlung senkrecht zur Blechebene belasteter Quersteifen.

(6) Bei Quersteifen unter Druckbeanspruchung ist in der Regel die einwirkende Normalkraft um den Wert $\Delta N_{st} = \sigma_m b^2 / \pi^2$ zur Berücksichtigung von Abtriebskräften zu erhöhen. Die Kriterien in (4) behalten ihre Gültigkeit, jedoch braucht ΔN_{st} bei der Berechnung der konstanten Druckspannung infolge der einwirkenden Druckbeanspruchung in der Quersteife nicht berücksichtigt zu werden.

(7) Sind keine Normalkräfte in der Quersteife vorhanden, so dürfen vereinfachend die Anforderungen in (4) nach Theorie I. Ordnung mit der folgenden gleichmäßig über die Länge b verteilten zusätzlichen Querlast q nachgewiesen werden:

$$q = \frac{\pi}{4}\sigma_m(w_0 + w_{el}) \tag{9.2}$$

Dabei ist

σ_m in (5) definiert;

w_0 in Bild 9.2 angegeben;

w_{el} die unter Annahme elastischen Werkstoffverhaltens ermittelte Verformung; diese darf entweder iterativ ermittelt oder mit dem maximalen Wert $b/300$ angenommen werden.

(8) Um Drillknicken von Steifen mit offenen Querschnitten zu vermeiden, ist in der Regel das folgende Kriterium zu erfüllen (solange kein Nachweis mit genaueren Methoden erfolgt):

$$\frac{I_T}{I_p} \geq 5{,}3 \frac{f_y}{E} \qquad (9.3)$$

Dabei ist

I_p das polare Trägheitsmoment des Steifenquerschnitts alleine, gerechnet um den Anschlusspunkt an das Blech;

I_T das St. Venant'sche Torsionsträgheitsmoment für den Steifenquerschnitt alleine (ohne Blech).

(9) Wird die Wölbsteifigkeit berücksichtigt, ist in der Regel entweder das Kriterium in (8) oder das folgende Kriterium zu erfüllen:

$$\sigma_{cr} \geq \theta f_y \qquad (9.4)$$

Dabei ist

σ_{cr} die kritische Drillknickspannung ohne Berücksichtigung von Einspanneffekten durch das Blech;

θ ein Beiwert zur Sicherstellung elastischen Verhaltens entsprechend der Querschnittsklasse 3.

ANMERKUNG Der Beiwert θ ist im nationalen Anhang festgelegt. Es wird ein Wert von $\theta = 6$ empfohlen.

9.2.2 Minimale Anforderungen an Längssteifen

(1) Die Anforderungen zur Vermeidung von Drillknicken in 9.2.1(8) and (9) gelten ebenfalls für Längssteifen.

(2) Bei diskontinuierlich angeordnete Längssteifen, die nicht kraftschlüssig an den Quersteifen angeschlossen sind oder durch diese durchlaufen, sind in der Regel folgende Punkte zu beachten:

— Einsatz nur für Stege (d. h. nicht zulässig in Flanschen);

— bei Steifigkeitsannahmen für die statische Berechnung nicht zu berücksichtigen;

— bei Spannungsberechnungen zu vernachlässigen;

— zu berücksichtigen bei der Ermittlung der wirksamen Breiten von Einzelstegfeldern;

— zu berücksichtigen bei der Berechnung von Beul- bzw. Knickspannungen.

(3) Tragfähigkeitsnachweise für Steifen sind in der Regel nach 4.5.3 und 4.6 zu führen.

9.2.3 Geschweißte Blechstöße

(1) Schweißstöße von Blechen unterschiedlicher Blechdicken sind in der Regel in der Nähe von Quersteifen anzuordnen, siehe Bild 9.3. Exzentrizitäten brauchen nicht berücksichtigt zu werden, wenn der Abstand des Schweißstoßes zur Quersteife kleiner als der kleinere Wert von $b_0/2$ und 200 mm ist; b_0 ist der Abstand zwischen Längssteifen, die die dünnere Platte versteifen.

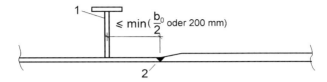

Legende
1 Quersteife
2 Schweißnaht

Bild 9.3 — Geschweißte Blechstöße

9.2.4 Steifenausschnitte

(1) Ausschnitte in Längssteifen sind in der Regel entsprechend Bild 9.4 auszubilden.

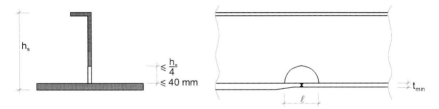

Bild 9.4 — Ausschnitte in Längssteifen

(2) Für die Ausschnittbreite ℓ sind in der Regel folgende Grenzwerte einzuhalten:

$\ell \leq 6\, t_{min}$ bei druckbelasteten Flachsteifen;

$\ell \leq 8\, t_{min}$ bei druckbelasteten Steifen mit anderen Querschnittsformen;

$\ell \leq 15\, t_{min}$ bei Steifen mit anderen Querschnittsformen ohne Druckbelastung.

t_{min} bezeichnet die kleinere Blechdicke.

(3) Die Grenzwerte für die Ausschnittsbreite ℓ in (2) für druckbelastete Steifen darf um den Faktor $\sqrt{\dfrac{\sigma_{x,Rd}}{\sigma_{x,Ed}}}$ erhöht werden, wenn gilt: $\sigma_{x,Ed} \leq \sigma_{x,Rd}$ und $\ell \leq 15\, t_{min}$.

Dabei ist $\sigma_{x,Ed}$ die Druckspannung am Ausschnitt.

(4) Ausschnitte in Quersteifen sind in der Regel nach Bild 9.5 auszubilden.

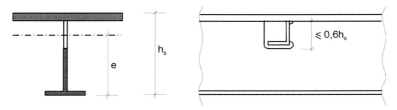

Bild 9.5 — Ausschnitte in Quersteifen

(5) Der Bruttoquerschnitt des Steges im Bereich des Ausschnittes ist in der Regel für folgende Querkraft V_{Ed} nachzuweisen:

$$V_{Ed} = \frac{I_{net}}{e} \frac{f_{yk}}{\gamma_{M0}} \frac{\pi}{b_G} \qquad (9.5)$$

Dabei ist

I_{net} das Flächenträgheitsmoment des Nettoquerschnitts des Quersteife;

e der maximale Abstand der Flanschunterseite zur Schwerelinie des Nettoquerschnitts, siehe Bild 9.5;

b_G die Länge der Quersteife zwischen den Flanschen.

9.3 Wirkung von Schubspannungen

9.3.1 Starre Auflagersteifen

(1) Starre Auflagersteifen (siehe Bild 5.1) dienen in der Regel als Steifen für die Einleitung der Auflagerkräfte aus Lagern (siehe 9.4) und als kurze Biegeträger für die Verankerung der längsgerichteten Membranspannungen in der Stegebene.

ANMERKUNG   EN 1993-2 gibt Hinweise zu Lagerbewegungen infolge von Exzentrizitäten.

(2) Eine starre Auflagersteife besteht in der Regel aus zwei doppelseitig angeordneten Quersteifen, die die Gurte eines kurzen Biegeträgers der Länge h_w bilden, siehe Bild 5.1 b). Der Stegstreifen zwischen den Quersteifen bildet den Steg des kurzen Biegeträgers. Alternativ darf die starre Auflagersteife auch aus einem eingesetzten Profilträger bestehen, der nach Bild 9.6 mit dem Stegblech verbunden wird.

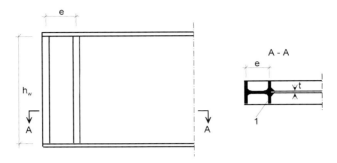

Legende
1 eingesetzter Profilträger

Bild 9.6 — Eingesetzter Profilträger als Auflagersteifer

(3) Die Mindestquerschnittsfläche jeder der beiden Quersteifen beträgt in der Regel $4\,h_w t^2 / e$, wobei e der Abstand zwischen den Mittelebenen der Flachbleche ist und die Bedingung $e > 0,1\,h_w$ erfüllen sollte, siehe Bild 5.1 b). Wird die Auflagersteife nicht aus zwei Quersteifen zusammengesetzt, sollte das elastische Widerstandsmoment für Biegung senkrecht zum Steg mindestens $4 h_w t^2$ betragen.

(4) Als Alternative darf das Trägerende auch mit einer einzigen doppelseitigen Quersteife ausgebildet sein, wenn sich eine weitere Quersteife so dicht am Lager befindet, dass das Einzelfeld den maximalen Schub aufnehmen kann, der bei der Bemessung von verformbaren Auflagersteifen entsteht.

9.3.2 Verformbare Auflagersteifen

(1) Eine verformbare Auflagersteife liegt bei einer einzelnen doppelseitigen Auflagersteife nach Bild 5.1 c) vor. Sie kann gegebenenfalls die Auflagerkräfte aus dem Lager aufnehmen (siehe 9.4).

9.3.3 Zwischenliegende Quersteifen

(1) Zwischenliegende Quersteifen, die als starre Randlagerung für die Stegbeulfelder dienen, sind in der Regel hinsichtlich ihrer Tragfähigkeit und Steifigkeit nachzuweisen.

(2) Zwischenliegende Quersteifen, die als nicht starr zu betrachten sind, dürfen mit ihrer Steifigkeit bei der Berechnung von k_τ nach 5.3(5) berücksichtigt werden.

(3) Zwischenliegende starre Quersteifen haben in der Regel zusammen mit dem mittragenden Teil des Steges folgenden Mindestbedingungen für das Flächenträgheitsmoment I_{st} zu genügen:

$$\text{für} \quad a/h_w < \sqrt{2}: \quad I_{st} \geq 1,5\,h_w^3\,t^3 / a^2$$
$$\text{für} \quad a/h_w \geq \sqrt{2}: \quad I_{st} \geq 0,75\,h_w\,t^3 \tag{9.6}$$

ANMERKUNG Die Tragfähigkeit starrer Quersteifen darf für eine Normalkraft $\left(V_{Ed} - \dfrac{1}{\overline{\lambda}_w^2} f_{yw} h_w t / (\sqrt{3}\,\gamma_{M1})\right)$ nach 9.2.1(3) geprüft werden. Im Falle veränderlicher Schubkraft wird der Nachweis für eine Schubkraft im Abstand von $0,5\,h_w$ von dem Beulfeldrand mit der größten Schubkraft durchgeführt.

9.3.4 Längssteifen

(1) Die Querschnittstragfähigkeit von Längssteifen unter Längsspannungen ist in der Regel nachzuweisen, wenn diese als zur Querschnittstragfähigkeit beitragend angenommen werden.

9.3.5 Schweißnähte

(1) Die Schweißnähte dürfen für den Nennwert des Schubflusses V_{Ed}/h_w bemessen werden, solange V_{Ed} den Wert $\chi_w f_{yw} h_w t/(\sqrt{3}\,\gamma_{M1})$ nicht überschreitet. Bei größeren Werten sind in der Regel die Halsnähte zwischen den Gurten und dem Steg für den Schubfluss $\eta\, f_{yw} t/(\sqrt{3}\,\gamma_{M1})$ zu bemessen.

(2) Anderenfalls sind in der Regel genauere Berechnungen zur Bemessung der Schweißnähte unter Berücksichtigung der Berechnungsmethode (elastisch/plastisch) und Einflüssen aus Theorie II. Ordnung durchzuführen.

9.4 Wirkung von Querlasten

(1) Reicht die Beanspruchbarkeit des nicht ausgesteiften Stegbleches nicht aus, sind in der Regel Quersteifen vorzusehen.

(2) Knicken von Quersteifen aus der Stegebene unter Querbelastung und Querkräften (siehe 9.3.3(3)) ist in der Regel nach EN 1993-1-1, 6.3.3 oder 6.3.4 unter Verwendung von Knicklinie c und einer Knicklänge von $\ell \geq 0{,}75\, h_w$ nachzuweisen, wenn beide Steifenenden seitlich gehalten sind. Größere Knicklängen ℓ sind bei Endlagerungen mit Verformungsmöglichkeit notwendig. Zusätzlich ist auch die Beanspruchbarkeit des Querschnitts der Quersteifen nachzuweisen, wenn Ausschnitte in den Quersteifen vorhanden sind.

(3) Bei Anwendung einseitiger oder anderer unsymmetrisch angeordneter Steifen ist die Exzentrizität bei Nachweisen nach EN 1993-1-1, 6.3.3 oder 6.3.4 in der Regel zu berücksichtigen. Werden die Steifen zur seitlichen Stützung des Obergurtes eingesetzt, so sollten sie eine Steifigkeit und Tragfähigkeit haben, die mit den Annahmen für die Bemessung gegen Biegedrillknicken übereinstimmen.

10 Methode der reduzierten Spannungen

(1) Die Methode der reduzierten Spannungen darf zur Bestimmung der Grenzspannungen ausgesteifter und nicht ausgesteifter Blechfelder eines Querschnitts benutzt werden.

ANMERKUNG 1   Dieses Verfahren ist eine Alternative zum Verfahren mit wirksamen Breiten nach Abschnitten 4 bis 7 unter Berücksichtigung folgender Punkte:

— die Spannungskomponenten des gesamten Spannungsfeldes, das sich aus $\sigma_{x,Ed}$, $\sigma_{z,Ed}$ und τ_{Ed} zusammensetzt, wirken gemeinsam;

— die Grenzspannungen des schwächsten Querschnittsteils können die Tragfähigkeit des gesamten Querschnitts bestimmen.

ANMERKUNG 2   Die Grenzspannungen dürfen ebenfalls zur Bestimmung äquivalenter wirksamer Flächen herangezogen werden. Anwendungsgrenzen der jeweiligen Methoden können im nationalen Anhang festgelegt werden.

(2) Bei ausgesteiften und nicht ausgesteiften Blechfeldern, die mit den gemeinsam wirkenden Spannungen $\sigma_{x,Ed}$, $\sigma_{z,Ed}$ und τ_{Ed} beansprucht werden, darf Querschnittsklasse 3 angenommen werden, wenn gilt:

$$\frac{\rho\, \alpha_{ult,k}}{\gamma_{M1}} \geq 1 \tag{10.1}$$

Dabei ist

    $\alpha_{ult,k}$ der kleinste Faktor für die Vergrößerung der Bemessungslasten, um den charakteristischen Wert der Beanspruchbarkeit am kritischen Punkt des Blechfeldes zu erreichen, siehe (4);

    ρ der Reduktionsbeiwert in Abhängigkeit des Schlankheitsgrades des Blechfeldes $\overline{\lambda}_p$, siehe (5);

    γ_{M1} der Teilsicherheitsbeiwert.

(3) Der [AC] modifizierte Schlankheitsgrad des Blechfeldes [AC] $\overline{\lambda}_p$ des Blechfeldes ist in der Regel wie folgt zu bestimmen:

$$\overline{\lambda}_p = \sqrt{\frac{\alpha_{ult,k}}{\alpha_{cr}}} \qquad (10.2)$$

Dabei ist

    α_{cr} der kleinste Faktor für die Vergrößerung der Bemessungslasten, um die elastische Verzweigungsbelastung für das gesamte einwirkende Spannungsfeld zu erreichen, siehe (6).

ANMERKUNG 1   Zur Bestimmung von α_{cr} für das gesamte einwirkende Spannungsfeld darf das ausgesteifte Blechfeld entsprechend den Regeln in Abschnitten 4 und 5 abgebildet werden, jedoch ohne die in 5.3(4) angegebene Abminderung des Flächenträgheitsmomentes der Längssteifen.

ANMERKUNG 2   Kann α_{cr} nicht für das gesamte Blechfeld einschließlich der Einzelfelder als Ganzes bestimmt werden, so dürfen getrennte Nachweise für die Einzelfelder und das gesamte Blechfeld geführt werden.

(4) Für die Bestimmung von $\alpha_{ult,k}$ darf das Fließkriterium benutzt werden:

$$\frac{1}{\alpha_{ult,k}^2} = \left(\frac{\sigma_{x,Ed}}{f_y}\right)^2 + \left(\frac{\sigma_{z,Ed}}{f_y}\right)^2 - \left(\frac{\sigma_{x,Ed}}{f_y}\right)\left(\frac{\sigma_{z,Ed}}{f_y}\right) + 3\left(\frac{\tau_{Ed}}{f_y}\right)^2 \qquad (10.3)$$

$\sigma_{x,Ed}$, $\sigma_{z,Ed}$ und τ_{Ed} sind die Komponenten des Spannungsfeldes im Grenzzustand der Tragfähigkeit.

ANMERKUNG   Bei Verwendung der Fließbeziehung in Gleichung (10.3) wird angenommen, dass sich der Grenzzustand des Fließens ohne vorhergehendes Beulen einstellt.

(5) Der Abminderungsbeiwert ρ darf nach einer der beiden folgenden Methoden ermittelt werden:

a) der kleinste Werte der folgenden Abminderungsbeiwerte:

    ρ_x der Reduktionsbeiwert nach 4.5.4(1) für die Längsrichtung, falls erforderlich unter Berücksichtigung knickstabähnlichen Verhaltens;

    ρ_z der Reduktionsbeiwert nach 4.5.4(1), hier jedoch für die Querrichtung, falls erforderlich unter Berücksichtigung knickstabähnlichen Verhaltens;

    χ_w der Reduktionsbeiwert für Schubbeulen nach [AC] 5.3(1) [AC].

Alle Reduktionsbeiwerte werden mit dem [AC] modifizierten Schlankheitsgrad des Blechfeldes [AC] $\overline{\lambda}_p$ des Blechfeldes nach Gleichung (10.2) ermittelt.

DIN EN 1993-1-5:2010-12
EN 1993-1-5:2006 + AC:2009 (D)

ANMERKUNG   Dieses Vorgehen führt zu dem Nachweisformat:

$$\left(\frac{\sigma_{x,Ed}}{f_y/\gamma_{M1}}\right)^2 + \left(\frac{\sigma_{z,Ed}}{f_y/\gamma_{M1}}\right)^2 - \left(\frac{\sigma_{x,Ed}}{f_y/\gamma_{M1}}\right)\left(\frac{\sigma_{z,Ed}}{f_y/\gamma_{M1}}\right) + 3\left(\frac{\tau_{Ed}}{f_y/\gamma_{M1}}\right)^2 \leq \rho^2 \quad (10.4)$$

ANMERKUNG   Zur Bestimmung von ρ_z für Spannungen in Querrichtung ist in der Regel das Vorgehen nach Abschnitt 4 für Längsspannungen σ_x auf die Spannungen in Querrichtung σ_z anzuwenden. Aus Kompatibilitätsgründen ist Abschnitt 6 in der Regel nicht anzuwenden.

b) ein aus den Abminderungsbeiwerten ρ_x, ρ_z und χ_w entsprechend a) interpolierter Abminderungsbeiwert, wobei die Gleichung für $\alpha_{ult,k}$ als Interpolationsfunktion herangezogen wird.

ANMERKUNG   Diese Vorgehen führt zu dem Nachweisformat:

$$\left(\frac{\sigma_{x,Ed}}{\rho_x f_y/\gamma_{M1}}\right)^2 + \left(\frac{\sigma_{z,Ed}}{\rho_z f_y/\gamma_{M1}}\right)^2 - \left(\frac{\sigma_{x,Ed}}{\rho_x f_y/\gamma_{M1}}\right)\left(\frac{\sigma_{z,Ed}}{\rho_z f_y/\gamma_{M1}}\right) + 3\left(\frac{\tau_{Ed}}{\chi_w f_y/\gamma_{M1}}\right)^2 \leq 1 \quad (10.5)$$

ANMERKUNG 1   Da die Nachweise nach den Gleichungen (10.3), (10.4) und (10.5) bereits eine Interaktion zwischen Querkraft, Biegemoment, Normalkraft und Querbelastung beinhalten, braucht Abschnitt 7 in der Regel nicht angewendet zu werden.

ANMERKUNG 2   Der nationale Anhang darf weitere Informationen zur Verwendung der Gleichungen (10.4) und (10.5) geben. Treten Zug- und Druckspannungen in einem Blechfeld auf, so wird empfohlen, die Gleichungen (10.4) und (10.5) lediglich auf die unter Druckbeanspruchung stehenden Querschnittsteile anzuwenden.

(6) Liegen nicht die Werte α_{cr} für das gesamte Spannungsfeld, sondern nur die Werte $\alpha_{cr,i}$ jeweils für die Komponenten $\sigma_{x,Ed}$, $\sigma_{z,Ed}$ und τ_{Ed} des Spannungsfeldes vor, so darf der Wert α_{cr} für die gemeinsame Wirkung von $\sigma_{x,Ed}$, $\sigma_{z,Ed}$, τ_{Ed} wie folgt bestimmt werden:

$$\frac{1}{\alpha_{cr}} = \frac{1+\psi_x}{4\alpha_{cr,x}} + \frac{1+\psi_z}{4\alpha_{cr,z}} + \left[\left(\frac{1+\psi_x}{4\alpha_{cr,x}} + \frac{1+\psi_z}{4\alpha_{cr,z}}\right)^2 + \frac{1-\psi_x}{2\alpha_{cr,x}^2} + \frac{1-\psi_z}{2\alpha_{cr,z}^2} + \frac{1}{\alpha_{cr,\tau}^2}\right]^{1/2} \quad (10.6)$$

Dabei ist

$$\alpha_{cr,x} = \frac{\sigma_{cr,x}}{\sigma_{x,Ed}}$$

$$\alpha_{cr,z} = \frac{\sigma_{cr,z}}{\sigma_{z,Ed}}$$

$$\alpha_{cr,\tau} = \frac{\tau_{cr}}{\tau_{Ed}}$$

$\sigma_{cr,x}$, $\sigma_{cr,z}$, τ_{cr}, ψ_x und ψ_z werden nach Abschnitten 4 bis 6 bestimmt.

(7) Die Bemessung von Steifen sowie die Detailausbildung haben in der Regel nach Abschnitt 9 zu erfolgen.

Anhang A
(informativ)

Berechnung kritischer Spannungen für ausgesteifte Blechfelder

A.1 Äquivalente orthotrope Platten

(1) Blechfelder mit mindestens drei Längssteifen, deren Steifigkeit verschmiert werden darf, dürfen als äquivalente orthotrope Platten nachgewiesen werden.

(2) Die elastische kritische Beulspannung der äquivalenten orthotropen Platte ist:

$$\sigma_{cr,p} = k_{\sigma,p} \, \sigma_E \tag{A.1}$$

Dabei ist

$$\sigma_E = \frac{\pi^2 \, E \, t^2}{12\left(1-\nu^2\right)b^2} = 190\,000 \left(\frac{t}{b}\right)^2 \quad \text{in MPa};$$

$k_{\sigma,p}$ der Beulwert für die orthotrope Platte mit verschmierten Steifen (ohne Betrachtung des Einzelfeldbeulens);

b wie in Bild A.1 definiert;

t die Blechdicke.

ANMERKUNG 1 Der Beulwert $k_{\sigma,p}$ darf entweder entsprechenden Beulwerttafeln für verschmierte Längssteifen entnommen oder mittels Computerberechnungen ermittelt werden. Alternativ dürfen auch Beulwerttafeln für diskrete Längssteifen verwendet werden, falls Einzelfeldbeulen ausgeschlossen werden kann bzw. in einer separaten Berechnung berücksichtigt wird.

ANMERKUNG 2 $\sigma_{cr,p}$ ist die kritische Beulspannung an dem Blechfeldrand mit der größten Druckspannung, siehe Bild A.1.

ANMERKUNG 3 Bei der Untersuchung von Stegen sollte die Breite b in den Gleichungen (A.1) und (A.2) durch h_w ersetzt werden.

ANMERKUNG 4 Für längs ausgesteifte Blechfelder mit mindestens drei äquidistant verteilten Längssteifen darf der Beulwert $k_{\sigma,p}$ zur Berücksichtigung des Gesamtfeldbeulens des ausgesteiften Blechfeldes näherungsweise wie folgt bestimmt werden:

$$k_{\sigma,p} = \frac{2\left(\left(1+\alpha^2\right)^2 + \gamma - 1\right)}{\alpha^2 (\psi+1)(1+\delta)} \quad \text{für} \quad \alpha \leq \sqrt[4]{\gamma}$$

$$k_{\sigma,p} = \frac{4\left(1+\sqrt{\gamma}\right)}{(\psi+1)(1+\delta)} \quad \text{für} \quad \alpha > \sqrt[4]{\gamma} \tag{A.2}$$

DIN EN 1993-1-5:2010-12
EN 1993-1-5:2006 + AC:2009 (D)

mit:

$\psi = \dfrac{\sigma_2}{\sigma_1} \geq 0{,}5$

$\gamma = \dfrac{I_{sl}}{I_p}$

[AC] $\delta = \dfrac{A_{sl}}{A_p}$ [AC]

$\alpha = \dfrac{a}{b} \geq 0{,}5$

Dabei ist

I_{sl} das Flächenträgheitsmoment des gesamten längsversteiften Blechfeldes;

I_p das Flächenträgheitsmoment für Plattenbiegung $= \dfrac{bt^3}{12(1-\upsilon^2)} = \dfrac{bt^3}{10{,}92}$;

[AC] A_{sl} [AC]   die Summe der Bruttoquerschnittsflächen aller Längssteifen ohne Anteile des Blechfeldes;

A_p die Bruttoquerschnittsfläche des Bleches = $b\ t$;

σ_1 die größere Randspannung;

σ_2 die kleinere Randspannung.

a, b und t sind in Bild A.1 definiert.

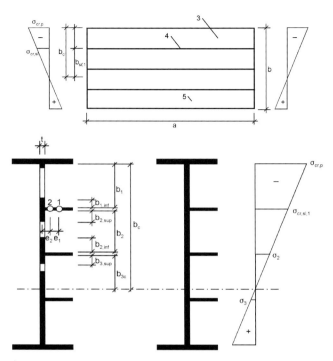

$e = \max(e_1, e_2)$

Legende
1 Schwerelinie der Längssteife
2 Schwerelinie des Ersatzdruckstabes = Längssteife + mitwirkende Blechteile
3 Einzelfeld
4 Längssteife
5 Blechdicke t

	Breite bei Bruttoquerschnittsfläche	Breite bei wirksamen Flächen nach Tabelle 4.1	Bedingung für ψ_i
$b_{1,inf}$	$\dfrac{3-\psi_1}{5-\psi_1}b_1$	$\dfrac{3-\psi_1}{5-\psi_1}b_{1,eff}$	$\psi_1 = \dfrac{\sigma_{cr,sl,1}}{\sigma_{cr,p}} > 0$
$b_{2,sup}$	$\dfrac{2}{5-\psi_2}b_2$	$\dfrac{2}{5-\psi_2}b_{2,eff}$	$\psi_2 = \dfrac{\sigma_2}{\sigma_{cr,sl,1}} > 0$
$b_{2,inf}$	$\dfrac{3-\psi_2}{5-\psi_2}b_2$	$\dfrac{3-\psi_2}{5-\psi_2}b_{2,eff}$	$\psi_2 > 0$
$b_{3,sup}$	$0,4\, b_{3c}$	$0,4\, b_{3c,eff}$	$\psi_3 = \dfrac{\sigma_3}{\sigma_2} < 0$

Bild A.1 — Bezeichnungen für längsausgesteifte Beulfelder

A.2 Kritische Beulspannung bei Blechfeldern mit einer oder zwei Steifen in der Druckzone

A.2.1 Allgemeine Vorgehensweise

(1) Bei Blechfeldern mit nur einer Längssteife in der Druckzone darf die Vorgehensweise in A.1 dadurch vereinfacht werden, dass die elastische kritische Beulspannung mit Hilfe der elastischen kritischen Knickspannung der Längssteife als Ersatzdruckstab auf elastischer Bettung ermittelt wird. Die elastische Bettung steht dabei für die Plattenwirkung quer zur Längssteife. Die kritische Knickspannung darf nach A.2.2 ermittelt werden.

(2) Der Bruttoquerschnitt des Ersatzdruckstabes (zur Berechnung von $A_{s\ell,1}$ und $I_{s\ell,1}$) setzt sich in der Regel aus dem Bruttoquerschnitt der Steife und der anschließenden mitwirkenden Blechteile zusammen. Liegt das anschließende Einzelfeld voll im Druckbereich, ist ein Anteil $(3-\psi)/(5-\psi)$ der wirksamen Breite b_1 an der Kante des Feldes und ein Anteil $2/(5-\psi)$ an der Kante mit den höchsten Spannungen als mitwirkend anzusehen. Wechseln im anschließenden Einzelfeld die Spannungen von Druck auf Zug, sollte das 0,4fache der wirksamen Breite b_c der Druckzone verwendet werden, siehe Bild A.2 und Tabelle 4.1. ψ ist dabei das Spannungsverhältnis des betrachteten Einzelfeldes.

(3) Die wirksame Querschnittsfläche $A_{s\ell,\text{eff}}$ des Ersatzdruckstabes sollte in der Regel aus den wirksamen Querschnittsteilen der Steife und den anschließenden wirksamen Blechteilen zusammengesetzt werden, siehe Bild A.1. Der Schlankheitsgrad der Blechfelder in dem Ersatzdruckstab darf nach 4.4(4) ermittelt werden, wobei $\sigma_{\text{com,Ed}}$ für die Bruttofläche des Blechfeldes berechnet wird.

(4) Falls der Wert $\rho_c f_y/\gamma_{M1}$ (mit ρ_c nach 4.5.4(1)) größer als die mittlere Spannung $\sigma_{\text{com,Ed}}$ in dem Ersatzdruckstab ist, braucht keine weitere Abminderung der wirksamen Fläche des Ersatzdruckstabes vorgenommen zu werden; andernfalls ist die Abminderung nach (4.6) durch

$$A_{c,\text{eff,loc}} = \frac{\rho_c f_y A_{sl,1}}{\sigma_{\text{com,Ed}} \gamma_{M1}} \tag{A.3}$$

zu ersetzen.

(5) Die Abminderung in A.2.1(4) gilt in der Regel nur für die Fläche des Ersatzknickstabes. Außer für das Einzelfeldbeulen brauchen andere unter Druckbeanspruchung stehende Teile des Blechfeldes nicht abgemindert zu werden.

(6) Alternativ zur Verwendung der wirksamen Fläche nach A.2.1(4) darf die Beanspruchbarkeit des Ersatzdruckstabes auch nach A.2.1(5) bis (7) ermittelt und mit der mittleren Spannung $\sigma_{\text{com,Ed}}$ verglichen werden.

ANMERKUNG Diese Näherung in (6) darf auch im Falle mehrfacher Steifen verwendet werden, wobei als weitere Vereinfachung die Federung durch das Blech vernachlässigt werden darf. Dadurch wird der Ersatzdruckstab als freier Knickstab für Knicken quer zur Blechebene nachgewiesen.

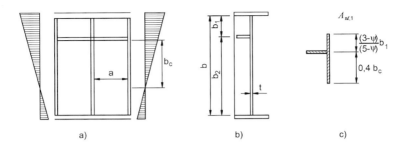

Bild A.2 — Bezeichnungen für ein Blechfeld mit nur einer Steife in der Druckzone

(7) Befinden sich zwei Steifen in der Druckzone eines ausgesteiften Beulfeldes, darf das Verfahren für eine Einzelsteife nach A.2.1(1) ebenso angewendet werden, siehe Bild A.3. Zunächst wird angenommen, dass jede der beiden Steifen für sich ausknicken kann, wobei die andere als starr gilt. Dann wird das gemeinsame Ausknicken beider Steifen durch Betrachtung einer einzigen Ersatzsteife berücksichtigt, in der beide Steifen zusammengeführt sind. Für diese Ersatzsteife gilt:

a) ihre Querschnittsfläche und ihr Flächenträgheitsmoment $I_{s\ell}$ sind die Summe der entsprechenden Größen für die Einzelsteifen, die in den vorhergehenden Schritten betrachtet wurden;

b) ihre Lage entspricht der Lage der Resultierenden der Druckkräfte in den Einzelsteifen, die in den vorhergehenden Schritten berechnet wurden.

Für die drei in Bild A.3 dargestellten Fälle wird jeweils ein kritischer Wert $\sigma_{cr,p}$ berechnet, siehe A.2.2(1), wobei jeweils gilt: $b_1 = b_1^*$ und $b_2 = b_2^*$ sowie $B^* = b_1^* + b_2^*$, siehe Bild A.3.

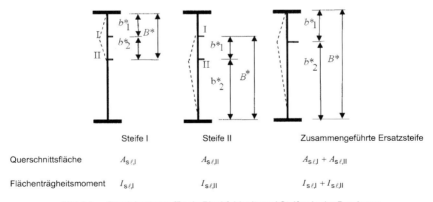

	Steife I	Steife II	Zusammengeführte Ersatzsteife
Querschnittsfläche	$A_{s\ell,I}$	$A_{s\ell,II}$	$A_{s\ell,I} + A_{s\ell,II}$
Flächenträgheitsmoment	$I_{s\ell,I}$	$I_{s\ell,II}$	$I_{s\ell,I} + I_{s\ell,II}$

Bild A.3 — Bezeichnungen für ein Blechfeld mit zwei Steifen in der Druckzone

A.2.2 Vereinfachtes Modell für einen Ersatzstab mit elastischer Bettung durch ein Blech

(1) Bei nur einer Längssteife in der Druckzone und Vernachlässigung eventuell vorhandener weiterer Längssteifen in der Zugzone lautet die elastische kritische Knickspannung der Steifen:

DIN EN 1993-1-5:2010-12
EN 1993-1-5:2006 + AC:2009 (D)

[AC)]

$$\sigma_{cr,s\ell} = \frac{1,05\,E}{A_{s\ell,1}} \frac{\sqrt{I_{s\ell,1}\,t^3\,b}}{b_1\,b_2} \quad \text{für} \quad a \geq a_c$$

$$\sigma_{cr,s\ell} = \frac{\pi^2\,E\,I_{s\ell,1}}{A_{s\ell,1}\,a^2} + \frac{E\,t^3\,b\,a^2}{4\,\pi^2\left(1-\nu^2\right)A_{s\ell,1}\,b_1^2\,b_2^2} \quad \text{für} \quad a < a_c$$

[AC] (A.4)

mit

$$a_c = 4,33\,\sqrt[4]{\frac{I_{s\ell,1}\,b_1^2\,b_2^2}{t^3\,b}}$$

Dabei ist

$A_{s\ell,1}$ die Bruttoquerschnittsfläche des Ersatzdruckstabes nach A.2.1(2);

$I_{s\ell,1}$ das Flächenträgheitsmoment des Bruttoquerschnitts des Ersatzdruckstabes nach A.2.1(2) für Knicken quer zur Blechebene;

b_1, b_2 die Abstände der Steifen zu den Längsrändern ($b_1 + b_2 = b$).

[AC] gestrichener Text [AC]

(2) Bei zwei Längssteifen in der Druckzone und Vernachlässigung eventuell vorhandener weiterer Längssteifen in der Zugzone ist in der Regel die maßgebende elastisch kritische Beulspannung der niedrigste Wert, der für die drei Fälle nach Gleichung (A.4) mit $b_1 = b_1^*$, $b_2 = b_2^*$ und $b = B^*$ berechnet wurde.

A.3 Schubbeulwerte für ausgesteifte Blechfelder

(1) Bei Blechfeldern mit mehr als zwei oder ohne Längssteifen, die durch starre Quersteifen begrenzt sind, darf der Schubbeulwert k_τ wie folgt bestimmt werden:

$$k_\tau = 5,34 + 4,00\,(h_w/a)^2 + k_{\tau s\ell} \quad \text{für } a/h_w \geq 1$$
$$k_\tau = 4,00 + 5,34\,(h_w/a)^2 + k_{\tau s\ell} \quad \text{für } a/h_w < 1$$

(A.5)

Dabei ist

$$k_{\tau s\ell} = 9\left(\frac{h_w}{a}\right)^2 \sqrt[4]{\left(\frac{I_{s\ell}}{t^3\,h_w}\right)^3} \geq \frac{2,1}{t}\sqrt[3]{\frac{I_{s\ell}}{h_w}}$$

a der Abstand starrer Quersteifen, siehe Bild 5.3;

$I_{s\ell}$ das Flächenträgheitsmoment einer Längssteife um die z-z-Achse, siehe Bild 5.3 b). Bei Stegblechen mit [AC] gestrichener Text [AC] Steifen ist $I_{s\ell}$ die Summe der Steifigkeiten aller Einzelsteifen, wobei diese nicht gleichmäßig angeordnet sein müssen.

ANMERKUNG Gleichung (A.5) gilt nicht für Blechfelder mit verformbaren Zwischenquersteifen.

(2) Gleichung (A.5) darf auch für Blechfelder mit einer oder zwei Längssteifen angewendet werden, wenn für $\alpha = \dfrac{a}{h_w}$ gilt: $\alpha \geq 3$. Für Blechfelder mit einer oder zwei Längssteifen und $\alpha < 3$ darf der Schubbeulwert wie folgt bestimmt werden:

$$k_\tau = 4{,}1 + \frac{6{,}3 + 0{,}18\dfrac{I_{s\ell}}{t^3 h_w}}{\alpha^2} + 2{,}2\sqrt[3]{\frac{I_{s\ell}}{t^3 h_w}} \tag{A.6}$$

Anhang B
(informativ)

Bauteile mit veränderlichem Querschnitt

B.1 Allgemeines

(1) Der Beulnachweis von aus Blechfeldern zusammengesetzten Bauteilen, bei denen die Regelmäßigkeitsbedingungen nach 4.1(1) nicht zutreffen, kann nach dem Verfahren in Abschnitt 10 durchgeführt werden.

(2) Zur Bestimmung von $\alpha_{ult,N}$ und α_{cr} dürfen FE-Verfahren verwendet werden, siehe Anhang C.

(3) Die Abminderungsfaktoren ρ_x, ρ_z und χ_w können für den Schlankheitsgrad $\overline{\lambda}_p$ den entsprechenden Plattenbeulkurven entnommen werden, siehe Abschnitte 4 und 5.

ANMERKUNG   Die Abminderungsfaktoren ρ dürfen auch wie folgt ermittelt werden:

$$\rho = \frac{1}{\varphi_p + \sqrt{\varphi_p^2 - \overline{\lambda}_p}} \tag{B.1}$$

mit

$$\varphi_p = \frac{1}{2}\left(1 + \alpha_p\left(\overline{\lambda}_p - \overline{\lambda}_{p0}\right) + \overline{\lambda}_p\right)$$

und

$$\overline{\lambda}_p = \sqrt{\frac{\alpha_{ult,k}}{\alpha_{cr}}}$$

Dieses Vorgehen gilt für ρ_x, ρ_z und χ_w. Werte für $\overline{\lambda}_{p0}$ und α_p sind in Tabelle B.1 angegeben. Die Werte in Tabelle B.1 sind an den Beulkurven in Abschnitten 4 und 5 kalibriert und liefern eine direkte Verbindung zu der geometrischen Ersatzimperfektion durch:

$$e_0 = \alpha_p\left(\overline{\lambda}_p - \overline{\lambda}_{p0}\right)\frac{t}{6}\frac{1 - \dfrac{\rho\overline{\lambda}_p}{\gamma_{M1}}}{1 - \rho\overline{\lambda}_p} \tag{B.2}$$

Tabelle B.1 — Zahlenwerte für $\overline{\lambda}_{p0}$ und α_p

Produkt	Vorherrschende Beulform	α_p	$\overline{\lambda}_{p0}$
warmgewalzt	Längsspannungen mit $\psi \geq 0$		0,70
	Längsspannungen mit $\psi < 0$ Schubspannungen Querlasten	0,13	0,80
geschweißt oder kaltgeformt	Längsspannungen mit $\psi \geq 0$		0,70
	Längsspannungen mit $\psi < 0$ Schubspannungen Querlasten	0,34	0,80

B.2 Interaktion von Plattenbeulen und Biegedrillknicken von Bauteilen

(1) Das in B.1 angegebene Verfahren darf auf den Nachweis von gemeinsam auftretendem Plattenbeulen und Biegedrillknicken von Bauteilen angewendet werden, wenn die Werte α_{ult} und α_{cr} wie folgt ermittelt werden:

α_{ult} ist der kleinste Faktor für die Vergrößerung der Bemessungswerte der Lasten, um die charakteristische Beanspruchbarkeit des kritischen Bauteilquerschnitts zu erreichen, wobei Plattenbeulen und Biegedrillknicken vernachlässigt und bei der Berechnung nicht betrachtet werden;

α_{cr} ist der kleinste Faktor für die Vergrößerung der Bemessungswerte der Lasten, um die elastische Verzweigungsbelastung für das Bauteil unter Einschluss von Plattenbeulen und Biegedrillknicken zu erreichen.

(2) Wenn α_{cr} Biegedrillknickverformungen enthält, ist in der Regel der Abminderungsfaktor ρ der kleinste Wert von ρ nach B.1(3) und χ_{LT} nach EN 1993-1-1, 6.3.3 anzusetzen.

Anhang C
(informativ)

Berechnungen mit der Finite-Element-Methode (FEM)

C.1 Allgemeines

(1) Anhang C enthält Hinweise zur Anwendung von FE-Methoden bei Nachweisen im Grenzzustand der Tragfähigkeit und der Gebrauchstauglichkeit sowie bei Ermüdungsnachweisen von plattenartigen Bauteilen.

ANMERKUNG 1   EN 1993-1-6 gibt Hinweise zur Anwendung von FE-Methoden bei Schalentragwerken.

ANMERKUNG 2   Diese Anhang darf nur von Ingenieuren mit entsprechender Erfahrung bei der Anwendung von FE-Methoden angewendet werden.

(2) Die Wahl der jeweiligen FE-Methode hängt von der zu untersuchenden Fragestellung ab. Folgende Annahmen sind zu treffen:

Tabelle C.1 — Annahmen für Berechnungen mit FEM

Nr	Werkstoff-verhalten	Struktur-verhalten	Imperfektionen, siehe C.5	Anwendungsbeispiel
1	linear	linear	Nein	elastische mittragende Breite, elastische Tragfähigkeit
2	nichtlinear	linear	Nein	plastische Tragfähigkeit im Grenzzustand der Tragfähigkeit
3	linear	nichtlinear	Nein	kritische Plattenbeullast
4	linear	nichtlinear	Ja	elastische Tragfähigkeit unter Berücksichtigung von Plattenbeulen
5	nichtlinear	nichtlinear	Ja	elastisch-plastische Tragfähigkeit im Grenzzustand der Tragfähigkeit

C.2 Anwendung

(1) Bei Anwendung von FE-Berechnungen ist in der Regel besonders auf folgende Punkte zu achten:

— geeignete Modellierung des Bauteils und seiner Randbedingungen;

— geeignetes Programm und ausreichende Programmdokumentation;

— Ansatz von Imperfektionen;

— Ansatz der Werkstoffeigenschaften;

— Modellierung der Lasten;

— Modellierung der Kriterien für den Grenzzustand;

— anzuwendende Teilsicherheitsbeiwerte.

ANMERKUNG Der nationale Anhang darf Bedingungen für die Anwendung von FE-Berechnungen für Entwurf und Bemessung festlegen.

C.3 Modellierung

(1) Die Wahl der Finiten Elemente (z. B. Schalenelemente oder Volumenelemente) und die Netzgestaltung bestimmt die Genauigkeit der Ergebnisse durchzuführen. Im Zweifelsfall sind die Brauchbarkeit des Netzes und die Größe der Finiten Elemente durch Empfindlichkeitsprüfungen (gegebenenfalls mit anschließender Verfeinerung) nachzuweisen.

(2) Die FE-Modellierung darf durchgeführt werden für

— ein Bauteil als Ganzes;

— eine Substruktur als Teil des Bauteils.

ANMERKUNG Ein Beispiel für ein Bauteil könnte der Steg oder das druckbeanspruchte Bodenblech eines Kastenträgers im Stützenbereich eines Durchlaufträgers sein. Ein Beispiel für eine Substruktur könnte ein Einzelfeld des Bodenblechs sein, das unter zweiaxialer Belastung steht.

(3) Die geometrischen und mechanischen Bedingungen für Lagerung, Koppelbedingungen und Einzelheiten der Lasteinleitung sind in der Regel so zu wählen, dass realistische oder auf der sicheren Seite liegende Resultate erzielt werden.

(4) Die Abmessungen sind in der Regel mit den Nennwerten zu modellieren.

(5) Sind Imperfektionen vorzusehen, so gelten für diese in der Regel die Form und die Amplituden gemäß C.5.

(6) Die Werkstoffeigenschaften sind in der Regel unter Beachtung von C.6(2) zu wählen.

C.4 Wahl des Programms und Dokumentation

(1) Das Programm muss für die Aufgabe geeignet und erwiesenermaßen zuverlässig sein.

ANMERKUNG Die Zuverlässigkeit kann durch geeignete Prüfberechnungen (benchmark tests) nachgewiesen werden.

(2) Netzgestaltung, Belastung, Randbedingungen und andere Eingaben sind in der Regel ebenso wie die Resultate nachprüfbar zu dokumentieren, so dass sie von unabhängigen Drittstellen reproduziert werden können.

C.5 Ansatz von Imperfektionen

(1) Bei FE-Berechnungen verwendete Imperfektionen sollten in der Regel sowohl geometrische als auch strukturelle Imperfektionen (Eigenspannungen) enthalten.

(2) Sind keine genaueren getrennten Ansätze von geometrischen und strukturellen Imperfektionen möglich, dürfen geometrische Ersatzimperfektionen verwendet werden.

ANMERKUNG 1 Geometrische Imperfektionen dürfen mit der Form der modalen Beulfigur angesetzt werden. Der nationale Anhang darf die zugehörigen Amplituden festlegen. Ein Wert entsprechend 80 % der geometrischen Fertigungstoleranzen wird empfohlen.

ANMERKUNG 2 Strukturelle Imperfektionen in Form von Eigenspannungen dürfen mit einer Eigenspannungsverteilung angesetzt werden, deren Verlauf und Amplitude im Mittel aus dem Fertigungsablauf erwartet werden können.

(3) Die Richtung der Imperfektionen ist in der Regel so anzusetzen, dass die niedrigste Beanspruchbarkeit erzielt wird.

(4) Für geometrische Ersatzimperfektionen dürfen die Ansätze in Tabelle C.2 und Bild C.1 angewendet werden.

Tabelle C.2 — Geometrische Ersatzimperfektionen

Imperfektionsansatz	Bauteil	Form	Amplitude
global	Bauteil der Länge ℓ	Bogen	siehe EN 1993-1-1, Tabelle 5.1
global	Längssteife der Länge a	Bogen	min (a/400, b/400)
lokal	Teilfeld oder Einzelfeld mit kurzer Länge a oder b	Beulform	min (a/200, b/200)
lokal	Verdrehung von Steifen und Flanschen	Bogen	1/50

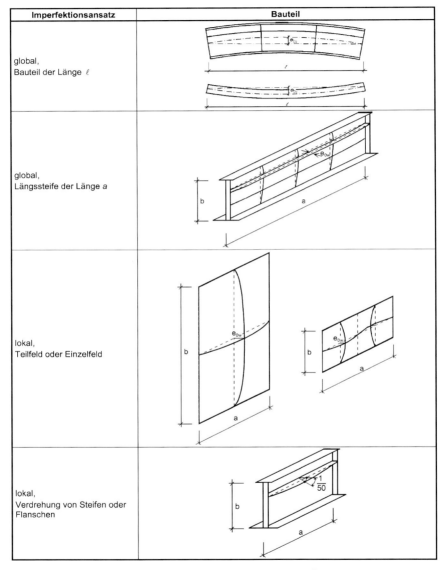

Bild C.1 — Modellierung geometrischer Ersatzimperfektionen

(5) Bei Betrachtung des Zusammenwirkens verschiedener Imperfektionen ist in der Regel eine Leitimperfektion zu wählen; die Begleitimperfektionen dürfen auf 70 % abgemindert werden.

ANMERKUNG 1   Jede der Imperfektionen in Tabelle C.2 ist in der Regel als Leitimperfektion und die verbleibenden sind als Begleitimperfektionen anzusetzen.

ANMERKUNG 2   Geometrische Ersatzimperfektionen dürfen auch durch entsprechende Störlasten abgebildet werden.

C.6 Werkstoffeigenschaften

(1) Werkstoffeigenschaften sind in der Regel mit charakteristischen Werten anzusetzen.

(2) Abhängig von der gewünschten Genauigkeit und der Größe der erwarteten Dehnungen dürfen folgende Näherungen für das Werkstoffverhalten verwendet werden, siehe Bild C.2:

a)   elastisch-plastisch ohne Wiederverfestigung;

b)   elastisch-plastisch mit Pseudowiederverfestigung;

c)   elastisch-plastisch mit linearer Wiederverfestigung;

d)   wahre Spannungs-Dehnungs-Kurve, die aus der technischen Spannungs-Dehnungs-Kurve wie folgt ermittelt wird:

$$\sigma_{true} = \sigma\left(1+\varepsilon\right)$$
$$\varepsilon_{true} = \ell n\left(1+\varepsilon\right)$$
(C.1)

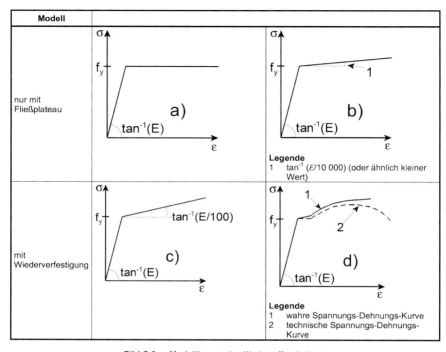

Bild C.2 — Modellierung des Werkstoffverhaltens

ANMERKUNG Für den Elastizitätsmodul im elastischen Bereich ist der Nennwert maßgebend.

C.7 Belastungen

(1) Die anzusetzenden Lasten sollten in der Regel die maßgebenden Teilsicherheitsbeiwerte und Kombinationsfaktoren enthalten. Für schrittweise Berechnungen darf ein einziger Lasterhöhungsfaktor α verwendet werden.

C.8 Kriterien für den Grenzzustand

(1) Folgende Kriterien für Grenzzustände sind in der Regel zu verwenden:

1. Für Bauteile mit Plattenbeulen:

    Erreichen des Maximums der Last-Verformungskurve.

2. Für Bereiche unter Zugbeanspruchungen:

   Erreichen eines Maximalwertes der Hauptmembrandehnung.

ANMERKUNG 1   Der Maximalwert der Hauptmembrandehnung darf im nationalen Anhang festgelegt werden; es wird ein Wert von 5 % empfohlen.

ANMERKUNG 2   Andere Kriterien dürfen verwendet werden (z. B. Erreichen eines Fließkriteriums oder Begrenzung der Fließzone).

C.9 Teilsicherheitsbeiwerte

(1) Der ermittelte Lasterhöhungsfaktor α_u, mit dem der Grenzzustand erreicht wird, soll ausreichend zuverlässig sein.

(2) Der erforderliche Lasterhöhungsfaktor α_u besteht in der Regel aus zwei Anteilen:

1. α_1 zur Abdeckung der Modellunsicherheit bei der Modellierung mit Finiten Elementen; α_1 ist in der Regel aus der Auswertung geeigneter Versuche zu ermitteln, siehe EN 1990, Anhang D;

2. α_2 zur Abdeckung von Ungenauigkeiten des Belastungs- und des Widerstandsmodells. α_2 darf mit γ_{M1} angesetzt werden, wenn der Verlust der Stabilität maßgebend ist, und mit γ_{M2}, wenn Werkstoffversagen zu erwarten ist.

(3) Der Nachweis ist in der Regel mit

$$\alpha_u > \alpha_1 \, \alpha_2 \qquad (C.2)$$

zu führen.

ANMERKUNG   Der nationale Anhang darf Hinweise zur Festlegung von γ_{M1} und γ_{M2} geben. Es wird empfohlen, die Zahlenwerte für γ_{M1} und γ_{M2} in den entsprechenden Teilen der EN 1993 anzuwenden.

Anhang D
(informativ)

Bauteile mit profilierten Stegblechen

D.1 Allgemeines

(1) Die Bemessungsregeln in Anhang D gelten für Bauteile mit trapezförmig oder sinusförmig profilierten Stegblechen und Blechgurten nach Bild D.1.

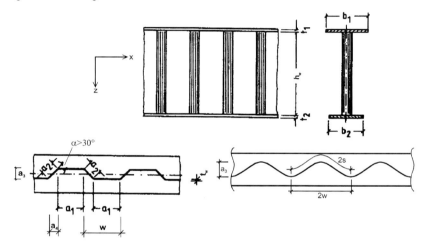

Bild D.1 — Bezeichnungen

D.2 Grenzzustand der Tragfähigkeit

D.2.1 Momententragfähigkeit

(1) Die Beanspruchbarkeit für Biegemomente ⟨AC⟩ $M_{y,Rd}$ ⟨AC⟩ ist in der Regel wie folgt zu ermitteln:

⟨AC⟩

$$M_{y,Rd} = \min\left\{\underbrace{\frac{b_2 t_2 f_{yf,r}}{\gamma_{M0}}\left(h_w + \frac{t_1+t_2}{2}\right)}_{\text{Zuggurt}} ; \underbrace{\frac{b_1 t_1 f_{yf,r}}{\gamma_{M0}}\left(h_w + \frac{t_1+t_2}{2}\right)}_{\text{Druckgurt}} ; \underbrace{\frac{b_1 t_1 \chi f_{yf}}{\gamma_{M1}}\left(h_w + \frac{t_1+t_2}{2}\right)}_{\text{Druckgurt}}\right\}$$ ⟨AC⟩(D.1)

Dabei ist

$f_{yf,r}$ die aufgrund der Querbiegemomente in den Gurten wie folgt abgeminderte Fließgrenze:

$$f_{yf,r} = f_{yf} f_T$$

$$f_T = 1 - 0{,}4 \sqrt{\frac{\sigma_x(M_z)}{\frac{f_{yf}}{\gamma_{M0}}}}$$

$\sigma_x(M_z)$ die durch Querbiegemomente hervorgerufene Spannung im Gurt;

χ der Abminderungsbeiwert für Biegeknicken senkrecht zur Systemebene nach EN 1993-1-1, 6.3.

ANMERKUNG 1   Das Querbiegemoment M_z kann aus der Einleitung des Schubflusses vom Steg in die Gurte nach Bild D.2 herrühren.

ANMERKUNG 2   Bei sinusförmig profilierte Stegblechen ist f_T = 1,0.

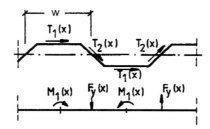

Bild D.2 — Querlasten infolge Einleitung des Schubflusses in die Gurte

(2) Die wirksame Fläche des Druckflansches ist in der Regel nach 4.4(1) zu bestimmen; hierzu ist der größere Wert des Schlankheitsgrades $\overline{\lambda}_p$, siehe 4.4(2), zu verwenden. Der Beulwert k_σ ergibt sich wie folgt, wobei der größere Wert [AC) aus a) und b) (AC] zu verwenden ist:

a)
$$k_\sigma = 0{,}43 + \left(\frac{b}{a}\right)^2 \tag{D.2}$$

Dabei ist

b die Breite des einseitig gestützten Gurtblechs von der Schweißnahtwurzel bis zum freien Ende;

$a = a_1 + 2\, a_4$

b)
$$k_\sigma = 0{,}60 \tag{D.3}$$

[AC) *gestrichener Text* (AC]

D.2.2 Schubtragfähigkeit

(1) Die Schubtragfähigkeit ⟨AC⟩ $V_{bw,Rd}$ ⟨AC⟩ ist in der Regel wie folgt zu bestimmen:

⟨AC⟩

$$V_{bw,Rd} = \chi_c \frac{f_{yw}}{\gamma_{M1}\sqrt{3}} h_w t_w \qquad \text{⟨AC⟩ (D.4)}$$

Dabei ist

χ_c der kleinere Wert der Abminderungsbeiwerte aus lokalem Plattenbeulen $\chi_{c,\ell}$ (siehe (2)) und Knicken $\chi_{c,g}$ (siehe (3)) ist.

(2) Der Abminderungsbeiwert $\chi_{c,\ell}$ für lokales Plattenbeulen ist in der Regel wie folgt zu ermitteln:

$$\chi_{c,\ell} = \frac{1{,}15}{0{,}9 + \overline{\lambda}_{c,\ell}} \leq 1{,}0 \qquad (D.5)$$

mit

⟨AC⟩

$$\overline{\lambda}_{c,\ell} = \sqrt{\frac{f_{yw}}{\tau_{cr,\ell}\sqrt{3}}} \qquad \text{⟨AC⟩ (D.6)}$$

$$\tau_{cr,\ell} = 4{,}83\, E \left[\frac{t_w}{a_{max}}\right]^2 \qquad (D.7)$$

a_{max} ist der größere Wert von a_1 und a_2.

ANMERKUNG Der nationale Anhang darf Hinweise zur Bestimmung von $\tau_{cr,\ell}$ und $\chi_{c,\ell}$ für sinusförmig profilierte Stegbleche geben. Die Verwendung der folgenden Gleichung wird empfohlen:

$$\tau_{cr,l} = \left(5{,}34 + \frac{a_3\, s}{h_w t_w}\right) \frac{\pi^2 E}{12(1-\nu^2)} \left(\frac{t_w}{s}\right)^2$$

Dabei ist

w die Länge der Projektion eine halben Welle, siehe Bild D.1;

s die abgewickelte Länge eine halben Welle, siehe Bild D.1.

(3) Der Abminderungsbeiwert $\chi_{c,g}$ für Knicken ist in der Regel wie folgt zu berechnen:

$$\chi_{c,g} = \frac{1{,}5}{0{,}5 + \overline{\lambda}_{c,g}^2} \leq 1{,}0 \qquad (D.8)$$

Dabei ist

[AC]

$$\overline{\lambda}_{c,g} = \sqrt{\frac{f_{yw}}{\tau_{cr,g}\sqrt{3}}}$$ [AC](D.9)

$$\tau_{cr,g} = \frac{32{,}4}{t_w\, h_w^2} \sqrt[4]{D_x\, D_z^3}$$ (D.10)

$$D_x = \frac{E\, t^3}{12(1-v^2)} \frac{w}{s}$$

$$D_z = \frac{E\, I_z}{w}$$

I_z das Flächenträgheitsmoment eines Profilierungsabschnittes der Länge w, siehe Bild D.1.

ANMERKUNG 1   Die Werte s und I_z werden für die wirkliche Form der Profilierung ermittelt.

ANMERKUNG 2   Gleichung (D.10) gilt für Bleche unter der Annahme gelenkiger Randlagerung.

D.2.3 Anforderungen an Endsteifen

(1) Endsteifen sind in der Regel nach Abschnitt 9 zu bemessen.

DIN EN 1993-1-5:2010-12
EN 1993-1-5:2006 + AC:2009 (D)

Anhang E
(normativ)

Alternative Methoden zur Bestimmung wirksamer Querschnitte

E.1 Wirksame Querschnittsflächen für Spannungen unterhalb der Streckgrenze

(1) Als Alternative zum Vorgehen nach 4.4(2) dürfen folgende Gleichungen zur Ermittlung wirksamer Flächen für Spannungen unterhalb der Streckgrenze angewendet werden:

a) für zweiseitig gestützte druckbeanspruchte Querschnittsteile:

$$\rho = \frac{1 - 0{,}055(3 + \psi)/\overline{\lambda}_{p,red}}{\overline{\lambda}_{p,red}} + 0{,}18 \cdot \frac{\left(\overline{\lambda}_p - \overline{\lambda}_{p,red}\right)}{\left(\overline{\lambda}_p - 0{,}6\right)} \leq 1{,}0 \qquad (E.1)$$

b) für einseitig gestützte druckbeanspruchte Querschnittsteile:

$$\rho = \frac{1 - 0{,}188/\overline{\lambda}_{p,red}}{\overline{\lambda}_{p,red}} + 0{,}18 \cdot \frac{\left(\overline{\lambda}_p - \overline{\lambda}_{p,red}\right)}{\left(\overline{\lambda}_p - 0{,}6\right)} \leq 1{,}0 \qquad (E.2)$$

Die Bezeichnungen sind in 4.4(2) und 4.4(4) angegeben. Der Einfluss knickstabähnlichen Verhaltens ist bei der Berechnung der Tragfähigkeit nach 4.4(5) zu berücksichtigen.

E.2 Wirksame Querschnittsflächen für die Steifigkeit

(1) Zur Bestimmung wirksamer Querschnittsflächen für die Steifigkeit darf der Schlankheitsgrad $\overline{\lambda}_{p,ser}$ für die Gebrauchstauglichkeit wie folgt ermittelt werden:

$$\overline{\lambda}_{p,ser} = \overline{\lambda}_p \sqrt{\frac{\sigma_{com,Ed,ser}}{f_y}} \qquad (E.3)$$

Dabei ist

$\sigma_{com,Ed,ser}$ die größte Druckspannung (berechnet für den wirksamen Querschnitt) im betrachteten Querschnittsteil unter Lasten im Gebrauchtauglichkeitszustand.

(2) Das Flächenträgheitsmoment darf durch eine Interpolation der Bruttoquerschnittsfläche und der wirksamen Querschnittsfläche unter der entsprechenden Lastkombination wie folgt angenommen werden:

$$I_{eff} = I_{gr} - \frac{\sigma_{gr}}{\sigma_{com,Ed,ser}}\left(I_{gr} - I_{eff}(\sigma_{com,Ed,ser})\right) \qquad (E.4)$$

Dabei ist

I_{gr} das Flächenträgheitsmoment des Bruttoquerschnitts;

σ_{gr} die größte am Bruttoquerschnitt ermittelte Biegespannung im Grenzzustand der Gebrauchstauglichkeit;

$I_{eff}(\sigma_{com,Ed,ser})$ das für den wirksamen Querschnitt ermittelte Flächenträgheitsmoment; der wirksame Querschnitt wird nach (E.1) für die größte Spannung innerhalb der betrachteten Bauteillänge $\sigma_{com,Ed,ser} \geq \sigma_{gr}$ ermittelt.

(3) Das wirksame Flächenträgheitsmoment I_{eff} darf veränderlich entsprechend dem Spannungszustand entlang des Bauteils angenommen werden. Alternativ darf I_{eff} als konstant entlang des Bauteils, berechnet für das größte einwirkende positive Biegemoment unter Gebrauchtauglichkeitslasten, angesetzt werden.

(4) Die Berechnung erfordert ein iteratives Vorgehen. Auf der sicheren Seite darf die Berechnung jedoch in einem Schritt für eine Spannung größer oder gleich $\sigma_{com,Ed,ser}$ durchgeführt werden.

DIN EN 1993-1-5/NA

Dezember 2010

ICS 91.010.30; 91.080.10

Ersatzvermerk
siehe unten

Nationaler Anhang –
National festgelegte Parameter –
Eurocode 3: Bemessung und Konstruktion von Stahlbauten –
Teil 1-5: Plattenförmige Bauteile

National Annex –
Nationally determined parameters –
Eurocode 3: Design of steel structures –
Part 1-5: Plated structural elements

Annexe Nationale –
Paramètres déterminés au plan national –
Eurocode 3: Calcul des structures en acier –
Partie 1-5: Plaques planes

Ersatzvermerk

Mit DIN EN 1993-1-1:2010-12, DIN EN 1993-1-1/NA:2010-12, DIN EN 1993-1-3:2010-12,
DIN EN 1993-1-3/NA:2010-12, DIN EN 1993-1-5:2010-12, DIN EN 1993-1-8:2010-12,
DIN EN 1993-1-8/NA:2010-12, DIN EN 1993-1-9:2010-12, DIN EN 1993-1-9/NA:2010-12,
DIN EN 1993-1-10:2010-12, DIN EN 1993-1-10/NA:2010-12, DIN EN 1993-1-11:2010-12 und
DIN EN 1993-1-11/NA:2010-12 Ersatz für DIN 18800-1:2008-11;
mit DIN EN 1993-1-1:2010-12, DIN EN 1993-1-1/NA:2010-12, DIN EN 1993-1-3:2010-12,
DIN EN 1993-1-3/NA:2010-12 und DIN EN 1993-1-5:2010-12 Ersatz für DIN 18800-2:2008-11;
mit DIN EN 1993-1-3:2010-12, DIN EN 1993-1-3/NA:2010-12 und DIN EN 1993-1-5:2010-12 Ersatz für
DIN 18800-3:2008-11

Gesamtumfang 8 Seiten

Normenausschuss Bauwesen (NABau) im DIN

Vorwort

Dieses Dokument wurde vom NA 005-08-16 AA „Tragwerksbemessung" erstellt.

Dieses Dokument bildet den Nationalen Anhang zu DIN EN 1993-1-5:2010-12, *Eurocode 3: Bemessung und Konstruktion von Stahlbauten - Teil 1-5: Plattenförmige Bauteile.*

Die Europäische Norm EN 1993-1-5 räumt die Möglichkeit ein, eine Reihe von sicherheitsrelevanten Parametern national festzulegen. Diese national festzulegenden Parameter (en: *Nationally determined parameters*, NDP) umfassen alternative Nachweisverfahren und Angaben einzelner Werte, sowie die Wahl von Klassen aus gegebenen Klassifizierungssystemen. Die entsprechenden Textstellen sind in der Europäischen Norm durch Hinweise auf die Möglichkeit nationaler Festlegungen gekennzeichnet. Eine Liste dieser Textstellen befindet sich im Unterabschnitt NA 2.1. Darüber hinaus enthält dieser nationale Anhang ergänzende nicht widersprechende Angaben zur Anwendung von DIN EN 1993-1-5:2010-12 (en: *non-contradictory complementary information*, NCI).

Dieser Nationale Anhang ist Bestandteil von DIN EN 1993-1-5:2010-12.

DIN EN 1993-1-5:2010-12 und dieser Nationale Anhang DIN EN 1993-1-5/NA:2010-12 ersetzen:

— zusammen mit DIN EN 1993-1-1, DIN EN 1993-1-1/NA, DIN EN 1993-1-3, DIN EN 1993-1-3/NA, DIN EN 1993-1-8, DIN EN 1993-1-8/NA, DIN EN 1993-1-9, DIN EN 1993-1-9/NA, DIN EN 1993-1-10, DIN EN 1993-1-10/NA, DIN EN 1993-1-11 und DIN EN 1993-1-11/NA
die nationale Norm DIN 18800-1:2008-11;

— zusammen mit DIN EN 1993-1-1, DIN EN 1993-1-1/NA, DIN EN 1993-1-3 und DIN EN 1993-1-3/NA
die nationale Norm DIN 18800-2:2008-11;

— zusammen mit DIN EN 1993-1-3 undDIN EN 1993-1-3/NA
die nationale Norm DIN 18800-3:2008-11.

Änderungen

Gegenüber DIN 18800-1:2008-11, DIN 18800-2:2008-11 und DIN 18800-3:2008-11 wurden folgende Änderungen vorgenommen:

a) nationale Festlegungen zu DIN EN 1993-1-5:2010-12 aufgenommen.

Frühere Ausgaben

DIN 1050: 1934-08, 1937xxxxx-07, 1946-10, 1957x-12, 1968-06
DIN 1073: 1928-04, 1931-09, 1941-01, 1974-07
DIN 1073 Beiblatt: 1974-07
DIN 1079: 1938-01, 1938-11, 1970-09
DIN 4100: 1931-05, 1933-07, 1934xxxx-08, 1956-12, 1968-12
DIN 4101: 1937xxx-07, 1974-07
DIN 4114-1: 1952xx-07
DIN 4114-2: 1952-07, 1953x-02
DIN 18800-1: 1981-03, 1990-11, 2008-11
DIN 18800-1/A1: 1996-02
DIN 18800-2: 1990-11, 2008-11
DIN 18800-2/A1: 1996-02
DIN 18800-3: 1990-11, 2008-11
DIN 18800-3/A1: 1996-02

NA 1 Anwendungsbereich

Dieser Nationale Anhang enthält nationale Festlegungen für den Entwurf und die Berechnung von aus ebenen Blechen zusammengesetzten und in ihrer Ebene belasteten Bauteilen mit oder ohne Steifen, die bei der Anwendung von DIN EN 1993-1-5:2010-12 in Deutschland zu berücksichtigen sind.

Dieser Nationale Anhang gilt nur in Verbindung mit DIN EN 1993-1-5:2010-12.

NA 2 Nationale Festlegungen zur Anwendung von DIN EN 1993-1-5:2010-12

NA 2.1 Allgemeines

DIN EN 1993-1-5:2010-12 weist an den folgenden Textstellen die Möglichkeit nationaler Festlegungen aus (NDP, en: *Nationally determined parameters*):

— 2.2(5) Anmerkung 1
— 3.3(1) Anmerkung 1
— 4.3(6) Anmerkung
— 5.1(2) Anmerkung 2
— 6.4(2) Anmerkung
— 8(2) Anmerkung
— 9.1(1) Anmerkung
— 9.2.1(9) Anmerkung

— 10(1) Anmerkung 2
— 10(5) Anmerkung 5
— C.2(1) Anmerkung
— C.5(2)
— C.8(1) Anmerkung 1
— C.9(3) Anmerkung
— D.2.2(2) Anmerkung

Darüber hinaus enthält NA 2.2 ergänzende nicht widersprechende Angaben zur Anwendung von DIN EN 1993-5-1:2010-12. Diese sind durch ein vorangestelltes „NCI" (en: *non-contradictory complementary information*) gekennzeichnet.

— 4.4(6)
— 4.5.1(3)
— 5.3(2)
— 5.3(3)

— 5.3(4)
— 7
— C.9(2)
— Literaturhinweise

NA 2.2 Nationale Festlegungen

Die nachfolgende Nummerierung entspricht der Nummerierung von DIN EN 1993-1-5:2010-12. bzw. ergänzt diese.

ANMERKUNG   Bemessungshilfen für die Anwendung von DIN EN 1993-1-5 sind [1] bis [4] zu entnehmen.

NDP zu 2.2(5) Anmerkung 1
Es gilt die Empfehlung.

NDP zu 3.3(1) Anmerkung 1
Es gilt die Empfehlung.

NDP zu 4.3(6) Anmerkung
Es gilt die Empfehlung.

NCI zu 4.4(6)
Die Randbedingungen zur Bestimmung der elastischen kritischen Beul- und Knickspannung bei plattenartigem bzw. knickstabähnlichem Verhalten müssen identisch sein.

NCI zu 4.5.1(3)
Längssteifen mit Steifenquerschnitten, deren Steifigkeit $\gamma < 25$ ist (γ nach DIN EN 1993-1-5:2010-12, Anhang A), sind zu vernachlässigen.

NDP zu 5.1(2) Anmerkung 2
Für den Hochbau gilt die Empfehlung.

Für den Brückenbau und ähnliche Anwendungsbereiche ist $\eta = 1,0$ anzusetzen.

NCI zu 5.3(2)
Für schubbeanspruchte Beulfelder mit geschlossenen Längssteifen, die an die Auflager- bzw. Vertikalsteife angeschlossen sind, darf stets eine starre Auflagersteife angenommen werden.

NCI zu 5.3(3)
Bei der Ermittlung der kritischen Beulspannung τ_{cr} von Beulfeldern ohne Längssteifen muss als Randbedingung „gelenkige Lagerung" angenommen werden.

NCI zu 5.3(4)
Durch die hohe Torsionssteifigkeit geschlossener Längssteifen ist eine Abminderung des Flächenträgheitsmoments der Steifen auf 1/3 seines wirklichen Wertes nicht erforderlich.

NDP zu 6.4(2) Anmerkung

Für Stege mit Längssteifen darf folgendes Vorgehen angewendet werden:

(1) Die Ersatzverzweigungslast F_{cr} ermittelt sich wie folgt:

$$F_{cr} = \frac{F_{cr,1} \cdot F_{cr,2}}{F_{cr,1} + F_{cr,2}} \tag{NA.1}$$

mit

$$F_{cr,1} = k_{F,1} \cdot \frac{\pi^2 E}{12(1-\upsilon^2)} \cdot \frac{t_w^3}{h_w} \tag{NA.2}$$

$$F_{cr,2} = k_{F,2} \cdot \frac{\pi^2 E}{12(1-\upsilon^2)} \cdot \frac{t_w^3}{b_1} \tag{NA.3}$$

und

$k_{F,1} = k_F$ nach DIN EN 1993-1-5:2010-12, Gleichung (6.6) (NA.4)

$$k_{F,2} = \left[0{,}8 \cdot \left(\frac{s_s + 2 \cdot t_f}{a} \right) + 0{,}6 \right] \cdot \left(\frac{a}{b_1} \right)^{0{,}6 \cdot \left(\frac{s_s + 2 \cdot t_f}{a} \right) + 0{,}5} \tag{NA.5}$$

(2) Der Schlankheitsgrad $\overline{\lambda}_F$ bestimmt sich mit $m_2 = 0$ nach DIN EN 1993-1-5:2010-12, Gleichung (6.4).

(3) Der Abminderungsfaktors χ_F für Stege mit Längssteifen und Lasteinleitungstyp (a) ermittelt sich zu:

$$\chi_F = \frac{1}{\varphi + \sqrt{\varphi^2 - \overline{\lambda}_F}} \leq 1{,}0 \quad \text{mit} \quad \varphi = 0{,}5\left(1 + 0{,}21(\overline{\lambda}_F - 0{,}80) + \overline{\lambda}_F\right) \tag{NA.6}$$

NCI zu 7

Bei gemeinsamer Wirkung von Querbelastung an den Längsrändern und Querkraft ist die Beanspruchbarkeit mit der folgenden Interaktionsbeziehung zu prüfen:

$$\left[\eta_3 \cdot \left(1 - \frac{F_{Ed}}{2 \cdot V_{Ed}} \right) \right]^{1{,}6} + \eta_2 \leq 1{,}0 \tag{NA.7}$$

NDP zu 8(2) Anmerkung

Keine weiteren Informationen.

NDP zu 9.1(1) Anmerkung

Keine weiteren Anforderungen.

NDP zu 9.2.1(9) Anmerkung

Es gilt die Empfehlung.

NDP zu 10(1) Anmerkung 2

Die Methode der reduzierten Spannungen muss für Gebrauchstauglichkeitsnachweise verwendet werden, wenn diese gefordert sind. Sie darf auch für Tragfähigkeitsnachweise angewendet werden.

Es gilt die Annahme gelenkig gelagerter Ränder.

NDP zu 10(5) Anmerkung 5

Weitere Informationen zur Anwendung von DIN EN 1993-1-5:2010-12, Abschnitt 10 sind in Abschnitt 4 aus [2] enthalten.

Es gilt die Empfehlung, dass beim Auftreten von Zug- und Druckspannungen in einem Blechfeld, Gleichungen (10.4) und (10.5) lediglich auf die unter Druckbeanspruchung stehenden Querschnittsteile anzuwenden sind.

Für die Querbelastung ist folgende Beulkurve mit $\alpha_p = 0{,}34$ und $\overline{\lambda}_0 = 0{,}80$ anzuwenden:

$$\rho_z = \frac{1}{\varphi + \sqrt{\varphi^2 - \overline{\lambda}_p}} \leq 1{,}0 \quad \text{mit} \quad \varphi = 0{,}5\left(1 + \alpha_p(\overline{\lambda}_p - \overline{\lambda}_0) + \overline{\lambda}_p\right) \tag{NA.8}$$

NDP zu C.2(1) Anmerkung

Es ist durch Vergleichsrechnungen nachzuweisen, dass das gewählte Finite-Element-Modell geeignet ist und mit den gewählten Ansätzen, z. B. für Randbedingungen, Imperfektionen und Beanspruchungen, eine ausreichende Genauigkeit erreicht wird.

NDP zu C.5(2)

Es gilt der umformulierte Text zu C.5(2):

(2) Anstelle der genaueren getrennten Ansätze von geometrischen und strukturellen Imperfektionen dürfen geometrische Ersatzimperfektionen verwendet werden.

Sind zur Festlegung von geometrischen oder strukturellen Imperfektionen Versuche oder gutachterliche Stellungnahmen erforderlich, sind die Festlegungen über einen bauaufsichtlichen Verwendbarkeitsnachweis zu treffen.

Zu Anmerkung 1:

Es gilt die Empfehlung, falls kein anderer Wert begründet wird.

NDP zu C.8(1) Anmerkung 1

Es gilt die Empfehlung, falls kein anderer Wert begründet wird.

NCI zu C.9(2)

Zum Text C.9(2):

α_1 ist mit 1,05 anzusetzen bei gleichzeitiger Verwendung von α_2 mit $\gamma_{M1} = 1{,}1$ oder $\gamma_{M2} = 1{,}25$, sofern keine genaueren Untersuchungen im Rahmen eines bauaufsichtlichen Verwendbarkeitsnachweises erfolgen.

NDP zu C.9(3) Anmerkung

Es gilt die Festlegung zu C.9(2).

NDP zu D.2.2(2) Anmerkung

Für trapezförmig profilierte Stegbleche sind D_x und D_z wie folgt zu berechnen:

$$D_x = \frac{a_1 + a_3}{a_1 + a_2} \cdot \frac{E \cdot t_w^3}{12} \tag{NA.9}$$

$$D_z = \frac{3 \cdot a_1 \cdot a_3^2 + \sqrt{2} \cdot a_3^3}{a_1 + a_3} \cdot \frac{E \cdot t_w}{12} \tag{NA.10}$$

Für sinusförmig profilierte Stegbleche sind D_x und D_z wie folgt zu berechnen:

$$D_x = \frac{E \cdot t_w^3}{12 \cdot (1-\upsilon^2)} \cdot \frac{w}{s} \tag{NA.11}$$

$$D_z = \frac{E \cdot I_z}{w} \tag{NA.12}$$

Der Nachweis des lokalen Beulens für Träger mit sinusförmig profilierten Stegblechen darf vernachlässigt werden, wenn folgende Bedingungen eingehalten sind:

$$\frac{w}{a_3} \leq 2; \quad \frac{w}{t_w} \leq 52; \quad \frac{a_3}{t_w} \leq 27 \tag{NA.13}$$

Für sinusförmig profilierte Stegbleche mit abweichenden Abmessungen ist Gl. (D.7) als äquivalentes Trapezblechprofil anzuwenden.

NCI   Literaturhinweise

[1] Johansson, B.; Maquoi, R.; Sedlacek, G.; Müller, C.; Beg, D.: Commentary and worked examples to EN 1993-1-5 „Plated Structural Elements", 1st Edition, ECCS-JRC Report No. EUR 22898 EN, October 2007

[2] Sedlacek, G.; Feldmann, M.; Kuhlmann, U.; Mensinger, M.; Naumes, J.; Müller, Ch.; Braun, B.; Ndogmo, J.: Entwicklung und Aufbereitung wirtschaftlicher Bemessungsregeln für Stahl- und Verbundträger mit schlanken Stegblechen im Hoch- und Brückenbau. DASt-Forschungsbericht, AiF-Projekt-Nr. 14771, 2008

[3] Braun, B.; Kuhlmann, U.: Bemessung und Konstruktion von aus Blechen zusammengesetzten Bauteilen nach DIN EN 1993-1-5. In: Stahlbau-Kalender 2009 (Hrsg. Ulrike Kuhlmann), Ernst & Sohn Verlag, 2009

[4] Sedlacek, G.; Eisel, H.; Hensen, W.; Kühn, B.; Paschen, M.: Leitfaden zum DIN-Fachbericht 103 – Stahlbrücken. Ausgabe März 2003, Ernst & Sohn Verlag, 2004

Dezember 2010

| | DIN EN 1993-1-8 | |

ICS 91.010.30; 91.080.10   Ersatzvermerk
                                                           siehe unten

Eurocode 3: Bemessung und Konstruktion von Stahlbauten –
Teil 1-8: Bemessung von Anschlüssen;
Deutsche Fassung EN 1993-1-8:2005 + AC:2009

Eurocode 3: Design of steel structures –
Part 1-8: Design of joints;
German version EN 1993-1-8:2005 + AC:2009

Eurocode 3: Calcul des structures en acier –
Partie 1-8: Calcul des assemblages;
Version allemande EN 1993-1-8:2005 + AC:2009

Ersatzvermerk

Ersatz für DIN EN 1993-1-8:2005-07;
mit DIN EN 1993-1-1:2010-12, DIN EN 1993-1-1/NA:2010-12, DIN EN 1993-1-3:2010-12,
DIN EN 1993-1-3/NA:2010-12, DIN EN 1993-1-5:2010-12, DIN EN 1993-1-5/NA:2010-12,
DIN EN 1993-1-8/NA:2010-12, DIN EN 1993-1-9:2010-12, DIN EN 1993-1-9/NA:2010-12,
DIN EN 1993-1-10:2010-12, DIN EN 1993-1-10/NA:2010-12, DIN EN 1993-1-11:2010-12 und
DIN EN 1993-1-11/NA:2010-12 Ersatz für DIN 18800-1:2008-11;
mit DIN EN 1993-1-1:2010-12, DIN EN 1993-1-1/NA:2010-12, DIN EN 1993-1-8/NA:2010-12,
DIN EN 1993-1-11:2010-12 und DIN EN 1993-1-11/NA:2010-12 Ersatz für DIN 18801:1983-09;
mit DIN EN 1993-1-1:2010-12, DIN EN 1993-1-1/NA:2010-12 und DIN EN 1993-1-8/NA:2010-12 Ersatz für
DIN 18808:1984-10;
mit DIN EN 1993-1-8/NA:2010-12, DIN EN 1993-4-1:2010-12 und DIN EN 1993-4-1/NA:2010-12 Ersatz für
DIN 18914:1985-09;
Ersatz für DIN EN 1993-1-8 Berichtigung 1:2009-12

Gesamtumfang 150 Seiten

Normenausschuss Bauwesen (NABau) im DIN

Nationales Vorwort

Dieses Dokument (EN 1993-1-8:2005 + AC:2009) wurde vom Technischen Komitee CEN/TC 250 „Eurocodes für den konstruktiven Ingenieurbau" erarbeitet, dessen Sekretariat vom BSI (Vereinigtes Königreich) gehalten wird.

Die Arbeiten auf nationaler Ebene wurden durch die Experten des NABau-Spiegelausschusses NA 005-08-16 AA „Tragwerksbemessung (Sp CEN/TC 250/SC 3)" begleitet.

Die Norm ist Bestandteil einer Reihe von Einwirkungs- und Bemessungsnormen, deren Anwendung nur im Paket sinnvoll ist. Dieser Tatsache wird durch das Leitpapier L der Kommission der Europäischen Gemeinschaft für die Anwendung der Eurocodes Rechnung getragen, indem Übergangsfristen für die verbindliche Umsetzung der Eurocodes in den Mitgliedsstaaten vorgesehen sind. Die Übergangsfristen sind im Vorwort dieser Norm angegeben.

Die Anwendung dieser Norm gilt in Deutschland in Verbindung mit dem Nationalen Anhang.

Es wird auf die Möglichkeit hingewiesen, dass einige Texte dieses Dokuments Patentrechte berühren können. Das DIN [und/oder die DKE] sind nicht dafür verantwortlich, einige oder alle diesbezüglichen Patentrechte zu identifizieren.

Der Beginn und das Ende des hinzugefügten oder geänderten Textes wird im Text durch die Textmarkierungen !AC) (AC! angezeigt.

Änderungen

Gegenüber DIN V ENV 1993-1-1:1993-04, DIN V ENV 1993-1-1/A1:2002-05 und DIN V ENV 1993-1-1/A2:2002-05 wurden folgende Änderungen vorgenommen:

a) Vornorm-Charakter wurde aufgehoben;

b) in Teil 1-1, Teil 1-8, Teil 1-9 und Teil 1-10 aufgeteilt;

c) die Stellungnahmen der nationalen Normungsinstitute wurden eingearbeitet und der Text vollständig überarbeitet und in einen eigenständigen Normteil überführt.

Gegenüber DIN EN 1993-1-8:2005-07, DIN EN 1993-1-8 Berichtigung 1: 2009-12, DIN 18800-1:2008-11, DIN 18801:1983-09, DIN 18808:1984-10 und DIN 18914:1985-09 wurden folgende Änderungen vorgenommen:

a) auf europäisches Bemessungskonzept umgestellt;

b) Ersatzvermerke korrigiert;

c) Vorgänger-Norm mit der Berichtigung 1 konsolidiert;

d) redaktionelle Änderungen durchgeführt.

Frühere Ausgaben

DIN 1050: 1934-08, 1937xxxxx-07, 1946-10, 1957x-12, 1968-06
DIN 1073: 1928-04, 1931-09, 1941-01, 1974-07
DIN 1079: 1938-01, 1938-11, 1970-09
DIN 1073 Beiblatt: 1974-07
DIN 4100: 1931-05, 1933-07, 1934xxxx-08, 1956-12, 1968-12
DIN 4101: 1937xxx-07, 1974-07
DIN 4115: 1950-08
DIN 18800-1: 1981-03, 1990-11, 2008-11
DIN 18800-1/A1: 1996-02
DIN 18801: 1983-09
DIN 18808: 1984-10
DIN 18914: 1985-09
DIN V ENV 1993-1-1: 1993-04
DIN V ENV 1993-1-1/A1: 2002-05
DIN V ENV 1993-1-1/A2: 2002-05
DIN EN 1993-1-8: 2005-07
DIN EN 1993-1-8 Berichtigung 1: 2009-12

— Leerseite —

EUROPÄISCHE NORM
EUROPEAN STANDARD
NORME EUROPÉENNE

EN 1993-1-8
Mai 2005
+AC
Juli 2009

ICS 91.010.30; 91.080.10

Ersatz für ENV 1993-1-1:1992

Deutsche Fassung

Eurocode 3: Bemessung und Konstruktion von Stahlbauten — Teil 1-8: Bemessung von Anschlüssen

Eurocode 3: Design of steel structures — Part 1-8: Design of joints

Eurocode 3: Calcul des structures en acier — Partie 1-8: Calcul des assemblages

Diese Europäische Norm wurde vom CEN am 16. April 2004 angenommen.

Die Berichtigung tritt am 29. Juli 2009 in Kraft und wurde in EN 1993-1-8:2005 eingearbeitet.

Die CEN-Mitglieder sind gehalten, die CEN/CENELEC-Geschäftsordnung zu erfüllen, in der die Bedingungen festgelegt sind, unter denen dieser Europäischen Norm ohne jede Änderung der Status einer nationalen Norm zu geben ist. Auf dem letzten Stand befindliche Listen dieser nationalen Normen mit ihren bibliographischen Angaben sind beim Management-Zentrum des CEN oder bei jedem CEN-Mitglied auf Anfrage erhältlich.

Diese Europäische Norm besteht in drei offiziellen Fassungen (Deutsch, Englisch, Französisch). Eine Fassung in einer anderen Sprache, die von einem CEN-Mitglied in eigener Verantwortung durch Übersetzung in seine Landessprache gemacht und dem Management-Zentrum mitgeteilt worden ist, hat den gleichen Status wie die offiziellen Fassungen.

CEN-Mitglieder sind die nationalen Normungsinstitute von Belgien, Bulgarien, Dänemark, Deutschland, Estland, Finnland, Frankreich, Griechenland, Irland, Island, Italien, Lettland, Litauen, Luxemburg, Malta, den Niederlanden, Norwegen, Österreich, Polen, Portugal, Rumänien, Schweden, der Schweiz, der Slowakei, Slowenien, Spanien, der Tschechischen Republik, Ungarn, dem Vereinigten Königreich und Zypern.

EUROPÄISCHES KOMITEE FÜR NORMUNG
EUROPEAN COMMITTEE FOR STANDARDIZATION
COMITÉ EUROPÉEN DE NORMALISATION

Management-Zentrum: Avenue Marnix 17, B-1000 Brüssel

© 2009 CEN   Alle Rechte der Verwertung, gleich in welcher Form und in welchem Verfahren, sind weltweit den nationalen Mitgliedern von CEN vorbehalten.

Ref. Nr. EN 1993-1-8:2005 + AC:2009 D

DIN EN 1993-1-8:2010-12
EN 1993-1-8:2005 + AC:2009 (D)

Inhalt

Seite

Vorwort 5
Hintergrund des Eurocode-Programms 5
Status und Gültigkeitsbereich der Eurocodes 6
Nationale Fassungen der Eurocodes 7
Verbindung zwischen den Eurocodes und den harmonisierten Technischen Spezifikationen für Bauprodukte (EN und ETAZ) 7
Nationaler Anhang zu EN 1993-1-8 7

1	Allgemeines	9
1.1	Anwendungsbereich	9
1.2	Normative Verweisungen	9
1.2.1	Bezugsnormengruppe 1: Schweißgeeignete Baustähle	9
1.2.2	Bezugsnormengruppe 2: Toleranzen, Maße und technische Lieferbedingungen	9
1.2.3	Bezugsnormengruppe 3: Hohlprofile	10
1.2.4	Bezugsnormengruppe 4: Schrauben, Muttern und Unterlegscheiben	10
1.2.5	Bezugsnormengruppe 5: Schweißzusatzmittel und Schweißen	11
1.2.6	Bezugsnormengruppe 6: Niete	11
1.2.7	Bezugsnormengruppe 7: Bauausführung von Stahlbauten	11
1.3	Unterscheidung nach Grundsätzen und Anwendungsregeln	11
1.4	Begriffe	12
1.5	Formelzeichen	14
2	Grundlagen der Tragwerksplanung	21
2.1	Annahmen	21
2.2	Allgemeine Anforderungen	21
2.3	Schnittgrößen	21
2.4	Beanspruchbarkeit von Verbindungen	22
2.5	Annahmen für die Berechnung	22
2.6	Schubbeanspruchte Anschlüsse mit Stoßbelastung, Belastung mit Schwingungen oder mit Lastumkehr	22
2.7	Exzentrizitäten in Knotenpunkten	23
3	Schrauben-, Niet- und Bolzenverbindungen	23
3.1	Schrauben, Muttern und Unterlegscheiben	23
3.1.1	Allgemeines	23
3.1.2	Vorgespannte Schrauben	24
3.2	Niete	24
3.3	Ankerschrauben	24
3.4	Kategorien von Schraubenverbindungen	24
3.4.1	Scherverbindungen	24
3.4.2	Zugverbindungen	25
3.5	Rand- und Lochabstände für Schrauben und Niete	26
3.6	Tragfähigkeiten einzelner Verbindungsmittel	28
3.6.1	Schrauben und Niete	28
3.6.2	Injektionsschrauben	32
3.7	Gruppen von Verbindungsmitteln	33
3.8	Lange Anschlüsse	34
3.9	Gleitfeste Verbindungen mit hochfesten 8.8 oder 10.9 Schrauben	34
3.9.1	Gleitwiderstand	34
3.9.2	Kombinierte Scher- und Zugbeanspruchung	35
3.9.3	Hybridverbindungen	36
3.10	Lochabminderungen	36
3.10.1	Allgemeines	36
3.10.2	Blockversagen von Schraubengruppen	36

2

DIN EN 1993-1-8:2010-12
EN 1993-1-8:2005 + AC:2009 (D)

Seite

3.10.3 Einseitig angeschlossene Winkel und andere unsymmetrisch angeschlossene Bauteile unter Zugbelastung 37
3.10.4 Anschlusswinkel für indirekten Anschluss 38
3.11 Abstützkräfte 39
3.12 Kräfteverteilung auf Verbindungsmittel im Grenzzustand der Tragfähigkeit 39
3.13 Bolzenverbindungen 39
3.13.1 Allgemeines 39
3.13.2 Bemessung der Bolzen 40

4 Schweißverbindungen 42
4.1 Allgemeines 42
4.2 Schweißzusätze 43
4.3 Geometrie und Abmessungen 43
4.3.1 Schweißnahtarten 43
4.3.2 Kehlnähte 43
4.3.3 Schlitznähte 44
4.3.4 Stumpfnähte 45
4.3.5 Lochschweißungen 45
4.3.6 Hohlkehlnähte 45
4.4 Schweißen mit Futterblechen 46
4.5 Beanspruchbarkeit von Kehlnähten 46
4.5.1 Schweißnahtlänge 46
4.5.2 Wirksame Nahtdicke 46
4.5.3 Tragfähigkeit von Kehlnähten 47
4.6 Tragfähigkeit von Schlitznähten 49
4.7 Tragfähigkeit von Stumpfnähten 49
4.7.1 Durchgeschweißte Stumpfnähte 49
4.7.2 Nicht durchgeschweißte Stumpfnähte 49
4.7.3 T-Stöße 49
4.8 Tragfähigkeit von Lochschweißungen 50
4.9 Verteilung der Kräfte 50
4.10 Steifenlose Anschlüsse an Flansche 51
4.11 Lange Anschlüsse 52
4.12 Exzentrisch belastete einseitige Kehlnähte oder einseitige nicht durchgeschweißte Stumpfnähte 53
4.13 Einschenkliger Anschluss von Winkelprofilen 53
4.14 Schweißen in kaltverformten Bereichen 53

5 Tragwerksberechnung, Klassifizierung und statische Modelle 54
5.1 Tragwerksberechnung 54
5.1.1 Allgemeines 54
5.1.2 Elastische Tragwerksberechnung 55
5.1.3 Starr-plastische Tragwerksberechnung 56
5.1.4 Elastisch-plastische Tragwerksberechnung 56
5.1.5 Berechnung von Fachwerkträgern 57
5.2 Klassifizierung von Anschlüssen 58
5.2.1 Allgemeines 58
5.2.2 Klassifizierung nach der Steifigkeit 59
5.2.3 Klassifizierung nach der Tragfähigkeit 61
5.3 Statisches Modell für Träger-Stützenanschlüsse 62

6 Anschlüsse mit H- oder I-Querschnitten 64
6.1 Allgemeines 64
6.1.1 Geltungsbereich 64
6.1.2 Kenngrößen 65
6.1.3 Grundkomponenten eines Anschlusses 66
6.2 Tragfähigkeit 69
6.2.1 Schnittgrößen 69
6.2.2 Querkräfte 70

DIN EN 1993-1-8:2010-12
EN 1993-1-8:2005 + AC:2009 (D)

		Seite
6.2.3	Biegemomente	71
6.2.4	Äquivalenter T-Stummel mit Zugbeanspruchung	72
6.2.5	Äquivalenter T-Stummel mit Druckbeanspruchung	76
6.2.6	Tragfähigkeit der Grundkomponenten	77
6.2.7	Biegetragfähigkeit von Träger-Stützenanschlüssen und Stößen	95
6.2.8	Tragfähigkeit von Stützenfüßen mit Fußplatten	100
6.3	Rotationssteifigkeit	103
6.3.1	Grundmodell	103
6.3.2	Steifigkeitskoeffizienten für die Grundkomponenten eines Anschlusses	106
6.3.3	Stirnblechanschlüsse mit zwei oder mehr Schraubenreihen mit Zugbeanspruchung	109
6.3.4	Stützenfüße	111
6.4	Rotationskapazität	112
6.4.1	Allgemeines	112
6.4.2	Geschraubte Anschlüsse	112
6.4.3	Geschweißte Anschlüsse	113
7	Anschlüsse mit Hohlprofilen	113
7.1	Allgemeines	113
7.1.1	Geltungsbereich	113
7.1.2	Anwendungsbereich	114
7.2	Berechnung und Bemessung	116
7.2.1	Allgemeines	116
7.2.2	Versagensformen von Anschlüssen mit Hohlprofilen	116
7.3	Schweißnähte	119
7.3.1	Tragfähigkeit	119
7.4	Geschweißte Anschlüsse von KHP-Bauteilen	120
7.4.1	Allgemeines	120
7.4.2	Ebene Anschlüsse	121
7.4.3	Räumliche Anschlüsse	128
7.5	Geschweißte Anschlüsse von KHP- oder RHP-Streben an RHP-Gurtstäbe	129
7.5.1	Allgemeines	129
7.5.2	Ebene Anschlüsse	130
7.5.3	Räumliche Anschlüsse	140
7.6	Geschweißte Anschlüsse von KHP- oder RHP-Streben an I- oder H-Profil Gurtstäbe	142
7.7	Geschweißte Anschlüsse von KHP- oder RHP-Streben an U-Profil Gurtstäbe	145

Vorwort

Dieses Dokument EN 1993-1-8:2005 wurde vom Technischen Komitee CEN/TC 250 "Eurocodes für den konstruktiven Ingenieurbau" erarbeitet, dessen Sekretariat vom BSI gehalten wird. CEN/TC 250 ist auch für alle anderen Eurocode-Teile verantwortlich.

Diese Europäische Norm muss den Status einer nationalen Norm erhalten, entweder durch Veröffentlichung eines identischen Textes oder durch Anerkennung bis November 2005, und etwaige entgegenstehende nationale Normen müssen bis März 2010 zurückgezogen werden.

Dieses Dokument ersetzt ENV 1993-1-1.

Entsprechend der CEN/CENELEC-Geschäftsordnung sind die nationalen Normungsinstitute der folgenden Länder gehalten, diese Europäische Norm zu übernehmen: Belgien, Dänemark, Deutschland, Estland, Finnland, Frankreich, Griechenland, Irland, Island, Italien, Lettland, Litauen, Luxemburg, Malta, Niederlande, Norwegen, Österreich, Polen, Portugal, Schweden, Schweiz, Slowakei, Slowenien, Spanien, Tschechische Republik, Ungarn, Vereinigtes Königreich und Zypern.

Hintergrund des Eurocode-Programms

1975 beschloss die Kommission der Europäischen Gemeinschaften, für das Bauwesen ein Programm auf der Grundlage des Artikels 95 der Römischen Verträge durchzuführen. Das Ziel des Programms war die Beseitigung technischer Handelshemmnisse und die Harmonisierung technischer Normen.

Im Rahmen dieses Programms leitete die Kommission die Bearbeitung von harmonisierten technischen Regelwerken für die Tragwerksplanung von Bauwerken ein, die im ersten Schritt als Alternative zu den in den Mitgliedsländern geltenden Regeln dienen und sie schließlich ersetzen sollten.

15 Jahre lang leitete die Kommission mit Hilfe eines Steuerkomitees mit Repräsentanten der Mitgliedsländer die Entwicklung des Eurocode-Programms, das zu der ersten Eurocode-Generation in den 80'er Jahren führte.

Im Jahre 1989 entschieden sich die Kommission und die Mitgliedsländer der Europäischen Union und der EFTA, die Entwicklung und Veröffentlichung der Eurocodes über eine Reihe von Mandaten an CEN zu übertragen, damit diese den Status von Europäischen Normen (EN) erhielten. Grundlage war eine Vereinbarung[1] zwischen der Kommission und CEN. Dieser Schritt verknüpft die Eurocodes de facto mit den Regelungen der Ratsrichtlinien und Kommissionsentscheidungen, die die Europäischen Normen behandeln (z. B. die Ratsrichtlinie 89/106/EWG zu Bauprodukten, die Bauproduktenrichtlinie, die Ratsrichtlinien 93/37/EWG, 92/50/EWG und 89/440/EWG zur Vergabe öffentlicher Aufträge und Dienstleistungen und die entsprechenden EFTA-Richtlinien, die zur Einrichtung des Binnenmarktes eingeleitet wurden).

Das Eurocode-Programm umfasst die folgenden Normen, die in der Regel aus mehreren Teilen bestehen:

EN 1990, *Eurocode 0: Grundlagen der Tragwerksplanung*;

EN 1991, *Eurocode 1: Einwirkung auf Tragwerke*;

---

[1] Vereinbarung zwischen der Kommission der Europäischen Gemeinschaft und dem Europäischen Komitee für Normung (CEN) zur Bearbeitung der Eurocodes für die Tragwerksplanung von Hochbauten und Ingenieurbauwerken (BC/CEN/03/89).

EN 1992, *Eurocode 2: Bemessung und Konstruktion von Stahlbetonbauten;*

EN 1993, *Eurocode 3: Bemessung und Konstruktion von Stahlbauten;*

EN 1994, *Eurocode 4: Bemessung und Konstruktion von Stahl-Beton-Verbundbauten;*

EN 1995, *Eurocode 5: Bemessung und Konstruktion von Holzbauten;*

EN 1996, *Eurocode 6: Bemessung und Konstruktion von Mauerwerksbauten;*

EN 1997, *Eurocode 7: Entwurf, Berechnung und Bemessung in der Geotechnik;*

EN 1998, *Eurocode 8: Auslegung von Bauwerken gegen Erdbeben;*

EN 1999, *Eurocode 9: Bemessung und Konstruktion von Aluminiumkonstruktionen.*

Die Europäischen Normen berücksichtigen die Verantwortlichkeit der Bauaufsichtsorgane in den Mitgliedsländern und haben deren Recht zur nationalen Festlegung sicherheitsbezogener Werte berücksichtigt, so dass diese Werte von Land zu Land unterschiedlich bleiben können.

Status und Gültigkeitsbereich der Eurocodes

Die Mitgliedsländer der EU und von EFTA betrachten die Eurocodes als Bezugsdokumente für folgende Zwecke:

— als Mittel zum Nachweis der Übereinstimmung der Hoch- und Ingenieurbauten mit den wesentlichen Anforderungen der Richtlinie 89/106/EWG, besonders mit der wesentlichen Anforderung Nr. 1: Mechanischer Festigkeit und Standsicherheit und der wesentlichen Anforderung Nr. 2: Brandschutz;

— als Grundlage für die Spezifizierung von Verträgen für die Ausführung von Bauwerken und dazu erforderlichen Ingenieurleistungen;

— als Rahmenbedingung für die Herstellung harmonisierter, technischer Spezifikationen für Bauprodukte (EN's und ETA's)

Die Eurocodes haben, da sie sich auf Bauwerke beziehen, eine direkte Verbindung zu den Grundlagendokumenten[2], auf die in Artikel 12 der Bauproduktenrichtlinie hingewiesen wird, wenn sie auch anderer Art sind als die harmonisierten Produktnormen[3]. Daher sind die technischen Gesichtspunkte, die sich aus den

---

[2] Entsprechend Artikel 3.3 der Bauproduktenrichtlinie sind die wesentlichen Angaben in Grundlagendokumenten zu konkretisieren, um damit die notwendigen Verbindungen zwischen den wesentlichen Anforderungen und den Mandaten für die Erstellung harmonisierter Europäischer Normen und Richtlinien für die Europäische Zulassungen selbst zu schaffen.

[3] Nach Artikel 12 der Bauproduktenrichtlinie hat das Grundlagendokument

a) die wesentliche Anforderung zu konkretisieren, in dem die Begriffe und, soweit erforderlich, die technische Grundlage für Klassen und Anforderungshöhen vereinheitlicht werden,

b) die Methode zur Verbindung dieser Klasse oder Anforderungshöhen mit technischen Spezifikationen anzugeben, z. B. rechnerische oder Testverfahren, Entwurfsregeln,

c) als Bezugsdokument für die Erstellung harmonisierter Normen oder Richtlinien für Europäische Technische Zulassungen zu dienen.

Die Eurocodes spielen de facto eine ähnliche Rolle für die wesentliche Anforderung Nr. 1 und einen Teil der wesentlichen Anforderung Nr. 2.

Eurocodes ergeben, von den Technischen Komitees von CEN und den Arbeitsgruppen von EOTA, die an Produktnormen arbeiten, zu beachten, damit diese Produktnormen mit den Eurocodes vollständig kompatibel sind.

Die Eurocodes liefern Regelungen für den Entwurf, die Berechnung und Bemessung von kompletten Tragwerken und Baukomponenten, die sich für die tägliche Anwendung eignen. Sie gehen auf traditionelle Bauweisen und Aspekte innovativer Anwendungen ein, liefern aber keine vollständigen Regelungen für ungewöhnliche Baulösungen und Entwurfsbedingungen, wofür Spezialistenbeiträge erforderlich sein können.

Nationale Fassungen der Eurocodes

Die Nationale Fassung eines Eurocodes enthält den vollständigen Text des Eurocodes (einschließlich aller Anhänge), so wie von CEN veröffentlicht, mit möglicherweise einer nationalen Titelseite und einem nationalen Vorwort sowie einem Nationalen Anhang.

Der Nationale Anhang darf nur Hinweise zu den Parametern geben, die im Eurocode für nationale Entscheidungen offen gelassen wurden. Diese national festzulegenden Parameter (NDP) gelten für die Tragwerksplanung von Hochbauten und Ingenieurbauten in dem Land, in dem sie erstellt werden. Sie umfassen:

— Zahlenwerte für γ-Faktoren und/oder Klassen, wo die Eurocodes Alternativen eröffnen;

— Zahlenwerte, wo die Eurocodes nur Symbole angeben;

— landesspezifische, geographische und klimatische Daten, die nur für ein Mitgliedsland gelten, z. B. Schneekarten;

— Vorgehensweise, wenn die Eurocodes mehrere zur Wahl anbieten;

— Entscheidungen zur Anwendung informativer Anhänge;

— Verweise zur Anwendung des Eurocodes, soweit diese ergänzen und nicht widersprechen.

Verbindung zwischen den Eurocodes und den harmonisierten Technischen Spezifikationen für Bauprodukte (EN und ETAZ)

Die harmonisierten Technischen Spezifikationen für Bauprodukte und die technischen Regelungen für die Tragwerksplanung[4] müssen konsistent sein. Insbesondere sollten die Hinweise, die mit den CE-Zeichen an den Bauprodukten verbunden sind und die die Eurocodes in Bezug nehmen, klar erkennen lassen, welche national festzulegenden Parameter (NDP) zugrunde liegen.

Nationaler Anhang zu EN 1993-1-8

Diese Norm enthält alternative Methoden, Zahlenangaben und Empfehlungen in Verbindung mit Anmerkungen, die darauf hinweisen, wo Nationale Festlegungen getroffen werden können. EN 1993-1-8 wird bei der nationalen Einführung einen Nationalen Anhang enthalten, der alle national festzulegenden Parameter enthält, die für die Bemessung und Konstruktion von Stahlbauten im jeweiligen Land erforderlich sind.

Nationale Festlegungen sind bei folgenden Regelungen vorgesehen:

— 1.2.6 (Bezugsnormengruppe 6: Niete);

---

[4] siehe Artikel 3.3 und Art. 12 der Bauproduktenrichtlinie, ebenso wie 4.2, 4.3.1, 4.3.2 und 5.2 des Grundlagendokumentes Nr. 1

- 2.2(2);
- 3.1.1(3);
- 3.4.2(1);
- 5.2.1(2);
- 6.2.7.2(9).

1 Allgemeines

1.1 Anwendungsbereich

(1) EN 1993-1-8 enthält Regeln für den Entwurf, die Berechnung und die Bemessung von Anschlüssen aus Stahl mit Stahlsorten S235, S275, [AC] S355, S420, S450 und S460 [AC] unter vorwiegend ruhender Belastung.

1.2 Normative Verweisungen

(1) Die folgenden zitierten Dokumente sind für die Anwendung dieses Dokuments erforderlich. Bei datierten Verweisungen gilt nur die in Bezug genommene Ausgabe. Bei undatierten Verweisungen gilt die letzte Ausgabe des in Bezug genommenen Dokuments (einschließlich aller Änderungen).

1.2.1 Bezugsnormengruppe 1: Schweißgeeignete Baustähle

EN 10025-1:2004, *Warmgewalzte Erzeugnisse aus Baustählen — Teil 1: Allgemeine Lieferbedingungen*

EN 10025-2:2004, *Warmgewalzte Erzeugnisse aus Baustählen — Teil 2: Allgemeine Lieferbedingungen für unlegierte Baustähle*

EN 10025-3:2004, *Warmgewalzte Erzeugnisse aus Baustählen — Teil 3: Technische Lieferbedingungen für normalgeglühte/normalisierend gewalzte schweißgeeignete Feinkornstähle*

EN 10025-4:2004, *Warmgewalzte Erzeugnisse aus Baustählen — Teil 4: Technische Lieferbedingungen für thermomechanisch gewalzte schweißgeeignete Feinkornstähle*

EN 10025-5:2004, *Warmgewalzte Erzeugnisse aus Baustählen — Teil 5: Technische Lieferbedingungen für wetterfeste Baustähle*

EN 10025-6:2004, *Warmgewalzte Erzeugnisse aus Baustählen — Teil 6: Technische Lieferbedingungen für Flacherzeugnisse aus Stählen mit höherer Streckgrenze im vergüteten Zustand*

1.2.2 Bezugsnormengruppe 2: Toleranzen, Maße und technische Lieferbedingungen

EN 10029:1991, *Warmgewalztes Stahlblech von 3 mm Dicke an — Grenzabmaße, Formtoleranzen, zulässige Gewichtsabweichungen*

EN 10034:1993, *I- und H-Profile aus Baustahl — Grenzabmaße und Formtoleranzen*

EN 10051:1991, *Kontinuierlich warmgewalztes Blech und Band ohne Überzug aus unlegierten und legierten Stählen — Grenzabmaße und Formtoleranzen (enthält Änderung A1:1997)*

EN 10055:1995, *Warmgewalzter gleichschenkliger T-Stahl mit gerundeten Kanten und Übergängen — Maße, Grenzabmaße und Formtoleranzen*

EN 10056-1:1998, *Gleichschenklige und ungleichschenklige Winkel aus Stahl — Teil 1: Maße*

EN 10056-2:1993, *Gleichschenklige und ungleichschenklige Winkel aus Stahl — Teil 2: Grenzabmaße und Formtoleranzen*

EN 10164:1993, *Stahlerzeugnisse mit verbesserten Verformungseigenschaften senkrecht zur Erzeugnisoberfläche — Technische Lieferbedingungen*

DIN EN 1993-1-8:2010-12
EN 1993-1-8:2005 + AC:2009 (D)

1.2.3 Bezugsnormengruppe 3: Hohlprofile

EN 10219-1:1997, *Kaltgefertigte geschweißte Hohlprofile für den Stahlbau aus unlegierten Baustählen und aus Feinkornbaustählen — Teil 1: Technische Lieferbedingungen*

EN 10219-2:1997, *Kaltgefertigte geschweißte Hohlprofile für den Stahlbau aus unlegierten Baustählen und aus Feinkornbaustählen — Teil 2: Grenzabmaße, Maße und statische Werte*

EN 10210-1:1994, *Warmgefertigte Hohlprofile für den Stahlbau aus unlegierten Baustählen und aus Feinkornbaustählen — Teil 1: Technische Lieferbedingungen*

EN 10210-2:1997, *Warmgefertigte Hohlprofile für den Stahlbau aus unlegierten Baustählen und aus Feinkornbaustählen — Teil 2: Grenzabmaße, Maße und statische Werte*

1.2.4 Bezugsnormengruppe 4: Schrauben, Muttern und Unterlegscheiben

EN 14399-1:2002, *Hochfeste planmäßig vorgespannte Schraubenverbindungen für den Stahlbau — Teil 1: Allgemeine Anforderungen.*

EN 14399-2:2002, *Hochfeste planmäßig vorgespannte Schraubenverbindungen für den Stahlbau — Teil 2: Prüfung der Eignung zum Vorspannen*

EN 14399-3:2002, *Hochfeste planmäßig vorgespannte Schraubenverbindungen für den Stahlbau — Teil 3: System HR; Garnituren aus Sechskantschrauben und -muttern*

EN 14399-4:2002, *Hochfeste planmäßig vorgespannte Schraubenverbindungen für den Stahlbau — Teil 4: System HV; Garnituren aus Sechskantschrauben und -muttern*

EN 14399-5:2002, *Hochfeste planmäßig vorgespannte Schraubenverbindungen für den Stahlbau — Teil 5: Flache Scheiben für System HR*

EN 14399-6:2002, *Hochfeste planmäßig vorgespannte Schraubenverbindungen für den Stahlbau — Teil 6: Flache Scheiben mit Fase für die Systeme HR und HV*

EN ISO 898-1:1999, *Mechanische Eigenschaften von Verbindungselementen aus Kohlenstoffstahl und legiertem Stahl — Teil 1: Schrauben (ISO 898-1:1999)*

EN 20898-2:1993, *Mechanische Eigenschaften von Verbindungselementen — Teil 2: Muttern mit festgelegten Prüfkräften — Regelgewinde (ISO 898-2:1992)*

EN ISO 2320:1997, *Sechskantmuttern aus Stahl mit Klemmteil — Mechanische und funktionelle Eigenschaften (ISO 2320:1997)*

EN ISO 4014:2000, *Sechskantschrauben mit Schaft — Produktklassen A und B (ISO 4014:1999)*

EN ISO 4016:2000, *Sechskantschrauben mit Schaft — Produktklasse C (ISO 4016:1999)*

EN ISO 4017:2000, *Sechskantschrauben mit Gewinde bis Kopf — Produktklassen A und B (ISO 4017:1999)*.

EN ISO 4018:2000, *Sechskantschrauben mit Gewinde bis Kopf — Produktklasse C (ISO 4018:1999)*

EN ISO 4032:2000, *Sechskantmuttern, Typ 1 — Produktklassen A und B (ISO 4032:1999)*

EN ISO 4033:2000, *Sechskantmuttern, Typ 2 — Produktklassen A und B (ISO 4033:1999)*

EN ISO 4034:2000, *Sechskantmuttern — Produktklasse C (ISO 4034:1999)*

EN ISO 7040:1997, *Sechskantmuttern mit Klemmteil (mit nichtmetallischem Einsatz), Typ 1 — Festigkeitsklassen 5, 8 und 10 (ISO 7040:1997)*

EN ISO 7042:1997, *Sechskantmuttern mit Klemmteil (Ganzmetallmuttern), Typ 2 — Festigkeitsklassen 5, 8, 10 und 12 (ISO 7042:1997)*

EN ISO 7719:1997, *Sechskantmuttern mit Klemmteil (Ganzmetallmuttern), Typ 1 — Festigkeitsklassen 5, 8 und 10 (ISO 7719:1997)*

ISO 286-2:1988, *ISO-System für Grenzmaße und Passungen — Tabellen der Grundtoleranzgrade und Grenzabmaße für Bohrungen und Wellen*

ISO 1891:1979, *Mechanische Verbindungselemente; Schrauben, Muttern und Zubehör, Benennungen*

EN ISO 7089:2000, *Flache Scheiben — Normale Reihe, Produktklasse A (ISO 7089:2000)*

EN ISO 7090:2000, *Flache Scheiben mit Fase — Normale Reihe, Produktklasse A (ISO 7090:2000)*

EN ISO 7091:2000, *Flache Scheiben — Normale Reihe, Produktklasse C (ISO 7091:2000)*

EN ISO 10511:1997, *Sechskantmuttern mit Klemmteil — Niedrige Form (mit nichtmetallischem Einsatz) (ISO 10511:1997)*

EN ISO 10512:1997, *Sechskantmuttern mit Klemmteil (mit nichtmetallischem Einsatz), Typ 1, mit metrischem Feingewinde — Festigkeitsklassen 6, 8 und 10 (ISO 10512:1997)*

EN ISO 10513:1997, *Sechskantmuttern mit Klemmteil (Ganzmetallmuttern), Typ 2, mit metrischem Feingewinde — Festigkeitsklassen 8, 10 und 12 (ISO 10513:1997)*

1.2.5 Bezugsnormengruppe 5: Schweißzusatzmittel und Schweißen

EN 12345:1998, *Schweißen — Mehrsprachige Benennungen für Schweißverbindungen mit bildlichen Darstellungen*

EN ISO 14555:1998, *Schweißen — Lichtbogenbolzenschweißen von metallischen Werkstoffen (ISO 14555:1998)*

EN ISO 13918:1998, *Schweißen — Bolzen und Keramikringe zum Lichtbogenbolzenschweißen (ISO 13918:1998)*

EN 288-3:1992, *Anforderung und Anerkennung von Schweißverfahren für metallische Werkstoffe — Teil 3: Schweißverfahrensprüfungen für das Lichtbogenschweißen von Stählen (enthält Änderung A1:1997)*

EN ISO 5817:2003, *Schweißen — Schmelzschweißverbindungen an Stahl, Nickel, Titan und deren Legierungen (ohne Strahlschweißen) — Bewertungsgruppen von Unregelmäßigkeiten (ISO/DIS 5817:2000)*

1.2.6 Bezugsnormengruppe 6: Niete

ANMERKUNG   Der Nationale Anhang gibt Hinweise zu Bezugsnormen.

1.2.7 Bezugsnormengruppe 7: Bauausführung von Stahlbauten

EN 1090-2, *Anforderungen an die Bauausführung von Stahlbauten*

1.3 Unterscheidung nach Grundsätzen und Anwendungsregeln

(1) Es gelten die Regeln der EN 1990, 1.4.

1.4 Begriffe

(1) Nachstehende Begriffe werden in dieser Norm mit folgender Bedeutung verwendet:

1.4.1
Grundkomponente (eines Anschlusses)
Teil eines Anschlusses, der zu einem oder mehreren Kennwerten des Anschlusses beiträgt

1.4.2
Verbindung
konstruktiver Punkt, an dem sich zwei oder mehrere Bauteile treffen; für die Berechnung und Bemessung besteht die Verbindung aus einer Anordnung von Grundkomponenten, die für die Bestimmung der Kennwerte der Verbindung für die Übertragung der Schnittgrößen notwendig sind

1.4.3
angeschlossenes Bauteil
Bauteil, das in einem Anschluss mit anderen Bauteilen verbunden ist

1.4.4
Anschluss
Bereich, in dem zwei oder mehrere Bauteile miteinander verbunden sind; für die Berechnung und Bemessung besteht der Anschluss aus der Anordnung aller Grundkomponenten, die für die Bestimmung der Kennwerte des Anschlusses bei der Übertragung der Schnittgrößen zwischen den angeschlossenen Bauteilen notwendig sind; ein Träger-Stützenanschluss besteht z. B. aus einem Stegfeld mit entweder einer Verbindung (einseitige Anschlusskonfiguration) oder zwei Verbindungen (zweiseitige Anschlusskonfiguration), siehe Bild 1.1

1.4.5
Anschlusskonfiguration
Gestaltung eines Anschlusses oder mehrerer Anschlüsse an einem Knoten, an dem die Achsen von zwei oder mehreren angeschlossenen Bauteilen zusammenlaufen, siehe Bild 1.2

1.4.6
Rotationskapazität
Winkel, um den sich der Anschluss bei vorgegebenem Moment ohne Versagen verformen kann

1.4.7
Rotationssteifigkeit
Moment, um in einem Anschluss die Winkelverformung $\phi = 1$ zu erzeugen

1.4.8
Kennwerte (eines Anschlusses)
Tragfähigkeit, bezogen auf die Schnittgrößen der angeschlossenen Bauteile, die Rotationssteifigkeit und die Rotationskapazität des Anschlusses

1.4.9
ebener Anschluss
in einer Fachwerk-Konstruktion erfasst der ebene Anschluss die Bauteile, die in der gleichen Ebene liegen

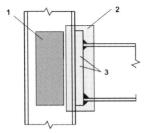 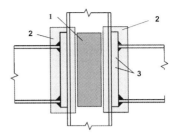

Anschluss =
Schubbeanspruchtes Stegfeld + Verbindung

a) Einseitige Anschlusskonfiguration

Linker Anschluss =
Schubbeanspruchtes Stegfeld + linke Verbindung
Rechter Anschluss =
Schubbeanspruchtes Stegfeld + rechte Verbindung

b) Zweiseitige Anschlusskonfiguration

Legende

1 Schubbeanspruchtes Stegfeld
2 Verbindung
3 Komponenten (z. B. Schrauben, Stirnblech)

Bild 1.1 — Teile einer Träger-Stützenanschlusskonfiguration

DIN EN 1993-1-8:2010-12
EN 1993-1-8:2005 + AC:2009 (D)

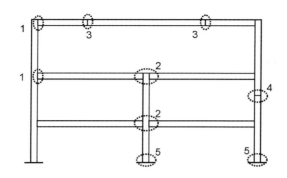

a) Anschlusskonfigurationen (starke Achse)

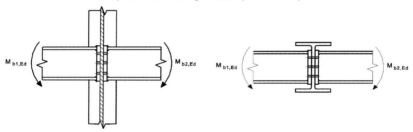

Zweiseitige Träger-Stützen-Anschlusskonfiguration   Zweiseitige Träger-Träger-Anschlusskonfiguration

b) **Anschlusskonfigurationen (schwache Achse, nur für ausgeglichene Momente $M_{b1,Ed} \ M_{b2,Ed}$)**

Legende

1 Einseitige Träger-Stützenanschlusskonfiguration
2 Zweiseitige Träger-Stützenanschlusskonfiguration
3 Trägerstoß
4 Stützenstoß
5 Fußplatte

Bild 1.2 — Anschlusskonfigurationen

1.5 Formelzeichen

(1) Folgende Formelzeichen werden im Sinne dieser Norm verwandt:

d Nennwert des Schraubendurchmessers, des Bolzendurchmessers oder des Durchmessers des Verbindungsmittels;

d_0 Lochdurchmesser für eine Schraube, einen Niet oder einen Bolzen;

$d_{o,t}$ Lochgröße im Zugquerschnitt, im Allgemeinen der Lochdurchmesser, außer bei senkrecht zur Zugbeanspruchung angeordneten Langlöchern, dort sollte die Längsabmessung verwendet werden;

$d_{o,v}$	Lochgröße im schubbeanspruchten Querschnitt, im Allgemeinen der Lochdurchmesser, außer bei schubparallelen Langlöchern, dort sollte die Längsabmessung verwendet werden;
d_c	Höhe des Stützenstegs zwischen den Ausrundungen (Höhe des geraden Stegteils);
d_m	Mittelwert aus Eckmaß und Schlüsselweite des Schraubenkopfes oder der Schraubenmutter (maßgebend ist der kleinere Wert);
$f_{H,Rd}$	Bemessungswert der Hertz'schen Pressung;
f_{ur}	Zugfestigkeit des Nietwerkstoffs;
e_1	Randabstand in Kraftrichtung, gemessen von der Lochachse zum Blechrand, siehe Bild 3.1;
e_2	Randabstand quer zur Kraftrichtung, gemessen von der Lochachse zum Blechrand, siehe Bild 3.1;
e_3	Randabstand eines Langlochs zum parallelen Blechrand, gemessen von der Mittelachse des Langlochs, siehe Bild 3.1;
e_4	Randabstand eines Langlochs zum Blechrand, gemessen vom Mittelpunkt des Endradius in der Achse des Langlochs, siehe Bild 3.1;
ℓ_{eff}	wirksame Länge einer Kehlnaht;
n	Anzahl der Reibflächen bei reibfesten Verbindungen oder Anzahl der Löcher für Verbindungsmittel im schubbeanspruchten Querschnitt;
p_1	Lochabstand von Verbindungsmitteln in Kraftrichtung, gemessen von Achse zu Achse der Verbindungsmittel, siehe Bild 3.1;
$p_{1,0}$	Lochabstand von Verbindungsmitteln in Kraftrichtung in einer Außenreihe am Blechrand, gemessen von Achse zu Achse der Verbindungsmittel, siehe Bild 3.1;
$p_{1,i}$	Lochabstand von Verbindungsmitteln in Kraftrichtung in einer inneren Reihe, gemessen von Achse zu Achse der Verbindungsmittel, siehe Bild 3.1;
p_2	Lochabstand von Verbindungsmitteln quer zur Kraftrichtung, gemessen von Achse zu Achse der Verbindungsmittel, siehe Bild 3.1;
r	Nummer einer Schraubenreihe;

ANMERKUNG   Bei einer biegebeanspruchten Schraubenverbindung mit mehr als einer Schraubenreihe im Zugbereich erfolgt die Nummerierung der Schraubenreihen beginnend mit der Schraubenreihe, die am weitesten von dem Druckpunkt entfernt liegt.

s_s	Länge der steifen Auflagerung;
t_a	Blechdicke des Flanschwinkels;
t_{fc}	Blechdicke des Stützenflansches;
t_p	Blechdicke der Unterlegscheibe (unter der Schraube oder der Mutter);
t_w	Blechdicke des Steges;
t_{wc}	Blechdicke des Stützensteges;
A	Brutto-Querschnittsfläche einer Schraube (Schaft);
A_0	Querschnittsfläche des Nietlochs;
A_{vc}	Schubfläche einer Stütze, siehe EN 1993-1-1;
A_s	Spannungsquerschnittsfläche einer Schraube oder einer Ankerschraube;
$A_{v,eff}$	wirksame Schubfläche;
$B_{p,Rd}$	Bemessungswert des Durchstanzwiderstandes des Schraubenkopfes und der Schraubenmutter;

DIN EN 1993-1-8:2010-12
EN 1993-1-8:2005 + AC:2009 (D)

E	Elastizitätsmodul;
$F_{p,Cd}$	Bemessungswert der Vorspannkraft;
$F_{t,Ed}$	Bemessungswert der einwirkenden Zugkraft auf eine Schraube im Grenzzustand der Tragfähigkeit;
$F_{t,Rd}$	Bemessungswert der Zugtragfähigkeit einer Schraube;
$F_{T,Rd}$	Bemessungswert der Zugtragfähigkeit des Flansches eines äquivalenten T-Stummels;
$F_{v,Rd}$	Bemessungswert der Abschertragfähigkeit einer Schraube;
$F_{b,Rd}$	Bemessungswert der Lochleibungstragfähigkeit einer Schraube;
$F_{s,Rd,ser}$	Bemessungswert des Gleitwiderstandes einer Schraube im Grenzzustand der Gebrauchstauglichkeit;
$F_{s,Rd}$	Bemessungswert des Gleitwiderstandes einer Schraube im Grenzzustand der Tragfähigkeit;
$F_{v,Ed,ser}$	Bemessungswert der einwirkenden Abscherkraft auf eine Schraube im Grenzzustand der Gebrauchstauglichkeit;
$F_{v,Ed}$	Bemessungswert der einwirkenden Abscherkraft auf eine Schraube im Grenzzustand der Tragfähigkeit;
$M_{j,Rd}$	Bemessungswert der Momententragfähigkeit eines Anschlusses;
S_j	Rotationssteifigkeit eines Anschlusses;
$S_{j,ini}$	Anfangs-Rotationssteifigkeit eines Anschlusses;
$V_{wp,Rd}$	Plastische Schubtragfähigkeit des Stegfeldes einer Stütze;
z	Hebelarm;
μ	Reibbeiwert;
ϕ	Rotationswinkel eines Anschlusses.

(2) In Abschnitt 7 werden die folgenden Abkürzungen für Hohlprofile verwendet:

KHP   für ein rundes Hohlprofil "Kreis-Hohlprofil";

RHP   für ein rechteckiges Hohlprofil „Rechteck-Hohlprofil", hier einschließlich quadratischer Hohlprofile.

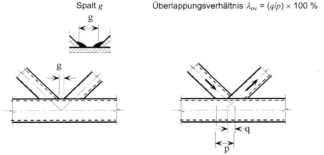

a) Bezeichnung für Spalt   b) Bezeichnungen für Überlappung

Bild 1.3 — Knotenanschlüsse mit Spalt und mit Überlappung

(3) In Abschnitt 7 werden die folgenden Formelzeichen verwandt:

A_i Querschnittsfläche eines Bauteils i (i = 0, 1, 2 oder 3);

A_v Schubfläche des Gurtstabes;

$A_{v,eff}$ wirksame Schubfläche des Gurtstabes;

L Systemlänge eines Bauteils;

$M_{ip,i,Rd}$ Bemessungswert der Momententragfähigkeit des Anschlusses bei Biegung in der Tragwerksebene für das Bauteil i (i = 0, 1, 2 oder 3);

$M_{ip,i,Ed}$ Bemessungswert des einwirkenden Momentes in der Tragwerksebene für das Bauteil i (i = 0, 1, 2 oder 3);

$M_{op,i,Rd}$ Bemessungswert der Momententragfähigkeit des Anschlusses bei Biegung aus der Tragwerksebene für das Bauteil i (i = 0, 1, 2 oder 3);

$M_{op,i,Ed}$ Bemessungswert des einwirkenden Momentes aus der Tragwerksebene für das Bauteil i (i = 0, 1, 2 oder 3);

$N_{i,Rd}$ Bemessungswert der Normalkrafttragfähigkeit des Anschlusses für das Bauteil i (i = 0, 1, 2 oder 3);

$N_{i,Ed}$ Bemessungswert der einwirkenden Normalkraft für das Bauteil i (i = 0, 1, 2 oder 3);

$W_{el,i}$ elastisches Widerstandsmoment des Bauteils i (i = 0, 1, 2 oder 3);

$W_{pl,i}$ plastisches Widerstandsmoment des Bauteils i (i = 0, 1, 2 oder 3);

b_i Gesamtbreite eines RHP-Bauteils i (i = 0, 1, 2 oder 3), quer zur Tragwerksebene;

b_{eff} wirksame (effektive) Breite einer Strebe, die auf den Gurtstab aufgesetzt ist;

$b_{e,ov}$ wirksame (effektive) Breite einer Strebe, die in einem Überlappungsstoß auf eine andere Strebe aufgesetzt ist;

$b_{e,p}$ wirksame (effektive) Breite bei Durchstanzen;

b_p Blechbreite;

b_w wirksame (effektive) Breite des Stegblechs eines Gurtstabes;

d_i Gesamtdurchmesser bei KHP-Bauteilen i (i = 0, 1, 2 oder 3);

d_w Stegblechhöhe von Gurtstäben mit I- oder H-Querschnitt;

e Ausmittigkeit eines Anschlusses;

f_b Festigkeitsgrenze für das Stegblech des Gurtstabes infolge lokalen Beulens;

f_{yi} Streckgrenze des Werkstoffs von Bauteilen i (i = 0, 1, 2 oder 3);

f_{y0} Streckgrenze des Werkstoffs eines Gurtstabes;

g Spaltweite zwischen den Streben eines K- oder N-Anschlusses (negative Werte für g entsprechen einer Überlappung q); der Abstand g wird an der Oberfläche des Gurtstabes zwischen den Kanten der angeschlossenen Bauteile gemessen, siehe Bild 1.3(a);

h_i Gesamthöhe des Querschnitts eines Bauteils i (i = 0, 1, 2 oder 3) in der Tragwerksebene;

[AC] h_z Abstand zwischen den Gleichgewichtspunkten der wirksamen (effektiven) Breite der Teile eines Trägers mit rechteckigem Querschnitt, der mit einer Stütze mit I- oder H-Querschnitt verbunden ist [AC]

k Beiwert mit Indizes g, m, n oder p, wie in Tabelle erklärt;

ℓ Knicklänge eines Bauteils;

p	Projektion der Anschlusslänge einer Strebe auf die Oberfläche des Gurtstabes, ohne Berücksichtigung der Überlappung, siehe Bild 1.3(b);
q	Länge der Überlappung, gemessen an der Oberfläche des Gurtstabes zwischen den Streben-Achsen eines K- oder N-Anschlusses, siehe Bild 1.3(b);
r	Ausrundungsradius von I- oder H-Profilen oder Eckradius von rechteckigen Hohlprofilen;
t_f	Flanschdicke von I- oder H-Profilen;
t_i	Wanddicke eines Bauteils i (i = 0, 1, 2 oder 3);
t_p	Blechdicke;
t_w	Stegdicke von I- oder H-Profilen;
α	Beiwert, wie in Tabelle erklärt;
θ_i	eingeschlossener Winkel zwischen Strebe i und Gurtstab (i = 1, 2 oder 3);
κ	Beiwert, wie im Text erklärt;
μ	Beiwert, wie in Tabelle erklärt;
φ	Winkel zwischen Tragwerksebenen bei räumlichen Anschlüssen.

(4) In Abschnitt 7 werden die folgenden Zahlenindizes verwandt:

i	Zahlenindex zur Bestimmung von Bauteilen eines Anschlusses, wobei i = 0 für die Bezeichnung des Gurtstabes und i = 1, 2 oder 3 für die Bezeichnung der Streben gelten. Bei Anschlüssen mit zwei Streben bezeichnet i = 1 im Allgemeinen die Druckstrebe und i = 2 die Zugstrebe, siehe Bild 1.4(b). Bei einer einzelnen Strebe wird i = 1 verwendet, unabhängig ob druck- oder zugbelastet, siehe Bild 1.4(a);
i und j	Zahlenindex bei überlappenden Anschlüssen, i bezeichnet die überlappende Strebe und j die überlappte Strebe, siehe Bild 1.4(c).

(5) Im Abschnitt 7 werden die folgenden Spannungsverhältnisse verwandt:

n	Verhältnis $(\sigma_{0,Ed}/f_{y0})/\gamma_{M5}$ (für RHP-Gurtstäbe);
n_p	Verhältnis $(\sigma_{p,Ed}/f_{y0})/\gamma_{M5}$ (für KHP-Gurtstäbe);
$\sigma_{0,Ed}$	maximale einwirkende Druckspannung im Gurtstab am Anschluss;
$\sigma_{p,Ed}$	ist der Wert von $\sigma_{0,Ed}$ ohne die Spannungen infolge der Komponenten der Strebenkräfte am Anschluss parallel zum Gurt, siehe Bild 1.4.

(6) In Abschnitt 7 werden die folgenden geometrischen Verhältnisse verwandt:

β Verhältnis der mittleren Durchmesser oder mittleren Breiten von Strebe und Gurtstab:

— für T-, Y- und X-Anschlüsse:

$$\frac{d_1}{d_0} \; ; \; \frac{d_1}{b_0} \; \text{oder} \; \frac{b_1}{b_0}$$

— für K- und N-Anschlüsse:

$$\frac{d_1 + d_2}{2 d_0} \; ; \; \frac{d_1 + d_2}{2 b_0} \; \text{oder} \; \frac{b_1 + b_2 + h_1 + h_2}{4 b_0}$$

— für KT-Anschlüsse:

$$\frac{d_1 + d_2 + d_3}{3d_0} \; ; \; \frac{d_1 + d_2 + d_3}{3b_0} \text{ oder } \frac{b_1 + b_2 + b_3 + h_1 + h_2 + h_3}{6b_0}$$

β_p Verhältnis b_i/b_p;

γ Verhältnis der Breite oder des Durchmessers des Gurtstabes zum zweifachen seiner Wanddicke:

$$\frac{d_0}{2t_0} \; ; \; \frac{b_0}{2t_0} \text{ oder } \frac{b_0}{2t_f}$$

η Verhältnis der Höhe der Strebe zu Durchmesser oder Breite des Gurtstabes:

$$\frac{h_i}{d_0} \text{ oder } \frac{h_i}{b_0}$$

η_p Verhältnis h_i/b_p;

λ_{ov} Überlappungsverhältnis in Prozent ($\lambda_{ov} = (q/p) \times 100\,\%$), wie in Bild 1.3(b) angegeben.

[AC) $\lambda_{ov,lim}$ Überlappung, bei der der Schub zwischen den Streben und der Oberfläche eines Gurtstabes kritisch werden kann (AC]

(7) Weitere Formelzeichen werden im Text erklärt.

ANMERKUNG   Formelzeichen für Kreisprofile sind in Tabelle 7.2 angegeben.

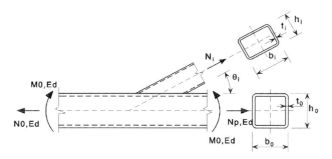

a) Anschluss mit einer Strebe

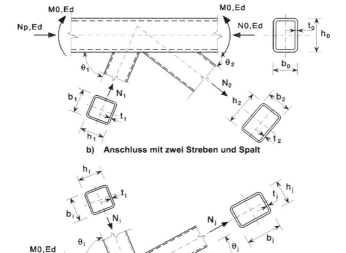

b) Anschluss mit zwei Streben und Spalt

c) Anschluss mit zwei Streben und Überlappung

Bild 1.4 — Abmessungen und weitere Parameter eines Fachwerk-Knotenanschlusses mit Hohlprofilen

2 Grundlagen der Tragwerksplanung

2.1 Annahmen

(1) Die Regelungen dieses Teils von EN 1993 setzen voraus, dass die Ausführung den in 1.2 angegebenen Herstell- und Liefernormen entspricht und die verwendeten Baustoffe und Bauprodukte den Anforderungen in EN 1993 oder den maßgebenden Baustoff- und Bauproduktspezifikationen entsprechen.

2.2 Allgemeine Anforderungen

(1) [AC] P [AC] Die Anschlüsse [AC] müssen so bemessen werden [AC], dass das Tragwerk die grundlegenden Anforderungen dieser Norm und von EN 1993-1-1 erfüllt.

(2) Die Teilsicherheitsbeiwerte γ_M für Anschlüsse sind in Tabelle 2.1 angegeben.

Tabelle 2.1 — Teilsicherheitsbeiwerte für Anschlüsse

Beanspruchbarkeit von Bauteilen und Querschnitten	γ_{M0}, γ_{M1} und γ_{M2} siehe EN 1993-1-1
Beanspruchbarkeit von Schrauben	γ_{M2}
Beanspruchbarkeit von Nieten	
Beanspruchbarkeit von Bolzen	
Beanspruchbarkeit von Schweißnähten	
Beanspruchbarkeit von Blechen auf Lochleibung	
Gleitfestigkeit — im Grenzzustand der Tragfähigkeit (Kategorie C)	γ_{M3}
— im Grenzzustand der Gebrauchstauglichkeit (Kategorie B)	$\gamma_{M3,ser}$
Lochleibungsbeanspruchbarkeit von Injektionsschrauben	γ_{M4}
Beanspruchbarkeit von Knotenanschlüssen in Fachwerken mit Hohlprofilen	γ_{M5}
Beanspruchbarkeit von Bolzen im Grenzzustand der Gebrauchstauglichkeit	$\gamma_{M6,ser}$
Vorspannung hochfester Schrauben	γ_{M7}
Beanspruchbarkeit von Beton	γ_c siehe EN 1992

ANMERKUNG Der Nationale Anhang gibt Hinweise zu Zahlenwerten für γ_M. Folgende Zahlenwerte werden empfohlen: $\gamma_{M2} = 1{,}25$; $\gamma_{M3} = 1{,}25$ und $\gamma_{M3,ser} = 1{,}1$; $\gamma_{M4} = 1{,}0$; $\gamma_{M5} = 1{,}0$; $\gamma_{M6,ser} = 1{,}0$; $\gamma_{M7} = 1{,}1$.

(3) [AC] P [AC] Für ermüdungsbeanspruchte Anschlüsse [AC] müssen [AC] zusätzlich die Grundsätze in EN 1993-1-9 gelten.

2.3 Schnittgrößen

(1) [AC] P [AC] Die für den Tragsicherheitsnachweis von Verbindungen erforderlichen Schnittgrößen [AC] müssen [AC] nach den Grundsätzen in EN 1993-1-1 ermittelt werden.

2.4 Beanspruchbarkeit von Verbindungen

(1) Die Beanspruchbarkeit einer Verbindung ist in der Regel anhand der Beanspruchbarkeiten ihrer Grundkomponenten zu bestimmen.

(2) Für die Bemessung von Anschlüssen können linear-elastische oder elastisch-plastische Berechnungsverfahren angewendet werden.

(3) Werden zur Aufnahme von Scherbeanspruchungen verschiedene Verbindungsmittel mit unterschiedlichen Steifigkeiten verwendet, so ist in der Regel dem Verbindungsmittel mit der höchsten Steifigkeit die gesamte Belastung zuzuordnen. Eine Ausnahme von dieser Regel ist in 3.9.3 angegeben.

2.5 Annahmen für die Berechnung

(1) [AC] P [AC] Bei der Berechnung von Anschlüssen [AC] muss [AC] eine wirklichkeitsnahe Verteilung der Schnittgrößen angenommen werden. Für die Verteilung der Kräfte und Momente [AC] müssen die folgenden Annahmen getroffen werden: [AC]

a) die angenommene Verteilung der Kräfte und Momente steht im Gleichgewicht mit den im Anschluss angreifenden Schnittgrößen,

b) jedes Element des Anschlusses kann die ihm zugewiesenen Kräfte und Momente übertragen,

c) die Verformungen, welche durch diese Verteilung hervorgerufen werden, überschreiten nicht das Verformungsvermögen der Verbindungsmittel oder der Schweißnähte und der angeschlossenen Bauteile,

d) die angenommene Verteilung der Kräfte und Momente [AC] muss [AC] den Steifigkeitsverhältnissen im Anschluss entsprechen,

e) die Verformungen, die bei elastisch-plastischen Berechnungsmodellen aus Starrkörperverdrehungen und/oder Verformungen in der Tragwerksebene herrühren, sind physikalisch möglich,

f) das verwendete Berechnungsmodell steht nicht im Widerspruch zu Versuchsergebnissen, siehe EN 1990.

(2) Die Anwendungsregeln in dieser Norm erfüllen die Annahmen in 2.5(1).

2.6 Schubbeanspruchte Anschlüsse mit Stoßbelastung, Belastung mit Schwingungen oder mit Lastumkehr

(1) Bei schubbeanspruchten Anschlüssen, die Stoßbelastungen oder erheblichen Belastungen aus Schwingungen ausgesetzt sind, sollten nur folgende Anschlussmittel verwendet werden:

— Schweißnähte;

— Schrauben mit Sicherung gegen unbeabsichtigtes Lösen der Muttern;

— vorgespannte Schrauben;

— Injektionsschrauben;

— andere Schrauben, die Verschiebungen der angeschlossenen Bauteile wirksam verhindern;

— Niete.

(2) Darf in einem Anschluss kein Schlupf auftreten (z. B. wegen Lastumkehr), sind in der Regel entweder gleitfeste Schraubverbindungen der Kategorie B oder C, siehe 3.4, Passschrauben, siehe 3.6.1, Niete oder Schweißnähte zu verwenden.

(3) In Windverbänden und/oder Stabilisierungsverbänden dürfen Schrauben der Kategorie A, siehe 3.4, benutzt werden.

2.7 Exzentrizitäten in Knotenpunkten

(1) Treten in Knotenpunkten Exzentrizitäten auf, so sind in der Regel die Anschlüsse und die angeschlossenen Bauteile für die daraus resultierenden Schnittgrößen zu bemessen. Davon ausgenommen sind Konstruktionen, für die nachgewiesen wurde, dass dies nicht erforderlich ist, siehe 5.1.5.

(2) Bei Anschlüssen von Winkel- oder T-Profilen mit einer oder zwei Schraubenreihen sind in der Regel die Exzentrizitäten nach 2.7(1) zu berücksichtigen. Exzentrizitäten in der Anschlussebene und aus der Anschlussebene heraus sind unter Berücksichtigung der Schwerpunktachsen der Bauteile und der Bezugsachsen der Verbindung zu ermitteln, siehe Bild 2.1. Für den einschenkligen Schraubenanschluss zugbeanspruchter Winkel kann das vereinfachte Bemessungsverfahren nach 3.10.3 angewendet werden.

ANMERKUNG   Der Einfluss der Exzentrizität auf druckbeanspruchte Winkelprofile in Gitterstäben ist in EN 1993-1-1, Anhang BB 1.2 geregelt.

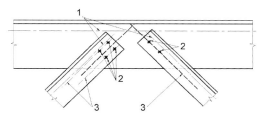

Legende

1   Schwerpunktachsen
2   Verbindungsmittel
3   Bezugsachsen

Bild 2.1 — Bezugsachsen

3 Schrauben-, Niet- und Bolzenverbindungen

3.1 Schrauben, Muttern und Unterlegscheiben

3.1.1 Allgemeines

(1) Alle Schrauben, Muttern und Unterlegscheiben müssen in der Regel die Anforderungen der Bezugsnormengruppe 4 in 1.2.4 erfüllen.

(2) Die Regelungen dieses Teils gelten für Schrauben der in Tabelle 3.1 angegebenen Festigkeitsklassen.

(3) Die Streckgrenzen f_{yb} und die Zugfestigkeiten f_{ub} sind für Schrauben der Festigkeitsklassen 4.6, 4.8, 5.6, 5.8, 6.8, 8.8 und 10.9 in Tabelle 3.1 angegeben. Für die Bemessung sind in der Regel diese Werte als charakteristische Werte anzusetzen.

Tabelle 3.3 — Grenzwerte für Rand- und Lochabstände

Rand- und Lochabstände, siehe Bild 3.1	Minimum	Maximum [1), 2), 3)]		
		Stahlkonstruktionen unter Verwendung von Stahlsorten nach EN 10025, ausgenommen Stahlsorten nach EN 10025-5		Stahlkonstruktionen unter Verwendung von Stahlsorten nach EN 10025-5
		Stahl, der dem Wetter oder anderen korrosiven Einflüssen ausgesetzt ist	Stahl, der nicht dem Wetter oder anderen korrosiven Einflüssen ausgesetzt ist	Ungeschützter Stahl
Randabstand e_1	$1{,}2d_0$	$4t + 40$ mm		Der größte Wert von: $8t$ oder 125 mm
Randabstand e_2	$1{,}2d_0$	$4t + 40$ mm		Der größte Wert von: $8t$ oder 125 mm
Randabstand e_3 bei Langlöchern	$1{,}5d_0$ [4)]			
Randabstand e_4 bei Langlöchern	$1{,}5d_0$ [4)]			
Lochabstand p_1	$2{,}2d_0$	Der kleinste Wert von: $14t$ oder 200 mm	Der kleinste Wert von: $14t$ oder 200 mm	Der kleinste Wert von: $14t_{min}$ oder 175 mm
Lochabstand $p_{1,0}$		Der kleinste Wert von: $14t$ oder 200 mm		
Lochabstand $p_{1,i}$		Der kleinste Wert von: $28t$ oder 400 mm		
Lochabstand p_2 [5)]	$2{,}4d_0$	Der kleinste Wert von: $14t$ oder 200 mm	Der kleinste Wert von: $14t$ oder 200 mm	Der kleinste Wert von: $14t_{min}$ oder 175 mm

[1)] Keine Beschränkung der Maximalwerte für Rand- und Lochabstände, außer:
— bei druckbeanspruchten Bauteilen zur Verhinderung des lokalen Beulens und zur Vermeidung von Korrosion (AC) von Bauteilen (die Grenzwerte sind in der Tabelle angegeben), (AC) die dem Wetter oder anderen korrosiven Einflüssen ausgesetzt sind;
— bei zugbeanspruchten Bauteilen (AC) zur Vermeidung von Korrosion (die Grenzwerte sind in der Tabelle angegeben). (AC)

[2)] Der Widerstand druckbeanspruchter Bleche gegen lokales Beulen zwischen den Verbindungsmitteln ist in der Regel nach EN 1993-1-1 unter Verwendung der Knicklänge $0{,}6\,p_1$ zu berechnen. Lokales Beulen braucht nicht nachgewiesen werden, wenn p_1/t kleiner als 9ε ist. Der Randabstand quer zur Kraftrichtung darf in der Regel die Anforderungen gegen lokales Beulen von druckbeanspruchten einseitig gestützten Flanschen nicht überschreiten, siehe EN 1993-1-1. Der Randabstand in Kraftrichtung wird von dieser Anforderung nicht betroffen.

[3)] t ist die Dicke des dünnsten außen liegenden Blechs.

[4)] Die Grenzwerte für Langlochabmessungen sind in Bezugsnormengruppe 7 in 1.2.7 angegeben.

[5)] Bei versetzt angeordneten Schraubenreihen darf der minimale Lochabstand auf $p_2 = 1{,}2d_0$ reduziert werden, sofern der Minimalabstand L zwischen zwei Verbindungsmitteln größer oder gleich als $2{,}4d_0$ ist, siehe Bild 3.1b).

DIN EN 1993-1-8:2010-12
EN 1993-1-8:2005 + AC:2009 (D)

Tabelle 3.2 — Kategorien von Schraubenverbindungen

Kategorie	Nachweiskriterium	Anmerkungen
Scherverbindungen		
A Scher-/Lochleibungsverbindung	$F_{v,Ed} \leq F_{v,Rd}$ $F_{v,Ed} \leq F_{b,Rd}$	Keine Vorspannung erforderlich. Schrauben der Festigkeitsklassen 4.6 bis 10.9 dürfen verwendet werden.
B Gleitfeste Verbindung im Grenzzustand der Gebrauchstauglichkeit	$F_{v,Ed.ser} \leq F_{s,Rd,ser}$ $F_{v,Ed} \leq F_{v,Rd}$ $F_{v,Ed} \leq F_{b,Rd}$	In der Regel sind hochfeste Schrauben der Festigkeitsklassen 8.8 oder 10.9 zu verwenden. Gleitwiderstand für Gebrauchstauglichkeit siehe 3.9.
C Gleitfeste Verbindung im Grenzzustand der Tragfähigkeit	$F_{v,Ed} \leq F_{s,Rd}$ $F_{v,Ed} \leq F_{b,Rd}$ 🅰🄲 $\Sigma F_{v,Ed} \leq N_{net,Rd}$ 🅰🄲	In der Regel sind hochfeste Schrauben der Festigkeitsklassen 8.8 oder 10.9 zu verwenden. Gleitwiderstand für Tragfähigkeit siehe 3.9. $N_{net,Rd}$ siehe 3.4.1(1)c).
Zugverbindungen		
D Nicht vorgespannt	$F_{t,Ed} \leq F_{t,Rd}$ $F_{t,Ed} \leq B_{p,Rd}$	Keine Vorspannung erforderlich. Schrauben der Festigkeitsklassen 4.6 bis 10.9 dürfen verwendet werden. $B_{p,Rd}$ siehe Tabelle 3.4.
E Vorgespannt	$F_{t,Ed} \leq F_{t,Rd}$ $F_{t,Ed} \leq B_{p,Rd}$	In der Regel sind hochfeste Schrauben der Festigkeitsklassen 8.8 oder 10.9 zu verwenden. $B_{p,Rd}$ siehe Tabelle 3.4.
Der Bemessungswert der einwirkenden Zugkraft $F_{t,Ed}$ sollte Beiträge aus Abstützkräften berücksichtigen, siehe 3.11. Schrauben unter Scher- und Zugbeanspruchung gelten in der Regel die Kriterien, die in Tabelle 3.4 angegeben sind.		

ANMERKUNG Wird die Vorspannung nicht für den Gleitwiderstand eingesetzt, sondern aus anderen Gründen für die Ausführung oder als Qualitätsmaßnahme (z. B. für die Dauerhaftigkeit) gefordert, dann kann die Höhe der Vorspannung im Nationalen Anhang festgelegt werden.

3.5 Rand- und Lochabstände für Schrauben und Niete

(1) Die Grenzwerte für Rand- und Lochabstände für Schrauben und Niete sind in Tabelle 3.3 angegeben.

(2) Zu Grenzwerten für Rand- und Lochabstände für Konstruktionen unter Ermüdungsbelastung, siehe EN 1993-1-9.

c) **Kategorie C: Gleitfeste Verbindung im Grenzzustand der Tragfähigkeit**

Zu dieser Kategorie gehören hochfeste vorgespannte Schrauben, welche die Anforderungen nach 3.1.2(1) erfüllen. Im Grenzzustand der Tragfähigkeit darf kein Gleiten auftreten. Der Bemessungswert der einwirkenden Scherkraft im Grenzzustand der Tragfähigkeit darf den Bemessungswert des Gleitwiderstandes nach 3.9 und des Lochleibungswiderstandes nach 3.6 und 3.7 nicht überschreiten.

Zusätzlich darf bei Zugverbindungen der Bemessungswert des plastischen Widerstands des Nettoquerschnitts im kritischen Schnitt durch die Schraubenlöcher $N_{net,Rd}$ (siehe EN 1993-1-1, 6.2) nicht überschritten werden.

In Tabelle 3.2 sind die Bemessungsnachweise für diese Verbindungskategorien zusammengefasst.

3.4.2 Zugverbindungen

(1) Zugbeanspruchte Schraubenverbindungen werden in der Regel für die Bemessung in folgende Kategorien unterteilt:

a) **Kategorie D: nicht vorgespannt**

Zu dieser Kategorie gehören Schrauben der Festigkeitsklassen 4.6 bis 10.9. Vorspannung ist nicht erforderlich. Diese Kategorie darf bei Verbindungen, die häufig veränderlichen Zugbeanspruchungen ausgesetzt sind, nicht verwendet werden. Der Einsatz in Verbindungen, die durch normale Windlasten beansprucht werden, ist dagegen erlaubt.

b) **Kategorie E: vorgespannt**

Zu dieser Kategorie gehören hochfeste vorgespannte Schrauben der Festigkeitsklassen 8.8 oder 10.9, die nach Bezugsnormengruppe 7 in 1.2.7 kontrolliert vorgespannt werden.

In Tabelle 3.2 sind die Bemessungsregeln für diese Verbindungskategorien zusammengefasst.

Tabelle 3.1 — Nennwerte der Streckgrenze f_{yb} und der Zugfestigkeit f_{ub} von Schrauben

Schraubenfestigkeitsklasse	4.6	4.8	5.6	5.8	6.8	8.8	10.9
f_{yb} (N/mm²)	240	320	300	400	480	640	900
f_{ub} (N/mm²)	400	400	500	500	600	800	1000

ANMERKUNG   Im Nationalen Anhang darf die Anwendung bestimmter Schraubenklassen ausgeschlossen werden.

3.1.2 Vorgespannte Schrauben

(1) Schraubengarnituren der Festigkeitsklassen 8.8 und 10.9, welche den Anforderungen der Bezugsnormengruppe 4 in 1.2.4 entsprechen, dürfen als vorgespannte Schrauben eingesetzt werden, sofern eine kontrollierte Vorspannung nach Bezugsnormengruppe 7 in 1.2.7 durchgeführt wird.

3.2 Niete

(1) Die Werkstoffkenngrößen, Abmessungen und Toleranzen von Stahl-Nieten müssen in der Regel die Anforderungen der Bezugsnormengruppe 6 in 1.2.6 erfüllen.

3.3 Ankerschrauben

(1) Für Ankerschrauben dürfen die folgenden Werkstoffe verwendet werden:

— Stahlsorten, welche den Anforderungen der Bezugsnormengruppe 1 in 1.2.1 entsprechen;

— Stahlsorten, welche den Anforderungen der Bezugsnormengruppe 4 in 1.2.4 entsprechen;

— Stahlsorten von Bewehrungsstählen, welche den Anforderungen nach EN 10080 entsprechen,

vorausgesetzt, dass der Nennwert der Streckgrenze bei scherbeanspruchten Ankerschrauben den Wert 640 N/mm² nicht überschreitet. Ohne Scherbeanspruchung liegt die obere Grenze bei 900 N/mm².

3.4 Kategorien von Schraubenverbindungen

3.4.1 Scherverbindungen

(1) Schraubenverbindungen mit Scherbeanspruchung werden in der Regel für die Bemessung in folgende Kategorien unterteilt:

a) **Kategorie A: Scher-/Lochleibungsverbindung**

   Zu dieser Kategorie gehören Schrauben der Festigkeitsklassen 4.6 bis 10.9. Vorspannung und besondere Oberflächenbehandlungen sind in der Regel nicht erforderlich. Der Bemessungswert der einwirkenden Scherkraft darf weder den Bemessungswert der Schertragfähigkeit nach 3.6 noch den Bemessungswert des Lochleibungswiderstandes nach 3.6 und 3.7 überschreiten.

b) **Kategorie B: Gleitfeste Verbindung im Grenzzustand der Gebrauchstauglichkeit**

   Zu dieser Kategorie gehören hochfeste vorgespannte Schrauben, welche die Anforderungen nach 3.1.2(1) erfüllen. Im Grenzzustand der Gebrauchstauglichkeit darf in der Regel kein Gleiten auftreten. Der Bemessungswert der einwirkenden Scherkraft im Grenzzustand der Gebrauchstauglichkeit darf in der Regel den Bemessungswert des Gleitwiderstandes nach 3.9 nicht überschreiten. Der Bemessungswert der einwirkenden Abscherkraft im Grenzzustand der Tragfähigkeit darf in der Regel den Bemessungswert der Schertragfähigkeit nach 3.6 und des Lochleibungswiderstandes nach 3.6 und 3.7 nicht überschreiten.

DIN EN 1993-1-8:2010-12
EN 1993-1-8:2005 + AC:2009 (D)

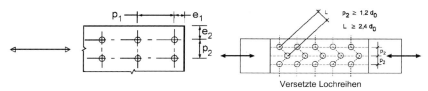

a) Bezeichnungen der Lochabstände   b) Bezeichnungen bei versetzter Lochanordnung

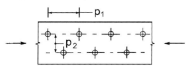
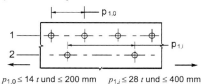

$p_1 \leq 14\,t$ und ≤ 200 mm $p_2 \leq 14\,t$ und ≤ 200 mm $p_{1,0} \leq 14\,t$ und ≤ 200 mm $p_{1,i} \leq 28\,t$ und ≤ 400 mm

1 äußere Lochreihe
2 innere Lochreihe

c) Versetzte Lochanordnung bei   d) Versetzte Lochanordnung bei
druckbeanspruchten Bauteilen   zugbeanspruchten Bauteilen

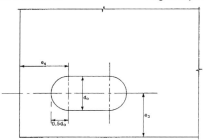

e) Randabstände bei Langlöchern

Bild 3.1 — Loch- und Randabstände von Verbindungsmitteln

3.6 Tragfähigkeiten einzelner Verbindungsmittel

3.6.1 Schrauben und Niete

(1) Die Bemessungswerte der Tragfähigkeit einzelner Verbindungsmittel unter Scher- und/oder Zugbeanspruchung sind in Tabelle 3.4 angegeben.

(2) Bei vorgespannten Schrauben, welche den Anforderungen nach 3.1.2(1) entsprechen, ist in der Regel der Bemessungswert der Vorspannkraft, $F_{p,Cd}$, wie folgt anzusetzen:

$$F_{p,Cd} = 0{,}7\,f_{ub}\,A_s/\gamma_{M7} \tag{3.1}$$

ANMERKUNG   Wird die Vorspannung bei der Bemessung nicht angesetzt, siehe Anmerkung zu Tabelle 3.2.

DIN EN 1993-1-8:2010-12
EN 1993-1-8:2005 + AC:2009 (D)

(3) Die Tragfähigkeit für Zug- oder Scherbeanspruchung im Gewindequerschnitt darf in der Regel nur dann mit dem vollen Wert nach Tabelle 3.4 angesetzt werden, wenn die Schrauben Bezugsnormengruppe 4 in 1.2.4 entsprechen. Für Schrauben mit geschnittenem Gewinde, z. B. Ankerschrauben oder Zugstangen, die aus Rundstahl gefertigt werden, dürfen die Werte aus Tabelle 3.4 verwendet werden, sofern die Ausführung EN 1090 entspricht. Für Schrauben mit geschnittenem Gewinde, für welche die Anforderungen nach EN 1090 nicht erfüllt werden, sind die Werte aus Tabelle 3.4 in der Regel mit dem Faktor 0,85 abzumindern.

(4) Die Abschertragfähigkeit $F_{v,Rd}$ in Tabelle 3.4 ist in der Regel nur anzusetzen, wenn die Schraubenlöcher ein normales Lochspiel entsprechend Bezugsnormengruppe 7 in 1.2.7 haben.

(5) M12 und M14 Schrauben dürfen auch mit einem Lochspiel von 2 mm eingesetzt werden, sofern der Bemessungswert der Abschertragfähigkeit kleiner oder gleich dem Bemessungswert der Lochleibungstragfähigkeit ist und wenn zusätzlich für Schrauben der Festigkeitsklassen 4.8, 5.8, 6.8, 8.8 und 10.9 die Abschertragfähigkeit $F_{v,Rd}$ nach Tabelle 3.4 mit dem Faktor 0,85 abgemindert wird.

(6) Passschrauben sind in der Regel wie Schrauben mit normalem Lochspiel zu bemessen.

(7) In der Regel darf bei Passschrauben das Gewinde nicht in der Scherfuge liegen.

(8) Bei Passschrauben sollte die Länge des Gewindes im auf Lochleibung beanspruchten Blech nicht mehr als 1/3 der Blechdicke betragen, siehe Bild 3.2.

(9) Für das Lochspiel bei Passschrauben gilt in der Regel Bezugsnormengruppe 7 in 1.2.7.

(10) In einschnittigen Anschlüssen mit nur einer Schraubenreihe, siehe Bild 3.3, sollten Unterlegscheiben sowohl unter dem Schraubenkopf als auch unter der Mutter eingesetzt werden. Die Lochleibungstragfähigkeit $F_{b,Rd}$ der Schrauben ist zu begrenzen auf:

$$F_{b,Rd} \leq 1,5 f_u\, d\, t/\gamma_{M2} \tag{3.2}$$

ANMERKUNG Verbindungen mit nur einem Niet sollten bei einschnittigen Anschlüssen nicht verwendet werden.

(11) Bei Schrauben der Festigkeitsklassen 8.8 oder 10.9 in einschnittigen Anschlüssen mit nur einer Schraube oder nur einer Schraubenreihe sind in der Regel gehärtete Unterlegscheiben zu verwenden.

(12) Übertragen Schrauben oder Niete Scher- und Lochleibungskräfte über Futterbleche mit einer Dicke t_p größer als ein Drittel des Durchmessers d, siehe Bild 3.4, so ist in der Regel die Schertragfähigkeit $F_{v,Rd}$ nach Tabelle 3.4 mit einem Beiwert β_p abzumindern:

$$\beta_p = \frac{9d}{8d + 3t_p} \quad \text{jedoch } \beta_p \leq 1 \tag{3.3}$$

(13) Bei zweischnittigen Verbindungen mit Futterblechen auf beiden Seiten des Stoßes ist in der Regel für den Wert t_p die Dicke des dickeren Futterblechs anzusetzen.

(14) Verbindungen mit Nieten sind in der Regel für die Übertragung von Scher- und Lochleibungskräften zu bemessen. Bei Zugbeanspruchung darf der Bemessungswert der einwirkenden Zugkraft $F_{t,Ed}$ den Bemessungswert der Tragfähigkeit $F_{t,Rd}$ nach Tabelle 3.4 nicht überschreiten.

(15) Bei Einsatz der Stahlsorte S235 darf die Zugfestigkeit des Nietwerkstoffs f_{ur} „nach dem Schlagen" mit 400 N/mm² angesetzt werden.

(16) Im Allgemeinen sollte die Klemmlänge der Niete bei Schlagen mit Niethammer den Wert $4,5d$ und bei hydraulischem Nieten den Wert $6,5d$ nicht überschreiten.

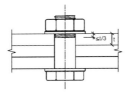

Bild 3.2 — In ein Schraubenloch hineinragendes Gewinde von Passschrauben

Bild 3.3 — Einschnittige Verbindung mit einer Schraubenreihe

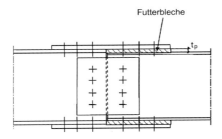

Bild 3.4 — Verbindungsmittel durch Futterbleche

Tabelle 3.4 — Beanspruchbarkeit einzelner Verbindungsmittel mit Scher- und/oder Zugbeanspruchung

Versagenskriterium	Schrauben	Niete
Abscheren je Scherfuge	$F_{v,Rd} = \dfrac{\alpha_v\, f_{ub}\, A}{\gamma_{M2}}$ — wenn das Gewinde der Schraube in der Scherfuge liegt (A ist die Spannungsquerschnittsfläche A_s der Schraube): 　— für Festigkeitsklassen 4.6, 5.6 und 8.8: 　　$\alpha_v = 0{,}6$ 　— für Festigkeitsklassen 4.8, 5.8, 6.8 und 10.9: 　　$\alpha_v = 0{,}5$ — wenn der Schaft der Schraube in der Scherfuge liegt (A ist die Schaftquerschnittsfläche der Schraube): $\alpha_v = 0{,}6$	$F_{v,Rd} = \dfrac{0{,}6\, f_{ur}\, A_0}{\gamma_{M2}}$
Lochleibung [1), 2), 3)]	$F_{b,Rd} = \dfrac{k_1\, \alpha_b\, f_u\, d\, t}{\gamma_{M2}}$ wobei α_b der kleinste Wert ist von α_d; $\dfrac{f_{ub}}{f_u}$ oder 1,0; in Kraftrichtung: — für am Rand liegende Schrauben: $\alpha_d = \dfrac{e_1}{3 d_0}$, — für innen liegende Schrauben: $\alpha_d = \dfrac{p_1}{3 d_0} - \dfrac{1}{4}$ quer zur Kraftrichtung: — für am Rand liegende Schrauben: 　k_1 ist der kleinste Wert von $2{,}8\dfrac{e_2}{d_0} - 1{,}7$, $1{,}4\dfrac{p_2}{d_0} - 1{,}7$ und 2,5 — für innen liegende Schrauben: 　k_1 ist der kleinste Wert von $1{,}4\dfrac{p_2}{d_0} - 1{,}7$ oder 2,5	
Zug [2)]	$F_{t,Rd} = \dfrac{k_2\, f_{ub}\, A_s}{\gamma_{M2}}$ wobei $k_2 = 0{,}63$ für Senkschrauben, sonst $k_2 = 0{,}9$.	$F_{t,Rd} = \dfrac{0{,}6\, f_{ur}\, A_0}{\gamma_{M2}}$
Durchstanzen	$B_{p,Rd} = 0{,}6\, \pi\, d_m\, t_p\, f_u / \gamma_{M2}$	kein Nachweis erforderlich
Kombination von Scher-/Lochleibung und Zug	$\dfrac{F_{v,Ed}}{F_{v,Rd}} + \dfrac{F_{t,Ed}}{1{,}4\, F_{t,Rd}} \leq 1{,}0$	

Tabelle 3.4 *(fortgesetzt)*

1)	Die Lochleibungstragfähigkeit $F_{b,Rd}$ wird — bei großem Lochspiel statt normalem Lochspiel mit dem Beiwert 0,8 abgemindert; — bei Langlöchern mit Längsachse quer zur Kraftrichtung mit dem Beiwert 0,6 gegenüber normalem Lochspiel abgemindert.
2)	Bei Senkschrauben — wird bei der Bestimmung der Lochleibungstragfähigkeit $F_{b,Rd}$ die Blechdicke t als Dicke des maßgebenden Verbindungsbleches abzüglich der Hälfte der Senkung, angesetzt; — gelten bei der Bestimmung der Zugtragfähigkeit $F_{t,Rd}$ die Regeln der Bezugsnormengruppe 4 in 1.2.4; andernfalls sollte eine entsprechende Anpassung der Zugtragfähigkeit $F_{t,Rd}$ erfolgen.
3)	Bei schräg angreifenden Schraubenkräften darf die Lochleibungstragfähigkeit getrennt für die Kraftkomponenten parallel und senkrecht zum Rand nachgewiesen werden.

3.6.2 Injektionsschrauben

3.6.2.1 Allgemeines

(1) Injektionsschrauben können bei Verbindungen der Kategorie A, B und C, siehe 3.4, als Alternative zu normalen Schrauben und Nieten verwendet werden.

(2) Herstellung und Einbau von Injektionsschrauben erfolgt nach Bezugsnormengruppe 7 in 1.2.7.

3.6.2.2 Beanspruchbarkeiten

(1) Die Bemessungsregeln in 3.6.2.2(2) bis 3.6.2.2(6) gelten für Injektionsschrauben der Festigkeitsklassen 8.8 oder 10.9. Schraubengruppen sollten den Anforderungen in Bezugsnormengruppe 4 in 1.2.4 genügen, bei Vorspannung der Schrauben siehe jedoch auch 3.6.2.2(3).

(2) Der Bemessungswert der einwirkenden Abscherkraft einer Schraube der Kategorie A im Grenzzustand der Tragfähigkeit darf in der Regel weder den Bemessungswert der Schertragfähigkeit [AC] der Schraube oder einer Schraubengruppe nach [AC] 3.6 und 3.7, noch der Lochleibungstragfähigkeit des Injektionsharzes nach 3.6.2.2(5) überschreiten.

(3) Für Verbindungen der Kategorie B und C sind in der Regel vorgespannte Injektionsschrauben einzusetzen; dabei sind Schraubengarnituren nach 3.1.2(1) zu verwenden.

(4) Die Bemessungswerte der einwirkenden Scherkraft in Verbindungen der Kategorie B im Grenzzustand der Gebrauchstauglichkeit und der einwirkenden Scherkraft in Verbindungen der Kategorie C im Grenzzustand der Tragfähigkeit dürfen in der Regel die Bemessungswerte des Gleitwiderstandes der Verbindung nach 3.9 sowie der Lochleibungstragfähigkeit des Injektionsharzes nach 3.6.2.2(5), die für die jeweiligen Grenzzustände gelten, nicht überschreiten. Zusätzlich darf, als wäre keine Injektion vorhanden, in der Regel der Bemessungswert der einwirkenden Scherkraft in Verbindungen der Kategorie B und C im Grenzzustand der Tragfähigkeit weder den Bemessungswert der Schertragfähigkeit der Schraube nach 3.6 noch den Bemessungswert der Lochleibungstragfähigkeit der Stahlbleche nach 3.6 und 3.7 überschreiten.

(5) Die Lochleibungstragfähigkeit des Injektionsharzes, $F_{b,Rd,resin}$, kann wie folgt ermittelt werden:

$$F_{b,Rd,resin} = \frac{k_t \, k_s \, d \, t_{b,resin} \, \beta \, f_{b,resin}}{\gamma_{M4}} \tag{3.4}$$

Dabei ist

$F_{b,Rd,resin}$ der Bemessungswert der Lochleibungstragfähigkeit des Injektionsharzes;

β der Beiwert abhängig vom Verhältnis der Blechdicken der verbundenen Bleche, siehe Tabelle 3.5 und Bild 3.5;

$f_{b,resin}$ die Festigkeit des Injektionsharzes bei Lochleibungsbeanspruchung, ermittelt nach Bezugsnormengruppe 7 in 1.2.7;

$t_{b,resin}$ die effektive Lochleibungsdicke bei Injektionsschrauben entsprechend Tabelle 3.5;

k_t 1,0 im Grenzzustand der Gebrauchstauglichkeit (lange Einwirkungsdauer);
1,2 im Grenzzustand der Tragfähigkeit;

k_s 1,0 bei Löchern mit normalem Lochspiel oder $(1,0 - 0,1\ m)$ bei übergroßen Löchern;

m die Differenz, in mm, zwischen normalem Lochspiel und übergroßem Lochspiel. Bei kurzen Langlöchern nach Bezugsnormengruppe 7 in 1.2.7, $m = 0,5 \times$ (Differenz, in mm, zwischen Lochlänge und Lochweite).

(6) Bei Schrauben mit einer größeren Klemmlänge als $3d$ sollte die effektive Lochleibungsdicke $t_{b,resin}$ der Injektionsschrauben den Wert $3d$ nicht überschreiten, siehe Bild 3.6.

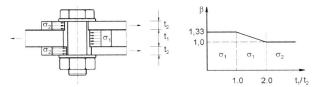

Bild 3.5 — Beiwert β in Abhängigkeit vom Verhältnis der Blechdicken

Tabelle 3.5 — Werte für β und $t_{b,resin}$

t_1/t_2	β	$t_{b,resin}$
≥2,0	1,0	$2\ t_2 \leq 1,5\ d$
$1,0 < t_1/t_2 < 2,0$	$1,66 - 0,33\ (t_1/t_2)$	$t_1 \leq 1,5\ d$
≤1,0	1,33	$t_1 \leq 1,5\ d$

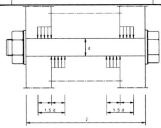

Bild 3.6 — Begrenzung der effektiven Länge von langen Injektionsschrauben

3.7 Gruppen von Verbindungsmitteln

(1) Die Beanspruchbarkeit von Gruppen von Verbindungsmitteln darf als Summe der Lochleibungstragfähigkeiten $F_{b,Rd}$ der einzelnen Verbindungsmittel angenommen werden, sofern die jeweilige Abschertragfähigkeit $F_{v,Rd}$ der einzelnen Verbindungsmittel mindestens so groß ist wie der Bemessungswert der Lochleibungstragfähigkeit $F_{b,Rd}$. Andernfalls ist die Beanspruchbarkeit der Gruppe von Verbindungsmitteln in

der Regel durch Multiplikation der Anzahl an Verbindungsmitteln mit der kleinsten vorhanden Abschertragfähigkeit bzw. Lochleibungstragfähigkeit zu ermitteln.

3.8 Lange Anschlüsse

(1) Wenn der Abstand L_j zwischen den Achsen des ersten und des letzten Verbindungsmittels in einem langen Anschluss, gemessen in Richtung der Kraftübertragung, siehe Bild 3.7, mehr als 15 d beträgt, so ist in der Regel der Bemessungswert der Abschertragfähigkeit $F_{v,Rd}$ aller Verbindungsmittel, berechnet nach Tabelle 3.4, mit einem Abminderungsbeiwert β_{Lf} abzumindern. Dieser Abminderungsbeiwert ergibt sich zu:

$$\beta_{Lf} = 1 - \frac{L_j - 15d}{200d} \tag{3.5}$$

jedoch $\beta_{Lf} \leq 1{,}0$ und $\beta_{Lf} \geq 0{,}75$

(2) Die Regelung in 3.8(1) gilt nicht, wenn eine gleichmäßige Verteilung der Kraftübertragung über die Länge des Anschlusses erfolgt, z. B. bei der Übertragung der Schubkraft zwischen Stegblech und Flansch eines Querschnitts.

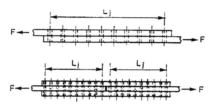

Bild 3.7 — Lange Anschlüsse

3.9 Gleitfeste Verbindungen mit hochfesten 8.8 oder 10.9 Schrauben

3.9.1 Gleitwiderstand

(1) Der Bemessungswert des Gleitwiderstandes vorgespannter hochfester Schrauben der Festigkeitsklasse 8.8 oder 10.9 ist in der Regel wie folgt zu ermitteln:

$$F_{s,Rd} = \frac{k_s\, n\, \mu}{\gamma_{M3}} F_{p,C} \qquad \text{(AC)} \ (3.6a) \ \text{(AC)}$$

$$\text{(AC)} \ F_{s,Rd,ser} = \frac{k_s n \mu}{\gamma_{M3,ser}} F_{p,C} \qquad (3.6b) \ \text{(AC)}$$

Dabei ist

k_s der Beiwert, siehe Tabelle 3.6;

n die Anzahl (AC) der Reiboberflächen; (AC)

μ die Reibungszahl, entweder durch Versuche nach Bezugsnormengruppe 7 in 1.2.7 für die jeweilige Reiboberfläche zu ermitteln oder der Tabelle 3.7 zu entnehmen.

DIN EN 1993-1-8:2010-12
EN 1993-1-8:2005 + AC:2009 (D)

(2) Bei Schrauben der Festigkeitsklassen 8.8 und 10.9 nach Bezugsnormengruppe 4 in 1.2.4 mit kontrollierter Vorspannung nach Bezugsnormengruppe 7 in 1.2.7 ist in der Regel die Vorspannkraft $F_{p,C}$ in Gleichung (3.6) wie folgt anzunehmen:

$$F_{p,C} = 0,7 f_{ub} A_s \tag{3.7}$$

Tabelle 3.6 — Zahlenwerte k_s

Beschreibung	k_s
Schrauben in Löchern mit normalem Lochspiel	1,0
Schrauben in übergroßen Löchern oder in kurzen Langlöchern, deren Längsachse quer zur Kraftrichtung liegt	0,85
Schrauben in großen Langlöchern, deren Längsachse quer zur Kraftrichtung liegt	0,7
Schrauben in kurzen Langlöchern, deren Längsachse parallel zur Kraftrichtung liegt	0,76
Schrauben in großen Langlöchern, deren Längsache parallel zur Kraftrichtung liegt	0,63

Tabelle 3.7 — Reibungszahl μ für vorgespannte Schrauben

Gleitflächenklassen (siehe Bezugsnormengruppe 7 in 1.2.7)	Reibungszahl μ
A	0,5
B	0,4
C	0,3
D	0,2

ANMERKUNG 1 Anforderungen an Versuche und deren Bewertung sind in Bezugsnormengruppe 7 in 1.2.7 angegeben.

ANMERKUNG 2 Die Einstufung von anderen Vorbehandlungen in Gleitflächenklassen sollte auf der Grundlage von Versuchen und mit Proben vorgenommen werden, deren Oberflächen der Vorbehandlung im wirklichen Bauwerk nach Bezugsnormengruppe 7 in 1.2.7 entsprechen.

ANMERKUNG 3 Die Definition der Gleitflächenklassen ist in Bezugsnormengruppe 7 in 1.2.7 enthalten.

ANMERKUNG 4 Bei beschichteten Oberflächen besteht die Möglichkeit eines zeitabhängigen Verlustes der Vorspannung.

3.9.2 Kombinierte Scher- und Zugbeanspruchung

(1) Wenn eine gleitfeste Verbindung zusätzlich zur einwirkenden Abscherkraft $F_{v,Ed}$ oder $F_{v,Ed,ser}$ durch eine einwirkende Zugkraft $F_{t,Ed}$ oder $F_{t,Ed,ser}$ beansprucht wird, ist in der Regel der Gleitwiderstand je Schraube wie folgt anzunehmen:

bei Kategorie B Verbindungen: $F_{s,Rd,ser} = \dfrac{k_s \, n \, \mu \, (F_{p,C} - 0,8 F_{t,Ed,ser})}{\gamma_{M3,ser}}$ (3.8a)

bei Kategorie C Verbindungen: $F_{s,Rd} = \dfrac{k_s \, n \, \mu \, (F_{p,C} - 0,8 F_{t,Ed})}{\gamma_{M3}}$ (3.8b)

(2) Stehen in einer biegebeanspruchten Verbindung die Zugkräfte in den Schrauben mit der über Kontakt übertragenden Druckkraft im Gleichgewicht, so ist eine Abminderung des Gleitwiderstandes nicht erforderlich.

3.9.3 Hybridverbindungen

(1) Als Ausnahme zu 2.4(3) darf der Gleitwiderstand von Verbindungen der Kategorie C in 3.4 mit vorgespannten Schrauben der Festigkeitsklassen 8.8 und 10.9 mit der Tragfähigkeit von Schweißnähten überlagert werden, vorausgesetzt, dass das endgültige Anziehen der Schrauben nach der vollständigen Ausführung der Schweißarbeiten erfolgt.

3.10 Lochabminderungen

3.10.1 Allgemeines

(1) Lochabminderungen bei der Bemessung von Bauteilen sind in der Regel entsprechend EN 1993-1-1 vorzunehmen.

3.10.2 Blockversagen von Schraubengruppen

(1) Das Blockversagen einer Schraubengruppe wird durch das Schubversagen des Blechs entlang der schubbeanspruchten Schraubenreihe verursacht. Dies geschieht in Kombination mit dem Zugversagen des Blechs entlang der zugbeanspruchten Schraubenreihe am Kopf der Schraubengruppe. Bild 3.8 stellt das Blockversagen dar.

(2) Für eine symmetrisch angeordnete Schraubengruppe unter zentrischer Belastung ergibt sich der Widerstand gegen Blockversagen $V_{\text{eff},1,Rd}$ zu:

$$V_{\text{eff},1,Rd} = f_u \, A_{nt} / \gamma_{M2} + \frac{f_y}{\sqrt{3}} A_{nv} / \gamma_{M0} \tag{3.9}$$

Dabei ist

A_{nt} die zugbeanspruchte Netto-Querschnittsfläche;

A_{nv} die schubbeanspruchte Netto-Querschnittsfläche.

(3) Für eine Schraubengruppe unter exzentrischer Belastung ergibt sich der Widerstand gegen Blockversagen $V_{\text{eff},2,Rd}$ zu:

$$V_{\text{eff},2,Rd} = 0{,}5 f_u \, A_{nt} / \gamma_{M2} + \frac{f_y}{\sqrt{3}} A_{nv} / \gamma_{M0} \tag{3.10}$$

DIN EN 1993-1-8:2010-12
EN 1993-1-8:2005 + AC:2009 (D)

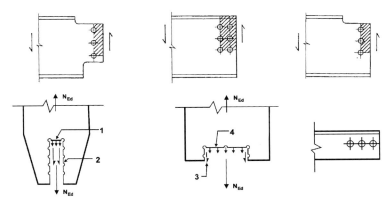

Legende

1 kleine Zugkraft
2 große Schubkraft
3 kleine Schubkraft
4 große Zugkraft

Bild 3.8 — Blockversagen von Schraubengruppen

3.10.3 Einseitig angeschlossene Winkel und andere unsymmetrisch angeschlossene Bauteile unter Zugbelastung

(1) Die Exzentrizität von Anschlüssen, siehe 2.7(1), sowie die Einflüsse von Loch- und Randabständen der Schrauben sind in der Regel bei der Bestimmung der Tragfähigkeiten von:

— unsymmetrischen Bauteilen;

— symmetrischen Bauteilen, deren Anschluss unsymmetrisch erfolgt, z. B. bei einseitig angeschlossenen Winkeln,

zu berücksichtigen.

(2) Einseitig mit einer Schraubenreihe angeschlossene Winkel, siehe Bild 3.9, dürfen wie zentrisch belastete Winkel bemessen werden, wenn die Tragfähigkeit $N_{u,Rd}$ mit einem effektiven Nettoquerschnitt wie folgt bestimmt wird:

mit 1 Schraube: $\qquad N_{u,Rd} = \dfrac{2{,}0(e_2 - 0{,}5 d_0) t\, f_u}{\gamma_{M2}}$ (3.11)

mit 2 Schrauben: $\qquad N_{u,Rd} = \dfrac{\beta_2 A_{net} f_u}{\gamma_{M2}}$ (3.12)

mit 3 oder mehr Schrauben: $\quad N_{u,Rd} = \dfrac{\beta_3 A_{net} f_u}{\gamma_{M2}}$ (3.13)

DIN EN 1993-1-8:2010-12
EN 1993-1-8:2005 + AC:2009 (D)

Dabei ist

β_2 und β_3 die Abminderungsbeiwerte in Abhängigkeit vom Lochabstand p_1, siehe Tabelle 3.8. Für Zwischenwerte von p_1 darf der Wert β interpoliert werden;

A_{net} die Nettoquerschnittsfläche des Winkels. Wird ein ungleichschenkliger Winkel am kleineren Schenkel angeschlossen, so ist A_{net} in der Regel für einen äquivalenten gleichschenkligen Winkel mit den kleineren Schenkelabmessungen zu berechnen.

Tabelle 3.8 — Abminderungsbeiwerte β_2 und β_3

Lochabstand	p_1	$\leq 2{,}5\, d_0$	$\geq 5{,}0\, d_0$
2 Schrauben	β_2	0,4	0,7
3 Schrauben oder mehr	β_3	0,5	0,7

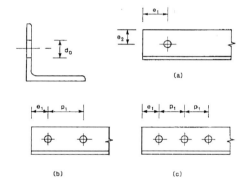

Legende
a) 1 Schraube
b) 2 Schrauben
c) 3 Schrauben

Bild 3.9 — Einseitig angeschlossene Winkel

3.10.4 Anschlusswinkel für indirekten Anschluss

(1) Anschlusswinkel für indirekten Anschluss, wie z. B. in Bild 3.10 dargestellt, verbinden z. B. abstehende Schenkel von Winkelprofilen mit den Knotenblechen und sind in der Regel für das 1,2fache der Kraft in dem abstehenden Schenkel des angeschlossenen Winkels zu bemessen.

(2) Die Verbindungsmittel zwischen dem Anschlusswinkel und dem abstehenden Schenkel des angeschlossenen Winkelprofils sind in der Regel für das 1,4fache der Kraft in dem abstehenden Schenkel des angeschlossenen Winkels zu bemessen.

(3) Anschlusswinkel zur Verbindung von U-Profilen oder ähnlichen Bauteilen sind in der Regel für das 1,1fache der Kraft in dem abstehenden Flansch des U-Profils zu bemessen.

(4) Die Verbindungsmittel zwischen Anschlusswinkel und U-Profil oder ähnlichen Bauteilen sind in der Regel für das 1,2fache der Kraft, die in dem angeschlossenen U-Profil-Flansch vorliegt, zu bemessen.

(5) Auf keinen Fall sollten weniger als zwei Schrauben oder Niete zur Verbindung eines Anschlusswinkels für indirekten Anschluss mit einem Knotenblech oder einer ähnlichen Komponente verwendet werden.

(6) Die Verbindung des Anschlusswinkels an ein Knotenblech oder eine ähnliche Komponente sollte bis an das Ende des angeschlossenen Bauteils durchgeführt werden. Die Verbindung des Anschlusswinkels an das angeschlossene Bauteil sollte vom Ende des angeschlossenen Bauteils über das Ende des Knotenblechs hinausgeführt werden.

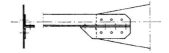

Bild 3.10 — Anschlusswinkel für indirekten Anschluss

3.11 Abstützkräfte

(1) Werden Verbindungsmittel auf Zug belastet, so sind bei der Bemessung zusätzliche Abstützkräfte zu berücksichtigen, sofern diese infolge von Hebelwirkungen aus Blechkontakten auftreten können.

ANMERKUNG   Die Regelungen in 6.2.4 berücksichtigen implizit solche Abstützkräfte.

3.12 Kräfteverteilung auf Verbindungsmittel im Grenzzustand der Tragfähigkeit

(1) Tritt in einem Anschluss ein äußeres Moment auf, so darf die Verteilung der einwirkenden Kräfte auf die Verbindungsmittel entweder linear (d. h. proportional zum Abstand vom Rotationszentrum) oder plastisch (d. h. jede Verteilung, die das Gleichgewicht erfüllt, ist möglich, vorausgesetzt, dass die Tragfähigkeiten der Komponenten nicht überschritten werden und die Duktilitäten der Komponenten ausreichend sind) ermittelt werden.

(2) Die lineare Verteilung der einwirkenden Kräfte ist in der Regel in folgenden Fällen zu verwenden:

— Schrauben in gleitfesten Verbindungen der Kategorie C,

— Scher-/Lochleibungsverbindungen, bei denen die Abschertragfähigkeit $F_{v,Rd}$ kleiner ist als die Lochleibungstragfähigkeit $F_{b,Rd}$,

— Verbindungen unter Stoßbelastung, Schwingbelastung oder mit Lastumkehr (außer Windlasten).

(3) Für einen nur durch zentrische Schubkraft beanspruchten Anschluss darf für die Verbindungsmittel eine gleichmäßige Lastverteilung angenommen werden, wenn nur Verbindungsmittel der gleichen Größe und Klassifizierung verwendet werden.

3.13 Bolzenverbindungen

3.13.1 Allgemeines

(1) Bolzen sind in der Regel gegen Lösen zu sichern.

(2) Bolzenverbindungen, in denen keine Verdrehung in den Augen erforderlich ist, dürfen wie Einschraubenverbindungen bemessen werden, wenn die Bolzenlänge kleiner als das Dreifache des Bolzendurchmessers ist, siehe 3.6.1. Anderenfalls gelten die Regelungen in 3.13.2.

(3) Für Augenstäbe sind in der Regel die Anforderungen in Tabelle 3.9 einzuhalten.

Tabelle 3.9 — Geometrische Anforderungen an Augenstäbe

Möglichkeit A:
Dicke t vorgegeben

$$a \geq \frac{F_{Ed}\gamma_{M0}}{2tf_y} + \frac{2d_0}{3} \quad : \quad c \geq \frac{F_{Ed}\gamma_{M0}}{2tf_y} + \frac{d_0}{3}$$

Möglichkeit B:
Geometrie vorgegeben

$$t \geq 0{,}7\sqrt{\frac{F_{Ed}\gamma_{M0}}{f_y}} \quad : \quad d_0 \leq 2{,}5t$$

(4) Bauteile mit Bolzenverbindungen sind in der Regel so zu konstruieren, dass Exzentrizitäten vermieden werden; auf ausreichende Dimensionierung des Übergangs von Augenstab zu Bauteil ist zu achten.

3.13.2 Bemessung der Bolzen

(1) Die Bemessungsregeln für massive Rundbolzen sind in Tabelle 3.10 angegeben.

(2) Die einwirkenden Biegemomente in einem Bolzen sind in der Regel unter der Annahme zu berechnen, dass die Augenstabbleche gelenkige Auflager bilden. Dabei ist anzunehmen, dass die Lochleibungspressung zwischen dem Bolzen und den Augenstabblechen gleichmäßig über die jeweilige Kontaktfläche verteilt ist, siehe Bild 3.11.

(3) Soll der Bolzen austauschbar sein, ist neben den Anforderungen in 3.13.1 und 3.13.2 die Lochleibungsspannung wie folgt zu beschränken:

$$\sigma_{h,Ed} \leq f_{h,Rd} \tag{3.14}$$

Dabei ist

$$\text{\small[AC]}\ \sigma_{h,Ed} = 0{,}591\sqrt{\frac{E\,F_{b,Ed,ser}\,(d_0 - d)}{d^2\,t}}\ \text{\small[AC]} \tag{3.15}$$

$$f_{h,Rd} = 2{,}5 f_y / \gamma_{M6,ser} \tag{3.16}$$

Dabei ist

d der Bolzendurchmesser;

d_0 der Bolzenlochdurchmesser;

[AC] $F_{b,Ed,ser}$ [AC] der Bemessungswert der einwirkenden Lochleibungskraft im Grenzzustand der Gebrauchstauglichkeit.

Tabelle 3.10 — Bemessungsregeln für Bolzenverbindungen

Versagenskriterium	Bemessungsregeln
Abscheren des Bolzens	$F_{v,Rd} = 0{,}6\,A\,f_{up}/\gamma_{M2} \geq F_{v,Ed}$
Lochleibung von Augenblech und Bolzen	$F_{b,Rd} = 1{,}5\,t\,d\,f_y/\gamma_{M0} \geq F_{b,Ed}$
Bei austauschbaren Bolzen zusätzlich	$F_{b,Rd,ser} = 0{,}6\,t\,d\,f_y/\gamma_{M6,ser} \geq F_{b,Ed,ser}$
Biegung des Bolzens	$M_{Rd} = 1{,}5\,W_{el}\,f_{yp}/\gamma_{M0} \geq M_{Ed}$
Bei austauschbaren Bolzen zusätzlich	$M_{Rd,ser} = 0{,}8\,W_{el}\,f_{yp}/\gamma_{M6,ser} \geq M_{Ed,ser}$
Kombination von Abscheren und Biegung des Bolzens	$\left[\dfrac{M_{Ed}}{M_{Rd}}\right]^2 + \left[\dfrac{F_{v,Ed}}{F_{v,Rd}}\right]^2 \leq 1$

d	Bolzendurchmesser;
f_y	kleinerer Wert der Streckgrenze f_{yb} des Bolzenwerkstoffs und des Werkstoffs des Augenstabs;
f_{up}	Bruchfestigkeit des Bolzens;
f_{yp}	Streckgrenze des Bolzens;
t	Dicke des Augenstabblechs;
A	Querschnittsfläche des Bolzens.

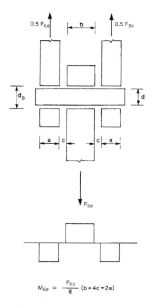

$M_{Ed} = \frac{F_{Ed}}{8}(b + 4c + 2a)$

Bild 3.11 — Biegemoment in einem Bolzen

4 Schweißverbindungen

4.1 Allgemeines

(1) Die Bestimmungen dieses Abschnittes beziehen sich auf schweißbare Baustähle, die den Anforderungen nach EN 1993-1-1 entsprechen und Erzeugnisdicken von 4 mm oder mehr aufweisen. Weiterhin beschränkt sich die Gültigkeit auf Anschlüsse, in denen das Schweißgut mit dem Grundwerkstoff hinsichtlich der mechanischen Kenngrößen verträglich ist, siehe 4.2.

Für Schweißnähte bei dünneren Erzeugnisdicken gilt EN 1993-1-3; zu Schweißnähten von Hohlprofilen mit Blechdicken von 2,5 mm und mehr siehe Abschnitt 7.

Für das Schweißen von Kopfbolzendübeln ist EN 1994-1-1 zu beachten.

ANMERKUNG Zu weiteren Bestimmungen für das Schweißen von Kopfbolzendübeln siehe auch EN ISO 14555 und EN ISO 13918.

(2) [AC] P [AC] Für Schweißnähte, die auf Ermüdung beansprucht werden, [AC] müssen [AC] auch die Grundsätze in EN 1993-1-9 gelten.

(3) Im Allgemeinen ist, sofern nicht anderweitig festgelegt, Qualitätsstandard C nach EN ISO 25817 erforderlich. Der Umfang der Schweißnahtprüfung ist in der Regel unter Verwendung der Bezugsnormengruppe 7 in 1.2.7 festzulegen. Die Qualitätsanforderungen an Schweißnähte sollten nach EN ISO 25817 gewählt werden. Zu Qualitätsanforderungen an ermüdungsbeanspruchte Schweißnähte, siehe EN 1993-1-9.

(4) Die Terrassenbruchgefahr ist in der Regel zu beachten.

(5) Hinweise zum Terrassenbruch gibt EN 1993-1-10.

4.2 Schweißzusätze

(1) Für die Schweißzusätze gelten in der Regel die Normen der Bezugsnormengruppe 5 in 1.2.5.

(2) Die für das Schweißgut spezifizierten Werte der Streckgrenze, Bruchfestigkeit, Bruchdehnung und Mindestkerbschlagarbeit müssen in der Regel mindestens den spezifizierten Werten für den verschweißten Grundwerkstoff entsprechen.

ANMERKUNG Grundsätzlich liegt die Wahl von Elektroden mit höherer Güte als die für die verwendeten Stahlsorten auf der sicheren Seite.

4.3 Geometrie und Abmessungen

4.3.1 Schweißnahtarten

(1) Diese Norm gilt für die Bemessung von Kehlnähten, Schlitznähten, Stumpfnähten, Lochschweißungen und Hohlkehlnähten. Stumpfnähte können entweder durchgeschweißt oder nicht durchgeschweißt sein. Schlitznähte sowie Lochschweißungen können sowohl an Kreislöchern als auch an Langlöchern verwendet werden.

(2) Die üblichen Schweißnahtarten und Anschlussformen sind in EN 12345 dargestellt.

4.3.2 Kehlnähte

4.3.2.1 Allgemeines

(1) Kehlnähte dürfen für die Verbindung von Bauteilen verwendet werden, wenn die Flanken einen Öffnungswinkel von 60° bis 120° bilden.

(2) Kleinere Winkel als 60° sind ebenfalls zulässig. In diesen Fällen sollte die Schweißnaht allerdings als eine nicht durchgeschweißte Stumpfnaht behandelt werden.

(3) Bei Öffnungswinkeln über 120° ist in der Regel die Beanspruchbarkeit der Kehlnähte durch Versuche nach EN 1990, Anhang D nachzuweisen.

(4) An den Enden von Bauteilen sollten Kehlnähte durchgehend mit voller Abmessung und einer Mindestlänge gleich der doppelten Schenkellänge der Naht um die Ecken der Bauteile herumgeführt werden, wo immer eine solche Umschweißung möglich ist.

ANMERKUNG Bei unterbrochen geschweißten Kehlnähten gilt diese Regelung nur für den letzten Schweißnahtabschnitt am Bauteilende.

(5) Umschweißungen an den Bauteilenden sollten in den Zeichnungen angegeben werden.

(6) Zur Exzentrizität von einseitigen Kehlnähten siehe 4.12.

4.3.2.2 Unterbrochen geschweißte Kehlnähte

(1) Unterbrochen geschweißte Kehlnähte sind bei Korrosionsgefährdung in der Regel nicht anzuwenden.

(2) Für die unverschweißten Spaltlängen (L_1 oder L_2) zwischen den einzelnen Schweißabschnitten L_w einer unterbrochen geschweißten Kehlnaht gelten die Anforderungen in Bild 4.1.

(3) Die unverschweißte Spaltlänge (L_1 oder L_2) einer unterbrochen geschweißten Kehlnaht sollte an der gegenüberliegenden Seite oder an derselben Seite bestimmt werden, je nach dem, welche kürzer ist.

(4) Bei Bauteilen, die mit unterbrochen geschweißten Kehlnähten verbunden werden, sollten am Ende stets Schweißabschnitte L_{we} vorgesehen werden.

(5) Bei einem mit unterbrochen geschweißten Kehlnähten zusammengesetzten Bauteil sollte an jedem Blechende beidseitig ein Schweißabschnitt mit einer Länge von mindesten 3/4 der Breite des schmaleren Bleches vorgesehen werden, siehe Bild 4.1.

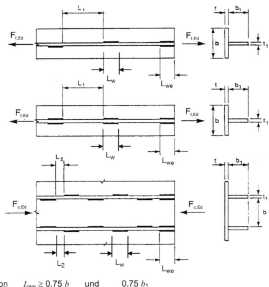

Der kleinste Wert von $L_{we} \geq 0,75\ b$ und $0,75\ b_1$

Für zusammengesetzte zugbeanspruchte Bauteile:
Der kleinste Wert von $L_1 \leq 16\ t$ und $16\ t_1$ und 200 mm

Für zusammengesetzte druck- oder schubbeanspruchte Bauteile:
Der kleinste Wert von $L_2 \leq 12\ t$ und $12\ t_1$ und $0,25\ b$ und 200 mm

Bild 4.1 — Unterbrochen geschweißte Kehlnähte

4.3.3 Schlitznähte

(1) Schlitznähte, einschließlich Kehlnähte in Kreis- oder Langlöchern, dürfen nur verwendet werden, um Schub zu übertragen oder um Beulen oder Klaffen von überlappten Teilen zu verhindern.

(2) Für eine Schlitznaht sollte der Durchmesser eines Kreisloches oder die Breite eines Langloches nicht kleiner sein als die vierfache Blechdicke.

(3) Die Enden von Langlöchern sollten halbkreisförmig ausgeführt werden, außer wenn die Langlöcher über den Rand des betreffenden Teiles hinaus gehen.

(4) Die Abstände der Mittelpunkte von Schlitznähten sollten die Grenzwerte zur Vermeidung lokalen Beulens nicht überschreiten, siehe Tabelle 3.3.

4.3.4 Stumpfnähte

(1) Eine durchgeschweißte Stumpfnaht ist eine Schweißnaht mit vollständigem Einbrand und vollständiger Verschmelzung des Schweißwerkstoffes mit dem Grundmaterial über die gesamte Dicke der Verbindung.

(2) Bei einer nicht durchgeschweißten Stumpfnaht ist die Durchschweißung kleiner als die volle Dicke des Grundmaterials.

(3) Unterbrochen geschweißte Stumpfnähte sind in der Regel zu vermeiden.

(4) Bezüglich der Exzentrizität von einseitigen nicht durchgeschweißten Stumpfnähten siehe 4.12.

4.3.5 Lochschweißungen

(1) Lochschweißungen können verwendet werden, um:

— Schub zu übertragen,

— Beulen oder das Klaffen von überlappten Teilen zu verhindern, und

— Komponenten von mehrteiligen Bauteilen zu verbinden.

Sie sollten jedoch nicht in zugbeanspruchten Verbindungen verwendet werden.

(2) Für eine Lochschweißung sollte der Durchmesser eines Kreisloches oder die Breite eines Langloches mindestens 8 mm größer sein als die Blechdicke.

(3) Die Enden von Langlöchern sollten entweder halbkreisförmig sein, oder es sollten ausgerundete Ecken mit einem Radius vorgesehen werden, der mindestens der Blechdicke entspricht, außer wenn die Langlöcher über den Rand des betreffenden Teiles hinausgehen.

(4) Die Dicke einer Lochschweißung sollte bei Blechdicken bis zu 16 mm der Blechdicke entsprechen. Bei Blechdicken über 16 mm sollte die Dicke der Lochschweißung mindestens der Hälfte der Blechdicke entsprechen, jedoch nicht kleiner als 16 mm sein.

(5) Die Abstände der Mittelpunkte von Lochschweißungen sollten die Grenzwerte zur Vermeidung lokalen Beulens nicht überschreiten, siehe Tabelle 3.3.

4.3.6 Hohlkehlnähte

(1) Die wirksame Nahtdicke von Hohlkehlnähten, die bündig zur Oberfläche von Bauteilen mit Vollquerschnitt verlaufen, ist in Bild 4.2 definiert. Zur Bestimmung der wirksamen Nahtdicke von Hohlkehlnähten bei Rechteckhohlprofilen siehe 7.3.1(7).

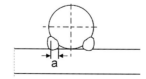

Bild 4.2 — Wirksame Nahtdicke von Hohlkehlnähten an Vollquerschnitten

4.4 Schweißen mit Futterblechen

(1) Wird mit Futterblechen geschweißt, so sollte das Futterblech bündig zum Rand des zu verschweißenden Bauteils angepasst werden.

(2) Liegt zwischen zwei zu verschweißenden Bauteilen ein Futterblech mit einer kleineren Dicke als der zur Übertragung der Kraft erforderlichen Schenkellänge der Schweißnaht, so ist in der Regel die erforderliche Schenkellänge der Schweißnaht um den Betrag der Futterblechdicke zu vergrößern.

(3) Liegt zwischen zwei zu verschweißenden Bauteilen ein Futterblech mit einer gleichgroßen oder größeren Dicke als der zur Übertragung der Kraft erforderlichen Schenkellänge der Schweißnaht, sollten die Bauteile jeweils mit dem Futterblech mit einer separaten Schweißnaht verbunden werden, die zur Übertragung der Kräfte ausreicht.

4.5 Beanspruchbarkeit von Kehlnähten

4.5.1 Schweißnahtlänge

(1) [AC] Als wirksame Länge l_{eff} einer Kehlnaht [AC] ist die Gesamtlänge mit voller Nahtdicke anzusetzen. Diese kann als die tatsächliche Länge der Schweißnaht abzüglich des zweifachen Betrages der wirksamen Kehlnahtdicke a angesetzt werden. Ist die Kehlnaht über die gesamte Länge einschließlich der Nahtenden voll ausgeführt, braucht keine Abminderung der wirksamen Länge um die Nahtenden durchgeführt werden.

(2) Kehlnähte, deren wirksame Länge weniger als 30 mm oder das 6fache der Nahtdicke beträgt, je nach dem welcher Wert größer ist, sollten für die Übertragung von Kräften nicht in Betracht gezogen werden.

4.5.2 Wirksame Nahtdicke

(1) Die wirksame Nahtdicke a einer Kehlnaht ist in der Regel als die bis zum theoretischen Wurzelpunkt gemessene Höhe des einschreibbaren (gleichschenkligen oder nicht gleichschenkligen) Dreiecks anzunehmen, siehe Bild 4.3.

(2) Die wirksame Nahtdicke einer Kehlnaht sollte mindestens 3 mm betragen.

(3) Bei der Bestimmung der Beanspruchbarkeit einer Kehlnaht mit tiefem Einbrand darf eine vergrößerte Nahtdicke berücksichtigt werden, siehe Bild 4.4, wenn der über den theoretischen Wurzelpunkt hinausgehende Einbrand durch eine Verfahrensprüfung nachgewiesen wird.

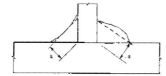

Bild 4.3 — Kehlnahtdicke

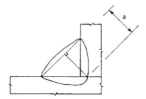

Bild 4.4 — Kehlnahtdicke bei tiefem Einbrand

4.5.3 Tragfähigkeit von Kehlnähten

4.5.3.1 Allgemeines

(1) Die Tragfähigkeit von Kehlnähten ist in der Regel mit Hilfe des richtungsbezogenen Verfahrens, siehe 4.5.3.2, oder des vereinfachten Verfahrens, siehe 4.5.3.3, zu ermitteln.

4.5.3.2 Richtungsbezogenes Verfahren

(1) Bei diesem Verfahren werden die Kräfte, die je Längeneinheit übertragen werden können, aufgeteilt in Anteile parallel und rechtwinklig zur Längsachse der Schweißnaht und normal und rechtwinklig zur Lage der wirksamen Kehlnahtfläche.

(2) Die wirksame Kehlnahtfläche A_w ist mit $A_w = \Sigma a\, \ell_{eff}$ zu ermitteln.

(3) Die Lage der wirksamen Kehlnahtfläche wird im Wurzelpunkt konzentriert angenommen.

(4) Die einwirkende Spannung wird gleichmäßig über den Nahtquerschnitt verteilt angenommen und führt, wie in Bild 4.5 dargestellt, zu folgenden Normal- und Schubspannungen:

— $\sigma_\perp$ Normalspannung senkrecht zur Schweißnahtachse

— $\sigma_\parallel$ Normalspannung parallel zur Schweißnahtachse

— $\tau_\perp$ Schubspannung (in der Ebene der Kehlnahtfläche) senkrecht zur Schweißnahtachse

— $\tau_\parallel$ Schubspannung (in der Ebene der Kehlnahtfläche) parallel zur Schweißnahtachse.

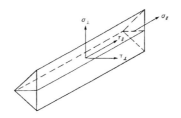

Bild 4.5 — Spannungen im wirksamen Kehlnahtquerschnitt

(5) Bei der Bestimmung der Beanspruchbarkeit der Kehlnaht werden die Normalspannungen $\sigma_\parallel$ parallel zur Schweißnahtachse vernachlässigt.

DIN EN 1993-1-8:2010-12
EN 1993-1-8:2005 + AC:2009 (D)

(6) Die Tragfähigkeit einer Kehlnaht ist ausreichend, wenn die folgenden beiden Bedingungen erfüllt sind:

$[\sigma_\perp^2 + 3 (\tau_\perp^2 + \tau_\parallel^2)]^{0,5} \leq f_u/(\beta_w \gamma_{M2})$ und $\sigma_\perp \leq 0,9 f_u/\gamma_{M2}$ (4.1)

Dabei ist

f_u die Zugfestigkeit des schwächeren der angeschlossenen Bauteile;

β_w der Korrelationsbeiwert, siehe Tabelle 4.1.

(7) Bei der Bemessung von Kehlnähten zwischen Bauteilen mit unterschiedlichen Stahlsorten sind in der Regel die Werkstoffkenngrößen des Bauteils mit der geringeren Festigkeit zu verwenden.

Tabelle 4.1 — Korrelationsbeiwert β_w für Kehlnähte

Norm und Stahlsorte			Korrelationsbeiwert β_w
EN 10025	EN 10210	EN 10219	
S 235 S 235 W	S 235 H	S 235 H	0,8
S 275 S 275 N/NL S 275 M/ML	S 275 H S 275 NH/NLH	S 275 H S 275 NH/NLH S 275 MH/MLH	0,85
S 355 S 355 N/NL S 355 M/ML S 355 W	S 355 H S 355 NH/NLH	S 355 H S 355 NH/NLH S 355 MH/MLH	0,9
S 420 N/NL S 420 M/ML		S 420 MH/MLH	1,0
S 460 N/NL S 460 M/ML S 460 Q/QL/QL1	S 460 NH/NLH	S 460 NH/NLH S 460 MH/MLH	1,0

4.5.3.3 Vereinfachtes Verfahren

(1) Als alternatives Verfahren zu 4.5.3.2 darf die Tragfähigkeit einer Kehlnaht als ausreichend angenommen werden, wenn an jedem Punkt längs der Naht die Resultierende aller auf die wirksame Kehlnahtfläche einwirkenden Kräfte je Längeneinheit folgende Bedingung erfüllt:

$F_{w,Ed} \leq F_{w,Rd}$ (4.2)

Dabei ist

$F_{w,Ed}$ der Bemessungswert der auf die wirksame Kehlnahtfläche einwirkenden Kräfte je Längeneinheit;

$F_{w,Rd}$ der Bemessungswert der Tragfähigkeit der Schweißnaht je Längeneinheit.

(2) Die Tragfähigkeit $F_{w,Rd}$ der Schweißnaht je Längeneinheit ist unabhängig von der Orientierung der wirksamen Kehlnahtfläche zur einwirkenden Kraft wie folgt zu ermitteln:

$F_{w,Rd} = f_{vw,d} \, a$ (4.3)

Dabei ist

$f_{vw,d}$ der Bemessungswert der Scherfestigkeit der Schweißnaht.

(3) Die Scherfestigkeit der Schweißnaht $f_{vw,d}$ ist wie folgt zu ermitteln:

$$f_{vw,d} = \frac{f_u/\sqrt{3}}{\beta_w \gamma_{M2}} \tag{4.4}$$

Dabei sind

f_u und β_w nach Definitionen in 4.5.3.2(6).

4.6 Tragfähigkeit von Schlitznähten

(1) Die Tragfähigkeit einer Schlitznaht ist in der Regel nach einem der in 4.5 angegebenen Verfahren zu ermitteln.

4.7 Tragfähigkeit von Stumpfnähten

4.7.1 Durchgeschweißte Stumpfnähte

(1) Die Tragfähigkeit von durchgeschweißten Stumpfnähten ist in der Regel mit der Tragfähigkeit des schwächeren der verbundenen Bauteile gleichzusetzen. Das trifft zu, wenn die Schweißnaht mit Schweißzusätzen ausgeführt wird, die entsprechend Schweißgutprüfungen Mindestwerte der Streckgrenze und der Zugfestigkeit aufweisen, die nicht geringer sind als die für den Grundwerkstoff.

4.7.2 Nicht durchgeschweißte Stumpfnähte

(1) Die Tragfähigkeit von nicht durchgeschweißten Stumpfnähten ist in der Regel wie für Kehlnähte mit tiefem Einbrand zu ermitteln, siehe 4.5.2(3).

(2) Die Nahtdicke einer nicht durchgeschweißten Stumpfnaht sollte nicht größer sein als die mit dem Schweißverfahren erreichbare Tiefe des Einbrandes, siehe 4.5.2(3).

4.7.3 T-Stöße

(1) Die Tragfähigkeit eines T-Stoßes mit beidseitig angeordneten nicht durchgeschweißten Stumpfnähten, die durch darüber gelegte Kehlnähte verstärkt sind, kann wie bei einer durchgeschweißten Stumpfnaht (siehe 4.7.1) ermittelt werden, wenn die gesamte Nahtdicke, abgesehen von dem unverschweißten Spalt, mindestens der Dicke t des Stegblechteils entspricht und der ungeschweißte Spalt nicht größer als $t/5$ oder 3 mm ist (der kleinere Wert ist maßgebend), siehe |AC⟩ Bild 4.6. ⟨AC|

(2) Die Tragfähigkeit eines T-Stoßes, der die in 4.7.3(1) angegebenen Anforderungen nicht erfüllt, ist in der Regel, je nach Tiefe des Einbrandes, wie für eine Kehlnaht oder eine Kehlnaht mit tiefem Einbrand zu ermitteln, siehe 4.5. Die Nahtdicke ist in der Regel nach den Bestimmungen für Kehlnähte, siehe 4.5.2, oder nicht durchgeschweißten Stumpfnähten, siehe 4.7.2, zu ermitteln.

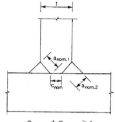

$a_{nom,1} + a_{nom,2} \geq t$
Der kleinere Wert: $c_{nom} \leq t/5$ und 3 mm

Bild 4.6 — Wirksam durchgeschweißter T-Stoß

4.8 Tragfähigkeit von Lochschweißungen

(1) Die Tragfähigkeit $F_{w,Rd}$ einer Lochschweißung, siehe 4.3.3, ist in der Regel wie folgt zu ermitteln:

$$F_{w,Rd} = f_{vw,d} A_w \qquad (4.5)$$

Dabei ist

$f_{vw,d}$ der Bemessungswert der Scherfestigkeit der Schweißnaht, siehe 4.5.3.3(3);

A_w die wirksame Schweißnahtfläche, in diesem Falle die Fläche des Loches.

4.9 Verteilung der Kräfte

(1) Die Verteilung der einwirkenden Kräfte in einer geschweißten Verbindung darf entweder mit der Annahme elastischen oder plastischen Verhaltens nach 2.4 und 2.5 berechnet werden.

(2) Eine vereinfachte Verteilung der einwirkenden Kräfte auf die Schweißnähte eines Anschlusses darf angenommen werden.

(3) Eigenspannungen und Spannungen, die nicht aus der Kräfteübertragung durch die Schweißnähte herrühren, brauchen nicht in den Schweißnahtnachweis einbezogen werden. Dies gilt insbesondere für Normalspannungen parallel zur Schweißnahtachse.

(4) Schweißanschlüsse sind in der Regel so zu konstruieren, dass sie ein ausreichendes Verformungsvermögen aufweisen. Allerdings sollte die Duktilität von Schweißnähten nicht von vornherein in Ansatz gebracht werden.

(5) Wenn sich in den Anschlüssen plastische Gelenke bilden können, sind in der Regel die Schweißnähte so zu bemessen, dass sie mindestens dieselbe Tragfähigkeit aufweisen wie das schwächste angeschlossene Bauteil.

(6) Wenn in Anschlüssen auf Grund von Gelenkrotationen plastische Rotationskapazität gefordert wird, sind die Schweißnähte für eine Tragfähigkeit auszulegen, mit der ein Bruch der Nähte vor dem Fließen des angrenzenden Bauteils verhindert wird.

(7) Bei der Ermittlung der Tragfähigkeit unterbrochen geschweißter Schweißnähte unter Verwendung der Gesamtlänge ℓ_{tot}, ist die Scherkraft für die Schweißnaht je Längeneinheit $F_{w,Ed}$ mit dem Beiwert $(e+\ell)/\ell$ zu vergrößern, siehe Bild 4.7.

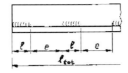

Bild 4.7 — Berechnung der Scherkräfte auf unterbrochen geschweißte Schweißnähte

4.10 Steifenlose Anschlüsse an Flansche

(1) Wird ein Blech (oder Trägerflansch) quer an den Flansch eines I-, H- oder anderen Querschnitts ohne Steifen angeschweißt, siehe Bild 4.8, und ist die Anforderung in 4.10(3) erfüllt, so ist in der Regel für die einwirkende Kraft senkrecht zu dem Flansch der folgende Nachweis zu führen:

— für Stege von I- oder H-Querschnitten, nach 6.2.6.2 oder nach 6.2.6.3;

— für das Querblech von RHP-Trägern, nach Tabelle 7.13;

— für Flansche nach Gleichung (6.20) in 6.2.6.4.3(1), wobei die einwirkende Kraft über eine wirksame Breite b_{eff}, nach 4.10(2) oder 4.10(4) verteilt, angenommen werden darf.

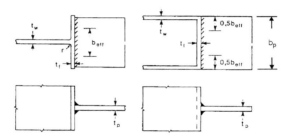

Bild 4.8 — Wirksame Breite bei steifenlosen T-Stößen

(2) Bei einem unausgesteiften I- oder H-Querschnitt ist in der Regel die wirksame Breite b_{eff} wie folgt zu ermitteln:

$$b_{\text{eff}} = t_w + 2s + 7kt_f \qquad (4.6a)$$

Dabei gilt

$$k = (t_f / t_p)(f_{y,f}/f_{y,p}) \text{ jedoch } k \leq 1 \qquad (4.6b)$$

Dabei ist

$f_{y,f}$ die Streckgrenze des Flansches des I- oder H-Querschnitts;

$f_{y,p}$ die Streckgrenze des angeschweißten Blechs.

Die Abmessung s sollte wie folgt bestimmt werden:

— für gewalzte I- oder H-Querschnitte: $s = r$ (4.6c)

— für geschweißte I- oder H-Querschnitte: $s = \sqrt{2}\,a$ (4.6d)

(3) Bei einem unausgesteiften I- oder H-Querschnitt sollte die wirksame Breite b_{eff} folgende Bedingung erfüllen:

$$b_{\text{eff}} \geq (f_{y,p}/f_{u,p}) b_p \tag{4.7}$$

Dabei ist

$f_{u,p}$ die Zugfestigkeit des angeschweißten Blechs;

b_p die Breite des angeschweißten Blechs.

Wird die Bedingung (4.7) nicht erfüllt, ist der Anschluss auszusteifen.

(4) Bei anderen Querschnitten, z. B. Kasten- oder U- Querschnitte, bei denen die Breite des angeschweißten Blechs der Breite des Flansches entspricht, ist in der Regel die wirksame Breite b_{eff} wie folgt zu ermitteln:

$$b_{\text{eff}} = 2t_w + 5t_f \text{ jedoch } b_{\text{eff}} \leq 2t_w + 5\,k\,t_f \tag{4.8}$$

ANMERKUNG Für Hohlprofile siehe Tabelle 7.13.

(5) In jedem Fall, auch für $b_{\text{eff}} \leq b_p$, sind die Schweißnähte des an den Flansch angeschlossenen Blechs so zu bemessen, dass sie die Kraft $b_p\,t_p\,f_{y,p}/\gamma_{M0}$, die der Fließbeanspruchbarkeit des Blechs bei Annahme gleichmäßiger Spannungsverteilung entspricht, übertragen können.

4.11 Lange Anschlüsse

(1) Bei überlappten Stößen ist in der Regel die Tragfähigkeit einer Kehlnaht mit einem Abminderungsbeiwert β_{Lw} abzumindern, um die Auswirkungen ungleichmäßiger Spannungsverteilungen über die Länge zu berücksichtigen.

(2) Die Regelungen in 4.11 gelten nicht, wenn die Spannungsverteilung in der Schweißnaht durch die Spannungsverteilung im angrenzenden Grundmaterial erzeugt wird, wie z. B. im Fall einer Halsnaht zwischen Flansch und Stegblech eines Blechträgers.

(3) Bei überlappten Stößen, die länger als $150a$ sind, ist der Abminderungsbeiwert β_{Lw}, hier als $\beta_{Lw,1}$ bezeichnet, wie folgt anzunehmen:

$$\beta_{Lw,1} = 1{,}2 - 0{,}2 L_j /(150a) \text{ jedoch } \beta_{Lw,1} \leq 1{,}0 \tag{4.9}$$

Dabei ist

L_j die Gesamtlänge der Überlappung in Richtung der Kraftübertragung.

(4) Bei Kehlnähten, die Quersteifen in Blechträgern anschließen und länger als 1,7 m sind, darf der Abminderungsbeiwert β_{Lw}, hier als $\beta_{Lw,2}$ bezeichnet, wie folgt angesetzt werden:

$$\beta_{Lw,2} = 1{,}1 - L_w/17 \text{ jedoch } \beta_{Lw,2} \leq 1{,}0 \text{ und } \beta_{Lw,2} \geq 0{,}6 \tag{4.10}$$

Dabei ist

L_w die Länge der Schweißnaht, in m.

4.12 Exzentrisch belastete einseitige Kehlnähte oder einseitige nicht durchgeschweißte Stumpfnähte

(1) Lokale Exzentrizitäten sollten möglichst vermieden werden.

(2) Lokale Exzentrizitäten (relativ zur Wirkungslinie der einwirkenden Kraft) sind in der Regel in folgenden Fällen zu berücksichtigen:

— wenn ein Biegemoment um die Längsachse der Schweißnaht Zug in der Schweißnahtwurzel erzeugt, siehe Bild 4.9(a);

— wenn eine Zugkraft senkrecht zur Längsachse der Schweißnaht ein Biegemoment und damit Zug in der Schweißnahtwurzel erzeugt, siehe Bild 4.9(b).

(3) Lokale Exzentrizitäten an einer Schweißnaht brauchen nicht berücksichtigt werden, wenn diese Teil einer Schweißnahtgruppe um den Umfang eines Hohlprofils sind.

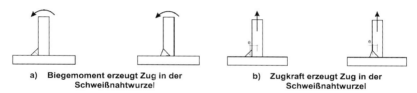

a) Biegemoment erzeugt Zug in der Schweißnahtwurzel

b) Zugkraft erzeugt Zug in der Schweißnahtwurzel

Bild 4.9 — Einseitige Kehlnähte und einseitige nicht durchgeschweißte Stumpfnähte

4.13 Einschenkliger Anschluss von Winkelprofilen

(1) Bei einschenkligen Anschlüssen von Winkelprofilen darf die Exzentrizität der überlappten Endverbindungen vernachlässigt und das Bauteil wie unter zentrisch angreifender Kraft bemessen werden, wenn eine wirksame Querschnittsfläche verwendet wird.

(2) Bei gleichschenkligen Winkeln oder ungleichschenkligen Winkeln, die am größeren Schenkel angeschlossen sind, darf die wirksame Querschnittsfläche gleich der Bruttoquerschnittsfläche angesetzt werden.

(3) Bei ungleichschenkligen Winkeln, die an dem kleineren Schenkel angeschlossen sind, ist als wirksame Querschnittsfläche die Bruttoquerschnittsfläche eines gleichschenkligen Winkels mit der Schenkellänge gleich dem kleineren Schenkel anzusetzen. Zur Bestimmung der Beanspruchbarkeit des Querschnitts siehe EN 1993-1-1. Bei der Bestimmung der Knickbeanspruchbarkeit eines ungleichschenkligen Winkels unter Druck ist EN 1993-1-1 zu beachten und die tatsächliche Bruttoquerschnittsfläche zu verwenden.

4.14 Schweißen in kaltverformten Bereichen

(1) Im Bereich von $5t$ beidseits kaltverformter Bereiche, siehe Tabelle 4.2, darf geschweißt werden, wenn eine der beiden folgenden Bedingungen erfüllt ist:

— die kaltverformten Bereiche wurden nach dem Kaltverformen und vor dem Schweißen normalisiert;

— Das Verhältnis r/t erfüllt die Grenzwerte in Tabelle 4.2.

Tabelle 4.2 — Bedingungen für das Schweißen in kaltverformten Bereichen und Umgebung

r/t	Dehnungen infolge der Kaltverformung (%)	Maximale Dicke (mm)		
		Allgemeines		Durch Aluminium vollberuhigter Stahl (Al ≥ 0,02 %)
		Überwiegend statische Lasten	Überwiegend ermüdungsbeansprucht	
≥25	≤2	jede	jede	jede
≥10	≤5	jede	16	jede
≥3,0	≤14	24	12	24
≥2,0	≤20	12	10	12
≥1,5	≤25	8	8	10
≥1,0	≤33	4	4	6

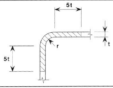

[AC] ANMERKUNG Bei kaltgeformten Hohlprofilen nach EN 10219, die nicht die in Tabelle 4.2 festgelegten Grenzen erfüllen, kann vorausgesetzt werden, dass sie diese Grenzen erfüllen, sofern diese Profile eine Dicke aufweisen, die nicht größer als 12,5 mm und Al-beruhigt sind mit einer Qualität von J2H, K2H, MH, MLH, NH oder NLH und ferner $C \leq 0{,}18\ \%$, $P \leq 0{,}020\ \%$ und $S \leq 0{,}012\ \%$ erfüllen.

In anderen Fällen ist Schweißen nur innerhalb eines Abstandes von 5 t von den Kanten zulässig, wenn durch Prüfungen bewiesen werden kann, dass Schweißen für diese besondere Anwendung zulässig ist. [AC]

5 Tragwerksberechnung, Klassifizierung und statische Modelle

5.1 Tragwerksberechnung

5.1.1 Allgemeines

(1) Die Auswirkung der Momenten-Rotations-Charakteristika der Anschlüsse auf die Verteilung der Schnittgrößen in einem Tragwerk und auf die Tragwerksverformungen ist in der Regel zu berücksichtigen, außer wenn die Auswirkungen vernachlässigbar klein sind.

(2) Zur Überprüfung, ob die Momenten-Rotations-Charakteristika der Anschlüsse zu berücksichtigen sind, dürfen die drei folgenden vereinfachten Modelle für die Anschlüsse verwendet werden:

— gelenkig, bei dem angenommen wird, dass keine Biegemomente übertragen werden;

— biegesteif, bei dem angenommen wird, dass die Momenten-Rotations-Charakteristik eines Anschlusses bei der Tragwerksberechnung nicht berücksichtigt werden muss;

— nachgiebig, bei dem die Momenten-Rotations-Charakteristik eines Anschlusses bei der Tragwerksberechnung zu berücksichtigen ist.

(3) Das zutreffende Anschlussmodell kann nach Tabelle 5.1 in Verbindung mit der Klassifizierung des Anschlusses und dem verwendeten Berechnungsverfahren bestimmt werden.

(4) Die Momenten-Rotations-Charakteristik eines Anschlusses darf für Berechnungen durch vereinfachte Kurvenverläufe angenähert werden. Dazu gehören einfache lineare Abschätzungen (z. B. bi-linear oder tri-linear), vorausgesetzt, der angenommene Kurvenverlauf liegt vollständig unterhalb der wirklichen Momenten-Rotations-Charakteristik.

Tabelle 5.1 — Anschlussmodelle

Berechnungsverfahren	Klassifizierung des Anschlusses		
Elastisch	gelenkig	biegesteif	nachgiebig
Starr-Plastisch	gelenkig	volltragfähig	teiltragfähig
Elastisch-Plastisch	gelenkig	biegesteif und volltragfähig	nachgiebig und teiltragfähig nachgiebig und volltragfähig biegesteif und teiltragfähig
Anschlussmodell	gelenkig	biegesteif	nachgiebig

5.1.2 Elastische Tragwerksberechnung

(1) Bei linear-elastischen Berechnungsverfahren sind die Anschlüsse in der Regel nach ihrer Rotationssteifigkeit zu klassifizieren, siehe 5.2.2.

(2) Die Anschlüsse müssen in der Regel ausreichende Tragfähigkeiten haben, um die in den Anschlüssen berechneten Schnittgrößen übertragen zu können.

(3) Bei verformbaren Anschlüssen ist für die Berechnungen in der Regel die Rotationssteifigkeit S_j anzusetzen, die zu dem Biegemoment $M_{j,Ed}$ gehört. Ist $M_{j,Ed}$ kleiner als 2/3 $M_{j,Rd}$, so darf für die Tragwerksberechnung die Anfangssteifigkeit $S_{j,ini}$ benutzt werden, siehe Bild 5.1(a).

(4) Als Vereinfachung für 5.1.2(3) darf die Rotationssteifigkeit in den Berechnungen für alle einwirkenden Momente $M_{j,Ed}$ mit $S_{j,ini}/\eta$ angesetzt werden, siehe Bild 5.1(b), wobei der Anpassungsbeiwert η für die Steifigkeit der Tabelle 5.2 zu entnehmen ist.

(5) Für Anschlüsse von H- oder I-Profilen wird S_j in 6.3.1 angegeben.

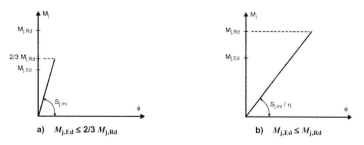

Bild 5.1 — Rotationssteifigkeit für linear-elastische Tragwerksberechnungen

Tabelle 5.2 — Anpassungsbeiwert η für die Steifigkeit

Anschlussausbildung	Träger-Stützen-Anschlüsse	Andere Anschlüsse (Träger-Träger-Anschlüsse, Trägerstöße, Stützenfußanschlüsse)
Geschweißt	2	3
Geschraubtes Stirnblech	2	3
Geschraubter Flanschwinkel	2	3,5
Fußplatte	—	3

5.1.3 Starr-plastische Tragwerksberechnung

(1) Bei starr-plastischer Tragwerksberechnung sind die Anschlüsse nach ihrer Tragfähigkeit zu klassifizieren, siehe 5.2.3.

(2) Für Anschlüsse von H- oder I-Profilen wird $M_{j,Rd}$ in 6.2 angegeben.

(3) Für Anschlüsse von Hohlprofilen dürfen die Verfahren in Abschnitt 7 angewendet werden.

(4) Die Anschlüsse müssen ausreichende Rotationskapazität haben, um die Rotationsanforderungen, die sich aus der Tragwerksberechnung ergeben, erfüllen zu können.

(5) Für Anschlüsse von H- oder I-Profilen ist die Rotationskapazität in der Regel nach 6.4 zu überprüfen.

5.1.4 Elastisch-plastische Tragwerksberechnung

(1) Bei elastisch-plastischer Tragwerksberechnung sind die Anschlüsse in der Regel sowohl nach der Steifigkeit, siehe 5.2.2, als auch nach der Tragfähigkeit, siehe 5.2.3, zu klassifizieren.

(2) Für Anschlüsse von H- oder I-Profilen wird $M_{j,Rd}$ in 6.2, S_j in 6.3.1 und ϕ_{Cd} in 6.4 angegeben.

(3) Für Anschlüsse von Hohlprofilen dürfen die Verfahren in Abschnitt 7 angewendet werden.

(4) Bei der Ermittlung des Schnittgrößenverlaufs ist die Momenten-Rotations-Charakteristik der Anschlüsse in der Regel zu berücksichtigen.

(5) Vereinfachend darf eine bi-lineare Momenten-Rotations-Charakteristik nach Bild 5.2 verwendet werden. Der Anpassungsbeiwert η für die Steifigkeit ist dann nach Tabelle 5.2 bestimmt werden.

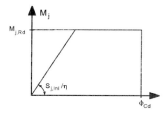

Bild 5.2 — Vereinfachte bi-lineare Momenten-Rotations-Charakteristik

DIN EN 1993-1-8:2010-12
EN 1993-1-8:2005 + AC:2009 (D)

5.1.5 Berechnung von Fachwerkträgern

(1) Die Regelungen in 5.1.5 gelten nur für Tragwerke, deren Anschlüsse nach Abschnitt 7 nachgewiesen werden.

(2) Für die Verteilung der Normalkräfte in einem Fachwerkträger darf vereinfachend von gelenkigen Anschlüssen der Stäbe ausgegangen werden, siehe auch 2.7.

(3) Sekundäre Momente in Anschlüssen, die aus den tatsächlichen Steifigkeiten der Anschlüsse herrühren, dürfen bei der Bemessung der Stäbe und Anschlüsse vernachlässigt werden, wenn die folgenden Bedingungen erfüllt sind:

— die geometrischen Abmessungen der Anschlüsse liegen in den Gültigkeitsgrenzen, die jeweils in Tabelle 7.1, Tabelle 7.8, Tabelle 7.9 oder Tabelle 7.20 angegeben sind;

— das Verhältnis von Systemlänge zu Bauteilhöhe der Stäbe in der Ebene des Fachwerks unterschreitet nicht einen bestimmten Grenzwert. Für Hochbauten darf der Grenzwert mit 6 angenommen werden. Größere Grenzwerte können für andere Anwendungen gelten, siehe entsprechende Teile von EN 1993;

— [AC] die Knotenexzentrizität ist innerhalb der in 5.1.5(5) festgelegten Grenzen. [AC]

(4) Momente infolge Querbelastung zwischen den Knotenpunkten (unabhängig davon, ob in Fachwerkebene oder rechtwinklig dazu) sind in der Regel bei der Bemessung der querbelasteten Bauteile selbst zu berücksichtigen. Werden die Bedingungen in 5.1.5(3) eingehalten, darf davon ausgegangen werden, dass:

— die Streben gelenkig an den Gurtstab angeschlossen sind, so dass keine Übertragung von Momenten aus den Gurtstäben auf die Streben oder umgekehrt stattfindet;

— die Gurtstäbe als Durchlaufträger mit gelenkigen Auflagern an den Knotenpunkten wirken.

(5) Momente aus Knotenexzentrizitäten dürfen bei der Bemessung von zugbeanspruchten Gurtstäben und Streben vernachlässigt werden. Sie dürfen ebenfalls bei der Bemessung von Anschlüssen vernachlässigt werden, wenn die Knotenexzentrizitäten in den folgenden Grenzen liegen:

— $-0{,}55\, d_0 \le e \le 0{,}25\, d_0$ (5.1a)

— $-0{,}55\, h_0 \le e \le 0{,}25\, h_0$ (5.1b)

Dabei ist

e die Knotenexzentrizität, siehe Bild 5.3;

d_0 der Durchmesser des Gurtstabes;

h_0 die Höhe des Gurtstabes in der Fachwerkebene.

(6) Bei der Bemessung von druckbeanspruchten Gurtstäben sind die aus den Knotenexzentrizitäten resultierenden Momente in der Regel zu berücksichtigen, auch wenn die Knotenexzentrizitäten innerhalb der in 5.1.5(5) genannten Grenzen liegen. In diesem Fall sind die Momente aus der Knotenexzentrizität auf die beiden angeschlossenen druckbeanspruchten Gurtstäbe nach ihrer relativen Steifigkeit I/L zu verteilen, wobei L die Systemlänge der Gurtstäbe zwischen den Knotenpunkten ist.

(7) Liegen die Knotenexzentrizitäten außerhalb der in 5.1.5(5) genannten Grenzen, dann sind die aus den Knotenexzentrizitäten resultierenden Momente nicht nur bei der Bemessung [AC] der Bauteile [AC], sondern auch bei der Bemessung der Anschlüsse zu berücksichtigen. In diesem Fall sind die Momente aus der Knotenexzentrizität zwischen allen Bauteilen, die sich an einem Knoten treffen, nach ihrer relativen Steifigkeit I/L zu verteilen.

(8) Die Spannungen in den Gurtstäben infolge von Gurtmomenten sind auch bei der Bestimmung der Beiwerte k_m, k_n und k_p für die Bemessung der Anschlüsse zu berücksichtigen, siehe Tabelle 7.2 bis Tabelle 7.5, Tabelle 7.10 und Tabelle 7.12 bis Tabelle 7.14.

(9) Wann Momente bei der Bemessung zu berücksichtigen sind, ist in Tabelle 5.3 zusammengefasst.

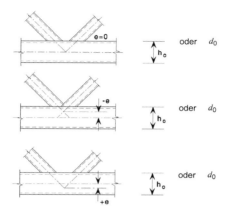

Bild 5.3 — Knotenexzentrizitäten

Tabelle 5.3 — Berücksichtigung von Biegemomenten

Komponente	Biegemomente hervorgerufen durch		
	Sekundäreinflüsse	Querbelastung	Knotenexzentrizität
Druckbeanspruchter Gurt	Nein, sofern 5.1.5(3) erfüllt ist	Ja	Ja
Zugbeanspruchter Gurt			[AC] Nein, sofern 5.1.5(3) und (5) erfüllt sind [AC]
Strebe			[AC] Nein, sofern 5.1.5(3) und (5) erfüllt sind [AC]
Anschluss			[AC] Nein, sofern 5.1.5(3) und (5) erfüllt sind [AC]

5.2 Klassifizierung von Anschlüssen

5.2.1 Allgemeines

(1) Alle Anschlussdetails müssen in der Regel die Voraussetzungen des zu Grunde gelegten Berechnungsverfahrens erfüllen, ohne dass dadurch unzulässige Auswirkungen auf andere Teile des Tragwerks entstehen.

(2) Anschlüsse können nach ihrer Steifigkeit, siehe 5.2.2, und nach ihrer Tragfähigkeit, siehe 5.2.3, klassifiziert werden.

ANMERKUNG   Der Nationale Anhang kann [AC] hierzu [AC] weitere Hinweise geben, z. B. zu 5.2.2.1(2).

5.2.2 Klassifizierung nach der Steifigkeit

5.2.2.1 Allgemeines

(1) Ein Anschluss kann je nach vorhandener Rotationssteifigkeit als starr, gelenkig oder verformbar klassifiziert werden, indem die Anfangssteifigkeit $S_{j,\text{ini}}$ mit den Grenzkriterien in 5.2.2.5 verglichen wird.

ANMERKUNG   Zur Bestimmung von $S_{j,\text{ini}}$ für Anschlüsse von H- oder I-Profilen siehe 6.3.1. Regelungen zur Bestimmung von $S_{j,\text{ini}}$ für Anschlüsse von Hohlprofilen sind in dieser Norm nicht angegeben.

(2) Die Klassifizierung eines Anschlusses kann auf der Grundlage von Laborversuchen oder Anwendungserfahrungen oder auf der Grundlage von Nachrechnungen erfolgen, die sich auf Versuchsergebnisse stützen.

5.2.2.2 Gelenkige Anschlüsse

(1) Ein gelenkiger Anschluss muss in der Regel in der Lage sein, die auftretenden Schnittkräfte zu übertragen, ohne dass größere Momente erzeugt werden, welche unzulässige Auswirkungen auf die angeschlossenen Bauteile oder das Gesamttragwerk haben könnten.

(2) Ein gelenkiger Anschluss muss in der Regel in der Lage sein, die auftretenden Gelenkverdrehungen infolge der Bemessungswerte der einwirkenden Lasten auszuführen.

5.2.2.3 Starre Anschlüsse

(1) Bei starren Anschlüssen kann angenommen werden, dass diese eine ausreichend große Rotationssteifigkeit haben, so dass bei der Berechnung der Verformungen volle Stetigkeit der Biegelinien angesetzt werden kann.

5.2.2.4 Verformbare Anschlüsse

(1) Ein Anschluss, der weder die Merkmale für starre Anschlüsse noch für gelenkige Anschlüsse erfüllt, ist als verformbarer Anschluss einzustufen.

ANMERKUNG   Verformbare Anschlüsse führen zu einem vorausberechenbaren Zusammenwirken der Bauteile im Tragwerk, das durch die Momenten-Rotations-Charakteristik gesteuert wird.

(2) Verformbare Anschlüsse sollten in der Lage sein, alle auftretenden Schnittgrößen zu übertragen.

5.2.2.5 Grenzkriterien

(1) Grenzkriterien für Anschlüsse (ausgenommen Stützenfuß-Anschlüsse) sind in 5.2.2.1(1) und Bild 5.4 angegeben.

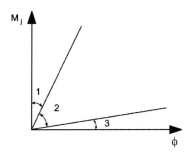

Zone 1: starr, wenn $S_{j,ini} \geq K_b EI_b/L_b$

Dabei ist

$K_b = 8$ bei Rahmentragwerken, bei denen zusätzliche Aussteifungen die Horizontalverschiebungen um mindestens 80 % verringern

$K_b = 25$ bei anderen Rahmentragwerken, vorausgesetzt, dass in jedem Geschoss $K_b/K_c \geq 0,1$ [a]

Zone 2: verformbar

In Zone 2 sind alle Anschlüsse als verformbar anzusehen. Die Anschlüsse in den Zonen 1 oder 3 können bei Bedarf auch als verformbar behandelt werden.

Zone 3: gelenkig, wenn $S_{j,ini} \leq 0,5 EI_b/L_b$

[a] Bei Rahmentragwerken mit $K_b/K_c < 0,1$ sollten die Anschlüsse als verformbar angesehen werden.

Legende

K_b Mittelwert aller I_b/L_b für alle Deckenträger eines Geschosses;
K_c Mittelwert aller I_c/L_c für alle Stützen eines Geschosses;
I_b Flächenträgheitsmoment zweiter Ordnung eines Trägers;
I_c Flächenträgheitsmoment zweiter Ordnung einer Stütze;
L_b Spannweite eines Trägers (von Stützenachse zu Stützenachse);
L_c Geschosshöhe einer Stütze.

Bild 5.4 — Klassifizierung von Anschlüssen nach der Steifigkeit

(2) Stützenfußanschlüsse können als starr klassifiziert werden, wenn die folgenden Bedingungen erfüllt werden:

— bei Rahmentragwerken, bei denen zusätzliche Aussteifungen die Horizontalverschiebungen um mindestens 80 % verringern und die Einflüsse der Seitenverschiebungen vernachlässigt werden können:

— wenn $\bar{\lambda}_0 \leq 0,5$; (5.2a)
— wenn $0,5 < \bar{\lambda}_0 < 3,93$ und $S_{j,ini} \geq 7 (2 \bar{\lambda}_0 - 1) EI_c/L_c$; (5.2b)
— wenn $\bar{\lambda}_0 \geq 3,93$ und $S_{j,ini} \geq 48 EI_c/L_c$. (5.2c)
— bei anderen Rahmentragwerken wenn $S_{j,ini} \geq 30 EI_c/L_c$. (5.2d)

Dabei ist

$\overline{\lambda}_0$ der Schlankheitsgrad einer Stütze, bei der beide Enden gelenkig angenommen werden;

I_c, L_c wie in Bild 5.4 angegeben.

5.2.3 Klassifizierung nach der Tragfähigkeit

5.2.3.1 Allgemeines

(1) Ein Anschluss kann als volltragfähig, gelenkig oder teiltragfähig klassifiziert werden, indem seine Momententragfähigkeit $M_{j,Rd}$ mit den Momententragfähigkeiten der angeschlossenen Bauteile verglichen wird. Dabei gelten die Momententragfähigkeiten der angeschlossenen Bauteile direkt am Anschluss.

5.2.3.2 Gelenkige Anschlüsse

(1) Ein gelenkiger Anschluss muss in der Regel in der Lage sein, die auftretenden Schnittkräfte zu übertragen, ohne dass größere Momente erzeugt werden, welche unzulässige Auswirkungen auf die angeschlossenen Bauteile oder das Gesamttragwerk haben könnten.

(2) Ein gelenkiger Anschluss muss in der Regel in der Lage sein, die auftretenden Gelenkverdrehungen infolge der Bemessungswerte der einwirkenden Lasten auszuführen.

(3) Ein Anschluss darf als gelenkig angesehen werden, wenn seine Momententragfähigkeit $M_{j,Rd}$ nicht größer als 1/4 der Momententragfähigkeit des volltragfähigen Anschlusses ist und ausreichende Rotationskapazität besteht.

5.2.3.3 Volltragfähige Anschlüsse

(1) Die Tragfähigkeit eines volltragfähigen Anschlusses darf in der Regel nicht geringer sein als die Tragfähigkeit der angeschlossenen Bauteile.

(2) Ein Anschluss darf als volltragfähig eingestuft werden, wenn er die Kriterien in Bild 5.5 erfüllt.

a) **Stützenkopf**

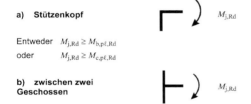

Entweder $M_{j,Rd} \geq M_{b,p\ell,Rd}$
oder $M_{j,Rd} \geq M_{c,p\ell,Rd}$

b) **zwischen zwei Geschossen**

Entweder $M_{j,Rd} \geq M_{b,p\ell,Rd}$
oder $M_{j,Rd} \geq 2\, M_{c,p\ell,Rd}$

Dabei ist

$M_{b,p\ell,Rd}$ die plastische Momententragfähigkeit eines Trägers
$M_{c,p\ell,Rd}$ die plastische Momententragfähigkeit einer Stütze

Bild 5.5 — Volltragfähige Anschlüsse

DIN EN 1993-1-8:2010-12
EN 1993-1-8:2005 + AC:2009 (D)

5.2.3.4 Teiltragfähige Anschlüsse

(1) Ein Anschluss, der weder die Kriterien für volltragfähige Anschlüsse noch für gelenkige Anschlüsse erfüllt, ist als teiltragfähig einzustufen.

5.3 Statisches Modell für Träger-Stützenanschlüsse

(1) Bei der Modellbildung für das Verformungsverhalten eines Träger-Stützenanschlusses sind die Schubverformungen des Stützenstegfeldes und die Rotationsverformungen der Verbindungen zu berücksichtigen.

(2) Die Anschlüsse sind für die durch die angeschlossenen Bauteile eingetragenen Schnittgrößen, nämlich die Biegemomente $M_{b1,Ed}$ und $M_{b2,Ed}$, die Normalkräfte $N_{b1,Ed}$ und $N_{b2,Ed}$ und die Querkräfte $V_{b1,Ed}$ und $V_{b2,Ed}$ zu bemessen, siehe Bild 5.6.

(3) Die resultierende Schubkraft $V_{wp,Ed}$ in einem Stützenstegfeld ist wie folgt zu ermitteln:

$$V_{wp,Ed} = (M_{b1,Ed} - M_{b2,Ed})/z - (V_{c1,Ed} - V_{c2,Ed})/2 \quad (5.3)$$

Dabei ist

z der Hebelarm, siehe 6.2.7.

(4) Für eine wirklichkeitsnahe Berechnung des Verhaltens des Anschlusses sollten das Stützenstegfeld und die einzelnen Verbindungen unter Berücksichtigung der Schnittgrößen der Bauteile am Anschnitt des Stützenstegfeldes getrennt modelliert werden, siehe Bild 5.6(a) und Bild 5.7.

(5) Vereinfachend zu 5.3(4) können einseitige Anschlüsse auch in Form punktförmiger Einzelanschlüsse und zweiseitige Anschlüsse auch in Form von zwei getrennten, punktförmigen interagierenden Einzelanschlüssen in den Schwerachsen modelliert werden. Somit ergeben sich für einen zweiseitigen Träger-Stützenanschluss zwei Momenten-Rotations-Charakteristiken, nämlich für jede Anschlussseite eine.

(6) Bei einem zweiseitigen Träger-Stützenanschluss sollte jeder dieser Einzelanschlüssen durch eine eigene Rotationsfeder modelliert werden, siehe Bild 5.8, deren Momenten-Rotations-Charakteristik sowohl das Verhalten des Stützenstegfeldes als auch der jeweiligen Verbindungen berücksichtigt.

(7) Bei der Bestimmung der Momententragfähigkeit und der Rotationssteifigkeit jedes Anschlusses sollte der mögliche Einfluss des Stützenstegfeldes durch die Übertragungsparameter β_1 und β_2 berücksichtigt werden.

Dabei ist

β_1 der Übertragungsparameter β für den rechten Anschluss;

β_2 der Übertragungsparameter β für den linken Anschluss.

ANMERKUNG   Die Übertragungsparameter β_1 und β_2 werden in 6.2.7.2(7) und 6.3.2(1) verwendet. Sie werden auch in 6.2.6.2(1) und 6.2.6.3(4) in Verbindung mit der Tabelle 6.3 benutzt, um den Abminderungsbeiwert ω für den Schub zu bestimmen.

(8) Näherungswerte für β_1 und β_2 für die Trägeranschlussmomente $M_{b1,Ed}$ und $M_{b2,Ed}$ am Anschnitt zum Stützenstegfeld, siehe Bild 5.6(a), können der Tabelle 5.4 entnommen werden.

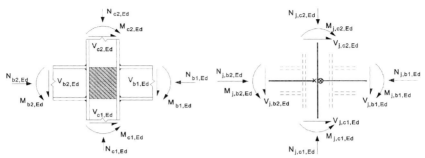

a) Werte am Anschnitt des Stegfeldes   b) Werte am Knotenpunkt der Schwerachsen

Positive Richtung der Schnittgrößen in den Gleichungen (5.3) und (5.4)

Bild 5.6 — Schnittgrößen, die auf den Anschluss einwirken

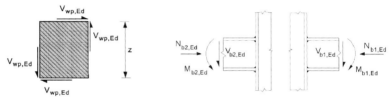

a) Schubkräfte im Stützenstegfeld   b) Verbindungen mit den Schnittgrößen der angeschlossenen Träger

Bild 5.7 — Schnittgrößen, die auf ein Stützenstegfeld am Knoten einwirken

Einseitiger Anschluss   Zweiseitiger Anschluss

Legende

1 Anschluss
2 Anschluss 2 linke Seite
3 Anschluss 1 rechte Seite

Bild 5.8 — Vereinfachte statische Modelle für Anschlüsse

DIN EN 1993-1-8:2010-12
EN 1993-1-8:2005 + AC:2009 (D)

(9) Als Alternative zu 5.3(8) können genauere Werte für β_1 und β_2, die sich auf die Momente $M_{j,b1,Ed}$ und $M_{j,b2,Ed}$ am Schnittpunkt der Systemlinien nach Bild 5.6(b) beziehen, wie folgt ermittelt werden:

$$\beta_1 = |1 - M_{j,b2,Ed} / M_{j,b1,Ed}| \leq 2 \qquad (5.4a)$$

$$\beta_2 = |1 - M_{j,b1,Ed} / M_{j,b2,Ed}| \leq 2 \qquad (5.4b)$$

Dabei ist

$M_{j,b1,Ed}$ das Moment am Schnittpunkt des rechten Trägers;

$M_{j,b2,Ed}$ das Moment am Schnittpunkt des linken Trägers.

(10) Bei einem unausgesteiften zweiseitigen Träger-Stützenanschluss mit zwei Trägern unterschiedlicher Höhe ist bei der Bestimmung der Momententragfähigkeit der tatsächliche Schubspannungsverlauf im Stützenstegfeld zu berücksichtigen.

Tabelle 5.4 — Näherungswerte für den Übertragungsparameter β

Ausführung der Anschlüsse			Einwirkung	Wert β
			$M_{b1,Ed}$	$\beta \approx 1$
			$M_{b1,Ed} = M_{b2,Ed}$	$\beta = 0$ [a]
			$M_{b1,Ed}/M_{b2,Ed} > 0$	$\beta \approx 1$
			$M_{b1,Ed} / M_{b2,Ed} < 0$	$\beta \approx 2$
			$M_{b1,Ed} + M_{b2,Ed} = 0$	$\beta \approx 2$

[a] In diesem Falle ist β der genaue Wert.

6 Anschlüsse mit H- oder I-Querschnitten

6.1 Allgemeines

6.1.1 Geltungsbereich

(1) Dieser Abschnitt enthält Berechnungsverfahren zur Bestimmung der Kenndaten von beliebigen Anschlüssen für Tragwerksberechnungen. Für die Anwendung dieser Verfahren wird ein Anschluss als eine Zusammenstellung von Grundkomponenten dargestellt, siehe 1.3(1).

(2) Die in dieser Norm verwendeten Grundkomponenten sind in Tabelle 6.1 aufgeführt. Die Kenngrößen dieser Grundkomponenten können nach den Regelungen dieser Norm bestimmt werden. Weitere Grundkomponenten sind möglich, wenn deren Kenngrößen mit Versuchen oder mit numerischen Verfahren, die an Versuchen kalibriert sind, bestimmt werden, siehe EN 1990.

ANMERKUNG Die in dieser Norm angegebenen Berechnungsverfahren für Grundkomponenten sind allgemein gültig und können auf ähnliche Komponenten in anderen Anschlusskonfigurationen übertragen werden. Allerdings beruhen die hier angegebenen Berechnungsverfahren zur Bestimmung der Momententragfähigkeit, der Rotationssteifigkeit und der Rotationskapazität eines Anschlusses auf einer Verteilung der inneren Kräfte und Momente, die zu den in Bild 1.2 dargestellten Anschlusskonfigurationen gehört. Bei anderen Anschlusskonfigurationen sind die Berechnungsverfahren zur Bestimmung von Momententragfähigkeit, Rotationssteifigkeit und Rotationskapazität an die dafür zutreffende Verteilung der inneren Kräfte und Momente anzupassen.

6.1.2 Kenngrößen

6.1.2.1 Momenten-Rotations-Charakteristik

(1) Ein Anschluss kann durch eine Rotationsfeder dargestellt werden, welche die verbundenen Bauteile im Kreuzungspunkt der Schwerpunktlinien verbindet, siehe z. B. Bild 6.1(a) und (b) für einen einseitigen Träger-Stützenanschluss. Die Kenngrößen der Feder können in Form einer Momenten-Rotations-Charakteristik dargestellt werden, die die Beziehung zwischen dem am Anschluss angreifenden Biegemoment $M_{j,Ed}$ und der zugehörigen Rotation ϕ_{Ed} zwischen den verbundenen Bauteilen beschreibt. Im Allgemeinen ist diese Momenten-Rotations-Charakteristik nicht-linear, siehe Bild 6.1(c).

(2) Die Momenten-Rotations-Charakteristik liefert die drei wesentlichen Kenngrößen, siehe Bild 6.1(c):

— Momententragfähigkeit;

— Rotationssteifigkeit;

— Rotationskapazität.

ANMERKUNG In bestimmten Fällen enthält die wirkliche Momenten-Rotations-Kurve Anfangsverdrehungen auf Grund von Schraubenschlupf, Passungenauigkeiten oder bei Stützenfußanschlüssen durch Fundament-Boden-Interaktion. Solche möglicherweise nicht unerheblichen Anfangsverdrehungen sollten in der Momenten-Rotations-Charakteristik berücksichtigt werden.

(3) Die Momenten-Rotations-Charakteristik eines Träger-Stützenanschlusses darf in der Regel zu keinem Widerspruch mit den Annahmen für die Gesamttragwerksberechnung und für die Bemessung der einzelnen Bauteile führen, siehe EN 1993-1-1.

(4) Wird die Momenten-Rotations-Charakteristik von Anschlüssen und Stützenfüßen von I- oder H-Querschnitten nach 6.3.1(4) ermittelt, kann angenommen werden, dass die Bedingungen in 5.1.1(4) für die Vereinfachung dieser Charakteristik für Zwecke der Tragwerksberechnung erfüllt sind.

6.1.2.2 Momententragfähigkeit

(1) Die Momententragfähigkeit $M_{j,Rd}$, die dem maximalen Moment der Momenten-Rotations-Charakteristik entspricht, siehe Bild 6.1(c), ist in der Regel nach 6.1.3(4) zu ermitteln.

6.1.2.3 Rotationssteifigkeit

(1) Die Rotationssteifigkeit S_j, die nach Bild 6.1(c) der Sekantensteifigkeit entspricht, ist in der Regel nach 6.3.1(4)zu ermitteln. Diese Definition von S_j gilt für Verdrehungen bis zu dem Wert ϕ_{Xd} in einer Momenten-Rotations-Charakteristik, bei dem das Moment $M_{j,Ed}$ den Wert $M_{j,Rd}$ erreicht, nicht jedoch darüber hinaus, siehe Bild 6.1(c). Die Anfangssteifigkeit $S_{j,ini}$ ist die Steigung des elastischen Bereichs der Momenten-Rotations-Charakteristik und ist in der Regel nach 6.1.3(4) zu ermitteln.

6.1.2.4 Rotationskapazität

(1) Mit der Rotationskapazität ϕ_{Cd} eines Anschlusses wird die maximale Rotation in einer Momenten-Rotations-Charakteristik bezeichnet, siehe Bild 6.1(c). ϕ_{Cd} ist in der Regel nach 6.1.3(4) zu ermitteln.

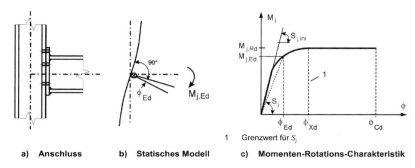

a) Anschluss   b) Statisches Modell   c) Momenten-Rotations-Charakteristik

Bild 6.1 — Momenten-Rotations-Charakteristik eines Anschlusses

6.1.3 Grundkomponenten eines Anschlusses

(1) Die Momenten-Rotations-Charakteristik eines Anschlusses hängt von den Kenngrößen seiner Grundkomponenten ab, die in der Regel nach 6.1.3(2) auszuwählen sind.

(2) Die Grundkomponenten und Hinweise zur Bestimmung ihrer Kenngrößen sind Tabelle 6.1 zu entnehmen.

(3) Bestimmte Komponenten können verstärkt werden. Einzelheiten zu den verschiedenen Verstärkungsmöglichkeiten sind in 6.2.4.3 und 6.2.6 angegeben.

(4) Die Zusammenhänge zwischen den Kenngrößen der Grundkomponenten eines Anschlusses und den Kenngrößen des Anschlusses sind in den folgenden Abschnitten angegeben:

— für die Momententragfähigkeit in 6.2.7 und 6.2.8;

— für die Rotationssteifigkeit in 6.3.1;

— für die Rotationskapazität in 6.4.

Tabelle 6.1 — Grundkomponenten eines Anschlusses

	Komponente		Verweis auf Berechnungsverfahren		
			Tragfähigkeit	Steifigkeitskoeffizient	Rotationskapazität
1	Stützenstegfeld mit Schubbeanspruchung		6.2.6.1	6.3.2	6.4.2 6.4.3
2	Stützensteg mit Querdruckbeanspruchung		6.2.6.2	6.3.2	6.4.2 6.4.3
3	Stützensteg mit Querzugbeanspruchung		6.2.6.3	6.3.2	6.4.2 6.4.3
4	Stützenflansch mit Biegung		6.2.6.4	6.3.2	6.4.2 6.4.3

Tabelle 6.1 *(fortgesetzt)*

Komponente			Verweis auf Berechnungsverfahren		
			Tragfähigkeit	Steifigkeitskoeffizient	Rotationskapazität
5	Stirnblech mit Biegebeanspruchung		6.2.6.5	6.3.2	6.4.2
6	Flanschwinkel mit Biegebeanspruchung		6.2.6.6	6.3.2	6.4.2
7	Träger- oder Stützenflansch und -steg mit Druckbeanspruchung		6.2.6.7	6.3.2	a
8	Trägersteg mit Zugbeanspruchung		6.2.6.8	6.3.2	a
9	Blech mit Zug- oder Druckbeanspruchung		auf Zug: — EN 1993-1-1 auf Druck: — EN 1993-1-1	6.3.2	a
10	Schrauben mit Zugbeanspruchung		mit Stützenflansch: — 6.2.6.4 mit Stirnblech: — 6.2.6.5 mit Flanschwinkel: — 6.2.6.6	6.3.2	6.4.2
11	Schrauben mit Abscherbeanspruchung		3.6	6.3.2	6.4.2

Tabelle 6.1 (fortgesetzt)

Komponente			Verweis auf Berechnungsverfahren		
			Tragfähigkeit	Steifigkeits-koeffizient	Rotations-kapazität
12	Schrauben mit Lochleibungsbeanspruchung (im Trägerflansch, Stützenflansch, Stirnblech oder Winkel)	$F_{b,Ed}$	3.6	6.3.2	a
13	Beton (einschließlich Mörtel) mit Druckbeanspruchung		6.2.6.9	6.3.2	a
14	Fußplatte mit Biegebeanspruchung infolge Druck		6.2.6.10	6.3.2	a
15	Fußplatte mit Biegebeanspruchung infolge Zug		6.2.6.11	6.3.2	a
16	Ankerschrauben mit Zugbeanspruchung		6.2.6.12	6.3.2	a
17	Ankerschrauben mit Abscherbeanspruchung		6.2.2	a	a
18	Ankerschrauben mit Lochleibungsbeanspruchung		6.2.2	a	a
19	Schweißnähte		4	6.3.2	a
20	Vouten		6.2.6.7	6.3.2	a

a   Dazu enthält diese Norm keine Regelungen.

6.2 Tragfähigkeit

6.2.1 Schnittgrößen

(1) Außer in den in 6.2.1(2) und 6.2.1(3) spezifizierten Fällen darf angenommen werden, dass die Beanspruchungen der angeschlossenen Bauteile die Tragfähigkeit der Grundkomponenten eines Anschlusses nicht beeinflussen.

(2) Die Druckspannung in einer Stütze ist in der Regel bei der Ermittlung der Tragfähigkeit des Stützenstegfeldes mit Querdruck zu berücksichtigen, siehe 6.2.6.2(2).

(3) Der Schub in einem Stützenstegfeld ist in der Regel bei der Ermittlung der Tragfähigkeit der folgenden Grundkomponenten zu berücksichtigen:

— Stützensteg mit Querdruck, siehe 6.2.6.2;

— Stützensteg mit Querzug, siehe 6.2.6.3.

6.2.2 Querkräfte

(1) In geschweißten Verbindungen oder geschraubten Verbindungen mit geschweißten Stirnblechen sind in der Regel die Schweißnähte am Steg des angeschlossenen Trägers für die gesamte Querkraft ohne Mitwirkung der Schweißnähte an den Trägerflanschen zu bemessen.

(2) In geschraubten Verbindungen mit Stirnblechen sollte die Tragfähigkeit jeder einzelnen Schraubenreihe für gleichzeitig wirkende Quer- und Zugkräfte nach den in Tabelle 3.4 angegebenen Kriterien überprüft werden. Dabei ist der Einfluss von Abstützkräften auf die Zugkraft in den Schrauben zu berücksichtigen.

ANMERKUNG   Vereinfachend darf angenommen werden, dass bei den für die Zugbeanspruchung benötigten Schrauben die volle Zugtragfähigkeit vorhanden ist, wenn die Querkraft den Wert aus folgenden Beiträgen nicht überschreitet:

a) die volle Abschertragfähigkeit der Schrauben, die nicht für die Zugbeanspruchung herangezogen werden und

b) das (0,4/1,4)fache der vollen Abschertragfähigkeit der Schrauben, die die volle Zugbeanspruchung aufnehmen müssen.

(3) In geschraubten Verbindungen mit Flanschwinkeln kann angenommen werden, dass der Winkel, der an den druckbeanspruchten Trägerflansch anschließt, die volle Querkraft des Trägers auf die Stütze überträgt, wenn:

— der Spalt g zwischen Trägerende und Stützenflansch nicht größer ist als die Dicke t_a des Flanschwinkels;

— die Querkraft nicht größer ist als die Abschertragfähigkeit der Schrauben, welche den Flanschwinkel mit der Stütze verbinden;

— der Trägersteg die Anforderungen in EN 1993-1-5, Abschnitt 6 erfüllt.

(4) Die Schubtragfähigkeit eines Anschlusses kann aus der Verteilung der Kräfte und Momente auf die Grundkomponenten des Anschlusses und den Tragfähigkeiten der Grundkomponenten abgeleitet werden, siehe Tabelle 6.1.

(5) Wenn für die Aufnahme der Querkräfte an Fußplatten keine speziellen Schubelemente vorgesehen sind, wie z. B. Blockanker oder Dübel, so ist in der Regel nachzuweisen, dass die Querkräfte [AC] gestrichener Text [AC] durch den Gleitwiderstand zwischen Fußplatte und Fundament, siehe 6.2.2(6), [AC] und, [AC] falls die Schraubenlöcher nicht übergroß sind, durch die Abschertragfähigkeit der Ankerschrauben, [AC] siehe 6.2.2(7), zusammen [AC] übertragen werden können. Die Lochleibungstragfähigkeit von Blockankern oder Dübeln im Beton ist in der Regel nach EN 1992 zu überprüfen.

(6) Der Gleitwiderstand $F_{f,Rd}$ zwischen Fußplatte und Mörtelschicht ist wie folgt zu bestimmen:

$$F_{f,Rd} = C_{f,d}\, N_{c,Ed} \tag{6.1}$$

Dabei ist

$C_{f,d}$ der Reibbeiwert zwischen Fußplatte und Mörtelschicht. Folgende Werte können verwendet werden:
— für Sand-Zement-Mörtel $C_{f,d}$ = 0,20
— für andere Mörtel-Zusammensetzungen sollte der Reibbeiwert $C_{f,d}$ nach EN 1990, Anhang D durch Versuche bestimmt werden;

$N_{c,Ed}$ Bemessungswert der einwirkenden Druckkraft in der Stütze.

ANMERKUNG Wird die Stütze durch eine Zugkraft belastet, gilt $F_{f,Rd}$ = 0.

(7) Die Abschertragfähigkeit $F_{vb,Rd}$ einer Ankerschraube ist als Minimum der beiden Werte $F_{1,vb,Rd}$ und $F_{2,vb,Rd}$ zu bestimmen:

— $F_{1,vb,Rd}$ Abschertragfähigkeit der Ankerschraube, nach 3.6.1

— $F_{2,vb,Rd} = \dfrac{\alpha_{bc} f_{ub} A_s}{\gamma_{M2}}$ (6.2)

Dabei ist

α_{bc} = 0,44 − 0,0003 f_{yb}

f_{yb} die Streckgrenze der Ankerschraube, wobei 235 N/mm² ≤ f_{yb} ≤ 640 N/mm².

(8) Zwischen einer Fußplatte und einer Mörtelschicht ist der Gesamtschubwiderstand $F_{v,Rd}$ in der Regel wie folgt zu bestimmen:

$F_{v,Rd} = F_{f,Rd} + n\, F_{vb,Rd}$ (6.3)

Dabei ist

n die Anzahl der Ankerschrauben in der Fußplatte.

(9) Beton und Bewehrung des Stützenfußfundaments sollten nach EN 1992 bestimmt werden.

6.2.3 Biegemomente

(1) Die Biegetragfähigkeit eines Anschlusses kann aus der Verteilung der Kräfte und Momente auf die Grundkomponenten des Anschlusses und den Tragfähigkeiten der Grundkomponenten abgeleitet werden, siehe Tabelle 6.1.

(2) Ist die einwirkende Längskraft N_{Ed} in dem angeschlossenen Bauteil nicht größer als 5 % der plastischen Beanspruchbarkeit $N_{pl,Rd}$ des Querschnittes, so kann die Biegetragfähigkeit eines Träger-Stützenanschlusses oder Trägerstoßes $M_{j,Rd}$ nach 6.2.7 ermittelt werden.

(3) Die Biegetragfähigkeit $M_{j,Rd}$ eines Stützenfußes kann nach 6.2.8 ermittelt werden.

(4) In allen Anschlüssen sollten die Schweißnahtdicken so gewählt werden, dass die Biegetragfähigkeit des Anschlusses $M_{j,Rd}$ nicht durch die Tragfähigkeit der Schweißnähte, sondern immer durch die Tragfähigkeiten der anderen Grundkomponenten begrenzt wird.

(5) Ist in einem Lastfall in einem Träger-Stützenanschluss oder einem Trägerstoß ein plastisches Gelenk mit Rotationskapazität erforderlich, dann sollten die Schweißnähte mindestens für das Minimum der beiden folgenden Werte bemessen werden:

— die plastische Biegetragfähigkeit des angeschlossenen Bauteils $M_{p\ell,Rd}$

— die α-fache Biegetragfähigkeit des Anschlusses $M_{j,Rd}$

Dabei ist

α = 1,4   für Rahmen, deren Aussteifungen das Kriterium (5.1) nach EN 1993-1-1, 5.2.1(3) erfüllen;

α = 1,7   für alle anderen Fälle.

(6) Steht in einer geschraubten Verbindung mehr als eine Schraubenreihe unter Zugbeanspruchung, dann kann zur Vereinfachung der Berechnung der Beitrag der näher am Druckpunkt liegenden Schraubenreihen vernachlässigt werden.

6.2.4 Äquivalenter T-Stummel mit Zugbeanspruchung

6.2.4.1 Allgemeines

(1) Zur Berechnung der Tragfähigkeit der folgenden Grundkomponenten geschraubter Anschlüsse kann das Modell des äquivalenten T-Stummels mit Zugbeanspruchung verwendet werden:

— Stützenflansch mit Biegebeanspruchung;

— Stirnblech mit Biegebeanspruchung;

— Flanschwinkel mit Biegebeanspruchung;

— Fußplatte mit Biegebeanspruchung infolge Zugbeanspruchung.

(2) Verfahren zur Berechnung dieser Grundkomponenten als äquivalente T-Stummel einschließlich der notwendigen Werte für e_{min}, ℓ_{eff} und m sind in 6.2.6 angegeben.

(3) Es kann davon ausgegangen werden, dass die Versagensarten des Flansches eines äquivalenten T-Stummels die gleichen sind wie die der verschiedenen Grundkomponenten, für welche der T-Stummel als Modell gilt.

(4) Die wirksame Länge $\Sigma\ell_{eff}$ eines äquivalenten T-Stummels, siehe Bild 6.2, ist so anzusetzen, dass die Tragfähigkeiten der Grundkomponente des Anschlusses und des äquivalenten T-Stummelflansches gleich groß sind.

ANMERKUNG   Die wirksame Länge eines äquivalenten T-Stummels ist eine Ersatzlänge und stimmt nicht unbedingt mit der wirklichen Länge der Grundkomponente des Anschlusses überein.

(5) Der Bemessungswert der Zugtragfähigkeit eines T-Stummelflansches ist in der Regel nach Tabelle 6.2 zu bestimmen.

ANMERKUNG   In den Werten der Zugtragfähigkeit in Tabelle 6.2 sind Abstützkräfte bereits enthalten.

(6) Wenn Abstützkräfte auftreten können, siehe Tabelle 6.2, ist die Zugtragfähigkeit $F_{T,Rd}$ eines T-Stummelflansches als der kleinste der Werte für die drei möglichen Versagensarten Modus 1, Modus 2 und Modus 3 anzusetzen.

(7) Treten keine Abstützkräfte auf, siehe Tabelle 6.2, ist die Zugtragfähigkeit $F_{T,Rd}$ eines T-Stummelflansches als der kleinste der Werte für die beiden möglichen Versagensarten nach Tabelle 6.2 festzulegen.

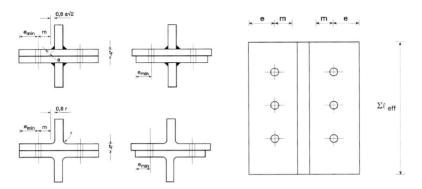

Bild 6.2 — Abmessungen eines äquivalenten T-Stummelflansches

Tabelle 6.2 — Tragfähigkeit $F_{T,Rd}$ eines T-Stummelflansches bei Zugbeanspruchung

	Abstützkräfte können auftreten, d. h. $L_b \leq L_b^*$		keine Abstützkräfte
Modus 1	Verfahren 1	Verfahren 2 (alternatives Verfahren)	
ohne Futterplatten	$F_{T,1,Rd} = \dfrac{4M_{pl,1,Rd}}{m}$	$F_{T,1,Rd} = \dfrac{(8n - 2e_w)M_{pl,1,Rd}}{2mn - e_w(m+n)}$	$F_{T,1-2,Rd} = \dfrac{2M_{pl,1,Rd}}{m}$
mit Futterplatten	$F_{T,1,Rd} = \dfrac{4M_{pl,1,Rd} + 2M_{bp,Rd}}{m}$	$F_{T,1,Rd} = \dfrac{(8n - 2e_w)M_{pl,1,Rd} + 4nM_{bp,Rd}}{2mn - e_w(m+n)}$	
Modus 2	$F_{T,2,Rd} = \dfrac{2M_{pl,2,Rd} + n\Sigma F_{t,Rd}}{m+n}$		
Modus 3	$F_{T,3,Rd} = \Sigma F_{t,Rd}$		

Modus 1: Vollständiges Fließen des Flansches
Modus 2: Schraubenversagen gleichzeitig mit Fließen des Flansches
Modus 3: Schraubenversagen

L_b — Dehnlänge der Schraube, angesetzt mit der gesamten Klemmlänge (Gesamtdicke des Blechpakets und der Unterlegscheiben), plus der halben Kopfhöhe und der halben Mutternhöhe oder

— Dehnlänge der Ankerschraube, angesetzt mit der Summe aus dem 8fachen Schraubendurchmesser, den Dicken der Mörtelschicht, der Fußplatte, der Unterlegscheiben und der halben Mutternhöhe

[AC] $L_b^* = \dfrac{8{,}8\,m^3 A_s n_b}{\Sigma\, \ell_{eff,1} t_f^3}$ [AC]

$F_{T,Rd}$ Bemessungswert der Zugtragfähigkeit eines T-Stummelflansches

Q Abstützkraft

$M_{p\ell,1,Rd}$ $= 0{,}25\, \Sigma\ell_{eff,1}\, t_f^2\, f_y / \gamma_{M0}$

$M_{p\ell,2,Rd}$ $= 0{,}25\, \Sigma\ell_{eff,2}\, t_f^2\, f_y / \gamma_{M0}$

$M_{bp,Rd}$ $= 0{,}25\, \Sigma\ell_{eff,1}\, t_{bp}^2\, f_{y,bp} / \gamma_{M0}$

n $= e_{min}$ jedoch $n \leq 1{,}25m$

[AC] n_b Anzahl der Schraubenreihen (mit 2 Schrauben je Reihe) [AC]

$F_{t,Rd}$ Bemessungswert der Zugtragfähigkeit der Schraube, siehe Tabelle 3.4;

$\Sigma F_{t,Rd}$ Summe aller $F_{t,Rd}$ der Schrauben in dem T-Stummel;

$\Sigma\ell_{eff,1}$ Wert für $\Sigma\ell_{eff}$ für Modus 1;

$\Sigma\ell_{eff,2}$ Wert für $\Sigma\ell_{eff}$ für Modus 2;

e_{min}, m und t_f siehe Bild 6.2.

$f_{y,bp}$ Streckgrenze der Futterplatten;

t_{bp} Dicke der Futterplatten;

e_w $= d_w/4$;

d_w Durchmesser der Unterlegscheibe oder Eckmaß des Schraubenkopfes oder der Mutter, je nach Maßgeblichkeit.

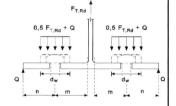

Tabelle 6.2 *(fortgesetzt)*

ANMERKUNG 1   Bei geschraubten Träger-Stützenanschlüssen oder Trägerstößen kann damit gerechnet werden, dass Abstützkräfte auftreten.
ANMERKUNG 2   Bei Verfahren 2 wird angenommen, dass die auf den T-Stummelflansch einwirkende Schraubenkraft gleichmäßig unter der Unterlegscheibe, dem Schraubenkopf oder der Mutter verteilt ist, siehe Skizze, und es nicht zu einer Kraftkonzentration an der Schraubenachse kommt. Diese Annahme führt zu einem höheren Wert der Tragfähigkeit für Modus 1, während die Werte für $F_{T,1-2,Rd}$ und für Modus 2 und Modus 3 unverändert bleiben.

6.2.4.2 Einzelne Schraubenreihen, Schraubengruppen und Gruppen von Schraubenreihen

(1) Obwohl bei Verwendung eines äquivalenten T-Stummels zur Berechnung der Grundkomponente eines Anschlusses nach 6.2.4.1(1) die Kräfte in jeder Schraubenreihe des T-Stummelflansches allgemein gleich groß sind, ist zu berücksichtigen, dass unterschiedliche Kräfte in den verschiedenen Schraubenreihen auftreten können.

(2) Bei der Berechnung einer Gruppe von Schraubenreihen mit äquivalenten T-Stummeln kann es notwendig sein, die Gruppe in einzelne Schraubenreihen aufzuteilen, und diese jeweils durch einen eigenen äquivalenten T-Stummel zu modellieren.

(3) Bei der Modellierung einer Gruppe von Schraubenreihen mit äquivalenten T-Stummeln, sollten die folgenden Bedingungen eingehalten werden:

a) die Kraft auf jede Schraubenreihe, gerechnet mit Betrachtung nur dieser einzelnen Schraubenreihe, sollte die Tragfähigkeit dieser Reihe nicht überschreiten;

b) die Gesamtkraft auf jede Gruppe von Schraubenreihen, die jeweils zwei oder mehrere benachbarte Schraubenreihen innerhalb derselben Schraubengruppe umfasst, sollte die Tragfähigkeit dieser Gruppe von Schraubenreihen nicht überschreiten.

(4) Bei der Ermittlung der Zugtragfähigkeit einer Grundkomponente mit dem Modell des äquivalenten T-Stummelflansches sollten die folgenden Parameter berechnet werden:

a) die Tragfähigkeit einer einzelnen Schraubenreihe, indem nur diese Schraubenreihe betrachtet wird;

b) der Beitrag jeder einzelnen Schraubenreihe zu der Tragfähigkeit von zwei oder mehr benachbarten Schraubenreihen innerhalb einer Schraubengruppe, wenn nur diese Schraubenreihen betrachtet werden.

(5) Im Falle einer einzelnen Schraubenreihe sollte $\Sigma\ell_{eff}$ gleich der wirksamen Länge ℓ_{eff} gesetzt werden, die in 6.2.6 für diese einzelne Schraubenreihe tabelliert ist.

(6) Im Falle einer Gruppe von Schraubenreihen sollte $\Sigma\ell_{eff}$ als Summe der wirksamen Längen ℓ_{eff} angesetzt werden, die in 6.2.6 für jede einzelne Schraubenreihe als Teil der Schraubengruppe tabelliert sind.

6.2.4.3 Verstärkungsbleche

(1) Stützenflansche mit Biegung können mit Hilfe lastverteilender Bleche nach Bild 6.3 verstärkt werden.

(2) Die Breite von Verstärkungsblechen entspricht in der Regel mindestens dem Abstand zwischen dem Rand des Stützenflansches und dem Beginn der Eckausrundung oder der Naht abzüglich 3 mm.

(3) Die Länge des Verstärkungsblechs sollte über die äußerste Schraubenreihe hinausgehen, die an der Zugübertragung beteiligt ist, siehe Bild 6.3.

(4) Wenn Verstärkungsbleche verwendet werden, ist die Zugtragfähigkeit $F_{T,Rd}$ des T-Stummels in der Regel mit den Verfahren in Tabelle 6.2 zu ermitteln.

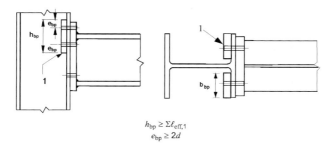

$$h_{bp} \geq \Sigma \ell_{eff,1}$$
$$e_{bp} \geq 2d$$

Legende

1   Verstärkungsblech

Bild 6.3 — Stützenflansch mit Verstärkungsblechen

6.2.5 Äquivalenter T-Stummel mit Druckbeanspruchung

(1) Bei Anschlüssen von Stahl mit Beton kann der äquivalente T-Stummelflansch mit Druckbeanspruchung verwendet werden, um die Tragfähigkeit für die Kombination folgender Grundkomponenten zu bestimmen:

— Fußplatte mit Biegung aufgrund der Lagerpressung;

— Beton und/oder Mörtelfüllung unter der Lagerpressung.

(2) Die gesamte wirksame Länge l_{eff} und die gesamte wirksame Breite b_{eff} des äquivalenten T-Stummels sind so anzusetzen, dass die Tragfähigkeiten der Grundkomponente des Anschlusses und des äquivalenten T-Stummels gleich groß sind.

ANMERKUNG [AC] Die Werte für die wirksame Länge und die wirksame Breite [AC] eines äquivalenten T-Stummels [AC] sind Ersatzwerte für diese Längen [AC] und können von den wirklichen Abmessungen der Grundkomponenten des Anschlusses abweichen.

(3) Die Tragfähigkeit eines T-Stummelflansches $F_{C,Rd}$ auf Druck wird wie folgt bestimmt:

$$F_{C,Rd} = f_{jd}\, b_{eff}\, l_{eff} \tag{6.4}$$

Dabei ist

b_{eff} die wirksame Breite des T-Stummelflansches, siehe 6.2.5(5) und 6.2.5(6);

l_{eff} die wirksame Länge des T-Stummelflansches, siehe 6.2.5(5) und 6.2.5(6);

f_{jd} der Bemessungswert der Beton- oder Mörtelfestigkeit unter Lagerpressung, siehe 6.2.5(7).

(4) Für die Spannungsverteilung unter dem T-Stummel darf eine gleichmäßige Verteilung nach Bild 6.4(a) und Bild 6.4(b) angenommen werden. Die Druckspannung auf der Auflagerfläche darf den Bemessungswert der Beton- oder Mörtelfestigkeit f_{jd} unter Lagerpressung nicht überschreiten, wenn die zusätzliche Ausbreitungsbreite c folgenden maximalen Wert annimmt:

$$c = t\,[f_y/(3\,f_{jd}\,\gamma_{M0})]^{0,5} \tag{6.5}$$

Dabei ist

- t die Dicke des T-Stummelflansches;
- f_y die Streckgrenze des T-Stummelflansches.

(5) Ist die wirkliche Abmessung der Grundkomponente des Anschlusses (der Fußplatte), welche durch den T-Stummel abgebildet wird, kleiner als die Ausbreitungsbreite c, so ist die wirksame Fläche nach Bild 6.4(a) anzusetzen.

(6) Ist die wirkliche Abmessung der Grundkomponente des Anschlusses (der Fußplatte), welche durch den T-Stummel abgebildet wird, größer als Ausbreitungsbreite c, so ist der den Wert c übersteigende Anteil zu vernachlässigen, siehe Bild 6.4(b).

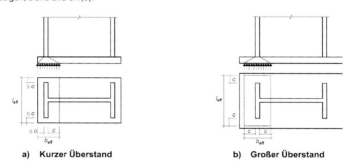

a) **Kurzer Überstand** b) **Großer Überstand**

Bild 6.4 — Fläche des äquivalenten T-Stummels mit Druckbeanspruchung

(7) Der Bemessungswert der Beton- oder Mörtelfestigkeit f_{jd} unter Lagerpressung wird in der Regel wie folgt bestimmt:

$$f_{jd} = \beta_j \, F_{Rdu}/(b_{eff} \, l_{eff}) \tag{6.6}$$

Dabei ist

- β_j der Anschlussbeiwert. Dieser kann mit 2/3 angesetzt werden, wenn die charakteristische Festigkeit des Mörtels nicht kleiner als das 0,2fache der charakteristischen Festigkeit des Fundamentbetons ist und die Dicke des Mörtels nicht größer als das 0,2fache der kleinsten Abmessung der Stahlfußplatte ist. Wenn die Dicke des Mörtels größer als 50 mm ist, sollte die charakteristische Festigkeit des Mörtels mindestens so hoch sein wie die des Fundamentbetons.
- F_{Rdu} die Tragfähigkeit unter konzentrierten Lasten nach EN 1992, wobei $A_{c0} = b_{eff} \, l_{eff}$ angesetzt wird.

6.2.6 Tragfähigkeit der Grundkomponenten

6.2.6.1 Stützensteg mit Schubbeanspruchung

(1) Die Anwendbarkeit der Bemessungsverfahren in 6.2.6.1(2) bis 6.2.6.1(14) ist auf Schlankheiten des Stützenstegs [AC] $d_c/t_w \leq 69\varepsilon$ [AC] begrenzt.

(2) Bei einem einseitigen Anschluss oder bei einem beidseitigen Anschluss mit ähnlich hohen Trägern ist die plastische Schubtragfähigkeit $V_{wp,Rd}$ des nicht ausgesteiften Stützenstegfeldes, das durch den Bemessungswert der einwirkenden Schubkraft $V_{wp,Ed}$ belastet wird, siehe 5.3(3), wie folgt zu ermitteln:

$$V_{wp,Rd} = \frac{0{,}9 f_{y,wc} A_{vc}}{\sqrt{3}\, \gamma_{M0}} \qquad (6.7)$$

Dabei ist

A_{vc} die Schubfläche der Stütze, siehe EN 1993-1-1.

(3) Die Schubtragfähigkeit kann durch Stegsteifen oder zusätzliche Stegbleche erhöht werden.

(4) Werden zusätzliche Stegsteifen in der Druck- und Zugzone der Stütze eingesetzt, kann die plastische Schubtragfähigkeit des Stützenstegfeldes $V_{wp,Rd}$ um den Wert $V_{wp,add,Rd}$ vergrößert werden. Es gilt:

$$V_{wp,add,Rd} = \frac{4 M_{pl,fc,Rd}}{d_s} \quad \text{jedoch} \quad V_{wp,add,Rd} \le \frac{2 M_{pl,fc,Rd} + 2 M_{pl,st,Rd}}{d_s} \qquad (6.8)$$

Dabei ist

d_s der Achsabstand zwischen den Stegsteifen;

$M_{pl,fc,Rd}$ die plastische Biegetragfähigkeit eines Stützenflansches;

$M_{pl,st,Rd}$ die plastische Biegetragfähigkeit einer Stegsteife.

ANMERKUNG   Bei geschweißten Anschlüssen sollten die Stegsteifen der Stütze in den Achsen der Trägerflansche liegen.

(5) Werden diagonale Stegsteifen eingesetzt, sollte die plastische Schubtragfähigkeit des Stützenstegfeldes nach EN 1993-1-1 bestimmt werden.

ANMERKUNG   Dabei wird bei zweiseitigen Träger-Stützenanschlüssen angenommen, dass beide Träger etwa die gleiche Trägerhöhe haben.

(6) Wird ein Stützensteg durch ein zusätzliches Stegblech verstärkt, siehe Bild 6.5, so kann die Schubfläche A_{vc} um $b_s\, t_{wc}$ vergrößert werden. Wird ein weiteres zusätzliches Stegblech auf der anderen Stegseite angebracht, sollte keine weitere Vergrößerung der Schubfläche angesetzt werden.

(7) Zusätzliche Stegbleche können auch zur Vergrößerung der Rotationssteifigkeit eines Anschlusses eingesetzt werden, die durch Vergrößerung der Steifigkeit des Stützenstegs für Schub-, Druck- oder Zugbeanspruchung bewirkt wird, siehe 6.3.2(1).

(8) Zusätzliche Stegbleche sollten die gleiche Stahlgüte haben wie die Stütze.

(9) Die Breite b_s sollte mindestens so groß sein, dass die Schweißnähte um das zusätzliche Stegblech an die Eckausrundung heranreichen.

(10) Die Länge ℓ_s sollte so groß sein, dass sich das zusätzliche Stegblech über die effektive Breite des Steges unter der Querzugbeanspruchung und der Querdruckbeanspruchung hinaus erstreckt, siehe Bild 6.5.

(11) Die Dicke t_s des zusätzlichen Stegbleches sollte mindestens der Stützenstegdicke t_{wc} entsprechen.

(12) Die Schweißnähte zwischen dem zusätzlichen Stegblech und dem Profil sind für die Bemessungswerte der Kräfte zu bemessen.

(13) Die Breite b_s eines zusätzlichen Stegbleches sollte kleiner als $40\varepsilon\, t_s$ sein.

(14) In nicht-korrosiver Umgebung können auch unterbrochene Schweißnähte eingesetzt werden.

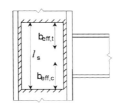

a) Anordnung

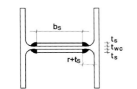 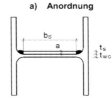 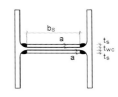

ANMERKUNG Auf die Schweißbarkeit in den Ecken ist zu achten.

b) Beispiele für Querschnitte mit Längsnähten

Bild 6.5 — Beispiele für Verstärkungen mit zusätzlichen Stegblechen

6.2.6.2 Stützensteg mit Beanspruchung durch Querdruck

(1) Für die Tragfähigkeit eines nicht ausgesteiften Stützenstegs, der durch Querdruck beansprucht wird, gilt:

$$F_{c,wc,Rd} = \frac{\omega\, k_{wc}\, b_{eff,c,wc}\, t_{wc}\, f_{y,wc}}{\gamma_{M0}} \text{ jedoch } F_{c,wc,Rd} \leq \frac{\omega\, k_{wc}\, \rho\, b_{eff,c,wc}\, t_{wc}\, f_{y,wc}}{\gamma_{M1}} \quad (6.9)$$

Dabei ist

ω der Abminderungsbeiwert, der mögliche Interaktionseffekte mit der Schubbeanspruchung im Stützenstegfeld nach Tabelle 6.3 berücksichtigt;

$b_{eff,c,wc}$ die wirksame Breite des Stützenstegs für Querdruck:

— für einen geschweißten Anschluss:

$$b_{eff,c,wc} = t_{fb} + 2\sqrt{2}\, a_b + 5(t_{fc} + s) \quad (6.10)$$

Dabei sind

a_c, r_c und a_b wie in Bild 6.6 angegeben.

— für eine geschraubte Stirnblechverbindung:

$$b_{\text{eff,c,wc}} = t_{\text{fb}} + 2\sqrt{2}\, a_{\text{p}} + 5(t_{\text{fc}} + s) + s_{\text{p}} \qquad (6.11)$$

Dabei ist

s_{p} die Länge, die mit der Annahme einer Ausbreitung von 45° durch das Stirnblech (mindestens t_{p} und bis zu $2t_{\text{p}}$, wenn der Überstand des Stirnblechs über den Flansch hinaus ausreichend groß ist) ermittelt wird.

— für eine geschraubte Verbindung mit Flanschwinkeln:

$$b_{\text{eff,c,wc}} = 2t_{\text{a}} + 0{,}6 r_{\text{a}} + 5(t_{\text{fc}} + s) \qquad (6.12)$$

Dabei ist

— bei einer Stütze mit gewalztem I- oder H-Querschnitt: $s = r_{\text{c}}$

— bei einer Stütze mit geschweißtem I- oder H-Querschnitt: $s = \sqrt{2}\, a_{\text{c}}$

ρ Abminderungsbeiwert für Plattenbeulen:

— für $\overline{\lambda}_{\text{p}} \leq 0{,}72$: $\rho = 1{,}0$ $\qquad$ (6.13a)

— für $\overline{\lambda}_{\text{p}} > 0{,}72$: $\rho = (\overline{\lambda}_{\text{p}} - 0{,}2)/\overline{\lambda}_{\text{p}}^{\,2}$ $\qquad$ (6.13b)

Dabei ist

$$\overline{\lambda}_{\text{p}} = 0{,}932\sqrt{\frac{b_{\text{eff,c,wc}}\, d_{\text{wc}}\, f_{\text{y,wc}}}{E\, t_{\text{wc}}^{2}}} \quad (\text{Plattenschlankheitsgrad}) \qquad (6.13c)$$

mit folgenden Werten für d_{wc}

— bei einer Stütze mit gewalztem I- oder H-Querschnitt: $d_{\text{wc}} = h_{\text{c}} - 2(t_{\text{fc}} + r_{\text{c}})$

— bei einer Stütze mit geschweißtem I- oder H-Querschnitt: $d_{\text{wc}} = h_{\text{c}} - 2(t_{\text{fc}} + \sqrt{2}\, a_{\text{c}})$

k_{wc} Abminderungsbeiwert nach 6.2.6.2(2).

Tabelle 6.3 — Abminderungsbeiwert ω für die Interaktion mit Schubbeanspruchung

Übertragungsparameter β	Abminderungsbeiwert ω
$0 \leq \beta \leq 0,5$	$\omega = 1$
$0,5 < \beta < 1$	$\omega = \omega_1 + 2(1-\beta)(1-\omega_1)$
$\beta = 1$	$\omega = \omega_1$
$1 < \beta < 2$	$\omega = \omega_1 + (\beta - 1)(\omega_2 - \omega_1)$
$\beta = 2$	$\omega = \omega_2$
$\omega_1 = \dfrac{1}{\sqrt{1 + 1,3(b_{\text{eff,c,wc}} \, t_{\text{wc}} / A_{\text{vc}})^2}}$	$\omega_2 = \dfrac{1}{\sqrt{1 + 5,2(b_{\text{eff,c,wc}} \, t_{\text{wc}} / A_{\text{vc}})^2}}$

A_{vc} Schubfläche der Stütze, siehe 6.2.6.1;
β Übertragungsparameter, siehe 5.3 (7).

(2) Überschreitet die maximale Längsdruckspannung $\sigma_{\text{com,Ed}}$ im Steg (am Ende des Ausrundungsradius bei einem gewalzten Profil oder am Schweißnahtübergang bei einem geschweißten Profil) infolge Druckkraft und Biegemoment in der Stütze den Wert 0,7 $f_{y,\text{wc}}$, so ist deren Auswirkung auf die Tragfähigkeit zu berücksichtigen, indem der Wert für $F_{\text{c,wc,Rd}}$ nach Gleichung (6.9) mit dem folgenden Beiwert k_{wc} abgemindert wird:

— falls $\sigma_{\text{com,Ed}} \leq 0,7 f_{y,\text{wc}}$: $k_{\text{wc}} = 1$

— falls $\sigma_{\text{com,Ed}} > 0,7 f_{y,\text{wc}}$: $k_{\text{wc}} = 1,7 - \sigma_{\text{com,Ed}}/f_{y,\text{wc}}$ (6.14)

ANMERKUNG Im Allgemeinen beträgt der Abminderungsbeiwert $k_{\text{wc}} = 1,0$ und keine Reduzierung ist notwendig. Daher kann die Abminderung in Vorberechnungen vernachlässigt werden, bei denen noch keine Längsspannungen bekannt sind.

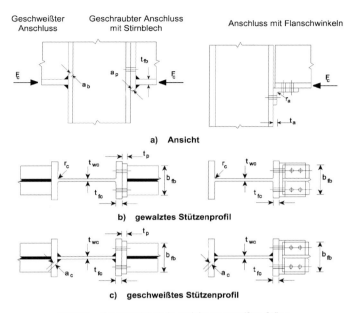

Bild 6.6 — Querdruck bei einer nichtausgesteiften Stütze

(3) Das knickstabähnliche Beulen eines nicht ausgesteiften Stützenstegs infolge Querdruck, siehe Bild 6.7, sollte konstruktiv verhindert werden.

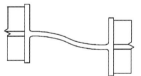

Bild 6.7 — Knickstabähnliches Beulen eines nichtausgesteiften Stützensteges

(4) Die Tragfähigkeit des Stützensteges für Querdruck kann durch Stegsteifen oder zusätzliche Stegbleche vergrößert werden.

(5) Querstefen oder geeignet angeordnete Diagonalsteifen können einzeln oder zusammen im Stützstegfeld verwendet werden, um die Tragfähigkeit des Stützensteges für Querdruck zu vergrößern.

ANMERKUNG   Bei geschweißten Anschlüssen sollten die Querstefen in der Achse der Trägerflansche liegen. Bei geschraubten Anschlüssen sollten die Steifen in der Achse der Druckkräfte (Druckpunkt) liegen. Der Druckpunkt ist in Bild 6.15 definiert.

(6) Wird ein nicht ausgesteifter Stützensteg durch ein zusätzliches Stegblech nach 6.2.6.1 verstärkt, so darf die effektive Dicke des Stegblechs mit 1,5 t_{wc} angesetzt werden. Wenn zusätzliche Stegbleche beidseitig am

Steg angebracht werden, darf die effektive Dicke mit 2,0 t_{wc} angesetzt werden. Bei der Berechnung des Abminderungsbeiwerts ω zur Berücksichtigung der Interaktion mit der Schubbeanspruchung darf die Schubfläche A_{vc} des Stegs nur auf den Wert angehoben werden, der auch bei der Erhöhung der Schubtragfähigkeit zulässig ist, siehe 6.2.6.1(6).

6.2.6.3 Stützensteg mit Beanspruchung durch Querzug

(1) Die Tragfähigkeit eines nicht ausgesteiften Stützenstegs für Beanspruchung durch Querzug wird in der Regel wie folgt bestimmt:

$$F_{t,wc,Rd} = \frac{\omega b_{eff,t,wc}\, t_{wc}\, f_{y,wc}}{\gamma_{M0}} \tag{6.15}$$

Dabei ist

ω der Abminderungsbeiwert zur Berücksichtigung der Interaktion mit der Schubbeanspruchung im Stützenstegfeld.

(2) Bei einer geschweißten Verbindung wird in der Regel die wirksame Breite $b_{eff,t,wc}$ der Komponente Stützensteg mit Querzug wie folgt ermittelt:

$$b_{eff,t,wc} = t_{fb} + 2\sqrt{2}\, a_b + 5(t_{fc} + s) \tag{6.16}$$

Dabei ist

— bei einer Stütze mit gewalztem I- oder H- Querschnitt: $s = r_c$

— bei einer Stütze mit geschweißtem I- oder H- Querschnitt: $s = \sqrt{2}\, a_c$

a_c und r_c wie in Bild 6.8 und a_b wie in Bild 6.6 angegeben.

(3) Bei einer geschraubten Verbindung wird in der Regel die wirksame Breite $b_{eff,t,wc}$ der Komponente Stützensteg mit Querzug mit der wirksamen Länge des äquivalenten T-Stummels für den Stützenflansch gleichgesetzt, siehe 6.2.6.4.

(4) Der Abminderungsbeiwert ω zur Berücksichtigung der Interaktion mit der Schubbeanspruchung im Stützenstegfeld ist in der Regel nach Tabelle 6.3 mit dem Wert $b_{eff,t,wc}$ nach 6.2.6.3(2) oder 6.2.6.3(3) zu ermitteln.

(5) Die Tragfähigkeit des Stützensteges für Querzug kann durch Stegsteifen oder zusätzliche Stegbleche vergrößert werden.

(6) Die Stegsteifen können als Quersteifen und/oder entsprechend angeordnete Diagonalsteifen ausgebildet werden, um die Tragfähigkeit des Stützensteges für Querzug zu vergrößern.

ANMERKUNG Bei geschweißten Anschlüssen liegen üblicherweise die Quersteifen in der Achse der Trägerflansche.

(7) Schweißnähte zwischen Diagonalsteifen und Stützenflansch sollten als voll durchgeschweißte Nähte mit Kapplage ausgeführt werden, damit die Schweißnahtdicke gleich der Steifendicke ist.

(8) Wird ein nicht ausgesteifter Stützensteg durch zusätzliche Stegbleche entsprechend 6.2.6.1 verstärkt, so hängt die Tragfähigkeit für Querzug von der Dicke der Längsnähte entlang der zusätzlichen Stegbleche ab. Die wirksame Dicke des Stegs $t_{w,eff}$ wird in der Regel wie folgt bestimmt:

— sind die Längsnähte durchgeschweißte Stumpfnähte der Nahtdicke $a \geq t_s$ gilt:

— bei einseitigem zusätzlichem Stegblech: $\qquad t_{w,eff} = 1{,}5\, t_{wc}$ (6.17)

— bei beidseitigen zusätzlichen Stegblechen: $\qquad t_{w,eff} = 2{,}0\, t_{wc}$ (6.18)

— sind die Längsnähte Kehlnähte der Nahtdicke $a \geq t_s/\sqrt{2}$ gilt sowohl für einseitige als auch für beidseitige zusätzliche Stegbleche:

— für die Stahlgüten S 235, S 275 oder S 355: $\qquad t_{w,eff} = 1{,}4\, t_{wc}$ (6.19a)

— für die Stahlgüten S 420 oder S 460: $\qquad t_{w,eff} = 1{,}3\, t_{wc}$ (6.19b)

(9) Bei der Berechnung des Abminderungsbeiwerts ω zur Berücksichtigung der Interaktion mit der Schubbeanspruchung darf die Schubfläche A_{vc} des durch zusätzliche Stegbleche verstärkten Stegs nur auf den Wert angehoben werden, der auch bei der Erhöhung der Schubtragfähigkeit zulässig ist, siehe 6.2.6.1(6).

6.2.6.4 Stützenflansch mit Biegebeanspruchung

6.2.6.4.1 Nicht ausgesteifter Stützenflansch und geschraubte Verbindung

(1) Die Tragfähigkeit und die Versagensform eines nicht ausgesteiften Stützenflansches, der in Verbindung mit Schrauben mit Zugbeanspruchung auf Biegung beansprucht wird, sind in der Regel mit Hilfe des äquivalenten T-Stummelflansches für folgende Fälle zu ermitteln, siehe 6.2.4:

— jede einzelne Schraubenreihe ist für die Übertragung der Zugkräfte erforderlich;

— jede Gruppe von Schraubenreihen ist für die Übertragung der Zugkräfte erforderlich.

(2) Die Maße e_{min} und m für die Ermittlung nach 6.2.4 sind Bild 6.8 zu entnehmen.

(3) Die wirksame Länge des äquivalenten T-Stummelflansches sollte für die einzelnen Schraubenreihen und die Schraubengruppe nach 6.2.4.2 mit den Werten ermittelt werden, die in Tabelle 6.4 für die einzelnen Schraubenreihen angegeben sind.

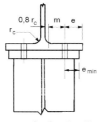 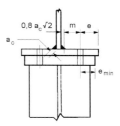

a) Geschweißtes Stirnblech schmaler als der Stützenflansch

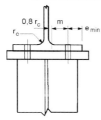 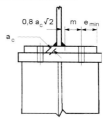

b) Geschweißtes Stirnblech breiter als der Stützenflansch

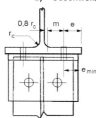 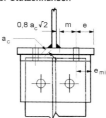

c) Flanschwinkel

Bild 6.8 — Maße für e, e_{min}, r_c und m

Tabelle 6.4 — Wirksame Längen für nicht ausgesteifte Stützenflansche

Lage der Schrauben-reihe	Schraubenreihe einzeln betrachtet		Schraubenreihe als Teil einer Gruppe von Schraubenreihen	
	Kreisförmiges Muster $\ell_{\text{eff,cp}}$	Nicht kreisförmiges Muster $\ell_{\text{eff,nc}}$	Kreisförmiges Muster $\ell_{\text{eff,cp}}$	Nicht kreisförmiges Muster $\ell_{\text{eff,nc}}$
Innere Schraubenreihe	$2\pi m$	$4m + 1{,}25e$	$2p$	p
Äußere Schraubenreihe	der kleinere Wert von: $2\pi m$ $\pi m + 2e_1$	der kleinere Wert von: $4m + 1{,}25e$ $2m + 0{,}625e + e_1$	der kleinere Wert von: $\pi m + p$ $2e_1 + p$	der kleinere Wert von: $2m + 0{,}625e + 0{,}5p$ $e_1 + 0{,}5p$
Modus 1:	$\ell_{\text{eff,1}} = \ell_{\text{eff,nc}}$ jedoch $\ell_{\text{eff,1}} \leq \ell_{\text{eff,cp}}$		$\Sigma\ell_{\text{eff,1}} = \Sigma\ell_{\text{eff,nc}}$ jedoch $\Sigma\ell_{\text{eff,1}} \leq \Sigma\ell_{\text{eff,cp}}$	
Modus 2:	$\ell_{\text{eff,2}} = \ell_{\text{eff,nc}}$		$\Sigma\ell_{\text{eff,2}} = \Sigma\ell_{\text{eff,nc}}$	

[AC] e_1 ist der Abstand von der Mitte der Verbindungsmittel in der Endreihe zum benachbarten freien Ende des Stützenflansches, gemessen in der Richtung der Achse des Stützenprofils (siehe Zeile 1 und Zeile 2 in Bild 6.9). [AC]

6.2.6.4.2 Ausgesteifter Stützenflansch und Anschluss mit geschraubtem Stirnblech oder Flanschwinkeln

(1) Mit Quersteifen und/oder entsprechend angeordneten Diagonalsteifen kann die Biegetragfähigkeit des Stützenflansches vergrößert werden.

(2) Die Tragfähigkeit und die Versagensform eines ausgesteiften Stützenflansches, der in Verbindung mit Schrauben mit Zugbeanspruchung auf Biegung beansprucht wird, sind mit Hilfe des äquivalenten T-Stummelflansches für folgende Fälle zu ermitteln, siehe 6.2.4:

— jede einzelne Schraubenreihe ist für die Übertragung der Zugkräfte erforderlich;

— jede Gruppe von Schraubenreihen ist für die Übertragung der Zugkräfte erforderlich.

(3) Treten Gruppen von Schraubenreihen auf beiden Seiten einer Steife auf, sind diese getrennt mit T-Stummelflanschen zu untersuchen, siehe Bild 6.9. Die Tragfähigkeit und Versagensform sind dann für jeden äquivalenten T-Stummel zu bestimmen.

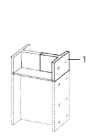 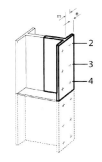 

Legende

1   Äußere Schraubenreihe neben einer Steife
2   Andere äußere Schraubenreihe
3   Andere innere Schraubenreihe
4   Innere Schraubenreihe neben einer Steife

Bild 6.9 — Untersuchung eines ausgesteiften Stützenflansches mit verschiedenen T-Stummel-Modellen

(4) Die Maße e_{min} und m für die Ermittlung nach 6.2.4 sind Bild 6.8 zu entnehmen.

(5) Die wirksamen Längen ℓ_{eff} der äquivalenten T-Stummelflansche sind in der Regel nach 6.2.4.2 mit den Werten zu ermitteln, die in Tabelle 6.5 für die einzelnen Schraubenreihen angegeben sind. Der α-Wert in Tabelle 6.5 ist nach Bild 6.11 zu ermitteln.

(6) Für die Steifen gelten die Anforderungen nach 6.2.6.1.

DIN EN 1993-1-8:2010-12
EN 1993-1-8:2005 + AC:2009 (D)

Tabelle 6.5 — Wirksame Längen für ausgesteifte Stützenflansche

Lage der Schraubenreihe	Schraubenreihe einzeln betrachtet		Schraubenreihe als Teil einer Gruppe von Schraubenreihen	
	Kreisförmiges Muster $\ell_{\text{eff,cp}}$	Nicht kreisförmiges Muster $\ell_{\text{eff,nc}}$	Kreisförmiges Muster $\ell_{\text{eff,cp}}$	Nicht kreisförmiges Muster $\ell_{\text{eff,nc}}$
Innere Schraubenreihe neben einer Steife	$2\pi m$	αm	$\pi m + p$	$0,5p + \alpha m$ $-(2m + 0,625e)$
Andere innere Schraubenreihe	$2\pi m$	$4m + 1,25e$	$2p$	p
Andere äußere Schraubenreihe	der kleinere Wert von: $2\pi m$ $\pi m + 2e_1$	der kleinere Wert von: $4m + 1,25e$ $2m + 0,625e + e_1$	der kleinere Wert von: $\pi m + p$ $2e_1 + p$	der kleinere Wert von: $2m + 0,625e + 0,5p$ $e_1 + 0,5p$
Äußere Schraubenreihe neben einer Steife	der kleinere Wert von: $2\pi m$ $\pi m + 2e_1$	$e_1 + \alpha m$ $-(2m + 0,625e)$	nicht relevant	nicht relevant
Modus 1:	$\ell_{\text{eff,1}} = \ell_{\text{eff,nc}}$ jedoch $\ell_{\text{eff,1}} \leq \ell_{\text{eff,cp}}$		$\Sigma\ell_{\text{eff,1}} = \Sigma\ell_{\text{eff,nc}}$ jedoch $\Sigma\ell_{\text{eff,1}} \leq \Sigma\ell_{\text{eff,cp}}$	
Modus 2:	$\ell_{\text{eff,2}} = \ell_{\text{eff,nc}}$		$\Sigma\ell_{\text{eff,2}} = \Sigma\ell_{\text{eff,nc}}$	

α ist Bild 6.11 zu entnehmen.

[AC] e_1 ist der Abstand von der Mitte der Verbindungsmittel in der Endreihe zum benachbarten freien Ende des Stützenflanschs, gemessen in der Richtung der Achse des Stützenprofils (siehe Zeile 1 und Zeile 2 in Bild 6.9). [AC]

6.2.6.4.3 Nicht ausgesteifter Stützenflansch und geschweißte Verbindung

(1) Bei einem geschweißten Anschluss ist in der Regel die Tragfähigkeit $F_{\text{fc,Rd}}$ eines nicht ausgesteiften Stützenflansches, der infolge Querzug- oder Querdruckbeanspruchung aus dem Trägerflansch auf Biegung belastet wird, wie folgt zu bestimmen:

$$F_{\text{fc,Rd}} = b_{\text{eff,b,fc}}\, t_{\text{fb}}\, f_{\text{y,fb}} / \gamma_{M0} \tag{6.20}$$

Dabei ist

$b_{\text{eff,b,fc}}$ die wirksame Breite b_{eff}, die in 4.10 für die Betrachtung des Trägerflansches als Platte definiert ist.

ANMERKUNG Die Anforderungen in [AC] 4.10 [AC] sind ebenfalls zu beachten.

6.2.6.5 Stirnblech mit Biegebeanspruchung

(1) Die Tragfähigkeit und die Versagensform eines Stirnblechs, das in Verbindung mit Schrauben mit Zugbeanspruchung auf Biegung beansprucht wird, sind mit Hilfe des äquivalenten T-Stummelflansches für folgende Fälle zu ermitteln, siehe 6.2.4:

— jede einzelne Schraubenreihe ist für die Übertragung der Zugkräfte erforderlich;

— jede Gruppe von Schraubenreihen ist für die Übertragung der Zugkräfte erforderlich.

(2) Treten Gruppen von Schraubenreihen im Stirnblech auf beiden Seiten einer Steife auf, sind diese in der Regel getrennt mit äquivalenten T-Stummeln zu untersuchen. Dies gilt besonders bei Stirnblechen, bei denen die Schraubenreihe des überstehenden Teils gesondert als äquivalenter T-Stummel anzusetzen ist, siehe Bild 6.10. Die Tragfähigkeit und die Versagensform sind dann für jeden äquivalenten T-Stummel zu bestimmen.

(3) Das Maß e_{min} für den Teil des Stirnblechs zwischen den Trägerflanschen, siehe 6.2.4, ist Bild 6.8 zu entnehmen. Für den überstehenden Teil des Stirnblechs ist e_{min} identisch mit e_x, siehe Bild 6.10.

(4) Die wirksame Länge ℓ_{eff} des äquivalenten T-Stummelflansches sollte nach 6.2.4.2 mit den Werten ermittelt werden, die in Tabelle 6.6 für die einzelnen Schraubenreihen angegeben sind.

(5) Die Werte für m und m_x in Tabelle 6.6 sind Bild 6.10 zu entnehmen.

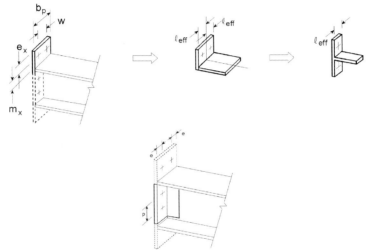

Das überstehende Stirnblech und die Stirnbleche zwischen den Trägerflanschen werden mit zwei verschiedenen äquivalenten T-Stummelflanschen untersucht.

Bei der Berechnung der Tragfähigkeit des äquivalenten T-Stummelflansches für überstehende Stirnbleche sind e_x und m_x anstelle von e und m zu verwenden.

Bild 6.10 — Behandlung von überstehenden Stirnblechen als separate T-Stummelflansche

Tabelle 6.6 — Wirksame Längen für Stirnbleche

Lage der Schraubenreihe	Schraubenreihe einzeln betrachtet		Schraubenreihe als Teil einer Gruppe von Schraubenreihen	
	Kreisförmiges Muster $\ell_{eff,cp}$	Nicht kreisförmiges Muster $\ell_{eff,nc}$	Kreisförmiges Muster $\ell_{eff,cp}$	Nicht kreisförmiges Muster $\ell_{eff,nc}$
Äußere Schraubenreihe neben Trägerzugflansch	der kleinste Wert von: $2\pi m_x$ $\pi m_x + w$ $\pi m_x + 2e$	der kleinste Wert von: $4m_x + 1{,}25 e_x$ $e + 2m_x + 0{,}625 e_x$ $0{,}5 b_p$ $0{,}5w + 2m_x + 0{,}625 e_x$	—	—
Innere Schraubenreihe neben Trägerzugflansch	$2\pi m$	αm	$\pi m + p$	$0{,}5p + \alpha m$ $-(2m + 0{,}625e)$
Andere innere Schraubenreihe	$2\pi m$	$4m + 1{,}25\, e$	$2p$	p
Andere äußere Schraubenreihe	$2\pi m$	$4m + 1{,}25\, e$	$\pi m + p$	$2m + 0{,}625e + 0{,}5p$
Modus 1:	$\ell_{eff,1} = \ell_{eff,nc}$ jedoch $\ell_{eff,1} \le \ell_{eff,cp}$		$\Sigma\ell_{eff,1} = \Sigma\ell_{eff,nc}$ jedoch $\Sigma\ell_{eff,1} \le \Sigma\ell_{eff,cp}$	
Modus 2:	$\ell_{eff,2} = \ell_{eff,nc}$		$\Sigma\ell_{eff,2} = \Sigma\ell_{eff,nc}$	

α ist Bild 6.11 zu entnehmen.

DIN EN 1993-1-8:2010-12
EN 1993-1-8:2005 + AC:2009 (D)

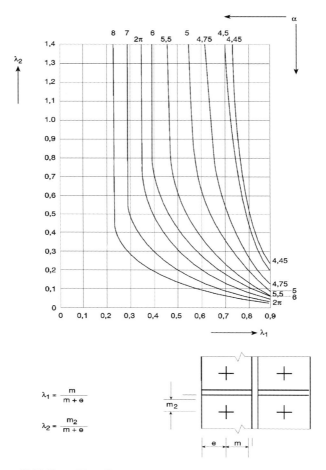

Bild 6.11 — α-Werte für ausgesteifte Stützenflansche und Stirnbleche

6.2.6.6 Flanschwinkel mit Biegebeanspruchung

(1) Die Tragfähigkeit und die Versagensform von Flanschwinkeln, die in Verbindung mit Schrauben mit Zugbeanspruchung auf Biegung beansprucht werden, sind mit Hilfe des äquivalenten T- Stummelflansches zu ermitteln, siehe 6.2.4.

(2) Die wirksame Länge ℓ_{eff} eines äquivalenten T-Stummelflansches ist mit $0{,}5b_a$ anzusetzen, wobei b_a die Länge des Winkels nach Bild 6.12 ist.

(3) Die Maße e_{min} und m, siehe 6.2.4, sind Bild 6.13 zu entnehmen.

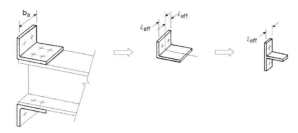

Bild 6.12 — Wirksame Länge ℓ_{eff} von Flanschwinkeln

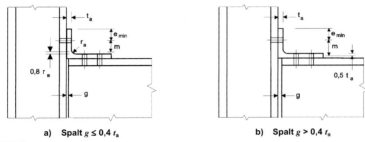

a) Spalt $g \leq 0{,}4\, t_a$ b) Spalt $g > 0{,}4\, t_a$

ANMERKUNG
— Zwischen Winkel und Stützenflansch wird nur eine Schraubenreihe angenommen.
— Zwischen Winkel und Trägerflansch können mehrere Schraubenreihen auftreten.
— Die Länge b_a des Winkels braucht nicht identisch mit der Breite des Stützen- und Trägerflansches sein.

Bild 6.13 — Maße e_{min} und m für geschraubte Flanschwinkel

6.2.6.7 Trägerflansch und -steg mit Druckbeanspruchung

(1) Die Resultierende des Druckwiderstandes des Trägerflansches und der angrenzenden Druckzone im Trägersteg kann im Druckpunkt nach 6.2.7 angenommen werden. Für die Tragfähigkeit von Trägerflansch und -steg bei Druckbeanspruchung gilt folgende Gleichung:

$$F_{c,fb,Rd} = M_{c,Rd} / (h - t_{fb}) \qquad (6.21)$$

Dabei ist

h die Höhe des angeschlossenen Trägers;

$M_{c,Rd}$ die Biegetragfähigkeit des Trägerquerschnitts, soweit erforderlich unter Berücksichtigung der Abminderung aus Querkraftinteraktion, siehe EN 1993-1-1. Bei Vouten kann $M_{c,Rd}$ unter Vernachlässigung des zwischenliegenden Flansches berechnet werden;

t_{fb} die Flanschdicke des angeschlossenen Trägers.

Beträgt die Höhe des Trägers einschließlich Voute mehr als 600 mm, so ist in der Regel der Beitrag des Trägersteges zu der Tragfähigkeit bei Druckbeanspruchung auf 20 % zu begrenzen.

(2) Wird ein Träger durch Vouten verstärkt, gelten die folgenden Voraussetzungen:

— die Stahlgüte der Voute sollte mindestens der Stahlgüte des Trägers entsprechen;

— die Flanschabmessungen und die Stegdicke der Voute sollten nicht kleiner sein als die des Trägers;

— der Winkel zwischen Voutenflansch und Trägerflansch sollte nicht größer sein als 45°;

— die Länge s_s der steifen Auflagerung darf mit der Schnittlänge des Voutenflansches parallel zum Trägerflansch angesetzt werden.

(3) Wird der Träger durch Vouten verstärkt, so ist die Tragfähigkeit des Trägerstegs mit Druck nach 6.2.6.2 zu ermitteln.

6.2.6.8 Trägersteg mit Zugbeanspruchung

(1) Bei einer geschraubten Stirnblechverbindung ist die Tragfähigkeit des Trägerstegs bei Zugbeanspruchung wie folgt zu ermitteln:

$$F_{t,wb,Rd} = b_{eff,t,wb}\, t_{wb}\, f_{y,wb} / \gamma_{M0} \tag{6.22}$$

(2) Die effektive Breite $b_{eff,t,wb}$ des Trägerstegs mit Zug ist mit der wirksamen Länge des äquivalenten T-Stummel-Modells für das Stirnblech mit Biegebelastung gleichzusetzen, die nach 6.2.6.5 für eine einzelne Schraubenreihe oder eine Schraubengruppe ermittelt wird.

6.2.6.9 Beton oder Mörtel mit Druckbeanspruchung

(1) Bei der Bestimmung des Bemessungswertes der Beton- oder Mörtelfestigkeit zwischen Fußplatte und Betonfundament sind die Kenngrößen und Abmessungen des Mörtels und des Betons zu berücksichtigen. Das Betonfundament ist nach EN 1992 nachzuweisen.

(2) Der Bemessungswert der Beton- oder Mörtelfestigkeit und der Bemessungswert der Tragfähigkeit $F_{c,pl,Rd}$ der Fußplatte sollte mit Hilfe des äquivalenten T-Stummels nach 6.2.5 ermittelt werden.

6.2.6.10 Fußplatte mit Biegebeanspruchung infolge Druck

(1) Die Tragfähigkeit $F_{c,pl,Rd}$ einer Fußplatte mit Biegebelastung infolge Druck sollte zusammen mit dem Betonfundament, auf dem die Fußplatte angeordnet ist, mit Hilfe des äquivalenten T-Stummels nach 6.2.5 ermittelt werden.

6.2.6.11 Fußplatte mit Biegebeanspruchung infolge Zug

(1) Die Tragfähigkeit $F_{t,pl,Rd}$ und die Versagensform einer Fußplatte mit Biegebelastung infolge Zug aus der Belastung durch Ankerschrauben kann nach den Regeln in 6.2.6.5 bestimmt werden.

(2) Bei Fußplatten brauchen möglicherweise auftretende Abstützkräfte [AC) nicht berücksichtigt zu werden bei der Ermittlung der Dicke der Fußplatte. Hebelkräfte sollten bei der Ermittlung der Ankerschrauben berücksichtigt werden. (AC]

6.2.6.12 Ankerschrauben mit Zugbeanspruchung

(1) Ankerschrauben sind für die Schnittgrößen aus den Bemessungslasten auszulegen. Sie sollten Zugkräfte aus abhebenden Auflagerkräften und Biegemomenten übernehmen.

(2) Bei der Berechnung der Zugkräfte in den Ankerschrauben infolge Biegung sind die Hebelarme nicht größer anzusetzen als der Abstand zwischen dem Schwerpunkt der Auflagerfläche auf der Druckseite und dem Schwerpunkt der Ankerschraubengruppe auf der Zugseite.

ANMERKUNG   Toleranzen in der Lage der Ankerschrauben können Einfluss haben.

(3) Die Tragfähigkeit der Ankerschrauben ist als kleinster Wert aus der Tragfähigkeit der Ankerschraube nach 3.6 und der Verbundfestigkeit zwischen Beton und Ankerschraube nach EN 1992-1-1 zu bestimmen.

(4) Ankerschrauben können im Fundament wie folgt verankert werden:

— durch Haken, siehe Bild 6.14(a);

— durch Unterlegscheiben, siehe Bild 6.14(b);

— durch andere in den Beton eingelassene Lastverteilungselemente;

— durch andere Verbindungsmittel, die entsprechend getestet und zugelassen sind.

(5) Werden die Schrauben am Ende mit einem Haken versehen, ist die Verankerungslänge so zu wählen, dass Verbundversagen vor dem Fließen der Schraube verhindert wird. Die Verankerungslänge sollte nach EN 1992-1-1 festgelegt werden. Bei dieser Verankerungsform sind Schrauben mit Streckgrenzen f_{yb} größer als 300 N/mm^2 zu vermeiden.

(6) Werden die Ankerschrauben mit Unterlegscheiben oder anderen Lasteinleitungselementen verwendet, braucht die Verbundwirkung nicht berücksichtigt zu werden. Die gesamte Ankerkraft sollte dann von den Lasteinleitungselementen übertragen werden.

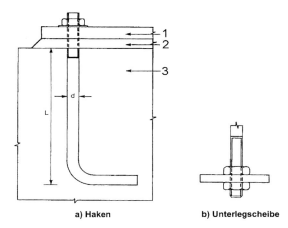

Legende

a) Haken   b) Unterlegscheibe

1 Fußplatte
2 Mörtelschicht
3 Betonfundament

Bild 6.14 — Befestigung von Ankerschrauben

6.2.7 Biegetragfähigkeit von Träger-Stützenanschlüssen und Stößen

6.2.7.1 Allgemeines

(1) Für den Bemessungswert des einwirkenden Biegemomentes $M_{j,Ed}$ gilt:

$$\frac{M_{j,Ed}}{M_{j,Rd}} \leq 1{,}0 \tag{6.23}$$

(2) Die Verfahren in 6.2.7 zur Berechnung der Biegetragfähigkeit $M_{j,Rd}$ eines Anschlusses berücksichtigen keine gleichzeitig wirkenden Normalkräfte N_{Ed}. Sie sollten daher nur verwendet werden, wenn die einwirkende Normalkraft im angeschlossenen Bauteil nicht größer als 5 % der plastischen Beanspruchbarkeit $N_{p\ell,Rd}$ seines Querschnittes ist.

(3) Überschreitet die einwirkende Normalkraft N_{Ed} in dem angeschlossenen Bauteil 5 % der plastischen Beanspruchbarkeit $N_{p\ell,Rd}$, kann die folgende konservative Näherung benutzt werden:

$$\frac{M_{j,Ed}}{M_{j,Rd}} + \frac{N_{j,Ed}}{N_{j,Rd}} \leq 1{,}0 \tag{6.24}$$

Dabei ist

$M_{j,\text{Rd}}$ die Biegetragfähigkeit des Anschlusses ohne gleichzeitig wirkende Normalkraft;

$N_{j,\text{Rd}}$ die Normalkrafttragfähigkeit des Anschlusses ohne gleichzeitig wirkendes Moment.

(4) Die Biegetragfähigkeit eines geschweißten Anschlusses sollte mit den Angaben in Bild 6.15(a) bestimmt werden.

(5) Die Biegetragfähigkeit eines geschraubten Anschlusses mit bündigem Stirnblech und mit nur einer Schraubenreihe mit Zugbeanspruchung (oder nur einer Schraubenreihe, die für Zug in Anspruch genommen wird, siehe 6.2.3(6), sollte nach Bild 6.15(c) bestimmt werden.

(6) Die Biegetragfähigkeit eines geschraubten Anschlusses mit Flanschwinkeln sollte nach Bild 6.15(b) bestimmt werden.

(7) Die Biegetragfähigkeit eines geschraubten Stirnblechanschlusses mit mehr als einer Schraubenreihe, die auf Zug beansprucht wird, wird in der Regel nach 6.2.7.2 bestimmt.

(8) Vereinfachend kann die Biegetragfähigkeit eines Anschlusses mit überstehendem Stirnblech mit nur zwei Schraubenreihen mit Zugbeanspruchung nach Bild 6.16 bestimmt werden, vorausgesetzt, die Beanspruchbarkeit F_{Rd} ist nicht größer als $3{,}8F_{\text{t,Rd}}$, wobei $F_{\text{t,Rd}}$ in Tabelle 6.2 angegeben ist. In diesem Fall kann die gesamte Zugzone des Stirnblechs als eine Grundkomponente betrachtet werden. Liegen die beiden Schraubenreihen etwa im gleichen Abstand zum Trägerflansch, kann dieser Teil des Stirnblechs als ein T-Stummel betrachtet werden, um die Kraft $F_{1,\text{Rd}}$ der Schraubenreihe zu bestimmen. Der Wert für $F_{2,\text{Rd}}$ kann dann mit $F_{1,\text{Rd}}$ gleichgesetzt werden, so dass F_{Rd} mit $2F_{1,\text{Rd}}$ angenommen werden kann.

(9) Der Druckpunkt sollte im Zentrum des Spannungsblocks infolge der Druckkräfte liegen. Vereinfachend kann der Druckpunkt wie in Bild 6.15 angenommen werden.

(10) Ein Bauteilstoß oder ein Teil davon, der auf Zug beansprucht wird, muss in der Regel für alle am Stoß einwirkenden Momente und Kräfte bemessen werden.

(11) Stöße sind in der Regel so zu konstruieren, dass die verbundenen Bauteile in ihrer Lage gesichert sind. In Kontaktstößen sind in der Regel Reibungskräfte zwischen den Kontaktflächen für die Lagesicherung der verbundenen Bauteile nicht ausreichend.

(12) Die Bauteile sind möglichst so anzuordnen, dass die Schwerpunktachsen der Stoßlaschen mit den Schwerpunktachsen der Bauteile übereinstimmen. Bei Exzentrizitäten sind die daraus resultierenden Kräfte zu berücksichtigen.

Verbindungsart	Druckpunkt	Hebelarm	Kräfteverteilung
a) Geschweißter Anschluss 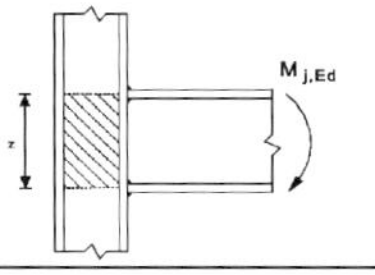	In der Achse der Mittelebene des Druckflansches	$z = h - t_{fb}$ h Höhe des angeschlossenen Trägers t_{fb} Dicke des Trägerflansches	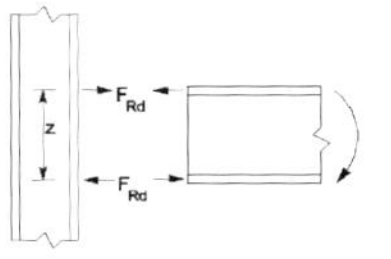
b) Geschraubter Anschluss mit Flanschwinkeln 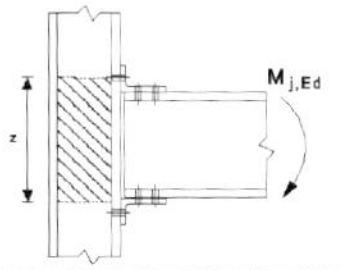	In der Achse der Mittelebene des anliegenden Winkel-Schenkels am Druckflansch	Abstand zwischen dem Druckpunkt und der Schraubenreihe unter Zug	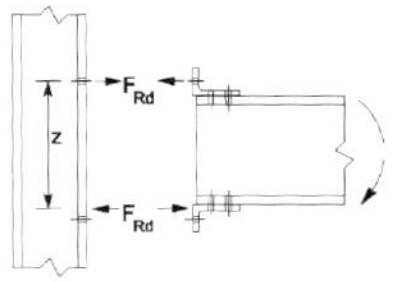
c) Geschraubter Anschluss mit Stirnblech mit nur einer Schraubenreihe mit Zugbeanspruchung 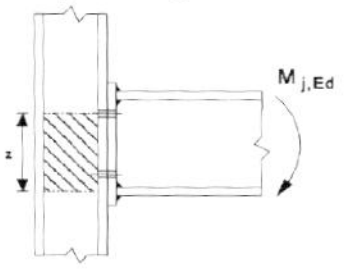	In der Achse der Mittelebene des Druckflansches	Abstand zwischen dem Druckpunkt und der Schraubenreihe unter Zug	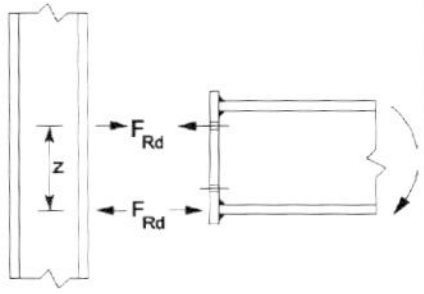
d) Geschraubter Anschluss mit überstehendem Stirnblech mit nur zwei Schraubenreihen mit Zugbeanspruchung 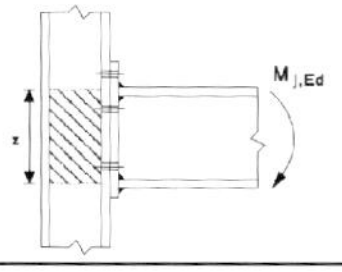	In der Achse der Mittelebene des Druckflansches	Auf der sicheren Seite liegend, Abstand zwischen dem Druckpunkt und dem Schwerpunkt der beiden Schraubenreihen	
e) Andere geschraubte Stirnblechanschlüsse mit zwei oder mehr Schraubenreihen mit Zugbeanspruchung 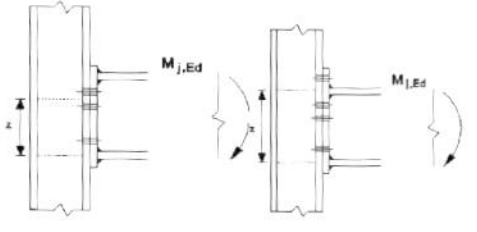	In der Achse der Mittelebene des Druckflansches	Als Näherungswert, Abstand zwischen dem Druckpunkt und dem Schwerpunkt der beiden äußersten auf Zug belasteten Schraubenreihen	Ein genauerer Wert für den Hebelarm z kann als z_{eq} nach 6.3.3.1 bestimmt werden.

Bild 6.15 — Druckpunkt, Hebelarm z und Kräfteverteilung zur Berechnung der Biegetragfähigkeit $M_{j,Rd}$

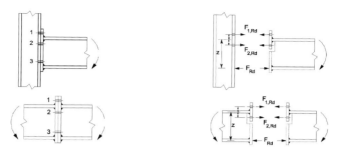

Bild 6.16 — Vereinfachte Berechnung von geschraubten Anschlüssen mit überstehenden Stirnblechen

(13) Wenn für die druckbeanspruchten Bauteile nicht vollständiger Kontakt vorgesehen ist, so sollten Stoßlaschen angeordnet werden, welche die Schnittgrößen am Stoß einschließlich der Momente infolge Exzentrizitäten, Anfangsimperfektionen und Verformungen aus Wirkungen nach Theorie zweiter Ordnung übertragen. Als Mindestmomente am Stoß sollten 25 % der Momententragfähigkeit des schwächeren Querschnitts in beiden Achsen und als Mindestquerkräfte 2,5 % der plastischen Drucktragfähigkeit des schwächeren Querschnitts angesetzt werden.

(14) Wird vollständiger Kontakt der druckbeanspruchten Bauteile vorgesehen, so sind in der Regel die Stoßlaschen für mindestens 25 % der maximalen Druckkraft in der Stütze auszulegen.

(15) Die Ausrichtung druckbelasteter Bauteile sollte durch Decklaschen oder andere Maßnahmen sichergestellt werden. Die Stoßlaschen und deren Verbindungsmittel sollten für Kräfte, die senkrecht zur Bauteilachse nach allen Richtungen auftreten können, ausgelegt sein. Bei der Bemessung von Stößen sind auch die Effekte aus Theorie zweiter Ordnung zu berücksichtigen.

(16) Für Stöße von Biegeträgern gilt Folgendes:

a) Druckflansche sind wie Druckglieder zu behandeln;

b) Zugflansche sind wie Zugglieder zu behandeln;

c) Schubbeanspruchte Teile sind für die gleichzeitige Übertragung folgender Einwirkungen auszulegen:

— Schubkraft am Stoß;

— Moment infolge der Exzentrizität der Schwerpunktlage der Gruppe von Verbindungsmitteln an beiden Seiten des Stoßes;

— Anteil des Biegemoments, der Verformung oder der Rotation des Trägers, der auf die schubbeanspruchten Teile entfällt, unabhängig davon, ob bei der Bemessung des Trägers Spannungsumlagerungen in andere Teile des Trägers vorgenommen wurden oder nicht.

6.2.7.2 Träger-Stützenanschlüsse mit geschraubten Stirnblechverbindungen

(1) Die Biegetragfähigkeit $M_{j,Rd}$ eines Träger-Stützenanschlusses mit einer geschraubten Stirnblechverbindung darf wie folgt bestimmt werden:

$$M_{j,Rd} = \sum_r h_r F_{tr,Rd} \qquad (6.25)$$

Dabei ist

$F_{tr,Rd}$ die wirksame Tragfähigkeit der Schraubenreihe r auf Zug;

h_r der Abstand der Schraubenreihe r vom Druckpunkt;

r die Nummer der Schraubenreihe.

ANMERKUNG   Bei einer geschraubten Anschluss mit mehr als einer Schraubenreihe mit Zugbeanspruchung erfolgt die Nummerierung der Schraubenreihen ausgehend von der Schraubenreihe, die am weitesten entfernt vom Druckpunkt liegt.

(2) Bei geschraubten Stirnblechverbindungen sollte der Druckpunkt in der Mittelachse des Druckflansches des angeschlossenen Bauteiles angenommen werden.

(3) Die Bestimmung der wirksamen Tragfähigkeit $F_{tr,Rd}$ der einzelnen Schraubenreihen sollte Schritt für Schritt erfolgen, angefangen mit Schraubenreihe 1 (der Schraubenreihe, die am weitesten vom Druckpunkt entfernt ist), dann Schraubenreihe 2 usw.

(4) Bei der Bestimmung von der wirksamen Tragfähigkeit $F_{tr,Rd}$ der Schraubenreihe r sollten alle anderen Schraubenreihen, die näher zum Druckpunkt liegen, unberücksichtigt bleiben.

(5) Die wirksame Tragfähigkeit $F_{tr,Rd}$ der Schraubenreihe r sollte aus der Tragfähigkeit $F_{t,Rd}$ einer einzelnen Schraubenreihe nach 6.2.7.2(6) bestimmt werden, wobei erforderlichenfalls noch Reduktionen nach 6.2.7.2(7), 6.2.7.2(8) und 6.2.7.2(9) vorzunehmen sind.

(6) Die wirksame Tragfähigkeit $F_{tr,Rd}$ der Schraubenreihe r, die als Tragfähigkeit einzelner Schraubenreihen bestimmt wird, ist als Minimum der Tragfähigkeiten einzelner Schraubenreihen für folgende Grundkomponenten zu berechnen:

— Stützensteg mit Zugbeanspruchung $F_{t,wc,Rd}$, siehe 6.2.6.3;

— Stützenflansch mit Biegebeanspruchung $F_{t,fc,Rd}$, siehe 6.2.6.4;

— Stirnblech mit Biegebeanspruchung $F_{t,ep,Rd}$, siehe 6.2.6.5;

— Trägersteg mit Zugbeanspruchung $F_{t,wb,Rd}$, siehe 6.2.6.8.

(7) Die [AC] gestrichener Text [AC] ermittelte wirksame Tragfähigkeit $F_{tr,Rd}$ der Schraubenreihe r ist gegebenenfalls weiterhin zu reduzieren, damit für die gesamte Tragfähigkeit $F_{t,Rd}$ bei Berücksichtigung aller Schraubenreihen einschließlich der Schraubenreihe r folgende Bedingungen erfüllt sind:

— $\Sigma F_{t,Rd} \leq V_{wp,Rd}/\beta$ mit β nach 5.3 (7), siehe 6.2.6.1;

— $\Sigma F_{t,Rd}$ ist nicht größer als der kleinste der folgenden Werte:

  — die Tragfähigkeit des Stützensteges für Druckbelastung $F_{c,wc,Rd}$, siehe 6.2.6.2;

  — die Tragfähigkeit des Trägerflansches und -steges für Druckbelastung $F_{c,fb,Rd}$, siehe 6.2.6.7.

(8) Die [AC] gestrichener Text [AC] ermittelte wirksame Tragfähigkeit $F_{tr,Rd}$ der Schraubenreihe r ist gegebenenfalls weiterhin zu reduzieren, damit die Summe der Tragfähigkeiten aller Schraubenreihen einschließlich der Schraubenreihe r, die Teil einer Gruppe von Schraubenreihen sind, nicht die Tragfähigkeit dieser Gruppe als Ganzes überschreitet. Dies ist für folgende Grundkomponenten zu überprüfen:

— Stützensteg mit Zugbeanspruchung $F_{t,wc,Rd}$, siehe 6.2.6.3;

DIN EN 1993-1-8:2010-12
EN 1993-1-8:2005 + AC:2009 (D)

— Stützenflansch mit Biegebeanspruchung $F_{t,fc,Rd}$, siehe 6.2.6.4;

— Stirnblech mit Biegebeanspruchung $F_{t,ep,Rd}$, siehe 6.2.6.5;

— Trägersteg mit Zugbeanspruchung $F_{t,wb,Rd}$, siehe 6.2.6.8.

(9) Wird die wirksame Tragfähigkeit $F_{tx,Rd}$ einer der zuerst berechneten Schraubenreihen x größer als 1,9 $F_{t,Rd}$, dann ist die wirksame Tragfähigkeit $F_{tr,Rd}$ für die Schraubenreihe r zu reduzieren, um folgender Bedingung zu genügen:

$$F_{tr,Rd} \leq F_{tx,Rd}\, h_r/h_x \qquad (6.26)$$

Dabei ist

h_x der Abstand der Schraubenreihe x zum Druckpunkt;

x die Schraubenreihe, die am weitesten vom Druckpunkt entfernt liegt und deren Beanspruchbarkeit größer als 1,9 $F_{t,Rd}$ ist.

ANMERKUNG Im Nationalen Anhang können weitere Hinweise zur Anwendung der Gleichung (6.26) enthalten sein.

(10) Das Verfahren in 6.2.7.2(1) bis 6.2.7.2(9) kann auch für die Berechnung eines geschraubten Trägerstoßes mit angeschweißten Stirnblechen, siehe Bild 6.17, verwendet werden, wenn die Komponenten, welche die Stütze betreffen, außer Betracht gelassen werden.

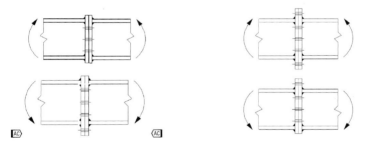

Bild 6.17 — Geschraubte Trägerstöße mit geschweißten Stirnblechen

6.2.8 Tragfähigkeit von Stützenfüßen mit Fußplatten

6.2.8.1 Allgemeines

(1) Stützenfüße sind in der Regel mit ausreichender Größe, Steifigkeit und Festigkeit auszuführen, um die Schnittkräfte aus den Stützen in die Fundamente oder andere Lager ohne Überschreitung der Beanspruchbarkeiten zu übertragen.

(2) Die Tragfähigkeit der Fußplatte auf dem Auflager kann mit der Annahme einer gleichmäßigen Druckverteilung über die Druckfläche ermittelt werden. Bei Betonfundamenten sollte die Lagerpressung nicht die Beton- oder Mörtelfestigkeit f_{jd} nach 6.2.5(7) überschreiten.

(3) Bei Stützenfüßen mit kombinierter Beanspruchung aus einwirkender Normalkraft und Biegemoment kann in Abhängigkeit von der relativen Größe von Normalkraft und Biegemoment die folgende Verteilung der Kräfte zwischen Fußplatte und dem Fundament angenommen werden:

- Bei vorherrschender Druckkraft kann unter beiden Stützenflanschen voller Anpressdruck auftreten, siehe Bild 6.18(a).

- Bei vorherrschender Zugkraft kann an beiden Stützenflanschen volle Zugspannung auftreten, siehe Bild 6.18(b).

- Bei vorherrschendem Biegemoment kann unter dem einen Stützenflansch Druck und an dem anderen Zug auftreten, siehe Bild 6.18(c) und Bild 6.18(d).

(4) Die Bemessung von Fußplatten ist in der Regel nach 6.2.8.2 und 6.2.8.3 durchzuführen.

(5) Für die Aufnahme der Schubkräfte zwischen Fußplatte und Fundament sollte eine der folgenden Möglichkeiten verwendet werden:

- [AC] Reibungswiderstand zwischen Fußplatte und Fundament zusammen mit der Schubtragfähigkeit der Ankerschrauben; [AC]

- Schubtragfähigkeit der das Fundament umgebenden Teile.

Wenn zur Aufnahme der Schubkräfte zwischen Fußplatte und Fundament Ankerschrauben verwendet werden, sollte auch die lokale Lochleibungsfestigkeit des Betons nach EN 1992 untersucht werden.

Sind die vorgenannten Möglichkeiten nicht ausreichend, so sollten zur Kraftübertragung der Schubkräfte zwischen Fußplatte und Fundament spezielle Dübel verwendet werden, z. B. Blockanker oder Bolzendübel.

a) **Stützenfußverbindung bei vorherrschender Druckkraft**

b) **Stützenfußverbindung bei vorherrschender Zugkraft**

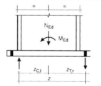

c) **Stützenfußverbindung bei vorherrschendem Biegemoment**

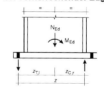

d) **Stützenfußverbindung bei vorherrschendem Biegemoment**

Bild 6.18 — Bestimmung des Hebelarms z bei Stützenfußverbindungen

6.2.8.2 Stützenfußverbindung unter reiner Normalkraftbeanspruchung

(1) Die Tragfähigkeit $N_{j,Rd}$ einer symmetrischen Stützenfußplatte unter zentrisch einwirkender Druckkraft kann durch Addition der Einzeltragfähigkeiten $F_{C,Rd}$ der drei T-Stummel nach Bild 6.19 bestimmt werden (zwei T-Stummel unter den Stützenflanschen und ein T-Stummel unter dem Stützensteg). Die drei T-Stummel dürfen nicht überlappen, siehe Bild 6.19. Die Einzeltragfähigkeiten der jeweiligen T-Stummel sind nach 6.2.5 zu berechnen.

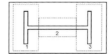

Legende

1 T-Stummel 1
2 T-Stummel 2
3 T-Stummel 3

Bild 6.19 — Nicht überlappende T-Stummel

6.2.8.3 Stützenfußverbindung mit Normalkraft- und Biegebeanspruchung

(1) Die Biegetragfähigkeit $M_{j,Rd}$ eines Stützenfußes für eine kombinierte Beanspruchung aus Normalkraft und Biegemoment sollte nach Tabelle 6.7 ermittelt werden. Bei der Ermittlung der Tragfähigkeit wird der Anteil des Betondrucks unmittelbar unter dem Stützensteg (T-Stummel 2 in Bild 6.19) vernachlässigt. Bei dem Verfahren werden folgende Parameter benutzt:

— $F_{T,l,Rd}$ Tragfähigkeit auf Zug auf der linken Seite der Verbindung, siehe 6.2.8.3(2);

— $F_{T,r,Rd}$ Tragfähigkeit auf Zug auf der rechten Seite der Verbindung, siehe 6.2.8.3(3);

— $F_{C,l,Rd}$ Tragfähigkeit auf Druck auf der linken Seite der Verbindung, siehe 6.2.8.3(4);

— $F_{C,r,Rd}$ Tragfähigkeit auf Druck auf der rechten Seite der Verbindung, siehe 6.2.8.3(5);

(2) Als Tragfähigkeit $F_{T,l,Rd}$ auf Zug auf der linken Seite der Verbindung sollte der kleinste Wert folgender Tragfähigkeiten der Grundkomponenten angesetzt werden:

— Stützensteg mit Zugbeanspruchung unter dem linken Stützenflansch $F_{t,wc,Rd}$, siehe 6.2.6.3;

— Fußplatte mit Biegebeanspruchung unter dem linken Stützenflansch $F_{t,pl,Rd}$, siehe 6.2.6.11.

(3) Als Tragfähigkeit $F_{T,r,Rd}$ auf Zug auf der rechten Seite der Verbindung sollte der kleinste Wert folgender Tragfähigkeiten der Grundkomponenten angesetzt werden:

— Stützensteg mit Zugbeanspruchung unter dem rechten Stützenflansch $F_{t,wc,Rd}$, siehe 6.2.6.3;

— Fußplatte mit Biegebeanspruchung unter dem rechten Stützenflansch $F_{t,pl,Rd}$, siehe 6.2.6.11.

(4) Als Tragfähigkeit $F_{C,l,Rd}$ auf Druck auf der linken Seite der Verbindung sollte der kleinste Wert folgender Tragfähigkeiten der Grundkomponenten angesetzt werden:

— Beton mit Druckbeanspruchung unter dem linken Stützenflansch $F_{c,pl,Rd}$, siehe 6.2.6.9;

— Linker Stützenflansch und Stützensteg mit Druckbeanspruchung $F_{c,fc,Rd}$, siehe 6.2.6.7.

(5) Als Tragfähigkeit $F_{C,r,Rd}$ auf Druck auf der rechten Seite der Verbindung sollte der kleinste Wert folgender Tragfähigkeiten der Grundkomponenten angesetzt werden:

— Beton mit Druckbeanspruchung unter dem rechten Stützenflansch $F_{c,pl,Rd}$, siehe 6.2.6.9;

— Rechter Stützenflansch und Stützensteg mit Druckbeanspruchung $F_{c,fc,Rd}$, siehe 6.2.6.7.

(6) Zur Berechnung von $z_{T,l}$, $z_{C,l}$, $z_{T,r}$, $z_{C,r}$ siehe 6.2.8.1.

Tabelle 6.7 — Biegetragfähigkeit $M_{j,Rd}$ von Stützenfüßen

Belastung	Hebelarm z	Biegetragfähigkeit $M_{j,Rd}$	
Linke Seite mit Zugbeanspruchung Rechte Seite mit Druckbeanspruchung	$z = z_{T,l} + z_{C,r}$	$N_{Ed} > 0$ und $e > z_{T,l}$ kleinster Wert von $\dfrac{F_{T,l,Rd}\, z}{z_{C,r}/e+1}$ und $\dfrac{-F_{C,r,Rd}\, z}{z_{T,l}/e-1}$	$N_{Ed} \leq 0$ und $e \leq -z_{C,r}$
Linke Seite mit Zugbeanspruchung Rechte Seite mit Zugbeanspruchung	$z = z_{T,l} + z_{T,r}$	$N_{Ed} > 0$ und $0 < e < z_{T,l}$ kleinster Wert von $\dfrac{F_{T,l,Rd}\, z}{z_{T,r}/e+1}$ und $\dfrac{F_{T,r,Rd}\, z}{z_{T,l}/e-1}$	$N_{Ed} > 0$ und $-z_{T,r} < e \leq 0$ kleinster Wert von $\dfrac{F_{T,l,Rd}\, z}{z_{T,r}/e+1}$ und $\dfrac{F_{T,l,Rd}\, z}{z_{T,l}/e-1}$
Linke Seite mit Druckbeanspruchung Rechte Seite mit Zugbeanspruchung	$z = z_{C,l} + z_{T,r}$	$N_{Ed} > 0$ und $e \leq -z_{T,r}$ kleinster Wert von $\dfrac{-F_{C,l,Rd}\, z}{z_{T,r}/e+1}$ und $\dfrac{F_{T,r,Rd}\, z}{z_{C,l}/e-1}$	$N_{Ed} \leq 0$ und $e > z_{C,l}$
Linke Seite mit Druckbeanspruchung Rechte Seite mit Druckbeanspruchung	$z = z_{C,l} + z_{C,r}$	$N_{Ed} \leq 0$ und $0 < e < z_{C,l}$ kleinster Wert von $\dfrac{-F_{C,l,Rd}\, z}{z_{C,r}/e+1}$ und $\dfrac{-F_{C,r,Rd}\, z}{z_{C,l}/e-1}$	$N_{Ed} \leq 0$ und $-z_{C,r} < e \leq 0$ kleinster Wert von $\dfrac{-F_{C,l,Rd}\, z}{z_{C,r}/e+1}$ und $\dfrac{-F_{C,r,Rd}\, z}{z_{C,l}/e-1}$
Positive Momente $M_{Ed} > 0$ im Uhrzeigersinn, positive Kräfte $N_{Ed} > 0$: Zug			
$e = \dfrac{M_{Ed}}{N_{Ed}} = \dfrac{M_{Rd}}{N_{Rd}}$			

6.3 Rotationssteifigkeit

6.3.1 Grundmodell

(1) Die Rotationssteifigkeit eines Anschlusses ist in der Regel anhand der Verformbarkeiten der einzelnen Grundkomponenten, welche jeweils mit ihren elastischen Steifigkeitskoeffizienten k_i nach 6.3.2 gekennzeichnet werden, zu berechnen.

ANMERKUNG Die elastischen Steifigkeitskoeffizienten gelten allgemein.

(2) Bei geschraubten Stirnblechanschlüssen mit zwei oder mehr auf Zug belasteten Schraubenreihen sollten die Steifigkeitskoeffizienten k_i der jeweiligen Grundkomponenten zusammengefasst werden. Für Träger-Stützenanschlüsse und Trägerstöße wird ein Verfahren in 6.3.3 und für Stützenfüße in 6.3.4 angegeben.

(3) Bei einer geschraubten Stirnblechanschlüssen mit zwei oder mehr auf Zug belasteten Schraubenreihen können vereinfachend Schraubenreihen vernachlässigt werden, wenn alle anderen Schraubenreihen, die näher zum Druckpunkt liegen, ebenfalls vernachlässigt werden. Die Anzahl der verbleibenden Schraubenreihen muss nicht gleich der Anzahl Schraubenreihen sein, die zur Berechnung der Biegetragfähigkeit verwendet wird.

(4) Wenn die Normalkraft N_{Ed} im angeschlossenen Träger nicht mehr als 5 % der plastischen Beanspruchbarkeit $N_{p\ell,Rd}$ des Querschnitts beträgt, kann die Rotationssteifigkeit S_j eines Träger-Stützenanschlusses oder Trägerstoßes ausreichend genau für ein Moment $M_{j,Ed}$, das kleiner als die Biegetragfähigkeit $M_{j,Rd}$ des Anschlusses ist, nach folgender Gleichung bestimmt werden:

$$S_j = \frac{Ez^2}{\mu \sum_i \frac{1}{k_i}} \tag{6.27}$$

Dabei ist

k_i der Steifigkeitskoeffizient für die Grundkomponente i;

z der Hebelarm, siehe 6.2.7;

μ das Steifigkeitsverhältnis $S_{j,ini}/S_j$, siehe 6.3.1(6).

ANMERKUNG   Die Gleichung (6.27) stellt für $\mu = 1{,}0$ die Anfangsrotationssteifigkeit $S_{j,ini}$ des Anschlusses dar.

(5) Die Rotationssteifigkeit S_j eines Stützenfußes kann ausreichend genau nach 6.3.4 für ein Moment $M_{j,Ed}$, das kleiner als die Biegetragfähigkeit $M_{j,Rd}$ des Anschlusses ist, bestimmt werden.

(6) Das Steifigkeitsverhältnis μ ist in der Regel wie folgt zu bestimmen:

— wenn $M_{j,Ed} \leq 2/3\, M_{j,Rd}$:

$$\mu = 1 \tag{6.28a}$$

— wenn $2/3\, M_{j,Rd} < M_{j,Ed} \leq M_{j,Rd}$:

$$\mu = (1{,}5 M_{j,Ed} / M_{j,Rd})^\psi \tag{6.28b}$$

Dabei kann der Beiwert ψ nach Tabelle 6.8 bestimmt werden.

Tabelle 6.8 — Werte für den Beiwert ψ

Typ der Verbindung	ψ
Geschweißt	2,7
Geschraubtes Stirnblech	2,7
Geschraubte Flanschwinkel	3,1
Fußplattenverbindungen	2,7

(7) Die bei der Berechnung der Steifigkeiten von geschweißten Träger-Stützenanschlüssen und bei Anschlüssen mit geschraubten Flanschwinkeln zu berücksichtigenden Grundkomponenten sind in Tabelle 6.9 angegeben. Die Grundkomponenten von geschraubten Stirnblechverbindungen und von Fußplatten sind der Tabelle 6.10 zu entnehmen. Die in diesen beiden Tabellen genannten Steifigkeitskoeffizienten k_i der Grundkomponenten sind in Tabelle 6.11 angegeben.

(8) Bei Träger-Stützenanschlüssen mit Stirnblechen sollte die Anschlusssteifigkeit wie folgt bestimmt werden: Der äquivalente Steifigkeitskoeffizient k_{eq} und der äquivalente Hebelarm z_{eq} des Anschlusses ist nach 6.3.3 zu ermitteln. Die Steifigkeit des Anschlusses sollte dann mit den Steifigkeitskoeffizienten k_{eq} (für die Verbindung) und k_1 (für den Stützensteg mit Schubbeanspruchung) und mit dem Hebelarm $z = z_{eq}$ (gleich dem äquivalenten Hebelarm des Anschlusses) nach 6.3.1(4) berechnet werden.

Tabelle 6.9 — Anschlüsse mit geschweißten Verbindungen oder geschraubten Flanschwinkelverbindungen

Träger-Stützenanschluss mit geschweißten Verbindungen	Zu berücksichtigende Steifigkeitskoeffizienten k_i
Einseitig	k_1; k_2; k_3
Zweiseitig — Momente gleich und gegenläufig	k_2; k_3
Zweiseitig — Momente verschieden	k_1; k_2; k_3
Träger-Stützenanschluss mit geschraubten Flanschwinkelverbindungen	**Zu berücksichtigende Steifigkeitskoeffizienten k_i**
Einseitig	k_1; k_2; k_3; k_4; k_6; k_{10}; k_{11} [a]; k_{12} [b]
Zweiseitig — Momente gleich und gegenläufig	k_2; k_3; k_4; k_6; k_{10}; k_{11} [a]; k_{12} [b]
Zweiseitig — Momente verschieden	k_1; k_2; k_3; k_4; k_6; k_{10}; k_{11} [a]; k_{12} [b]
Momente gleich und gegenläufig	Momente verschieden

[a] Zwei Koeffizienten k_{11}, jeweils für jeden Flansch;
[b] Vier Koeffizienten k_{12}, jeweils für jeden Flansch und für jeden Winkel

Tabelle 6.10 — Anschlüsse mit geschraubten Stirnblechverbindungen und Fußplattenverbindungen

Träger-Stützenanschluss mit geschraubten Stirnblechverbindungen	Anzahl der Schraubenreihen mit Zugbeanspruchung	Zu berücksichtigende Steifigkeitskoeffizienten k_i
Einseitig	Eine	k_1; k_2; k_3; k_4; k_5; k_{10}
	Zwei oder mehr	k_1; k_2; k_{eq}
Zweiseitig — Momente gleich und gegenläufig	Eine	k_2; k_3; k_4; k_5; k_{10}
	Zwei oder mehr	k_2; k_{eq}
Zweiseitig — Momente verschieden	Eine	k_1; k_2; k_3; k_4; k_5; k_{10}
	Zwei oder mehr	k_1; k_2; k_{eq}
Träger-Stoß mit geschraubten Stirnblechverbindungen		
Zweiseitig — Momente gleich und gegenläufig	Eine	k_5 [links]; k_5 [rechts]; k_{10}
	Zwei oder mehr	k_{eq}
Fußplattenverbindungen		
Fußplattenverbindungen	Eine	k_{13}; k_{15}; k_{16}
	Zwei oder mehr	k_{13}; k_{15} und k_{16} für jede Schraubenreihe

6.3.2 Steifigkeitskoeffizienten für die Grundkomponenten eines Anschlusses

(1) Die Steifigkeitskoeffizienten für die Grundkomponenten eines Anschlusses sind Tabelle 6.11 zu entnehmen.

Tabelle 6.11 — Steifigkeitskoeffizienten für Grundkomponenten

Komponente	Steifigkeitskoeffizient k_i	
Stützenstegfeld mit Schubbeanspruchung	Nicht ausgesteift, einseitiger Anschluss, oder zweiseitiger Anschluss mit etwa gleich hohen Trägern	Ausgesteift
	$k_1 = \dfrac{0{,}38 A_{vc}}{\beta z}$	$k_1 = \infty$
	z Hebelarm nach Bild 6.15; β Übertragungsparameter nach 5.3 (7).	
Stützensteg mit Querdruckbeanspruchung	Nicht ausgesteift	Ausgesteift
	$k_2 = \dfrac{0{,}7 b_{\text{eff},c,wc} t_{wc}}{d_c}$	$k_2 = \infty$
	$b_{\text{eff},c,wc}$ effektive Breite des Stützenstegs bei Druckbeanspruchung nach 6.2.6.2.	
Stützensteg mit Querzugbeanspruchung	Ausgesteifte oder nicht ausgesteifte geschraubte Verbindung mit einer Schraubenreihe mit Zug oder nicht ausgesteifte geschweißte Verbindung	Ausgesteifte geschweißte Verbindung
	$k_3 = \dfrac{0{,}7 b_{\text{eff},t,wc} t_{wc}}{d_c}$	$k_3 = \infty$
	$b_{\text{eff},t,wc}$ effektive Breite des Stützensteges mit Zugbeanspruchung nach 6.2.6.3. Für einen Anschluss mit einer Schraubenreihe mit Zug sollte $b_{\text{eff},t,wc}$ der kleinsten der wirksamen Länge ℓ_{eff} (einzeln oder als Teil einer Schraubenreihengruppe) entsprechen, die sich für diese Schraubenreihe nach Tabelle 6.4 (für einen nicht ausgesteiften Stützenflansch) oder Tabelle 6.5 (für einen ausgesteiften Stützenflansch) ergeben.	
Stützenflansch mit Biegebeanspruchung (für eine Schraubenreihe mit Zug)	$k_4 = \dfrac{0{,}9 \ell_{\text{eff}} t_{fc}^3}{m^3}$	
	ℓ_{eff} kleinste der wirksamen Längen (einzeln oder als Teil einer Schraubenreihengruppe), die sich für diese Schraubenreihe nach Tabelle 6.4 (für einen nicht ausgesteiften Stützenflansch) oder Tabelle 6.5 (für einen ausgesteiften Stützenflansch) ergeben; m wie in Bild 6.8 definiert.	
Stirnblech mit Biegebeanspruchung (für eine Schraubenreihe mit Zug)	$k_5 = \dfrac{0{,}9 \ell_{\text{eff}} t_p^3}{m^3}$	
	ℓ_{eff} kleinste der wirksamen Längen (einzeln oder als Teil einer Schraubenreihengruppe), die sich für diese Schraubenreihe nach Tabelle 6.6 ergeben; m wie allgemein in Bild 6.11 definiert, jedoch gilt für eine Schraubenreihe im überstehenden Teil eines Stirnblechs $m = m_x$, wobei m_x in Bild 6.10 definiert ist.	

Tabelle 6.11 *(fortgesetzt)*

Komponente	Steifigkeitskoeffizient k_i		
Flanschwinkel mit Biegebeanspruchung	$k_6 = \dfrac{0{,}9\,\ell_{\text{eff}}\,t_a^3}{m^3}$ ℓ_{eff} wirksame Länge des Flanschwinkels nach Bild 6.12; m wie in Bild 6.13 definiert.		
Schrauben mit Zugbeanspruchung (für eine Schraubenreihe)	$k_{10} = 1{,}6\,A_s/L_b$ Vorgespannt oder nicht vorgespannt L_b Dehnlänge der Schraube, die sich aus der gesamten Klemmlänge (Gesamtdicke des Materials und der Unterlegscheiben) plus der halben Kopfhöhe und der halben Mutternhöhe ergibt.		
Schrauben mit Abscherbeanspruchung	Nicht vorgespannt k_{11} (oder k_{17}) $= \dfrac{16\,n_b\,d^2\,f_{ub}}{E\,d_{M16}}$		Vorgespannt [a] $k_{11} = \infty$
	d_{M16} Nenndurchmesser einer Schraube M16; n_b Anzahl der Schraubenreihen mit Schub.		
Schrauben mit Lochleibungsbeanspruchung (für jede Komponente j, an der die Schrauben mit Lochleibung wirken)	Nicht vorgespannt k_{12} (oder k_{18}) $= \dfrac{24\,n_b\,k_b\,k_t\,d\,f_u}{E}$ $k_b = k_{b1}$ jedoch $k_b \le k_{b2}$ $k_{b1} = 0{,}25\,e_b/d + 0{,}5$ jedoch $k_{b1} \le 1{,}25$ $k_{b2} = 0{,}25\,p_b/d + 0{,}375$ jedoch $k_{b2} \le 1{,}25$ $k_t = 1{,}5\,t_j/d_{M16}$ jedoch $k_t \le 2{,}5$		Vorgespannt [a] $k_{12} = \infty$ e_b Randabstand der Schraubenreihe in Kraftrichtung; f_u Zugfestigkeit des Stahls, der auf Lochleibung beansprucht wird; p_b Abstand der Schraubenreihen in Kraftrichtung; t_j Blechdicke dieser Komponente.
Beton mit Druckbeanspruchung (einschließlich Mörtel)	$k_{13} = \dfrac{E_c\sqrt{b_{\text{eff}}\,l_{\text{eff}}}}{1{,}275\,E}$ b_{eff} wirksame Breite des T-Stummelflansches, siehe 6.2.5(3); l_{eff} wirksame Länge des T-Stummelflansches, siehe 6.2.5(3).		
Blech mit Biegebeanspruchung infolge Druck	$k_{14} = \infty$ Dieser Koeffizient wird bereits bei der Berechnung des Steifigkeitskoeffizienten k_{13} berücksichtigt.		
Fußplatte mit Biegebeanspruchung infolge Zug (für eine Schraubenreihe mit Zug)	Mit Abstützkräften [b] $k_{15} = \dfrac{0{,}85\,\ell_{\text{eff}}\,t_p^3}{m^3}$		Ohne Abstützkräfte [b] $k_{15} = \dfrac{0{,}425\,\ell_{\text{eff}}\,t_p^3}{m^3}$
	ℓ_{eff} wirksame Länge des T-Stummelflansches, siehe 6.2.5(3); t_p Dicke der Fußplatte; m Abstand nach Bild 6.8.		

Tabelle 6.11 *(fortgesetzt)*

Komponente	Steifigkeitskoeffizient k_i	
Ankerschrauben mit Zugbeanspruchung	Mit Abstützkräften [b] $k_{16} = 1{,}6A_s/L_b$	Ohne Abstützkräfte [b] $k_{16} = 2{,}0A_s/L_b$
	L_b Dehnlänge der Ankerschraube, die sich aus der Summe aus dem 8fachen Schraubendurchmesser, den Dicken der Mörtelschicht, der Fußplatte, der Unterlegscheiben und der halben Mutternhöhe ergibt.	

ANMERKUNG 1 Bei der Berechnung von b_{eff} und l_{eff} entspricht der Abstand c der 1,25fachen Fußplattendicke.

ANMERKUNG 2 Verstärkungsbleche an den Stützenflanschen haben keinen Einfluss auf die Rotationssteifigkeit S_j des Anschlusses.

ANMERKUNG 3 Für Schweißnähte (k_{19}) darf unendlich große Steifigkeit angenommen werden. Diese Komponente braucht daher bei der Berechnung der Rotationssteifigkeit S_j nicht berücksichtigt zu werden.

ANMERKUNG 4 Für einen Trägerflansch und -steg mit Druck (k_7), einen Trägersteg mit Zug (k_8), Bleche mit Zug oder Druck (k_9) oder für Vouten (k_{20}) darf der Steifigkeitskoeffizient als unendlich groß angenommen werden. Diese Komponenten brauchen bei der Berechnung der Rotationssteifigkeit S_j nicht berücksichtigt zu werden.

ANMERKUNG 5 Wenn mit zusätzlichen Stegblechen verstärkt wird, sollten die Steifigkeitskoeffizienten für die entsprechenden Grundkomponenten des Anschlusses k_1 bis k_3 wie folgt vergrößert werden:
— k_1 für das Stützenstegfeld mit Schubbeanspruchung sollte mit der vergrößerten Schubfläche A_{vc} nach 6.2.6.1(6) berechnet werden;
— k_2 für den Stützensteg mit Druckbeanspruchung sollte mit der wirksamen Stegdicke nach 6.2.6.2(6) berechnet werden;
— k_3 für den Stützensteg mit Zugbeanspruchung sollte mit der wirksamen Stegdicke nach 6.2.6.3(8) berechnet werden.

[a] Vorausgesetzt, die Schrauben sind so bemessen, dass bei dem relevanten Lastniveau kein Gleiten auftritt und die Schrauben nicht auf Lochleibung wirken.

[b] Abstützkräfte können auftreten, wenn $L_b \leq \dfrac{8{,}8m^3 A_s}{l_{eff}\, t^3}$

6.3.3 Stirnblechanschlüsse mit zwei oder mehr Schraubenreihen mit Zugbeanspruchung

6.3.3.1 Allgemeines Verfahren

(1) Bei Stirnblechanschlüssen mit zwei oder mehr Schraubenreihen mit Zugbeanspruchung ist für alle Grundkomponenten für diese Schraubenreihen der äquivalente Steifigkeitskoeffizient k_{eq} in der Regel wie folgt zu ermitteln:

$$k_{eq} = \frac{\sum_r k_{eff,r}\, h_r}{z_{eq}} \quad (6.29)$$

Dabei ist

h_r der Abstand der Schraubenreihe r vom Druckpunkt;

$k_{eff,r}$ der effektive Steifigkeitskoeffizient für die Schraubenreihe r unter Berücksichtigung der Steifigkeitskoeffizienten k_i für die Grundkomponenten, die in 6.3.3.1(4) oder 6.3.3.1(5) angegeben sind;

z_{eq} der äquivalente Hebelarm, siehe 6.3.3.1(3).

(2) Der effektive Steifigkeitskoeffizient $k_{\text{eff},r}$ für die Schraubenreihe r wird in der Regel wie folgt bestimmt:

$$k_{\text{eff},r} = \frac{1}{\sum_i \frac{1}{k_{i,r}}} \qquad (6.30)$$

Dabei ist

$k_{i,r}$ der Steifigkeitskoeffizient der Komponente i bezogen auf die Schraubenreihe r.

(3) Der äquivalente Hebelarm z_{eq} ist wie folgt zu bestimmen:

$$z_{\text{eq}} = \frac{\sum_r k_{\text{eff},r}\, h_r^2}{\sum_r k_{\text{eff},r}\, h_r} \qquad (6.31)$$

(4) Bei einem Träger-Stützenanschluss mit Stirnblechverbindung wird in der Regel der äquivalente Steifigkeitskoeffizient k_{eq} aus den Steifigkeitskoeffizienten k_i folgender Komponenten bestimmt:

— Stützensteg mit Zugbeanspruchung (k_3);

— Stützenflansch mit Biegebeanspruchung (k_4);

— Stirnblech mit Biegebeanspruchung (k_5);

— Schrauben mit Zugbeanspruchung (k_{10}).

(5) Bei einem Trägerstoß mit geschraubten Stirnblechen wird in der Regel der äquivalente Steifigkeitskoeffizient k_{eq} aus den Steifigkeitskoeffizienten k_i folgender Komponenten bestimmt:

— Stirnblech mit Biegebeanspruchung (k_5);

— Schrauben mit Zugbeanspruchung (k_{10}).

6.3.3.2 Vereinfachtes Verfahren für überstehende Stirnbleche mit zwei Schraubenreihen mit Zugbeanspruchung

(1) Bei überstehenden Stirnblechverbindungen mit zwei Schraubenreihen mit Zugbeanspruchung (eine im überstehenden Teil des Stirnblechs und eine zwischen den Flanschen des Trägers, siehe Bild 6.20) dürfen Ersatzsteifigkeitskoeffizienten der entsprechenden Grundkomponenten verwendet werden, mit denen die kombinierte Wirkung der beiden Schraubenreihen berücksichtigt wird. Als Ersatzsteifigkeitskoeffizient darf der zweifache Wert des entsprechenden Wertes für eine Schraubenreihe im überstehenden Teil des Stirnblechs angenommen werden.

ANMERKUNG   Diese Näherung führt zu einer etwas zu geringen Rotationssteifigkeit.

(2) Wenn dieses vereinfachte Verfahren angewandt wird, ist in der Regel als Hebelarm z der Abstand vom Druckpunkt zu dem Punkt anzunehmen, der genau zwischen den beiden Schraubenreihen mit Zugbeanspruchung liegt, siehe Bild 6.20.

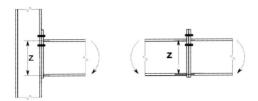

Bild 6.20 — Hebelarm z für das vereinfachte Verfahren

6.3.4 Stützenfüße

(1) Die Rotationssteifigkeit S_j eines Stützenfußes, der gleichzeitig durch Normalkraft und Biegung beansprucht wird, sollte nach Tabelle 6.12 berechnet werden. Bei dieser Methode werden die folgenden Steifigkeitskoeffizienten verwendet:

$k_{T,l}$ Zugsteifigkeitskoeffizient der linken Seite des Anschlusses [AC] und dessen Inverse und identisch mit der Summe der auf der linken Seite des Anschlusses wirkenden Inversen der Steifigkeitskoeffizienten [AC] k_{15} und k_{16}, siehe Tabelle 6.11;

$k_{T,r}$ Zugsteifigkeitskoeffizient der rechten Seite des Anschlusses [AC] und dessen Inverse und identisch mit der Summe der auf der linken Seite des Anschlusses wirkenden Inversen der Steifigkeitskoeffizienten [AC] k_{15} und k_{16}, siehe Tabelle 6.11;

$k_{C,l}$ Drucksteifigkeitskoeffizient der linken Seite des Anschlusses und identisch mit dem auf der linken Seite des Anschlusses wirkenden Steifigkeitskoeffizienten k_{13}, siehe Tabelle 6.11;

$k_{C,r}$ Drucksteifigkeitskoeffizient der rechten Seite des Anschlusses und identisch mit dem auf der rechten Seite des Anschlusses wirkenden Steifigkeitskoeffizienten k_{13}, siehe Tabelle 6.11.

(2) Zur Berechnung von $z_{T,l}, z_{C,l}, z_{T,r}, z_{C,r}$ siehe 6.2.8.1.

Tabelle 6.12 — Rotationssteifigkeit S_j von Stützenfüßen

Belastung	Hebelarm z	Rotationssteifigkeit $S_{j,\text{ini}}$	
Linke Seite mit Zugbeanspruchung Rechte Seite mit Druckbeanspruchung	$z = z_{T,l} + z_{C,r}$	$N_{Ed} > 0$ und $e > z_{T,l}$ $\dfrac{Ez^2}{\mu(1/k_{T,1} + 1/k_{C,r})} \dfrac{e}{e+e_k}$ wobei $e_k = \dfrac{z_{C,r} k_{C,r} - z_{T,1} k_{T,1}}{k_{T,1} + k_{C,r}}$	$N_{Ed} \leq 0$ und $e \leq -z_{C,r}$
Linke Seite mit Zugbeanspruchung Rechte Seite mit Zugbeanspruchung	$z = z_{T,l} + z_{T,r}$	$N_{Ed} > 0$ und $0 < e < z_{T,l}$ $\dfrac{Ez^2}{\mu(1/k_{T,1} + 1/k_{T,r})} \dfrac{e}{e+e_k}$ wobei $e_k = \dfrac{z_{T,r} k_{T,r} - z_{T,1} k_{T,1}}{k_{T,1} + k_{T,r}}$	$N_{Ed} > 0$ und $-z_{T,r} < e \leq 0$
Linke Seite mit Druckbeanspruchung Rechte Seite mit Zugbeanspruchung	$z = z_{C,l} + z_{T,r}$	$N_{Ed} > 0$ und $e \leq -z_{T,r}$ $\dfrac{Ez^2}{\mu(1/k_{C,1} + 1/k_{T,r})} \dfrac{e}{e+e_k}$ wobei $e_k = \dfrac{z_{T,r} k_{T,r} - z_{C,1} k_{C,1}}{k_{C,1} + k_{T,r}}$	$N_{Ed} \leq 0$ und $e > z_{C,l}$
Linke Seite mit Druckbeanspruchung Rechte Seite mit Druckbeanspruchung	$z = z_{C,l} + z_{C,r}$	$N_{Ed} \leq 0$ und $0 < e < z_{C,l}$ $\dfrac{Ez^2}{\mu(1/k_{C,1} + 1/k_{C,r})} \dfrac{e}{e+e_k}$ wobei $e_k = \dfrac{z_{C,r} k_{C,r} - z_{C,1} k_{C,1}}{k_{C,1} + k_{C,r}}$	$N_{Ed} \leq 0$ und $-z_{C,r} < e \leq 0$

DIN EN 1993-1-8:2010-12
EN 1993-1-8:2005 + AC:2009 (D)

Tabelle 6.12 *(fortgesetzt)*

Positive Momente M_{Ed} > 0 im Uhrzeigersinn, Positive Kräfte N_{Ed} > 0: Zug, μ siehe 6.3.1(6).

$$e = \frac{M_{Ed}}{N_{Ed}} = \frac{M_{Rd}}{N_{Rd}}$$

6.4 Rotationskapazität

6.4.1 Allgemeines

(1) P Bei starr-plastischer Berechnung müssen die Anschlüsse an den Stellen, wo plastische Gelenke entstehen können, über ausreichende Rotationskapazität verfügen.

(2) Die Rotationskapazität eines geschraubten oder eines geschweißten Anschlusses kann mit den Regelungen in 6.4.2 oder 6.4.3 ermittelt werden. Die Regelungen dort gelten nur für Stahlgüten S235, S275 und S355 und für Anschlüsse, bei denen der Bemessungswert der einwirkenden Normalkraft N_{Ed} im angeschlossenen Bauteil 5 % der plastischen Tragfähigkeit $N_{p\ell,Rd}$ des Querschnitts nicht überschreitet.

(3) Alternativ zu 6.4.2 und 6.4.3 kann auf den Nachweis der Rotationskapazität des Anschlusses verzichtet werden, vorausgesetzt, dass die Biegetragfähigkeit $M_{j,Rd}$ des Anschlusses mindestens das 1,2fache der plastischen Biegetragfähigkeit $M_{pl,Rd}$ des Querschnitts des angeschlossenen Bauteils beträgt.

(4) In den Fällen, die nicht in 6.4.2 und 6.4.3 geregelt sind, kann die Rotationskapazität durch Versuche in Übereinstimmung mit EN 1990, Anhang D, bestimmt werden. Alternativ können geeignete numerische Berechnungsverfahren verwendet werden, sofern diese entsprechend EN 1990 auf den Ergebnissen von Versuchen basieren.

6.4.2 Geschraubte Anschlüsse

(1) Bei einem Träger-Stützenanschluss, dessen Biegetragfähigkeit $M_{j,Rd}$ durch die Schubtragfähigkeit des Stützenstegfeldes bestimmt wird, kann davon ausgegangen werden, dass genügend Rotationskapazität zur Anwendung des plastisch-plastischen Berechnungsverfahrens vorhanden ist, wenn $d_{wc}/t_w \leq 69\varepsilon$ gilt.

(2) Bei einem Anschluss mit Stirnblech oder Flanschwinkeln kann davon ausgegangen werden, dass genügend Rotationskapazität zur Anwendung des plastisch-plastischen Berechnungsverfahrens vorhanden ist, wenn die folgenden Bedingungen erfüllt sind:

a) die Biegetragfähigkeit des Anschlusses wird bestimmt durch die Tragfähigkeit von entweder:

— dem Stützenflansch mit Biegebeanspruchung oder

— dem Stirnblech oder dem Flanschwinkel auf der Trägerzugseite mit Biegebeanspruchung.

b) die Dicke t des Stützenflansches oder des Stirnblechs oder des Flanschwinkels auf der Trägerzugseite (nicht notwendigerweise die gleiche Grundkomponente wie in (a)) erfüllt folgende Bedingung:

$$t \leq 0{,}36d\sqrt{f_{ub}/f_y} \qquad (6.32)$$

Dabei ist

 d der Nenndurchmesser der Schraube;

f_{ub} die äußerste Bruchfestigkeit des Schraubenwerkstoffes;

f_y die Streckgrenze der maßgebenden Grundkomponente.

(3) Bei einem geschraubten Anschluss, dessen Biegetragfähigkeit $M_{j,Rd}$ durch die Abschertragfähigkeit der Schrauben bestimmt wird, darf nicht davon ausgegangen werden, dass genügend Rotationskapazität zur Anwendung des plastisch-plastischen Berechnungsverfahrens vorhanden ist.

6.4.3 Geschweißte Anschlüsse

(1) Bei einem geschweißten Träger-Stützenanschluss, bei dem nur der Stützensteg in der Druckzone ausgesteift ist, nicht jedoch in der Zugzone, kann die Rotationskapazität ϕ_{Cd} wie folgt bestimmt werden, wenn die Biegetragfähigkeit nicht durch die Schubtragfähigkeit des Stützenstegfeldes bestimmt wird, siehe 6.4.2(1):

$$\phi_{Cd} = 0{,}025\ h_c/h_b \tag{6.33}$$

Dabei ist

h_b die Profilhöhe des Trägers;

h_c die Profilhöhe der Stütze.

(2) Bei einem nicht ausgesteiften, geschweißten Träger-Stützenanschluss, der nach den Regelungen dieses Abschnitts bemessen wird, kann eine Rotationskapazität ϕ_{Cd} von mindestens 0,015 rad angenommen werden.

7 Anschlüsse mit Hohlprofilen

7.1 Allgemeines

7.1.1 Geltungsbereich

(1) Dieser Abschnitt enthält detaillierte Anwendungsregeln zur Bestimmung der Tragfähigkeit von ebenen und räumlichen Anschlüssen in Fachwerken, die aus runden, quadratischen oder rechteckigen Hohlprofilen bestehen, sowie von ebenen Anschlüssen mit Kombinationen von Hohlprofilen und offenen Profilen. Dabei wird vorwiegend ruhende Belastung vorausgesetzt.

(2) Die Tragfähigkeit von Anschlüssen wird als maximale Tragfähigkeit der Streben des Fachwerks für Normalkräfte oder Biegemomente angegeben.

(3) Diese Anwendungsregeln gelten für warmgefertigte Hohlprofile nach EN 10210 und für kaltgeformte Hohlprofile nach EN 10219, sofern die Abmessungen der Hohlprofile den Anforderungen dieses Abschnitts genügen.

(4) Der Nennwert der Streckgrenze von warmgefertigten Hohlprofilen und von kaltgeformten Hohlprofilen sollte 460 N/mm² im Endprodukt nicht überschreiten. Für Endprodukte mit einem Nennwerte der Streckgrenze größer als 355 N/mm² sind in der Regel die in diesem Abschnitt angegebenen Tragfähigkeiten mit dem Abminderungsbeiwert 0,9 zu reduzieren.

(5) Der Nennwert der Wanddicke von Hohlprofilen sollte mindestens 2,5 mm betragen.

(6) Der Nennwert der Wanddicke von Gurtstäben aus Hohlprofilen sollte 25 mm nicht überschreiten, es sei denn, es werden entsprechende Maßnahmen zur Sicherstellung geeigneter Werkstoffeigenschaften in Dickenrichtung getroffen.

(7) Der Ermüdungsnachweis ist in EN 1993-1-9 geregelt.

(8) Die geregelten Anschlusstypen sind in Bild 7.1 dargestellt.

7.1.2 Anwendungsbereich

(1) Die Anwendungsregeln für Anschlüsse mit Hohlprofilen gelten nur, wenn die Bedingungen 7.1.2(2) bis 7.1.2(8) eingehalten sind.

(2) Die druckbeanspruchten Querschnittselemente der Bauteile sollten den Anforderungen der Querschnittsklassen 1 oder 2, die in EN 1993-1-1 🆎 für axialen Druck 🆎 angegeben sind, entsprechen.

(3) Für die Anschlusswinkel θ_i zwischen Gurtstäben und Streben bzw. zwischen benachbarten Streben sollte gelten:

$$\theta_i \geq 30°$$

(4) Die Enden der Bauteile, die am Anschluss zusammentreffen, sollten derart vorbereitet werden, dass die äußere Profilform nicht verändert wird. Abgeflachte und angedrückte Endverbindungen werden in diesem Abschnitt nicht behandelt.

(5) Bei Anschlüssen mit Spalt sollte die Spaltweite zwischen den Streben nicht geringer als $(t_1 + t_2)$ sein, so dass genügend Platz für die erforderlichen Schweißnähte vorhanden ist.

(6) Bei Anschlüssen mit Überlappung sollte eine ausreichende Überlappung vorhanden sein, um die Querkraftübertragung von einer Strebe zur anderen zu ermöglichen. In jedem Fall sollte das Überlappungsverhältnis mindestens 25 % betragen. 🆎 Wenn die Überlappung größer als $\lambda_{ov,lim}$ = 60 % ist, falls die verdeckte Naht der überlappten Strebe nicht geschweißt ist oder $\lambda_{ov,lim}$ = 80 % ist, falls die verdeckte Naht der überlappten Strebe geschweißt ist oder wenn die Streben rechteckige Profile mit $h_i < b_i$ und/oder $h_j < b_j$, sind, sollte die Verbindung zwischen den Streben und der Oberfläche des Gurtstabes auf Abscherung überprüft werden. 🆎

(7) Wenn überlappende Streben unterschiedliche Wanddicken und/oder unterschiedliche Werkstofffestigkeiten aufweisen, sollte die Strebe mit dem geringeren Wert $t_i f_{yi}$ die andere Strebe überlappen.

(8) Wenn überlappende Streben unterschiedliche Breiten aufweisen, sollte die Strebe mit der geringeren Breite die Strebe mit der größeren Breite überlappen.

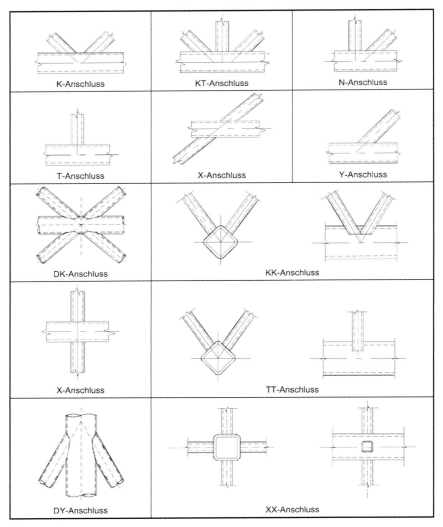

Bild 7.1 — Anschlusstypen in Fachwerken mit Hohlprofilen

7.2 Berechnung und Bemessung

7.2.1 Allgemeines

(1)`AC` P `AC` Im Grenzzustand der Tragfähigkeit dürfen die Bemessungswerte der Schnittgrößen in den Streben und in den Gurten die Tragfähigkeiten der Bauteile nach EN 1993-1-1 nicht überschreiten.

(2)`AC` P `AC` Im Grenzzustand der Tragfähigkeit dürfen darüber hinaus die Bemessungswerte der Schnittgrößen in den Streben die Tragfähigkeiten der Anschlüsse nach 7.4, 7.5, 7.6 oder 7.7 nicht überschreiten.

(3) Die einwirkenden Spannungen $\sigma_{0,Ed}$ oder $\sigma_{p,Ed}$ im Gurt eines Anschlusses sind wie folgt zu berechnen:

$$\sigma_{0,Ed} = \frac{N_{0,Ed}}{A_0} + \frac{M_{0,Ed}}{W_{el,0}} \tag{7.1}$$

$$\sigma_{p,Ed} = \frac{N_{p,Ed}}{A_0} + \frac{M_{0,Ed}}{W_{el,0}} \tag{7.2}$$

Dabei ist

$$N_{p,Ed} = N_{0,Ed} - \sum_{i>0} N_{i,Ed} \cos\theta_i$$

7.2.2 Versagensformen von Anschlüssen mit Hohlprofilen

(1) Die Tragfähigkeiten von Anschlüssen mit Hohlprofilen und mit Kombinationen von Hohlprofilen und offenen Profilen sind für folgende Versagensformen zu ermitteln:

a) **Flanschversagen des Gurtstabes** (plastisches Versagen des Flansches) oder Plastizierung des Gurtstabes (plastisches Versagen des Gurtquerschnitts);

b) **Seitenwandversagen des Gurtstabes** (oder **Stegblechversagen**) durch Fließen, plastisches Stauchen oder Instabilität (Krüppeln oder Beulen der Seitenwand oder des Stegbleches) unterhalb der druckbeanspruchten Strebe;

c) **Schubversagen des Gurtstabes**;

d) **Durchstanzen** der Wandung eines Gurthohlprofils (Rissinitiierung führt zum Abriss der Strebe vom Gurtstab);

e) **Versagen der Strebe** durch eine verminderte effektive Breite (Risse in den Schweißnähten oder in den Streben);

f) **Lokales Beulversagen** der Streben oder der Hohlprofilgurtstäbe im Anschlusspunkt.

ANMERKUNG Die Begriffe, die fett gedruckt sind, werden bei der Beschreibung der einzelnen Versagensformen in den Tabellen für die Tragfähigkeiten von Anschlüssen in 7.4 bis 7.7 verwendet.

(2) Bild 7.2 zeigt die Versagensformen (a) bis (f) von Anschlüssen von KHP-Streben an KHP-Gurtstäbe.

(3) Bild 7.3 zeigt die Versagensformen (a) bis (f) von Anschlüssen von RHP-Streben an RHP-Gurtstäbe.

(4) Bild 7.4 zeigt die Versagensformen (a) bis (f) von Anschlüssen von KHP- und RHP-Streben an Gurtstäbe mit I- oder H-Querschnitten.

(5) Obwohl im Allgemeinen die Tragfähigkeit von Anschlüssen mit korrekt ausgeführten Schweißnähten bei Zugbeanspruchung größer ist als bei Druckbeanspruchung, wird die Tragfähigkeit eines Anschlusses auf der Grundlage der Strebenbeanspruchbarkeit auf Druck bestimmt, um möglicherweise auftretende größere örtliche Verformungen oder eine Abminderung der Rotations- oder Deformationskapazität zu vermeiden.

Versagensform	Längskraftbelastung	Biegebelastung
a	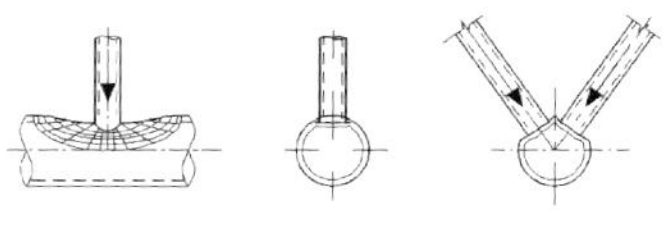	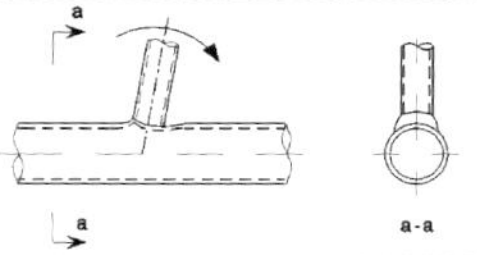
b	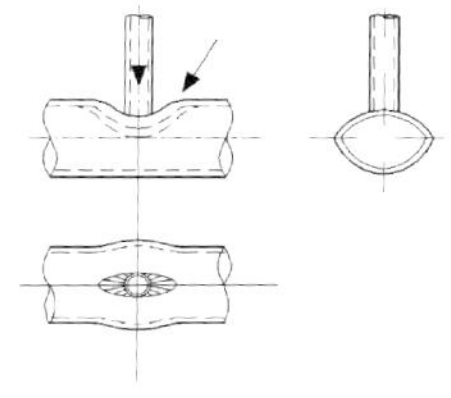	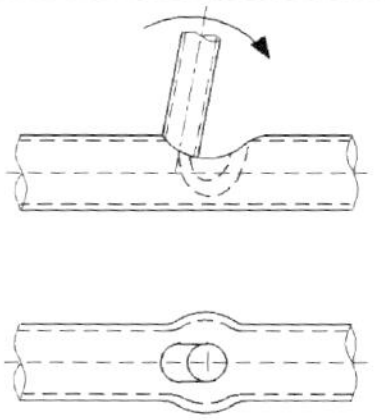
c	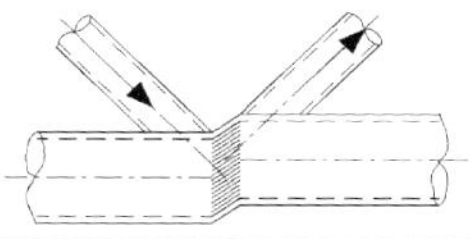	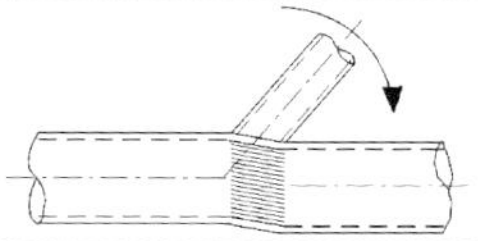
d	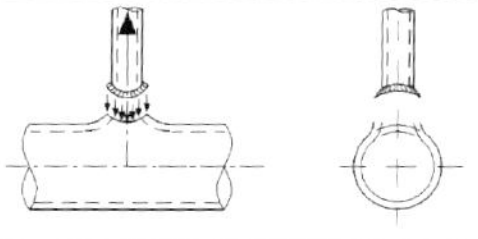	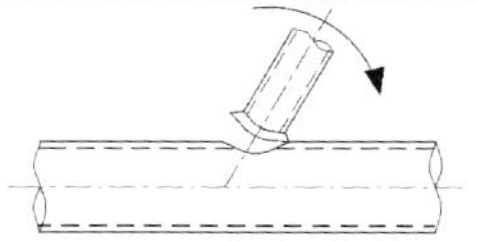
e	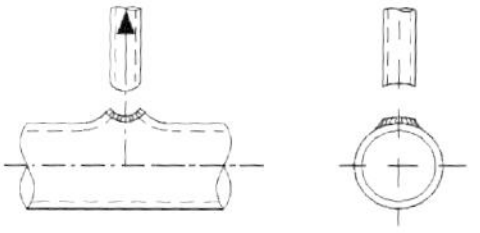	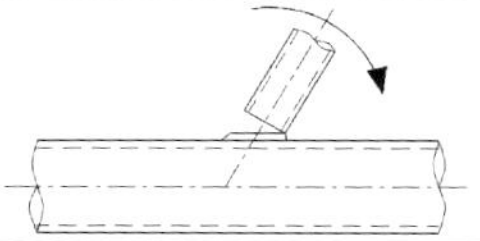
f	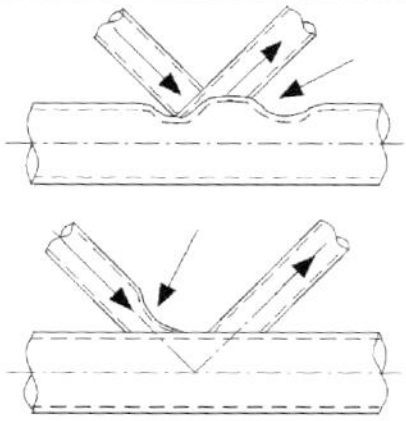	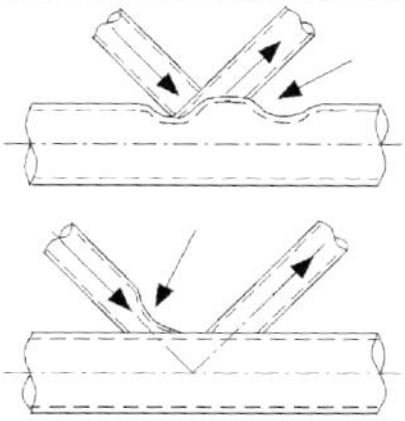

Bild 7.2 — Versagensformen von Anschlüssen mit KHP-Bauteilen

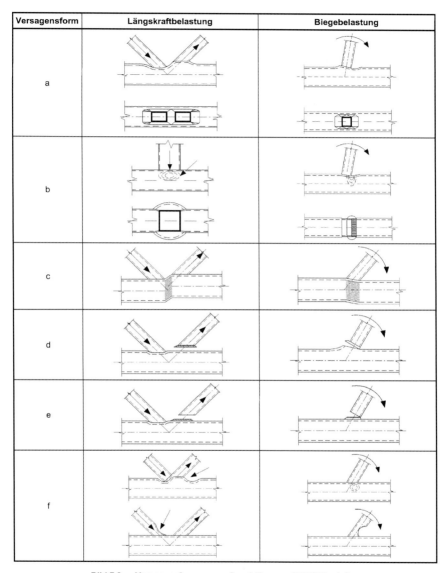

Bild 7.3 — Versagensformen von Anschlüssen mit RHP-Bauteilen

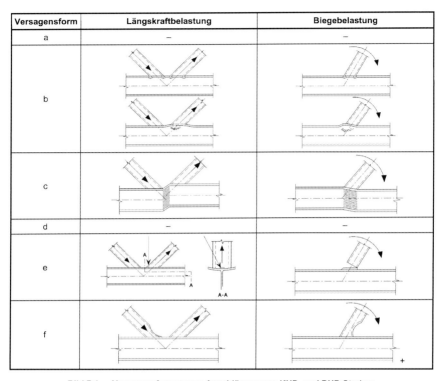

Bild 7.4 — Versagensformen von Anschlüssen von KHP- und RHP-Streben an Gurtstäbe mit I- oder H-Querschnitten

7.3 Schweißnähte

7.3.1 Tragfähigkeit

(1) P Die Schweißnähte, welche die Streben mit den Gurtstäben verbinden, müssen so bemessen werden, dass sie ausreichende Tragfähigkeit bei nichtlinearen Spannungsverteilungen und ausreichendes Deformationsvermögen für die Umlagerung von Biegemomenten aufweisen.

(2) In geschweißten Anschlüssen von Hohlprofilen sind die Schweißnähte in der Regel über den ganzen Umfang des Hohlprofilquerschnitts als durchgeschweißte Stumpfnähte, Kehlnähte oder als Kombinationen von beiden auszuführen. Jedoch braucht in Anschlüssen mit teilweiser Überlappung der nicht sichtbare Bereich der Verbindung nicht verschweißt zu werden, wenn die Längskräfte in den Streben derart ausgewogen sind, dass ihre Kraftkomponenten rechtwinklig zur Gurtstabachse um nicht mehr als 20 % differieren.

(3) Typische Schweißnahtdetails sind in der Bezugsnormengruppe 7 in 1.2.7 dargestellt.

(4) Die Tragfähigkeit der Schweißnaht je Längeneinheit am Umfang einer Strebe sollte normalerweise nicht kleiner als die Zugtragfähigkeit des Bauteilquerschnitts je Längeneinheit am Umfang sein.

(5) Die erforderliche Schweißnahtdicke ist in der Regel nach Abschnitt 4 zu bestimmen.

(6) Das in 7.3.1(4) genannte Kriterium braucht nicht beachtet zu werden, wenn die Wirksamkeit einer kleineren Schweißnaht im Hinblick auf die Tragfähigkeit, Verformungs- und Rotationskapazität unter Berücksichtigung einer möglichen Begrenzung der wirksamen Schweißnahtlänge nachgewiesen werden kann.

(7) Für Rechteckhohlprofile (RHP) ist die Definition der Schweißnahtdicke von Hohlkehlnähten in Bild 7.5 dargestellt.

Bild 7.5 — Schweißnahtdicke von Hohlkehlnähten bei Rechteckhohlprofilen

(8) Zum Schweißen in kaltgeformten Bereichen, siehe 4.14.

7.4 Geschweißte Anschlüsse von KHP-Bauteilen

7.4.1 Allgemeines

(1) Liegen die geometrischen Abmessungen von Anschlüssen innerhalb des Gültigkeitsbereiches von Tabelle 7.1, dürfen die Tragfähigkeiten von geschweißten Anschlüssen von KHP-Bauteilen nach 7.4.2 und 7.4.3 bestimmt werden.

(2) Liegen die geschweißten Anschlüsse innerhalb des Gültigkeitsbereiches nach Tabelle 7.1, braucht nur Flanschversagen des Gurtstabes und Durchstanzen betrachtet zu werden. Die Tragfähigkeit eines Anschlusses ist durch den kleinsten Wert definiert.

(3) Bei Anschlüssen außerhalb des Gültigkeitsbereiches nach Tabelle 7.1 sollten [AC] alle Versagensformen untersucht werden, die in [AC] 7.2.2 aufgelistet sind. Zusätzlich sollten in diesem Fall bei der Bemessung der Anschlüsse die Sekundärmomente, die sich aus ihrer Rotationssteifigkeit ergeben, berücksichtigt werden.

**Tabelle 7.1 — Gültigkeitsbereich für geschweißte Anschlüsse
von KHP-Streben an KHP-Gurtstäbe**

Durchmesserverhältnis		$0,2 \leq d_i/d_0 \leq 1,0$
Gurtstäbe	Zug	$10 \leq d_0/t_0 \leq 50$ (allgemein), jedoch: $10 \leq d_0/t_0 \leq 40$ (für X-Anschlüsse)
	Druck	Klasse 1 oder 2 und $10 \leq d_0/t_0 \leq 50$ (allgemein), jedoch: $10 \leq d_0/t_0 \leq 40$ (für X-Anschlüsse)
Streben	Zug	$d_i/t_i \leq 50$
	Druck	Klasse 1 oder 2
Überlappung		$25\,\% \leq \lambda_{ov} \leq \lambda_{ov,lim}$, siehe 7.1.2 (6)
Spalt		$g \geq t_1 + t_2$

7.4.2 Ebene Anschlüsse

(1) P Werden die Streben an den Anschlüssen nur durch Längskräfte beansprucht, dürfen die Bemessungswerte der einwirkenden Schnittgrößen $N_{i,Ed}$ die Bemessungswerte der Tragfähigkeiten $N_{i,Rd}$, die in Tabelle 7.2, Tabelle 7.3 oder Tabelle 7.4 angegeben sind, nicht überschreiten.

(2) Werden die Streben an den Anschlüssen durch Biegemomente und Längskräfte beansprucht, ist in der Regel die folgende Interaktionsbedingung zu erfüllen:

$$\frac{N_{i,Ed}}{N_{i,Rd}} + \left[\frac{M_{ip,i,Ed}}{M_{ip,i,Rd}}\right]^2 + \frac{|M_{op,i,Ed}|}{M_{op,i,Rd}} \leq 1,0 \tag{7.3}$$

Dabei ist

$M_{ip,i,Rd}$ die Momententragfähigkeit des Anschlusses in der Ebene des Fachwerks;

$M_{ip,i,Ed}$ das einwirkende Biegemoment in der Ebene des Fachwerks;

$M_{op,i,Rd}$ die Momententragfähigkeit des Anschlusses rechtwinklig zur Ebene des Fachwerks;

$M_{op,i,Ed}$ das einwirkende Biegemoment rechtwinklig zur Ebene des Fachwerks.

Tabelle 7.2 — Tragfähigkeit von geschweißten Anschlüssen von KHP-Streben an KHP-Gurtstäbe

Flanschversagen des Gurtstabs — T- und Y-Anschlüsse

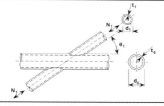

$$N_{1,Rd} = \frac{\gamma^{0,2} k_p f_{y0} t_0^2}{\sin\theta_1}(2,8 + 14,2\beta^2)/\gamma_{M5}$$

Flanschversagen des Gurtstabs — X-Anschlüsse

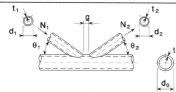

$$N_{1,Rd} = \frac{k_p f_{y0} t_0^2}{\sin\theta_1} \frac{5,2}{(1-0,81\beta)}/\gamma_{M5}$$

Flanschversagen des Gurtstabs — K- und N-Anschlüsse mit Spalt oder Überlappung

$$N_{1,Rd} = \frac{k_g k_p f_{y0} t_0^2}{\sin\theta_1}\left(1,8 + 10,2\frac{d_1}{d_0}\right)/\gamma_{M5}$$

$$N_{2,Rd} = \frac{\sin\theta_1}{\sin\theta_2} N_{1,Rd}$$

[AC] Durchstanzen bei K-, N- und KT-Anschlüssen mit Spalt und T-, Y- und X-Anschlüssen [i = 1, 2 oder 3] [AC]

Falls $d_i \leq d_0 - 2t_0$: $N_{i,Rd} = \frac{f_{y0}}{\sqrt{3}} t_0 \pi d_i \frac{1+\sin\theta_i}{2\sin^2\theta_i}/\gamma_{M5}$

Beiwerte k_g und k_p

$$k_g = \gamma^{0,2}\left(1 + \frac{0,024\gamma^{1,2}}{1+\exp(0,5g/t_0 - 1,33)}\right)$$ (siehe Bild 7.6)

Bei $n_p > 0$ (Druck): $k_p = 1 - 0,3 n_p (1 + n_p)$ jedoch $k_p \leq 1,0$

Bei $n_p \leq 0$ (Zug): $k_p = 1,0$

Tabelle 7.3 — Tragfähigkeit von geschweißten Anschlüssen von Blechen an KHP-Bauteile

Flanschversagen des Gurtstabes

$N_{1,Rd} = k_p f_{y0} t_0^2 (4 + 20\beta^2)/\gamma_{M5}$

$M_{ip,1,Rd} = 0$

$M_{op,1,Rd} = 0,5\, b_1\, N_{1,Rd}$

$N_{1,Rd} = \dfrac{5 k_p f_{y0} t_0^2}{1 - 0,81\beta} /\gamma_{M5}$

$M_{ip,1,Rd} = 0$

$M_{op,1,Rd} = 0,5\, b_1\, N_{1,Rd}$

$N_{1,Rd} = 5 k_p f_{y0} t_0^2 (1 + 0,25\eta)/\gamma_{M5}$

$M_{ip,1,Rd} = h_1 N_{1,Rd}$

$M_{op,1,Rd} = 0$

$N_{1,Rd} = 5 k_p f_{y0} t_0^2 (1 + 0,25\eta)/\gamma_{M5}$

$M_{ip,1,Rd} = h_1 N_{1,Rd}$

$M_{op,1,Rd} = 0$

Durchstanzen

$\sigma_{max}\, t_1 = (N_{Ed}/A + M_{Ed}/W_{el}) t_1 \leq 2 t_0\, (f_{y0}/\sqrt{3})/\gamma_{M5}$

Gültigkeitsbereich	Beiwert k_p
Zusätzlich zu den Grenzen in Tabelle 7.1 gilt: $\beta \geq 0,4$ und $\eta \leq 4$ dabei ist $\beta = b_1/d_0$ und $\eta = h_1/d_0$	Für $n_p > 0$ (Druck): $k_p = 1 - 0,3\, n_p (1 + n_p)$ jedoch $k_p \leq 1,0$ Für $n_p \leq 0$ (Zug): $k_p = 1,0$

Tabelle 7.4 — Tragfähigkeit von geschweißten Anschlüssen von I-, H- oder RHP-Streben an KHP-Gurtstäbe

Flanschversagen des Gurtstabs	
(I-Profil Strebe, h_1, b_1)	$N_{1,Rd} = k_p f_{y0} t_0^2 (4 + 20\beta^2)(1 + 0{,}25\eta)/\gamma_{M5}$ $M_{ip,1,Rd} = h_1 N_{1,Rd}/(1 + 0{,}25\eta)$ $M_{op,1,Rd} = 0{,}5 b_1 N_{1,Rd}$
(I-Profil Strebe, h_1)	$N_{1,Rd} = \dfrac{5k_p f_{y0} t_0^2}{1 - 0{,}81\beta}(1 + 0{,}25\eta)/\gamma_{M5}$ $M_{ip,1,Rd} = h_1 N_{1,Rd}/(1 + 0{,}25\eta)$ $M_{op,1,Rd} = 0{,}5 b_1 N_{1,Rd}$
(RHP-Strebe, h_1, b_1)	$N_{1,Rd} = k_p f_{y0} t_0^2 (4 + 20\beta^2)(1 + 0{,}25\eta)/\gamma_{M5}$ $M_{ip,1,Rd} = h_1 N_{1,Rd}$ $M_{op,1,Rd} = 0{,}5 b_1 N_{1,Rd}$
(RHP-Strebe, h_1)	$N_{1,Rd} = \dfrac{5k_p f_{y0} t_0^2}{1 - 0{,}81\beta}(1 + 0{,}25\eta)/\gamma_{M5}$ $M_{ip,1,Rd} = h_1 N_{1,Rd}$ $M_{op,1,Rd} = 0{,}5 b_1 N_{1,Rd}$

Durchstanzen

[AC] I- oder H-Profile mit $\eta > 2$ (für axialen Druck und Biegung in versetzten Ebenen) und RHP-Profile:

$\sigma_{max} t_1 = (N_{Ed,1}/A_1 + M_{Ed,1}/W_{el,1}) t_1 \leq t_0 (f_{y0}/\sqrt{3})/\gamma_{M5}$

Alle anderen Fälle: $\sigma_{max} t_1 = (N_{Ed,1}/A_1 + M_{Ed,1}/W_{el,1}) t_1 \leq 2 t_0 (f_{y0}/\sqrt{3})/\gamma_{M5}$

Dabei ist t_1 die Flansch- oder Wanddicke der I-, H-, oder RHP-Querprofile [AC]

Gültigkeitsbereich	Beiwert k_p
Zusätzlich zu den Grenzen in Tabelle 7.1 gilt: $\beta \geq 0{,}4$ und $\eta \leq 4$ wobei $\beta = b_1/d_0$ und $\eta = h_1/d_0$	Für $n_p > 0$ (Druck): $k_p = 1 - 0{,}3 n_p (1 + n_p)$ jedoch $k_p \leq 1{,}0$ Für $n_p \leq 0$ (Zug): $k_p = 1{,}0$

(3) Die einwirkende Schnittgröße $M_{i,\text{Ed}}$ darf am Anschnitt der Strebe am Gurtstabflansch bestimmt werden.

(4) Die Biegetragfähigkeit $M_{i,\text{Rd}}$ der Anschlüsse in Fachwerkebene und rechtwinklig dazu ist Tabelle 7.3, Tabelle 7.4 oder Tabelle 7.5 zu entnehmen.

(5) Bei speziellen geschweißten Anschlüssen, die in Tabelle 7.6 aufgeführt sind, sind in der Regel die dort angegebenen speziellen Bemessungskriterien zu erfüllen.

(6) Die Zahlenwerte des Beiwerts k_g für K-, N- und KT-Anschlüsse, siehe Tabelle 7.2, sind in Bild 7.6 angegeben. Der Beiwert k_g gilt für Anschlüsse mit Spalt und Überlappung, wobei negative Werte von g die Überlappungslänge q repräsentieren, siehe Bild 1.3(b).

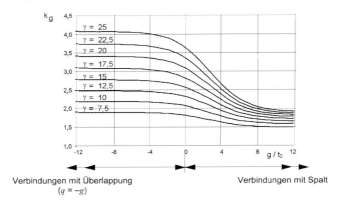

Bild 7.6 — Werte für den Beiwert k_g zur Verwendung in Tabelle 7.2

Tabelle 7.5 — Biegetragfähigkeit von geschweißten Anschlüssen von KHP-Streben an KHP-Gurtstäbe

Flanschversagen des Gurtstabs — T-, X- und Y-Anschlüsse
$M_{ip,1,Rd} = 4,85 \dfrac{f_{y0} t_0^2 d_1}{\sin\theta_1} \sqrt{\gamma} \beta k_p / \gamma_{M5}$

Flanschversagen des Gurtstabs — K-, N-, T-, X- und Y-Anschlüsse
$M_{op,1,Rd} = \dfrac{f_{y0} t_0^2 d_1}{\sin\theta_1} \dfrac{2,7}{1-0,81\beta} k_p / \gamma_{M5}$

Durchstanzen — K- und N-Anschlüsse mit Spalt und alle T-, X- und Y-Anschlüsse
Falls $d_1 \leq d_0 - 2t_0$:
$M_{ip,1,Rd} = \dfrac{f_{y0} t_0 d_1^2}{\sqrt{3}} \dfrac{1+3\sin\theta_1}{4\sin^2\theta_1} / \gamma_{M5}$
$M_{op,1,Rd} = \dfrac{f_{y0} t_0 d_1^2}{\sqrt{3}} \dfrac{3+\sin\theta_1}{4\sin^2\theta_1} / \gamma_{M5}$

Beiwert k_p
Bei $n_p > 0$ (Druck): $k_p = 1 - 0,3\, n_p (1 + n_p)$ jedoch $k_p \leq 1,0$
Bei $n_p \leq 0$ (Zug): $k_p = 1,0$

Tabelle 7.6 — Bemessungskriterien für spezielle geschweißte Anschlüsse von KHP-Streben an KHP-Gurtstäbe

Anschlusstyp	Bemessungskriterien
Die Kräfte können sowohl Zug- als auch Druckkräfte sein, müssen jedoch in der Regel in beiden Streben in gleicher Richtung wirken.	$N_{1,Ed} \leq N_{1,Rd}$ wobei $N_{1,Rd}$ dem Wert $N_{1,Rd}$ für einen X-Anschluss nach Tabelle 7.2 entspricht.
In Strebe 1 immer Druckkraft und in Strebe 2 immer Zugkraft.	$N_{1,Ed} \sin \theta_1 + N_{3,Ed} \sin \theta_3 \leq N_{1,Rd} \sin \theta_1$ $N_{2,Ed} \sin \theta_2 \leq N_{1,Rd} \sin \theta_1$ wobei $N_{1,Rd}$ dem Wert $N_{1,Rd}$ für einen K-Anschluss nach Tabelle 7.2 entspricht. Dabei wird $\dfrac{d_1}{d_0}$ durch $\dfrac{d_1 + d_2 + d_3}{3d_0}$ ersetzt.
In allen Streben entweder nur Druck oder nur Zug	$N_{1,Ed} \sin \theta_1 + N_{2,Ed} \sin \theta_2 \leq N_{x,Rd} \sin \theta_x$ wobei $N_{x,Rd}$ dem Wert $N_{x,Rd}$ für einen X-Anschluss nach Tabelle 7.2 entspricht, wobei $N_{x,Rd} \sin \theta_x$ der größere der beiden folgenden Werte ist: $\left\| N_{1,Rd} \sin \theta_1 \right\|$ oder $\left\| N_{2,Rd} \sin \theta_2 \right\|$
In [AC] Streben 1 und 3 hier [AC] Druckkraft und in [AC] Strebe 2 hier [AC] Zugkraft. [AC]	$N_{i,Ed} \leq N_{i,Rd}$ wobei $N_{i,Rd}$ dem Wert $N_{i,Rd}$ für einen K-Anschluss nach Tabelle 7.2 entspricht, vorausgesetzt, dass für den Gurtstab im Schnitt 1-1 bei Anschlüssen mit Spalt gilt: $\left[\dfrac{N_{0,Ed}}{N_{pl,0,Rd}}\right]^2 + \left[\dfrac{V_{0,Ed}}{V_{pl,0,Rd}}\right]^2 \leq 1{,}0$

7.4.3 Räumliche Anschlüsse

(1) In jeder maßgebenden Ebene eines räumlichen Anschlusses sind in der Regel die Bemessungskriterien in 7.4.2 unter Verwendung der verminderten Tragfähigkeiten nach 7.4.3(2) zu erfüllen.

(2) Die Tragfähigkeiten für jede maßgebende Ebene von räumlichen Anschlüssen sind mit Hilfe des maßgebenden Abminderungsbeiwerts μ aus Tabelle 7.7 zu bestimmen. Mit dem Abminderungsbeiwert μ wird die jeweilige Tragfähigkeit reduziert, die für den entsprechenden ebenen Anschluss nach 7.4.2, mit Hilfe des Beiwerts k_p für die zugehörige Gurtstabkraft berechnet worden ist.

Tabelle 7.7 — Abminderungsbeiwerte für räumliche Anschlüsse

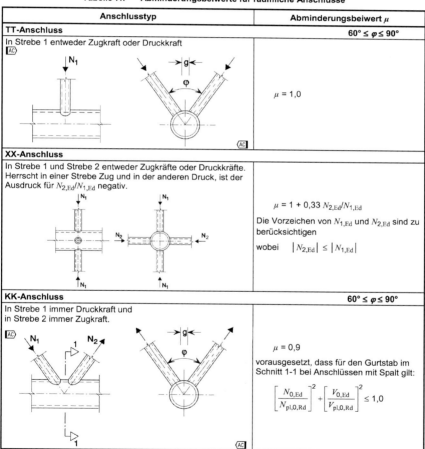

Anschlusstyp	Abminderungsbeiwert μ
TT-Anschluss In Strebe 1 entweder Zugkraft oder Druckkraft	$60° \leq \varphi \leq 90°$ $\mu = 1{,}0$
XX-Anschluss In Strebe 1 und Strebe 2 entweder Zugkräfte oder Druckkräfte. Herrscht in einer Strebe Zug und in der anderen Druck, ist der Ausdruck für $N_{2,Ed}/N_{1,Ed}$ negativ.	$\mu = 1 + 0{,}33\, N_{2,Ed}/N_{1,Ed}$ Die Vorzeichen von $N_{1,Ed}$ und $N_{2,Ed}$ sind zu berücksichtigen wobei $\left\| N_{2,Ed} \right\| \leq \left\| N_{1,Ed} \right\|$
KK-Anschluss In Strebe 1 immer Druckkraft und in Strebe 2 immer Zugkraft.	$60° \leq \varphi \leq 90°$ $\mu = 0{,}9$ vorausgesetzt, dass für den Gurtstab im Schnitt 1-1 bei Anschlüssen mit Spalt gilt: $\left[\dfrac{N_{0,Ed}}{N_{pl,0,Rd}}\right]^2 + \left[\dfrac{V_{0,Ed}}{V_{pl,0,Rd}}\right]^2 \leq 1{,}0$

7.5 Geschweißte Anschlüsse von KHP- oder RHP-Streben an RHP-Gurtstäbe

7.5.1 Allgemeines

(1) Liegen die geometrischen Abmessungen von Anschlüssen innerhalb des Gültigkeitsbereichs nach Tabelle 7.8, dürfen die Tragfähigkeiten von geschweißten Anschlüssen von Hohlprofilstreben an RHP-Gurtstäbe nach 7.5.2 und 7.5.3 bestimmt werden.

(2) Liegen die geschweißten Anschlüsse innerhalb des Gültigkeitsbereichs nach Tabelle 7.8, brauchen nur die in den Tabellen angegebenen Bemessungskriterien beachtet zu werden. Die Tragfähigkeit eines Anschlusses ist durch den kleinsten Wert definiert.

(3) Bei geschweißten Anschlüssen außerhalb des Gültigkeitsbereichs nach Tabelle 7.8 sollten [AC] alle Versagensformen untersucht werden, die in [AC] 7.2.2 aufgelistet sind. Zusätzlich sollten in diesem Falle bei der Bemessung der Anschlüsse die Sekundärmomente, die sich aus ihrer Rotationssteifigkeit ergeben, berücksichtigt werden.

Tabelle 7.8 — Gültigkeitsbereich für geschweißte Anschlüsse von KHP- oder RHP-Streben an RHP-Gurtstäbe

Anschluss typ	Anschlussparameter [i = 1 oder 2, j = überlappte Strebe]						
	b_i/b_0 oder d_i/b_0	b_i/t_i und h_i/t_i oder d_i/t_i		h_0/b_0 und h_i/b_i	b_0/t_0 und h_0/t_0	Spalt oder Überlappung b_i/b_j
		Druck	Zug			
T, Y oder X	$b_i/b_0 \geq 0{,}25$	$b_i/t_i \leq 35$ und $h_i/t_i \leq 35$	$b_i/t_i \leq 35$ und $h_i/t_i \leq 35$	$\geq 0{,}5$ jedoch $\leq 2{,}0$	≤ 35 und [AC] Klasse 1 oder 2 [AC]	—
K-Spalt N-Spalt	$b_i/b_0 \geq 0{,}35$ und $\geq 0{,}1 + 0{,}01\, b_0/t_0$	[AC] Klasse 1 oder 2 [AC]			≤ 35 und [AC] Klasse 1 oder 2 [AC]	$g/b_0 \geq 0{,}5(1-\beta)$ jedoch $\leq 1{,}5(1-\beta)$ [a] und mindestens $g \geq t_1 + t_2$
K-Überlappung N-Überlappung	$b_i/b_0 \geq 0{,}25$	Klasse 1			[AC] Klasse 1 oder 2 [AC]	[AC] 25 % $\leq \lambda_{ov} \leq \lambda_{ov,lim}$ [b] [AC] [AC] gestrichener Text [AC] [AC] $b_i/b_j \leq 0{,}75$ [AC]
KHP-Strebe	$d_i/b_0 \geq 0{,}4$ jedoch $\leq 0{,}8$	Klasse 1	d_i/t_i ≤ 50	Wie oben, jedoch mit d_i anstatt b_i und d_j anstatt b_j		

[a] Falls $g/b_0 > 1{,}5(1-\beta)$ und [AC] $g > t_1 + t_2$ [AC] ist der Anschluss wie zwei getrennte T- oder Y-Anschlüsse zu behandeln.

[b] [AC] $\lambda_{ov,lim}$ = 60 % falls die verdeckte Naht nicht geschweißt ist und 80 % wenn die verdeckte Naht geschweißt ist. Falls die Überlappung $\lambda_{ov,lim}$ überschreitet oder wenn die Streben rechteckige Profile mit $h_i < b_i$ und/oder $h_j < b_j$ sind, muss die Verbindung zwischen den Streben und der Oberfläche des Gurtstabes auf Abscherung überprüft werden. [AC]

DIN EN 1993-1-8:2010-12
EN 1993-1-8:2005 + AC:2009 (D)

7.5.2 Ebene Anschlüsse

7.5.2.1 Unverstärkte Anschlüsse

(1) Werden die Streben an den Anschlüssen nur durch Längskräfte beansprucht, dürfen die Bemessungswerte der einwirkenden Schnittgrößen $N_{i,Ed}$ die Bemessungswerte der Tragfähigkeiten $N_{i,Rd}$, die aus 7.5.2.1(2) oder 7.5.2.1(4) ermittelt werden, nicht überschreiten.

(2) Liegen die geometrischen Abmessungen von geschweißten Anschlüssen von quadratischen Hohlprofilstreben oder KHP-Streben an quadratische Hohlprofil-Gurtstäbe innerhalb des Gültigkeitsbereichs nach Tabelle 7.8 und werden die zusätzlichen Bedingungen von Tabelle 7.9 erfüllt, können die Tragfähigkeiten mit den Gleichungen der Tabelle 7.10 bestimmt werden.

(3) Liegen die geschweißten Anschlüsse innerhalb des Gültigkeitsbereichs nach Tabelle 7.9, brauchen nur Flanschversagen des Gurtstabes und Versagen der Strebe mit reduzierter wirksamer Breite betrachtet zu werden. Als Tragfähigkeit ist in der Regel die kleinere von beiden Werte zu verwenden.

ANMERKUNG   Bei der Bestimmung der Tragfähigkeit von geschweißten Anschlüssen von Hohlprofilstreben an quadratische Hohlprofil-Gurtstäbe in Tabelle 7.10 werden alle Bemessungskriterien weggelassen, die innerhalb des Gültigkeitsbereichs nach Tabelle 7.9 nicht maßgebend sind.

(4) Liegen unverstärkte geschweißte Anschlüsse von KHP- oder RHP-Streben an RHP-Gurtstäbe innerhalb des Gültigkeitsbereichs nach Tabelle 7.8, können die Tragfähigkeiten unter Verwendung der Gleichungen in [AC] gestrichener Text [AC] Tabelle 7.11, Tabelle 7.12 oder Tabelle 7.13 ermittelt werden. Zu verstärkten Anschlüssen siehe 7.5.2.2.

Tabelle 7.9 — Zusätzliche Bedingungen für die Verwendung von Tabelle 7.10

Querschnitt der Strebe	Anschlusstyp	Anschlussparameter	
Quadratisches Hohlprofil	T, Y oder X	$b_i/b_0 \leq 0{,}85$	$b_0/t_0 \geq 10$
	K-Spalt oder N-Spalt	$0{,}6 \leq \dfrac{b_1+b_2}{2b_1} \leq 1{,}3$	$b_0/t_0 \geq 15$
KHP	T, Y oder X		$b_0/t_0 \geq 10$
	K-Spalt oder N-Spalt	$0{,}6 \leq \dfrac{d_1+d_2}{2d_1} \leq 1{,}3$	$b_0/t_0 \geq 15$

130

Tabelle 7.10 — Tragfähigkeit von geschweißten Anschlüssen mit quadratischen Hohlprofilen oder KHP

Anschlusstyp	Tragfähigkeit [i = 1 oder 2, j = überlappte Strebe]
T-, Y- und X-Anschlüsse	Flanschversagen des Gurtstabs $\quad \beta \leq 0,85$
	$N_{1,Rd} = \dfrac{k_n f_{y0} t_0^2}{(1-\beta)\sin\theta_1} \left(\dfrac{2\beta}{\sin\theta_1} + 4\sqrt{1-\beta} \right) / \gamma_{M5}$
K- und N-Anschlüsse mit Spalt	Flanschversagen des Gurtstabs $\quad \beta \leq 1,0$
	$N_{i,Rd} = \dfrac{8,9 \gamma^{0,5} k_n f_{y0} t_0^2}{\sin\theta_i} \left(\dfrac{b_1 + b_2}{2 b_0} \right) / \gamma_{M5}$
K- und N-Anschlüsse mit Überlappung [a]	Versagen der Strebe $\quad 25\% \leq \lambda_{ov} < 50\%$
In Strebe i Druckkraft und in Strebe j Zugkraft oder umgekehrt.	[AC] $N_{i,Rd} = f_{yi} t_i \left(b_{eff} + b_{e,ov} + 2h_i \dfrac{\lambda_{ov}}{50} - 4t_i \right) / \gamma_{M5}$ [AC]
	Versagen der Strebe $\quad 50\% \leq \lambda_{ov} < 80\%$
	$N_{i,Rd} = f_{yi} t_i [b_{eff} + b_{e,ov} + 2h_i - 4t_i] / \gamma_{M5}$
	Versagen der Strebe $\quad \lambda_{ov} \geq 80\%$
	$N_{i,Rd} = f_{yi} t_i [b_i + b_{e,ov} + 2h_i - 4t_i] / \gamma_{M5}$

Parameter b_{eff}, $b_{e,ov}$ und k_n

$b_{eff} = \dfrac{10}{b_0 / t_0} \dfrac{f_{y0} t_0}{f_{yi} t_i} b_i \quad$ jedoch $b_{eff} \leq b_i$	Für $n > 0$ (Druck): $\quad k_n = 1,3 - \dfrac{0,4n}{\beta}$
	jedoch $k_n \leq 1,0$
$b_{e,ov} = \dfrac{10}{b_j / t_j} \dfrac{f_{yj} t_j}{f_{yi} t_i} b_i \quad$ jedoch $b_{e,ov} \leq b_i$	Für $n \leq 0$ (Zug): $\quad k_n = 1,0$

Bei KHP-Streben sind die obigen Grenzwerte mit $\pi/4$ zu multiplizieren und b_1 und h_1 durch d_1 und b_2 sowie h_2 durch d_2 zu ersetzen.

[a] Nur die überlappte Strebe i braucht nachgewiesen zu werden. Der Ausnutzungsgrad (d. h. die Tragfähigkeit des Anschlusses dividiert durch die plastische Beanspruchbarkeit der Strebe) der überlappenden Strebe j ist in der Regel mit dem Ausnutzungsgrad der überlappenden Strebe gleichzusetzen. [AC] Siehe auch Tabelle 7.8. [AC]

Tabelle 7.11 — Tragfähigkeit von geschweißten T-, X- und Y-Anschlüssen von RHP- oder KHP-Streben an RHP-Gurtstäbe

[AC)]

Anschlusstyp	Tragfähigkeit	
	Flanschversagen des Gurtstabs	$\beta \leq 0{,}85$
	$N_{1,Rd} = \dfrac{k_n f_{y0} t_0^2}{(1-\beta)\sin\theta_1}\left(\dfrac{2\eta}{\sin\theta_1} + 4\sqrt{1-\beta}\right)/\gamma_{M5}$	
	Seitenwandversagen des Gurtstabs[a]	$\beta = 1{,}0$ [b]
	$N_{1,Rd} = \dfrac{k_n f_b t_0}{\sin\theta_1}\left(\dfrac{2h_1}{\sin\theta_1} + 10 t_0\right)/\gamma_{M5}$	
	Versagen der Strebe	$\beta \geq 0{,}85$
	$N_{1,Rd} = f_{yi} t_1 (2h_1 - 4t_1 + 2b_{eff})/\gamma_{M5}$	
	Durchstanzen	$0{,}85 \leq \beta \leq (1 - 1/\gamma)$
	$N_{1,Rd} = \dfrac{f_{y0} t_0}{\sqrt{3}\sin\theta_1}\left(\dfrac{2h_1}{\sin\theta_1} + 2b_{e,p}\right)/\gamma_{M5}$	

[a] Bei X-Anschlüssen mit $\cos\theta_1 > h_1/h_0$ ist das Minimum von diesem Wert und der Schubtragfähigkeit der Gurtstabseitenwände für K- und N-Anschlüsse mit Spalt nach Tabelle 7.12 anzusetzen.

[b] Bei $0{,}85 \leq \beta \leq 1{,}0$ wird zwischen den Werten für Flanschversagen des Gurtstabes mit $\beta = 0{,}85$ und für Seitenwandversagen des Gurtstabes (Beulen der Seitenwand oder Schubversagen) mit $\beta = 1{,}0$ linear interpoliert.

Bei KHP-Streben sind die obigen Grenzwerte mit $\pi/4$ zu multiplizieren und b_1 und h_1 ist durch d_1 und b_2 sowie h_2 durch d_2 zu ersetzen.

Für Zug:
$f_b = f_{y0}$

$b_{eff} = \dfrac{10}{b_0/t_0}\dfrac{f_{y0} t_0}{f_{yi} t_1} b_1$ jedoch $b_{eff} \leq b_1$

Für Druck:

$b_{e,p} = \dfrac{10}{b_0/t_0} b_1$ jedoch $b_{e,p} \leq b_1$

$f_b = \chi f_{y0}$ (T- und Y-Anschlüsse)

$f_b = 0{,}8 \chi f_{y0} \sin\theta_1$ (X-Anschlüsse)

Dabei ist χ der Abminderungsbeiwert nach der maßgebenden Knickkurve für Biegeknicken nach EN 1993-1-1 und einem normalisierten Schlankheitsgrad $\overline{\lambda}$, der wie folgt berechnet wird:

Für $n > 0$ (Druck):

$k_n = 1{,}3 - \dfrac{0{,}4 n}{\beta}$ jedoch $k_n \leq 1{,}0$

Für $n \leq 0$ (Zug):

$k_n = 1{,}0$

$\overline{\lambda} = 3{,}46 \dfrac{\left(\dfrac{h_0}{t_0} - 2\right)\sqrt{\dfrac{1}{\sin\theta_1}}}{\pi\sqrt{\dfrac{E}{f_{y0}}}}$

Tabelle 7.12 — Tragfähigkeit von geschweißten K- und N-Anschlüssen von RHP- oder KHP-Streben an RHP-Gurtstäbe

Anschlusstyp	Tragfähigkeit [i = 1 oder 2]
K- und N-Anschlüsse mit Spalt	Flanschversagen des Gurtstabs
	$N_{i,Rd} = \dfrac{8{,}9 k_n f_{y0} t_0^2 \sqrt{\gamma}}{\sin\theta_i} \left(\dfrac{b_1 + b_2 + h_1 + h_2}{4 b_0}\right) / \gamma_{M5}$
	Schubversagen des Gurtstabs
	$N_{i,Rd} = \dfrac{f_{y0} A_v}{\sqrt{3} \sin\theta_i} / \gamma_{M5}$
	$N_{0,Rd} = \left[(A_0 - A_v) f_{y0} + A_v f_{y0} \sqrt{1 - (V_{Ed}/V_{pl,Rd})^2}\right] / \gamma_{M5}$
	Versagen der Strebe
	$N_{i,Rd} = f_{yi} t_i (2h_i - 4t_i + b_i + b_{eff}) / \gamma_{M5}$
	Durchstanzen $\quad\quad\quad\quad\quad\quad\quad\quad\quad\quad \beta \leq (1 - 1/\gamma)$
	$N_{i,Rd} = \dfrac{f_{y0} t_0}{\sqrt{3} \sin\theta_i} \left(\dfrac{2h_i}{\sin\theta_i} + b_i + b_{e,p}\right) / \gamma_{M5}$
K- und N-Anschlüsse mit Überlappung	Wie in Tabelle 7.10.
Bei KHP-Streben sind die obigen Grenzwerte mit $\pi/4$ zu multiplizieren und b_1 und h_1 ist durch d_1 und b_2 sowie [AC] h_2 durch d_2, außer bei Schubversagen des Gurtstabes [AC] zu ersetzen.	

$A_v = (2h_0 + \alpha b_0) t_0$ Für eine RHP-Strebe: $\alpha = \sqrt{\dfrac{1}{1 + \dfrac{4g^2}{3 t_0^2}}}$ wobei g die Spaltbreite ist, siehe Bild 1.3(a). [AC] Für KHP-Streben: $\alpha = 0$ [AC]	$b_{eff} = \dfrac{10}{b_0/t_0} \cdot \dfrac{f_{y0} t_0}{f_{yi} t_i} b_i$	jedoch $b_{eff} \leq b_i$
	[AC] $b_{e,p} = \dfrac{10}{b_0/t_0} b_i$ [AC]	jedoch $b_{e,p} \leq b_i$
	Für $n > 0$ (Druck):	$k_n = 1{,}3 - \dfrac{0{,}4 n}{\beta}$
		jedoch $k_n \leq 1{,}0$
	Für $n \leq 0$ (Zug):	$k_n = 1{,}0$

Tabelle 7.13 — Tragfähigkeit von geschweißten Anschlüssen von Blechen oder von I- oder H-Profilstreben an RHP-Gurtstäbe

Querblech	Flanschversagen des Gurtstabs $\beta \leq 0{,}85$
	$N_{1,\mathrm{Rd}} = k_{\mathrm{n}} f_{y0} t_0^2 \dfrac{2 + 2{,}8\beta}{\sqrt{1 - 0{,}9\beta}} / \gamma_{M5}$ ᵃ
	Seitenwandversagen des Gurtstabs (plast. Stauchen) für $b_1 \geq b_0 - 2t_0$
	$N_{1,\mathrm{Rd}} = k_{\mathrm{n}} f_{y0} t_0 (2t_1 + 10 t_0)/\gamma_{M5}$
	Durchstanzen für $b_1 \leq b_0 - 2t_0$
	$N_{1,\mathrm{Rd}} = \dfrac{f_{y0} t_0}{\sqrt{3}} \left(2t_1 + 2 b_{e,p}\right)/\gamma_{M5}$
Längsblech	**Flanschversagen des Gurtstabs**
$t_1/b_0 \leq 0{,}2$	$N_{1,\mathrm{Rd}} = \dfrac{k_{\mathrm{m}} f_{y0} t_0^2}{\gamma_{M5}} \left(2 h_1/b_0 + 4\sqrt{1 - t_1/b_0}\right)$
I- oder H-Profil	Falls $\eta \geq 2\sqrt{1-\beta}$ kann bei I- oder H-Profilen $N_{1,\mathrm{Rd}}$ auf der sicheren Seite liegend mit Hilfe der Formeln für zwei Querbleche (siehe oben) bestimmt werden, die die gleichen Abmessungen wie die Flansche der I- oder H-Profile haben.
	Falls $\eta < 2\sqrt{1-\beta}$ sollte $N_{1,\mathrm{Rd}}$ zwischen den Werten für ein Querblech und für zwei Querbleche interpoliert werden.
	$M_{ip,1,\mathrm{Rd}} = N_{1,\mathrm{Rd}} (h_1 - t_1)$
	$N_{1,\mathrm{Rd}}$ die Leistung eines Flansches;
	β das Verhältnis der Breite des Flansches der I- oder H-Profilstreben und der Breite des RHP-Gurtstabes.
Gültigkeitsbereich	
Zusätzlich zu den Grenzen in Tabelle 7.8 gilt: $0{,}5 \leq \beta \leq 1{,}0$; $b_0/t_0 \leq 30$	
Parameter b_{eff}, $b_{e,p}$ und k_{m}	
$b_{\mathrm{eff}} = \dfrac{10}{b_0/t_0} \dfrac{f_{y0} t_0}{f_{y1} t_1} b_1$ jedoch $b_{\mathrm{eff}} \leq b_i$	Für $n > 0$ (Druck): $k_{\mathrm{m}} = 1{,}3(1 - n)$ jedoch $k_{\mathrm{m}} \leq 1{,}0$
$b_{e,p} = \dfrac{10}{b_0/t_0} b_1$ jedoch $b_{e,p} \leq b_i$	Für $n \leq 0$ (Zug): $k_{\mathrm{m}} = 1{,}0$
ᵃ Kehlnahtverbindungen sollten nach 4.10 bemessen werden.	

(5) Werden die Streben an den Anschlüssen durch Biegemomente und Längskräfte beansprucht, ist in der Regel folgende Bedingung zu erfüllen:

$$\frac{N_{i,\text{Ed}}}{N_{i,\text{Rd}}} + \frac{M_{\text{ip},i,\text{Ed}}}{M_{\text{ip},i,\text{Rd}}} + \frac{M_{\text{op},i,\text{Ed}}}{M_{\text{op},i,\text{Rd}}} \leq 1{,}0 \tag{7.4}$$

Dabei ist

$M_{\text{ip},i,\text{Rd}}$ die Momententragfähigkeit des Anschlusses in der Ebene des Fachwerks;

$M_{\text{ip},i,\text{Ed}}$ das einwirkende Biegemoment in der Ebene des Fachwerks;

$M_{\text{op},i,\text{Rd}}$ die Momententragfähigkeit des Anschlusses rechtwinklig zur Ebene des Fachwerks;

$M_{\text{op},i,\text{Ed}}$ das einwirkende Biegemoment rechtwinklig zur Ebene des Fachwerks.

(6) Die einwirkende Schnittgröße $M_{i,\text{Ed}}$ darf am Anschnitt der Strebe am Gurtstabflansch bestimmt werden.

(7) Bei unverstärkten Anschlüssen sind in der Regel die Momententragfähigkeiten $M_{i,\text{Rd}}$ in Fachwerkebene und rechtwinklig dazu nach Tabelle 7.13 oder Tabelle 7.14 zu ermitteln. Zu verstärkten Anschlüssen siehe 7.5.2.2.

(8) Bei speziellen geschweißten Anschlüssen, die in Tabelle 7.15 und Tabelle 7.16 aufgeführt sind, sind in der Regel die dort angegebenen Bemessungskriterien zu erfüllen.

7.5.2.2 Verstärkte Anschlüsse

(1) Geschweißte Anschlüsse können auf verschiedene Arten verstärkt werden. Die angemessene Verstärkungsart hängt von der maßgebenden Versagensform ohne Verstärkung ab.

(2) Durch Gurtlamellen auf den Gurtstabflanschen können die Tragfähigkeiten für Versagen des Gurtstabflansches, Durchstanzen oder Versagen der Strebe durch reduzierte wirksame Breite vergrößert werden.

(3) Paarweise angeordnete Seitenlamellen können die Tragfähigkeit für Versagen der Seitenwände des Gurtstabes oder Schubversagen des Gurtstabes vergrößern.

(4) Um Teilüberlappung der Streben in K- oder N-Anschlüssen zu vermeiden, können die Streben an eine Quersteife angeschweißt werden.

(5) Jedmögliche Kombination dieser Verstärkungsarten ist möglich.

(6) Die Stahlgüte der Verstärkungen sollte nicht geringer sein als die des Gurtstabes.

(7) Die Tragfähigkeiten von verstärkten Anschlüssen sind mit Hilfe der Tabelle 7.17 und Tabelle 7.18 zu bestimmen.

Tabelle 7.14 — Biegetragfähigkeit von geschweißten Anschlüssen von RHP-Streben an RHP-Gurtstäbe

T- und X-Anschlüsse	Biegetragfähigkeit	
Moment in der Ebene des Fachwerks ($\theta = 90°$)	Flanschversagen des Gurtstabs	$\beta \leq 0,85$
$M_{ip,1}$	$M_{ip,1,Rd} = k_n f_{y0} t_0^2 h_1 \left(\dfrac{1}{2\eta} + \dfrac{2}{\sqrt{1-\beta}} + \dfrac{\eta}{1-\beta} \right) / \gamma_{M5}$	
	Seitenwandversagen des Gurtstabs (plast. Stauchen) [AC] $0,85 < \beta \leq 1,0$ [AC]	
$M_{ip,1}$	$M_{ip,1,Rd} = 0,5 f_{yk} t_0 (h_1 + 5t_0)^2 / \gamma_{M5}$ $f_{yk} = f_{y0}$ für T-Anschlüsse $f_{yk} = 0,8 f_{y0}$ für X-Anschlüsse	
	Versagen der Strebe [AC] $0,85 < \beta \leq 1,0$ [AC]	
M_{ip}	[AC] $M_{ip,1,Rd} = f_{y1} (W_{pl,1} - (1 - b_{eff}/b_1) b_1 (h_1 - t_1) t_1) / \gamma_{M5}$ [AC]	
Moment rechtwinklig zur Ebene des Fachwerks ($\theta = 90°$)	Flanschversagen des Gurtstabs	$\beta \leq 0,85$
$M_{op,1}$	$M_{op,1,Rd} = k_n f_{y0} t_0^2 \left(\dfrac{h_1(1+\beta)}{2(1-\beta)} + \sqrt{\dfrac{2 b_0 b_1 (1+\beta)}{1-\beta}} \right) / \gamma_{M5}$	
	Seitenwandversagen des Gurtstabs (plast. Stauchen) [AC] $0,85 < \beta \leq 1,0$ [AC]	
$M_{op,1}$	$M_{op,1,Rd} = f_{yk} t_0 (b_0 - t_0)(h_1 + 5t_0)/\gamma_{M5}$ $f_{yk} = f_{y0}$ für T-Anschlüsse $f_{yk} = 0,8 f_{y0}$ für X-Anschlüsse	
	Versagen des Gurtstabs durch Querschnittsverformung (nur T-Anschlüsse) [a]	
	$M_{op,1,Rd} = 2 f_{y0} t_0 \left(h_1 t_0 + \sqrt{b_0 h_0 t_0 (b_0 + h_0)} \right) / \gamma_{M5}$	
	Versagen der Strebe [AC] $0,85 < \beta \leq 1,0$ [AC]	
$M_{op,1}$	$M_{op,1,Rd} = f_{y1} (W_{pl,1} - 0,5 (1 - b_{eff}/b_1)^2 b_1^2 t_1)/\gamma_{M5}$	
Parameter b_{eff} und k_n		
$b_{eff} = \dfrac{10}{b_0/t_0} \dfrac{f_{y0} t_0}{f_{y1} t_1} b_1$ jedoch $b_{eff} \leq b_1$	Für $n > 0$ (Druck): $\qquad k_n = 1,3 - \dfrac{0,4n}{\beta}$ jedoch $k_n \leq 1,0$ Für $n \leq 0$ (Zug): $\qquad k_n = 1,0$	

[a] Dieses Kriterium braucht nicht berücksichtigt zu werden, wenn die Querschnittsverformung des Gurtstabs durch geeignete Maßnahmen verhindert wird.

Tabelle 7.15 — Bemessungskriterien für spezielle geschweißte Anschlüsse von RHP-Streben an RHP-Gurtstäben

Anschlusstyp	Bemessungskriterien
Die Kräfte können sowohl Zug- als auch Druckkräfte sein, jedoch in beiden Streben gleich.	$N_{1,\text{Ed}} \leq N_{1,\text{Rd}}$ wobei $N_{1,\text{Rd}}$ dem Wert $N_{1,\text{Rd}}$ für einen X-Anschluss nach Tabelle 7.11 entspricht.
In Strebe 1 immer Druckkraft und in Strebe 2 immer Zugkraft.	$N_{1,\text{Ed}} \sin \theta_1 + N_{3,\text{Ed}} \sin \theta_3 \leq N_{1,\text{Rd}} \sin \theta_1$ $N_{2,\text{Ed}} \sin \theta_2 \leq N_{1,\text{Rd}} \sin \theta_1$ wobei $N_{1,\text{Rd}}$ dem Wert $N_{1,\text{Rd}}$ für einen K-Anschluss nach Tabelle 7.12 entspricht. Dabei wird $\dfrac{b_1 + b_2 + h_1 + h_2}{4b_0}$ durch: $\dfrac{b_1 + b_2 + b_3 + h_1 + h_2 + h_3}{6b_0}$ ersetzt.
In allen Streben entweder nur Druck oder nur Zug.	$N_{1,\text{Ed}} \sin \theta_1 + N_{2,\text{Ed}} \sin \theta_2 \leq N_{x,\text{Rd}} \sin \theta_x$ wobei $N_{x,\text{Rd}}$ dem Wert $N_{x,\text{Rd}}$ für einen X-Anschluss nach Tabelle 7.11 entspricht. Dabei ist $N_{x,\text{Rd}} \sin \theta_x$ der größere der beiden folgenden Werte: $\left\| N_{1,\text{Rd}} \sin \theta_1 \right\|$ oder $\left\| N_{2,\text{Rd}} \sin \theta_2 \right\|$
In Strebe 1 immer Druckkraft und in Strebe 2 immer Zugkraft.	$N_{i,\text{Ed}} \leq N_{i,\text{Rd}}$ wobei $N_{i,\text{Rd}}$ dem Wert $N_{i,\text{Rd}}$ für einen K-Anschluss nach Tabelle 7.12 entspricht, vorausgesetzt, dass für den Gurtstab im Schnitt 1-1 bei Anschlüssen mit Spalt gilt: $\left[\dfrac{N_{0,\text{Ed}}}{N_{\text{pl},0,\text{Rd}}}\right]^2 + \left[\dfrac{V_{0,\text{Ed}}}{V_{\text{pl},0,\text{Rd}}}\right]^2 \leq 1{,}0$

Tabelle 7.16 — Bemessungskriterien für geschweißte Rahmeneckanschlüsse und abgeknickte Anschlüsse mit RHP-Bauteilen

Anschlusstyp	Bemessungskriterien
Geschweißte Rahmeneckanschlüsse	
(Abbildung mit Winkel θ)	Der Querschnitt sollte für reine Biegung in Klasse 1 eingestuft sein, siehe EN 1993-1-1. $$N_{Ed} \leq 0{,}2 N_{pl,Rd}$$ und $\dfrac{N_{Ed}}{N_{pl,Rd}} + \dfrac{M_{Ed}}{M_{pl,Rd}} \leq \kappa$ Für $\theta \leq 90°$: $\kappa = \dfrac{3\sqrt{b_0/h_0}}{[b_0/t_0]^{0{,}8}} + \dfrac{1}{1+2b_0/h_0}$ Für $90° < \theta \leq 180°$: $\kappa = 1 - \left(\sqrt{2}\cos(\theta/2)\right)\left(1 - \kappa_{90}\right)$ wobei κ_{90} der Wert κ für $\theta = 90°$ ist.
(Abbildung mit Winkel θ, t_p, t)	$t_p \geq 1{,}5 t$ und ≥ 10 mm $$\dfrac{N_{Ed}}{N_{pl,Rd}} + \dfrac{M_{Ed}}{M_{pl,Rd}} \leq 1{,}0$$
Abgeknickter Gurtstabanschuss	
(Abbildung mit i, j, gedachte Gurtstabverlängerung)	$N_{i,Ed} \leq N_{i,Rd}$ wobei $N_{i,Rd}$ dem Wert $N_{i,Rd}$ für einen K- oder N-Anschluss mit Überlappung nach Tabelle 7.12 entspricht.

Tabelle 7.17 — Tragfähigkeit von geschweißten verstärkten T-, Y- und X-Anschlüssen von RHP- oder KHP-Streben an RHP-Gurtstäbe

Anschlusstyp	Tragfähigkeit
Verstärkung durch Gurtlamellen auf Gurtstabflanschen zur Vermeidung des Flanschversagens der Gurtstäbe, des Versagens der Strebe oder des Durchstanzens.	
Zugbeanspruchung	$\beta_p \leq 0{,}85$

$$l_p \geq \frac{h_1}{\sin\theta_1} + \sqrt{b_p(b_p - b_1)}$$

und

$$b_p \geq b_0 - 2t_0$$

$$t_p \geq 2t_1$$

$$N_{1,Rd} = \frac{f_{yp} t_p^2}{(1 - b_1/b_p)\sin\theta_1} \cdot \ldots$$

$$\ldots \left(\frac{2h_1/b_p}{\sin\theta_1} + 4\sqrt{1 - b_1/b_p}\right) \Big/ \gamma_{M5}$$

Druckbeanspruchung	$\beta_p \leq 0{,}85$

$$l_p \geq \frac{h_1}{\sin\theta_1} + \sqrt{b_p(b_p - b_1)}$$

und

$$b_p \geq b_0 - 2t_0$$

$$t_p \geq 2t_1$$

wobei $N_{1,Rd}$ dem Wert $N_{1,Rd}$ für einen T-, X- oder Y-Anschluss nach Tabelle 7.11 entspricht. Dabei ist $k_n = 1{,}0$ und es ist t_0 durch t_p für Flanschversagen des Gurtstabes, Versagen der Strebe und Durchstanzen zu ersetzen.

Verstärkung durch Seitenlamellen zur Vermeidung des Seitenwandversagens oder des Schubversagens des Gurtstabes.

$$l_p \geq 1{,}5 h_1 / \sin\theta_1$$

$$t_p \geq 2t_1$$

wobei $N_{1,Rd}$ dem Wert $N_{1,Rd}$ für einen T-, X- oder Y-Anschluss nach Tabelle 7.11 entspricht. Dabei ist t_0 durch $(t_0 + t_p)$ für Seitenwandversagen und Schubversagen des Gurtstabes zu ersetzen.

Tabelle 7.18 — Tragfähigkeit von geschweißten verstärkten K- und N-Anschlüssen von RHP- oder KHP-Streben an RHP-Gurtstäbe

Anschlusstyp	Tragfähigkeit [i = 1 oder 2]
Verstärkung durch Gurtlamellen auf Gurtstabflanschen zur Vermeidung des Flanschversagens der Gurtstäbe, des Versagens der Strebe oder des Durchstanzens.	
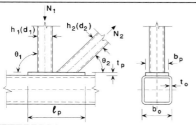	$\ell_p \geq 1{,}5\left(\dfrac{h_1}{\sin\theta_1} + g + \dfrac{h_2}{\sin\theta_2}\right)$ $b_p \geq b_0 - 2t_0$ $t_p \geq 2t_1$ und $2t_2$ wobei $N_{i,Rd}$ dem Wert $N_{i,Rd}$ für einen K- oder N-Anschluss nach Tabelle 7.12 entspricht. Dabei ist t_0 durch t_p für Flanschversagen des Gurtstabs, Versagen der Strebe und Durchstanzen zu ersetzen.
Verstärkung durch paarweise Seitenlamellen zur Vermeidung des Schubversagens des Gurtstabes.	
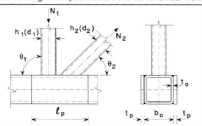	$\ell_p \geq 1{,}5\left(\dfrac{h_1}{\sin\theta_1} + g + \dfrac{h_2}{\sin\theta_2}\right)$ wobei $N_{i,Rd}$ dem Wert $N_{i,Rd}$ für einen K- oder N-Anschluss nach Tabelle 7.12 entspricht. Dabei ist t_0 durch $(t_0 + t_p)$ für Schubversagen des Gurtstabes zu ersetzen.
Verstärkung durch eine Quersteife zwischen den Streben bei ungenügender Überlappung.	
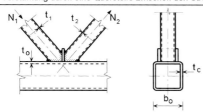	$t_p \geq 2t_1$ und $2t_2$ wobei $N_{i,Rd}$ dem Wert $N_{i,Rd}$ für einen K- oder N-Anschluss mit Überlappung nach Tabelle 7.12 mit $\lambda_{ov} < 80\%$ entspricht. Dabei sind b_j, t_j und f_{yj} durch b_p, t_p und f_{yp} im Ausdruck für $b_{e,ov}$ in Tabelle 7.10 zu ersetzen.

7.5.3 Räumliche Anschlüsse

(1) Bei räumlichen Anschlüssen sind in jeder maßgebenden Ebene die Bemessungskriterien in 7.5.2 mit den nach 7.5.3(2) abgeminderten Tragfähigkeiten zu erfüllen.

(2) Die Abminderungsbeiwerte μ für die Tragfähigkeiten für jede maßgebende Ebene sind aus Tabelle 7.19 zu bestimmen. Die Tragfähigkeit des ebenen Anschlusses wird nach 7.5.2 unter Verwendung der Gurtstabkraft des räumlichen Anschlusses berechnet.

Tabelle 7.19 — Abminderungsbeiwerte für räumliche Anschlüsse

Anschlusstyp	Abminderungsbeiwert μ
TT-Anschluss	$60° \leq \varphi \leq 90°$
In Strebe 1 entweder Zugkraft oder Druckkraft	$\mu = 0{,}9$
XX-Anschluss	
In Strebe 1 und Strebe 2 entweder Zugkräfte oder Druckkräfte. Herrscht in einer Strebe Zug und in der anderen Druck ist der Ausdruck für $N_{2,Ed}/N_{1,Ed}$ negativ.	$\mu = 0{,}9(1 + 0{,}33 N_{2,Ed}/N_{1,Ed})$ Die Vorzeichen von $N_{1,Ed}$ und $N_{2,Ed}$ sind zu berücksichtigen, wobei $\left\vert N_{2,Ed} \right\vert \leq \left\vert N_{1,Ed} \right\vert$
KK-Anschluss	$60° \leq \varphi \leq 90°$
In Strebe 1 immer Druckkraft und in Strebe 2 immer Zugkraft.	$\mu = 0{,}9$ vorausgesetzt, dass für den Gurtstab im Schnitt 1-1 bei Anschlüssen mit Spalt gilt: $\left[\dfrac{N_{0,Ed}}{N_{pl,0,Rd}}\right]^2 + \left[\dfrac{V_{0,Ed}}{V_{pl,0,Rd}}\right]^2 \leq 1{,}0$

7.6 Geschweißte Anschlüsse von KHP- oder RHP-Streben an I- oder H-Profil Gurtstäbe

(1) Liegen die geometrischen Abmessungen von Anschlüssen innerhalb des Gültigkeitsbereiches nach Tabelle 7.20, sind in der Regel die Tragfähigkeiten der Anschlüsse mit den Gleichungen in Tabelle 7.21 oder Tabelle 7.22 zu bestimmen.

Tabelle 7.20 — Gültigkeitsbereich für geschweißte Anschlüsse von KHP- oder RHP-Streben an I- oder H-Profil Gurtstäbe

Anschluss-typ	d_w/t_w	Anschlussparameter [i = 1 oder 2, j = überlappte Strebe]		h_i/b_i	b_0/t_f	b_i/b_j
		b_i/t_i und h_i/t_i oder d_i/t_i				
		Druck	Zug			
X	Klasse 1 und $d_w \leq 400$ mm	[AC] Klasse 1 oder 2 [AC] und $\frac{h_i}{t_i} \leq 35$ $\frac{b_i}{t_i} \leq 35$ $\frac{d_i}{t_i} \leq 50$	$\frac{h_i}{t_i} \leq 35$ $\frac{b_i}{t_i} \leq 35$ $\frac{d_i}{t_i} \leq 50$	$\geq 0{,}5$ jedoch $\leq 2{,}0$	[AC] Klasse 1 oder 2 [AC]	—
T oder Y K-Spalt N-Spalt	[AC] Klasse 1 oder 2 [AC] und $d_w \leq 400$ mm			1,0		—
K-Überlappung N-Überlappung [AC] 25 % $\leq$ $\lambda_{ov} \leq \lambda_{ov,lim}{}^a$ [AC]				$\geq 0{,}5$ jedoch $\leq 2{,}0$		$\geq 0{,}75$

[AC] ^{a} $\lambda_{ov,lim}$ = 60 % falls die verdeckte Naht nicht geschweißt ist und 80 % wenn die verdeckte Naht geschweißt ist. Falls die Überlappung $\lambda_{ov,lim}$ überschreitet oder wenn die Streben rechteckige Profile mit $h_i < b_i$ und/oder $h_j < b_j$ sind, muss die Verbindung zwischen den Streben und der Oberfläche des Gurtstabes auf Abscherung überprüft werden. [AC]

(2) Liegen die geschweißten Anschlüsse innerhalb des Gültigkeitsbereichs nach Tabelle 7.20, brauchen nur die in den Tabellen angegebenen [AC] Versagensformen beachtet werden. [AC] Die Tragfähigkeit eines Anschlusses ist durch den kleinsten Wert definiert.

(3) Bei geschweißten Anschlüssen außerhalb des Gültigkeitsbereichs nach Tabelle 7.20 sollten [AC] alle Versagensformen untersucht werden, die in [AC] 7.2.2 aufgelistet sind. Zusätzlich sollten in diesem Fall bei der Bemessung der Anschlüsse die Sekundärmomente, die sich aus ihrer Rotationssteifigkeit ergeben, berücksichtigt werden.

(4) Werden die Streben an den Anschlüssen nur durch Längskräfte beansprucht, dürfen die Bemessungswerte der einwirkenden Schnittgrößen $N_{i,Ed}$ die Bemessungswerte der Tragfähigkeiten $N_{i,Rd}$, die in Tabelle 7.21 angegeben sind, nicht überschreiten.

(5) Werden die Streben an den Anschlüssen durch Biegemomente und Längskräfte beansprucht, ist in der Regel folgende Interaktionsbedingung zu erfüllen:

$$\frac{N_{i,Ed}}{N_{i,Rd}} + \frac{M_{ip,i,Ed}}{M_{ip,i,Rd}} \leq 1{,}0 \tag{7.5}$$

Dabei ist

$M_{ip,i,Rd}$ die Momententragfähigkeit des Anschlusses in der Ebene des Fachwerks;

$M_{ip,i,Ed}$ das einwirkende Biegemoment in der Ebene des Fachwerks.

Tabelle 7.21 — Tragfähigkeit von geschweißten Anschlüssen von RHP- oder KHP-Streben an I- oder H-Profil Gurtstäbe

Anschlusstyp	Tragfähigkeit [i = 1 oder 2, j = überlappte Strebe]		
T-, Y- und X-Anschlüsse	Fließen des Steges des Gurtstabes		
	$N_{1,\mathrm{Rd}} = \dfrac{f_{y0}\, t_w\, b_w}{\sin\theta_1} / \gamma_{M5}$		
	Versagen der Strebe		
	$N_{1,\mathrm{Rd}} = 2 f_{y1}\, t_1\, p_{\mathrm{eff}} / \gamma_{M5}$		
K- und N-Anschlüsse mit Spalt [i = 1 oder 2]	⟨AC⟩ Fließen des Steges des Gurtstabes ⟨AC⟩		Nachweis gegen Versagen der Strebe nicht erforderlich, wenn:
	⟨AC⟩ $N_{1,\mathrm{Rd}} = \dfrac{f_{y0}\, t_w\, b_w}{\sin\theta_1} / \gamma_{M5}$ ⟨AC⟩		$g/t_f \leq 20 - 28\beta;\ \beta \leq 1{,}0 - 0{,}03\gamma$ wobei $\gamma = b_0/2t_f$ und für KHP:
	Versagen der Strebe		$0{,}75 \leq d_1/d_2 \leq 1{,}33$ oder für RHP: $0{,}75 \leq b_1/b_2 \leq 1{,}33$
	$N_{i,\mathrm{Rd}} = 2 f_{yi}\, t_i\, p_{\mathrm{eff}} / \gamma_{M5}$		
	Schubversagen des Gurtstabes		
	$N_{i,\mathrm{Rd}} = \dfrac{f_{y0}\, A_v}{\sqrt{3}\,\sin\theta_i} / \gamma_{M5}$		
	$N_{0,\mathrm{Rd}} = \left[(A_0 - A_v) f_{y0} + A_v f_{y0} \sqrt{1 - \left(V_{Ed}/V_{pl,\mathrm{Rd}}\right)^2}\, \right] / \gamma_{M5}$		
K- und N-Anschlüsse mit Überlappung [a] [i = 1 oder 2] Die Kräfte in den Streben i und j können sowohl Zug- als auch Druckkräfte sein.	Versagen der Strebe		$25\,\% \leq \lambda_{ov} < 50\,\%$
	⟨AC⟩ $N_{i,\mathrm{Rd}} = f_{yi}\, t_i (p_{\mathrm{eff}} + b_{e,ov} + 2 h_i \dfrac{\lambda_{ov}}{50} - 4 t_i)/\gamma_{M5}$ ⟨AC⟩		
	Versagen der Strebe		$50\,\% \leq \lambda_{ov} < 80\,\%$
	⟨AC⟩ $N_{i,\mathrm{Rd}} = f_{yi}\, t_i (p_{\mathrm{eff}} + b_{e,ov} + 2 h_i - 4 t_i)/\gamma_{M5}$ ⟨AC⟩		
	Versagen der Strebe		$\lambda_{ov} \geq 80\,\%$
	$N_{i,\mathrm{Rd}} = f_{yi}\, t_i (b_i + b_{e,ov} + 2 h_i - 4 t_i)/\gamma_{M5}$		
$A_v = A_0 - (2 - \alpha)\, b_0\, t_f + (t_w + 2r)\, t_f$ Bei RHP-Strebe: ⟨AC⟩ $\alpha = \sqrt{\dfrac{1}{1 + 4g^2/(3 t_f^2)}}$ ⟨AC⟩ Bei KHP-Strebe: $\alpha = 0$	⟨AC⟩ $p_{\mathrm{eff}} = t_w + 2r + 7 t_f f_{y0}/f_{yi}$ jedoch bei T-, Y-, X-Anschlüsse und K- und N-Anschlüssen mit Spalt: $p_{\mathrm{eff}} \leq b_i + h_i - 2 t_i$ jedoch bei K- und N-Anschlüssen mit Überlappung: $p_{\mathrm{eff}} \leq b_i$ ⟨AC⟩ $b_{e,ov} = \dfrac{10}{b_j/t_j} \dfrac{f_{yj}\, t_j}{f_{yi}\, t_i} b_i$ jedoch $b_{e,ov} \leq b_i$		$b_w = \dfrac{h_i}{\sin\theta_i} + 5(t_f + r)$ jedoch $b_w \leq 2 t_i + 10\,(t_f + r)$
Bei KHP-Streben sind die obigen Grenzwerte mit $\pi/4$ zu multiplizieren und b_1 und h_1 ist durch d_1 und b_2 sowie ⟨AC⟩ h_2 durch d_2, außer bei Schubversagen des Gurtstabs ⟨AC⟩ zu ersetzen.			

[a] Nur die überlappende Strebe i braucht nachgewiesen zu werden. Der Ausnutzungsgrad (d. h. die Tragfähigkeit des Anschlusses dividiert durch die plastische Beanspruchbarkeit der Strebe) der überlappten Strebe j ist in der Regel mit dem Ausnutzungsgrad der überlappenden Strebe gleichzusetzen. ⟨AC⟩ Siehe auch Tabelle 7.20. ⟨AC⟩

DIN EN 1993-1-8:2010-12
EN 1993-1-8:2005 + AC:2009 (D)

(6) Die einwirkende Schnittgröße $M_{i,Ed}$ darf am Anschnitt der Strebe am Gurtstabflansch bestimmt werden.

(7) Die Biegetragfähigkeit $M_{ip,1,Rd}$ der Anschlüsse in Fachwerkebene ist Tabelle 7.22 zu entnehmen.

(8) Wird der Gurtstab durch Steifen ausgesteift, siehe Bild 7.7, so wird die Tragfähigkeit $N_{i,Rd}$ für Versagen der Strebe bei T-, X-, Y-, K-Anschlüssen mit Spalt und N-Anschlüssen mit Spalt, siehe Tabelle 7.22, wie folgt berechnet:

$$N_{i,Rd} = 2 f_{yi} t_i (b_{eff} + b_{eff,s})/\gamma_{M5} \qquad (7.6)$$

Dabei ist

$b_{eff} = t_w + 2r + 7 t_f f_{y0}/f_{yi}$ jedoch $\leq b_i + h_i - 2t_i$

$b_{eff,s} = t_s + 2a + 7 t_f f_{y0}/f_{yi}$ jedoch $\leq b_i + h_i - 2t_i$

$b_{eff} + b_{eff,s} \leq b_i + h_i - 2t_i$

a die Schweißnahtdicke an der Steife. Die Nahtdicke '2a' wird durch 'a' ersetzt, wenn einseitige Kehlnähte verwendet werden;

s der Index für Steife.

(9) Die Wanddicke der Steifen sollte mindestens der Stegdicke des I-Profils entsprechen.

Tabelle 7.22 — Biegetragfähigkeit von geschweißten Anschlüssen von RHP-Streben an I- oder H-Profil Gurtstäbe

Anschlusstyp	Biegetragfähigkeit [i = 1 oder 2, j = überlappte Strebe]
T- und Y-Anschlüsse	Fließen des Steges des Gurtstabes
	(AC) $M_{ip,1,Rd} = 0{,}5 f_{y0} t_w b_w (h_1 - t_1)/\gamma_{M5}$ (AC)
	Versagen der Strebe
	(AC) $M_{ip,1,Rd} = f_{y1} t_1 p_{eff} h_z/\gamma_{M5}$ (AC)
Parameter (AC) p_{eff} (AC) und b_w	
(AC) $p_{eff} = t_w + 2r + 7 t_f f_{y0}/f_{y1}$ jedoch $p_{eff} \leq b_1 + h_1 - 2t_1$ (AC)	$b_w = \dfrac{h_1}{\sin\theta_1} + 5(t_f + r)$ jedoch $b_w \leq 2t_1 + 10(t_f + r)$

DIN EN 1993-1-8:2010-12
EN 1993-1-8:2005 + AC:2009 (D)

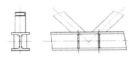 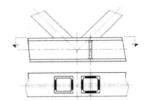

Wirksamer Strebenquerschnitt, ohne (links) und mit (rechts) Steife

Bild 7.7 — Steifen an I-Profil Gurtstäben

7.7 Geschweißte Anschlüsse von KHP- oder RHP-Streben an U-Profil Gurtstäbe

(1) Liegen die geometrischen Abmessungen von Anschlüssen innerhalb des Gültigkeitsbereiches nach Tabelle 7.23, können die Tragfähigkeiten der Anschlüsse von Hohlprofilstreben an U-Profil Gurtstäbe nach Tabelle 7.24 bestimmt werden.

(2) Bei der Bemessung der Anschlüsse sollten die Momente aus Sekundärwirkung, die sich aus ihrer Rotationssteifigkeit ergeben, berücksichtigt werden.

(3) Für Anschlüsse mit Spalt ist in der Regel die Tragfähigkeit $N_{0,Rd}$ des Gurtstabquerschnitts zu bestimmen. Dabei wird die Schubkraftübertragung zwischen den Streben durch den Gurtstab berücksichtigt, jedoch werden die Sekundärmomente vernachlässigt. Der Nachweis ist nach EN 1993-1-1 zu führen.

Tabelle 7.23 — Gültigkeitsbereich für geschweißte Anschlüsse von KHP- oder RHP-Streben an U-Profil-Gurtstäbe

Anschluss-typ		Anschlussparameter [i = 1 oder 2, j = überlappte Strebe]				
	b_i/b_0	b_i/t_i und h_i/t_i oder d_i/t_i		h_i/b_i	b_0/t_0	Spalt oder Überlappung b_i/b_j
		Druck	Zug			
K-Spalt N-Spalt	≥0,4 und b_0 ≤ 400 mm	[AC] Klasse 1 oder 2 [AC] und $\frac{h_i}{t_i} \leq 35$ $\frac{b_i}{t_i} \leq 35$ $\frac{d_i}{t_i} \leq 50$	$\frac{h_i}{t_i} \leq 35$ $\frac{b_i}{t_i} \leq 35$ $\frac{d_i}{t_i} \leq 50$	≥ 0,5 jedoch ≤ 2,0	[AC] Klasse 1 oder 2 [AC]	$0,5(1-\beta^*) \leq g/b_0^* \leq 1,5(1-\beta^*)$ [a] und $g \geq t_1 + t_2$
K-Über-lappung N-Über-lappung	≥0,25 und b_0 ≤ 400 mm					[AC] 25 % ≤ λ_{ov} ≤ $\lambda_{ov,lim}$ [b] [AC] $b_i/b_j \geq 0,75$

$\beta^* = b_1/b_0^*$
$b_0^* = b_0 - 2(t_w + r_0)$

[a] Diese Bedingung gilt nur, wenn $\beta \leq 0,85$.

[AC] [b] $\lambda_{ov,lim}$ = 60 % falls die verdeckte Naht nicht geschweißt ist und 80 % wenn die verdeckte Naht geschweißt ist. Falls die Überlappung $\lambda_{ov,lim}$ überschreitet oder wenn die Streben rechteckige Profile mit $h_i < b_i$ und/oder $h_j < b_j$ sind, muss die Verbindung zwischen den Streben und der Oberfläche des Gurtstabes auf Abscherung überprüft werden. [AC]

Tabelle 7.24 — Tragfähigkeit von geschweißten Anschlüssen von RHP- oder KHP-Streben an U-Profil-Gurtstäbe

Anschlusstyp	Tragfähigkeit [i = 1 oder 2, j = überlappte Strebe]
K- und N-Anschlüsse mit Spalt	Versagen der Strebe
	$N_{i,Rd} = f_{yi} t_i (b_i + b_{eff} + 2h_i - 4t_i)/\gamma_{M5}$
	Versagen des Gurtstabs
	$N_{i,Rd} = \dfrac{f_{y0} A_v}{\sqrt{3} \sin \theta_i} / \gamma_{M5}$
	$N_{0,Rd} = \left[(A_0 - A_v) f_{y0} + A_v f_{y0} \sqrt{1 - (V_{Ed}/V_{pl,Rd})^2} \right] / \gamma_{M5}$
K- und N-Anschlüsse mit Überlappung [a]	Versagen der Strebe $\quad 25\% \leq \lambda_{ov} < 50\%$
	[AC] $N_{i,Rd} = f_{yi} t_i (b_{eff} + b_{e,ov} + 2h_i \dfrac{\lambda_{ov}}{50} - 4t_i)/\gamma_{M5}$ [AC]
	Versagen der Strebe $\quad 50\% \leq \lambda_{ov} < 80\%$
	$N_{i,Rd} = f_{yi} t_i (b_{eff} + b_{e,ov} + 2h_i - 4t_i)/\gamma_{M5}$
	Versagen der Strebe $\quad \lambda_{ov} \geq 80\%$
	$N_{i,Rd} = f_{yi} t_i (b_i + b_{e,ov} + 2h_i - 4t_i)/\gamma_{M5}$

$A_v = A_0 - (1 - \alpha) b_0^* t_0$

$b_0^* = b_0 - 2(t_w + r_0)$

Bei RHP: $\quad \alpha = \sqrt{\dfrac{1}{1 + 4g^2 / 3t_f^2}}$

Bei KHP: $\quad \alpha = 0$

$V_{pl,Rd} = \dfrac{f_{y0} A_v}{\sqrt{3}} / \gamma_{M5}$

$V_{Ed} = (N_{i,Ed} \sin \theta_i)_{max}$

$b_{eff} = \dfrac{10}{b_0^* / t_0} \dfrac{f_{y0} t_0}{f_{yi} t_i} b_i \quad$ jedoch $\quad b_{eff} \leq b_i$

$b_{e,ov} = \dfrac{10}{b_j / t_j} \dfrac{f_{yj} t_j}{f_{yi} t_i} b_i \quad$ jedoch $\quad b_{e,ov} \leq b_i$

Bei KHP-Streben sind die oben genannten Grenzwerte [AC] außer bei Schubversagen des Gurtstabs [AC] mit $\pi/4$ zu multiplizieren und b_1 und h_1 ist durch d_1 und b_2 sowie h_2 durch d_2 zu ersetzen.

[a] Nur die überlappende Strebe i braucht nachgewiesen zu werden. Der Ausnutzungsgrad (d. h. die Tragfähigkeit des Anschlusses dividiert durch die plastische Beanspruchbarkeit der Strebe) der überlappten Strebe j ist in der Regel mit dem Ausnutzungsgrad der überlappenden Strebe gleichzusetzen.

Dezember 2010

DIN EN 1993-1-8/NA

ICS 91.010.30; 91.080.10

Ersatzvermerk
siehe unten

Nationaler Anhang –
National festgelegte Parameter –
Eurocode 3: Bemessung und Konstruktion von Stahlbauten –
Teil 1-8: Bemessung von Anschlüssen

National Annex –
Nationally determined parameters –
Eurocode 3: Design of steel structures –
Part 1-8: Design of joints

Annexe Nationale –
Paramètres déterminés au plan national –
Eurocode 3: Calcul des structures en acier –
Partie 1-8: Calcul des assemblages

Ersatzvermerk

Mit DIN EN 1993-1-1:2010-12, DIN EN 1993-1-1/NA:2010-12, DIN EN 1993-1-3:2010-12,
DIN EN 1993-1-3/NA:2010-12, DIN EN 1993-1-5:2010-12, DIN EN 1993-1-5/NA:2010-12,
DIN EN 1993-1-8:2010-12, DIN EN 1993-1-9:2010-12, DIN EN 1993-1-9/NA:2010-12,
DIN EN 1993-1-10:2010-12, DIN EN 1993-1-10/NA:2010-12, DIN EN 1993-1-11:2010-12 und
DIN EN 1993-1-11/NA:2010-12 Ersatz für DIN 18800-1:2008-11;
mit DIN EN 1993-1-1:2010-12, DIN EN 1993-1-1/NA:2010-12, DIN EN 1993-1-8:2010-12,
DIN EN 1993-1-9:2010-12, DIN EN 1993-1-9/NA:2010-12, DIN EN 1993-1-10:2010-12 und
DIN EN 1993-1-10/NA:2010-12 Ersatz für DIN V ENV 1993-1-1:1993-04, DIN V ENV 1993-1-1/A1:2002-05
und DIN V ENV 1993-1-1/A2:2002-05;
mit DIN EN 1993-1-1:2010-12, DIN EN 1993-1-1/NA:2010-12, DIN EN 1993-1-8:2010-12,
DIN EN 1993-1-11:2010-12 und DIN EN 1993-1-11/NA:2010-12 Ersatz für DIN 18801:1983-09;
mit DIN EN 1993-1-1:2010-12, DIN EN 1993-1-1/NA:2010-12 und DIN EN 1993-1-8:2010-12 Ersatz für
DIN 18808:1984-10;
mit DIN EN 1993-1-8:2010-12, DIN EN 1993-4-1:2010-12 und DIN EN 1993-4-1/NA:2010-12 Ersatz für
DIN 18914:1985-09

Gesamtumfang 20 Seiten

Normenausschuss Bauwesen (NABau) im DIN

Inhalt

Seite

Vorwort 3
NA 1 Anwendungsbereich 4
NA 2 Nationale Festlegungen zur Anwendung von DIN EN 1993-1-8:2010-12 4
NA 2.1 Allgemeines 4
NA 2.2 Nationale Festlegungen 5
NCI zu 1.2 Normative Verweisungen 5
NDP zu 1.2.6 (Bezugsnormengruppe 6: Niete) Anmerkung 5
NDP zu 2.2(2) Anmerkung 5
NCI zu Abschnitt 3.1.1 Verzinkte Schrauben 5
NDP zu 3.1.1(3) Anmerkung 6
NDP zu 3.4.2(1) Anmerkung 6
NCI zu 3.5 Schraubverbindungen mit Sackloch 6
NCI zu 3.13.1 Schraubverbindungen 7
NCI zu 4.5.2 Grenzwert für Kehlnahtdicken 7
NCI zu 4.5.3.2(6) 7
NDP zu 5.2.1(2) Anmerkung 7
NCI zu 6.2.7.1(13) und 6.2.7.1 (14) Kontaktstoß und Druckübertragung durch Kontakt 7
NDP zu 6.2.7.2(9) Anmerkung 8
NCI Kontaktstoß und Druckübertrag durch Kontakt 9
NCI Stumpfstoß von Querschnittsteilen verschiedener Dicken 9
NCI Geschweißte Endanschlüsse zusätzlicher Gurtplatten 10
NCI Gurtplattenstöße 10

NCI Anhang NA.A (normativ) Ergänzende Vorspannverfahren zu DIN EN 1090-2 12
NCI NA.A.1 Allgemeines 12
NCI NA.A.2 Drehimpuls-Vorspannverfahren 12
NCI NA.A.3 Modifiziertes Drehmoment-Vorspannverfahren 12
NCI NA.A.4 Modifiziertes kombiniertes Vorspannverfahren 12
NCI NA.A.5 Tabellen 13
NCI NA.B.1 Werkstoffe 15
NCI NA.B.2 Anforderungen 15
NCI NA.B.3 Charakteristische Werte 16
NCI NA.B.4 Schweißnähte 18
NCI NA.B.5 Schraubenverbindungen 18

NCI Literaturhinweise 20

Vorwort

Dieses Dokument wurde vom NA 005-08-16 AA „Tragwerksbemessung" erstellt.

Dieses Dokument bildet den Nationalen Anhang zu DIN EN 1993-1-8:2010-12, *Eurocode 3: Bemessung und Konstruktion von Stahlbauten — Teil 1-8 NA: Bemessung von Anschlüssen.*

Die Europäische Norm EN 1992-1-8 räumt die Möglichkeit ein, eine Reihe von sicherheitsrelevanten Parametern national festzulegen. Diese national festzulegenden Parameter (en: *Nationally determined parameters*, NDP) umfassen alternative Nachweisverfahren und Angaben einzelner Werte, sowie die Wahl von Klassen aus gegebenen Klassifizierungssystemen. Die entsprechenden Textstellen sind in der Europäischen Norm durch Hinweise auf die Möglichkeit nationaler Festlegungen gekennzeichnet. Eine Liste dieser Textstellen befindet sich im Unterabschnitt NA 2.1. Darüber hinaus enthält dieser Nationale Anhang ergänzende nicht widersprechende Angaben zur Anwendung von DIN EN 1993-1-8:2010-12 (en: *non-contradictory complementary information*, NCI).

Dieser Nationale Anhang ist Bestandteil von DIN EN 1993-1-8:2010-12.

DIN EN 1993-1-8:2010-12 und dieser Nationale Anhang DIN EN 1993-1-8/NA:2010-12 ersetzen teilweise DIN 18800-1:2008-11, DIN 18801:1993-09, DIN 18808:1984-10 und DIN 18914:1985-09, sowie DIN V ENV 1993-1-1:1993-04, DIN V ENV 1993-1-1/A1:2002-05 und DIN V ENV 1993-1-1/A2:2002-05.

Änderungen

Gegenüber DIN 18800-1:2008-11, DIN 18801:1983-09, DIN 18808:1984-10 und DIN 18914:1985-09, sowie DIN V ENV 1993-1-1:1993-04, DIN V ENV 1993-1-1/A1:2002-05 und DIN V ENV 1993-1-1/A2:2002-05 wurden folgende Änderungen vorgenommen:

a) nationale Festlegungen zu DIN EN 1993-1-8:2010-12 aufgenommen.

Frühere Ausgaben

DIN 1050: 1934-08, 1937xxxxx-07, 1946-10, 1957x-12, 1968-06
DIN 1073: 1928-04, 1931-09, 1941-01, 1974-07
DIN 1073 Beiblatt: 1974-07
DIN 1079: 1938-01, 1938-11, 1970-09
DIN 4100: 1931-05, 1933-07, 1934xxxx-08, 1956-12, 1968-12
DIN 4101: 1937xxx-07, 1974-07
DIN 4115: 1950-08
DIN 18800-1: 1981-03, 1990-11, 2008-11
DIN 18800-1/A1: 1996-02
DIN 18801: 1983-09
DIN 18808: 1984-10
DIN 18914: 1985-09
DIN V ENV 1993-1-1: 1993-04
DIN V ENV 1993-1-1/A1: 2002-05
DIN V ENV 1993-1-1/A2: 2002-05

NA 1 Anwendungsbereich

Dieser Nationale Anhang enthält nationale Festlegungen für den Entwurf, die Berechnung und die Bemessung von Anschlüssen aus Stahl mit Stahlsorten S235, S275, S355 und S460 unter vorwiegend ruhender Belastung, die bei der Anwendung von DIN EN 1993-1-8:2010-12 in Deutschland zu berücksichtigen sind.

Dieser Nationale Anhang gilt nur in Verbindung mit DIN EN 1993-1-8:2010-12.

NA 2 Nationale Festlegungen zur Anwendung von DIN EN 1993-1-8:2010-12

NA 2.1 Allgemeines

DIN EN 1993-1-8:2010-12 weist an den folgenden Textstellen die Möglichkeit nationaler Festlegungen aus (NDP).

— 1.2.6 (Bezugsnormengruppe 6: Niete);

— 2.2(2);

— 3.1.1(3);

— 3.4.2(1);

— 5.2.1(2);

— 6.2.7.2(9).

Darüber hinaus enthält NA 2.2 ergänzende nicht widersprechende Angaben zur Anwendung von DIN EN 1993-1-8:2010-12. Diese sind durch ein vorangestelltes „NCI" gekennzeichnet.

— 1.2 Normative Verweisungen;

— 3.1.1 Verzinkte Schrauben;

— 3.5 Schraubverbindungen mit Sackloch;

— 3.13.1 Schraubverbindungen;

— 4.5.2 Grenzwert für Kehlnahtdicken;

— 4.5.3.2(6);

— 6.2.7.1 (13) und 6.2.7.1(14) Kontaktstoß und Druckübertragung durch Kontakt;

— Kontaktstoß und Druckübertragung durch Kontakt;

— Stumpfstoß von Querschnittsteilen verschiedener Dicken;

— Geschweißte Endanschlüsse zusätzlicher Gurtplatten;

— Gurtplattenstöße;

DIN EN 1993-1-8/NA:2010-12

— Anhang NA.A Ergänzende Vorspannverfahren zu DIN EN 1090-2;

— Anhang NA.B Gussteile, Schmiedeteile und Bauteile aus Vergütungsstählen;

— Literaturhinweise.

Die nachfolgende Nummerierung entspricht der Nummerierung von DIN EN 1993-1-8:2010-12.

NA 2.2 Nationale Festlegungen

NCI zu 1.2 Normative Verweisungen

NA   DIN 124, *Halbrundniete; Nenndurchmesser 10 bis 36 mm*

NA   DIN 302, *Senkniete; Nenndurchmesser 10 bis 36 mm*

NA   DIN EN 1090-2:2008-12, *Ausführung von Stahltragwerken und Aluminiumtragwerken — Teil 2: Technische Anforderungen an die Ausführung von Tragwerken aus Stahl*

NDP zu 1.2.6 (Bezugsnormengruppe 6: Niete) Anmerkung

Bis zum Erscheinen einer entsprechenden EN-Norm gelten für die geometrischen Abmessungen DIN 124 und DIN 302. Der Werkstoff für Niete ist im Einzelfall festzulegen.

NDP zu 2.2(2) Anmerkung

Es gelten die Empfehlungen unter Beachtung der folgenden Ergänzungen.

$\gamma_{M2,S420}$ = 1,25, unter Verwendung von β_w = 0,88 statt β_w = 1,0 aus DIN EN 1993-1-8:2010-12, Tabelle 4.1.

$\gamma_{M2,S460}$ = 1,25, unter Verwendung von β_w = 0,85 statt β_w = 1,0 aus DIN EN 1993-1-8:2010-12, Tabelle 4.1.

Für Injektionsschrauben ist ein bauaufsichtlicher Verwendbarkeitsnachweis erforderlich.

ANMERKUNG   Als bauaufsichtliche Verwendbarkeitsnachweise gelten:

— europäische technische Zulassungen,

— allgemeine bauaufsichtliche Zulassungen,

— die Zustimmung im Einzelfall.

NCI zu Abschnitt 3.1.1 Verzinkte Schrauben

Es sind nur komplette Garnituren (Schrauben, Muttern und Scheiben) eines Herstellers zu verwenden.

Feuerverzinkte Schrauben der Festigkeitsklasse 8.8 und 10.9 sowie zugehörige Muttern und Scheiben dürfen nur verwendet werden, wenn sie vom Schraubenhersteller im Eigenbetrieb oder unter seiner Verantwortung im Fremdbetrieb verzinkt wurden.

Andere metallische Korrosionsschutzüberzüge dürfen verwendet werden, wenn

— die Verträglichkeit mit dem Stahl gesichert ist und

— eine wasserstoffinduzierte Versprödung vermieden wird und

— ein adäquates Anziehverhalten nachgewiesen wird.

Galvanisch verzinkte Schrauben der Festigkeitsklasse 8.8 und 10.9 dürfen nicht verwendet werden.

ANMERKUNG 1   Ein anderer metallischer Korrosionsschutzüberzug ist z.B. die galvanische Verzinkung. Die galvanische Verzinkung bei Schrauben reicht als Korrosionsschutz alleine nur in trockenen Innenräumen (Korrosionskategorie C1 nach DIN EN ISO 12944-2) aus.

ANMERKUNG 2   Zur Vermeidung wasserstoffinduzierter Versprödung siehe auch DIN 267-9.

NDP zu 3.1.1(3) Anmerkung

Die Verwendung von Schrauben der Festigkeitsklassen 4.8, 5.8 und 6.8 sind für die Anwendung im Stahlbau nicht zulässig.

NDP zu 3.4.2(1) Anmerkung

Für die Vorspannanforderung für die Kategorien B und C mit der Vorspannkraft $F_{p,C} = 0{,}7\, f_{ub}\, A_s$ und für die Kategorie E mit der vollen Vorspannkraft ist das kombinierte Vorspannverfahren nach DIN EN 1090-2 anzuwenden.

Für die Vorspannung als Qualitätssicherungsmaßnahme und für nicht voll vorgespannte Verbindungen der Kategorie E darf eine Vorspannkraft von bis zu

$$F_{p,C}{}^* = 0{,}7\, f_{yb}\, A_s$$

angesetzt werden. Diese kann mit den Vorspannverfahren nach Anhang A aufgebracht werden.

Für die Sicherung der Garnitur gegenüber Lockern reicht in der Regel eine Vorspannung von 50 % von $F_{p,C}{}^*$ aus.

NCI zu 3.5 Schraubverbindungen mit Sackloch

Die folgenden Regelungen gelten für Gewindeteile ≤ M100.

Bei Schraubverbindungen — z. B. Gewindestangen und Sacklochverbindungen — reicht die Einschraubtiefe aus, wenn das Verhältnis ξ der Einschraubtiefe zum Durchmesser des Außengewindes mindestens folgenden Wert erreicht

$\xi = (600/f_{u,k}) \cdot (0{,}3+0{,}4 f_{u,b,k}/500)$ und wenn $f_{u,k} \leq f_{u,b,k}$ erfüllt ist.

Dabei ist

$f_{u,k}$ der charakteristische Wert der Zugfestigkeit des Bauteils mit Innengewinde in N/mm²;

$f_{u,b,k}$ der charakteristische Wert der Zugfestigkeit des Bauteils mit Außengewinde in N/mm².

ANMERKUNG 1   Eine genauere Ermittlung der Einschraubtiefe bei Sacklochverbindungen (z. B. Einschraubtiefe für Rundstäbe mit Gewinde) erfolgt nach der VDI-Richtlinie 2230.

ANMERKUNG 2   Sacklochverbindungen dürfen nur mit speziellem Nachweis (Verfahrensprüfung) planmäßig vorgespannt werden.

Bei Schraubverbindungen gelten die Regeln für Schraubenverbindungen im Übrigen sinngemäß.

NCI zu 3.13.1 Schraubverbindungen

Es sind Kopf- und Gewindebolzen nach Tabelle NA.1 zu verwenden. Für Kopf- und Gewindebolzen, die nicht in Tabelle NA.1 aufgeführt sind, sind die Nachweise nach DIN EN 1090-2:2008-12, 5.6.12 zu erbringen.

Bei der Ermittlung der Beanspruchbarkeiten von Verbindungen mit Kopf- und Gewindebolzen sind für die Bolzenwerkstoffe die in Tabelle NA.1 angegebenen charakteristischen Werte zu verwenden.

Tabelle NA.1 — Als charakteristische Werte für Werkstoffe von Kopf- und Gewindebolzen festgelegte Werte

	1	2	3	4
	Bolzen	nach	Streckgrenze $f_{y,b,k}$ N/mm²	Zugfestigkeit $f_{u,b,k}$ N/mm²
1	Festigkeitsklasse 4.8	DIN EN ISO 13918	340	420
2	S235J2+C450	DIN EN ISO 13918	350	450
3	S235JR, S235J0, S235J2, S355J0, S355J2	DIN EN ISO 10025-2	Werte nach DIN EN 1993-1-1:2010-12, Tabelle 3.1	

NCI zu 4.5.2 Grenzwert für Kehlnahtdicken

Bei Flacherzeugnissen und offenen Profilen mit Querschnittsteilen $t \geq 3$ mm muss folgender Grenzwert für die Schweißnahtdicke a von Kehlnähten zusätzlich eingehalten werden:

$$a \geq \sqrt{\max t} - 0{,}5 \qquad \text{(NA.1)}$$

mit a und t in mm.

In Abhängigkeit von den gewählten Schweißbedingungen darf auf die Einhaltung von Bedingung (NA.1) verzichtet werden, jedoch sollte für Blechdicken $t \geq 30$ mm die Schweißnahtdicke mit $a \geq 5$ mm gewählt werden.

ANMERKUNG Der Richtwert nach Bedingung (NA.1) vermeidet ein Missverhältnis von Nahtquerschnitt und verbundenen Querschnittsteilen, siehe auch [1] und [4].

NCI zu 4.5.3.2(6)

Für Schweißnähte an Bauteilen mit Erzeugnisdicken über 40 mm gilt für die Zugfestigkeit f_u jeweils der Wert für Erzeugnisdicken bis 40 mm.

NDP zu 5.2.1(2) Anmerkung

Keine weitere nationale Festlegung.

NCI zu 6.2.7.1(13) und 6.2.7.1 (14) Kontaktstoß und Druckübertragung durch Kontakt

(1) Druckkräfte normal zur Kontaktfuge dürfen in den Fällen der Ausführung nach Bild NA.1 b) oder c) vollständig durch Kontakt übertragen werden, wenn

- die Stoßflächen eben sind (Sägeschnitt),
- der Querschnittsversatz und der Winkel am Stoß den Toleranzen nach DIN EN 1090-2 entsprechen, siehe Bild NA.2,
- die Lage der Stoßflächen durch Verbindungsmittel gesichert ist,
- der Stoss zwischen zwei gleichen Profilen erfolgt.

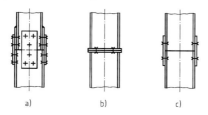

Bild NA.1 — mögliche Ausführungen von Kontaktstößen (a) Teilkontakt, b) und c) vollständiger Kontakt)

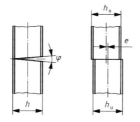

Bild NA.2 — erlaubte Toleranzen, $\varphi \leq 1/500$, $e \leq 2$ mm

(2) Die Grenzdruckspannungen in der Kontaktfuge dürfen wie die des Werkstoffs der gestoßenen Bauteile angenommen werden.

(3) Beim Nachweis der zu stoßenden Bauteile müssen die Schnittgrößen an der Stoßstelle und ein eventuelles Bilden einer klaffenden Fuge berücksichtigt werden. Bei gleichen Profilen am Stoß darf auf die Berücksichtigung unterschiedlicher Querschnittsabmessungen der Stoßfläche der Profile infolge Toleranzen verzichtet werden. Beim Stoß nach Bild NA.1 c) gilt dies nur dann, wenn die beiden Bauteile aus der gleichen Lieferlänge stammen. Andernfalls sind die Grenzdruckspannungen auf 90 % zu reduzieren.

(4) Zugbeanspruchungen sind durch schlupffreie Verbindungen oder Schweißverbindungen aufzunehmen.

(5) Für die Übertragung der Querkräfte am Stoß sind Verbindungsmittel vorzusehen, eine Mitwirkung der Reibung darf nicht angenommen werden.

ANMERKUNG   Literatur zum Kontaktstoß, siehe [5]

NDP zu 6.2.7.2(9) Anmerkung

DIN EN 1993-1-8:2010-12, Gleichung (6.26) dient dazu, ein mögliches Schraubenversagen auszuschließen.

DIN EN 1993-1-8/NA:2010-12

NCI Kontaktstoß und Druckübertrag durch Kontakt

Druckkräfte normal zur Kontaktfuge dürfen vollständig durch Kontakt übertragen werden, wenn seitliches Ausweichen der Bauteile am Kontaktstoß ausgeschlossen ist.

Wenn Kräfte aus druckbeanspruchten Querschnitten oder Querschnittsteilen durch Kontakt übertragen werden, müssen

— die Stoßflächen der in den Kontaktfugen aufeinandertreffenden Teile eben und zueinander parallel und

— lokale Instabilitäten infolge herstellungsbedingter Imperfektionen ausgeschlossen oder unschädlich sein und

— die gegenseitige Lage der miteinander zu stoßenden Teile gesichert sein.

Die Grenzdruckspannungen in der Kontaktfuge sind gleich denen des Werkstoffes der gestoßenen Bauteile.

Beim Nachweis der zu stoßenden Bauteile müssen Verformungen, Toleranzen und eventuelles Bilden einer klaffenden Fuge berücksichtigt werden.

Die ausreichende Sicherung der gegenseitigen Lage der Bauteile ist nachzuweisen. Dabei dürfen Reibungskräfte nicht berücksichtigt werden.

In Querschnittsteilen mit Dicken t von 10 mm bis 30 mm aus den Stahlsorten S235, S275 oder S355, die durch Doppelkehlnähte an Stirnplatten angeschlossen sind, genügt für die Druckübertragung die rechnerische Schweißnahtdicke $a = 0{,}15\ t$, wenn die als Stegabstand bezeichnete Spaltbreite h zwischen Querschnittsteil und Stirnplatte nicht größer als 2,0 mm ist.

Sofern in diesem Anschluss des Profils gleichzeitig auch Querkräfte zu übertragen sind, muss die Übertragung der Druckspannungen und der Schubspannungen unterschiedlichen Querschnittsteilen zugewiesen werden. Die Schweißnahtbemessung für die Querkraftübertragung ist nach DIN EN 1993-1-8:2010-12, Abschnitt 4 vorzunehmen. Für die zur Übertragung der Druckspannungen und die zur Übertragung der Schubspannungen aus der Querkraft herangezogenen Kehlnähte ist einheitlich der größere Wert der aus den beiden Nachweisen ermittelten Schweißnahtdicke anzusetzen. Sofern in dem Anschluss des Profils auch Zugspannungen übertragen werden, ist dafür die Schweißnahtbemessung DIN EN 1993-1-8:2010-12, Abschnitt 4 vorzunehmen.

ANMERKUNG 1 Verformungen können hierbei Vorverformungen, elastische Verformungen und lokale plastische Verformungen sein.

ANMERKUNG 2 Toleranzen können einen Versatz in der Schwerlinie von Querschnittsteilen bewirken.

ANMERKUNG 3 Herstellungsbedingte Imperfektionen können z. B. Versatz oder Unebenheiten sein. Lokale Instabilitäten können insbesondere bei dünnwandigen Bauteilen auftreten, siehe z. B. [2], [3].

ANMERKUNG 4 Die Anforderung für die Begrenzung des Luftspaltes gilt z. B. für den Anschluss druckbeanspruchter Flansche an Stirnplatten.

NCI Stumpfstoß von Querschnittsteilen verschiedener Dicken

Wechselt an Stumpfstößen von Querschnittsteilen die Dicke, so sind bei Dickenunterschieden von mehr als 10 mm die vorstehenden Kanten im Verhältnis 1 : 1 oder flacher zu brechen (siehe Bild NA.3).

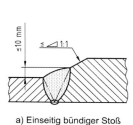 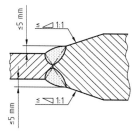

a) Einseitig bündiger Stoß   b) Zentrischer Stoß

Bild NA.3 — Beispiele für das Brechen von Kanten bei Stumpfstößen von Querschnittsteilen mit verschiedenen Dicken

NCI Geschweißte Endanschlüsse zusätzlicher Gurtplatten

Sofern kein Nachweis für den Gurtplattenanschluss geführt wird, ist die zusätzliche Gurtplatte nach Bild NA.4 a) vorzubinden.

Bei Gurtplatten mit $t > 20$ mm darf der Endanschluss nach Bild NA.4 b) ausgeführt werden. Bei Bauteilen mit vorwiegend ruhender Beanspruchung darf auf die Ausführung nach Bild NA.4 verzichtet werden. Die Stirnkehlnähte können wie die Flankenkehlnähte ausgeführt werden. Deren Dicke ergibt sich nach den statischen Erfordernissen.

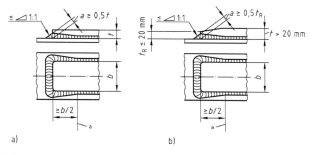

a   rechnerischer Endpunkt der zusätzlichen Gurtplatte

Bild NA.4 — Vorbinden zusätzlicher Gurtplatten

NCI Gurtplattenstöße

Wenn aufeinanderliegende Gurtplatten an derselben Stelle gestoßen werden, ist der Stoß mit Stirnfugennähten vorzubereiten (siehe Bild NA.5).

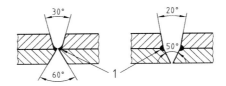

Legende

1 Stirnfugennähte

Bild NA.5 — Beispiele für die Nahtvorbereitung eines Stumpfstoßes aufeinanderliegender Gurtplatten

NCI   **Anhang NA.A**

(normativ)

Ergänzende Vorspannverfahren zu DIN EN 1090-2

NCI NA.A.1 Allgemeines

Alle Regeln aus DIN EN 1090-2:2008-12, 8.5.1 gelten sinngemäß. Die wesentliche Besonderheit der ergänzenden Vorspannverfahren besteht im Aufbringen der – im Vergleich zur Mindestvorspannkraft $F_{p,C}$ – kleineren Regelvorspannkraft $F_{p,C}{}^*$. Dadurch kann die Ermittlung eines Referenz-Drehmomentes nach DIN EN 1090-2:2008-12, 8.5.2 entfallen. Stattdessen können, eine Schmierung nach k-Klasse K1 vorausgesetzt, feste Werte für die Anziehmomente angegeben werden. Daraus folgt ein modifiziertes Drehmoment-Vorspannverfahren (siehe NA.A.3) und ein modifiziertes kombiniertes Vorspannverfahren (siehe NA.A.4). Ferner ist es dadurch möglich, das traditionelle Drehimpuls-Vorspannverfahren beizubehalten (siehe NA.A.2).

NCI NA.A.2 Drehimpuls-Vorspannverfahren

Die Garnituren müssen mit Hilfe eines vorher auf geeignete Weise eingestellten Impuls- oder Schlagschraubers mit einer Unsicherheit von weniger als 4 % angezogen werden. Jedes hierfür benutzte Einstellgerät ist hinsichtlich seiner Messgenauigkeit regelmäßig nach Angaben des Geräteherstellers zu überprüfen. Soll auf die Regel-Vorspannkraft $F_{p,C}{}^*$ nach Spalte 2 von Tabelle NA.A.1 bzw. Tabelle NA.A.2 vorgespannt werden, so muss der Schrauber auf den um etwa 10 % höheren Vorspannkraftwert $F_{V,DI}$ nach Spalte 3 von Tabelle NA.A.1 bzw. Spalte 4 von Tabelle NA.A.2 eingestellt werden. Bei kleinerer planmäßiger Vorspannkraft als der Regel-Vorspannkraft $F_{p,C}{}^*$ sind die Einstell-Vorspannkraftwerte proportional zu reduzieren.

NCI NA.A.3 Modifiziertes Drehmoment-Vorspannverfahren

Das Vorspannen der Garnituren erfolgt nach DIN EN 1090-2:2008-12, 8.5.3, mit folgenden Modifizierungen:

Der erste Anziehschritt kann beliebig gewählt werden. Soll auf die Regelvorspannkraft $F_{p,C}{}^*$ nach Spalte 2 von Tabelle NA.A.1 bzw. Tabelle NA.A.2 vorgespannt werden, so muss im zweiten Anziehschritt das in Spalte 4 von Tabelle NA.A.1 bzw. Tabelle NA.A.2 angegebene Anziehmoment M_A aufgebracht werden. Bei kleinerer planmäßiger Vorspannkraft als der Regelvorspannkraft $F_{p,C}{}^*$ ist das Anziehmoment proportional zu reduzieren.

ANMERKUNG   Dieses Verfahren ermöglicht ein beliebiges stufenweises Vorspannen in Anschlüssen mit vielen Schrauben sowie ein Nachziehen als Kontrolle oder zum Ausgleich von Vorspannkraftverlusten nach wenigen Tagen.

NCI NA.A.4 Modifiziertes kombiniertes Vorspannverfahren

Das Vorspannen der Garnituren erfolgt nach DIN EN 1090-2:2008-12, 8.5.4, mit folgenden Modifizierungen:

Das im ersten Anziehschritt aufzubringende Anziehmoment $M_{A,MKV}$ (Voranziehmoment) ist Spalte 5 von Tabelle NA.A.2 zu entnehmen. Das Anziehen kann mit Hilfe eines der in NA.A.2 und NA.A.3 beschriebenen Verfahren erfolgen. Ein Mitdrehen der Schraube relativ zum Bauteil ist zu verhindern.

Der im zweiten Anziehschritt zum Erreichen der Regelvorspannkraft $F_{p,C}{}^*$ nach Spalte 2 von Tabelle NA.A.2 aufzubringende Weiterdrehwinkel ϑ_{MKV} ist Tabelle NA.A.3 zu entnehmen.

ANMERKUNG1   Kleinere planmäßige Vorspannkräfte als die Regelvorspannkraft $F_{p,C}{}^*$ sind bei Anwendung des modifizierten kombinierten Vorspannverfahrens nicht zulässig.

ANMERKUNG 2   Ist mit Hilfe des Voranziehmomentes $M_{A,MKV}$ eine ausreichend flächige Anlage der zu verbindenden Bauteile nicht erreichbar und das Erreichen der planmäßigen Vorspannkraft somit zweifelhaft, so ist der erforderliche Weiterdrehwinkel ϑ_{MKV} durch eine Verfahrensprüfung an der jeweiligen Originalverschraubung zu ermitteln (z. B. mittels Messung der Schraubenverlängerung).

NCI NA.A.5 Tabellen

Tabelle NA.A.1 — Vorspannkräfte und Anziehmomente für Drehimpuls- und modifiziertes Drehmoment-Vorspannverfahren für Garnituren der Festigkeitsklasse 8.8 nach DIN EN ISO 4014, DIN EN ISO 4017, DIN EN ISO 4032 und DIN 34820 — k-Klasse K1 nach DIN EN 14399-1

	1	2	3	4
			Drehimpulsverfahren	Modifiziertes Drehmomentverfahren
	Maße	Regel-Vorspannkraft $F_{p,C}$* kN	Einzustellende Vorspannkraft $F_{V,DI}$ zum Erreichen der Regelvorspannkraft $F_{p,C}$* kN	Aufzubringendes Anziehmoment M_A zum Erreichen der Regel-Vorspannkraft $F_{p,C}$* Nm
			Oberflächenzustand: feuerverzinkt und geschmiert [a] oder wie hergestellt und geschmiert [a]	
1	M12	35	40	70
2	M16	70	80	170
3	M20	110	120	300
4	M22	130	145	450
5	M24	150	165	600
6	M27	200	220	900
7	M30	245	270	1 200
8	M36	355	390	2 100
[a]	Muttern mit Molybdänsulfid oder gleichwertigem Schmierstoff behandelt.			

Tabelle NA.A.2 — Vorspannkräfte und Anziehmomente für Drehimpuls-, modifiziertes Drehmoment-, und modifiziertes kombiniertes Vorspannverfahren für Garnituren der Festigkeitsklasse 10.9 nach DIN EN 14399-4, DIN EN 14399-6 und DIN EN 14399-8 — k-Klasse K1 nach DIN EN 14399-1

1	2	3	4	5
		Drehimpuls-verfahren	Modifiziertes Drehmoment-verfahren	Modifiziertes kombiniertes Verfahren
Maße	Regel-Vorspannkraft $F_{p,C}^*$ kN	Einzustellende Vorspannkraft $F_{V,DI}$ zum Erreichen der Regel-Vorspannkraft $F_{p,C}^*$ kN	Aufzubringendes Anziehmoment M_A zum Erreichen der Regelvorspannkraft $F_{p,C}^*$ Nm	Voranziehmoment $M_{A,MKV}$ Nm
			Oberflächenzustand: feuerverzinkt und geschmiert [a] oder wie hergestellt und geschmiert [a]	
1 M12	50	60	100	75
2 M16	100	110	250	190
3 M20	160	175	450	340
4 M22	190	210	650	490
5 M24	220	240	800	600
6 M27	290	320	1 250	940
7 M30	350	390	1 650	1 240
8 M36	510	560	2 800	2 100

[a] Muttern mit Molybdänsulfid oder gleichwertigem Schmierstoff behandelt.

Tabelle NA.A.3 — Erforderliche Weiterdrehwinkel ϑ_{MKV} für das modifizierte kombinierte Vorspannverfahren an Garnituren der Festigkeitsklasse 10.9

1	2	3
Gesamtnenndicke $\sum t$ der zu verbindenden Teile (einschließlich aller Futterbleche und Unterlegscheiben) d= Schraubendurchmesser	Während des zweiten Anziehschrittes aufzubringender Weiterdrehwinkel ϑ_{MKV}	Drehung
1 $\sum t < 2\,d$	45°	1/8
2 $2\,d \le \sum t < 6\,d$	60°	1/6
3 $6\,d \le \sum t < 10\,d$	90°	1/4
4 $10\,d < \sum t$	keine Empfehlung	keine Empfehlung

NCI

Anhang NA.B

(*normativ*)

Gussteile, Schmiedeteile und Bauteile aus Vergütungsstählen

NCI NA.B.1 Werkstoffe

(1) Die Vergütungsstähle C35+N und C45+N nach DIN EN 10083-2 sind nur für stählerne Lager, Gelenke und spezielle Verbindungselemente (z. B. Raumfachwerkknoten, Bolzen) zu verwenden.

(2) Die Stahlgusssorten GS200, GS240, G17Mn5+QT, G20Mn5+QT und G20Mn5+N nach DIN EN 10340 (Stahlguss für das Bauwesen), die Stahlgusssorten GE200 und GE240 nach DIN EN 10293 (Stahlguss für allgemeine Anwendungen) sowie die Gusseisensorten EN-GJS-400-15, EN-GJS-400-18, EN-GJS-400-18-LT, EN-GJS-400-18-RT nach DIN EN 1563 (Gießereiwesen — Gusseisen mit Kugelgrafit) sind nur für spezielle Formstücke, wie z. B. Verankerungsbauteile für Rundstäbe mit Gewinde, anzuwenden.

NCI NA.B.2 Anforderungen

(1) Bauteile aus den oben genannten Werkstoffen dürfen nur elastisch berechnet und bemessen werden.

(2) Für Bauteile aus Stahlguss und Gusseisen sind die Anforderungen an die innere und äußere Beschaffenheit entsprechend dem Verwendungszweck festzulegen. In Tabelle NA.B.2 sind für vorwiegend ruhend beanspruchte Bauteile in Abhängigkeit von den unterschiedlichen Beanspruchungszonen H (hoch), M (mittel) und N (niedrig) die erforderlichen Gütestufen angegeben. Bezüglich der Kriterien für die verschiedenen Beanspruchungszonen gilt, dass jeweils jedes einzelne Kriterium maßgebend wird. Die Beanspruchungszonen eines Gussstückes oder die entsprechende einheitliche Klassifizierung bei kleinen Gussstücken sind in den Bauteilzeichnungen zu definieren. Wegen des Korrosionsschutzes können bezüglich der Oberflächenbeschaffenheit höhere Anforderungen erforderlich sein, als in Tabelle NA.B.2 angegeben. Der Nachweis der Gütestufen gilt als erbracht, wenn die Prüfung einer Stichprobe von 10 % der Gussstücke einer Produktionseinheit keine unzulässigen Befunde ergab. Bei Bauteilen, deren Versagen die Standsicherheit wesentliche Teile einer baulichen Anlage gefährdet, ist eine umfassendere Prüfung erforderlich, deren Umfang projektspezifisch festzulegen ist.

(3) Fertigungsschweißungen an Gussstücken nach DIN EN 1559-1 und DIN EN 1559-2 sind zulässig, wenn die dafür erforderliche Qualifizierung des Schweißverfahrens und des Schweißpersonals nach DIN EN 1090-2 vorliegt. Zur Qualifizierung des Schweißverfahrens siehe Tabelle NA.B.1.

Tabelle NA.B.1 — Methoden der Qualifizierung von Schweißverfahren

Schweißprozesse nach DIN EN ISO 4063			Methode der Qualifizierung	
Ordnungs-nummer	Bezeichnung	Werkstoff	Mechanisie-rungsgrad	Methode der Qualifizierung
111	Lichtbogenhandschweißen	Walzstähle, Schmiedestähle und Stahlgusswerkstoffe $R_e \leq 355$ N/mm²	Manuell und teilmechanisch	DIN EN ISO 15610, DIN EN ISO 15611, DIN EN ISO 15612, DIN EN ISO 15613, oder DIN EN ISO 15614-1,
114	Metalllichtbogenschweißen mit Fülldrahtelektrode ohne Schutzgas			
12	Unterpulverschweißen		Vollmechanisch und automatisch	
135	Metall-Aktivgas-Schweißen			
136	Metall-Aktivgas-Schweißen mit Fülldrahtelektrode	Walzstähle, Schmiedestähle und Stahlgusswerkstoffe	Alle	DIN EN ISO 15613 oder DIN EN ISO 15614-1 unter Beachtung der zusätzlichen Festlegungen der Richtlinie DVS 1702
141	Wolfram-Schutzgasschweißen			
15	Plasmaschweißen	$R_e \leq 355$ N/mm²		
311	Gasschweißen mit Sauerstoff-Acetylen-Flamme			

(4) Für den Nachweis ausreichender Zähigkeit gilt DIN EN 1993-1-10 entsprechend. Dabei ist für Stahlguss zusätzlich eine Temperaturverschiebung $\Delta T_G = -10$ K zu berücksichtigen und für die Bauteildicke ist der Maximalwert in einem 50 mm breiten Bereich beiderseits der Schweißnaht anzusetzen. Die Zuordnung zu den Walzstahlsorten ist hinsichtlich der Festigkeit und der Kerbschlagarbeit vorzunehmen. Für Stahlguss ist die DIN EN 1993-1-10:2010-12, Abschnitt 3 nicht anzuwenden.

(5) Zur Ermittlung der mechanisch-technologischen Kennwerte von Gussstücken ist in Abhängigkeit von der für den Verwendungsfall erforderlichen Zuverlässigkeit eine Probe zu gießen, deren Abmessungen Abkühlbedingungen sicherstellt, die den Verhältnissen an den höchstbeanspruchten Stellen des Gussstückes entsprechen.

(6) Für alle Schmiede- und Gusserzeugnisse müssen Prüfbescheinigungen nach DIN EN 10204, z. B. Prüfbescheinigung 3.1,vorliegen.

NCI NA.B.3 Charakteristische Werte

(1) Für Stähle im geschmiedeten Zustand gelten als charakteristische Werte für die entsprechenden Wanddickenbereiche die unteren Grenzwerte der Streckgrenze und der Zugfestigkeit in den jeweiligen Technischen Lieferbedingungen.

(2) Bei der Ermittlung von Beanspruchungen und Beanspruchbarkeiten sind für die Gusswerkstoffe die in Tabelle NA.B.3 angegebenen charakteristischen Werte zu verwenden.

(3) Bei Erzeugnisdicken, die größer sind als die in Tabelle NA.B.3, Spalte 2 angegebenen, jedoch kleiner oder gleich den in den jeweiligen Technischen Lieferbedingungen angegebenen, dürfen als charakteristische

DIN EN 1993-1-8/NA:2010-12

Werte für die entsprechenden Wanddickenbereiche die unteren Grenzwerte der Streckgrenze und der Zugfestigkeit nach den jeweiligen Technischen Lieferbedingungen verwendet werden.

(4) Bauteile, deren Wanddicken größer als 160 mm sind, gehören nicht zum Anwendungsbereich der Norm.

ANMERKUNG Die Erzeugnisdicken sind auch durch die Güteanforderungen an Gusserzeugnissen begrenzt.

(5) Die temperaturabhängige Veränderung der charakteristischen Werte ist bei Temperaturen über 100 °C zu berücksichtigen.

Tabelle NA.B.2 — Anforderungen an die innere und äußere Beschaffenheit von vorwiegend ruhend beanspruchten Bauteilen aus Stahlguss und Gusseisen mit Kugelgraphit

Beanspruchungszonen		Gütestufen	
	Kriterien[a]	Der inneren Beschaffenheit (Volumen) Ultraschallprüfung nach DIN EN 12680-1[b] oder DIN EN 12680-3[c]	Der äußeren Beschaffenheit (Oberfläche)[d] Eindringprüfung nach DIN EN 1371-1 oder Magnetpulverprüfung nach DIN EN 1369
H	$1{,}00 \geq \eta_{Zug} > 0{,}75$ Wanddicke $t \leq 30$ mm [b] Wanddicke $t \leq 20$ mm [c] Schweißflanken Bereiche von Krafteinleitungen (z.B. Sachlochgewinde) Druckkegel von vorgespannten Schrauben	1[e]	SP2 oder SM2 (Einzelanzeigen) LP2b oder LM2b (lineare Anzeigen) AP2b oder AM2b (Anzeigen in Reihe)
M	$0{,}75 \geq \eta_{Zug} > 0{,}30$ $1{,}00 \geq \eta_{Druck} > 0{,}75$ Wanddicke 30 mm $< t \leq 50$ mm [b] Wanddicke 20 mm $< t \leq 30$ mm [c]	2[f]	
N	$0{,}30 \geq \eta_{Zug}$ $0{,}75 \geq \eta_{Druck}$ Wanddicke $t > 50$ mm [b] Wanddicke $t > 30$ mm [c]	3[f]	

[a] Für den Ausnutzungsgrad gilt $\eta = S_d/R_d$.
[b] Für Stahlguss.
[c] Für Gusseisen mit Kugelgraphit.
[d] Zur visuellen Bestimmung der Oberfläche kann auch DIN EN 12454 vereinbart werden.
[e] Oberflächenrisse mit Tiefen über 3 mm sind unzulässig.
[f] Innerhalb einer Bezugsfläche dürfen nicht gleichzeitig Reflektoren am Rand und Kern auftreten.

Tabelle NA.B.3 — Als charakteristische Eigenschaften für Gusswerkstoffe festgelegte Werte

1	2	3	4	5	6	7	8
Lfd. Nr.	Gusswerkstoffe	Erzeugnisdicke t mm	Streckgrenze $f_{y,k}$ N/mm²	Zugfestigkeit $f_{u,k}$ N/mm²	E-Modul E N/mm²	Schubmodul G N/mm²	Temperaturdehnzahl α_T K^{-1}	Technische Lieferbedingungen
1	GS200	$t \leq 100$	200	380				DIN EN 10340
2	GS240	$t \leq 100$	240	450				DIN EN 10340
3	GE200	$t \leq 160$	200	380				DIN EN 10293
4	GE240	$t \leq 160$	240	450	210 000	81 000	12×10^{-6}	DIN EN 10293
5	G17Mn5+QT	$t \leq 50$	240	450				DIN EN 10340
6	G20Mn5+N	$t \leq 30$	300	480				DIN EN 10340
7	G20Mn5+Qt	$t \leq 100$	300	500				DIN EN 10340
8	EN-GJS-400-15		250	390				DIN EN 1563
9	EN-GJS-400-18	$t \leq 60$	250	390	169 000	46 000	$12{,}5 \times 10^{-6}$	DIN EN 1563
10	EN-GJS-400-18-LT		230	380				DIN EN 1563
11	EN-GJS-400-18-RT		250	390				DIN EN 1563

NCI NA.B.4 Schweißnähte

(1) Bei Bauteilen aus Stahlguss sind in den Beanspruchungszonen H und M nach Tabelle NA.B.2 Schweißverbindungen mit nicht durchgeschweißten Nähten nicht zulässig. Schweißverbindungen in den Beanspruchungszonen H und M sind mit voll durchgeschweißten Nähten (Stumpf-, HV- und DHV-Nähte) auszuführen.

(2) In der Beanspruchungszone N sind nicht durchgeschweißte Nähte (HY-, DHY- und Kehlnähte) zulässig. Zur Berechnung der Tragfähigkeit sind die Korrelationsbeiwerte β_W nach Tabelle NA.B.4 zu verwenden. Der Nachweis der Schweißnähte wird auf das vereinfachte Bemessungsverfahren nach DIN EN 1993-1-8:2010-12, Abschnitt 4.5.3.3 beschränkt.

NCI NA.B.5 Schraubenverbindungen

(1) Bei Sacklochverschraubungen in Bauteilen aus Gusswerkstoffen ist für den Bereich des eingeschnittenen Gewindes durch zerstörungsfreie Prüfung nachzuweisen, dass die für die Übertragung der jeweiligen Beanspruchung erforderliche Werkstoffhomogenität vorhanden ist.

Tabelle NA.B.4 —Korrelationsbeiwerte β_w für Kehlnähte

Stahl	β_w
GS200	1,0
GS240	1,0
G17Mn5+QT	1,0
G20Mn5+N	1,0
G20Mn5+QT	1,1

NCI Literaturhinweise

[1] Fischer, M. und Wenk, P.: Vergleich vorhandener Konzepte zur erforderlichen Kehlnahtdicke. Stahlbau 57 (1988), S. 2-8.

[2] Scheer, J., Peil, U. und Scheibe, H.-J.: Zur Übertragung von Kräften durch Kontakt im Stahlbau. Bauingenieur 62 (1987), S. 419–424.

[3] Lindner, J. und Gietzelt, R.: Kontaktstöße in Druckstäben. Stahlbau 57 (1988), S. 39–50, S. 384.

[4] DIN EN 1011 (alle Teile), *Schweißen — Empfehlungen zum Schweißen metallischer Werkstoffe*

[5] JRC — Scientific and Technical Reports: Effects of imperfections of steel columns with contact splices on the design, JRC, September 2010

Dezember 2010

DIN EN 1993-1-9

ICS 91.010.30; 91.080.10

Ersatzvermerk
siehe unten

Eurocode 3: Bemessung und Konstruktion von Stahlbauten –
Teil 1-9: Ermüdung;
Deutsche Fassung EN 1993-1-9:2005 + AC:2009

Eurocode 3: Design of steel structures –
Part 1-9: Fatigue;
German version EN 1993-1-9:2005 + AC:2009

Eurocode 3: Calcul des structures en acier –
Partie 1-9: Fatigue;
Version allemande EN 1993-1-9:2005 + AC:2009

Ersatzvermerk

Ersatz für DIN EN 1993-1-9:2005-07;
mit DIN EN 1993-1-1:2010-12, DIN EN 1993-1-1/NA:2010-12, DIN EN 1993-1-3:2010-12,
DIN EN 1993-1-3/NA:2010-12, DIN EN 1993-1-5:2010-12, DIN EN 1993-1-5/NA:2010-12,
DIN EN 1993-1-8:2010-12, DIN EN 1993-1-8/NA:2010-12, DIN EN 1993-1-9/NA:2010-12,
DIN EN 1993-1-10:2010-12, DIN EN 1993-1-10/NA:2010-12, DIN EN 1993-1-11:2010-12 und
DIN EN 1993-1-11/NA:2010-12 Ersatz für DIN 18800-1:2008-11;
Ersatz für DIN EN 1993-1-9 Berichtigung 1:2009-12

Gesamtumfang 43 Seiten

Normenausschuss Bauwesen (NABau) im DIN

Nationales Vorwort

Dieses Dokument (EN 1993-1-9:2005 + AC:2009) wurde vom Technischen Komitee CEN/TC 250 „Eurocodes für den konstruktiven Ingenieurbau" erarbeitet, dessen Sekretariat vom BSI gehalten wird.

Die Arbeiten auf nationaler Ebene wurden durch die Experten des NABau-Spiegelausschusses NA 005-08-16 AA „Tragwerksbemessung (Sp CEN/TC 250/SC 3)" begleitet.

Diese Europäische Norm wurde vom CEN am 16. April 2005 angenommen.

Die Norm ist Bestandteil einer Reihe von Einwirkungs- und Bemessungsnormen, deren Anwendung nur im Paket sinnvoll ist. Dieser Tatsache wird durch das Leitpapier L der Kommission der Europäischen Gemeinschaft für die Anwendung der Eurocodes Rechnung getragen, indem Übergangsfristen für die verbindliche Umsetzung der Eurocodes in den Mitgliedstaaten vorgesehen sind. Die Übergangsfristen sind im Vorwort dieser Norm angegeben.

Die Anwendung dieser Norm gilt in Deutschland in Verbindung mit dem Nationalen Anhang.

Es wird auf die Möglichkeit hingewiesen, dass einige Texte dieses Dokuments Patentrechte berühren können. Das DIN [und/oder die DKE] sind nicht dafür verantwortlich, einige oder alle diesbezüglichen Patentrechte zu identifizieren.

Der Beginn und das Ende des hinzugefügten oder geänderten Textes wird im Text durch die Textmarkierungen AC) (AC angezeigt.

Änderungen

Gegenüber DIN V ENV 1993-1-1:1993-04, DIN V ENV 1993-1-1/A1:2002-05 und DIN V ENV 1993-1-1/A2:2002-05 wurden folgende Änderungen vorgenommen:

a) Vornorm-Charakter wurde aufgehoben;

b) in Teil 1-1, Teil 1-8, Teil 1-9 und Teil 1-10 aufgeteilt;

c) die Stellungnahmen der nationalen Normungsinstitute wurden eingearbeitet und der Text vollständig überarbeitet und in einen eigenständigen Normteil überführt.

Gegenüber DIN EN 1993-1-9:2005-07, DIN EN 1993-1-9 Berichtigung 1:2009-12 und DIN 18800-1:2008-11 wurden folgende Änderungen vorgenommen:

a) auf europäisches Bemessungskonzept umgestellt;

b) Ersatzvermerke korrigiert;

c) Vorgänger-Norm mit der Berichtigung 1 konsolidiert;

d) redaktionelle Änderungen durchgeführt.

Frühere Ausgaben

DIN 1050: 1934-08, 1937xxxxx-07, 1946-10, 1957x-12, 1968-06
DIN 1073: 1928-04, 1931-09, 1941-01, 1974-07
DIN 1073 Beiblatt: 1974-07
DIN 1079: 1938-01, 1938-11, 1970-09
DIN 4100: 1931-05, 1933-07, 1934xxxx-08, 1956-12, 1968-12
DIN 4101: 1937xxx-07, 1974-07
DIN 18800-1: 1981-03, 1990-11, 2008-11
DIN 18800-1/A1: 1996-02
DIN V ENV 1993-1-1: 1993-04
DIN V ENV 1993-1-1/A1: 2002-05
DIN V ENV 1993-1-1/A2: 2002-05
DIN EN 1993-1-9: 2005-07
DIN EN 1993-1-9 Berichtigung 1: 2009-12

— Leerseite —

EUROPÄISCHE NORM
EUROPEAN STANDARD
NORME EUROPÉENNE

EN 1993-1-9

Mai 2005

+AC

April 2009

ICS 91.010.30; 91.080.10

Ersatz für ENV 1993-1-1:1992

Deutsche Fassung

Eurocode 3: Bemessung und Konstruktion von Stahlbauten — Teil 1-9: Ermüdung

Eurocode 3: Design of steel structures — Part 1-9: Fatigue

Eurocode 3: Calcul des structures en acier — Partie 1-9: Fatigue

Diese Europäische Norm wurde vom CEN am 23. April 2004 angenommen.

Die Berichtigung tritt am 1. April 2009 in Kraft und wurde in EN 1993-1-9:2005 eingearbeitet.

Die CEN-Mitglieder sind gehalten, die CEN/CENELEC-Geschäftsordnung zu erfüllen, in der die Bedingungen festgelegt sind, unter denen dieser Europäischen Norm ohne jede Änderung der Status einer nationalen Norm zu geben ist. Auf dem letzten Stand befindliche Listen dieser nationalen Normen mit ihren bibliographischen Angaben sind beim Management-Zentrum des CEN oder bei jedem CEN-Mitglied auf Anfrage erhältlich.

Diese Europäische Norm besteht in drei offiziellen Fassungen (Deutsch, Englisch, Französisch). Eine Fassung in einer anderen Sprache, die von einem CEN-Mitglied in eigener Verantwortung durch Übersetzung in seine Landessprache gemacht und dem Management-Zentrum mitgeteilt worden ist, hat den gleichen Status wie die offiziellen Fassungen.

CEN-Mitglieder sind die nationalen Normungsinstitute von Belgien, Bulgarien, Dänemark, Deutschland, Estland, Finnland, Frankreich, Griechenland, Irland, Island, Italien, Lettland, Litauen, Luxemburg, Malta, den Niederlanden, Norwegen, Österreich, Polen, Portugal, Rumänien, Schweden, der Schweiz, der Slowakei, Slowenien, Spanien, der Tschechischen Republik, Ungarn, dem Vereinigten Königreich und Zypern.

EUROPÄISCHES KOMITEE FÜR NORMUNG
EUROPEAN COMMITTEE FOR STANDARDIZATION
COMITÉ EUROPÉEN DE NORMALISATION

Management-Zentrum: Avenue Marnix 17, B-1000 Brüssel

© 2009 CEN   Alle Rechte der Verwertung, gleich in welcher Form und in welchem Verfahren, sind weltweit den nationalen Mitgliedern von CEN vorbehalten.

Ref. Nr. EN 1993-1-9:2005 + AC:2009 D

DIN EN 1993-1-9:2010-12
EN 1993-1-9:2005 + AC:2009 (D)

Inhalt

Seite

Vorwort 3
Hintergrund des Eurocode-Programms 3
Status und Gültigkeitsbereich der Eurocodes 4
Nationale Fassungen der Eurocodes 5
Verbindung zwischen den Eurocodes und den harmonisierten Technischen Spezifikationen für Bauprodukte (EN und ETAZ) 5
Nationaler Anhang zu EN 1993-1-9 5

1	Allgemeines	6
1.1	Anwendungsbereich	6
1.2	Normative Verweisungen	6
1.3	Begriffe	7
1.3.1	Allgemeines	7
1.3.2	Parameter für die Ermüdungsbelastung	7
1.3.3	Ermüdungsfestigkeit	9
1.4	Formelzeichen	9
2	Grundlegende Anforderungen und Verfahren	10
3	Bemessungskonzepte	11
4	Ermüdungsbeanspruchungen	12
5	Berechnung der Spannungen	13
6	Berechnung der Spannungsschwingbreiten	14
6.1	Allgemeines	14
6.2	Bemessungswert der Spannungsschwingbreite der Nennspannungen	15
6.3	Bemessungswert der Spannungsschwingbreite korrigierter Nennspannungen	15
6.4	Bemessungswert der Spannungsschwingbreite für geschweißte Hohlprofilknoten	15
6.5	Bemessungswert der Spannungsschwingbreite der Strukturspannungen (Kerbspannungen)	16
7	Ermüdungsfestigkeit	17
7.1	Allgemeines	17
7.2	Modifizierung der Ermüdungsfestigkeit	20
7.2.1	Nicht geschweißte oder spannungsarm geglühte geschweißte Konstruktionen unter Druckbeanspruchung	20
7.2.2	Größenabhängigkeit	21
8	Ermüdungsnachweis	21

Anhang A (normativ) Bestimmung von ermüdungsrelevanten Lastkenngrößen und Nachweisformate 36
A.1 Bestimmung von Belastungszyklen 36
A.2 Spannungszeitverlauf am Kerbdetail 36
A.3 Zählverfahren 36
A.4 Spektrum der Spannungsschwingbreiten 36
A.5 Anzahl der Spannungsschwingspiele bis zum Versagen 37
A.6 Nachweisformate 37

Anhang B (normativ) Ermüdungsfestigkeit bei Verwendung von Strukturspannungen (Kerbspannungen) 39

DIN EN 1993-1-9:2010-12
EN 1993-1-9:2005 + AC:2009 (D)

Vorwort

Dieses Dokument (EN 1993-1-9:2005 + AC:2009) wurde vom Technischen Komitee CEN/TC 250 „Eurocodes für den konstruktiven Ingenieurbau" erarbeitet, dessen Sekretariat vom BSI gehalten wird. CEN/TC 250 ist verantwortlich für alle Eurocode-Teile.

Diese Europäische Norm muss den Status einer nationalen Norm erhalten, entweder durch Veröffentlichung eines identischen Textes oder durch Anerkennung bis November 2005, und etwaige entgegenstehende nationale Normen müssen bis März 2010 zurückgezogen werden.

Dieses Dokument ersetzt ENV 1993-1-1.

Entsprechend der CEN/CENELEC-Geschäftsordnung sind die nationalen Normungsinstitute der folgenden Länder gehalten, diese Europäische Norm zu übernehmen: Belgien, Dänemark, Deutschland, Estland, Finnland, Frankreich, Griechenland, Irland, Island, Italien, Lettland, Litauen, Luxemburg, Malta, Niederlande, Norwegen, Österreich, Polen, Portugal, Schweden, Schweiz, Slowakei, Slowenien, Spanien, Tschechische Republik, Ungarn, Vereinigtes Königreich und Zypern.

Hintergrund des Eurocode-Programms

1975 beschloss die Kommission der Europäischen Gemeinschaften, für das Bauwesen ein Programm auf der Grundlage des Artikels 95 der Römischen Verträge durchzuführen. Das Ziel des Programms war die Beseitigung technischer Handelshemmnisse und die Harmonisierung technischer Normen.

Im Rahmen dieses Programms leitete die Kommission die Bearbeitung von harmonisierten technischen Regelwerken für die Tragwerksplanung von Bauwerken ein, die im ersten Schritt als Alternative zu den in den Mitgliedsländern geltenden Regeln dienen und sie schließlich ersetzen sollten.

15 Jahre lang leitete die Kommission mit Hilfe eines Steuerkomitees mit Repräsentanten der Mitgliedsländer die Entwicklung des Eurocode-Programms, das zu der ersten Eurocode-Generation in den 80'er Jahren führte.

Im Jahre 1989 entschieden sich die Kommission und die Mitgliedsländer der Europäischen Union und der EFTA, die Entwicklung und Veröffentlichung der Eurocodes über eine Reihe von Mandaten an CEN zu übertragen, damit diese den Status von Europäischen Normen (EN) erhielten. Grundlage war eine Vereinbarung[1] zwischen der Kommission und CEN. Dieser Schritt verknüpft die Eurocodes de facto mit den Regelungen der Ratsrichtlinien und Kommissionsentscheidungen, die die Europäischen Normen behandeln (z. B. die Ratsrichtlinie 89/106/EWG zu Bauprodukten, die Bauproduktenrichtlinie, die Ratsrichtlinien 93/37/EWG, 92/50/EWG und 89/440/EWG zur Vergabe öffentlicher Aufträge und Dienstleistungen und die entsprechenden EFTA-Richtlinien, die zur Einrichtung des Binnenmarktes eingeleitet wurden).

Das Eurocode-Programm umfasst die folgenden Normen, die in der Regel aus mehreren Teilen bestehen:

EN 1990, *Eurocode 0: Grundlagen der Tragwerksplanung*;

EN 1991, *Eurocode 1: Einwirkung auf Tragwerke*;

EN 1992, *Eurocode 2: Bemessung und Konstruktion von Stahlbetonbauten*;

EN 1993, *Eurocode 3: Bemessung und Konstruktion von Stahlbauten*;

EN 1994, *Eurocode 4: Bemessung und Konstruktion von Stahl-Beton-Verbundbauten*;

---

[1] Vereinbarung zwischen der Kommission der Europäischen Gemeinschaft und dem Europäischen Komitee für Normung (CEN) zur Bearbeitung der Eurocodes für die Tragwerksplanung von Hochbauten und Ingenieurbauwerken (BC/CEN/03/89).

EN 1995, *Eurocode 5: Bemessung und Konstruktion von Holzbauten*;

EN 1996, *Eurocode 6: Bemessung und Konstruktion von Mauerwerksbauten*;

EN 1997, *Eurocode 7: Entwurf, Berechnung und Bemessung in der Geotechnik*;

EN 1998, *Eurocode 8: Auslegung von Bauwerken gegen Erdbeben*;

EN 1999, *Eurocode 9: Bemessung und Konstruktion von Aluminiumkonstruktionen*.

Die Europäischen Normen berücksichtigen die Verantwortlichkeit der Bauaufsichtsorgane in den Mitgliedsländern und haben deren Recht zur nationalen Festlegung sicherheitsbezogener Werte berücksichtigt, so dass diese Werte von Land zu Land unterschiedlich bleiben können.

Status und Gültigkeitsbereich der Eurocodes

Die Mitgliedsländer der EU und von EFTA betrachten die Eurocodes als Bezugsdokumente für folgende Zwecke:

— als Mittel zum Nachweis der Übereinstimmung der Hoch- und Ingenieurbauten mit den wesentlichen Anforderungen der Richtlinie 89/106/EWG, besonders mit der wesentlichen Anforderung Nr. 1: Mechanischer Festigkeit und Standsicherheit und der wesentlichen Anforderung Nr. 2: Brandschutz;

— als Grundlage für die Spezifizierung von Verträgen für die Ausführung von Bauwerken und dazu erforderlichen Ingenieurleistungen;

— als Rahmenbedingung für die Herstellung harmonisierter, technischer Spezifikationen für Bauprodukte (EN's und ETA's)

Die Eurocodes haben, da sie sich auf Bauwerke beziehen, eine direkte Verbindung zu den Grundlagendokumenten[2], auf die in Artikel 12 der Bauproduktenrichtlinie hingewiesen wird, wenn sie auch anderer Art sind als die harmonisierten Produktnormen[3]. Daher sind die technischen Gesichtspunkte, die sich aus den Eurocodes ergeben, von den Technischen Komitees von CEN und den Arbeitsgruppen von EOTA, die an Produktnormen arbeiten, zu beachten, damit diese Produktnormen mit den Eurocodes vollständig kompatibel sind.

Die Eurocodes liefern Regelungen für den Entwurf, die Berechnung und Bemessung von kompletten Tragwerken und Baukomponenten, die sich für die tägliche Anwendung eignen. Sie gehen auf traditionelle Bauweisen und Aspekte innovativer Anwendungen ein, liefern aber keine vollständigen Regelungen für ungewöhnliche Baulösungen und Entwurfsbedingungen, wofür Spezialistenbeiträge erforderlich sein können.

---

2) Entsprechend Artikel 3.3 der Bauproduktenrichtlinie sind die wesentlichen Angaben in Grundlagendokumenten zu konkretisieren, um damit die notwendigen Verbindungen zwischen den wesentlichen Anforderungen und den Mandaten für die Erstellung harmonisierter Europäischer Normen und Richtlinien für die Europäische Zulassungen selbst zu schaffen.

3) Nach Artikel 12 der Bauproduktenrichtlinie hat das Grundlagendokument
   a) die wesentliche Anforderung zu konkretisieren, in dem die Begriffe und, soweit erforderlich, die technische Grundlage für Klassen und Anforderungshöhen vereinheitlicht werden,
   b) die Methode zur Verbindung dieser Klasse oder Anforderungshöhen mit technischen Spezifikationen anzugeben, z. B. rechnerische oder Testverfahren, Entwurfsregeln,
   c) als Bezugsdokument für die Erstellung harmonisierter Normen oder Richtlinien für Europäische Technische Zulassungen zu dienen.

   Die Eurocodes spielen de facto eine ähnliche Rolle für die wesentliche Anforderung Nr. 1 und einen Teil der wesentlichen Anforderung Nr. 2.

DIN EN 1993-1-9:2010-12
EN 1993-1-9:2005 + AC:2009 (D)

Nationale Fassungen der Eurocodes

Die Nationale Fassung eines Eurocodes enthält den vollständigen Text des Eurocodes (einschließlich aller Anhänge), so wie von CEN veröffentlicht, mit möglicherweise einer nationalen Titelseite und einem nationalen Vorwort sowie einem Nationalen Anhang.

Der Nationale Anhang darf nur Hinweise zu den Parametern geben, die im Eurocode für nationale Entscheidungen offen gelassen wurden. Diese national festzulegenden Parameter (NDP) gelten für die Tragwerksplanung von Hochbauten und Ingenieurbauten in dem Land, in dem sie erstellt werden. Sie umfassen:

— Zahlenwerte für γ-Faktoren und/oder Klassen, wo die Eurocodes Alternativen eröffnen;
— Zahlenwerte, wo die Eurocodes nur Symbole angeben;
— landesspezifische, geographische und klimatische Daten, die nur für ein Mitgliedsland gelten, z. B. Schneekarten;
— Vorgehensweise, wenn die Eurocodes mehrere zur Wahl anbieten;

Des weiteren dürfen enthalten sein:

— Entscheidungen über die Anwendung der informativen Anhänge, und
— Verweise zu ergänzenden, nicht widersprechenden Informationen, die dem Nutzer bei der Anwendung der Eurocodes helfen.

Verbindung zwischen den Eurocodes und den harmonisierten Technischen Spezifikationen für Bauprodukte (EN und ETAZ)

Die harmonisierten Technischen Spezifikationen für Bauprodukte und die technischen Regelungen für die Tragwerksplanung[4]) müssen konsistent sein. Insbesondere sollten die Hinweise, die mit den CE-Zeichen an den Bauprodukten verbunden sind und die die Eurocodes in Bezug nehmen, klar erkennen lassen, welche national festzulegenden Parameter (NDP) zugrunde liegen.

Nationaler Anhang zu EN 1993-1-9

Diese Norm enthält alternative Methoden, Zahlenangaben und Empfehlungen in Verbindung mit Anmerkungen, die darauf hinweisen, wo Nationale Festlegungen getroffen werden können. EN 1993-1-9 wird bei der nationalen Einführung einen Nationalen Anhang enthalten, der alle national festzulegenden Parameter enthält, die für die Bemessung und Konstruktion von Stahlbauten im jeweiligen Land erforderlich sind

Eine nationale Wahl darf für folgende Abschnitte erfolgen:

— 1.1(2);
— 2(2);
— 2(4);
— 3(2);
— 3(7);
— 5(2);
— 6.1(1);
— 6.2(2);
— 7.1(3);
— 7.1(5);
— 8(4).

---

[4]) Siehe Artikel 3.3 und Art. 12 der Bauproduktenrichtlinie, ebenso wie 4.2, 4.3.1, 4.3.2 und 5.2 des Grundlagendokumentes Nr. 1

1 Allgemeines

1.1 Anwendungsbereich

(1) EN 1993-1-9 enthält Nachweisverfahren zur Prüfung der Ermüdungsfestigkeit von Bauteilen, Verbindungen und Anschlüssen, die unter Ermüdungsbeanspruchung stehen.

(2) Die Nachweisverfahren basieren auf Ergebnissen von Ermüdungsversuchen mit bauteilähnlichen Prüfkörpern mit geometrischen und strukturellen Imperfektionen, die von der Stahlproduktion und Bauteilherstellung herrühren (z. B. Herstellungstoleranzen und Eigenspannungen infolge Schweißens).

ANMERKUNG 1   Zu Toleranzen siehe EN 1090. Solange EN 1090 noch nicht veröffentlicht ist, darf die Wahl der Ausführungsnorm im Nationalen Anhang geregelt werden.

ANMERKUNG 2   Informationen zu Anforderungen an die Herstellungsüberwachung dürfen im Nationalen Anhang gegeben werden.

(3) Die Regelungen gelten für Bauteile, die nach EN 1090 ausgeführt werden.

ANMERKUNG   Gegebenenfalls sind zusätzliche Anforderungen in den Kerbschlagtabellen angegeben.

(4) Die in EN 1993-1-9 angegebenen Nachweisverfahren gelten in gleicher Weise für Baustähle, nichtrostende Stähle und ungeschützte wetterfeste Stähle, soweit in den Kerbfalltabellen keine anderen Angaben gemacht werden. EN 1993-1-9 gilt nur für Werkstoffe, die den Zähigkeitsanforderungen nach EN 1993-1-10 genügen.

(5) Diese Norm enthält das Nachweisverfahren mit Ermüdungsfestigkeitskurven (Wöhlerlinien). Andere Verfahren oder Konzepte wie das Kerbgrundkonzept oder das bruchmechanische Konzept werden in EN 1993-1-9 nicht behandelt.

(6) Andere Nachbehandlungsmethoden als Spannungsarmglühen zur Erhöhung der Ermüdungsfestigkeit werden in dieser Norm nicht behandelt.

(7) Die in dieser Norm angegebenen Ermüdungsfestigkeiten gelten für Konstruktionen unter normalen atmosphärischen Bedingungen und ausreichendem Korrosionsschutz. Korrosionserscheinungen infolge Seewasser werden nicht behandelt; Zeitschäden aus hohen Temperaturen (>150 °C) werden ebenfalls nicht behandelt.

1.2 Normative Verweisungen

(1) Diese Europäische Norm enthält durch datierte oder undatierte Verweisungen Festlegungen aus anderen Publikationen. Diese normativen Verweisungen sind an den jeweiligen Stellen im Text zitiert, und die Publikationen sind nachstehend angeführt. Bei datierten Verweisungen gehören spätere Änderungen oder Überarbeitungen dieser Publikationen nur zu dieser Europäischen Norm, falls sie durch Änderungen oder Überarbeitungen eingearbeitet sind. Bei undatierten Verweisungen gilt die letzte Ausgabe der in Bezug genommenen Publikation (einschließlich Änderungen).

EN 1090, *Anforderungen für die Ausführung von Stahlbauten*

EN 1990, *Grundlagen der Tragwerksplanung*

EN 1991, *Einwirkungen auf Tragwerke*

EN 1993, *Bemessung und Konstruktion von Stahlbauten*

EN 1994-2, *Bemessung und Konstruktion von Stahl-Beton-Verbundbauten — Teil 2: Brücken*

1.3 Begriffe

(1) Für die Anwendung dieser Europäischen Norm gelten die folgenden Begriffe.

1.3.1 Allgemeines

1.3.1.1
Ermüdung
Prozess der Rissbildung und des Rissfortschritts in einem Bauteil, hervorgerufen durch wiederholte Spannungsschwankungen

1.3.1.2
Nennspannung
Spannung im Grundwerkstoff oder einer Schweißnaht unmittelbar an der erwarteten Rissstelle, berechnet nach der elastischen Spannungstheorie ohne Berücksichtigung der örtlichen Kerbwirkung

ANMERKUNG   Mit Spannungen sind Längsspannungen oder Schubspannungen, Hauptspannungen oder Vergleichsspannungen gemeint.

1.3.1.3
korrigierte Nennspannung
Nennspannung, vergrößert um den geometrischen Kerbfaktor k_f, der die geometrischen Abweichungen erfasst, die nicht im Kerbfall des Konstruktionsdetails berücksichtigt sind

1.3.1.4
Strukturspannung
Kerbspannung
maximale Hauptspannung im Grundwerkstoff unmittelbar an der potenziellen Rissstelle am Schweißnahtübergang einschließlich der lokalen Spannungsspitze aufgrund der geometrischen Ausbildung des Bauteils

ANMERKUNG   Die Kerbwirkung infolge Nahtausbildung braucht nicht berücksichtigt zu werden, da diese in der Ermüdungsfestigkeitskurve enthalten ist, siehe Anhang B.

1.3.1.5
Eigenspannung
Die Eigenspannung ist eine ständige im Gleichgewicht befindliche Spannungsverteilung im Bauteil ohne äußere Lasteinwirkung. Eigenspannungen können vom Walzprozess, Schneiden, Schweißschrumpf oder von Zwängungen aus dem Zusammenbau herrühren. Sie entstehen auch bei Überschreitung der Streckgrenze infolge äußerer Belastung.

1.3.2 Parameter für die Ermüdungsbelastung

1.3.2.1
Belastungszyklus
ein bestimmter Ablauf der Belastung auf ein Tragwerk, der zu einem Spannungs-Zeit-Verlauf führt, mit einer in der Regel definierten Anzahl von Wiederholungen während der Nutzungsdauer des Tragwerks

1.3.2.2
Spannungs-Zeit-Verlauf
gemessene oder berechnete Zeitfolge der Spannungen an einem bestimmten Tragwerkspunkt für einen Belastungszyklus

1.3.2.3
Rainflow-Methode
Zählverfahren zur Bestimmung des Spektrums der Spannungsschwingbreiten aus einem Spannungs-Zeit-Verlauf

DIN EN 1993-1-9:2010-12
EN 1993-1-9:2005 + AC:2009 (D)

1.3.2.4
Reservoir-Methode
Zählverfahren zur Bestimmung des Spektrums der Spannungsschwingbreiten aus einem Spannungs-Zeit-Verlauf

ANMERKUNG   Zur mathematischen Vorgehensweise siehe Anhang A.

1.3.2.5
Spannungsschwingbreite
algebraische Differenz zwischen zwei Extremwerten einer Spannungsänderung in einem Spannungs-Zeit-Verlauf

1.3.2.6
Spektrum der Spannungsschwingbreiten
Darstellung der Auftretenshäufigkeit der Spannungsschwingbreiten verschiedener Größe aus Messungen oder Berechnungen für einen bestimmten Belastungszyklus

1.3.2.7
Bemessungsspektrum
Gesamtheit aller Spektren der Spannungsschwingbreiten während der Nutzungsdauer, die für den Ermüdungsnachweis zugrunde gelegt werden

1.3.2.8
Nutzungsdauer
Bezugszeitraum, für den mit ausreichender Zuverlässigkeit planmäßiges Verhalten des Tragwerks ohne Versagen durch Ermüdungsrisse verlangt wird

1.3.2.9
Lebensdauer (Zeitgröße)
voraussichtlicher Zeitraum mit der Gesamtzahl von Spannungsschwingspielen, die zu Ermüdungsversagen führen können

1.3.2.10
Miner-Regel
lineare Schadensakkumulationshypothese nach Palmgren-Miner

1.3.2.11
schadensäquivalente konstante Spannungsschwingbreite
konstante Spannungsschwingbreite, die nach der Miner-Regel zu derselben Lebensdauer führen würde wie das Spektrum nicht konstanter Spannungsschwingbreiten

ANMERKUNG   Zur mathematischen Bestimmung der schadensäquivalenten konstanten Spannungsschwingbreite siehe Anhang A.

1.3.2.12
Ermüdungsbelastung
eine Reihe von Einwirkungsparametern, die mit typischen Belastungszyklen bestimmt wurden und die Anordnung und Größe der Lasten, ihre relative Auftretenshäufigkeit und ihre Zeitfolge beschreiben

ANMERKUNG 1   Bei den Ermüdungseinwirkungen in EN 1991 handelt es sich um obere Grenzwerte, die anhand von Messauswertungen nach Anhang A bestimmt wurden.

ANMERKUNG 2   Die Einwirkungsparameter in EN 1991 sind entweder:

— Q_{max}, n_{max}, standardisiertes Spektrum oder

— $Q_{E,n_{eas}}$ bezogen auf n_{max} oder

— $Q_{E,2}$ bezogen auf $n = 2 \cdot 10^6$ Lastwechsel.

Dynamische Effekte sind, soweit nicht anders geregelt, in diesen Parametern enthalten.

1.3.2.13
schadensäquivalente konstante Ermüdungsbelastung
vereinfachte konstante Ermüdungsbelastung, die nach der Miner-Regel zu der gleichen Lebensdauer führt wie die wirklichen Belastungszyklen mit veränderlicher Belastung

1.3.3 Ermüdungsfestigkeit

1.3.3.1
Ermüdungsfestigkeitskurve
Wöhlerlinie
quantitative Beziehung zwischen den Spannungsschwingbreiten und der Anzahl der Spannungsspiele, die zum Ermüdungsversagen führen; sie wird für den Ermüdungsnachweis für einen bestimmten Kerbfall angewendet

ANMERKUNG Die Ermüdungsfestigkeiten in diesem Normenteil sind untere Grenzwerte, die anhand von Auswertungen von Ermüdungsversuchen mit bauteilähnlichen Prüfkörpern nach EN 1990, Anhang D bestimmt wurden.

1.3.3.2
Kerbfall
Zahlenwert, der einem bestimmten Konstruktionsdetail für eine bestimmte Beanspruchung zugeordnet ist, um die Ermüdungsfestigkeitskurve für den Ermüdungsnachweis festzulegen (die Kerbfallzahl bezeichnet den Bezugswert der Ermüdungsfestigkeit $\Delta\sigma_C$ in N/mm²)

1.3.3.3
Dauerfestigkeit
Grenze für die Schwingbreite der Längsspannung oder Schubspannung, unterhalb derer im Versuch mit konstanten Schwingbreiten kein Ermüdungsschaden auftritt. Bei variablen Spannungsschwingbreiten müssen alle Schwingbreiten unterhalb dieser Grenze liegen, damit kein Ermüdungsschaden auftritt.

1.3.3.4
Schwellenwert der Ermüdungsfestigkeit
Grenze, unterhalb derer Spannungsschwingbreiten von Bemessungsspektren nicht mehr zur Akkumulation des Ermüdungsschadens beitragen

1.3.3.5
Lebensdauer (Anzahl der Spannungsschwingspiele)
in Spannungsschwingspielen ausgedrückte Zeit bis zum Versagen bei Einwirkung konstanter Spannungsschwingbreiten

1.3.3.6
Bezugswert der Ermüdungsfestigkeit
konstante Spannungsschwingbreite $\Delta\sigma_C$ oder $\Delta\tau_C$ für einen bestimmten Kerbfall, die zu der Lebensdauer $N = 2 \times 10^6$ Schwingspiele gehört

1.4 Formelzeichen

$\Delta\sigma$ Spannungsschwingbreite (Längsspannungen);

$\Delta\tau$ Spannungsschwingbreite (Schubspannungen);

$\Delta\sigma_E, \Delta\tau_E$ schadensäquivalente konstante Spannungsschwingbreite bezogen auf n_{max};

$\Delta\sigma_{E,2}, \Delta\tau_{E,2}$ schadensäquivalente konstante Spannungsschwingbreite bezogen auf 2×10^6 Schwingspiele;

$\Delta\sigma_C, \Delta\tau_C$ Bezugswert für die Ermüdungsfestigkeit bei $N_C = 2 \times 10^6$ Schwingspielen;

$\Delta\sigma_D, \Delta\tau_D$ Dauerfestigkeit bei N_D Schwingspielen;

$\Delta\sigma_L, \Delta\tau_L$	Schwellenwert der Ermüdungsfestigkeit bei N_L Schwingspielen;
$\Delta\sigma_{eq}$	äquivalentes Spannungsschwingspiel bei Steganschlussdetails von orthotropen Platten;
$\Delta\sigma_{C,red}$	reduzierter Bezugswert für die Ermüdungsfestigkeit;
γ_{Ff}	γ-Faktor für die schadensäquivalenten Spannungsschwingbreiten $\Delta\sigma_E$, $\Delta\tau_E$;
γ_{Mf}	γ-Faktor für die Ermüdungsfestigkeit $\Delta\sigma_C$, $\Delta\tau_C$;
m	Neigung der Ermüdungsfestigkeitskurve;
λ_i	Schadensäquivalenzfaktor;
ψ_1	Faktor für den häufig auftretenden Wert einer variablen Last;
Q_k	charakteristischer Wert einer einzeln auftretenden variablen Last;
k_s	Abminderungsfaktor für den Bezugswert der Ermüdungsfestigkeit zur Berücksichtigung der Größenabhängigkeit;
k_1	Erhöhungsfaktor für die Nennspannungsschwingbreite zur Berücksichtigung sekundärer Anschlussmomente in Fachwerken;
k_f	Kerbfaktor (Spannungskonzentrationsfaktor);
N_R	Lebensdauer, ausgedrückt als Anzahl von Spannungsschwingspielen mit konstanter Spannungsschwingbreite.

2 Grundlegende Anforderungen und Verfahren

(1)[AC] P [AC] Tragende Bauteile sind im Hinblick auf den Grenzzustand der Ermüdung so auszubilden, dass ihr Verhalten mit ausreichender Wahrscheinlichkeit während der gesamten Nutzungsdauer zufrieden stellend ist.

ANMERKUNG Für Tragwerke, die mit Ermüdungslasten nach EN 1991 und Ermüdungsfestigkeiten nach diesem Teil bemessen werden, darf diese Anforderung als erfüllt gelten.

(2) Anhang A darf für die Bestimmung von Ermüdungslasten im Einzelfall verwendet werden, wenn

— in EN 1991 keine Ermüdungsbelastung angegeben wird oder

— ein realistischeres Ermüdungslastmodell gefordert wird.

ANMERKUNG Anforderungen für die Bestimmung von Ermüdungslastmodellen dürfen im Nationalen Anhang gegeben werden.

(3) Ermüdungsversuche können durchgeführt werden

— um Ermüdungsfestigkeiten für Details zu bestimmen, die nicht in diesem Teil enthalten sind;

— um die Lebensdauer von Prototypen unter wirklichen oder schadensäquivalenten Ermüdungsbelastungen zu bestimmen.

(4) Bei der Durchführung und Auswertung von Ermüdungsversuchen ist in der Regel EN 1990 heranzuziehen, siehe auch 7.1.

ANMERKUNG   Zu Anforderungen für die Bestimmung von Ermüdungslasten im Einzelfall siehe Nationaler Anhang.

(5) Der Ermüdungsnachweis in diesem Normenteil folgt dem üblichen Nachweiskonzept, bei dem Beanspruchungen und Beanspruchbarkeiten verglichen werden. Ein solcher Vergleich ist nur möglich, wenn die Ermüdungsbeanspruchungen mit Parametern der Ermüdungsfestigkeit nach diesem Normteil bestimmt werden.

(6) Die Ermüdungslasten werden entsprechend den Anforderungen des Ermüdungsnachweises bestimmt. Sie unterscheiden sich von denen für Tragfähigkeit- und Gebrauchstauglichkeitsnachweise.

ANMERKUNG   Treten Risse während der Betriebszeit auf, so bedeutet dies nicht notwendigerweise das Ende der Nutzungsdauer. Werden Risse repariert, ist hierbei besondere Sorgfalt erforderlich, um ungünstigere Kerbbedingungen als bereits vorhanden zu vermeiden.

3   Bemessungskonzepte

(1) Der Ermüdungsnachweis ist in der Regel nach einem der folgenden Konzepte durchzuführen:

— Konzept der Schadenstoleranz;

— Konzept der ausreichenden Sicherheit gegen Ermüdungsversagen ohne Vorankündigung.

(2) Durch planmäßige Inspektionen und Wartung während der Nutzungsdauer des Tragwerks können eventuelle Ermüdungsschäden erkannt und beseitigt werden. Das Konzept der Schadenstoleranz sollte hier zu der geforderten Zuverlässigkeit für zufrieden stellendes Verhalten während der Nutzungsdauer führen.

ANMERKUNG 1   Das Konzept der Schadenstoleranz darf angewendet werden, wenn bei Auftreten von Ermüdungsrissen Lastumlagerungen im tragenden Querschnitt oder zwischen Bauteilen möglich sind.

ANMERKUNG 2   Die Bestimmungen für ein Inspektionsprogramm sind im Nationalen Anhang geregelt.

ANMERKUNG 3   Tragwerke, die nach diesem Normenteil konstruiert und bemessen und für die Werkstoffe nach EN 1993-1-10 gewählt werden sowie regelmäßige Überwachung vorgesehen ist, können als schadenstolerant angesehen werden.

(3) Das Konzept der ausreichenden Sicherheit gegen Ermüdungsversagen ohne Vorankündigung gewährt in der Regel die geforderte Zuverlässigkeit für zufrieden stellendes Verhalten während der Nutzungsdauer, ohne dass planmäßige Inspektionen zum rechtzeitigen Erkennen von Ermüdungsschäden notwendig sind. Dieses Konzept ist in der Regel dann anzuwenden, wenn die lokale Ausbildung von Rissen in einer Bauteilkomponente zu unangekündigtem Versagen des Bauteils oder des gesamten Tragwerks führen kann.

(4) Bei Ermüdungsnachweisen nach diesem Normenteil kann die geforderte Zuverlässigkeit durch Festlegung des γ_{Mf}-Faktors für die Ermüdungsfestigkeit in Abhängigkeit von dem gewählten Bemessungskonzept und den Schadensfolgen erreicht werden.

(5) Die Ermüdungsfestigkeiten werden durch das konstruktive Detail mit seinen metallurgischen und geometrischen Kerbeffekten bestimmt. In den konstruktiven Details dieses Normenteils ist die wahrscheinliche Stelle der Rissbildung angegeben.

(6) Das angegebene Nachweisverfahren benutzt Ermüdungsfestigkeiten in Form von Wöhlerlinien für:

— Standardkerbfälle (Nennspannungen);

— Kerbfälle bei bestimmten Schweißdetails (Strukturspannungen).

(7) Die geforderte Zuverlässigkeit kann wie folgt erreicht werden:

a) Konzept der Schadenstoleranz:

— Wahl des konstruktiven Details, des Werkstoffs und des Beanspruchungsniveaus, so dass im unwahrscheinlichen Fall von Rissen ein langsames Risswachstum und große kritische Risslängen erreicht werden könnten;
— Konstruktionen mit Umlagerungsvermögen;
— Konstruktionen, die in der Lage sind, Rissentwicklungen zu hemmen;
— leichte Zugänglichkeit für regelmäßige Inspektionen.

b) Konzept der ausreichenden Sicherheit gegen Ermüdungsversagen ohne Vorankündigung:

— Wahl der Konstruktion und des Beanspruchungsniveaus, so dass am Ende der rechnerischen Nutzungsdauer [AC) Zuverlässigkeitswerte (β-Werte) mindestens so hoch wie bei Tragsicherheitsnachweisen gefordert (AC] erreicht werden können.

ANMERKUNG Die Wahl des Bemessungskonzeptes, die Definitionen der Schadensfolgeklassen sowie die Zahlenwerte für γ_{Mf} dürfen im Nationalen Anhang geregelt werden. Empfohlene γ_{Mf}-Werte sind in Tabelle 3.1 angegeben.

Tabelle 3.1 — Empfehlungen für γ_{Mf}-Faktoren für die Ermüdungsfestigkeit

Bemessungskonzept	Schadensfolgen	
	niedrig	hoch
Schadenstoleranz	1,00	1,15
Sicherheit gegen Ermüdungsversagen ohne Vorankündigung	1,15	1,35

4 Ermüdungsbeanspruchungen

(1) Die Berechnungsmethoden zur Bestimmung der Nennspannungen beruhen auf elastischem Verhalten von Bauteilen und Verbindungen; sie müssen in der Regel alle Lastwirkungen (auch Wirkungen aus Verformungen unter der Last) realistisch wiedergeben.

(2) Bei Fachwerkträgern mit geschweißten Hohlprofilknoten darf von der Annahme gelenkiger Verbindungen an den Anschlüssen ausgegangen werden. Wenn die Spannungen infolge äußerer Lasten auf Bauteile zwischen den Knoten berücksichtigt werden, dürfen die Wirkungen von sekundären Anschlussmomenten aus der Steifigkeit der Verbindungen mit k_1-Faktoren nach 6.4 berücksichtigt werden, [AC) siehe Tabelle 4.1 für Kreisquerschnitte, Tabelle 4.2 für Rechteckquerschnitte; bei diesen Querschnitten sind die geometrischen Einschränkungen in Tabelle 8.7 zu beachten. (AC]

Tabelle 4.1 — k_1-Faktoren für Hohlprofile mit Kreisquerschnitten bei Belastung in der Fachwerksebene

Knotenausbildung		Gurte	Pfosten	Diagonalen
Anschlüsse mit Spalt	K-Knoten	1,5	[AC) - (AC]	1,3
	N-Knoten/KT-Knoten	1,5	1,8	1,4
Anschlüsse mit Überlappung	K-Knoten	1,5	[AC) - (AC]	1,2
	N-Knoten/KT-Knoten	1,5	1,65	1,25

DIN EN 1993-1-9:2010-12
EN 1993-1-9:2005 + AC:2009 (D)

Tabelle 4.2 — k_1-Faktoren für Hohlprofile mit Recheckquerschnitt bei Belastung in der Fachwerksebene

Knotenausbildung		Gurte	Pfosten	Diagonalen
Anschlüsse mit Spalt	K-Knoten	1,5	AC - AC	1,5
	N-Knoten/KT-Knoten	1,5	2,2	1,6
Anschlüsse mit Überlappung	K-Knoten	1,5	AC - AC	1,3
	N-Knoten/KT-Knoten	1,5	2,0	1,4

AC ANMERKUNG 1 AC Zur Begriffserklärung der Knotenausbildungen siehe EN 1993-1-8.

AC ANMERKUNG 2   Gültigkeitsgrenzen für die Geometrie:

Bei ebenen Knoten mit Kreisquerschnitten (K-, N-, KT-Knoten):

$0,30 \leq \beta \leq 0,60$
$12,0 \leq \gamma \leq 30,0$
$0,25 \leq \tau \leq 1,00$
$30° \leq \theta \leq 60°$

Bei Knoten mit Rechteckquerschnitten (K-, N-, KT-Knoten):

$0,40 \leq \beta \leq 0,60$
$6,25 \leq \gamma \leq 12,5$
$0,25 \leq \tau \leq 1,00$
$30° \leq \theta \leq 60°$

AC

5 Berechnung der Spannungen

(1) Spannungen sind in der Regel auf Gebrauchsniveau zu bestimmen.

(2) Querschnitte der Querschnittsklasse 4 sind für Ermüdungslasten nach EN 1993-1-5 nachzuweisen.

ANMERKUNG 1   Hinweise sind EN 1993-2 bis EN 1993-6 zu entnehmen.

ANMERKUNG 2   Der Nationale Anhang darf Gültigkeitsgrenzen für Klasse-4-Querschnitte angeben.

(3) Nennspannungen sind in der Regel an der Stelle der potenziellen Rissentstehung zu bestimmen. Abweichungen von den Konstruktionsdetails in den Tabellen 8.1 bis 8.10, die zusätzliche Spannungskonzentrationen erzeugen, werden durch (mit Spannungskonzentrationsfaktoren k_f) korrigierten Nennspannungen nach 6.3 berücksichtigt.

(4) Bei Verwendung von Strukturspannungen (Kerbspannungen) für die Details in Tabelle B.1 sind die Spannungen nach 6.5 zu ermitteln.

(5) Die maßgebenden Spannungen im Grundwerkstoff sind:

— die Längsspannungen σ;
— die Schubspannungen τ.

ANMERKUNG   Bei gleichzeitiger Wirkung von Längs- und Schubspannungen AC siehe 8(3). AC

(6) Die maßgebenden Spannungen in den Schweißnähten sind, siehe Bild 5.1:

— die Längsspannungen σ_{wf} quer zur Nahtachse: $\sigma_{wf} = \sqrt{\sigma_{\perp f}^2 + \tau_{\perp f}^2}$;

— die Schubspannungen τ_{wf} längs der Nahtachse: $\tau_{wf} = \tau_{\|f}$;

für die in der Regel zwei getrennte Nachweise zu führen sind.

ANMERKUNG Diese Vorgehensweise unterscheidet sich von den Tragsicherheitsnachweisen von Kehlnähten nach EN 1993-1-8.

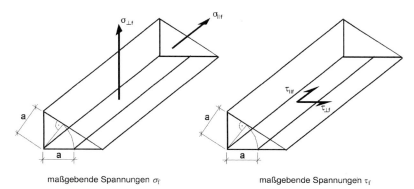

maßgebende Spannungen σ_f maßgebende Spannungen τ_f

Bild 5.1 — Maßgebende Spannungen in Kehlnähten

6 Berechnung der Spannungsschwingbreiten

6.1 Allgemeines

(1) Der Ermüdungsnachweis ist in der Regel auf der Basis der Spannungsschwingbreiten zu führen mit:

— Nennspannungen für die Kerbfälle nach Tabelle 8.1 bis Tabelle 8.10;

— korrigierten Nennspannungen, z. B. bei abrupten Querschnittsänderungen in der Nähe der Rissentstehung, die nicht in den Tabellen 8.1 bis Tabelle 8.10 enthalten sind;

— Strukturspannungen (Kerbspannungen), wo große Spannungsgradienten am Schweißnahtübergang entsprechend Tabelle B.1 auftreten.

ANMERKUNG Der Nationale Anhang darf weitere Informationen zu Nennspannungen, korrigierten Nennspannungen und Strukturspannungen (Kerbspannungen) geben. Kerbfälle für Strukturspannungen (Kerbspannungen) sind im Anhang B angegeben.

(2) Der für den Ermüdungsnachweis maßgebende Bemessungswert der Spannungsschwingbreite wird in der Regel durch die Spannungsschwingbreite $\gamma_{Ff} \cdot \Delta\sigma_{E,2}$ bezogen auf $N_C = 2 \times 10^6$ Schwingspiele ausgedrückt.

6.2 Bemessungswert der Spannungsschwingbreite der Nennspannungen

(1) Der Bemessungswert der Spannungsschwingbreite für Nennspannungen $\gamma_{Ff}\,\Delta\sigma_{E,2}$ und $\gamma_{Ff}\,\Delta\tau_{E,2}$ ist in der Regel wie folgt zu bestimmen:

$$\gamma_{Ff}\,\Delta\sigma_{E,2} = \lambda_1 \cdot \lambda_2 \cdot \lambda_i \cdot \ldots \cdot \lambda_n \cdot \Delta\sigma(\gamma_{Ff}\,Q_k) \qquad (6.1)$$

$$\gamma_{Ff}\,\Delta\tau_{E,2} = \lambda_1 \cdot \lambda_2 \cdot \lambda_i \cdot \ldots \cdot \lambda_n \cdot \Delta\tau(\gamma_{Ff}\,Q_k)$$

Dabei ist

$\Delta\sigma(\gamma_{Ff}\,Q_k)$, $\Delta\tau(\gamma_{Ff}\,Q_k)$ die Spannungsschwingbreite aus den Ermüdungsbelastungen nach EN 1991;

λ_i die Schadensäquivalenzfaktoren abhängig von den Bemessungsspektren der Anwendungsteile von EN 1993 sind.

(2) Wenn keine λ_i-Werte zur Verfügung stehen, dürfen die Bemessungswerte der Nennspannungen nach Anhang A bestimmt werden.

ANMERKUNG Der Nationale Anhang darf Informationen in Ergänzung zum Anhang A geben.

6.3 Bemessungswert der Spannungsschwingbreite korrigierter Nennspannungen

(1) Der Bemessungswert der Spannungsschwingbreite der korrigierten Nennspannungen $\gamma_{Ff}\,\Delta\sigma_{E,2}$ und $\gamma_{Ff}\,\Delta\tau_{E,2}$ ist in der Regel wie folgt zu bestimmen:

$$\gamma_{Ff}\,\Delta\sigma_{E,2} = k_f \cdot \lambda_1 \cdot \lambda_2 \cdot \lambda_i \cdot \ldots \cdot \lambda_n \cdot \Delta\sigma(\gamma_{Ff}\,Q_k) \qquad (6.2)$$

$$\gamma_{Ff}\,\Delta\tau_{E,2} = k_f \cdot \lambda_1 \cdot \lambda_2 \cdot \lambda_i \cdot \ldots \cdot \lambda_n \cdot \Delta\tau(\gamma_{Ff}\,Q_k)$$

Dabei ist

k_f der Spannungskonzentrationsfaktor zur Berücksichtigung der lokalen Spannungserhöhung in Bezug auf die Kerbfallsituation der Bezugs-Wöhlerlinie ist.

ANMERKUNG k_f-Werte können der Literatur entnommen oder durch geeignete Finite Element Berechnungen ermittelt werden.

6.4 Bemessungswert der Spannungsschwingbreite für geschweißte Hohlprofilknoten

(1) Wenn kein genauerer Nachweis geführt wird, sollte der Bemessungswert der Spannungsschwingbreite für die korrigierten Nennspannungen $\gamma_{Ff} \cdot \Delta\sigma_{E,2}$ mit dem vereinfachten Verfahren in 4(2) bestimmt werden

$$\gamma_{Ff}\,\Delta\sigma_{E,2} = k_1 \,(\gamma_{Ff}\,\Delta\sigma^*_{E,2}) \qquad (6.3)$$

Dabei ist

$\gamma_{Ff}\,\Delta\sigma^*_{E,2}$ der Bemessungswert der Spannungsschwingbreite, gerechnet mit dem vereinfachten Fachwerksmodell mit gelenkigen Anschlüssen;

k_1 der Vergrößerungsfaktor nach Tabelle 4.1 und Tabelle 4.2.

6.5 Bemessungswert der Spannungsschwingbreite der Strukturspannungen (Kerbspannungen)

(1) Der Bemessungswert der Spannungsschwingbreite von Strukturspannungen $\gamma_{Ff}\Delta\sigma_{E,2}$ wird in der Regel ermittelt mit

$$\gamma_{Ff}\Delta\sigma_{E,2} = k_f\,(\gamma_{Ff}\Delta\sigma^*_{E,2}) \tag{6.4}$$

Dabei ist

k_f der Spannungskonzentrationsfaktor.

7 Ermüdungsfestigkeit

7.1 Allgemeines

(1) Für Nennspannungen werden die Ermüdungsfestigkeiten durch eine Reihe von $(\log \Delta\sigma_R) - (\log N)$-Kurven und $(\log \Delta\tau_R) - (\log N)$-Kurven bestimmt, wobei jede Kurve einer bestimmten Kerbfallkategorie zugeordnet wird. Jeder Kerbfall ist durch die Kerbfallkategorie gekennzeichnet, die den Bezugswert $\Delta\sigma_C$ oder $\Delta\tau_C$ in N/mm² der Ermüdungsfestigkeitskurve bei 2 Millionen Spannungsspielen darstellt.

(2) Die Ermüdungsfestigkeitskurven für konstante Spannungsschwingbreiten sind definiert durch:

$\Delta\sigma_R^m N_R = \Delta\sigma_C^m \, 2 \times 10^6$ mit $m = 3$ für $N \leq 5 \times 10^6$, siehe Bild 7.1

$\Delta\tau_R^m N_R = \Delta\tau_C^m \, 2 \times 10^6$ mit $m = 5$ für $N \leq 10^8$, siehe Bild 7.2

Dabei ist

$\Delta\sigma_D = \left(\dfrac{2}{5}\right)^{1/3} \cdot \Delta\sigma_C = 0{,}737 \, \Delta\sigma_C$ die Dauerfestigkeit, siehe Bild 7.1;

$\Delta\tau_L = \left(\dfrac{2}{100}\right)^{1/5} \cdot \Delta\tau_C = 0{,}457 \, \Delta\tau_C$ der Schwellenwert der Ermüdungsfestigkeit, siehe Bild 7.2.

(3) Bei Spannungsspektren mit Längsspannungsschwingbreiten oberhalb und unterhalb der Dauerfestigkeit $\Delta\sigma_D$ ist in der Regel der Ermüdungsschaden mit den erweiterten Ermüdungsfestigkeitskurven zu ermitteln.

$\Delta\sigma_R^m N_R = \Delta\sigma_C^m \, 2 \times 10^6$ mit $m = 3$ für $N \leq 5 \times 10^6$

$\Delta\sigma_R^m N_R = \Delta\sigma_D^m \, 5 \times 10^6$ mit $m = 5$ für $5 \times 10^6 \leq N \leq 10^8$

Dabei ist

$\Delta\sigma_L = \left(\dfrac{5}{100}\right)^{1/5} \times \Delta\sigma_D = 0{,}549 \, \Delta\sigma_D$ der Schwellenwert der Ermüdungsfestigkeit, siehe Bild 7.1.

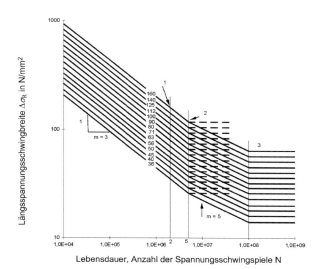

Legende
1 Kerbfall $\Delta\sigma_C$
2 Dauerfestigkeit $\Delta\sigma_D$
3 Schwellenwert der Ermüdungsfestigkeit $\Delta\sigma_L$

Bild 7.1 — Ermüdungsfestigkeitskurve für Längsspannungsschwingbreiten

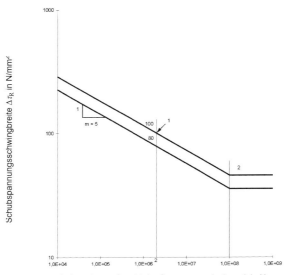

Legende
1 Kerbfall $\Delta\tau_C$
2 Schwellenwert der Ermüdungsfestigkeit $\Delta\tau_L$

Bild 7.2 — Ermüdungsfestigkeitskurve für Schubspannungsschwingbreiten

ANMERKUNG 1   Soweit Ergebnisse von Ermüdungsversuchen benutzt wurden, um den Bezugswert $\Delta\sigma_C$ für einen bestimmten Kerbfall zu bestimmen, ist $\Delta\sigma_C$ für 2 Millionen Spannungsspiele statistisch als 95 %-Quantil für Überleben mit etwa 75 % Vertrauenswahrscheinlichkeit ermittelt worden. Dabei wurden Standardabweichungen, Probekörpergröße und Eigenspannungen berücksichtigt. Die Anzahl der Proben (mindestens 10) wurde nach EN 1990, Anhang D berücksichtigt.

ANMERKUNG 2   Der Nationale Anhang darf die Ermittlung der Ermüdungsfestigkeit für den Einzelfall regeln, wenn die Auswertung nach den Vorgaben in Anmerkung 1 erfolgt.

ANMERKUNG 3   Die Testdaten einiger Kerbdetails lassen sich nicht eindeutig den Ermüdungsfestigkeitskurven in Bild 7.1 zuordnen. Die Kerbfallkategorien, die mit einem Stern gekennzeichnet sind, wurden eine Kategorie tiefer eingestuft, um die Dauerfestigkeit $\Delta\sigma_D$ den Ergebnissen von Versuchen anzupassen. Die Kerbfallkategorien $\Delta\sigma_C^*$ dürfen in diesen Fällen um eine Kategorie angehoben werden, wenn die S-N-Kurve mit $m = 3$ bis zur Dauerfestigkeit $\Delta\sigma_C^*$ bei $N_D^* = 10^7$ verlängert wird, siehe Bild 7.3.

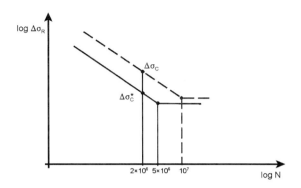

Bild 7.3 — Alternative Ermüdungsfestigkeit $\Delta\sigma_C$ für Kerbfälle, die mit $\Delta\sigma_C^*$ bezeichnet sind

(4) Die Kerbfallkategorien $\Delta\sigma_C$ und $\Delta\tau_C$ für Nennspannungen sind wie folgt angegeben:

— Tabelle 8.1 für ungeschweißte Bauteile und Anschlüsse mit mechanischen Verbindungsmitteln;

— Tabelle 8.2 für geschweißte zusammengesetzte Querschnitte;

— Tabelle 8.3 für quer laufende Stumpfnähte;

— Tabelle 8.4 für angeschweißte Anschlüsse und Steifen;

— Tabelle 8.5 für geschweißte Stöße;

— Tabelle 8.6 für Hohlprofile;

— Tabelle 8.7 für geschweißte Knoten von Fachwerkträgern;

— Tabelle 8.8 für orthotrope Platten mit Hohlrippen;

— Tabelle 8.9 für orthotrope Platten mit offenen Rippen;

— Tabelle 8.10 für die Obergurt-Stegblech Anschlüsse von Kranbahnträgern.

(5) Die Kerbfallkategorien $\Delta\sigma_C$ für Strukturspannungen (Kerbspannungen) werden in Anhang B angegeben.

ANMERKUNG   Kerbfallkategorien $\Delta\sigma_C$ und $\Delta\tau_C$ für Kerbdetails, die nicht in Tabelle 8.1 bis Tabelle 8.10 und im Anhang B enthalten sind, dürfen im Nationalen Anhang angegeben werden.

7.2 Modifizierung der Ermüdungsfestigkeit

7.2.1 Nicht geschweißte oder spannungsarm geglühte geschweißte Konstruktionen unter Druckbeanspruchung

(1) Bei nicht geschweißten Konstruktionen oder bei geschweißten Konstruktionen, die spannungsarm geglüht werden, darf der Mittelspannungseinfluss auf die Ermüdungsfestigkeit dadurch berücksichtigt werden, dass die Spannungsschwingbreite $\Delta\sigma_{E,2}$ im Ermüdungsnachweis reduziert wird, wenn sie ganz oder teilweise im Druckbereich liegt.

(2) Die reduzierte Spannungsschwingbreite darf als Summe des Zuganteils der Spannungsschwingbreite und 60 % des Druckanteils der Spannungsschwingbreite ermittelt werde, siehe Bild 7.4.

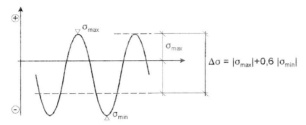

Legende
+ Zugspannungen
− Druckspannungen

Bild 7.4 — Modifizierte Spannungsschwingbreiten für nicht geschweißte und spannungsarm geglühte geschweißte Konstruktionen

7.2.2 Größenabhängigkeit

(1) Die Größenabhängigkeit aus Effekten der Blechdicke oder anderer Abmessungen ist in der Regel entsprechend Tabelle 8.1 bis Tabelle 8.10 zu berücksichtigen. Die Ermüdungsfestigkeit lautet dann:

$$\Delta\sigma_{C,red} = k_s\,\Delta\sigma_C \tag{7.1}$$

8 Ermüdungsnachweis

(1) Die Spannungsschwingbreiten für Nennspannungen, korrigierte Nennspannungen oder Strukturspannungen (Kerbspannungen) infolge der häufig auftretenden Lasten $\psi_1\,Q_k$, siehe EN 1990, sind in der Regel zu begrenzen durch:

$\Delta\sigma \leq 1{,}5\,f_y$ für Längsspannungen;   (8.1)

$\Delta\tau \leq 1{,}5\,f_y/\sqrt{3}$ für Schubspannungen.

(2) Folgende Ermüdungsnachweise sind zu führen:

$$\frac{\gamma_{Ff}\,\Delta\sigma_{E,2}}{\Delta\sigma_C/\gamma_{Mf}} \leq 1{,}0$$

und   (8.2)

$$\frac{\gamma_{Ff}\,\Delta\tau_{E,2}}{\Delta\tau_C/\gamma_{Mf}} \leq 1{,}0\,.$$

ANMERKUNG   Die Tabellen 8.1 bis 8.9 erfordern für einige Kerbfälle die Verwendung von Spannungsschwingbreiten für Hauptspannungen.

DIN EN 1993-1-9:2010-12
EN 1993-1-9:2005 + AC:2009 (D)

(3) Bei gleichzeitiger Wirkung von Längs- und Schubspannungsschwingbreiten $\Delta\sigma_{E,2}$ and $\Delta\tau_{E,2}$ ist in der Regel nachzuweisen, dass

$$\left(\frac{\gamma_{Ff}\,\Delta\sigma_{E,2}}{\Delta\sigma_C/\gamma_{Mf}}\right)^3 + \left(\frac{\gamma_{Ff}\,\Delta\tau_{E,2}}{\Delta\tau_C/\gamma_{Mf}}\right)^5 \leq 1{,}0 \qquad (8.3)$$

falls nicht bei den Kerbfallkategorien in Tabelle 8.8 und Tabelle 8.9 ein anderes Nachweisformat angegeben ist.

(4) Wenn keine Angaben zu $\Delta\sigma_{E,2}$ oder $\Delta\tau_{E,2}$ vorliegen, darf der Nachweis nach Anhang A erfolgen.

ANMERKUNG 1 Die in Anhang A dargestellten Regelungen für Längsspannungsschwingspiele [AC) können auch analog für Schubspannungsschwingspiele (AC] verwendet werden.

ANMERKUNG 2 Hinweise zur Anwendung von Anhang A dürfen im Nationalen Anhang gegeben werden.

Tabelle 8.1 — Ungeschweißte Bauteile und Anschlüsse mit mechanischen Verbindungsmitteln

Kerbfall	Konstruktionsdetail	Beschreibung	Anforderungen
160	ANMERKUNG Der Kerbfall 160 ist der höchst mögliche; kein Kerbfall kann bei irgendeiner Anzahl an Spannungsschwingspielen eine höhere Ermüdungsfestigkeit erreichen.	[AC] Gewalzte oder gepresste Erzeugnisse: [AC] 1) [AC] Bleche und Flachstähle mit gewalzten Kanten; [AC] 2) [AC] Walzprofile mit gewalzten Kanten; [AC] 3) Nahtlose rechteckige oder runde Hohlprofile.	Kerbfälle 1) bis 3): Scharfe Kanten, Oberflächen- und Walzfehler sind durch Schleifen zu beseitigen und ein nahtloser Übergang herzustellen.
140		Gescherte oder brenngeschnittene Bleche: 4) Maschinell brenngeschnittener Werkstoff mit nachträglicher mechanischer Bearbeitung. 5) Maschinell brenngeschnittener Werkstoff mit seichten und regelmäßigen Brennriefen oder von Hand brenngeschnittener Werkstoff mit nachträglicher mechanischer Bearbeitung. Maschinell brenngeschnittener Werkstoff der Schnittqualität entsprechend EN 1090.	4) Alle sichtbaren Randkerben sind zu beseitigen, Schnittflächen zu überschleifen und Kanten zu brechen. Riefen infolge mechanischer Bearbeitung (z. B. Schleifen) müssen parallel zu den Spannungen verlaufen. Kerbfälle 4) und 5): Einspringende Ecken sind durch Schleifen (Neigung ≤ ¼) zu bearbeiten oder durch einen entsprechenden Spannungskonzentrationsfaktor zu berücksichtigen keine Ausbesserungen durch Verfüllen mit Schweißgut
125			
100 $m = 5$		6) und 7) [AC] Gewalzte oder gepresste Erzeugnisse entsprechend der Kerbfälle 1), 2), 3) [AC]	Kerbfälle 6) und 7): $\Delta \tau$ berechnet nach: $$\tau = \frac{V\,S(t)}{I\,t}$$
Für Kerbfall 1–5 ist bei Einsatz von wetterfestem Stahl der nächsttiefere Kerbfall zu verwenden.			
112		8) Symmetrische zweischnittige Verbindung mit hochfesten vorgespannten Schrauben. 8) Symmetrische zweischnittige Verbindung mit vorgespannten Injektionsschrauben.	8) $\Delta\sigma$ ist am Bruttoquerschnitt zu ermitteln. 8) ... Bruttoquerschnitt ...	Allgemein gilt für geschraubte Verbindungen (Kerbfälle 8) bis 13)): Lochabstand vom Rand in Kraftrichtung: $e_1 \geq 1{,}5\,d$ Lochabstand vom Rand senkrecht zur Kraftrichtung: $e_2 \geq 1{,}5\,d$ Lochabstand in Kraftrichtung: $p_1 \geq 2{,}5\,d$ Lochabstand senkrecht zur Kraftrichtung: $p_2 \geq 2{,}5\,d$ Ausbildung nach EN 1993-1-8, Bild 3.1
90		9) Zweischnittige Verbindung mit Passschrauben. 9) Zweischnittige Verbindung mit nicht vorgespannten Injektionsschrauben. 10) Einschnittige Verbindung mit hochfesten vorgespannten Schrauben. 10) Einschnittige Verbindung mit vorgespannten Injektionsschrauben. 11) Bauteile mit Löchern unter Biegung und Normalkraft.	9) ... Nettoquerschnitt ... 9) ... Nettoquerschnitt ... 10) ... Bruttoquerschnitt ... 10) ... Bruttoquerschnitt ... 11) ... Nettoquerschnitt ...	
80		12) Einschnittige Verbindung mit Passschrauben. 12) Einschnittige Verbindung mit nicht vorgespannten Injektionsschrauben.	12) ... Nettoquerschnitt ... 12) ... Nettoquerschnitt ...	
50		13) Einschnittige oder symmetrische zweischnittige Verbindung mit Lochspiel und nicht vorgespannten Schrauben. Keine Lastumkehr.	13) ... Nettoquerschnitt ...	

Tabelle 8.1 *(fortgesetzt)*

Kerbfall	Konstruktionsdetail		Beschreibung	Anforderungen
50	Größenabhängigkeit für $\varnothing > 30$ mm: $k_s=(30/\varnothing)^{0,25}$	(14)	14) Schrauben und Gewindestangen mit gerolltem oder geschnittenen Gewinde unter Zug. Bei großen Durchmessern (Ankerschrauben) muss der Größeneffekt mit k_s berücksichtigt werden.	14) $\Delta\sigma$ ist am Spannungsquerschnitt der Schraube zu ermitteln. Biegung und Zug infolge Abstützkräften sowie weitere Biegespannungen (z. B. sekundäre Biegespannungen) sind zu berücksichtigen. Bei vorgespannten Schrauben darf die reduzierte Spannungsschwingbreite berücksichtigt werden.
100 $m=5$		(15)	Schrauben in ein- oder zweischnittigen Scher-Lochleibungsverbindungen (Gewinde nicht in der Scherfläche) 15) – Passschrauben – Schrauben ohne Lastumkehr (Schraubengüten 5.6, 8.8 oder 10.9)	15) $\Delta\tau$ ist am Schaftquerschnitt zu ermitteln.

Tabelle 8.2 — Geschweißte zusammengesetzte Querschnitte

Kerbfall	Konstruktionsdetail	Beschreibung	Anforderungen
125		Durchgehende Längsnähte: 1) ⌈AC⌉ Mit Automaten oder voll mechanisiert ⌈AC⌉ beidseitig durchgeschweißte Nähte. 2) ⌈AC⌉ Mit Automaten oder voll mechanisiert geschweißte ⌈AC⌉ Kehlnähte. Die Enden von aufgeschweißten Gurtplatten sind gem. Kerbfall 6) oder 7) in Tabelle 8.5 nachzuweisen.	Kerbfälle 1) und 2): Es dürfen keine Schweißansatzstellen vorhanden sein, ausgenommen bei Durchführung einer Reparatur mit anschließender Überprüfung der Reparaturschweißung.
112		3) ⌈AC⌉ Mit Automaten oder voll mechanisiert geschweißte ⌈AC⌉ Doppelkehlnähte oder beidseitig durchgeschweißte Nähte, beide mit Ansatzstellen. 4) ⌈AC⌉ Mit Automaten oder voll mechanisiert ⌈AC⌉ einseitig durchgeschweißte Naht mit nicht unterbrochener Schweißbadsicherung, aber ohne Ansatzstellen.	4) Weist dieser Kerbfall Ansatzstellen auf, ist er der Kerbgruppe 100 zuzuordnen.
100		5) Handgeschweißte Kehlnähte oder HV-Nähte oder DHV-Nähte. 6) ⌈AC⌉ Von Hand oder mit Automaten oder voll mechanisiert ⌈AC⌉ einseitig durchgeschweißte Nähte, speziell bei Hohlkästen.	5) und 6) Zwischen Flansch und Stegblech ist eine sehr gute Passgenauigkeit erforderlich. Dabei ist bei HV-Nähten das Stegblech so anzuschrägen, dass die Wurzel ausreichend und ohne Herausfließen von Schweißgut erfasst werden kann.
100		7) ⌈AC⌉ Ausgebesserte automaten- oder voll mechanisiert geschweißte ⌈AC⌉ oder handgeschweißte Kehlnähte oder Stumpfnähte nach Kerbfall 1) bis 6).	7) Durch Nachschleifen aller sichtbaren Fehlstellen durch einen Spezialisten sowie einer entsprechenden Überprüfung kann der ursprüngliche Kerbfall wiederhergestellt werden.
80	$g/h \leq 2{,}5$	8) Unterbrochene Längsnähte.	8) $\Delta\sigma$ wird mit der Längsspannung im Flansch berechnet.
71		9) Längsnähte, Kehlnähte oder unterbrochene Nähte mit Freischnitten (kleiner 60 mm). Bei Freischnitten > 60 mm gilt Kerbfall 1) in Tabelle 8.4.	9) $\Delta\sigma$ wird mit der Längsspannung im Flansch berechnet.
125 112 90		10) Längsbeanspruchte Stumpfnaht, beidseitig in Lastrichtung blecheben geschliffen, 100 % ZFP. 10) Ohne Schleifen und ohne Ansatzstellen. 10) Mit Ansatzstellen.	
140		11) ⌈AC⌉ Mit Automaten oder voll mechanisiert geschweißte ⌈AC⌉ Längsnaht in Hohlprofilen ohne Ansatzstellen.	11) ⌈AC⌉ gestrichener Text ⌈AC⌉ Wanddicke $t \leq 12{,}5$ mm
125 90		11) ⌈AC⌉ Mit Automaten oder voll mechanisiert geschweißte ⌈AC⌉ Längsnaht in Hohlprofilen ohne Ansatzstellen. 11) Mit Ansatzstellen.	11) Wanddicke $t > 12{,}5$ mm
Werden die Kerbfälle 1 bis 11 mit voll mechanisierter Schweißung ausgeführt, gelten die Kerbfallkategorien für Automatenschweißung.			

Tabelle 8.3 — Quer laufende Stumpfnähte

Kerbfall	Konstruktionsdetail	Beschreibung	Anforderungen
112 Blechdickenabhängigkeit für $t > 25$ mm: $k_s = (25/t)^{0,2}$	(1)(2)(3)(4)	Ohne Schweißbadsicherung: 1) Querstöße in Blechen und Flachstählen. 2) Vor dem Zusammenbau geschweißte Flansch- und Stegstöße in geschweißten Blechträgern. 3) Vollstöße von Walzprofilen mit Stumpfnähten ohne Freischnitte. 4) Querstöße in Blechen oder Flachstählen, abgeschrägt in Breite oder Dicke mit einer Neigung ≤ ¼.	– Alle Nähte blecheben in Lastrichtung geschliffen. – Schweißnahtan- und -auslaufstücke sind zu verwenden und anschließend zu entfernen, Blechränder sind blecheben in Lastrichtung zu schleifen. – Beidseitige Schweißung mit ZFP. Kerbfall 3): Walzprofile mit denselben Abmessungen ohne Toleranzunterschiede
90 Blechdickenabhängigkeit für $t > 25$ mm: $k_s = (25/t)^{0,2}$	(5)(6)(7)	5) Querstöße von Blechen oder Flachstählen. 6) Vollstöße von Walzprofilen mit Stumpfnähten ohne Freischnitte. 7) Querstöße von Blechen oder Flachstählen, abgeschrägt in Breite oder Dicke mit einer Neigung ≤ ¼. Der Übergang muss kerbfrei ausgeführt werden.	– Die Nahtüberhöhung muss ≤10 % der Nahtbreite und mit verlaufendem Übergang in die Blechoberfläche ausgeführt werden. – Schweißnahtan- und -auslaufstücke sind zu verwenden und anschließend zu entfernen, Blechränder sind blecheben in Lastrichtung zu schleifen. – Beidseitige Schweißung mit ZFP. Kerbfälle 5 und 7: Die Nähte sind in Wannenlage zu schweißen.
90 Blechdickenabhängigkeit für $t > 25$ mm: $k_s = (25/t)^{0,2}$	(8)	8) Vollstöße von Walzprofilen mit Stumpfnähten mit Freischnitten.	– Alle Nähte blecheben in Lastrichtung geschliffen. – Schweißnahtan- und -auslaufstücke sind zu verwenden und anschließend zu entfernen, Blechränder sind blecheben in Lastrichtung zu schleifen. – Beidseitige Schweißung mit ZFP. – Walzprofile mit denselben Abmessungen ohne Toleranzunterschiede
80 Blechdickenabhängigkeit für $t > 25$ mm: $k_s = (25/t)^{0,2}$	(9)(10)(11)	9) Querstöße in geschweißten Blechträgern ohne Freischnitte. 10) Vollstöße von Walzprofilen mit Stumpfnähten mit Freischnitten. 11) Querstöße in Blechen, Flachstählen, Walzprofilen oder geschweißten Blechträgern.	– Die Nahtüberhöhung muss ≤ 20 % der Nahtbreite und mit verlaufendem Übergang in die Blechoberfläche ausgeführt werden. – keine Schweißnahtnachbehandlung – Schweißnahtan- und -auslaufstücke sind zu verwenden und anschließend zu entfernen, Blechränder sind blecheben in Lastrichtung zu schleifen. – Beidseitige Schweißung mit ZFP. Kerbfall 10: Die Nahtüberhöhung muss ≤10% der Nahtbreite und mit verlaufendem Übergang in die Blechoberfläche ausgeführt werden.
63	(12)	12) Querstöße in Walzquerschnitten (ohne Freischnitt).	– Schweißnahtan- und -auslaufstücke sind zu verwenden und anschließend zu entfernen, Blechränder sind blecheben in Lastrichtung zu schleifen. – Beidseitige Schweißung

Tabelle 8.3 *(fortgesetzt)*

Kerbfall	Konstruktionsdetail	Beschreibung	Anforderungen
36		13) Einseitig geschweißte Stumpfnähte.	13) Ohne Schweißbadsicherung.
71	Blechdickenabh. f. $t > 25$ mm: $k_s = (25/t)^{0,2}$	13) Einseitig geschweißte Stumpfnähte mit Inspektion der Wurzellage durch ZFP.	
71	Blechdickenabhängigkeit für $t > 25$ mm: $k_s = (25/t)^{0,2}$	Mit Schweißbadsicherung: 14) Querstöße 15) Querstöße von Blechen, abgeschrägt in Breite oder Dicke mit einer Neigung ≤ ¼. Auch gültig für gekrümmte Bleche.	Kerbfälle 14) und 15): Die Kehlnaht, mit der die Schweißbadsicherung angeschweißt wird, muss mindestens 10 mm von den Rändern des beanspruchten Bleches entfernt enden. Die Heftnaht muss innerhalb der späteren Stumpfnaht liegen.
50	Blechdickenabhängigkeit für $t > 25$ mm: $k_s = (25/t)^{0,2}$	16) Quernähte mit verbleibender Schweißbadsicherung, abgeschrägt in Breite oder Dicke mit einer Neigung ≤ ¼. Auch gültig für gekrümmte Bleche.	16) Wenn eine gute Passgenauigkeit nicht sichergestellt ist oder wenn die Anschlussnähte der Wurzelunterlage ≤10 mm von den Blechrändern entfernt enden.
71	Blechdickenabhängigkeit für $t > 25$ mm und/oder Berücksichtigung der Exzentrizität: $k_s = \left(\dfrac{25}{t_1}\right)^{0,2} / \left(1 + \dfrac{6e\, t_1^{1,5}}{t_1^{1,5} + t_2^{1,5}}\right)$	17) Quernaht zwischen Blechen unterschiedlicher Dicke ohne Übergang und ohne Exzentrizität. Neigung ≤ ½ $t_2 \geq t_1$	
[AC] 40 [AC] wie 4 in Tabelle 8.5		18) Quernaht an sich kreuzenden Gurten 19) Mit Übergang entsprechend Tabelle 8.4, Kerbfall 4.	Kerbfälle 18) und 19) Die Ermüdungsfestigkeit senkrecht zur Lastrichtung ist nach Tabelle 8.4, Kerbfall 4 oder 5 nachzuweisen.

Tabelle 8.4 — Angeschweißte Anschlüsse und Steifen

Kerbfall	Konstruktionsdetail		Beschreibung	Anforderungen
80	$L \leq 50$ mm		Längsrippen:	Die Dicke der Steifen muss kleiner sein als ihre Höhe, sonst siehe Tabelle 8.5, Kerbfall 5 oder 6.
71	$50 < L \leq 80$ mm		1) Die Kerbgruppe hängt von der Länge L der Längsrippe ab.	
63	$80 < L \leq 100$ mm			
56	$L > 100$ mm			
71	$L > 100$ mm, $\alpha < 45°$		2) Längsrippen an ebenen oder gekrümmten Blechen	
80	$r > 150$ mm		3) Längsgeschweißte Anschlussbleche mit Ausrundung an ebenen oder gekrümmten Blechen, Endverstärkung der Kehlnaht (voll durchgeschweißt); Länge der Verstärkungsnaht $> r$.	Kerbfall 3) und 4): Am Knotenblech muss ein gleichmäßiger Übergang hergestellt werden, und zwar vor dem Schweißen mit dem Radius r durch maschinelle Bearbeitung oder Brennschneiden und nach dem Schweißen durch Schleifen der Schweißzone parallel zur Lastrichtung, so dass der Schweißnahtübergang der Quernaht vollständig entfernt ist.
90	[AC] $\frac{r}{\ell} \geq \frac{1}{3}$ [AC] oder $r > 150$ mm		4) An den Blech- oder Trägerflanschrändern angeschweißtes Knotenblech.	
71	[AC] $\frac{1}{6} \leq \frac{r}{\ell} \leq \frac{1}{3}$ [AC]			
50	[AC] $\frac{r}{\ell} < \frac{1}{6}$ [AC]			
40			5) Ohne Nachbehandlung, ohne Ausrundungsradius.	
80	$\ell \leq 50$ mm		Quersteifen: 6) Quersteifen auf Blechen 7) Vertikalsteifen in Walz- oder geschweißten Blechträgern.	Kerbfälle 6) und 7): Die Schweißnahtenden sind sorgfältig zu schleifen, um Einbrandkerben zu entfernen.
71	$50 < \ell \leq 80$ mm		8) Am Steg oder Flansch angeschweißte Querschotte in Kastenträgern. Nicht für Hohlprofile. Die Kerbfälle gelten auch für Ringsteifen.	7) Wenn die Steife, Fall 7) links, im Stegblech abschließt, wird $\Delta \sigma$ mit den Hauptspannungen berechnet.
80			9) Einfluss geschweißter Kopfbolzendübel auf den Grundwerkstoff.	

Tabelle 8.5 — Geschweißte Stöße

Kerbfall	Konstruktionsdetail			Beschreibung	Anforderungen
80	$\ell < 50$	alle t		Kreuz- und T-Stöße:	1) Nach Prüfung frei von Diskontinuitäten und Exzentrizitäten außerhalb der Toleranzen nach EN 1090.
71	$50 < \ell \leq 80$	alle t		1) Riss am Schweißnahtübergang in voll durchgeschweißten Stumpfnähten und allen nicht durchgeschweißten Nähten.	
63	$80 < \ell \leq 100$	alle t			
56	$100 < \ell \leq 120$	alle t			2) $\Delta\sigma$ ist mit korrigierten Nennspannungsschwingbreiten zu ermitteln.
56	$\ell > 120$	$t \leq 20$			
50	$120 < \ell \leq 200$	$t > 20$			3) Es sind 2 Ermüdungsnachweise erforderlich: zum einen der Nachweis gegen Riss der Schweißnahtwurzel mit Spannungen nach Abschnitt 5 mit Kerbgruppe 36* für σ_w und Kerbgruppe 80 für τ_w, zum anderen der Nachweis des Nahtüberganges mit Bestimmung von $\Delta\sigma$ in den belasteten Blechen.
	$\ell > 200$	$20 < t \leq 30$			
45	$200 < \ell \leq 300$	$t > 30$			
	$\ell > 300$	$30 < t \leq 50$			
40	$\ell > 300$	$t > 50$			
wie Kerbfall 1 in Tabelle 8.5	verformbares Anschlussblech			2) Riss am Schweißnahtübergang, ausgehend von der Kante des Anschlussbleches, mit Spannungskonzentrationen an den Schweißnahtenden infolge Blechverformungen.	Kerbfälle 1) bis 3): Die Ausmittigkeit der belasteten Bleche muss ≤15 % der Dicke des Zwischenblechs sein.
36*				[AC] 3) Wurzelriss bei nicht voll durchgeschweißten T-Stößen oder Kehlnähten oder in T-Stößen nach Bild 4.6 in EN 1993-1-8:2005. [AC]	
wie Kerbfall 1 in Tabelle 8.5				Anschlüsse mit überlappenden Bauteilen: 4) Mit Kehlnähten geschweißte Laschenverbindung.	4) Berechnung von $\Delta\sigma$ im Hauptblech mit der in der Skizze gezeigten Fläche. 5) Berechnung von $\Delta\sigma$ in den überlappenden Laschen. Kerbfälle 4) und 5): – Die Schweißnahtenden müssen ≥10 mm vom Blechende entfernt sein. – Ein Schubanriss in der Schweißnaht ist mit Kerbfall 8) zu überprüfen.
45*	Spannungsfläche im Hauptblech: Neigung = 1/2			5) Mit Kehlnähten geschweißte Laschenverbindung.	
	$t_c < t$	$t_c \geq t$		Gurtlamellen auf Walzprofilen und geschweißten Blechträgern: 6) Endbereiche von einlagig oder mehrlagig aufgeschweißten Gurtplatten mit und ohne Stirnnaht.	6) Wenn die Lamellen breiter sind als der Flansch, ist eine Stirnnaht, die sorgfältig ausgeschliffen wird, um Einbrandkerben zu entfernen, erforderlich. Die minimale Lamellenlänge beträgt 300 mm. Für kürzere Lamellen siehe Abstufung für Kerbfall 1.
56*	$t \leq 20$	–			
50	$20 < t \leq 30$	$t \leq 20$			
45	$30 < t \leq 50$	$20 < t \leq 30$			
40	$t > 50$	$30 < t \leq 50$			
36	–	$t > 50$			
56	verstärkte Stirnnaht			7) Gurtlamellen auf Walzprofilen und geschweißten Blechträgern. $5 t_c$ ist die Minimallänge der Verstärkungsnaht.	7) Die Stirnnaht ist blecheben zu schleifen. Zusätzlich ist für $t_c > 20$ mm die Lamelle mit einer Neigung <¼ auszubilden.
80 $m=5$				8) Durchgehende Kehlnähte, die einen Schubfluss übertragen, wie z. B. Halskehlnähte zwischen Stegblech und Flansch bei geschweißten Blechträgern. 9) Mit Kehlnähten geschweißte Laschenverbindung.	8) $\Delta\tau$ ist auf die Schweißnahtdicke bezogen zu berechnen. 9) $\Delta\tau$ ist auf die Schweißnahtdicke bezogen unter Berücksichtigung der Gesamtlänge der Schweißnaht zu berechnen. Schweißnahtenden müssen ≥10 mm vom Blechende entfernt sein.

Tabelle 8.5 *(fortgesetzt)*

Kerbfall	Konstruktionsdetail	Beschreibung	Anforderungen
siehe EN 1994-2 (90 $m=8$)	(10)	Schweißnähte unter Querkraftbeanspruchung: 10) Kopfbolzendübel in Verbundwirkung	10) $\Delta \tau$ wird am Nennquerschnitt des Dübels ermittelt.
71	(11)	11) Ringflanschanschluss mit zu 80 % durchgeschweißten Stumpfnähten.	11) Der Schweißnahtübergang ist zu überschleifen. $\Delta \sigma$ wird am Rohrquerschnitt berechnet.
40	(12)	12) Ringflanschanschluss mit Kehlnähten	12) $\Delta \sigma$ wird am Rohrquerschnitt berechnet.

DIN EN 1993-1-9:2010-12
EN 1993-1-9:2005 + AC:2009 (D)

Tabelle 8.6 — Hohlprofile ($t \leq 12{,}5$ mm)

Kerbfall	Konstruktionsdetail	Beschreibung	Anforderungen
71	(1)	1) Ringflanschanschluss mit zusammengedrücktem Endquerschnitt, Stumpfnaht (X-Naht).	1) $\Delta\sigma$ ist am Rohrquerschnitt zu berechnen. Rohrdurchmesser <200 mm
71 / 63	$\alpha \leq 45°$ / $\alpha > 45°$ (2)	2) Rohr-Blech-Anschluss, Rohr geschlitzt und an das Blech geschweißt, Loch am Schlitzende.	2) $\Delta\sigma$ ist am Rohrquerschnitt zu berechnen. Schubrisse in der Schweißnaht sind nach Tabelle 8.5, Kerbfall 8) nachzuweisen.
71	(3)	Quernähte: 3) Stöße von Rundhohlprofilen mit durchgeschweißten Stumpfnähten.	Kerbfälle 3) und 4): − Nahtüberhöhung ≤ 10% der Schweißnahtdicke mit verlaufendem Übergang in das Grundmaterial. − In Wannenlage geschweißte Nähte und nachweisbar frei von erkennbaren Fehlern außerhalb der Toleranzen nach EN 1090. − Konstruktionsdetails mit $t > 8$ mm dürfen 2 Kerbfallkategorien höher eingestuft werden.
56	(4)	4) Stöße von Rechteckhohlprofilen mit durchgeschweißten Stumpfnähten.	
71	$\ell \leq 100$ mm (5)	Nicht tragende Schweißnähte: 5) Mit Kehlnähten an ein anderes Bauteil angeschweißte runde oder rechteckige Hohlprofile.	5) − Nicht tragende Schweißnähte. − Querschnittsbreite parallel zur Spannungsrichtung $\ell \leq 100$ mm. − für andere Fälle siehe Tabelle 8.4.
50	(6)	Tragende Schweißnähte: 6) Kopfplattenstoß von Rundhohlprofile mit durchgeschweißten Nähten.	Kerbfälle 6) und 7): − Tragende Schweißnähte. − Scheißnahtinspektion und nachweisbar frei von erkennbaren Fehlern außerhalb der Toleranzen nach EN 1090. − Konstruktionsdetails mit Wanddicken $t > 8$ mm dürfen eine Kerbfallkategorien höher eingestuft werden.
45	(7)	7) Kopfplattenstoß von Rechteckhohlprofile mit durchgeschweißten Nähten.	
40	(8)	8) Kopfplattenstoß von Rundhohlprofilen mit Kehlnähten.	Kerbfälle 8) und 9): − Tragende Schweißnähte. − Wanddicken $t \leq 8$ mm.
36	(9)	9) Kopfplattenstoß von Rechteckhohlprofilen mit Kehlnähten.	

Tabelle 8.7 — Geschweißte Knoten von Fachwerkträgern

Kerbfall	Konstruktionsdetail	Anforderungen
90 $m = 5$	$\frac{t_0}{t_i} \geq 2{,}0$ Anschluss mit Spalt: Kerbdetail 1): K- und N-Knoten, Rundhohlprofile	Kerbfälle 1) und 2): – Es sind getrennte Nachweise für Gurte und Diagonalen zu führen. – Bei Zwischenwerten von t_0/t_i ist zwischen den Kerbgruppen linear zu interpolieren. – Bei Diagonalen mit $t \leq 8$ mm sind Kehlnähte erlaubt. – t_0 und $t_i \leq 8$ mm – $35° \leq \theta \leq 50°$ – $b_0/t_0 \cdot t_0/t_i \leq 25$ – $d_0/t_0 \cdot t_0/t_i \leq 25$ – $0{,}4 \leq b/b_0 \leq 1{,}0$ – $0{,}25 \leq d_i/d_0 \leq 1{,}0$ – $b_0 \leq 200$ mm – $d_0 \leq 300$ mm – $-0{,}5h_0 \leq e_{i/p} \leq 0{,}25h_0$ – $-0{,}5d_0 \leq e_{i/p} \leq 0{,}25d_0$ – $e_{o/p} \leq 0{,}02b_0$ oder $\leq 0{,}02d_0$ [$e_{o/p}$: Ausmittigkeit rechtwinklig zur Verbandsebene] Kerbfall 2): $0{,}5(b_0 - b_i) \leq g \leq 1{,}1(b_0 - b_i)$ und $g \geq 2t_0$
45 $m = 5$	$\frac{t_0}{t_i} = 1{,}0$	
71 $m = 5$	$\frac{t_0}{t_i} \geq 2{,}0$ Anschluss mit Spalt: Kerbdetail 2): K- und N-Knoten, Rechteckprofile	
36 $m = 5$	$\frac{t_0}{t_i} = 1{,}0$	
71 $m = 5$	$\frac{t_0}{t_i} \geq 1{,}4$ Anschluss mit Überlappung: Kerbdetail 3): K-Knoten, Rechteck- oder Rundhohlprofile	Kerbfälle 3) und 4): – 30 % $\leq$ Überlappung $\leq$ 100 % – Überlappung = $(q/p) \times 100\%$ – Es sind getrennte Nachweise für Gurte und Diagonalen zu führen. – Bei Zwischenwerten von t_0/t_i ist zwischen den Kerbgruppen linear zu interpolieren. – Bei Diagonalen mit $t \leq 8$ mm sind Kehlnähte erlaubt. – t_0 und $t_i \leq 8$ mm – $35° \leq \theta \leq 50°$ – $b_0/t_0 \cdot t_0/t_i \leq 25$ – $d_0/t_0 \cdot t_0/t_i \leq 25$ – $0{,}4 \leq b/b_0 \leq 1{,}0$ – $0{,}25 \leq d_i/d_0 \leq 1{,}0$ – $b_0 \leq 200$ mm – $d_0 \leq 300$ mm – $-0{,}5h_0 \leq e_{i/p} \leq 0{,}25h_0$ – $-0{,}5d_0 \leq e_{i/p} \leq 0{,}25d_0$ – $e_{o/p} \leq 0{,}02b_0$ oder $\leq 0{,}02d_0$ [$e_{o/p}$: Ausmittigkeit rechtwinklig zur Verbandsebene] Definition von p und q:
56 $m = 5$	$\frac{t_0}{t_i} = 1{,}0$	
71 $m = 5$	$\frac{t_0}{t_i} \geq 1{,}4$ Anschluss mit Überlappung: Kerbdetail 4): N-Knoten, Rechteck- oder Rundhohlprofile	
50 $m = 5$	$\frac{t_0}{t_i} = 1{,}0$	

Tabelle 8.8 — Orthotrope Platten mit Hohlrippen

Kerbfall	Konstruktionsdetail	Beschreibung	Anforderungen
80	$t \leq 12$ mm	1) Durchgehende Längsrippe mit Ausschnitt im Querträger.	1) Der Nachweis ist mit der Längsspannungsschwingbreite $\Delta\sigma$ in der Rippe zu führen.
71	$t > 12$ mm		
80	$t \leq 12$ mm	2) Durchgehende Längsrippe ohne Ausschnitt im Querträger.	2) Der Nachweis ist mit der Längsspannungsschwingbreite $\Delta\sigma$ in der Rippe zu führen.
71	$t > 12$ mm		
36		3) Längsrippen am Querträger stoßen.	3) Der Nachweis ist mit der Längsspannungsschwingbreite $\Delta\sigma$ in der Rippe zu führen.
71		4) Rippenstoß, voll durchgeschweißte Stumpfnaht mit Badsicherung.	4) Der Nachweis ist mit der Längsspannungsschwingbreite $\Delta\sigma$ in der Rippe zu führen. [AC] Die Haftnaht der Badsicherung ist nur innerhalb der späteren Stumpfnaht zulässig. [AC]
112	wie 1, 2, 4 in Tabelle 8.3	5) Von beiden Seiten voll durchgeschweißte Stumpfnaht ohne Badsicherung.	5) Der Nachweis ist mit der Längsspannungsschwingbreite $\Delta\sigma$ in der Rippe zu führen. [AC] gestrichener Text [AC]
90	wie 5, 7 in Tabelle 8.3		
80	wie 9, 11 in Tabelle 8.3		
71		6) Kritischer Schnitt im Querträgersteg mit Ausschnitten.	6) Der Nachweis ist mit der Spannungsschwingbreite im kritischen Schnitt unter Berücksichtigung von Vierendeel Effekten zu führen. ANMERKUNG Wird die Spannungsschwingbreite nach EN 1993-2, 9.4.2.2(3) ermittelt, darf Kerbfall 112 verwendet werden.
71		Naht zwischen Deckblech und trapez- oder V-förmiger Rippe: 7) Versenkte Naht mit $a \geq t$ $\Delta\sigma = \frac{\Delta M_w}{W_w}$	7) Der Nachweis ist mit der Spannungsschwingbreite infolge Blechbiegung zu führen. W_w ist mit t zu berechnen.
50		8) Kehlnaht oder nicht voll durchgeschweißte Naht, wenn nicht durch Kerbfall 7) abgedeckt.	8) Der Nachweis ist mit der Spannungsschwingbreite infolge Biegung in der Schweißnaht oder im Blech zu führen. W_w ist mit a zu berechnen.

Tabelle 8.9 — Orthotrope Platten mit offenen Rippen

Kerbfall	Konstruktionsdetail		Beschreibung	Anforderungen
80	$t \leq 12$ mm		1) Anschluss einer Längsrippe an den Querträger.	1) Der Nachweis ist mit der Spannungsschwingbreite $\Delta\sigma$ in der Rippe infolge Biegung zu führen.
71	$t > 12$ mm			
56			2) Anschluss einer durchgehenden Längsrippe an den Querträger. $\Delta\sigma = \dfrac{\Delta M_s}{W_{net,s}}$ $\Delta\tau = \dfrac{\Delta V_s}{A_{w,net,s}}$ Spannungsschwingspiele zwischen den Längsrippen sind ebenfalls entsprechend EN 1993-2 nachzuweisen.	2) Der Nachweis ist mit der Kombination der Spannungsschwingbreite $\Delta\tau$ infolge Querkraft und der Spannungsschwingbreite infolge Biegung $\Delta\sigma$ im Querträgersteg mit einer äquivalenten Spannungsschwingbreite zu führen: $\Delta\sigma_{eq} = \dfrac{1}{2}\left(\Delta\sigma + \sqrt{\Delta\sigma^2 + 4\Delta\tau^2}\right)$

Tabelle 8.10 — Obergurt-Stegblech Anschlüsse von Kranbahnträgern

Kerbfall	Konstruktionsdetail	Beschreibung	Anforderungen
160	①	1) Gewalzte I- oder H-Querschnitte.	1) Spannungsschwingbreite $\Delta\sigma_{vert.}$ im Steg infolge vertikaler Druckkräfte aus Radlasteinleitung.
71	②	2) Voll durchgeschweißter T-Stumpfstoß.	2) Spannungsschwingbreite $\Delta\sigma_{vert.}$ im Steg infolge vertikaler Druckkräfte aus Radlasteinleitung.
36*	③	3) Nicht voll durchgeschweißter T-Stumpfstoß oder wirksam voll durchgeschweißter T-Stumpfstoß in Übereinstimmung mit EN 1993-1-8	3) Spannungsschwingbreite $\Delta\sigma_{vert.}$ in der Schweißnaht infolge vertikaler Druckkräfte aus Radlasteinleitung.
36*	④	4) Kehlnähte	4) Spannungsschwingbreite $\Delta\sigma_{vert.}$ in der Schweißnaht infolge vertikaler Druckkräfte aus Radlasteinleitung.
71	⑤	5) Gurt aus einem T-Profil mit voll durchgeschweißtem T-Stumpfstoß.	5) Spannungsschwingbreite $\Delta\sigma_{vert.}$ im Steg infolge vertikaler Druckkräfte aus Radlasteinleitung.
36*	⑥	6) Gurt aus einem T-Profil mit nicht voll durchgeschweißtem T-Stumpfstoß oder wirksam voll durchgeschweißtem T-Stumpfstoß in Übereinstimmung mit EN 1993-1-8	6) Spannungsschwingbreite $\Delta\sigma_{vert.}$ in der Schweißnaht infolge vertikaler Druckkräfte aus Radlasteinleitung.
36*	⑦	7) Gurt aus einem T-Profil mit Kehlnähten.	7) Spannungsschwingbreite $\Delta\sigma_{vert.}$ in der Schweißnaht infolge vertikaler Druckkräfte aus Radlasteinleitung.

Anhang A
(normativ)

Bestimmung von ermüdungsrelevanten Lastkenngrößen und Nachweisformate

A.1 Bestimmung von Belastungszyklen

(1) Typische Last-Zeit-Verläufe können aus Erfahrungswerten ähnlicher Lastsituationen angesetzt werden, solange diese eine konservative Abschätzung aller erwarteten Belastungszyklen innerhalb der Nutzungsdauer darstellen, siehe Bild A.1 a).

A.2 Spannungszeitverlauf am Kerbdetail

(1) Aus den Belastungszyklen sollte ein Spannungszeitverlauf am Kerbdetail unter Berücksichtigung der Art und des Verlaufs der Einflusslinien sowie dynamischer Vergrößerungsfaktoren ermittelt werden, siehe Bild A.1 b).

(2) Spannungszeitverläufe dürfen auch auf der Basis von Messungen an ähnlichen Tragwerken oder durch eine dynamische Berechnung des Tragwerkes bestimmt werden.

A.3 Zählverfahren

(1) Spannungszeitverläufe können durch folgende Zählverfahren bestimmt werden:

— Rainflow-Methode;

— Reservoir-Methode, siehe Bild A.1 c).

Hierbei werden folgende Parameter bestimmt:

— die Spannungsschwingbreiten sowie deren Anzahl;

— die Mittelspannung, falls der Mittelspannungseinfluss zu berücksichtigen ist.

A.4 Spektrum der Spannungsschwingbreiten

(1) Ein Spektrum der Spannungsschwingbreiten wird bestimmt, indem die Spannungsschwingbreiten mit der zugehörigen Anzahl der Schwingspiele in absteigender Reihenfolge geordnet werden, siehe Bild A.1 d).

(2) Bei der Bestimmung der Spektren der Spannungsschwingbreiten dürfen Spitzenwerte der Spannungsschwingbreiten vernachlässigt werden, wenn diese weniger als 1 % der Gesamtschädigung ausmachen; dies gilt auch für kleine Spannungsschwingbreiten, wenn diese unterhalb des Schwellenwertes der Ermüdungsfestigkeit liegen.

(3) Spektren der Spannungsschwingbreiten können entsprechend ihrer Völligkeit standardisiert werden, z. B. mit den normierten Achsen $\Delta\sigma = 1,0$ und $\overline{\Sigma n} = 1,0$.

A.5 Anzahl der Spannungsschwingspiele bis zum Versagen

(1) Werden die Bemessungsspektren der Spannungsschwingbreiten $\Delta\sigma_i$, multipliziert mit γ_{Ff} und die Ermüdungsfestigkeitswerte $\Delta\sigma_C$, dividiert durch γ_{Mf} zur Bestimmung der Lebensdauerwerte N_{Ri} verwendet, so darf die Schadenakkumulation wie folgt durchgeführt werden:

$$D_d = \sum_i^n \frac{n_{Ei}}{N_{Ri}} \tag{A.1}$$

Dabei ist

n_{Ei} die Anzahl der Spannungsschwingspiele, bezogen auf den Streifen i mit der Spannungsschwingbreite $\gamma_{Ff}\Delta\sigma_i$;

N_{Ri} die Lebensdauer als Anzahl der Schwingspiele, bezogen auf die Bemessungs-Wöhlerlinie $\Delta\sigma_C/\gamma_{Mf} - N_R$ für die Spannungsschwingbreite $\gamma_{Ff}\Delta\sigma_i$.

(2) Mit der Annahme gleicher Schädigung D_d darf das Bemessungsspektrum der Spannungsschwingbreiten in ein beliebiges äquivalentes Bemessungsspektrum der Spannungsschwingbreiten umgerechnet werden. So kann z. B. nach der Umwandlung in eine äquivalente konstante Spannungsschwingbreite eine weitere Transformation in eine äquivalente Ermüdungslast Q_e, abhängig von der Anzahl der Spannungsschwingspiele $n_{max} = \Sigma n_i$, oder in $Q_{E,2}$ mit $N_C = 2 \times 10^6$ Spannungsschwingspielen erfolgen.

A.6 Nachweisformate

(1) In der Regel ist der Ermüdungsnachweis auf der Grundlage der Schadensakkumulation erbracht, wenn

— bei Anwendung der Schadensakkumulation:

$$D_d \leq 1{,}0 \tag{A.2}$$

— bei der Anwendung der Spannungsschwingbreite:

$$\gamma_{Ff}\Delta\sigma_{E,2} \leq \sqrt[m]{D_d}\,\frac{\Delta\sigma_C}{\gamma_{Mf}} \tag{A.3}$$

Dabei ist $m = 3$.

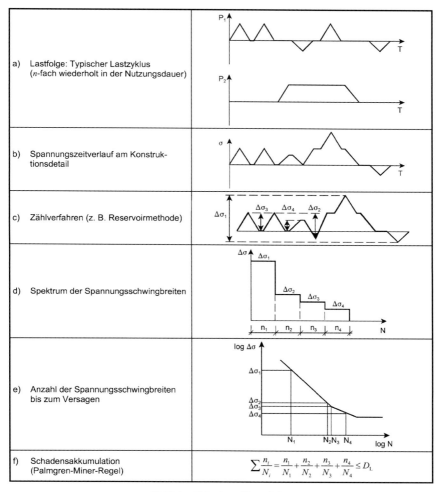

Bild A.1 — Schadensakkumulation

Anhang B
(normativ)

Ermüdungsfestigkeit bei Verwendung von Strukturspannungen (Kerbspannungen)

(1) Die Kerbfälle für die Anwendung des Verfahrens mit Strukturspannungen (Kerbspannungen) sind in Tabelle B.1 für folgende Orte der Rissbildung zusammengestellt:

— Nahtübergang von Stumpfnähten;

— Nahtübergang von Kehlnähten an Anschlüssen;

— Nahtübergang von Kehlnähten in Kreuzstößen.

Tabelle B.1 — Kerbfälle bei Verwendung von Strukturspannungen (Kerbspannungen)

Kerbfall	Konstruktionsdetail	Beschreibung	Anforderungen
112	①	1) Voll durchgeschweißte Stumpfnaht.	1) – Alle Nähte blecheben in Lastrichtung geschliffen. – Schweißnahtan- und -auslaufstücke sind zu verwenden und anschließen zu entfernen, Blechränder sind blecheben in Lastrichtung zu schleifen. – Beidseitige Schweißung mit ZFP. – Für Exzentrizitäten siehe Anmerkung 1 unten.
100	②	2) Voll durchgeschweißte Stumpfnaht.	2) – Nähte nicht blecheben geschliffen – Schweißnahtan- und -auslaufstücke sind zu verwenden und anschließen zu entfernen, Blechränder sind blecheben in Lastrichtung zu schleifen. – Beidseitige Schweißung. – Für Exzentrizitäten siehe Anmerkung 1 unten.
100	③	3) Kreuzstoß mit voll durchgeschweißten K-Nähten.	3) – Anstellwinkel ≤60°. – Für Exzentrizitäten siehe Anmerkung 1 unten.
100	④	4) Unbelastete Kehlnähte.	4) Anstellwinkel ≤60°, siehe auch Anmerkung 2.
100	⑤	5) Enden von Anschlussblechen und Längssteifen.	5) Anstellwinkel ≤60°, siehe auch Anmerkung 2
100	⑥	6) Enden von Gurtlamellen und ähnliche Anschlüsse.	6) Anstellwinkel ≤60°, siehe auch Anmerkung 2
90	⑦	7) Kreuzstöße mit belasteten Kehlnähten.	7) – Anstellwinkel ≤60°. – Für Exzentrizitäten siehe Anmerkung 1 unten. – siehe auch Anmerkung 2

ANMERKUNG 1   In Tabelle B.1 sind keine Exzentrizitäten enthalten; diese müssen bei der Spannungsermittlung explizit berücksichtigt werden.

ANMERKUNG 2   Tabelle B.1 gilt nicht für Rissbildung an der Nahtwurzel, gefolgt von Risswachstum durch die Naht.

ANMERKUNG 3   Anstellwinkel der Schweißnaht ist in EN 1090 definiert.

Dezember 2010

| | DIN EN 1993-1-9/NA | |

ICS 91.010.30; 91.080.10 Ersatzvermerk
siehe unten

Nationaler Anhang –
National festgelegte Parameter –
Eurocode 3: Bemessung und Konstruktion von Stahlbauten –
Teil 1-9: Ermüdung

National Annex –
Nationally determined parameters –
Eurocode 3: Design of steel structures –
Part 1-9: Fatigue

Annexe Nationale –
Paramètres déterminés au plan national –
Eurocode 3: Calcul des structures en acier –
Partie 1-9: Fatigue

Ersatzvermerk

Mit DIN EN 1993-1-1:2010-12, DIN EN 1993-1-1/NA:2010-12, DIN EN 1993-1-3:2010-12,
DIN EN 1993-1-3/NA:2010-12, DIN EN 1993-1-5:2010-12, DIN EN 1993-1-5/NA:2010-12,
DIN EN 1993-1-8:2010-12, DIN EN 1993-1-8/NA:2010-12, DIN EN 1993-1-9:2010-12,
DIN EN 1993-1-10:2010-12, DIN EN 1993-1-10/NA:2010-12, DIN EN 1993-1-11:2010-12 und
DIN EN 1993-1-11/NA:2010-12 Ersatz für DIN 18800-1:2008-11;
mit DIN EN 1993-1-1:2010-12, DIN EN 1993-1-1/NA:2010-12, DIN EN 1993-1-8:2010-12,
DIN EN 1993-1-8/NA:2010-12, DIN EN 1993-1-9:2010-12, DIN EN 1993-1-10:2010-12 und
DIN EN 1993-1-10/NA:2010-12 Ersatz für DIN V ENV 1993-1-1:1993-04, DIN V ENV 1993-1-1/A1:2002-05
und DIN V ENV 1993-1-1/A2:2002-05

Gesamtumfang 6 Seiten

Normenausschuss Bauwesen (NABau) im DIN

DIN EN 1993-1-9/NA:2010-12

Vorwort

Dieses Dokument wurde vom NA 005-08-16 AA „Tragwerksbemessung" erstellt.

Dieses Dokument bildet den Nationalen Anhang zu DIN EN 1993-1-9:2010-12, *Eurocode 3: Bemessung und Konstruktion von Stahlbauten — Teil 1-9: Ermüdung*.

Die Europäische Norm EN 1993-1-9 räumt die Möglichkeit ein, eine Reihe von sicherheitsrelevanten Parametern national festzulegen. Diese national festzulegenden Parameter (en: *Nationally determined parameters*, NDP) umfassen alternative Nachweisverfahren und Angaben einzelner Werte, sowie die Wahl von Klassen aus gegebenen Klassifizierungssystemen. Die entsprechenden Textstellen sind in der Europäischen Norm durch Hinweise auf die Möglichkeit nationaler Festlegungen gekennzeichnet. Eine Liste dieser Textstellen befindet sich im Unterabschnitt NA 2.1. Darüber hinaus enthält dieser nationale Anhang ergänzende nicht widersprechende Angaben zur Anwendung von DIN EN 1993-1-9:2010-12 (en: *non-contradictory complementary information*, NCI).

Dieser Nationale Anhang ist Bestandteil von DIN EN 1993-1-9:2010-12.

DIN EN 1993-1-9:2010-12 und dieser Nationale Anhang DIN EN 1993-1-9/NA:2010-12 ersetzen:

— zusammen mit DIN EN 1993-1-1, DIN EN 1993-1-1/NA, DIN EN 1993-1-3, DIN EN 1993-1-3/NA, DIN EN 1993-1-5, DIN EN 1993-1-5/NA, DIN EN 1993-1-8, DIN EN 1993-1-8/NA, DIN EN 1993-1-10, DIN EN 1993-1-10/NA, DIN EN 1993-1-11 und DIN EN 1993-1-11/NA
die nationale Norm DIN 18800-1:2008-11.

Änderungen

Gegenüber DIN 18800-1:2008-11, DIN V ENV 1993-1-1:1993-04, DIN V ENV 1993-1-1/A1:2002-05 und DIN V ENV 1993-1-1/A2:2002-05 wurden folgende Änderungen vorgenommen:

a) nationale Festlegungen zu DIN EN 1993-1-9:2010-12 aufgenommen.

Frühere Ausgaben

DIN 1050: 1934-08, 1937xxxxx-07, 1946-10, 1957x-12, 1968-06
DIN 1073: 1928-04, 1931-09, 1941-01, 1974-07
DIN 1073 Beiblatt: 1974-07
DIN 1079: 1938-01, 1938-11, 1970-09
DIN 4100: 1931-05, 1933-07, 1934xxxx-08, 1956-12, 1968-12
DIN 4101: 1937xxx-07, 1974-07
DIN 18800-1: 1981-03, 1990-11, 2008-11
DIN 18800-1/A1: 1996-02
DIN V ENV 1993-1-1: 1993-04
DIN V ENV 1993-1-1/A1: 2002-05
DIN V ENV 1993-1-1/A2: 2002-05

DIN EN 1993-1-9/NA:2010-12

NA 1 Anwendungsbereich

Dieser Nationale Anhang enthält nationale Festlegungen für Nachweisverfahren zur Prüfung der Ermüdungsfestigkeit von Bauteilen, Verbindungen und Anschlüssen, die unter Ermüdungsbeanspruchung stehen, die bei der Anwendung von DIN EN 1993-1-9:2010-12 in Deutschland zu berücksichtigen sind.

Dieser Nationale Anhang gilt nur in Verbindung mit DIN EN 1993-1-9:2010-12.

NA 2 Nationale Festlegungen zur Anwendung von DIN EN 1993-1-9:2010-12

NA 2.1 Allgemeines

DIN EN 1993-1-9:2010-12 weist an den folgenden Textstellen die Möglichkeit nationaler Festlegungen aus (NDP, en: *Nationally determined parameters*).

— 1.1(2);
— 2(2);
— 2(4);
— 3(2);
— 3(7);
— 5(2);
— 6.1(1);
— 6.2(2);
— 7.1(3);
— 7.1(5);
— 8(4).
— 6.1(1);
— 6.2(2);
— 7.1(3);
— 7.1(5);
— 8(4).

Darüber hinaus enthält NA 2.2 ergänzende nicht widersprechende Angaben zur Anwendung von DIN EN 1993-1-9:2010-12. Diese sind durch ein vorangestelltes „NCI" (en: *non-contradictory complementary information*) gekennzeichnet.

— 1.2

— Literaturhinweise

NA 2.2 Nationale Festlegungen

Die nachfolgende Nummerierung entspricht der Nummerierung von DIN EN 1993-1-9:2010-12 bzw. ergänzt diese.

NDP zu 1.1(2) Anmerkung 1

Es gilt DIN EN 1090-2. Weitere Toleranzen für spezielle Kerbfälle sind in den Tabellen 8.1 bis 8.10 von DIN EN 1993-1-9:2010-12 allgemein und für Stahlbrücken in DIN EN 1993-2:2010-12, Anhang C geregelt.

NDP zu 1.1(2) Anmerkung 2

Es gilt DIN EN 1090-1.

NCI zu 1.2 Normative Verweisungen

NA DIN EN 1993-2:2010-12, *Eurocode 3: Bemessung und Konstruktion von Stahlbauten — Teil 2: Stahlbrücken; Deutsche Fassung EN 1993-2:2006*

NDP zu 2(2) Anmerkung

Die Ermüdungslasten sind nach DIN EN 1993-1-9:2010-12, Anhang A entsprechend den Betriebsbedingungen zu ermitteln; weitere Hinweise sind in [1] angegeben.

NDP zu 2(4) Anmerkung

Die Anwendung von Ermüdungsfestigkeitswerten aus Versuchen bedarf eines bauaufsichtlichen Verwendbarkeitsnachweises (Zustimmung im Einzelfall oder allgemeine bauaufsichtliche Zulassung). Hinweise zur Bestimmung von Ermüdungsfestigkeiten sind in [1] angegeben.

NDP zu 3(2) Anmerkung 2

Die Festlegungen zu Inspektionsprogrammen erfolgen in den jeweiligen Nationalen Anhängen zu den für die Anwendung geltenden Normen (z. B. DIN EN 1993-2 bis DIN EN 1993-6).

NDP zu 3(7) Anmerkung

Im Allgemeinen ist das *Konzept der Schadenstoleranz* anzuwenden und das Inspektionsprogramm danach auszurichten. In Sonderfällen, in denen regelmäßige Inspektionen unzumutbar oder unmöglich sind, ist das *Konzept der ausreichenden Sicherheit gegen Ermüdungsversagen ohne Vorankündigung* anzuwenden, siehe [1]. Weiteres ist den Normenteilen DIN EN 1993-2 bis DIN EN 1993-6 zu entnehmen. Für andere Fälle werden die in DIN EN 1993-1-9:2010-12, Tabelle 3.1 angegebenen Teilsicherheitsbeiwerte γ_{Mf} für die Ermüdungsfestigkeit festgelegt.

NDP zu 5(2) Anmerkung 2

Die Regeln dürfen für Querschnitte der Klasse 4 angewendet werden, wenn nach den entsprechenden Anwendungsnormen unter häufigen Lasten kein Blech- bzw. Stegblechatmen auftritt.

NDP zu 6.1(1) Anmerkung

Informationen zu Nennspannungen, korrigierten Nennspannungen und Strukturspannungen sind in [1] angegeben.

NDP zu 6.2(2) Anmerkung

Es werden keine weiteren Hinweise gegeben.

NDP zu 7.1(3) Anmerkung 2

Hinweise zur Versuchsauswertung sind in [1] angegeben.

NDP zu 7.1(5) Anmerkung

Es werden keine weiteren Hinweise gegeben.

NDP zu 8(4) Anmerkung 2

Es werden keine weiteren Hinweise gegeben.

NCI **Literaturhinweise**

[1] Stahlbau-Kalender 2006, Schwerpunkt: Dauerhaftigkeit, Kuhlmann, Ulrike (Hrsg.), Ernst und Sohn, Berlin

Dezember 2010

DIN EN 1993-1-10

ICS 91.010.30; 91.080.10

Ersatzvermerk
siehe unten

Eurocode 3: Bemessung und Konstruktion von Stahlbauten – Teil 1-10: Stahlsortenauswahl im Hinblick auf Bruchzähigkeit und Eigenschaften in Dickenrichtung; Deutsche Fassung EN 1993-1-10:2005 + AC:2009

Eurocode 3: Design of steel structures –
Part 1-10: Material toughness and through-thickness properties;
German version EN 1993-1-10:2005 + AC:2009

Eurocode 3: Calcul des structures en acier –
Parie 1-10: Choix des qualités d'acier vis à vis de la ténacité et des propriétés dans le sens de l'épaisseur;
Version allemande EN 1993-1-10:2005 + AC:2009

Ersatzvermerk

Ersatz für DIN EN 1993-1-10:2005-07;
mit DIN EN 1993-1-1:2010-12, DIN EN 1993-1-1/NA:2010-12, DIN EN 1993-1-3:2010-12,
DIN EN 1993-1-3/NA:2010-12, DIN EN 1993-1-5:2010-12, DIN EN 1993-1-5/NA:2010-12,
DIN EN 1993-1-8:2010-12, DIN EN 1993-1-8/NA:2010-12, DIN EN 1993-1-9:2010-12,
DIN EN 1993-1-9/NA:2010-12, DIN EN 1993-1-10/NA:2010-12, DIN EN 1993-1-11:2010-12 und
DIN EN 1993-1-11/NA:2010-12 Ersatz für DIN 18800-1:2008-11;
Ersatz für DIN EN 1993-1-10 Berichtigung 1:2010-05

Gesamtumfang 22 Seiten

Normenausschuss Bauwesen (NABau) im DIN

DIN EN 1993-1-10:2010-12

Nationales Vorwort

Dieses Dokument (EN 1993-1-10:2005 + AC:2009) wurde vom Technischen Komitee CEN/TC 250 „Eurocodes für den konstruktiven Ingenieurbau" erarbeitet, dessen Sekretariat vom BSI gehalten wird.

Die Arbeiten auf nationaler Ebene wurden durch die Experten des NABau-Spiegelausschusses NA 005-08-16 AA „Tragwerksbemessung (Sp CEN/TC 250/SC 3)" begleitet.

Diese Europäische Norm wurde vom CEN am 16. April 2005 angenommen.

Die Norm ist Bestandteil einer Reihe von Einwirkungs- und Bemessungsnormen, deren Anwendung nur im Paket sinnvoll ist. Dieser Tatsache wird durch das Leitpapier L der Kommission der Europäischen Gemeinschaft für die Anwendung der Eurocodes Rechnung getragen, indem Übergangsfristen für die verbindliche Umsetzung der Eurocodes in den Mitgliedsstaaten vorgesehen sind. Die Übergangsfristen sind im Vorwort dieser Norm angegeben.

Die Anwendung dieser Norm gilt in Deutschland in Verbindung mit dem Nationalen Anhang.

Es wird auf die Möglichkeit hingewiesen, dass einige Texte dieses Dokuments Patentrechte berühren können. Das DIN [und/oder die DKE] sind nicht dafür verantwortlich, einige oder alle diesbezüglichen Patentrechte zu identifizieren.

Der Beginn und das Ende des hinzugefügten oder geänderten Textes wird im Text durch die Textmarkierungen AC⟩ ⟨AC angezeigt.

Änderungen

Gegenüber DIN V ENV 1993-1-1:1993-04, DIN V ENV 1993-1-1/A1:2002-05 und DIN V ENV 1993-1-1/A2:2002-05 wurden folgende Änderungen vorgenommen:

a) Vornorm-Charakter wurde angenommen;

b) in Teil 1-1, Teil 1-8, Teil 1-9 und Teil 1-10 aufgeteilt;

c) die Stellungnahmen der nationalen Normungsinstitute wurden eingearbeitet und der Text vollständig überarbeitet und in einen eigenständigen Normteil überführt.

Gegenüber DIN EN 1993-1-10:2005-07, DIN EN 1993-1-10 Berichtigung 1:2010-05 und DIN 18800-1:2008-11 wurden folgende Änderungen vorgenommen:

a) auf europäisches Bemessungskonzept umgestellt;

b) Ersatzvermerke korrigiert;

c) Vorgänger-Norm mit der Berichtigung 1 konsolidiert;

d) redaktionelle Änderungen durchgeführt.

Frühere Ausgaben

DIN 1050: 1934-08, 1937xxxxx-07, 1946-10, 1957x-12, 1968-06
DIN 1073: 1928-04, 1931-09, 1941-01, 1974-07
DIN 1073 Beiblatt: 1974-07
DIN 1079: 1938-01, 1938-11, 1970-09
DIN 4100: 1931-05, 1933-07, 1934xxxx-08, 1956-12, 1968-12
DIN 4101: 1937xxx-07, 1974-07
DIN 18800-1: 1981-03, 1990-11, 2008-11
DIN 18800-1/A1: 1996-02
DIN V ENV 1993-1-1: 1993-04
DIN V ENV 1993-1-1/A1: 2002-05
DIN V ENV 1993-1-1/A2: 2002-05
DIN EN 1993-1-10: 2005-07
DIN EN 1993-1-10 Berichtigung 1: 2010-05

— Leerseite —

EUROPÄISCHE NORM
EUROPEAN STANDARD
NORME EUROPÉENNE

EN 1993-1-10
Mai 2005
+AC
März 2009

ICS 91.010.30; 91.080.10

Ersatz für ENV 1993-1-1:1992

Deutsche Fassung

Eurocode 3: Bemessung und Konstruktion von Stahlbauten — Teil 1-10: Stahlsortenauswahl im Hinblick auf Bruchzähigkeit und Eigenschaften in Dickenrichtung

Eurocode 3: Design of steel structures — Part 1-10: Material toughness and through-Thickness properties

Eurocode 3: Calcul des structures en acier — Partie 1-10: Choix des qualités d'acier vis à vis de la ténacité et des propriétés dans le sens de l'épaisseur

Diese Europäische Norm wurde vom CEN am 23. April 2004 angenommen.

Die Berichtigung tritt am 25. März 2009 in Kraft und wurde in EN 1993-1-10:2005 eingearbeitet.

Die CEN-Mitglieder sind gehalten, die CEN/CENELEC-Geschäftsordnung zu erfüllen, in der die Bedingungen festgelegt sind, unter denen dieser Europäischen Norm ohne jede Änderung der Status einer nationalen Norm zu geben ist. Auf dem letzten Stand befindliche Listen dieser nationalen Normen mit ihren bibliographischen Angaben sind beim Management-Zentrum des CEN oder bei jedem CEN-Mitglied auf Anfrage erhältlich.

Diese Europäische Norm besteht in drei offiziellen Fassungen (Deutsch, Englisch, Französisch). Eine Fassung in einer anderen Sprache, die von einem CEN-Mitglied in eigener Verantwortung durch Übersetzung in seine Landessprache gemacht und dem Management-Zentrum mitgeteilt worden ist, hat den gleichen Status wie die offiziellen Fassungen.

CEN-Mitglieder sind die nationalen Normungsinstitute von Belgien, Bulgarien, Dänemark, Deutschland, Estland, Finnland, Frankreich, Griechenland, Irland, Island, Italien, Lettland, Litauen, Luxemburg, Malta, den Niederlanden, Norwegen, Österreich, Polen, Portugal, Rumänien, Schweden, der Schweiz, der Slowakei, Slowenien, Spanien, der Tschechischen Republik, Ungarn, dem Vereinigten Königreich und Zypern.

EUROPÄISCHES KOMITEE FÜR NORMUNG
EUROPEAN COMMITTEE FOR STANDARDIZATION
COMITÉ EUROPÉEN DE NORMALISATION

Management-Zentrum: Avenue Marnix 17, B-1000 Brüssel

© 2009 CEN   Alle Rechte der Verwertung, gleich in welcher Form und in welchem Verfahren, sind weltweit den nationalen Mitgliedern von CEN vorbehalten.

Ref. Nr. EN 1993-1-10:2005 + AC:2009 D

DIN EN 1993-1-10:2010-12
EN 1993-1-10:2005 + AC:2009 (D)

Inhalt

Seite

Vorwort 3
Hintergrund des Eurocode-Programms 3
Status und Gültigkeitsbereich der Eurocodes 4
Nationale Fassungen der Eurocodes 5
Verbindung zwischen den Eurocodes und den harmonisierten Technischen Spezifikationen für Bauprodukte (EN und ETAZ) 5
Nationaler Anhang zu EN 1993-1-10 5

1	Allgemeines	6
1.1	Anwendungsbereich	6
1.2	Normative Verweisungen	6
1.3	Begriffe	7
1.4	Formelzeichen	8
2	Auswahl der Stahlsorten im Hinblick auf die Bruchzähigkeit	8
2.1	Allgemeines	8
2.2	Vorgehensweise	9
2.3	Zulässige Erzeugnisdicken	11
2.3.1	Allgemeines	11
2.3.2	Ermittlung der zulässigen Erzeugnisdicken	12
2.4	Anwendung der Bruchmechanik	13
3	Auswahl der Stahlsorten im Hinblick auf Eigenschaften in Dickenrichtung	14
3.1	Allgemeines	14
3.2	Vorgehensweise	15

DIN EN 1993-1-10:2010-12
EN 1993-1-10:2005 + AC:2009 (D)

Vorwort

Dieses Dokument (EN 1993-1-10:2005 + AC:2009) wurde vom Technischen Komitee CEN/TC 250 „Eurocodes für den konstruktiven Ingenieurbau" erarbeitet, dessen Sekretariat vom BSI gehalten wird. CEN/TC 250 ist auch für alle anderen Eurocode-Teile verantwortlich.

Diese Europäische Norm muss den Status einer nationalen Norm erhalten, entweder durch Veröffentlichung eines identischen Textes oder durch Anerkennung bis November 2005, und etwaige entgegenstehende nationale Normen müssen bis März 2010 zurückgezogen werden.

Dieses Dokument ersetzt ENV 1993-1-1.

Entsprechend der CEN/CENELEC-Geschäftsordnung sind die nationalen Normungsinstitute der folgenden Länder gehalten, diese Europäische Norm zu übernehmen: Belgien, Dänemark, Deutschland, Estland, Finnland, Frankreich, Griechenland, Irland, Island, Italien, Lettland, Litauen, Luxemburg, Malta, Niederlande, Norwegen, Österreich, Polen, Portugal, Schweden, Schweiz, Slowakei, Slowenien, Spanien, Tschechische Republik, Ungarn, Vereinigtes Königreich und Zypern.

Hintergrund des Eurocode-Programms

1975 beschloss die Kommission der Europäischen Gemeinschaften, für das Bauwesen ein Programm auf der Grundlage des Artikels 95 der Römischen Verträge durchzuführen. Das Ziel des Programms war die Beseitigung technischer Handelshemmnisse und die Harmonisierung technischer Normen.

Im Rahmen dieses Programms leitete die Kommission die Bearbeitung von harmonisierten technischen Regelwerken für die Tragwerksplanung von Bauwerken ein, die im ersten Schritt als Alternative zu den in den Mitgliedsländern geltenden Regeln dienen und sie schließlich ersetzen sollten.

15 Jahre lang leitete die Kommission mit Hilfe eines Steuerkomitees mit Repräsentanten der Mitgliedsländer die Entwicklung des Eurocode-Programms, das zu der ersten Eurocode-Generation in den 80'er Jahren führte.

Im Jahre 1989 entschieden sich die Kommission und die Mitgliedsländer der Europäischen Union und der EFTA, die Entwicklung und Veröffentlichung der Eurocodes über eine Reihe von Mandaten an CEN zu übertragen, damit diese den Status von Europäischen Normen (EN) erhielten. Grundlage war eine Vereinbarung[1] zwischen der Kommission und CEN. Dieser Schritt verknüpft die Eurocodes de facto mit den Regelungen der Ratsrichtlinien und Kommissionsentscheidungen, die die Europäischen Normen behandeln (z. B. die Ratsrichtlinie 89/106/EWG zu Bauprodukten, die Bauproduktenrichtlinie, die Ratsrichtlinien 93/37/EWG, 92/50/EWG und 89/440/EWG zur Vergabe öffentlicher Aufträge und Dienstleistungen und die entsprechenden EFTA-Richtlinien, die zur Einrichtung des Binnenmarktes eingeleitet wurden).

Das Eurocode-Programm umfasst die folgenden Normen, die in der Regel aus mehreren Teilen bestehen:

EN 1990, *Eurocode 0: Grundlagen der Tragwerksplanung*;

EN 1991, *Eurocode 1: Einwirkung auf Tragwerke*;

EN 1992, *Eurocode 2: Bemessung und Konstruktion von Stahlbetonbauten*;

EN 1993, *Eurocode 3: Bemessung und Konstruktion von Stahlbauten*;

EN 1994, *Eurocode 4: Bemessung und Konstruktion von Stahl-Beton-Verbundbauten*;

EN 1995, *Eurocode 5: Bemessung und Konstruktion von Holzbauten*;

---

1) Vereinbarung zwischen der Kommission der Europäischen Gemeinschaft und dem Europäischen Komitee für Normung (CEN) zur Bearbeitung der Eurocodes für die Tragwerksplanung von Hochbauten und Ingenieurbauwerken (BC/CEN/03/89).

EN 1996, *Eurocode 6: Bemessung und Konstruktion von Mauerwerksbauten*;

EN 1997, *Eurocode 7: Entwurf, Berechnung und Bemessung in der Geotechnik*;

EN 1998, *Eurocode 8: Auslegung von Bauwerken gegen Erdbeben*;

EN 1999, *Eurocode 9: Bemessung und Konstruktion von Aluminiumkonstruktionen*.

Die Europäischen Normen berücksichtigen die Verantwortlichkeit der Bauaufsichtsorgane in den Mitgliedsländern und haben deren Recht zur nationalen Festlegung sicherheitsbezogener Werte berücksichtigt, so dass diese Werte von Land zu Land unterschiedlich bleiben können.

Status und Gültigkeitsbereich der Eurocodes

Die Mitgliedsländer der EU und von EFTA betrachten die Eurocodes als Bezugsdokumente für folgende Zwecke:

— als Mittel zum Nachweis der Übereinstimmung der Hoch- und Ingenieurbauten mit den wesentlichen Anforderungen der Richtlinie 89/106/EWG, besonders mit der wesentlichen Anforderung Nr. 1: Mechanischer Festigkeit und Standsicherheit und der wesentlichen Anforderung Nr. 2: Brandschutz;

— als Grundlage für die Spezifizierung von Verträgen für die Ausführung von Bauwerken und dazu erforderlichen Ingenieurleistungen;

— als Rahmenbedingung für die Herstellung harmonisierter, technischer Spezifikationen für Bauprodukte (EN's und ETA's).

Die Eurocodes haben, da sie sich auf Bauwerke beziehen, eine direkte Verbindung zu den Grundlagendokumenten[2], auf die in Artikel 12 der Bauproduktenrichtlinie hingewiesen wird, wenn sie auch anderer Art sind als die harmonisierten Produktnormen[3]. Daher sind die technischen Gesichtspunkte, die sich aus den Eurocodes ergeben, von den Technischen Komitees von CEN und den Arbeitsgruppen von EOTA, die an Produktnormen arbeiten, zu beachten, damit diese Produktnormen mit den Eurocodes vollständig kompatibel sind.

Die Eurocodes liefern Regelungen für den Entwurf, die Berechnung und Bemessung von kompletten Tragwerken und Baukomponenten, die sich für die tägliche Anwendung eignen. Sie gehen auf traditionelle Bauweisen und Aspekte innovativer Anwendungen ein, liefern aber keine vollständigen Regelungen für ungewöhnliche Baulösungen und Entwurfsbedingungen, wofür Spezialistenbeiträge erforderlich sein können.

---

[2] Entsprechend Artikel 3.3 der Bauproduktenrichtlinie sind die wesentlichen Angaben in Grundlagendokumenten zu konkretisieren, um damit die notwendigen Verbindungen zwischen den wesentlichen Anforderungen und den Mandaten für die Erstellung harmonisierter Europäischer Normen und Richtlinien für die Europäische Zulassungen selbst zu schaffen.

[3] Nach Artikel 12 der Bauproduktenrichtlinie hat das Grundlagendokument
   a) die wesentliche Anforderung zu konkretisieren, in dem die Begriffe und, soweit erforderlich, die technische Grundlage für Klassen und Anforderungshöhen vereinheitlicht werden,
   b) die Methode zur Verbindung dieser Klasse oder Anforderungshöhen mit technischen Spezifikationen anzugeben, z. B. rechnerische oder Testverfahren, Entwurfsregeln,
   c) als Bezugsdokument für die Erstellung harmonisierter Normen oder Richtlinien für Europäische Technische Zulassungen zu dienen.

Die Eurocodes spielen de facto eine ähnliche Rolle für die wesentliche Anforderung Nr. 1 und einen Teil der wesentlichen Anforderung Nr. 2.

Nationale Fassungen der Eurocodes

Die Nationale Fassung eines Eurocodes enthält den vollständigen Text des Eurocodes (einschließlich aller Anhänge), so wie von CEN veröffentlicht, mit möglicherweise einer nationalen Titelseite und einem nationalen Vorwort sowie einem Nationalen Anhang.

Der Nationale Anhang darf nur Hinweise zu den Parametern geben, die im Eurocode für nationale Entscheidungen offen gelassen wurden. Diese national festzulegenden Parameter (NDP) gelten für die Tragwerksplanung von Hochbauten und Ingenieurbauten in dem Land, in dem sie erstellt werden. Sie umfassen:

— Zahlenwerte für γ-Faktoren und/oder Klassen, wo die Eurocodes Alternativen eröffnen;

— Zahlenwerte, wo die Eurocodes nur Symbole angeben;

— landesspezifische, geographische und klimatische Daten, die nur für ein Mitgliedsland gelten, z. B. Schneekarten;

— Vorgehensweise, wenn die Eurocodes mehrere zur Wahl anbieten;

— Verweise zur Anwendung des Eurocodes, soweit diese ergänzen und nicht widersprechen.

Verbindung zwischen den Eurocodes und den harmonisierten Technischen Spezifikationen für Bauprodukte (EN und ETAZ)

Die harmonisierten Technischen Spezifikationen für Bauprodukte und die technischen Regelungen für die Tragwerksplanung[4] müssen konsistent sein. Insbesondere sollten die Hinweise, die mit den CE-Zeichen an den Bauprodukten verbunden sind und die die Eurocodes in Bezug nehmen, klar erkennen lassen, welche national festzulegenden Parameter (NDP) zugrunde liegen.

Nationaler Anhang zu EN 1993-1-10

Diese Norm enthält alternative Methoden, Zahlenangaben und Empfehlungen in Verbindung mit Anmerkungen, die darauf hinweisen, wo Nationale Festlegungen getroffen werden können. EN 1993-1-10 wird bei der nationalen Einführung einen Nationalen Anhang enthalten, der alle national festzulegenden Parameter enthält, die für die Bemessung und Konstruktion von Stahlbauten im jeweiligen Land erforderlich sind.

Nationale Festlegungen werden in EN 1993-1-10 in folgenden Abschnitten ermöglicht:

— 2.2(5);

— 3.1(1).

---

[4] Siehe Artikel 3.3 und Art. 12 der Bauproduktenrichtlinie, ebenso wie 4.2, 4.3.1, 4.3.2 und 5.2 des Grundlagendokumentes Nr. 1

DIN EN 1993-1-10:2010-12
EN 1993-1-10:2005 + AC:2009 (D)

1 Allgemeines

1.1 Anwendungsbereich

(1) EN 1993-1-10 enthält eine Anleitung für die Auswahl der Stahlsorten im Hinblick auf Bruchzähigkeit und Eigenschaften in Dickenrichtung, wenn bei der Fertigung von Schweißkonstruktionen auf die Gefahr von Terrassenbruch zu achten ist.

(2) Abschnitt 2 gilt für Stähle S235 bis S690. Abschnitt 3 gilt nur für Stähle S235 bis S460.

ANMERKUNG   Der Anwendungsbereich von EN 1993-1-1 ist auf Stähle S235 bis S460 begrenzt.

(3) Die Regelungen und Hinweise in den Abschnitten 2 und 3 gelten nur, wenn die Ausführung der Stahlkonstruktion nach EN 1090 erfolgt.

1.2 Normative Verweisungen

(1) Die folgenden zitierten Dokumente sind für die Anwendung dieses Dokuments erforderlich. Bei datierten Verweisungen gilt nur die in Bezug genommene Ausgabe. Bei undatierten Verweisungen gilt die letzte Ausgabe des in Bezug genommenen Dokuments (einschließlich aller Änderungen).

ANMERKUNG   In normativen Abschnitten wird auf die folgenden Europäischen Normen, die bereits veröffentlicht oder in Vorbereitung sind, verwiesen:

EN 1011-2, *Empfehlungen für das Schweißen von Metallen — Teil 2: Empfehlungen für das Lichtbogenschweißen von ferritischen Stählen*

EN 1090, *Anforderungen für die Ausführung von Stahlbauten*

EN 1990, *Grundlagen der Tragwerksplanung*

EN 1991, *Einwirkungen auf Tragwerke*

EN 1998, *Auslegung von Bauwerken gegen Erdbeben*

EN 10002, *Metallische Werkstoffe — Zugversuch*

EN 10025, *Warmgewalzte Erzeugnisse aus unlegierten Baustählen. Technische Lieferbedingungen*

EN 10045-1, *Metalle — Kerbschlagbiegeversuch nach Charpy — Teil 1: Prüfverfahren*

AC⟩ gestrichener Text ⟨AC

EN 10160, *Ultraschallprüfung von Flacherzeugnissen aus Stahl mit einer Dicke größer oder gleich 6 mm (Reflexionsverfahren)*

EN 10164, *Stahlerzeugnisse mit verbesserten Verformungseigenschaften senkrecht zur Erzeugnisoberfläche — Technische Lieferbedingungen*

EN 10210-1, *Warmgefertigte Hohlprofile für den Stahlbau aus unlegierten Baustählen und aus Feinkornbaustählen — Teil 1: Technische Lieferanforderungen*

EN 10219-1, *Kaltgefertigte geschweißte Hohlprofile für den Stahlbau aus unlegierten Baustählen und aus Feinkornbaustählen — Teil 1: Technische Lieferbedingungen*

1.3 Begriffe

1.3.1
⟨AC⟩ KV-Wert ⟨AC⟩
der ⟨AC⟩ KV-Wert ⟨AC⟩ ist die Kerbschlagarbeit ⟨AC⟩ gestrichener Text ⟨AC⟩ in J, die für den Bruch einer Charpy V-Kerbschlagprobe bei einer bestimmten Prüftemperatur T benötigt wird; die Prüfanforderung in den Normen für Stahlerzeugnisse spezifiziert im Allgemeinen, dass die Kerbschlagarbeit für eine festgelegte Prüftemperatur nicht geringer als 27 J ist

1.3.2
Übergangstemperaturbereich
der Temperaturbereich im Zähigkeits-Temperaturdiagramm ⟨AC⟩ $KV(T)$ ⟨AC⟩, in dem die Zähigkeit des Werkstoffes mit der Temperatur abfällt und die Versagensart von zäh nach spröde wechselt; der in den Produktnormen geforderte Zähigkeitswert T_{27J} liegt in der Nähe des Tieflage des Übergangsbereichs

1.3.3
Hochlagenbereich
der Temperaturbereich im Zähigkeits-Temperaturdiagramm $KV(T)$, in dem Stahlbauteile elastisch-plastisches Verhalten mit duktilem Bruchverhalten zeigen; dabei können fertigungsbedingt kleine Werkstofffehler oder Schweißnahtfehler vorhanden sein

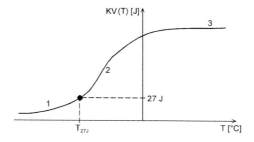

Legende
1 Tieflagenbereich
2 Übergangstemperaturbereich
3 Hochlagenbereich

Bild 1.1 — Kerbschlagarbeit in Abhängigkeit von der Temperatur

1.3.4
T_{27J}
Temperatur, bei der in der Kerbschlagprüfung mit Charpy-V-Kerbschlagproben mindestens eine Kerbschlagarbeit ⟨AC⟩ KV = 27 J ⟨AC⟩ erreicht wird

1.3.5
Z-Wert
Prozentwert der Brucheinschnürung einer Zugprobe nach EN 10002, für die Duktilitätsprüfung in Dickenrichtung

1.3.6
K_{Ic}
Der kritische Wert des Spannungsintensitätsfaktors in N/mm$^{3/2}$ als Maß für die Bruchzähigkeit für den ebenen Dehnungsfall und für elastisches Werkstoffverhalten.

ANMERKUNG International werden für den Spannungsintensitätsfaktor K die Dimensionen N/mm$^{3/2}$ und MPa√m (d. h. MN/m$^{3/2}$), wobei 1 N/mm$^{3/2}$ = 0,032 MPa√m, verwendet.

1.3.7
Kaltumformungsgrad
bleibende Dehnung aus Kaltumformung in Prozent

1.4 Formelzeichen

(AC) $KV(T)$ (AC)	Kerbschlagarbeit in J bei der Prüfung einer V-Kerbschlagprobe bei der Temperatur T;
Z	Z-Güte, in %;
T	Temperatur in C°;
T_{Ed}	Bezugstemperatur;
δ	Rissspitzenöffnung (CTOD) in mm, an einer Kleinprobe zur Bestimmung der elastisch-plastischen Bruchzähigkeit gemessen;
J	Maß für die elastisch-plastische Bruchzähigkeit (J-Integral) in N/mm, als Integral über den Rand eines Gebietes ermittelt, das die Rissfront von einem Rissufer zum anderen umfasst;
(AC) K	Spannungsintensitätsfaktor; (AC)
K_{Ic}	(AC) der kritische Wert des Spannungsintensitätsfaktors in N/mm$^{3/2}$ als Maß für die Bruchzähigkeit für den ebenen Dehnungsfall und für elastisches Werkstoffverhalten; (AC)
ε_{cf}	Kaltumformungsgrad in Prozent;
σ_{Ed}	Bemessungswert der angelegten Spannungen, die zusammen mit der Bezugstemperatur T_{Ed} auftreten.

2 Auswahl der Stahlsorten im Hinblick auf die Bruchzähigkeit

2.1 Allgemeines

(1) Die Regelungen in Abschnitt 2 sind für die Auswahl der Stahlsorten bei Neukonstruktionen und nicht für die Einschätzung der Eignung von eingebautem Stahl bestimmt. Die Regelungen eignen sich zur Auswahl der Stahlsorte mit Bezug auf die Europäischen Normen für Stahlerzeugnisse, die in EN 1993-1-1 aufgeführt sind.

(2) Die Regelungen gelten für geschweißte und ungeschweißte Bauteile mit reiner oder teilweiser Zugbeanspruchung und mit Ermüdungsbeanspruchung.

ANMERKUNG Die Regelungen können für Bauteile, die nicht den Bedingungen wie Zugbeanspruchung, Schweißung und Ermüdung unterliegen, auf der sicheren Seite liegen. In diesen Fällen kann die Anwendung der Bruchmechanik zweckmäßig sein, siehe 2.4. Für Bauteile, die nur auf Druck beansprucht werden, braucht keine Bruchzähigkeit spezifiziert zu werden.

(3) (AC) P (AC) Die Regelungen gelten für Stahlsorten in ihren jeweiligen Gütegruppen nach den Normen für Stahlerzeugnisse. Stahlsorten, die nach dieser Regelung nicht ausreichen, sollten nicht verwendet werden, auch wenn Einzelprüfungen bestimmter Lieferungen ausreichende Zähigkeitskennwerte nachweisen.

2.2 Vorgehensweise

(1) Die Stahlsorte ist in der Regel unter Berücksichtigung folgender Gesichtspunkte auszuwählen.

(i) Eigenschaften des Stahlwerkstoffs:

— Streckgrenze $f_y(t)$ abhängig von der Erzeugnisdicke;

— Stahlgüte ausgedrückt durch die Zähigkeitswerte T_{27J} oder T_{40J}.

(ii) Bauteileigenschaften:

— Bauteilform und Detailgestaltung;

— Kerbeffekt entsprechend den Kerbfällen in EN 1993-1-9;

— Erzeugnisdicke (t) ;

— Geeignete Annahmen zu rissähnlichen Fehlern (z. B. durchgehende Risse oder halbelliptische Oberflächenrisse).

(iii) Bemessungssituation:

— Bemessungswert der niedrigsten Bauteiltemperatur;

— Maximale Spannungen aus ständigen und veränderlichen Einwirkungen, die zu der Bemessungssituation nach (4) gehören;

— Geeignete Annahmen für Eigenspannungen;

— soweit zutreffend: Annahmen zum ermüdungsbedingten Risswachstum in dem Betriebszeitintervall zwischen Bauwerksprüfungen;

— soweit zutreffend: Dehnungsgeschwindigkeit $\dot{\varepsilon}$ aus Stoßwirkungen in Sonderlastfällen;

— soweit zutreffend: Kaltumformungsgrad ε_{cf}.

(2) Für den Sicherheitsnachweis bei der Auswahl der Stahlsorten gelten die Regelungen in 2.3 und Tabelle 2.1.

(3) Als Alternative zum Zähigkeitsnachweis mit Tabellenwerten können folgende Methoden angewendet werden:

— die bruchmechanische Methode:

der Bemessungswert der Zähigkeitsanforderung liegt unterhalb des Bemessungswertes der Zähigkeitseigenschaft;

— Versuchsnachweis:

dieser kann mit einem oder mehreren bauteilähnlichen Prüfkörpern durchgeführt werden. Aus Gründen der Realitätsnähe werden die Prüfkörper in der Regel ähnlich wie die zu beurteilende Konstruktion hergestellt und belastet.

(4) Folgende Bemessungssituation ist in der Regel zugrunde zu legen:

(i) Die Einwirkungen sind mit folgender Kombination anzusetzen:

$$E_d = E\{A[T_{Ed}] \text{"+"} \Sigma G_k \text{"+"} \psi_1 Q_{k1} \text{"+"} \Sigma \psi_{2,i} Q_{ki}\} \tag{2.1}$$

wobei die Leiteinwirkung A die Wirkung der Bezugstemperatur T_{Ed} ist, die in der Abminderung der Werkstoffzähigkeit des betrachteten Bauteils besteht und sich auch in Spannungen aus Behinderung der Temperaturbewegungen äußern kann. ΣG_k sind die ständigen Einwirkungen, $\psi_1 Q_k$ ist der häufig auftretende Wert der veränderlichen Last und $\psi_{2,i} Q_{ki}$ sind die quasiständigen Anteile der veränderlichen Begleiteinwirkungen, die zusammen die Höhe der Spannungen im Werkstoff bestimmen.

(ii) Die Kombinationsbeiwerte ψ_1 und $\psi_{2,i}$ sind entsprechend EN 1990 anzunehmen.

(iii) Die maximale angelegte Spannung σ_{Ed} ist als Nennspannung an der Stelle der erwarteten Rissentstehung für die Einwirkungskombinationen zu bestimmen. Die ständigen und veränderlichen Einwirkungen sind in EN 1991 geregelt.

ANMERKUNG 1   Die zugrunde gelegte Einwirkungskombination entspricht einer außergewöhnlichen Bemessungssituation, da gleichzeitig das Auftreten der niedrigsten Bauwerkstemperatur, ungünstiger Rissgrößen, Rissstelle und Werkstoffeigenschaften angenommen wird.

ANMERKUNG 2 σ_{Ed} kann Spannungen aus Behinderung von Bauteilbewegungen infolge Temperaturdifferenzen enthalten.

ANMERKUNG 3   Da die Bezugstemperatur T_{Ed} die Leiteinwirkung darstellt, wird die maximal angelegte Spannung σ_{Ed} 75% der Streckgrenze im Allgemeinen nicht überschreiten.

(5) Die Bezugstemperatur T_{Ed} an der potenziellen Rissstelle wird in der Regel mit folgender Beziehung ermittelt:

$$T_{Ed} = T_{md} + \Delta T_r + \Delta T_\sigma + \Delta T_R + \Delta T_{\dot{\varepsilon}} + \Delta T_{\varepsilon_{cf}} \tag{2.2}$$

Dabei ist

T_{md} die niedrigste Lufttemperatur mit spezifizierter Wiederkehrperiode, siehe EN 1991-1-5;

ΔT_r die Temperaturverschiebung infolge von Strahlungsverlusten, siehe EN 1991-1-5;

ΔT_σ die Temperaturverschiebung infolge der Spannungen und der Streckgrenze des Werkstoffs, der angenommenen rissähnlichen Imperfektionen, der Bauteilform und der Abmessungen, siehe 2.4(3);

ΔT_R der zusätzliche Sicherheitsterm zur Anpassung an andere Zuverlässigkeitsanforderungen als zugrunde gelegt;

$\Delta T_{\dot{\varepsilon}}$ die Temperaturverschiebung für andere Dehnungsgeschwindigkeiten als der zugrunde gelegten Geschwindigkeit $\dot{\varepsilon}_0$, siehe Gleichung (2.3);

$\Delta T_{\varepsilon_{cf}}$ die Temperaturverschiebung infolge des Kaltumformungsgrades ε_{cf}, siehe Gleichung (2.4).

ANMERKUNG 1   Der Sicherheitsterm ΔT_R, mit dem die Bezugstemperatur T_{Ed} an andere Zuverlässigkeitsanforderungen angepasst werden kann, darf im Nationalen Anhang festgelegt werden. Bei Anwendung der Tabellenwerte in 2.3 wird $\Delta T_R = 0$ °C empfohlen.

ANMERKUNG 2   Zur Bestimmung der Tabellenwerte in 2.3 wurde für die Temperaturverschiebung ΔT_σ eine standardisierte Kurve benutzt, die die Bemessungswerte der [AC] Spannungsintensitätsfaktorfunktion [AC] K infolge angelegter Spannungen σ_{Ed} und Eigenspannungen einhüllt und die Wallin-Sanz-Korrelation zwischen der [AC] Spannungsintensitätsfaktorfunktion [AC] K und der Temperatur T einschließt. Bei Anwendung der Tabellenwerte in 2.3 darf $\Delta T_\sigma = 0$ °C angenommen werden.

ANMERKUNG 3 Der Nationale Anhang kann die Spanne zwischen der Bezugstemperatur T_{Ed} und der Prüftemperatur begrenzen und die Spanne von σ_{Ed} festlegen, mit welcher der Gültigkeitsbereich der zulässigen Blechdicken in Tabelle 2.1 eingeschränkt werden kann.

ANMERKUNG 4 Im Nationalen Anhang kann die Anwendung von Tabelle 2.1 auf Stähle bis S460 begrenzt werden.

(6) Die Bezugsspannung σ_{Ed} ist in der Regel als Nennspannung mit Hilfe eines elastischen Tragwerkmodells zu berechnen. Nebenspannungen aus Zwängungen sind dabei zu berücksichtigen.

2.3 Zulässige Erzeugnisdicken

2.3.1 Allgemeines

(1) Tabelle 2.1 liefert die größten zulässigen Erzeugnisdicken als Funktion der Stahlfestigkeit, der Zähigkeit ⟨AC⟩ (KV-Wert), ⟨AC⟩ der Bezugsspannung σ_{Ed} und der Bezugstemperatur T_{Ed}.

(2) Den Tabellenwerten liegen folgende Annahmen zugrunde:

— Es gelten die Zuverlässigkeitsanforderungen nach EN 1990 unter Zugrundelegung üblicher Lieferqualität;

— Als Dehnungsgeschwindigkeit wurde $\dot{\varepsilon}_0 = 4 \times 10^{-4}$/s angesetzt. Dieser Wert deckt die dynamischen Effekte ab, die in üblichen kurzzeitigen und langzeitigen Bemessungssituationen auftreten können. Bei anderen Dehnungsgeschwindigkeiten $\dot{\varepsilon}$ (z. B. bei Stoßwirkungen) können die Tabellenwerte mit Eingangswerten T_{Ed} benutzt werden, die um den Wert $\Delta T_{\dot{\varepsilon}}$ zu tieferen Temperaturen hin verschoben werden:

$$\Delta T_{\dot{\varepsilon}} = -\frac{1440 - f_y(t)}{550} \times \left(\ln \frac{\dot{\varepsilon}}{\dot{\varepsilon}_0} \right)^{1,5} \text{ in °C} \qquad (2.3)$$

— Es wurden Werkstoffe mit $\varepsilon_{cf} = 0\%$ ohne Kaltumformung zugrunde gelegt. Kaltumformungen können berücksichtigt werden, indem die Werte T_{Ed} um den Wert $\Delta T_{\varepsilon_{cf}}$ zu tieferen Temperaturen hin verschoben werden:

$$\Delta T_{\varepsilon_{cf}} = -3 \times \varepsilon_{cf} \text{ in °C} \qquad (2.4)$$

— Als Zähigkeitskennwerte werden die Nennwerte T_{27J} aus folgenden Produktnormen verwendet: EN 10025, ⟨AC⟩ gestrichener Text ⟨AC⟩ EN 10210-1 und EN 10219-1.

Für andere Werte wurde folgende Umrechnung benutzt:

$T_{40J} = T_{27J} + 10$ in °C

$T_{30J} = T_{27J} + 0$ in °C

(2.5)

— Für ermüdungsbeanspruchte Bauteile sind alle Kerbfälle von EN 1993-1-9 abgedeckt.

ANMERKUNG Die Ermüdung wurde berücksichtigt, indem zusätzlich zu einem Anfangsriss an der Kerbstelle des Bauteils ein Risswachstum aus einer Ermüdungsbelastung entsprechend einem Viertel des ertragbaren Ermüdungsschadens entsprechend EN 1993-1-9 angesetzt wurde. Dieser Ansatz erlaubt, die Anzahl der „sicheren Betriebszeitintervalle" zwischen den Hauptprüfungen zu bestimmen, wenn diese für ausreichende Schadenstoleranz nach EN 1993-1-9 festzulegen sind. Die erforderliche Anzahl n von Hauptprüfungen hängt von den γ-Faktoren γ_{Ff} und γ_{Mf} für den Ermüdungsnachweis nach EN 1993-1-9 nach folgender Beziehung ab $n = \frac{4}{(\gamma_{Ff} \gamma_{Mf})^m} - 1$, wobei $m = 5$ für langlebige Bauwerke wie Brücken gilt. Das "sichere Betriebszeitintervall" zwischen Hauptprüfungen kann auch in der vollen Nutzungszeit des Bauwerks bestehen.

DIN EN 1993-1-10:2010-12
EN 1993-1-10:2005 + AC:2009 (D)

2.3.2 Ermittlung der zulässigen Erzeugnisdicken

(1) Tabelle 2.1 gibt die größten zulässigen Erzeugnisdicken in Abhängigkeit von drei Spannungsstufen an, die als Teile der Nennwerte der Streckgrenze $f_y(t)$ festgelegt sind:

a) $\sigma_{Ed} = 0{,}75\, f_y(t)$ in N/mm²;

b) $\sigma_{Ed} = 0{,}50\, f_y(t)$ in N/mm²;   (2.6)

c) $\sigma_{Ed} = 0{,}25\, f_y(t)$ in N/mm².

Hierbei darf der Blechdickenabhängige charakteristische Wert der Streckgrenze $f_y(t)$ entweder aus

$$f_y(t) = f_{y,\text{nom}} - 0{,}25 \frac{t}{t_0} \quad \text{in N/mm}^2$$

Dabei ist

t die Erzeugnisdicke, in mm;

$t_0 = 1$ mm.

oder direkt als $f_y(t) = R_{eH}$-Werte aus den maßgebenden Werkstoffnormen bestimmt werden.

Die Tabellenwerte gelten für die Bezugstemperaturen:

— + 10 °C;

—   0 °C;

— – 10 °C;

— – 20 °C;

— – 30 °C;

— – 40 °C;

— – 50 °C.

Tabelle 2.1 — Größte zulässige Erzeugnisdicken t in mm

Stahlsorte	Stahlgütegruppe	KV bei T °C	J_{min}	\multicolumn{7}{c	}{Bezugstemperatur T_{Ed} °C}													
				\multicolumn{7}{c	}{$\sigma_{Ed} = 0{,}75\,f_y(t)$}	\multicolumn{7}{c	}{$\sigma_{Ed} = 0{,}50\,f_y(t)$}	\multicolumn{7}{c	}{$\sigma_{Ed} = 0{,}25\,f_y(t)$}						
				10	0	−10	−20	−30	−40	−50	10	0	−10	−20	−30	−40	−50	10	0	−10	−20	−30	−40	−50
S235	JR	20	27	60	50	40	35	30	25	20	90	75	65	55	45	40	35	135	115	100	85	75	65	60
	J0	0	27	90	75	60	50	40	35	30	125	105	90	75	65	55	45	175	155	135	115	100	85	75
	J2	−20	27	125	105	90	75	60	50	40	170	145	125	105	90	75	65	200	200	175	155	135	115	100
S275	JR	20	27	55	45	35	30	25	20	15	80	70	55	50	40	35	30	125	110	95	80	70	60	55
	J0	0	27	75	65	55	45	35	30	25	115	95	80	70	55	50	40	165	145	125	110	95	80	70
	J2	−20	27	110	95	75	65	55	45	35	155	130	115	95	80	70	55	200	190	165	145	125	110	95
	M,N	−20	40	135	110	95	75	65	55	45	180	155	130	115	95	80	70	200	200	190	165	145	125	110
	ML,NL	−50	27	185	160	135	110	95	75	65	200	200	180	155	130	115	95	230	200	200	200	190	165	145
S355	JR	20	27	40	35	25	20	15	15	10	65	55	45	40	30	25	25	110	95	80	70	60	55	45
	J0	0	27	60	50	40	35	25	20	15	95	80	65	55	45	40	30	150	130	110	95	80	70	60
	J2	−20	27	90	75	60	50	40	35	25	135	110	95	80	65	55	45	200	175	150	130	110	95	80
	K2,M,N	−20	40	110	90	75	60	50	40	35	155	135	110	95	80	65	55	200	200	175	150	130	110	95
	ML,NL	−50	27	155	130	110	90	75	60	50	200	180	155	135	110	95	80	210	200	200	175	150	130
S420	M,N	−20	40	95	80	65	55	45	35	30	140	120	100	85	70	60	50	200	185	160	140	120	100	85
	ML,NL	−50	27	135	115	95	80	65	55	45	190	165	140	120	100	85	70	200	200	185	160	140	120
S460	Q	−20	30	70	60	50	40	30	25	20	110	95	75	65	55	45	35	175	155	130	115	95	80	70
	M,N	−20	40	90	70	60	50	40	30	25	130	110	95	75	65	55	45	200	175	155	130	115	95	80
	QL	−40	30	105	90	70	60	50	40	30	155	130	110	95	75	65	55	200	175	155	130	115	95
	ML,NL	−50	27	125	105	90	70	60	50	40	180	155	130	110	95	75	65	200	200	175	155	130	115
	QL1	−60	30	150	125	105	90	70	60	50	200	180	155	130	110	95	75	215	200	200	175	155	130
S690	Q	0	40	40	30	25	20	15	10	10	65	55	45	35	30	20	20	120	100	85	75	60	50	45
	Q	−20	30	50	40	30	25	20	15	10	80	65	55	45	35	30	20	140	120	100	85	75	60	50
	QL	−20	40	60	50	40	30	25	20	15	95	80	65	55	45	35	30	165	140	120	100	85	75	60
	QL	−40	30	75	60	50	40	30	25	20	115	95	80	65	55	45	35	190	165	140	120	100	85	75
	QL1	−40	40	90	75	60	50	40	30	25	135	115	95	80	65	55	45	200	190	165	140	120	100	85
	QL1	−60	30	110	90	75	60	50	40	30	160	135	115	95	80	65	55	200	200	190	165	140	120	100

ANMERKUNG 1   Bei Anwendung der Tabelle 2.1 darf linear interpoliert werden. Für die meisten Anwendungen liegen die σ_{Ed}-Werte zwischen $\sigma_{Ed} = 0{,}75\,f_y(t)$ und $\sigma_{Ed} = 0{,}50\,f_y(t)$. Die Werte für $\sigma_{Ed} = 0{,}25\,f_y(t)$ sind aus Interpolationsgründen mit angegeben. Extrapolationen in Bereiche außerhalb der angegebenen Grenzen sind nicht zulässig.

ANMERKUNG 2   Bei Bestellung von Erzeugnissen aus S690 sind die [AC] T_{KV}-Werte [AC] in der Regel anzugeben.

ANMERKUNG 3   Tabelle 2.1 liegen die nominellen [AC] KV-Werte [AC] in Walzrichtung zugrunde.

2.4 Anwendung der Bruchmechanik

(1) Bei Anwendung der Bruchmechanik können die Zähigkeitsanforderungen und die Bemessungswerte der Zähigkeitseigenschaften des Werkstoffs mit CTOD-Werten, J-Integralwerten, K_{Ic}-Werten oder [AC] KV-Werten [AC] ausgedrückt werden. Die Nachweise müssen in der Regel auf bruchmechanischen Kennwerten basieren.

(2) Folgende Bedingung ist einzuhalten:

$$\boxed{AC}\ T_{Ed} \geq T_{Rd}\ \boxed{AC} \tag{2.7}$$

Dabei ist

T_{Rd} die Temperatur, bei der ausreichend zuverlässig ein bestimmter Wert der Zähigkeitseigenschaft unter den Nachweisbedingungen angenommen werden kann.

(3) Für die Bruchauslösung ist ein geeigneter rissähnlicher Fehler anzunehmen, der die bruchmechanische Beanspruchung im Nettoquerschnitt erzeugt. Der rissähnliche Fehler muss in der Regel folgenden Bedingungen genügen:

— er ist an einer Stelle und mit einer Form anzunehmen, die zu dem betrachteten Kerbfall passen. Die Kerbfallskizzen in EN 1993-1-9 geben Hinweise zu geeigneten Rissstellen;

— bei Bauteilen, die nicht ermüdungsbelastet sind, ist der größte anzunehmende Fehler in der Regel so anzunehmen, dass er mit den Prüfmethoden, die nach EN 1090 anzuwenden sind, ohne Reparatur im Bauteil belassen worden wäre. Die Lage des Fehlers ist an der Stelle mit höchstem Kerbeffekt anzusetzen;

— bei Bauteilen mit Ermüdungsbelastung ist die Fehlergröße aus einem Anfangsfehler und einem Zuwachs aus ermüdungsbedingtem Risswachstum zusammenzusetzen. Die Größe des Anfangsfehlers ist dabei in der Regel so zu wählen, dass er dem kleinsten mit den Prüfmethoden nach EN 1090 erkennbaren Fehler entspricht. Die Berechnung des ermüdungsbedingten Risswachstums ist mit geeigneten bruchmechanischen Verfahren durchzuführen. Für die Ermüdungslasten sind in der Regel die Betriebslasten während eines Betriebszeitintervalls zwischen den Hauptprüfungen oder der gesamten Nutzungsdauer je nach Voraussetzung anzunehmen.

(4) Wenn eine Bauteilausbildung den Kerbfällen in EN 1993-1-9 nicht zugeordnet werden kann, oder weitergehende Methoden für genauere Ergebnisse als die in Tabelle 2.1 nötig sind, ist in der Regel ein besonderer Einzelfallnachweis zu führen. Dieser Einzelfallnachweis kann mit Bruchversuchen an bauteilähnlichen Großproben durchgeführt werden.

ANMERKUNG Die rechnerische Auswertung der Versuchsergebnisse kann mit den in EN 1990, Anhang D angegebenen Methoden erfolgen.

3 Auswahl der Stahlsorten im Hinblick auf Eigenschaften in Dickenrichtung

3.1 Allgemeines

(1) Die Auswahl der Stahlsorten ist hinsichtlich der Folgen von Terrassenbrüchen in der Regel nach einer der beiden Klassen nach Tabelle 3.1 zu treffen.

Tabelle 3.1 — Auswahl der Stahlsorten

Klasse	Auswahl der Anwendungsbereiche
1	Für alle Stahlerzeugnisse und alle Erzeugnisdicken nach Europäischen Normen und für alle Anwendungen.
2	Für ausgewählte Stahlerzeugnisse und Erzeugnisdicken nach Europäischen Normen und/oder für ausgewählte Anwendungen.

ANMERKUNG Die Wahl der Klasse kann im Nationalen Anhang erfolgen. Die Anwendung der Klasse 1 in Tabelle 3.1 wird empfohlen.

(2) Abhängig von der Wahl der Klasse nach Tabelle 3.1 können entweder

— Eigenschaften des Stahls in Dickenrichtung nach EN 10164 festgelegt werden (Klasse 1) oder

— Prüfungen im Fertigungsbetrieb zur Feststellung von Terrassenbrüchen durchgeführt werden (Klasse 2).

(3) Die folgenden Aspekte sind in der Regel bei der Prüfung der Terrassenbruch-Empfindlichkeit der Ausbildung der Nähte oder Anschlüsse zu beachten:

— die Bedeutung des Anschlusses im Hinblick auf Zugkraftübertragung und Redundanz;

— die Dehnungsbeanspruchung des Blechs in Dickenrichtung nach dem Schweißen. Diese Dehnungsbeanspruchung entsteht durch Schrumpfverformungen beim Abkühlen. Sie nimmt zu, wenn zusätzlich die Verformungsmöglichkeiten durch andere Bauteile behindert sind;

— die Lage und Anordnung der Anschlussteile insbesondere in Kreuzstößen, T- und Eck-Verbindungen. In Bild 3.1 kann z. B. das horizontale Blech eine geringe Duktilität in Dickenrichtung haben. Die Wahrscheinlichkeit von Terrassenbrüchen steigt, wenn sich die Dehnungsbeanspruchung in der Schweißverbindung in Dickenrichtung des Werkstoffs auswirkt. Dies liegt dann vor, wenn die Schmelzbadoberfläche in etwa parallel zur Blechoberfläche und die entstehende Schrumpfdehnung rechtwinklig zur Walzrichtung im Grundwerkstoff verlaufen. Je dicker die Naht, um so größer ist die Empfindlichkeit;

— die chemische Analyse des in Dickenrichtung beanspruchten Blechs. Insbesondere können hohe Schwefelgehalte, auch wenn sie erheblich unter den Grenzwerten der Liefernormen liegen, die Terrassenbruch-Empfindlichkeit erhöhen.

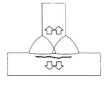 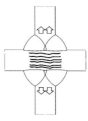

Bild 3.1 — Terrassenbruch

(4) Die Empfindlichkeit von Stahlwerkstoffen wird nach EN 10164 geprüft. Dort werden Güteklassen in Form von Z-Werten angegeben.

ANMERKUNG 1   Terrassenbruch ist eine schweißinduzierte Gefügetrennung, die im Allgemeinen mit Ultraschalluntersuchungen erkennbar wird. Das wesentliche Risiko für Terrassenbruch besteht bei Kreuz-, T- und Eckverbindungen und bei voll durchgeschweißten Nähten.

ANMERKUNG 2   Anleitungen zur Vermeidung von Terrassenbruch beim Schweißen sind EN 1011-2 zu entnehmen.

3.2 Vorgehensweise

(1) Die Terrassenbruchgefahr darf vernachlässigt werden, wenn folgende Bedingung erfüllt ist:

$$Z_{Ed} \leq Z_{Rd} \tag{3.1}$$

Dabei ist

Z_{Ed} der erforderliche Z-Wert, der sich aus der Größe der Dehnungsbeanspruchung des Grundwerkstoffs infolge behinderter Schweißnahtschrumpfung ergibt;

Z_{Rd} der verfügbare Z-Wert des Werkstoffs nach EN 10164, d. h. Z15, Z25 oder Z35.

Der erforderliche Z-Wert Z_{Ed} kann ermittelt werden:

$$Z_{Ed} = Z_a + Z_b + Z_c + Z_d + Z_e \tag{3.2}$$

Dabei sind die Anteile Z_a, Z_b, Z_c, Z_d und Z_e in Tabelle 3.2 angegeben.

Tabelle 3.2 — Einflüsse auf die Anforderung Z_{Ed}

		Effektive Schweißnahtdicke a_{eff}, siehe Bild 3.2	Nahtdicke bei Kehlnähten	Z_i
a)	Schweißnahtdicke, die für die Dehnungsbeanspruchung durch Schweißschrumpfung verantwortlich ist	$a_{eff} \leq 17$ mm	$a = 5$ mm	$Z_a = 0$
		$17 < a_{eff} \leq 20$ mm	$a = 7$ mm	$Z_a = 3$
		$10 < a_{eff} \leq 20$ mm	$a = 14$ mm	$Z_a = 6$
		$20 < a_{eff} \leq 30$ mm	$a = 21$ mm	$Z_a = 9$
		$30 < a_{eff} \leq 40$ mm	$a = 28$ mm	$Z_a = 12$
		$40 < a_{eff} \leq 50$ mm	$a = 35$ mm	$Z_a = 15$
		$50 < a_{eff}$	$a > 35$ mm	$Z_a = 15$
b)	Nahtform und Anordnung der Naht in T-, Kreuz- und Eckverbindungen			$Z_b = -25$
		Eckverbindungen		$Z_b = -10$
		Einlagige Kehlnahtdicke mit $Z_a = 0$ oder Kehlnähte mit $Z_a > 1$ mit Buttern mit niedrigfestem Schweißgut		$Z_b = -5$
		Mehrlagige Kehlnähte		$Z_b = 0$
		Voll durchgeschweißte und nicht voll durchgeschweißte Nähte	mit geeigneter Schweißfolge, um Schrumpfeffekte zu reduzieren	$Z_b = 3$
		Voll durchgeschweißte und nicht voll durchgeschweißte Nähte		$Z_b = 5$
		Eckverbindungen		$Z_b = 8$
c)	Auswirkung der Werkstoffdicke s auf die lokale Behinderung der Schrumpfung	$s \leq 10$ mm		$Z_c = 2^a$
		$10 < s \leq 20$ mm		$Z_c = 4^a$
		$20 < s \leq 30$ mm		$Z_c = 6^a$
		$30 < s \leq 40$ mm		$Z_c = 8^a$
		$40 < s \leq 50$ mm		$Z_c = 10^a$
		$50 < s \leq 60$ mm		$Z_c = 12^a$
		$60 < s \leq 70$ mm		$Z_c = 15^a$
		$70 < s$		$Z_c = 15^a$
d)	Auswirkung der großräumigen Behinderung der Schweißschrumpfung durch andere Bauteile	Schwache Behinderung:	Freie Schrumpfung möglich (z. B. T-Anschlüsse)	$Z_d = 0$
		Mittlere Behinderung:	Freie Schrumpfung behindert (z. B. Querschott in Kastenträgern)	$Z_d = 3$
		Starke Behinderung:	Freie Schrumpfung verhindert (z. B. Längsrippe in orthotroper Fahrbahnplatte)	$Z_d = 5$
e)	Einfluss der Vorwärmung	Ohne Vorwärmung		$Z_e = 0$
		Vorwärmung $\geq 100°C$		$Z_e = -8$

[a] Darf um 50 % reduziert werden, wenn der Werkstoff in Dickenrichtung vorherrschend statisch und nur durch Druckkräfte belastet wird.

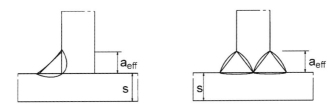

Bild 3.2 — **Effektive Schweißnahtdicke a_{eff} für den Schrumpfprozess**

(3) Die erforderliche Güteklasse Z_{Rd} nach EN 10164 kann ermittelt werden, indem die Anforderungen Z_{Ed} klassifiziert und den Güteklassen Z_{Rd} gegenübergestellt werden.

ANMERKUNG   Klassifikationen sind in EN 1993-1-1 sowie EN 1993-2 bis EN 1993-6 angegeben.

Dezember 2010

| | DIN EN 1993-1-10/NA | |

ICS 91.010.30; 91.080.10   Ersatzvermerk
siehe unten

**Nationaler Anhang –
National festgelegte Parameter –
Eurocode 3: Bemessung und Konstruktion von Stahlbauten –
Teil 1-10: Stahlsortenauswahl im Hinblick auf Bruchzähigkeit und Eigenschaften in Dickenrichtung**

National Annex –
Nationally determined parameters –
Eurocode 3: Design of steel structures –
Part 1-10: Material toughness and through-thickness properties

Annexe Nationale –
Paramètres déterminés au plan national –
Eurocode 3: Calcul des structures en acier –
Partie 1-10: Choix des qualités d'acier vis à vis de la ténacité et
des propriétés dans le sens de l'épaisseur

Ersatzvermerk

Mit DIN EN 1993-1-1:2010-12, DIN EN 1993-1-1/NA:2010-12, DIN EN 1993-1-3:2010-12,
DIN EN 1993-1-3/NA:2010-12, DIN EN 1993-1-5:2010-12, DIN EN 1993-1-5/NA:2010-12,
DIN EN 1993-1-8:2010-12, DIN EN 1993-1-8/NA:2010-12, DIN EN 1993-1-9:2010-12,
DIN EN 1993-1-9/NA:2010-12, DIN EN 1993-1-10:2010-12, DIN EN 1993-1-11:2010-12 und
DIN EN 1993-1-11/NA:2010-12 Ersatz für DIN 18800-1:2008-11;
mit DIN EN 1993-1-1:2010-12, DIN EN 1993-1-1/NA:2010-12, DIN EN 1993-1-8:2010-12,
DIN EN 1993-1-8/NA:2010-12, DIN EN 1993-1-9:2010-12, DIN EN 1993-1-9/NA:2010-12 und
DIN EN 1993-1-10:2010-12 Ersatz für DIN V ENV 1993-1-1:1993-04, DIN V ENV 1993-1-1/A1:2002-05 und
DIN V ENV 1993-1-1/A2:2002-05

Gesamtumfang 5 Seiten

Normenausschuss Bauwesen (NABau) im DIN

DIN EN 1993-1-10/NA:2010-12

Vorwort

Dieses Dokument wurde vom NA 005-08-16 AA „Tragwerksbemessung" erstellt.

Dieses Dokument bildet den Nationalen Anhang zu DIN EN 1993-1-10:2010-12, *Eurocode 3: Bemessung und Konstruktion von Stahlbauten — Teil 1-10: Stahlsortenauswahl im Hinblick auf Bruchzähigkeit und Eigenschaften in Dickenrichtung*.

Die Europäische Norm EN 1993-1-10 räumt die Möglichkeit ein, eine Reihe von sicherheitsrelevanten Parametern national festzulegen. Diese national festzulegenden Parameter (en: Nationally determined parameters, NDP) umfassen alternative Nachweisverfahren und Angaben einzelner Werte, sowie die Wahl von Klassen aus gegebenen Klassifizierungssystemen. Die entsprechenden Textstellen sind in der Europäischen Norm durch Hinweise auf die Möglichkeit nationaler Festlegungen gekennzeichnet. Eine Liste dieser Textstellen befindet sich im Unterabschnitt NA 2.1.

Dieser Nationale Anhang ist Bestandteil von DIN EN 1993-1-10:2010-12.

DIN EN 1993-1-10:2010-12 und dieser Nationale Anhang DIN EN 1993-1-10/NA:2010-12 ersetzen

— zusammen mit DIN EN 1993-1-1, DIN EN 1993-1-1/NA, DIN EN 1993-1-3, DIN EN 1993-1-3/NA, DIN EN 1993-1-5, DIN EN 1993-1-5/NA, DIN EN 1993-1-8, DIN EN 1993-1-8/NA, DIN EN 1993-1-9, DIN EN 1993-1-9/NA, DIN EN 1993-1-11 und DIN EN 1993-1-11/NA
die nationale Norm DIN 18800-1:2008-11.

Änderungen

Gegenüber DIN 18800-1:2008-11, DIN V ENV 1993-1-1:1993-04, DIN V ENV 1993-1-1/A1:2002-05 und DIN V ENV 1993-1-1/A2:2002-05 wurden folgende Änderungen vorgenommen:

a) national festzulegende Parameter entsprechend DIN EN 1993-1-10:2010-12 aufgenommen.

Frühere Ausgaben

DIN 1050: 1934-08, 1937xxxxx-07, 1946-10, 1957x-12, 1968-06
DIN 1073: 1928-04, 1931-09, 1941-01, 1974-07
DIN 1073 Beiblatt: 1974-07
DIN 1079: 1938-01, 1938-11, 1970-09
DIN 4100: 1931-05, 1933-07, 1934xxxx-08, 1956-12, 1968-12
DIN 4101: 1937xxx-07, 1974-07
DIN 18800-1: 1981-03, 1990-11, 2008-11
DIN 18800-1/A1: 1996-02
DIN V ENV 1993-1-1: 1993-04
DIN V ENV 1993-1-1/A1: 2002-05
DIN V ENV 1993-1-1/A2: 2002-05

NA 1 Anwendungsbereich

Dieser Nationale Anhang enthält nationale Festlegungen für die Auswahl der Stahlsorten im Hinblick auf Bruchzähigkeit und Eigenschaften in Dickenrichtung, die bei der Anwendung von DIN EN 1993-1-10:2010-12 in Deutschland zu berücksichtigen sind.

Dieser Nationale Anhang gilt nur in Verbindung mit DIN EN 1993-1-10:2010-12.

NA 2 Nationale Festlegungen zur Anwendung von DIN EN 1993-1-10:2010-12

NA 2.1 Allgemeines

DIN EN 1993-1-10:2010-12 weist an den folgenden Textstellen die Möglichkeit nationaler Festlegungen aus (NDP, en: Nationally determined parameters).

— 2.2(5);

— 3.1(1).

Darüber hinaus enthält NA 2.2 ergänzende nicht widersprechende Angaben zur Anwendung von DIN EN 1993-1-10:2010-12. Diese sind durch ein vorangestelltes „NCI" (en: *non-contradictory complementary information*) gekennzeichnet.

NA 2.2 Nationale Festlegungen

Die nachfolgende Nummerierung entspricht der Nummerierung von DIN EN 1993-1-10:2010-12.

NCI zu 1.2

NA DIN EN 1993-1-12, *Eurocode 3: Bemessung und Konstruktion von Stahlbauten — Teil 1-12: Zusätzliche Regeln zur Erweiterung von EN 1993 auf Stahlgüten bis S700*

NDP zu 2.2(5) Anmerkung 1

Es gilt die Empfehlung.

NDP zu 2.2(5) Anmerkung 3

Bei Bauteilen, die ausschließlich Druckspannungen ausgesetzt sind, ist das Spannungsniveau $\sigma_{Ed} = 0{,}25\,f_y(t)$ anzuwenden.

NDP zu 2.2(5) Anmerkung 4

Es gilt DIN EN 1993-1-10:2010-12, Tabelle 2.1 ohne Einschränkungen. Zu weiteren Stahlsorten siehe DIN EN 1993-1-12.

NDP zu 3.1(1) Anmerkung

Es gilt die Empfehlung.

NCI

Anhang NA.A
(informativ)

Zusätzliche Hinweise

(1) Die Werte $T_{\text{mdr}} = T_{\text{md}} + \Delta T_r$ in DIN EN 1993-1-10:2010-12, Gleichung (2.2) sind für einige Anwendungsgebiete in Tabelle A.1 angegeben. Andere Bauteile können sinngemäß eingeordnet werden.

Tabelle NA.A.1 — Einsatztemperaturen T_{mdr} für verschiedene Bauteile

Zeile	Bauteil	Einsatztemperatur T_{mdr} °C
1	Stahl- und Verbundbrücken	–30
2	Stahltragwerke im Hochbau	
2a	Außen liegende Bauteile	–30
2b	Innen liegende Bauteile	0
3	Kranbahnen (Außenliegende Bauteile)	–30
4	Stahlwasserbau	
4a	Verschlusskörper, die zeitweilig ganz oder zu einem großen Teil aus dem Wasser herausgenommen werden	–30
4b	Einseitig von Wasser benetzte Verschlusskörper	–15
4c	Beidseitig teilweise von Wasser benetzte Verschlusskörper	–15
4d	Verschlusskörper, die sich vollständig unter Wasser befinden	–5

(2) Bei Berücksichtigung von Dehngeschwindigkeiten $\dot{\varepsilon} \geq 10^{-1}\,\text{s}^{-1}$ infolge außergewöhnlicher Einwirkungen, z. B. Anprall, darf die gleichzeitig wirkende Temperatur $T_{\text{mdr}} = 0\,°C$ angesetzt werden.

(3) Hinweise zur Bestimmung von ε_{cf} befinden sich in [1].

(4) Die in DIN EN 1993-1-10:2010-12, Tabelle 2.1, Spalte 4 angegebenen Kerbschlagarbeitswerte KV beziehen sich auf Längsproben mit V-Kerbe nach DIN EN 10045-1. Werden die in den Technischen Lieferbedingungen (Produktnormen) spezifizierten Werte an V-gekerbten Querproben erfüllt, dürfen diese als gleichwertig angesehen werden.

NCI **Literaturhinweise**

[1] Stahlbau-Kalender 2006, Schwerpunkt: Dauerhaftigkeit, Kuhlmann, Ulrike (Hrsg.), Ernst und Sohn, Berlin

[2] DASt-Richtlinie 009: Stahlsortenauswahl für geschweißte Stahlbauten

Tipp für den schnellen Überblick:
Eurocodes und nationale Bemessungsnormen
Zusammenhänge, Übersichten, Ersatzvermerke, bauaufsichtliche Einführung

Die Eurocodes werden als neue europäische Bemessungsnormen im Zuge der bauaufsichtlichen Einführung in Deutschland die nationalen Bemessungsnormen ersetzen.

Dieses Beuth Pocket gibt in tabellarischer Form eine klare Übersicht, welche nationalen Bemessungs-, Planungs- und Ausführungsnormen durch welchen Eurocode abgelöst werden.

Beuth Pocket
Eurocodes und nationale Bemessungsnormen
Zusammenhänge, Übersichten, Ersatzvermerke, bauaufsichtliche Einführung
von Susan Kempa
2., aktualisierte Auflage 2012.
70 S. 21 x 10,5 cm. Geheftet.
14,80 EUR | ISBN 978-3-410-22527-0

Bestellen Sie unter:
Telefon +49 30 2601-2260   Telefax +49 30 2601-1260
info@beuth.de   www.beuth.de

Auch als E-Book unter
www.beuth.de/sc/eurocode-bemessungsnormen

Für das Fachgebiet Bauleistungen bestehen folgende DIN-Taschenbücher:

TAB	Titel
73 Bauleistungen	4. Estricharbeiten, Gussasphaltarbeiten VOB/STLB-Bau. Normen
74 Bauleistungen	5. Parkettarbeiten, Bodenbelagarbeiten, Holzpflasterarbeiten VOB/STLB-Bau. Normen
75 Bauleistungen	6. Erdarbeiten, Verbauarbeiten, Ramm-, Rüttel- und Pressarbeiten, Einpressarbeiten, Nassbaggerarbeiten, Untertagebauarbeiten VOB/STLB-Bau. Normen
76 Bauleistungen	7. Verkehrswegebauarbeiten Oberbauschichten ohne Bindemittel, Oberbauschichten mit hydraulischen Bindemitteln, Oberbauschichten aus Asphalt – Pflasterdecken, Plattenbeläge und Einfassungen VOB/STLB-Bau. Normen
77 Bauleistungen	8. Mauerarbeiten VOB/STLB-Bau. Normen
80 Bauleistungen	11. Zimmer- und Holzbauarbeiten VOB/STLB-Bau. Normen
81 Bauleistungen	12. Landschaftsbauarbeiten VOB/STLB-Bau. Normen
82 Bauleistungen	13. Tischlerarbeiten VOB/STLB-Bau. Normen
85 Bauleistungen	16. Raumlufttechnische Anlagen VOB/STLB-Bau. Normen
88 Bauleistungen	19. Entwässerungskanalarbeiten, Druckrohrleitungsarbeiten im Erdreich, Dränarbeiten, Sicherungsarbeiten an Gewässern, Deichen und Küstendünen VOB/STLB-Bau. Normen
90 Bauleistungen	21. Dämm- und Brandschutzarbeiten an Technischen Anlagen VOB/STLB-Bau. Normen
91 Bauleistungen	22. Bohrarbeiten, Arbeiten zum Ausbau von Bohrungen, Wasserhaltungsarbeiten VOB/STLB-Bau. Normen
93 Bauleistungen	24. Stahlbauarbeiten VOB/STLB-Bau. Normen
94 Bauleistungen	25. Fassadenarbeiten VOB/STLB-Bau. Normen
97 Bauleistungen	28. Maler- und Lackiererarbeiten, Beschichtungen VOB/STLB-Bau. Normen

DIN-Taschenbücher aus dem Fachgebiet „Bauwesen" siehe Seite II

DIN-Taschenbücher sind auch im Abonnement vollständig erhältlich.
Für Auskünfte und Bestellungen wählen Sie bitte im Beuth Verlag Tel.: 030 2601-2260.

Service-Angebote des Beuth Verlags

DIN und Beuth Verlag

Der Beuth Verlag ist eine Tochtergesellschaft des DIN Deutsches Institut für Normung e. V. – gegründet im April 1924 in Berlin.

Neben den Gründungsgesellschaftern DIN und VDI (Verein Deutscher Ingenieure) haben im Laufe der Jahre zahlreiche Institutionen aus Wirtschaft, Wissenschaft und Technik ihre verlegerische Arbeit dem Beuth Verlag übertragen. Seit 1993 sind auch das Österreichische Normungsinstitut (ON) und die Schweizerische Normen-Vereinigung (SNV) Teilhaber der Beuth Verlag GmbH.

Nicht nur im deutschsprachigen Raum nimmt der Beuth Verlag damit als Fachverlag eine führende Rolle ein: Er ist einer der größten Technikverlage Europas. Von den Synergien zwischen DIN und Beuth Verlag profitieren heute 150 000 Kunden weltweit.

Normen und mehr

Die Kernkompetenz des Beuth Verlags liegt in seinem Angebot an Fachinformationen rund um das Thema Normung. In diesem Bereich hat sich in den letzten Jahren ein rasanter Medienwechsel vollzogen – über die Hälfte aller DIN-Normen werden mittlerweile als PDF-Datei genutzt. Auch neu erscheinende DIN-Taschenbücher sind als E-Books beziehbar.

Als moderner Anbieter technischer Fachinformationen stellt der Beuth Verlag seine Produkte nach Möglichkeit medienübergreifend zur Verfügung. Besondere Aufmerksamkeit gilt dabei den Online-Entwicklungen. Im Webshop unter www.beuth.de sind bereits heute mehr als 250 000 Dokumente recherchierbar. Die Hälfte davon ist auch im Download erhältlich und kann vom Anwender innerhalb weniger Minuten am PC eingesehen und eingesetzt werden.

Von der Pflege individuell zusammengestellter Normensammlungen für Unternehmen bis hin zu maßgeschneiderten Recherchedaten bietet der Beuth Verlag ein breites Spektrum an Dienstleistungen an.

So erreichen Sie uns

Beuth Verlag GmbH
Am DIN-Platz
Burggrafenstr. 6
10787 Berlin
Telefon 030 2601-0
Telefax 030 2601-1260
info@beuth.de
www.beuth.de

Ihre Ansprechpartner in den verschiedenen Bereichen des Beuth Verlags finden Sie auf der Seite „Kontakt" unter www.beuth.de.

Stichwortverzeichnis

Die hinter den Stichwörtern stehenden Nummern sind die DIN-Nummern der abgedruckten Normen.

Anschluss, Bemessung, Stahlbau, Stahlkonstruktion, Verbindung
DIN EN 1993-1-8, DIN EN 1993-1-8/NA

Bemessung, Ermüdung, Stahlbau, Stahlkonstruktion   DIN EN 1993-1-9, DIN EN 1993-1-9/NA

Bemessung, Hochbau, Stahlbau, Stahlkonstruktion   DIN EN 1993-1-10, DIN EN 1993-1-10/NA

Bemessung, Konstruktion, Stahlbau
DIN EN 1993-1-3, DIN EN 1993-1-3/NA, DIN EN 1993-1-5, DIN EN 1993-1-5/NA

Bemessung, Stahlbau, Stahlkonstruktion, Verbindung, Anschluss
DIN EN 1993-1-8, DIN EN 1993-1-8/NA

Ermüdung, Stahlbau, Stahlkonstruktion, Bemessung   DIN EN 1993-1-9, DIN EN 1993-1-9/NA

Hochbau, Stahlbau, Stahlkonstruktion, Bemessung   DIN EN 1993-1-10, DIN EN 1993-1-10/NA

Konstruktion, Stahlbau, Bemessung
DIN EN 1993-1-3, DIN EN 1993-1-3/NA, DIN EN 1993-1-5, DIN EN 1993-1-5/NA

Stahlbau, Bemessung, Konstruktion
DIN EN 1993-1-3, DIN EN 1993-1-3/NA, DIN EN 1993-1-5, DIN EN 1993-1-5/NA

Stahlbau, Stahlkonstruktion, Bemessung, Ermüdung   DIN EN 1993-1-9, DIN EN 1993-1-9/NA

Stahlbau, Stahlkonstruktion, Bemessung, Hochbau   DIN EN 1993-1-10, DIN EN 1993-1-10/NA

Stahlbau, Stahlkonstruktion, Verbindung, Anschluss, Bemessung
DIN EN 1993-1-8, DIN EN 1993-1-8/NA

Stahlkonstruktion, Bemessung, Ermüdung, Stahlbau   DIN EN 1993-1-9, DIN EN 1993-1-9/NA

Stahlkonstruktion, Bemessung, Hochbau, Stahlbau   DIN EN 1993-1-10, DIN EN 1993-1-10/NA

Stahlkonstruktion, Verbindung, Anschluss, Bemessung, Stahlbau
DIN EN 1993-1-8, DIN EN 1993-1-8/NA

Normen:Flatrate
▶▶▶ für DIN-Normen, ISO-Normen und VDI-Richtlinien

Preis-Übersicht:

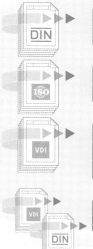

Normen-Flatrate für **25 DIN-Normen***	995,00 EUR
Normen-Flatrate für **50 DIN-Normen***	1.890,00 EUR

Normen-Flatrate für **25 ISO-Normen**	1.250,00 EUR
Normen-Flatrate für **50 ISO-Normen**	2.350,00 EUR

Normen-Flatrate für **10 VDI-Richtlinien**	490,00 EUR
Normen-Flatrate für **25 VDI-Richtlinien**	995,00 EUR
Normen-Flatrate für **50 VDI-Richtlinien**	1.895,00 EUR

Normen-Flatrate-Kombi für **10 VDI-Richtlinien** und **10 DIN-Normen***	980,00 EUR

Der Erwerb einer Normen-Flatrate ist ganz einfach:

- Bestellen Sie die für Sie passende Normen-Flatrate bequem online.
- Per E-Mail bestätigen wir Ihnen die Freischaltung Ihrer Normen-Flatrate.
- Danach können Sie innerhalb von 12 Monaten Ihre 10, 20, 25 oder 50 gewünschten Dokumente direkt im PDF-Download über unseren WebShop beziehen.

* Wichtiger Hinweis: DIN-Normen mit VDE-Klassifikation sind in diesem Angebot nicht enthalten.

Weitere Informationen und Bestellung unter
www.beuth.de/normen-flatrate